敏捷开发技术丛书

SAFe® 4.5 Reference Guide

Scaled Agile Framework® for Lean Enterprises

Second Edition

SAFe 4.5 参考指南

面向精益企业的规模化敏捷框架

[美] 迪恩·莱芬韦尔（Dean Leffingwell） 等著

李建昊 陆媛 译

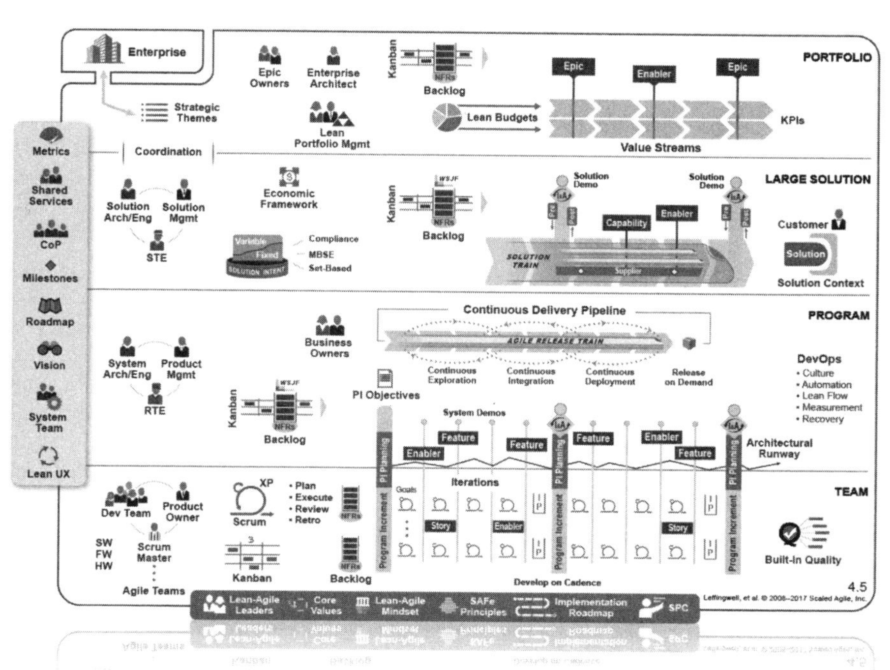

机械工业出版社
China Machine Press

图书在版编目（CIP）数据

SAFe 4.5 参考指南：面向精益企业的规模化敏捷框架 /（美）迪恩·莱芬韦尔（Dean Leffingwell）等著；李建昊，陆媛译．—北京：机械工业出版社，2019.6
（敏捷开发技术丛书）
书名原文：SAFe 4.5 Reference Guide: Scaled Agile Framework for Lean Enterprises, Second Edition

ISBN 978-7-111-63014-2

I. S… II. ①迪… ②李… ③陆… III. 软件开发－系统工程－指南 IV. TP311.52-62

中国版本图书馆 CIP 数据核字（2019）第 123689 号

本书版权登记号：图字 01-2018-8489

SAFe 4.5 参考指南
面向精益企业的规模化敏捷框架

出版发行：机械工业出版社（北京市西城区百万庄大街 22 号 邮政编码：100037）

责任编辑：陈佳媛　　责任校对：殷　虹

印　　刷：三河市宏图印务有限公司　　版　　次：2019 年 7 月第 1 版第 1 次印刷

开　　本：186mm×240mm　1/16　　印　　张：37.75

书　　号：ISBN 978-7-111-63014-2　　定　　价：219.00 元

凡购本书，如有缺页、倒页、脱页，由本社发行部调换

客服热线：（010）88379426　88361066　　投稿热线：（010）88379604

购书热线：（010）68326294　　读者信箱：hzit@hzbook.com

The Translator's Words 译者序

“新故相推，日生不滞”，当知识体系形成的时候，它已属于过去，新知识诞生和发展的脚步从未停歇。规模化敏捷框架（Scaled Agile Framework，SAFe）也在持续完善和演进中，2017 年 4 月《SAFe 4.0 参考指南》的中文版问世之后，SAFe 框架又经历了 2 个版本（4.5 和 4.6）的更新，提出了 SAFe 框架的可配置性，以及精益企业的五项核心能力。本书在翻译的过程中融入了 SAFe 4.5 和 4.6 版本的最新内容，力求及时、完整、系统化地呈现 SAFe 的最新内容，帮助读者更好地学习和应用这个框架。

规模化敏捷框架于 2011 年正式发布 1.0 版本，历经 8 年时间，融入了敏捷、精益、系统思考等思想，提出并演进成四大核心价值观和九大原则，从团队、项目群、大型解决方案和投资组合等四个层级，全面、立体、系统化地给出了企业级大规模敏捷实施的策略和框架，在 2016 发布了 SAFe 4.0 版本，并于 2017 和 2018 年又进行了两次升级，正式发布了 SAFe 4.6 版本。全球众多行业的大型企业越来越多地采纳和实施 SAFe，从生产率、产品上市时间、交付质量、员工参与度等多方面取得了显著的成果，并总结出大量的成功案例，大部分的美国财富 100 强公司都聘请了认证的 SAFe 实践者和咨询顾问进行现场辅导，在全球的 2000 强企业中使用 SAFe 的比例也在逐渐增加。

与此同时，一大批中国的敏捷实践者和专家也在关注 SAFe 的发展和应用。早在 2009 年，我还在诺基亚 Symbian 研发中心带领敏捷转型时，遇到了 Dean Leffingwell 先生，我们共同讨论了敏捷发布火车的执行和 SAFe 框架的雏形，在此后的几年中也一直关注其演进和发展。后来在 2013 年，我翻译了 Dean Leffingwell 的著作《敏捷软件需求：团队、项目群与企业级的精益需求实践》一书，同时国内也出现了最早的一批 SPC 咨询顾问，2014 年国内的许多大型企业和跨国企业的中国分部也陆续开始实践 SAFe，如华为、中兴、平安科技、中国银行、IBM、Dell EMC、赛门铁克、飞利浦等企业都先后组织了 SAFe 的培训或咨询。截至 2016 年 7 月，国内的 SPC 已经超过 10 位，但是对于中国大型企业敏捷转型的需求来说，SPC 的数量仍然是寥若晨星。

2016 年 11 月，我作为中国首位 SPCT 候选人，应邀前往位于美国科罗拉多州博尔德市的 Scaled Agile, Inc. (SAI) 公司总部，与来自全球各国的 SAFe 专家进行了为期一周的学习和研讨，与 SAI 签署了合作伙伴协议，把 SAFe 框架引入中国。2017 年至 2019 年，我先后邀请了 SAI 的首席专家 Richard Knaster 先生、SAI 的高级顾问 Issac Montgomery 先生和美国 Agile Sparks 公司的顾问 Vikas Kapila 先生来华联合授课，成功培养了近百名认证的 SAFe 咨询顾问。随后，2019 年 6 月，我再次前往美国 SAFe 总部，与 SAFe 创始人 Dean Leffinwell 先生达成共识，将持续跟进 SAFe 框架的演进和升级，并计划在 2019 年 7 月，邀请 SAI 亚太区的首席顾问 Gerald Cadden 共同组织 SPC 培训和 SAFe 案例研讨峰会。经过与国外专家的持续交流和多次切磋，扩大了国内敏捷实践者的视野，提升了大家的理论和实践水平，希望通过大家的共同努力，在中国培养更多的规模化敏捷咨询顾问，也希望能帮助更多的中国企业走上规模化敏捷之路！

关于本书

本书详尽地介绍了规模化敏捷框架的方方面面，既可以作为学习和了解 SAFe 的参考教材，也可以作为企业实施 SAFe 的指导手册，是一本不可多得的经典著作。

全书脉络清晰，以 SAFe 全景图为线索展开论述，首先对 SAFe 可配置的框架架构进行了简介；第 1 章是基础部分，介绍了实施 SAFe 的基本要素，从精益 – 敏捷领导者应具备的特质入手，提出了 SAFe 的价值观、原则、精益 – 敏捷理念，以及企业实施路线图等内容；第 2 章是框架的实施路线图，基于约翰科特的变革管理八步法，梳理了 SAFe 实施的十二个步骤，是经过验证和切实可行的 SAFe 实施方法；第 3 章详细介绍了 SAFe 的九大原则，原则高于实践，并能有效进行实践指导；第 4 ～ 8 章是全书的重点，分层详尽描述了团队层、项目群层、跨层级面板、大型解决方案层和投资组合层的内容，涵盖了角色、工件、活动、组织结构、经济框架、度量指标、合规性，以及 DevOps 等各个方面，并给出了具体的参考实例；第 9 章讨论了 SAFe 的高级主题，包括敏捷架构、敏捷合同、敏捷 HR，以及敏捷中的重要工程技术实践等内容；全书的最后对 SAFe 的术语表进行了汇总，帮助读者更加精准地理解和顺畅地阅读。

本书内容全面，篇幅较长，如何有效地阅读呢？就这个问题我也曾经跟本书的几位作者进行了深入探讨，推荐两种阅读方法：（1）对于 SAFe 的初学者，建议按章节顺序阅读，每个章节之间是承上启下、前后连贯的，从团队层一直向上进行规模化达到企业的投资组合层。

（2）把本书作为参考指南，对照 SAFe 全景图，直接跳转到相应的章节进行阅读，有针对性地获得相应的实施指导，当然也可以参考 SAI 的官方网站（https://www.scaledagileframework.com/），找到全景图上的每一个活动图标，点击进入，详细阅读。但是，不论采取哪种阅读方法，我强烈建议每位读者都完整阅读第 1 ～ 3 章的内容，因为这三章详细介绍了整个规模化敏捷框架的基本要素。

关于术语的翻译

SAFe 中涉及的术语众多，范围很广，既包括一些具有浓厚敏捷色彩的用语，也有一些传统项目管理的用语，还涉及企业架构、组织治理、财务预算、度量指标，甚至合同处理方式等，再加上中西方文化的差异，很难从字面进行直译，这给术语表的翻译带来了极大的挑战。

如 SAFe 全景图所示，涉及四个层级，即 Team-Program-Large Solution-Portfolio，其中 Team 和 Large Solution 意思比较明确，分别译成“团队”和“大型解决方案”即可。但是，对于 Program 和 Portfolio 的翻译，我们并未沿用项目管理中“项目集”和“项目组合”的译法，因为在 SAFe 中没有涉及“项目”的概念，Program 经常以 PI（Program Increment）的形式出现，旨在代表一个发布周期内所交付的可工作的产品或解决方案，与 Scrum 中的工件——产品增量（Product Increment）类似，而不是项目集合的概念，所以本书中将 Program 译成“项目群”，既能让读者联想到 Program 的原意，也能与“项目集”区分开来。同样，在 SAFe 中 Portfolio 也不是“项目组合”的概念，而是企业中负责组织治理、战略规划和投资的层级，所以本书中将 Portfolio 译成“投资组合”。

在 SAFe 中，把业务需求与四个层级进行了对应，即 Story-Feature-Capability-Epic, 其中 Story、Feature 和 Epic 已经有了约定的翻译，分别是“故事”“特性”和“史诗”。而 Capability 是新引入的术语，旨在代表解决方案层面较大的业务需求，或者是解决方案中较大的功能，需要进一步拆分成特性，本书中将其译成“能力”。此外，在 SAFe 中的每个层级都有技术类的需求，用来促成和支持业务需求，称为 Enabler，分为四类，包括探索、架构、基础设施和合规性的工作。在进行 Enabler 的中文翻译时，我与业界一些专家进行了多轮沟通，有人建议使用“赋能”“驱动”“促进”“推动”等，但都不太恰当，考虑到在网管领域中已将 Enabler 翻译成技术术语“使能”，而且近年来很多研究机构也在国家“互联网 +”的背景下，提出了“从‘连接’向‘使能’的转型”，所以本书中将 Enabler 翻译成“使能”，用来体现在技术层面开展的相关工作，从而促进后续的研发工作具备良好的技术条件。

翻译讲究“信达雅”，它本身也是一个再创作的过程，在 SAFe 术语的翻译过程中，我邀请国内多位敏捷专家和社群实践者一起进行了开放讨论、激烈碰撞、求同存异、联合共创，可以说大家从讨论中获得的收益远远超出了翻译术语表本身。

关于 SAFe 4.6

SAFe 4.6 版本可以向前兼容 SAFe 4.5 版本，其主要变化是提炼出了精益企业的五项核心能力，细化了精益预算和投资组合画布，并给出了政府部门实施 SAFe 的相应指导。以下八项内容是 SAFe 4.6 新增的核心内容，这些内容也在本书的附录部分提供了详细的介绍。

（1）**精益–敏捷领导力**，是精益企业五项核心能力之一。它描述了精益–敏捷领导者如何通过授权个人和团队，从而发挥其最大潜力来推动和维持组织变革与卓越运营。他们通过学习、展示、讲授和教练 SAFe 的精益–敏捷理念、价值观、原则和实践，来拥有这项能力。

（2）**团队和技术敏捷力**，是精益企业的五项核心能力之一。它描述了创建高绩效敏捷团队所需要的关键技能及精益–敏捷原则和实践，从而可以使团队创建高质量、设计良好的技术解决方案。

（3）**DevOps 和按需发布能力**，是精益企业的五项核心能力之一。描述了如何实现 DevOps，以及持续交付流水线，为企业提供了在任何时候发布全部或部分价值的能力，从而满足市场和客户的要求。

（4）**业务解决方案和精益系统工程**，是精益企业的五项核心能力之一。它描述了如何将精益–敏捷原则和实践应用于大型复杂软件应用程序及网络物理系统的需求、开发、部署和演进。

（5）**精益投资组合管理（LPM）**，是精益企业的五项核心能力之一。它描述了如何通过应用精益和系统思考的方法，将战略和执行、投资资金、敏捷投资组合运营，以及治理进行对齐。这些协作使企业有能力可靠地执行现有承诺，并在其他四项精益企业能力的基础上更好地实现创新。

（6）**投资组合画布**，是一种商业模式画布，为了支持和描述 SAFe 投资组合的结构与目的，做了相应的调整。投资组合画布描述了解决方案投资组合如何为一个组织创建、交付和捕获价值。它还可以帮助定义和调整投资组合的价值流和解决方案，使之符合企业的目标。

（7）**精益预算护栏**，针对分配给特定投资组合的精益预算，描述了相关的预算、治理和支出方面的政策和实践。这些护栏可以由业务战略的要素驱动，同时也驱动着那些要素。

（8）**SAFe 应用于政府是一系列成功的模式**，这些模式能够帮助公共组织在政府上下文中实施精益–敏捷实践。在私营领域的软件和系统开发中，精益和敏捷的思想基石带来了相对于瀑布模式更高的成功率。政府项目在使用相同模式的过程中，开始经历类似的结果。然而，政府机关必须解决精益 – 敏捷转型中某些独特的挑战。SAFe 中对于政府的建议和最佳实践为解决这些问题提供了特别的指导。

更多详细的内容，也可以参考 SAI 的官方网站关于 SAFe 4.6 更新内容的介绍（网址为 http://www.scaledagileframework.com/whats-new-in-safe-46/）。

致谢

敏捷的世界里并不缺乏理论，缺乏的是灵活驾驭理论、付诸实践的人！在本书的翻译过程中，我有幸遇到了很多这样的实践者，感谢你们！

首先，我要感谢 Dean Leffingwell 和本书的其他作者 Richard Knaster、Inbar Oren、Drew Jemilo。在本书的翻译过程中，我们既有横跨中美时区的电话和邮件交流，也有在美国 SAI 公司总部和在中国 SPC 授课现场的面对面讨论。每一次交流都让我感到作者们的严谨和热情，每一次交流都是中西文化差异的碰撞和融合，每一次交流都让我受益匪浅！

其次，我要感谢国内的 SPC 和敏捷专家们，我们一起探讨 SAFe 的实践案例，相互切磋 SAFe 的术语表达，共同打磨中文译稿，保证了本书的翻译质量。与此同时，来自 SAFe 社群的上百名志愿者也参与到了翻译、试读、审校的工作中，这又一次让我感受到了“规模化”的力量，感谢各位社群志愿者，没有你们的付出和努力，就没有本书的出版！

其次，我要感谢国内的 SPC 和敏捷专家们，大家充分发挥了“规模化”的力量，由近 40 位专家组成了强大的翻译团队，分章节翻译、交叉评审和校对；由 4 位资深专家组成审校委员会，共同打磨中文译稿，保证了本书的翻译质量，没有你们的付出和努力，就没有本书的出版！

审校委员会成员：李建昊、陆媛、马林胜、赵卫。

翻译团队成员（按姓氏笔画排序）：于慧君、王雷、王峥慧、王智华、王抒音、刘瑞丽、刘燕妮、刘慧峰、孙蔚、李聃、李蔚、吴言、吴舜贤、陈凤、张诚、张菁、张文欣、张志华、汪珺、杨眉、周亮、周峰、单冰、钟乐、钟义杰、敖淳、姚冬、姚元庆、唐颖、唐芳彬、徐东伟、董秀秀、穆祥武。

我还要特别感谢机械工业出版社华章公司的领导和关敏编辑，正是有了你们的支持，本书才得以在最短的时间内出版，与广大读者见面！

最后，我要感谢本书的广大读者和 SAFe 中国社群的伙伴们。作为在国内推广 SAFe 落地实施的共创平台，SAFe 中国社群自 2017 年年初开始筹建和试运营，2017 年 4 月正式成立，至今已经走过了2年的历程，开展了论坛、讲座、沙龙、网络研讨会、社群开放日等多种活动，逐步形成了“学习、成长、贡献”的社群核心价值观。目前，社群伙伴们正在持续深度分析和讨论当前企业敏捷转型面临的挑战，并结合SAFe的实施案例探索适合中国企业的组织转型解决方案。正是有了敏捷实践者的共同努力，SAFe体系才能富有活力并永葆青春！感谢大家的支持！

敏捷实践的采纳和应用，正如远洋航海那样——如果是一艘快艇，可以在有限的水域内灵活穿梭；如果组织起一支舰队，就可以扬帆起航，去征服世界！希望SAFe能成为企业级敏捷实践的领航灯塔，让更多的企业组织起舰队，开启新的征程！

李建昊

2019年6月

Preface 前　言

首先，我很高兴能够代表规模化敏捷公司（Scaled Agile, Inc., SAI）和 SAFe 的贡献者们，向大家介绍 SAFe 4.5。

SAFe 是一套在线的、可以免费获取的知识体系，也是在企业层面得到了验证的、实现精益 – 敏捷开发的成功模式。SAFe 提供了一套在企业的投资组合、大型解决方案、项目群和团队各个层面的完整工作指南。

为什么需要 SAFe

世界的经济发展，以及整个社会的健康和福利，越来越依赖于软件和系统。而且，这些解决方案都需要那些在规模化方面前所未有的、越来越复杂的软件和信息物理系统。创建这些系统所使用的方法，也必须跟上科技发展的脚步。然而，那些传统的方法（比如假设法、单通法、阶段 – 门限法、瀑布式方法）并未与时俱进，所以很难应对新的挑战。这就需要新的软件开发方法，其中，敏捷方法就显示出很大的优势，但它是为小团队所设计的方法，而且并没有扩展到可以满足更大的企业及其开发大型系统的需要。所以，的确需要一种新的工作方式，既可以发挥敏捷的优势，同时又能利用基于系统思考和精益产品开发的一系列最新知识。规模化敏捷框架（Scaled Agile Framework，SAFe）就是这样一种方法。

SAFe 框架是由 SAI 开发并提供的，该公司所倡导的核心信仰也很简洁：更好的系统和软件让世界变得更美好。我们的使命是帮助那些使用 SAFe 知识体系来构建系统的实践者，同时也提供相应的认证、培训、课程材料，以及一个包含了 150 多个工具和服务合作伙伴的全球网络。

在 SAFe 网站上（www.scaledagileframework.com）展示了很多案例，包括很多大型和小型的企业，它们通过使用 SAFe 框架取得了显著的业务收益。

这些典型的业务收益包括：

- 上市时间加快 30% ～ 75%
- 生产率提高 25% ～ 75%
- 质量提升 20% ～ 50%
- 员工参与度增长 10% ～ 50%

基于以上结果，可以看到 SAFe 正在世界范围内广泛应用。大部分的美国财富 100 强公司都聘请了认证的 SAFe 实践者和咨询顾问进行现场辅导，在全球的 2000 强企业中使用 SAFe 的比例也在逐渐增加。

既然可以从网站上获得 SAFe 知识，为什么还需要本书

本书的知识全都来自 www.scaledagileframework.com 网站，但是以图书形式呈现更便于参考。与网站一样，本书可为企业投资组合层、大型解决方案层、项目群层和团队层的工作提供全面的指导，还包括构成框架的各种角色、活动和工件，以及价值观、理念、原则和实践的基本元素。

我们认为本书可以作为网站的理想搭档。你可以在书中做标记，在页边空白处涂鸦，在飞机上阅读，添加便签，并划出自己关注的部分。例如，4.0 版本的书出版后的第一个晚上，丹麦 SPC 培训班的一位学员就下载了电子书，以便学习和准备认证考试。第二天早上他回来后，就对该书大加赞赏（他通过了考试）。撇开赞赏不谈，我们是从事培训业务的，根据经验，我们知道每个人都以不同的方式学习和获取信息。从这个角度来看，以尽可能多的形式呈现 SAFe 也是非常有意义的。

关于 SAFe 的更多资料

大家可以通过访问 www.scaledagileframework.com 网站和订阅博客获得更多关于 SAFe 最新升级的相关资料。同时，大家也可以在网站上的 SAFe 全景图、精益之屋和 SAFe 精益 – 敏捷原则等处查看资料内容。此外，大家也可以观看相关的 SAFe 视频和录制的网络研讨会，以及其他免费资料。最后，推荐大家访问我们公司的网站 www.scaledagile.com，可以找到培训、认证以及相关的服务，或者浏览合作伙伴目录并找到适合实施 SAFe 的合作伙伴。此外，也非常欢迎大家参加 SAFe 的课程（ www.scaledaile.com/which-course-is-right-for-me)，期待我们可以面对面地进行讨论。

我们承诺对 SAFe 进行持续的演进，为业界提供价值——更好的系统、更好的商业成果，并为那些构建世界上最重要的新系统的人们提供更美好的日常生活，而且只有你们——SAFe 的采纳者和实践者才能告诉我们是否已经达成了这个目标。正如我们喜欢说的："如果没有你们，SAFe 就只是一个网站而已。"让我们一同坚定地推进 SAFe 吧！

关于作者 *About the Authors*

Dean Leffingwell

SAFe 创始人，首席方法论专家，规模化敏捷公司

全球公认的精益 – 敏捷最佳实践权威专家。Dean 是一位作家、连续创业者，也是一位软件和系统开发的方法论专家。他的两部优秀著作——《敏捷软件需求：团队、项目群与企业级的精益需求实践》(《 Agile Software Requirements: Lean Requirements for Teams, Programs, and the Enterprises 》）和《可伸缩敏捷开发：企业级最佳实践》(《 Scaling Software Agility: Best Practices for Large Enterprises 》)，奠定了在精益 – 敏捷实践和原则方面现代思想的基础。

Richard Knaster

SAFe 研究员，方法论专家，首席咨询顾问，规模化敏捷公司

Richard 在软件和系统开发领域有超过 30 年的经验，担任过从程序员到企业高管的各种角色，他在敏捷方面的实践也超过了 15 年。作为 SAFe 研究员和方法论专家，Richard 积极投身 SAFe 的精益 – 敏捷方法升级当中。作为首席咨询顾问，他热情地帮助组织创建更好的价值交付环境，提升质量和流程，并使之更加具有参与感和趣味性。Richard 还是《 SAFe 精粹：运用规模化敏捷框架实现精益软件和系统工程》(《 SAFe Distilled: Applying the Scaled Agile Framework for Lean Software and System Engineering 》）一书的合著者。

Inbar Oren

SAFe 研究员，方法论专家，首席咨询顾问，规模化敏捷公司

Inbar 在高科技领域有超过 20 年的经验。在过去十多年里，他一直在帮助致力于软件开发和系统集成的组织通过采用精益和敏捷的最佳实践提高成效。他的客户包括 Cisco、Woolworth、Amdocs、Intel 和 NCR。Inbar 目前关注与项目群、价值流和投资组合层级的领导者一起合作，帮助他们带领团队打造新的流程和文化。

Drew Jemilo

联合创始人，首席咨询顾问，规模化敏捷公司

Drew 是 SAFe 框架的首席贡献者、咨询顾问和辅导员。Drew 在 2009 年年初与 Dean Leffingwell 相遇，当时他正在为一家管理咨询公司开发规模化敏捷方法论，以便通过敏捷的方法桥接其战略业务框架。从那时起他们就在一起工作，为包括美国、欧洲和印度的全球客户实施敏捷发布火车，从而为分布式开发团队实现同步和协调一致。

致　　谢 Acknowledgements

SAFe 社区贡献者

我们要感谢各位 SAFe 研究员、SAFe 咨询顾问培训师（SPCT）和 SAFe 咨询顾问（SPC）的努力工作，感谢他们将 SAFe 在全球范围内的不同公司中实施。他们中的许多人通过讨论、认证工作坊、LinkedIn 论坛及各种形式间接对 SAFe 做出了贡献。在此，我要特别感谢以下人员，他们直接对本书做出了贡献，或是在 SAFe 的网站上（www.scaledagileframework.com）发表了指导性文章。

（按照姓氏的字母顺序排序）

- Juha-Markus Aalto ——发表了指导文章《S 型团队的 6 种 SAFe 实践》(《Six SAFe Practices for 'S-Sized' Teams》)
- Em Campbell-Pretty（SAFe 研究员）——在发布火车工程师方面做出了贡献
- Gillian Clark（SPCT）——提出了高级主题《SAFe 中的精益软件开发》(《Lean Software Development in SAFe》)
- Charlene Cuenca（SPCT）——发表了指导文章《企业级待办事项列表的结构和管理》(《Enterprise Backlog Structure and Management》)
- Gareth Evans（SPCT）——发表了指导文章《SAFe 中的精益软件开发》(《Lean Software Development in SAFe》)
- Fabiola Eyholzer（SPC）——发表了指导文章《敏捷 HR 与 SAFe：迈入 21 世纪的精益 - 敏捷人员运营》(《Agile HR with SAFe: Bringing Lean-Agile People Operations into the 21st Century》)
- Jennifer Fawcett（SAFe 研究员）——专注在产品经理和产品负责人方面并做出了贡献
- Ken France(SPCT)——发表了指导文章《在 SAFe 中的敏捷和瀑布式混合开发》(《Mixing

Agile and Waterfall Development in the Scaled Agile Framework》)

- Harry Koehnemann（SAFe 研究员）——在精益系统工程和 SAFe 白皮书的实现法规与行业标准方面做出了贡献
- Laanti Maarit（SPCT）——发表了指导文章《精益敏捷预算》(《Lean-Agile Budgeting》)，并对 SAFe 白皮书做出了贡献
- Steven Mather（SPC）——对 SAFe 2.0 术语表起草做出了贡献
- Steve Mayner（SAFe 研究员）——发表了指导文章《实现法规和遵守行业标准》(《Achieving Regulatory and Industry Standards Compliance》)
- Isaac Montgomery（SPCT）——SAFe 工具箱开发者
- Colin O'Neill（SPC）——SAFe 1.0 ～ 2.5 贡献者
- Scott Prugh（SPC）——发表了指导文章《持续交付》(《Continuous Delivery》)
- Mark Richards（SAFe 研究员）——对 SAFe 指导文章和最新版本提供了技术与业务指标方面的输入
- Al Shalloway（SPC）——在理念研发和社区支持方面做出了贡献
- Ian Spence（SAFe 研究员）——发表了指导文章《PI 中特性的正确规模》(《Right-Sizing Features for PIs》)
- Carl Starendal（SPCT）——RTE 培训课程的产品负责人
- Joe Vallone（SPCT）——SAFe Scrum Master 和 SAFe Advanced Scrum Master 培训课程的产品负责人
- Eric Willeke（SAFe 研究员）——发表了指导文章《PI 目标的作用》(《The Role of PI Objectives》) 和《SAFe 投资组合限制中的精益视角》(《Lean Perspective on SAFe Portfolio Limits》)
- Alex Yakyma（SPC）——SAFe 1.0 ～ 4.0 版本的核心框架内容开发者
- Yuval Yeret（SPCT）——发表了指导文章《基于邀请的 SAFe 实施》(《Invitation-Based SAFe Implementation》)

其他致谢

对出版管理、平面设计师和制作设计师的特别致谢

我们要感谢 Pearson/Addison-Wesley 的组稿编辑 Greg Doench 和产品经理 Julie Nahil。在 SAI 公司内部，我们要感谢沟通总监 Regina Cleveland，以及数字出版设计师 Jeff Long 和

Kade O’Casey。

敏捷软件需求的贡献者

SAFe 框架的概念最初是在 2007 年 Dean Leffingwell 的著作《可伸缩敏捷开发：企业级最佳实践》中提出的。随后，Dean 在 2011 年的著作《敏捷软件需求：团队、项目群与企业级的精益需求实践》中首次发表了 SAFe 框架。所以，此处的致谢也非常适用于这两本书，或作为对其致谢的更新。

感谢 ASR 的审阅者 Gabor Gunyho、Robert Bogetti、Sarah Edrie 以及 Brad Jackson。感谢 Don Reinertsen 允许本书使用他的著作《产品开发流的原则》(《The Principles of Product Development Flow》) 中的原理。感谢我的芬兰合作者 Juha-Markus Aalto、Maarit Laanti、Santeri Kangas、Gabor Gunyho 以及 Kuan Eeik Tan。感谢 Alistair Cockburn、Don Widrig、Mauricio Zamora、Pete Behrens、Jennifer Fawcett 和 Alexander Yakyma 直接对本书内容做出的贡献。我还需要感谢很多人，诸如 Mike Cottmeyer、Ryan Shriver、Drew Jemilo、Chad Holdorf、Keith Black、John Bartholomew、Chris Chapman、Mike Cohn、Ryan Martens、Matthew Balchin 和 Richard Lawrence，他们在用词、写作思路方面做出了贡献，并鼓舞我出版了本书。

对敏捷思想领袖的特别致谢

SAFe 是站在了许多先行者的肩膀上，尤其是那些创造了敏捷运动的思想领袖们。这场运动开始于《敏捷宣言》的签署，并在敏捷思想领袖的支持下，为行业的发展创造了新的范式。我们认为对敏捷开发做出最直接贡献的领袖是：Kent Beck、Alistair Cockburn、Ron Jeffries、Mike Cohn、David Anderson、Jeff Sutherland、Martin Fowler、Craig Larman、Ken Schwaber、Scott Ambler，以及 Mary Poppendieck 和 Tom Poppendieck 夫妇。此外，在本书的参考文献中还会对其他人员进行致谢。

对精益领袖的特别致谢

在将敏捷延伸到企业级，并开发出更广泛的精益 – 敏捷范例方面，我们也非常幸运地站在了精益思想领袖的肩膀上，他们包括：Don Reinertsen、Jeffrey Liker、Taiichi Ohno、Eli Goldratt、Dr. Alan Ward、Jim Sutton、Michael Kennedy、Dantar Oosterwal、Steve Womack 和 Daniel Jones。此外，在本书的参考文献中还会对其他人员进行致谢。

对 W. 爱德华兹·戴明（W. Edwards Deming）的特别致谢

最后，我们要把最崇高的致谢献给戴明，如果没有他的开创性研究成果，很难想象现在将会是什么样子。戴明是一位具有远见卓识的系统思考者，他对根本真相的不断探索，以及对人和持续改进的坚定信念，引领了一系列革命性的理论和教学方法，改变了我们对质量、管理和领导力的思维方式。

SAFe 概述 *Introduction to SAFe*

精益企业的 SAFe（Scaled Agile Framework，规模化敏捷框架）是一个可以免费使用的知识体系，用于构建世界上最重要的软件和系统。SAFe 是可扩展和可配置的框架，有助于企业在最短的可持续的前置时间内交付新的产品、服务和解决方案，同时也具备最好的质量和价值。它可以促进大规模敏捷团队之间的协调、协作，以及交付的同步。

SAFe 将敏捷的优势与精益产品开发和系统思考结合在一起。作为一个广泛的知识体系，SAFe 以精益 – 敏捷的原则和价值观为基础，为实现更好的业务结果所必需的角色、职责、工件和活动提供相应的指导。

全景图

SAFe 的网站（www.scaledagileframework.com）为整个框架提供了概览，即一幅交互式的“全景图”。该图上的每个图标均可点击进入，从而获得相关文章和参考资料的链接。该网站也包括一系列参考文章、案例研究、下载资料、演示文稿、视频，以及一份能自动翻译成多种语言的术语表。

SAFe 支持组织在自己的业务上下文中采用该框架。它既可以支持包括 50 ～ 125 人的小型规模化的解决方案，也可以支持成千上万人的复杂系统。

配置类型

SAFe 提供了四种“开箱即用”的配置来支持全面的开发环境，如图 1 所示：

- 基本型 SAFe
- 大型解决方案 SAFe

- 投资组合 SAFe
- 完整型 SAFe

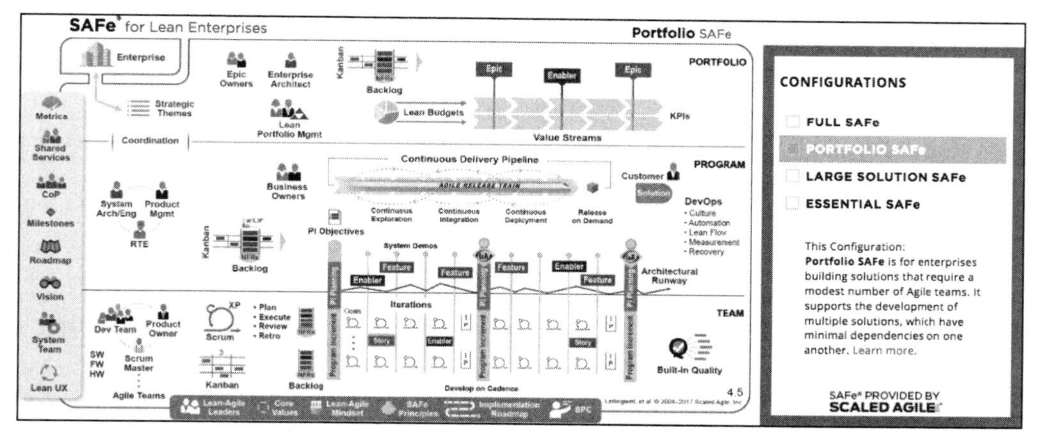

图 1　可配置的 SAFe

以下将对每种 SAFe 配置类型进行详细描述。

基本型 SAFe

基本型 SAFe 配置（如图 2 所示）是 SAFe 框架的核心，也是最容易开始实施 SAFe 的起点。它作为其他 SAFe 配置类型的基本组成部分，描述了用于实现 SAFe 框架大部分收益所需的最关键元素。

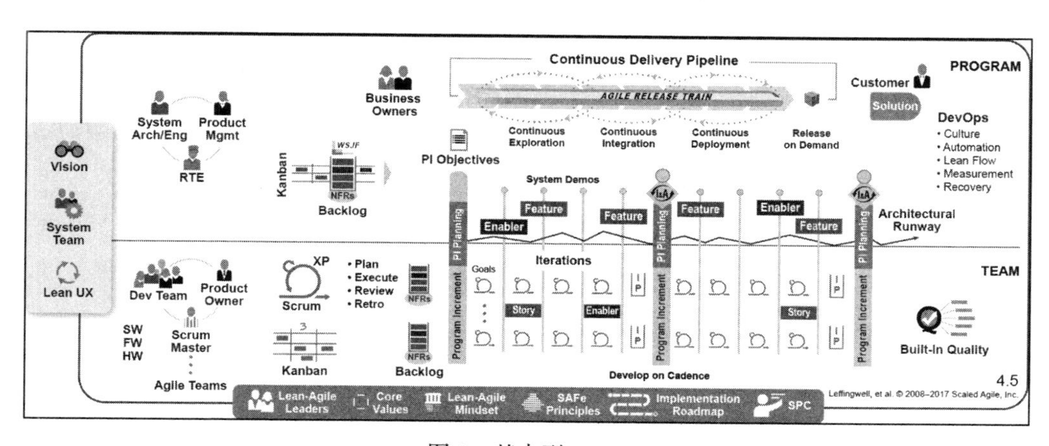

图 2　基本型 SAFe

由团队层和项目群层共同组成了一种组织结构，称为敏捷发布火车（Agile Release Train，ART）。敏捷团队、关键的利益相关者以及其他人员共同专注在一个重要的、持续的解决方案使命上。

基本型 SAFe 要点

基本型 SAFe 提供了框架的最基础要素：

- ART 通过统一的愿景、路线图和项目群待办事项列表，将管理层、团队和利益相关者对齐到一个共同的使命上。
- 在可持续基础上，ART 交付了提供价值所需的特性（用户功能）和使能（技术基础设施）。
- 团队迭代是同步进行的，并使用相同的持续时间，以及相同的开始和结束日期。
- 每个 ART 每两周都会交付有价值的、经过测试的系统级增量。
- 项目群增量（PI）为计划、执行、检视和调整提供更长期的、固定的时间盒增量。
- 解决方案仅根据业务的需要，在 PI 期间或 PI 结束的时候按需发布。对各个团队所完成的工作进行频繁或持续集成是进度最终的度量标准。
- ART 使用面对面的 PI 计划来确保协作、协调一致和快速调整。
- ART 构建和维护一个持续交付流水线，用于定期开发和发布小的价值增量。
- ART 通过精益用户体验原则和实践，为用户体验提供通用和一致的方法。
- DevOps 是一种理念、文化和一套技术实践，提供计划、开发、测试、部署、发布和维护解决方案所需的所有人员之间的沟通、集成、自动化和密切合作。

通过必要的协调和治理，以下角色帮助将多个团队对齐到一个共同的使命和愿景上：

- **系统架构师 / 工程师**——这是一个真正应用系统思维的个人或小型跨学科团队。他们定义系统的总体架构，帮助识别非功能性需求（NFR），确定主要元素和子系统，并确定它们之间的接口和协作。
- **产品管理者**——产品经理反馈客户的心声，并与产品负责人和客户合作，了解和沟通他们的需要，定义系统特性并参与确认。他们负责项目群待办事项列表，并使用经济的方法排定特性和使能的优先级。
- **发布火车工程师**（RTE）——RTE 是仆人式领导，也是 ART 的首席 Scrum Master。他们利用项目群看板、检视和调整工作坊，以及 PI 计划等多种机制，帮助改善项目群中价值的流动。
- **业务负责人**——他们是一个利益相关者小组，对于由 ART 开发的解决方案，担负着适用性、治理和投资回报的主要业务与技术责任。他们是 ART 的关键利益相关者，积极参与某些特定的 ART 事件。
- **客户**——他们是最终的价值决定者。客户是精益 – 敏捷开发过程和价值流的一个组成部分，他们在 SAFe 中担负着特定的责任。

三项主要活动有助于协调 ART：

1. **PI 计划会议**——这是一个基于节奏的面对面计划活动。PI 计划作为 ART 的心跳，将所有团队对齐到一个共同的使命上。

2. **系统演示**——系统演示提供了新特性的集成视图，这些新特性是由 ART 中所有团队在最近的迭代中交付的。每个演示都向 ART 利益相关者提供了 PI 期间进展情况的客观度量。

3. **检视和调整**——这是 ART 的一个重要事件，解决方案的当前状态被演示和评估。然后，团队通过结构化的问题解决工作坊，省思和识别改进待办事项条目。

投资组合 SAFe

投资组合 SAFe 配置类型（如图 3 所示）围绕价值的流动来组织敏捷开发，通过一个或多个价值流，帮助投资组合执行与企业战略保持一致。它通过投资组合战略和投资资金的原则与实践、敏捷投资组合运营，以及精益治理来提供业务敏捷性。

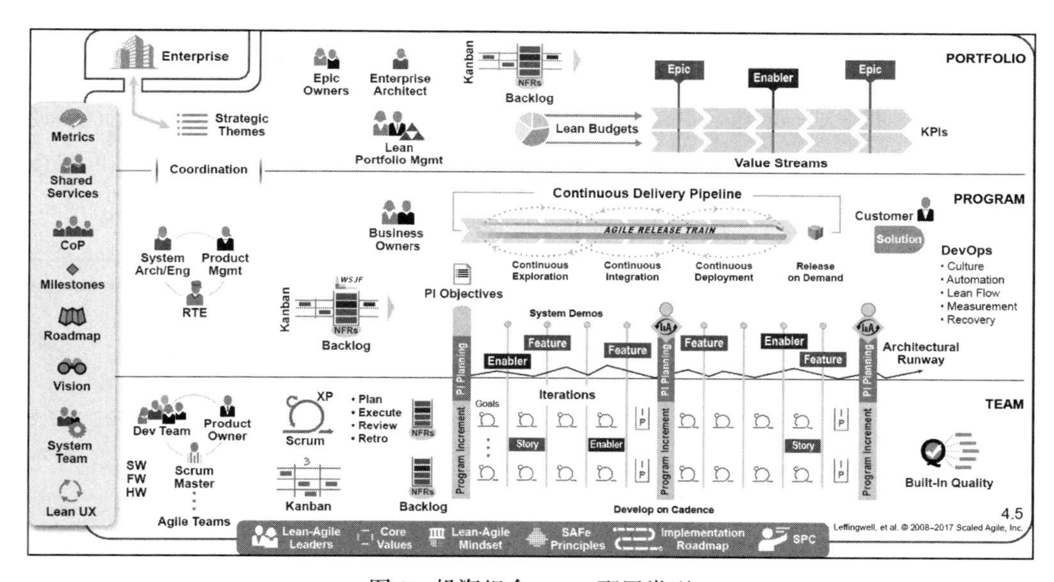

图 3　投资组合 SAFe 配置类型

围绕价值的流动来组织精益－敏捷企业，通过一个或多个开发价值流，投资组合将战略与执行保持一致。精益预算和治理实践有助于确保投资能够提供企业实现其战略目标所需的收益。在大型企业中，可能会有多个 SAFe 投资组合。

投资组合 SAFe 要点

投资组合 SAFe 配置建立在基本型 SAFe 的基础上，增加了以下投资组合层的关注点：

- **精益预算**——精益预算允许快速和授权的决策，并具有适当的财务控制和责任。

- **价值流**——每一个价值流都为必要的人员和资源提供资金，来构建为企业或客户交付价值的解决方案。每一个价值流都是一个长期存在的系列步骤（包括系统定义、开发和部署），用于构建和部署提供持续价值流动的系统。
- **投资组合看板**——它使投资组合的工作可视化，并创建在制品（Work-in-Process，WIP）限制，以确保需求与实际价值流能力相匹配。

以下角色提供最高级别的责任和治理，包括多个价值流的协调：

- **精益投资组合管理（LPM）**——该职能代表对一个 SAFe 投资组合中具有最高级别决策和财务责任的一组人。这个小组负责三个主要领域：战略和投资资金、敏捷投资组合运营，以及精益治理。
- **史诗负责人**——负责通过投资组合看板系统协调投资组合史诗。
- **企业架构师**——该角色或小组跨越价值流和项目群，来帮助提供可以优化投资组合成果的战略技术方向。企业架构师通常充当使能史诗的史诗负责人。

大型解决方案 SAFe

大型解决方案 SAFe 配置（如图 4 所示）用于开发最大和最复杂的解决方案，通常需要多个敏捷发布火车（ART）和供应商，但不需要投资组合层的考虑。这对于航空航天和国防、汽车行业和政府等来说很常见，因为大型解决方案是主要的关注点，而非投资组合的治理。

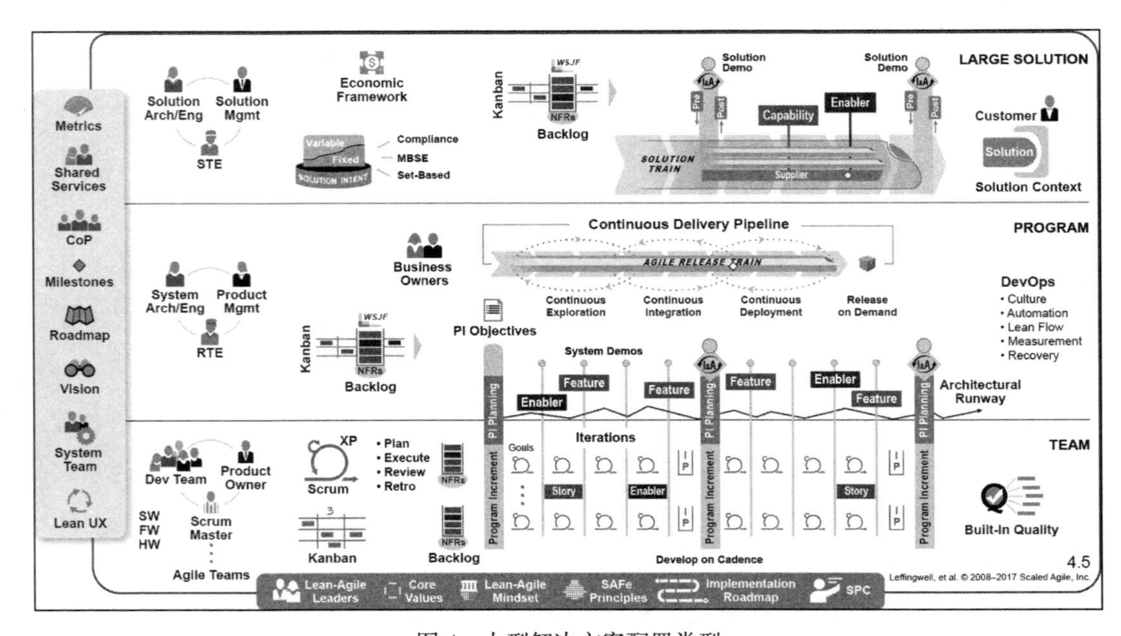

图 4　大型解决方案配置类型

大型解决方案 SAFe 要点

该配置建立在基本型 SAFe 的基础上，增加了以下大型解决方案层的关注点：

- **解决方案火车**——解决方案火车是大型解决方案层的关键组织元素，并围绕共同的解决方案愿景、使命和待办事项列表，使人员和工作保持一致。
- **供应商**[⊖]——这是一个开发和交付组件、子系统或服务的内部或外部组织，帮助解决方案火车向客户提供解决方案。
- **经济框架**——它为解决方案火车的决策提供财务边界。
- **解决方案意图**——它是一个当前和未来解决方案行为的存储库，可用于支持验证、确认与合规。它还用系统工程规范来扩展内建质量实践，包括基于集合的设计（SBD）、基于模型的系统工程（MBSE）、合规和敏捷架构。
- **解决方案上下文**——该元素描述系统将如何在运营环境中进行接口、打包和部署。
- **解决方案看板**——该元素用于可视化，并促进解决方案能力和使能的流动。

通过必要的协调和治理，以下角色帮助将多个 ART 和供应商对齐到一个共同的使命和愿景上：

- **解决方案架构师 / 工程师**——这是一个人或小团队，为正在开发的大型解决方案定义了一个共同的技术和架构愿景。
- **解决方案管理者**——他们拥有大型解决方案层的内容权威。他们与客户合作以了解他们的需要，制定解决方案愿景和路线图，定义需求（能力和使能），并通过解决方案看板指导工作。
- **解决方案火车工程师（STE）**——STE 是一名仆人式领导和教练，负责引导和指导所有 ART 和供应商的工作。

以下三项主要活动有助于协调多个 ART 和供应商：

1. **PI 计划前会议和 PI 计划后会议**——这些事件用于解决方案火车上的 ART 和供应商 PI 计划会议的准备及后续跟踪。

2. **解决方案演示**——这个演示是对多个 ART 所有开发工作成果以及供应商贡献的集成、评估，并对客户和其他利益相关者可见。

3. **检视和调整（I & A）**——这是一个重要的事件，价值流解决方案的当前状态被演示和评估。然后，多个 ART 和供应商的代表通过结构化的问题解决工作坊，省思和识别改进待办事项条目。

⊖ 此处是原书错误，应为 Supplier，翻译为供应商。——译者注

完整型 SAFe

完整型 SAFe 配置（如图 5 所示）是框架最全面的版本。它支持那些需要构建和维护大型集成解决方案的企业，这些解决方案需要数百人或更多的人员，并且包括 SAFe 的所有层级：团队层、项目群层、大型解决方案层和投资组合层。在大型企业中，可能需要多种 SAFe 配置的实例。

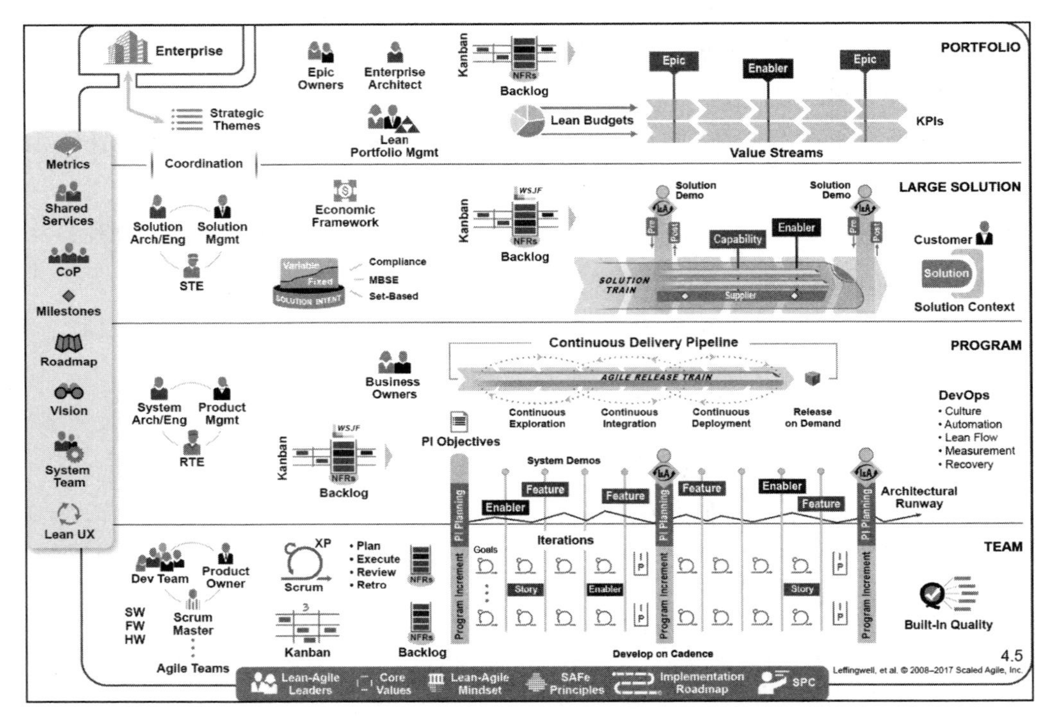

图 5　完整型 SAFe 配置

完整型 SAFe 要点

完整型 SAFe 配置（如图 5 所示）建立在基本型 SAFe 基础上，增加了投资组合层和大型解决方案层，它提供了如下的收益：

- 使组织能够组合各种 SAFe 配置类型的多个实例。
- 提供最全面和最健壮的配置，以满足最大型企业的需要。

SAFe 的可配置框架提供了刚刚好的指导来满足产品、服务或组织的需要。一个企业可以简单地从基本型 SAFe 配置开始，但随着时间的推移，企业可以随着需要的不断演变，而仍有能力扩大范围和扩展到其他的配置类型。每一种配置类型都是由“跨层级面板”和“基础层”元素所支持的，如图 6 和图 7 所示。

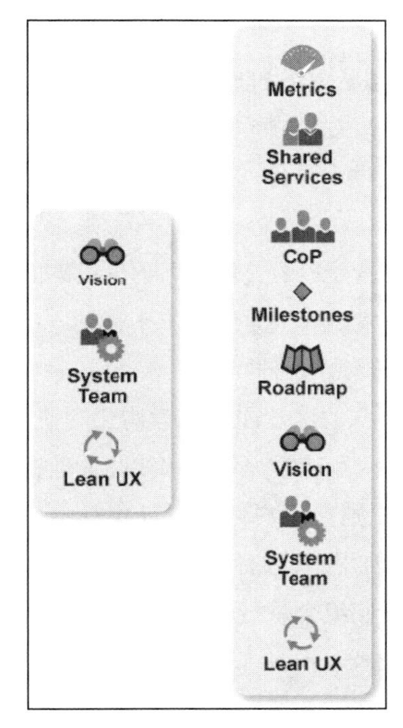

图 6　跨层级面板

图 7　SAFe 基础层

跨层级面板

跨层级面板包含可应用于特定的团队层、项目群层、大型解决方案层或投资组合层的各种角色和工件。跨层级面板作为 SAFe 的灵活性和可配置性的一个关键元素，允许组织针对其所选择的 SAFe 配置类型应用那些仅需的元素。

图 6 给出了跨层级面板的两个版本：左边的部分用于基本型 SAFe 配置，而右边的部分用于所有其他配置类型。然而，由于 SAFe 是一个框架，因此企业也可以将更大的跨层级面板中的任何元素应用到基本型 SAFe 配置中。

以下是跨层级面板每个元素的简要说明：

- **度量**——在 SAFe 中首要度量标准是可工作解决方案的客观证据。此外，SAFe 还定义了许多额外的中期和长期的度量指标，供团队、敏捷发布火车和投资组合用来评估进度。
- **共享服务**——这代表了 ART 成功所必需的专业角色，但这些角色不能全职专用于任何特定的火车上。

- **实践社区（CoP）**——由团队成员和其他专家组成的非正式团体，他们在一个项目群或企业内，共享一个或多个相关领域的实践知识。
- **里程碑**——这代表了计划的和具体的目标或事件。可以包括固定日期里程碑、项目群增量里程碑和学习里程碑。
- **路线图**——在时间线上传达计划的交付成果和里程碑。
- **愿景**——这描述了将要开发的解决方案的未来视图，反映了客户和利益相关者的需要，以及为了满足这些需要所提出的特性和能力。
- **系统团队**——这是一个特殊的敏捷团队，为构建和使用敏捷开发环境提供帮助，包括持续集成和测试自动化，以及持续交付流水线的其他实践。
- **精益用户体验**——精益原则在用户体验设计中的应用。通过持续的度量和学习循环（构建－度量－学习），它使用一种迭代的、假设驱动的产品开发方法。在 SAFe 中，采用中心化和去中心化的正确组合进行用户体验（UX）的设计与实施，将精益用户体验应用于规模化。

SAFe 基础层

如图 7 所示，SAFe 基础层包含为成功地规模化交付价值所需的支持性原则、价值观、思维、实施指导及领导力角色。以下将简要介绍每个基础元素。

- **精益－敏捷领导者**——管理层对业务成果负有最终责任。因此，领导者必须接受培训，并成为这些精益的思维方式和运作方式的培训师。精益－敏捷领导者是终身学习者和老师，他们理解并拥抱精益和敏捷的原则和实践。
- **核心价值观**——四个核心价值观定义了 SAFe 的信念系统：协调一致、内建质量、透明和项目群执行。下面会详细讲解。
- **精益－敏捷思维**——这是 SAFe 领导者和实践者的信念、假设和行动的组合，这些 SAFe 领导者和实践者拥抱敏捷宣言和精益思想的概念。
- **SAFe 原则**——这九个基本的真理、信念和经济概念激发并提供了使 SAFe 有效的角色和实践。
- **实施路线图**——通过实施所必需的变革成为精益企业，对大多数公司来说都是一个重大转变。SAFe 提供了一个实施路线图，以指导组织在这个旅程中如何实施 SAFe。
- **SAFe 咨询顾问（SPC）**——SPC 是将 SAFe 的技术知识与改善其公司软件和系统开发流程的内在驱动力相结合的变革推动者。

核心价值观

SAFe 的核心价值观定义了应用 SAFe 至关重要的理想和信念。它们作为指南，帮助人们知晓将焦点放在哪里，并帮助确定组织是否在正确的道路上实现其业务目标。以下将简要介绍每一条价值观。

1. **协调一致**——当管理层和团队都对齐到一个共同的使命上时，所有的精力都旨在帮助客户。每个人都在同一个团队中，朝着相同的目标努力。协调一致沟通了使命的意图，并使团队能够专注于如何完成任务。如果投资组合中的每个人，以及每个 ART 的每个团队成员，都理解战略以及他们在实施战略时所扮演的角色，那么所有人就达成了一致。

2. **内建质量**——在规模化的时候，低质量的经济影响要大得多。内建质量实践可以提高客户满意度，并提供更快速、更可预测的价值交付。这些实践还提高了创新和承担风险的能力。如果没有内建质量，在最短的可持续前置时间内，最大化价值这个精益目标是无法实现的。内建质量实践还确保每个解决方案要素在每个增量中始终达到适当的质量标准。

3. **透明**——“你不能管理秘密。”透明可以建立信任。相应地，信任对于绩效、创新、风险承担和不懈的改进是必不可少的。大型解决方案的开发是很困难的，事情并不总是按照计划进行。创造一个“事实友好性”的环境（例如，在组织内的所有层级，公开共享进展情况和相关信息）是建立信任和提高绩效的关键。信任使团队可以做出快速的、去中心化的本地决策，得到更高级别的授权，并且获得员工更高的参与度。

4. **项目群执行**——为了实现更广泛的变革，整个开发价值流（从概念到发布）必须变得更加精益、更能够响应变化。传统的组织结构和实践是为了控制和稳定而建立的，它们不是专门设计来支持创新、速度和敏捷性的。那些变通的办法，诸如老虎团队（tiger team）、基于项目的组织和特遣队（taskforce）都无法克服这些约束。简而言之，大多数组织无法突破职能筒仓之间厚重的部门墙。相反，SAFe 通过敏捷发布火车（ART）的形式创建了稳定的（长期存在的）由敏捷团队组成的大团队来交付价值。

参考资料

[1] http://scaledagileframework.com/about

[2] Kotter, John P. *Accelerate: Building Strategic Agility for a Faster-Moving World*. 2014.

目　录 Contents

第 1 章 SAFe 基础

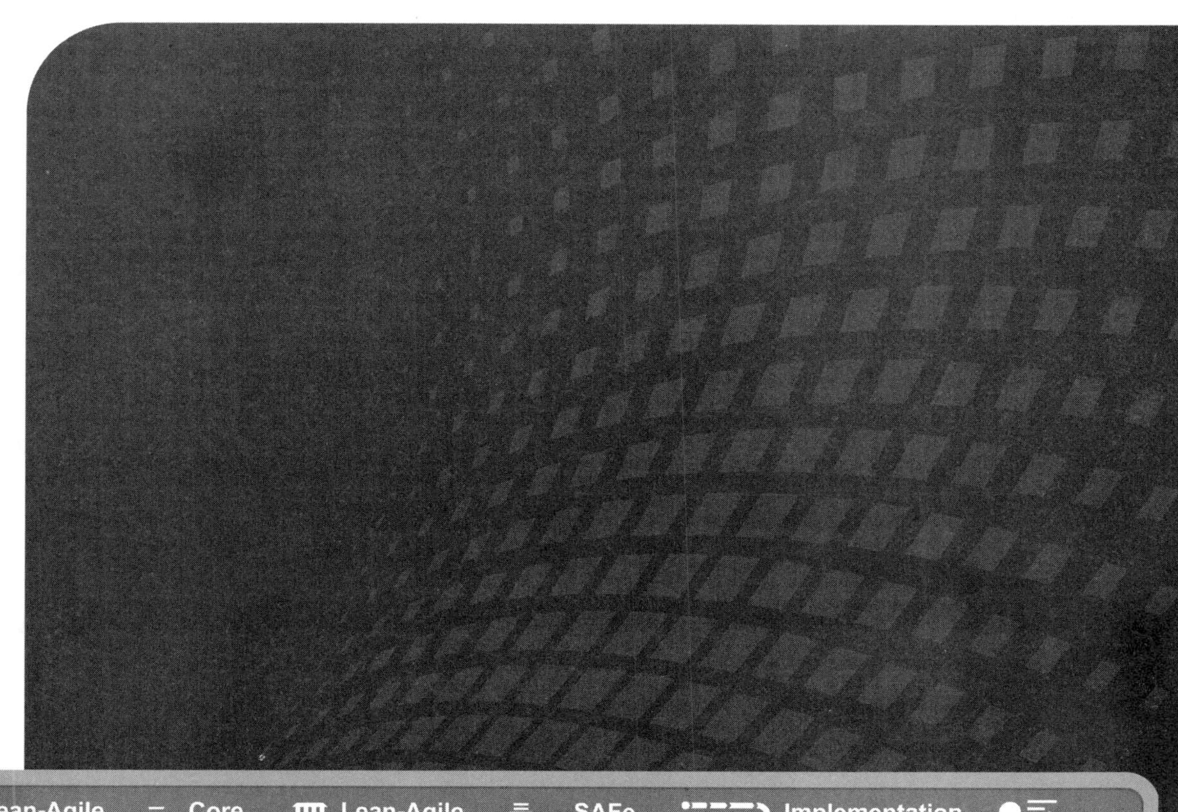

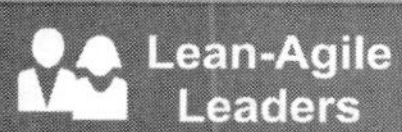
Lean-Agile Leaders

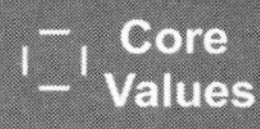
Core Values

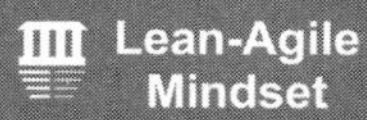
Lean-Agile Mindset

SAFe Principles

Implementation Roadmap

SPC

1.1 精益 – 敏捷领导者

管理层仅仅承诺质量和生产率是不够的，他们必须知道自己应该做些什么。这项责任是不能委派给其他人的。

—— W. 爱德华兹 · 戴明（W. Edwards Deming）

摘要

精益 – 敏捷领导者是终身学习者，他们担负着成功采纳 SAFe 并实现交付成果的责任。他们通过学习、展示、教授和辅导 SAFe 精益 – 敏捷原则与实践，授权和帮助团队构建更好的系统。

SAFe 的哲学理念很简单：作为团队的推进者，精益 – 敏捷开发方法的采纳、成功运用和持续改进的最终责任是由企业的经理、主管和高层管理者来承担的，只有他们可以改变和持续改进大家所使用的系统。因此，领导者必须接受培训，并成为培训师，用学习者的方式思考和处理问题。正如戴明所说："这项责任是不能委派给其他人的"。许多采纳 SAFe 的企业需要采用一种新的领导风格，也就是真正的教导、授权和激发个体成员与团队发挥他们最大的潜能。

详述

SAFe 精益 – 敏捷领导者是终身学习者和老师，他们通过理解和展示精益 – 敏捷理念和 SAFe 原则，帮助团队构建更好的系统。这些领导者采取如下的行为。

1——引领变革

引领一个组织向精益 – 敏捷的行为、习惯和成果进行变革的工作，是不能委派给他人的。然而，精益 – 敏捷领导者要表现出变革的紧迫性，与大家沟通这种紧迫性，为成功进行转型创建一份计划。领导者必须理解和管理变革的流程，当问题出现时及时进行处理和解决。采用原则 #2——运用系统思考，是 SAFe 实施路线图成功的关键。

2——知晓方法，强调终身学习

创造一个促进学习的环境，鼓励团队成员与客户和供应商建立关系，并给团队成员更多的展示空间。努力学习和理解新的开发方法，包括精益、敏捷和现代管理实践。建立和培养正式及非正式的学习与改进小组。博览群书，扩大阅读的广度，与他人分享阅读观点，并在相应的环境中发起读书俱乐部活动。

允许员工自己解决问题。帮助员工识别问题，理解根本原因，找到解决方案，并且提供组织支持。当员工和团队犯错误的时候，为他们提供必要的支持，只有这样才能做到持续学习。

3——发展员工

采用精益的领导风格，专注于开发团队成员的技能和职业发展路线，而不仅仅是作为

一个技术专家或任务协调员。创建一个对成功共同负责的团队。学习共同解决问题的方法，同时发展员工的能力，增强员工的参与和承诺。尊重员工和企业文化。

 # 4——鼓舞和遵循使命，最小化约束

通过最小化的、明确的工作需求，实现使命和愿景。去除那些消极的政策和流程。基于价值构建敏捷团队和版本发布火车。理解自组织、自管理的团队。创建一个安全的环境，让大家学习、成长和相互影响。为每个价值流构建一个经济视角的框架，并教导企业中的每一个员工。

 # 5——去中心化的决策

（更多信息可参考 3.9 节）

建立一个决策框架。通过设定使命、发展员工、教授问题解决等，对团队进行授权。领导者主要负责制定和传达战略层面的决策，这些战略决策通常不会经常发生，一经制定将会持续相当长一段时间，也会对经济收益产生重大的影响。除了这些战略层面的决策，可以把其他决策授权给团队利用去中心化的方式进行。

 # 6——释放知识工作者的内在动力

（更多信息可参考 3.8 节）

理解薪酬在激励知识工作者中的作用。创造一个相互影响的环境。消除任何可能导致内部竞争的基于目标管理（MBO）方法。改造人员评估体系以支持精益 – 敏捷原则和价值观。提供使命感和自主性，帮助员工实现对学习新技能和提升已有技能的掌握力。应用敏捷人力资源（HR）的原则和实践。

开发经理的角色

SAFe 与精益和敏捷开发的原则是一致的，所强调的价值观包括：尽可能自治、自组织、跨职能团队和敏捷发布火车（ART）。SAFe 支持一个学习型管理组织架构，它包括得到授权的个人和团队、快速和基层的决策。在这种环境下，以往在传统方式中对员工每天具体活动的指导就不再需要了。

然而，员工仍然需要有人帮助他们进行职业规划，设定和管理期望和薪酬，并提供积极的辅导，以提高自身的技术能力、业务能力、个人和团队协作能力，以及有效的职业目标。认识到所有的员工同样有权利成为高绩效团队中的一员。

自组织的 ART 并没有获得独立的财务预算，也不能独立定义自己的使命。因为它是实现战略的一个要素，所以这仍然是一项管理责任。在传统的方式中，以上大部分责任是由开发经理这种传统角色来承担的，在采用了精益 – 敏捷开发方法后，这些责任其实并没有消失。然而，在 SAFe 中，这些责任就落到了那些在新的环境中能够适应、调整和成长的人身上。

责任

开发经理（或是负责系统开发的工程经理）是一位管理者，他能够展现以上提及的精益－敏捷领导力的原则和实践。此外，管理者负有对其直接下属进行辅导和个人职业发展的责任，也应负责消除障碍，并积极地参与到员工的系统开发工作中。他们对于价值交付负有终极责任，以下是对于开发经理责任的总结。

人员和团队发展

- 吸引、招聘和留住有能力的员工
- 建立高绩效团队，为员工和团队建立使命与目标
- 指导员工的个人职业发展
- 倾听和支持团队进行问题识别、根本原因分析和决策
- 参与制定和管理员工的福利、补贴和晋升制度
- 消除障碍并参与系统开发和实践，支持精益－敏捷开发
- 对于团队人员分配进行巧妙的控制，处理团队无法解决的问题，必要时引导个人的改变
- 评估绩效，包括团队的输入；提供管理者的输入、指导和纠正措施
- 作为团队的敏捷教练和顾问
- 一方面保持与团队足够接近，从而可以为团队提供帮助，成为一名胜任的管理者；另一方面与团队保持适当的距离，为团队留出空间，让他们自己解决问题

项目群执行

- 帮助建立敏捷里程碑和路线图，以及团队建设的计划
- 帮助开发、实现和传达经济有效的框架
- 参与检视和调整工作坊，通过帮助清除系统的障碍和实现持续改进待办事项条目以支持团队
- 保护团队免受不相关和不必要的干扰
- 协助发布火车工程师（RTE）和解决方案火车工程师（STE），进行项目群增量（PI）计划准备会议，以及 PI 计划前、后会议
- 参与 PI 计划会议、系统演示和解决方案演示
- 建立与供应商、分包商、咨询顾问、合作伙伴、内部和外部利益相关者的合作关系
- 为团队和敏捷发布火车（ART）提供必要的资源，从而成功实现其愿景和路线图
- 巩固和强化基本型 SAFe 的实践
- 通过引导和参与价值流映射来识别系统中的延迟

协调一致

- 与发布火车工程师、解决方案火车工程师和系统的利益相关者协作，确保战略主题的统一和有效执行

- 与系统架构师/工程师、产品经理、产品负责人（PO）协作，建立清晰的内容权威性
- 不断地协助多个团队，保持系统使命和愿景的协调一致
- 帮助确保业务负责人（BO）、共享服务团队和其他利益相关者的参与

透明

- 创造一个"事实友好性"的环境
- 提供自由和安全，让员工个人和团队能够自由创新、实验，甚至偶尔失败
- 与所有的利益相关者进行开放和坦诚的沟通
- 确保待办事项列表和信息雷达对每个人都清晰可见
- 赋予生产力、质量、透明度和开放性比内部政治更大的价值

内建质量

- 针对软件、硬件和固件，增量式采纳内建质量的实践
- 理解、教授或发起技术能力开发，从而支持高质量的代码、组件、系统和解决方案
- 培养实践社区（CoP）
- 理解、支持和应用敏捷架构及精益用户体验（UX）

参考资料

[1] Liker, Jeffrey and Gary L. Convis. *The Toyota Way to Lean Leadership: Achieving and Sustaining Excellence through Leadership Development*. McGraw-Hill, 2011.

[2] Manifesto for Agile Software Development. http://agilemanifesto.org/.

[3] Reinertsen, Donald. *The Principles of Product Development Flow: Second Generation Lean Product Development*. Celeritas Publishing, 2009.

[4] Rother, Mike. *Toyota Kata: Managing People for Improvement, Adaptiveness, and Superior Results*. McGraw-Hill, 2009.

1.2 核心价值观

寻找那些与你有相同价值观的人，大家一起去征服世界。

——约翰·拉岑贝格（John Ratzenberger）

摘要

SAFe的四大核心价值观是协调一致、内建质量、透明和项目群执行，它们是最基本的信念，也是SAFe有效实施的关键。这些指导原则可以帮助每一位参与到SAFe投资组合中

的实践者规范自己的行为举止。

详述

SAFe 是基于精益和敏捷原则的，兼具深度和广度。这就是 SAFe 的基础，但是它的理念是什么呢？

SAFe 坚持四项核心价值观：协调一致、内建质量、透明和项目群执行。下文将分别描述每一项价值观的内容，如图 1.2-1 所示。

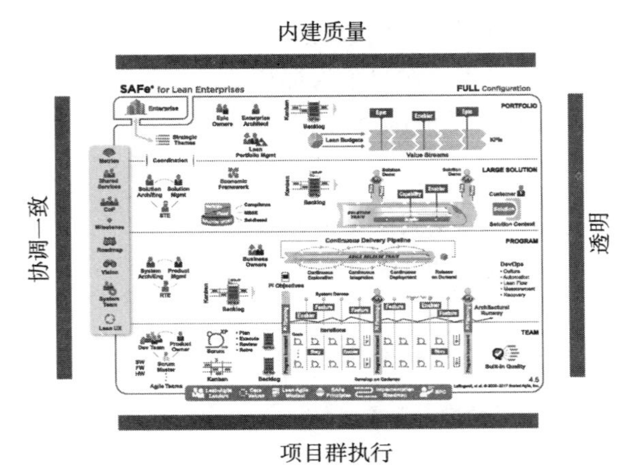

图 1.2-1　SAFe 的核心价值观

协调一致

运营企业就像驾驶汽车一样，如果不能保持协调一致，就可能会产生很多问题。比如，操控方向和根据方向变化进行响应就会变得困难（参考资料 [1]）。即便是每个成员都清楚目的地，但由于缺乏协调一致，汽车也不可能把他们带到那里。

为了能够跟上快速变革的节奏、应对纷繁复杂的竞争、协调分布在不同地点的团队，企业都需要做到协调一致。尽管向敏捷团队进行授权的做法很好（甚至是最好的选择），但是无论敏捷团队有多么优秀，企业的战略和协调一致绝对不是每个团队情况的简单叠加。相反，协调一致必须要基于企业的业务目标。以下是 SAFe 支持的保持协调一致的一些方法。

- 从投资组合的战略和投资决策出发，映射到战略主题和投资组合待办事项列表，然后传递到愿景、路线图和 SAFe 各层级的待办事项列表。“持续探索”从不同的利益相关者小组和多种信息来源收集信息和观点，确保待办事项列表中的条目进行了正确的优先级排序和梳理，并且可以交给团队进行实现。所有这些内容都是可视化的、可讨论的、可解决的、透明的。
- SAFe 对于工作内容负责的授权角色有非常清晰的线路，从投资组合层出发，涉及主要的产品和解决方案管理者的角色，一直延伸到团队层产品负责人的角色。

- 对交付的期望和承诺是通过 PI 目标和迭代目标进行协调同步的。
- 通过确定的节奏和同步机制确保协调一致，或者仅在合理的财务状况和时间范围内，可以做适当的调整。
- 项目群架构、用户体验指导和组织治理，有助于确保解决方案的技术性、健壮性和可扩展性。
- 基于当前的环境和演进的状况，使用经济的优先级排定方法，可以保持利益相关者持续地、认同地、滚动式地参与优先级排序。

但是，协调一致并不意味着或鼓励命令和控制。恰恰相反，事实上，协调一致支持自主性和去中心化的决策，它允许执行价值交付的实施者可以更好地做出本地化的决策。

内建质量

w. 爱德华兹·戴明有一句名言："检查既不会提升质量，也不会保证质量。检查进行得太迟了。质量，无论高低，都已经存在于产品中了。质量在产品和服务中是无法被检查的，只能内建进去。"

内建质量能确保解决方案中的每一个要素都符合质量标准，质量并不是"后来增加的"。内建质量是精益开发流的前提条件，如果没有质量，组织的运行可能伴随着大量的没有经过测试和验证的工作，这可能会导致过度的返工和更慢的交付速度，这都是不好的结果。毫无疑问，内建质量对于大型系统而言是至关重要的，质量是强制性的。

软件

简单地说，你不能扩展那些蹩脚的代码。敏捷宣言明确提出专注在质量上："坚持不懈地追求技术卓越和良好设计，敏捷能力由此增强"（参考资料 [2]）。解决面对快速变化的软件质量问题，需要演进有效的实践，以及那些被极限编程（XP）强烈推荐的框架指导：

- 测试先行：测试驱动开发（TDD）、接收测试驱动开发（ATDD）和行为驱动开发（BDD）
- 持续集成和持续部署
- 重构
- 结对工作
- 共同所有权

硬件

同样，没有人能够扩展蹩脚的组件和系统。硬件元素（如电子、电器、流体力学、光学、机械、包装、热学等）都很少涉及"软性"元素。硬件中的缺陷会带来更高代价的变更和返工成本。以下推荐做法可以避免这些缺陷：

- 频繁的设计周期和集成（参考资料 [3]）
- 协同设计实践

- 基于模型的系统工程（MBSE）
- 基于集合的设计（SBD）
- 对开发和测试基础设施进行投入

系统集成

最终，不同的组件和子系统（软件、固件、硬件和其他元素）必须共同协作，从而提供有效的解决方案级的行为。以下这些实践可以支持解决方案级的质量：

- 频繁的系统和解决方案级的集成
- 对于功能性和非功能性需求在解决方案级的测试
- 系统和解决方案演示

合规

企业采用 SAFe 来构建那些世界上最大型和最重要的系统，很多这样的系统是无法承受失败所带来的社会和经济成本的。为了保护公众的利益，就需要应用额外的规则或者严格的合规需求。为此，构建高保障性系统的 SAFe 企业在*精益质量管理系统*（QMS）下，定义了自己的实践、规则和流程。这种系统需要确保开发和成果能够与相应的规则和合规标准相吻合，同时又能提供所需要的证明文档。

与之相反，大多数敏捷开发团队不需要创建这些正式的交付件。他们只需要使用团队待办事项列表、持续的测试用例，以及代码自身来描述系统行为即可。然而，在合规的环境下，很显然企业需要开发和维护一套软件需求规格说明书（SRS）来支持确认和验证。事实上，没有必要在最开始的时候大量地生成 SRS 文档。也就是说，只要有可能，这些所需要的文档和工件可以作为常规工作流动的一部分，由敏捷团队使用敏捷工具和自动化的形式增量式地进行构建。例如，敏捷工具可以用于生成 SRS 或者跟踪矩阵。

透明

解决方案的开发是很困难的，工作往往会出错或者无法按计划进行。如果没有开放性，就很难找到事实，而只能基于假设做出决策，也缺乏数据的支持。没有人能够解开这些谜团。

因此，就需要信任。因为如果没有信任，就无法建立高绩效的团队和项目群，也无法建立（或重建）信心以做出和履行合理的承诺。信任表现在，当进行集成的时候，一方完全信赖另一方的工作，尤其是在遇到困难的时候。如果没有信任，工作环境中就会缺少很多乐趣和激励。

建立信任是需要时间的，透明性是建立信任的推动因素，它提供了一些实践：

- 企业高管、投资组合经理和其他利益相关者可以看到投资组合看板和项目群待办事项列表，他们对于每一个 ART 和解决方案火车的 PI 目标都有清楚的认识。
- ART 可以清楚地看到团队待办事项列表，也可以看到其他项目群的待办事项列表。
- 团队和项目群会做出短周期和可视化的承诺，并且兑现这些承诺。
- 检视和调整工作坊可以邀请所有利益相关者共同从经验教训总结中创建改进待办事项列表。

- 团队和敏捷发布火车（ART）可以清楚地看到投资组合业务和使能史诗，他们能够可视化地看到这些举措。
- 进展是基于对于可工作解决方案的客观度量进行的。
- 每一个人都能理解团队和项目群的速度及在制品（WIP），企业战略和执行能力是可视化和协调一致的。

项目群执行

当然，如果没有团队的执行力和持续的交付价值，SAFe中其他要素所发挥的作用也就很有限了。因此，SAFe非常重视聚焦在可工作的系统和所产出的业务成果上。历史经验告诉我们，当很多企业开始采用敏捷团队进行组织转型时，他们通常会在进行大型解决方案的交付过程中，处理可靠性和有效性问题时遭受挫败。

ART的创建就是为了解决上述问题，而且SAFe将实施聚焦在项目群层级上。从另一个角度来看，价值流的交付能力又依赖于ART和解决方案火车的交付能力。

幸运的是，在团队方面，可以通过使用协调一致、透明性和内建质量，让团队有一种“风从背后吹来”的感觉，从而让团队专注在向前的工作执行中。通过团队的努力，解决那些复杂的难题，同时团队可以基于检视和调整工作坊形成闭环，在每一个PI中执行得越来越好。

当然，项目群执行并不仅仅是基于团队、自下而上的。想要成功的扩展精益–敏捷的执行，不仅仅需要团队的参与，也需要精益–敏捷领导者的积极支持，领导者能够把内部领导力进行有效整合，使之面向客户结果。这样就可以为团队和利益相关者创建一个持续的、有意义的工作环境。

以上就是成功的团队和项目群的工作方式，这也是企业在员工参与、生产力、质量和上市时间等方面获得成功的原因，而且企业也愿意继续享受这个成功的过程！

参考资料

[1] Labovitz, George H., and Victor Rosansky. *The Power of Alignment: How Great Companies Stay Centered and Accomplish Extraordinary Things.* Wiley, 1997.

[2] Manifesto for Agile Software Development. http://AgileManifesto.org.

[3] Oosterwal, Dantar P. *The Lean Machine: How Harley-Davidson Drove Top-Line Growth and Profitability with Revolutionary Lean Product Development.* Amacom, 2010.

1.3 精益–敏捷理念

所有工作都始于精益–敏捷理念。

——SAFe作者

摘要

精益－敏捷理念是 SAFe 领导者和实践者在拥抱敏捷宣言和精益思想的过程中，所产生的信仰、假设和行动的融合。它是采纳和运用 SAFe 原则与实践的个人基础、知识基础和领导力基础。

SAFe 基于三大知识体系：敏捷开发、系统思考、精益产品开发（参考资料 [1]）。

敏捷开发提供了必要的工具，授权并鼓励团队达到前所未有的生产力水平、质量和参与程度。但是，想要扩展到整个企业层面，就需要一个更为广泛和深入的精益－敏捷理念来支持精益和敏捷开发的执行。因此，精益－敏捷理念包含以下两个主要方面：

- **精益思想**——精益思想在 SAFe 精益之屋中体现出来了（如图 1.3-1 所示）。在这幅图中，“屋顶”代表目标是交付价值；“支柱”通过尊重个人与文化、流动、创新和坚持不懈的改进，来支持目标得以实现；精益领导力则为其他一切奠定基础。
- **拥抱敏捷**——SAFe 是完全基于敏捷团队及其领导者的技能、资质和能力而构建起来的。敏捷宣言提供了一个价值体系和一系列原则，作为成功实施敏捷开发的基本理念。

理解和应用以上知识，有助于创建出精益－敏捷理念，它是新型管理方法和增强型文化的一部分，提供了驱动成功进行 SAFe 转型所需要的领导力，并有助于个人和企业实现其目标。

详述

精益的 SAFe 之屋

精益思想虽然最初起源于精益生产，精益思想的原则和实践同样可以应用于软件、产品和系统开发中，当今其应用范围是深远和广泛的（参考资料 [2]）。例如，Ward（参考资料 [3]）、Reinertsen（参考资料 [4]）、Poppendieck（参考资料 [5]）和 Leffingwell（参考资料 [6]）等人都描述了精益思想的各个方面，他们把精益的核心原则和实践付诸产品开发的环境中。综合所有这些要素，受到丰田公司的精益之屋的启发，我们提出了精益的 SAFe 之屋，如图 1.3-1 所示。

目标——价值

精益的目标是毋庸置疑的：在最短的可持续前置时间内交付最大的客户价值，同时向客户和社会提供所能达到的最佳质量。高昂的士气、安全的实施、客户的满意，这些都是更深远的目标和收益。

支柱 1——尊重个人和文化

一种精益－敏捷的方法是无法自己实施或者开展实际运作的，而是由人来执行所有的工作。尊重个人和文化是基本的人类需要。当人们得到了尊重，就会得到授权演进自己的实践并进行改进提高。管理层激发团队成员做出改变，从而朝向更好的工作方法。同时，团队和个人也要学习问题解决和反思的技能，然后进行适当的改进提高（参考资料 [1]）。

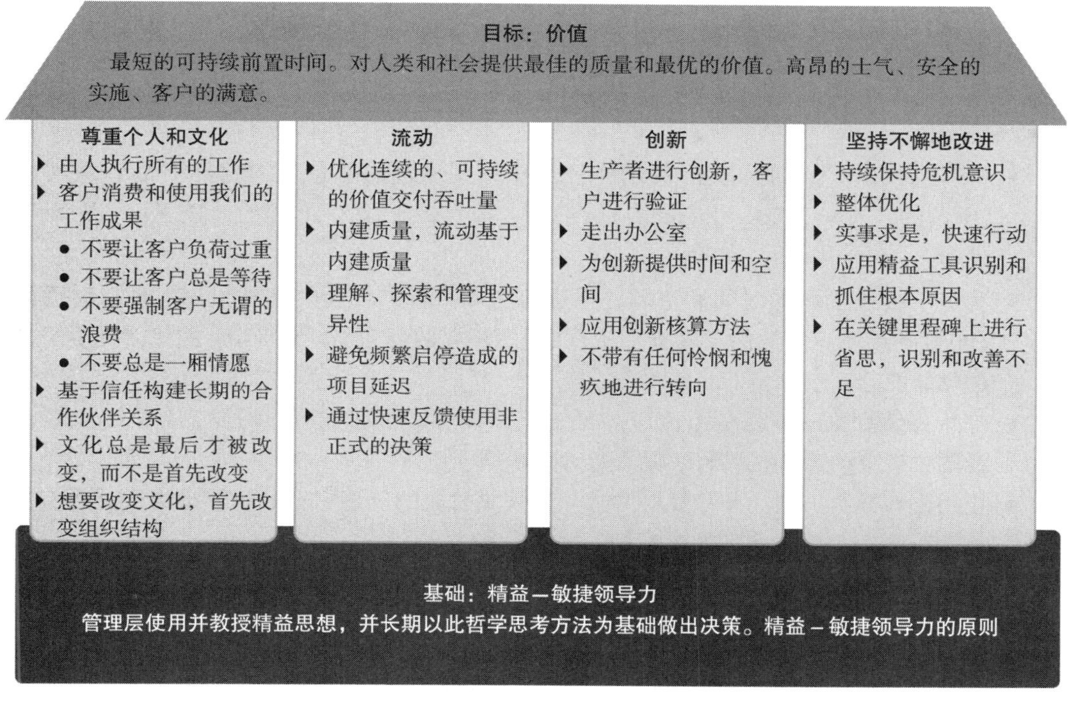

图 1.3-1　精益的 SAFe 之屋

文化是这种新的行为背后的驱动力，这就需要企业及其领导者首先做出改变。尊重个人和文化这条原则，也应该扩展到与供应商、合作伙伴、客户，以及更广泛的社区关系，从而支持整个企业。

哪里有积极变革的紧迫性，哪里就会逐步实现文化的提升。首先，理解和实施 SAFe 的价值观和原则；其次，交付成功的成果；最后，文化的改变自然就会随之而来。

支柱 2——流动

成功实施 SAFe 的关键是建立一个持续的工作流动，基于持续的反馈和调整，并支持增量的价值交付。持续的流动可以促进更快的价值交付、有效的内建质量实践、坚持不懈地改进，以及基于事实的有效组织治理。

流动的原则是精益－敏捷理念的最基础的部分。这些原则包括理解完整的价值流、可视化和限制在制品（WIP）、减小批次规模和管理队列长度。此外，精益会聚焦在识别和持续减少延迟成本和消除浪费（没有价值的活动）。

精益－敏捷原则提供了针对系统开发的流程、新的思维方式、工具和技术的更好的理解，使领导者和团队成员可以从基于“阶段 – 门限”的流程，转型成 DevOps 和持续交付流水线，从而可以扩展整个价值交付流程的流动性。

支柱 3——创新

尽管“流动”支柱构建了价值交付的坚实基础，但是如果没有“创新”支柱，产品和流程都将会停滞不前。为了支持精益的 SAFe 之屋的关键组成部分，精益 – 敏捷领导者鼓励开展如下实践：

- “走出办公室”，进入实际的工作环境中，到现场感受价值交付和产品创建与使用（所谓的“现场管理”（gemba））。正如大野耐一所说，“有用的改进不可能在桌子上发明”。
- 为员工提供创新的时间和空间，促进有明确目标的创新。创新很少出现在对资源的 100% 利用或者持续的“救火”工作中。SAFe 的创新与计划（IP）迭代就提供了这样的创新机会。
- 应用持续探索——是一个流程，可用于持续探索市场和用户需要，并定义愿景、路线图，以及一系列的特性，从而实现这些需要。
- 应用创新核算方法（参考资料 [7]）。建立非财务的、真实有效的度量指标，从而提供对于创新中重要元素的快速反馈。
- 与客户一起验证创新，当收益假说需要改变时，不带任何怜悯和愧疚地转向。

支柱 4——坚持不懈地改进

第 4 个支柱是“坚持不懈地改进”。通过持续反思和流程改进，鼓励学习和成长。持续的危机意识可以促使企业积极追求改进的机会。建议领导者和团队成员按照以下方法执行：

- 对组织和开发流程的整体优化，而非局部优化。
- 实事求是，快速行动。
- 使用精益工具和技术，确定无效性的根源，快速应用有效的对策。
- 在关键里程碑上进行反思，以开放的心态识别和处理所有层级流程中的不足。

基础——领导力

精益的基础是领导力，这是团队成功的根本推动力。成功采纳实施精益 – 敏捷方法的终极责任，是由企业的经理、主管和高层管理者来承担的。正如戴明所说，“这项责任是不能委派给其他人的”（参考资料 [8]），包括那些精益 – 敏捷倡导者、工作组、项目群管理办公室（PMO）、流程团队、外部咨询顾问或者其他第三方。因此，想要取得成功，领导者必须接受这些新型创新思维方式的培训，并展现出精益 – 敏捷领导力的原则和行为。

精益思想与敏捷类似，但是也有所不同。敏捷实践通常是引入一个基于团队的流程，而并不包含管理层。不幸的是，这种情况不太容易进行扩展。相反，在精益 – 敏捷开发中，管理者成了拥抱精益价值观的领导者，他们有能力参与一些基础实践，主动消除障碍，在驱动组织变革和促进坚持不懈地改进时扮演积极的推动者角色。

敏捷宣言

在 20 世纪 90 年代，为了应对瀑布式开发方法所面临的挑战，涌现出了很多更加轻量级的、更加考虑迭代执行的开发方法。在 2001 年，倡导这些方法的思想领袖们聚集在美国犹他州的雪鸟小镇，虽然大家所提出的方法各不相同，但是与会者一致认为这些不同方法所遵循的共同价值观和信仰，最终提出了《敏捷软件开发宣言》（参考资料 [9]）。这是一个转折点，它有助于统一方法，并开始在更大的范围之内推广这些创新方法的益处。敏捷宣言包含了一组价值观声明和一组原则，如图 1.3-2 和图 1.3-3 所示。

敏捷宣言的价值观

我们一直在实践中探寻更好的软件开发方法，
身体力行的同时也帮助他人。

由此我们建立了如下价值观：

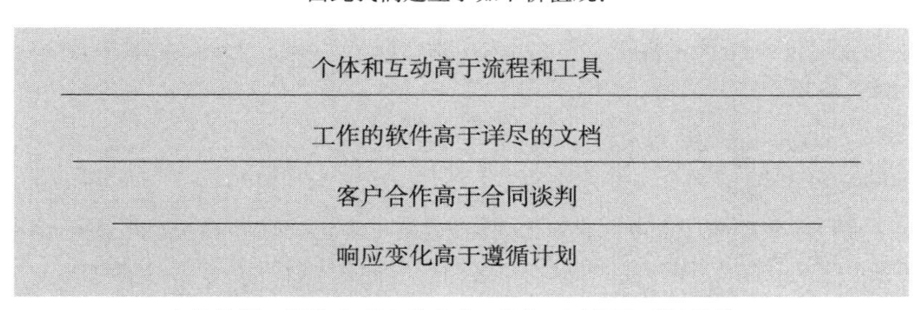

个体和互动高于流程和工具
工作的软件高于详尽的文档
客户合作高于合同谈判
响应变化高于遵循计划

也就是说，尽管右项有其价值，我们更重视左项的价值。

图 1.3-2　敏捷宣言的价值观（来源：agilemanifesto.org）

敏捷宣言的原则
1. 我们最重要的目标，是通过持续不断地及早交付有价值的软件使客户满意。
2. 欣然面对需求变化，即使在开发后期也一样。为了客户的竞争优势，敏捷过程掌控变化。
3. 频繁交付可工作的软件，相隔几星期或一两个月，倾向于采取较短的周期。
4. 业务人员和开发人员必须相互合作，项目中的每一天都不例外。
5. 激发个体的斗志，以他们为核心搭建项目。提供所需的环境和支援，辅以信任，从而达成目标。
6. 不论团队内外，传递信息效果最好效率也最高的方式是面对面的交谈。
7. 可工作的软件是进度的首要度量标准。
8. 敏捷过程倡导可持续开发。责任人、开发人员和用户要能够共同维持其步调稳定延续。
9. 坚持不懈地追求技术卓越和良好设计，敏捷能力由此增强。
10. 以简洁为本，它是极力减少不必要工作量的艺术。
11. 最好的架构、需求和设计出自自组织团队。
12. 团队定期地反思如何能提高成效，并依此调整自身的举止表现。

图 1.3-3　敏捷宣言的原则（来源：agilemanifesto.org）

敏捷宣言通过各种各样的敏捷方法，为授权的、自组织的团队提供敏捷实施的基础。

SAFe 将这个实施的基础扩展到了大型团队的级别，并应用精益思想理解和持续提升系统，从而支持多团队的各项关键工作。

参考资料

[1] Knaster, Richard, and Dean Leffingwell. *SAFe Distilled: Applying the Scaled Agile Framework for Lean Software and Systems Engineering*. Addison-Wesley, 2017.

[2] Womack, James P., Daniel T. Jones, and Daniel Roos. *The Machine That Changed the World: The Story of Lean Production—Toyota's Secret Weapon in the Global Car Wars That Is Revolutionizing World Industry*. Free Press, 2007.

[3] Ward, Allen, and Durward Sobeck. *Lean Product and Process Development*. Lean Enterprise Institute, 2014.

[4] Reinertsen, Donald G. *The Principles of Product Development Flow: Second Generation Lean Product Development*. Celeritas, 2009.

[5] Poppendieck, Mary, and Tom Poppendieck. *Implementing Lean Software Development: From Concept to Cash*. Addison-Wesley, 2006.

[6] Leffingwell, Dean. *Agile Software Requirements: Lean Requirements Practices for Teams, Programs, and the Enterprise*. Addison-Wesley, 2011.

[7] Ries, Eric. *The Lean Startup: How Today's Entrepreneurs Use Continuous Innovation to Create Radically Successful Businesses*. Crown Business, 2011.

[8] Deming, W. Edwards. *Out of the Crisis*. MIT Center for Advanced Educational Services, 1982.

[9] Manifesto for Agile Software Development. http://agilemanifesto.org/.

1.4 SAFe 原则概述

人们常说：“我们的问题是不同的”，这其实是最常见的错误，它困扰着全世界的管理者。这些问题确实各不相同，但有助于提升产品和服务质量的原则在本质上却是相同的。

——W. 爱德华兹 · 戴明（W. Edwards Deming ）

摘要

SAFe 基于九条恒定的、基本的精益和敏捷的原则（如图 1.4-1 所示）。这些基本信条和经济概念对于 SAFe 的角色和实践起到了鼓舞和描述的作用。

为什么聚焦在原则上

构建企业级软件和网络物理系统，是当今业界面临的最复杂的挑战之一。例如：

- 构建具有数百万行代码的软件和系统

1——采取经济视角

2——运用系统思考

3——假设变异性，保留可选项

4——通过快速集成学习环进行增量式构建

5——基于对可工作系统的客观评估设立里程碑

6——可视化和限制在制品，减少批次规模，管理队列长度

7——应用节奏，通过跨领域计划进行同步

8——释放知识工作者的内在动力

9——去中心化的决策

图 1.4-1 SAFe 精益 – 敏捷原则

- 融合复杂的硬件和软件交互
- 跨越多个并发的平台
- 满足需要和要求严格的非功能性需求（NFR）

当然，建立这些系统的企业也变得越来越复杂。他们比以往的规模更大，地域上也更加分散。合并和收购、分布式跨国（跨多国语言）研发、离岸外包，以及获得成功所需要的快速增长，这些因素都是解决方案的一部分，但同时也是问题的一部分。

幸运的是，我们有一个良好的和不断发展的知识体系，有助于我们应对这一挑战。这个体系包括敏捷原则和方法、精益和系统思考、产品开发流动的实践、精益流程和产品开发等。许多思想领袖已经率先走上了这条探索的道路，给我们提供了大量的书籍和参考资料。

SAFe 的目标是综合一些相关的知识体系，并从数以百计的部署实施中收集经验教训。它创建了一个集成的、被验证过实践的系统，这些实践可以提高员工参与度、加快产品上市时间、提升解决方案质量和团队生产力。然而，前文也提到了行业挑战的复杂性，每一个企业面临的挑战都有所不同，也就不可能找到一个通用的适合所有情况的解决方案。这就意味着需要根据实际情况，对 SAFe 框架进行一些剪裁和定制化处理，SAFe 中所推荐的众多实践也不一定适用于所有情况。因此，我们一直致力于通过 SAFe 提供基础的实践、合理和恒定的原则。这样我们就能有信心让 SAFe 适用于各种常见的场景。

当这些实践遇到问题时，基本的原则可以指导团队确保他们继续朝着精益之屋的目标前进："在最短的可持续前置时间内，为人类和社会提供最佳的质量和最优的价值。"这同样也是有价值的。

SAFe 的实践以九个基本原则为基础，这些原则是从敏捷原则和方法、精益产品开发、系统思考，以及成功企业的观察不断演化而来的。针对每一条 SAFe 原则都有一篇具体的文章加以阐述。而且，这些原则也处处体现在整个规模化敏捷框架中。下面将简述每一条 SAFe 原则。

原则 #1——采取经济视角

以可持续的最短前置时间为人类和社会交付最优的价值，需要对系统构建者所负使命

的经济状况有最基本的理解。精益系统构建者努力确保每天的决定都是在一个适当的经济环境下做出的。主要包括开发和沟通增量价值流交付的战略和创建价值流的经济框架，他们定义了在风险、延误成本（CoD）、运营与开发成本之间的折中权衡，并且支持去中心化的决策方式。

原则 #2——运用系统思考

戴明观察到，在工作环境中所面临的问题需要了解工人所使用的系统。而且，系统是复杂的。系统中有许多已经定义的、共享目标的相互关联的组件（包括人员和流程）。为了能够改进提高，每个人都必须理解并致力于系统的目的；也就是说，优化一个组件并不能优化整个系统。在 SAFe 里，系统化思考被应用于构建整个系统的组织以及正在开发中的系统，同时也用于获悉该系统在其最终用户环境中如何运行。

原则 #3——假设变异性，保留可选项

传统的设计与生命周期实践使人们在整个开发过程的前期就选取单一需求并设计可能的实现选项。然而，如果起始点就错了，那将来的调整将会花费太长时间，并将导致一个未达最佳的长期设计。一个更好的方式是，在开发周期内更长时间地保留多个需求和设计选项。使用经验数据来收窄关注点，从而产生能够创造更好经济效益的设计方案。

原则 #4——通过快速集成学习环进行增量式构建

通过一系列短迭代的方式来增量地开发解决方案。每个迭代产生一个集成的可工作系统增量，后面的迭代都基于前一个迭代的工作成果进行构建。这些可工作增量可以快速获得客户反馈和降低风险，并且也可作为最小可行产品（MVP）或者原型用于市场测试和确认。此外，在早期，快速反馈的结果允许系统构建者在必要的时候“转移”到另一个行动方向。

原则 #5——基于对可工作系统的客观评估设立里程碑

业务负责人、开发人员和客户将共担责任，确保新的解决方案投资将带来经济效益。顺序式、阶段 – 门限式的开发模型设计，就是用来应对这种挑战的，但过往的经验表明，它并不能像期望的那样降低风险。在精益敏捷开发模型中，每个集成点都提供了一个客观的里程碑，从而可以频繁地进行评估并贯穿于整个开发生命周期中。这种客观评估提供了财务、技术，以及符合目标的治理，从而确保持续投资将产生与之相匹配的回报。

原则 #6——可视化和限制在制品，减少批次规模，管理队列长度

精益企业努力达到一种可持续流动的状态，从而，新的系统的能力可以从概念到盈利快速且可见地实现。实现这种流动的三个主要关键是：

1. 可视化和限制在制品（WIP）的数量，从而限制对实际生产能力的要求
2. 减少工作项的批次规模，以促进工件在系统中的可靠流动
3. 管理队列长度，从而减少对系统新的能力的等待时间

原则 #7——应用节奏，通过跨领域计划进行同步

节奏为开发活动创建了可预测性，并提供了韵律节拍。同步能够促使人们同时理解、解决并集成多个视角。应用开发节奏和同步，加上定期的跨领域计划，提供了所需要的工具，可以在产品开发不确定性的情况下有效运作。

原则 #8——释放知识工作者的内在动力

精益－敏捷领导者都很清楚，知识工作者的构想、创新和敬业通常并不能被激励薪酬所激励。毕竟，个人目标会导致内部竞争，甚至有可能破坏必要的合作，乃至无法实现更宏伟的目标。提供自主性、使命感并尽可能减少约束，将会获得更高水平的员工敬业度，并为客户和企业产生更好的成果。

原则 #9——去中心化的决策

实现快速的价值交付要求快速的、去中心化的决策。这样做，可以减少延误、改善产品开发流动、促进更快反馈，并能根据具体的上下文信息产生更有创意的解决方案。然而，有些决策是战略性的、全局性的，并且这些决策具有足够的经济规模足以保证中心化决策的收益。由于这两种类型的决策（中心化集中决策、去中心化分散决策）都会发生，因此至关重要的一步是创建一个确定的决策框架，从而确保价值的快速流动。

第 3 章将对 SAFe 的九个原则进行详细的描述。

参考资料

[1] Leffingwell, Dean. *Agile Software Requirements: Lean Requirements Practices for Teams, Programs, and the Enterprise.* Addison-Wesley, 2011.

1.5 SAFe 实施路线图

既能指明宏观方向又能摆脱细节，这是许多领导者引以为自豪的地方。但是仅有全景图，甩手掌柜的领导方式在变革环境中是行不通的，因为变革最难的部分，也是可能令其瘫痪的部分，就存在于细节之中。

所有成功的变革都需要将模糊的目标转化为具体的行为。简言之，为了转变，你需要制定关键行动。

——奇普・希思和丹・希思，《瞬变：如何让你的世界变好一些 》(Dan and Chip Heath, Switch: How to Change Things When Change Is Hard)

摘要

SAFe 实施路线图包括一幅概览图和 12 个步骤，描述了一系列战略和有序的活动，这

些活动是在成功实施 SAFe 中已经被证明的有效方式。

在规模化的环境中要达成精益 – 敏捷开发的业务收益，并不是一件简单的事情，因此 SAFe 也不是一个简单的框架。在实现 SAFe 的收益之前，组织必须接受精益 – 敏捷的理念，并理解和应用精益 – 敏捷的原则。组织必须识别价值流和敏捷发布火车（ART），实现精益 – 敏捷投资组合，内建质量，并建立持续价值交付和 DevOps 的机制。当然，文化也必须得到进化。

基于经过验证的组织变革管理战略，SAFe 实施路线图和一系列指导文章描述了企业可以采取的步骤或“关键行动”，从而可以通过有序的、可靠的和成功的方式进行 SAFe 的实施。

详述

为了实现期望的组织变革，领导者必须编写“关键行动的脚本”，正如 Dan Health 和 Chip Heath 的描述（参考资料 [1]）。在确定采用 SAFe 的关键步骤时，数以百计的世界上最大的企业已经走上了这条道路，成功的采用模式已经变得越来越清晰。图 1.5-1 展示了一个相对标准的实施模式。

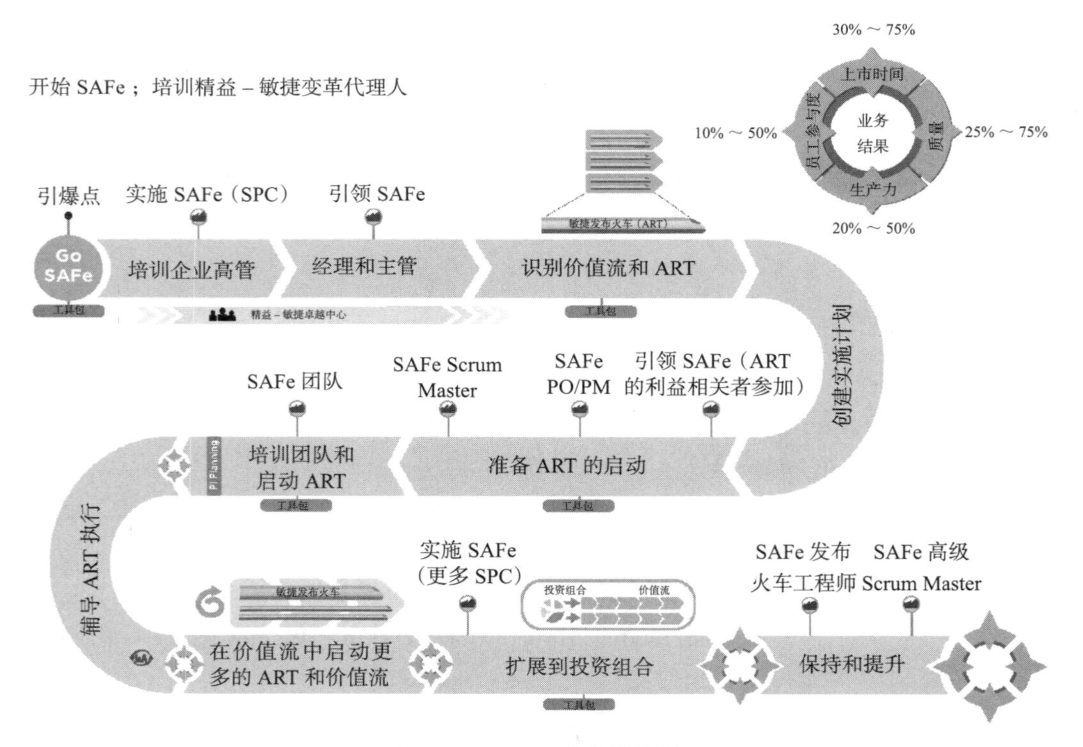

图 1.5-1 SAFe 实施路线图

虽然实施方法各不相同，而且在企业中很少有能够完全按照顺序逐步进行实施的，但是我们知道，那些能够获得最佳成果的企业通常是遵循与 SAFe 实施路线图类似的路径得以实现的。SAFe 实施路线图包括以下 12 个步骤：

1. 达到引爆点
2. 培训精益 – 敏捷变革代理人
3. 培训企业高管、经理和主管
4. 创建精益 – 敏捷卓越中心
5. 识别价值流和 ART
6. 创建实施计划
7. 准备 ART 的启动
8. 培训团队和启动 ART
9. 辅导 ART 执行
10. 启动更多的 ART 和价值流
11. 扩展到投资组合
12. 保持和提升

本节作为启动的概述，可以让你开始详细地探索这些步骤，并了解如何将其应用到自己的实施中。第 2 章将描述 SAFe 实现路线图的每个步骤。

参考资料

[1] Heath, Chip, and Dan Heath. *Switch: How to Change Things When Change Is Hard*. Crown Publishing Group, Kindle Edition.

[2] Knaster, Richard, and Dean Leffingwell. *SAFe Distilled: Applying the Scaled Agile Framework for Lean Software and Systems Engineering*. Addison-Wesley, 2017.

1.6 SAFe 咨询顾问

只有那些疯狂到以为自己能够改变世界的人，才能真正地改变世界。

——苹果电脑

摘要

SAFe 咨询顾问（SPC）是变革代理人，他们把 SAFe 的技术知识与提升公司软件及系统开发流程的内在动机结合起来。他们在成功实施 SAFe 的过程中起着至关重要的作用。SPC 来自许多内部或外部角色，包括业务和技术领导、投资组合 / 项目群 / 项目经理、流程领导、架构师、分析师，以及咨询顾问。

详述

一种关键角色和一项关键需要

正如我们在实施路线图描述的一系列步骤，改变企业的开发实践和行为是一项重大的挑战。为了实现有意义的和持久的变革，约翰•科特指出，需要由利益相关者组成一个“足够强大的指导联盟”(参考资料 [1])。这样的联盟需要：

- 具有能够为变革设定愿景，指引方向，并消除障碍的领导者
- 具有能够实施具体流程变革的执行者、经理和变革代理人
- 具有足以引起重视的组织信誉的员工
- 具有能够做出快速、明智决策所必需的专业知识

在那些新引入 SAFe 的企业中，以上这些工作都需要经过培训的 SPC 来承担。

责任

SPC 作为知识型的变革代理人，参与到 SAFe 实施路线图的绝大部分活动中。具体说来，他们的责任如下：

- **达到引爆点**——他们传达业务需要、紧迫感和变革愿景。
- **培训企业高管、经理和主管**——他们沟通新的概念，提供方向和宏观培训。SPCS 向领导者、管理者和利益相关者教授引领 SAFe 培训课程。
- **创建精益–敏捷卓越中心（LACE）**——SPC 协助 LACE 建立和执行变革待办事项列表。
- **识别价值流和敏捷发布火车（ART）**——SPC 与利益相关者一起合作，理解价值的流动，识别价值流和 ART，从而找到启动的最佳机会。
- **创建实施计划**——SPC 参与创建实施计划，沟通将要启动的变革，并建立度量。
- **准备 ART 的启动**——SPC 帮助 LACE 计划和准备 ART 启动。他们辅导领导者并帮助协调建立新的敏捷团队。他们自己开展培训或者找外部讲师进行培训，这些培训覆盖的角色包括：高层管理者、主管、开发团队、专业的角色（比如产品负责人、产品经理、Scrum Master、发布火车工程师（RTE））。他们也会参与到启动火车和待办事项列表准备的工作中。
- **培训团队和启动 ART**——SPC 通常会直接计划和执行 SAFe 快速启动活动或其他实施策略。他们针对团队自己开展培训或者找外部讲师进行培训，并参与初始的、关键的活动，如项目群增量（PI）计划会议，以及检视和调整（I & A）活动。SPC 帮助确立 ART 启动日期，以及 ART 和团队活动的日历。
- **辅导 ART 执行**——SPC 辅导领导者和利益相关者建立并维护愿景、路线图和项目群待办事项列表。他们辅导团队、产品负责人、产品经理、架构师和 RTE。他们也参加 Scrum of Scrums 和系统演示，引导 I&A 工作坊，并跟进后续的改进活动。最后，他们帮助团队建立 DevOps 文化和理念、持续交付流水线、基础设施，以及相关的敏捷技术实践。

- **启动更多的 ART 和价值流**——SPC 致力于使新的变更代理人能够增强组织能力以支持新的价值流，启动更多的 ART，并扩大 LACE 的影响范围。他们沟通进展，强调突出早期获得的成就。
- **扩展到投资组合**——一旦精益 – 敏捷实践获得了动力，SPC 就可以开始传递投资组合实践，并将其推动到公司的其他领域，包括精益预算、精益投资组合管理、更加精益的 CapEx 和 OpEx 方法，以及敏捷合同。他们还传达战略主题的价值。
- **保持和提升**——企业的精益实施永无止境。SPC 一直保持着长远的视角，包括提高质量、培养精益 – 敏捷的人力资源方法、通过继续教育支持增强的技能开发，以及建立实践的社区（CoP）。它们鼓励自我评估（参见 6.1 节的讨论），并帮助执行价值流映射。

需要多少 SPC

乍一看，上面的清单似乎令人畏惧。没有一个 SPC 能够独自完成这一切。然而，从广义上看，SPC 的知识和技能不能仅仅局限于选出的少数几个人身上。相反，许多新兴的精益 – 敏捷业务的领导者必须掌握这些独特的新能力。这意味着大多数公司将需要许多 SPC（可能每 100 个开发人员就需要 3 ～ 5 个 SPC）来驱动和保持实施工作。

培训 SPC

SPC 必须接受培训，以适应其新角色，并获得执行其责任所需的技能和工具，以及指导和教导其他人实施和支持变革。实现此目的的最佳方法是参加实施 SAFe 4.0 培训课程，并获得 SPC4 证书。这个为期 4 天的课程可使 SPC 成为领导变革的变革代理人。参与者会学习如何有效地应用 SAFe 的原则和实践，以及组织、培训和教练敏捷团队。他们还会学习如何识别价值流、设计和启动 ART，以及帮助构建和管理精益投资组合。

在整个企业中扩展精益 – 敏捷还需要培训所有从事这项工作的人员。为了使之具备实用性和成本效益，SAI 公司支持培训师的培训、扇出模型、授权 SPC 教授 SAFe 课程，以支持实施中的其他关键角色。这提供了负担得起的培训策略，并提供了培训师所需的完成公司范围内的变革任务。

我是 SPC，我现在该如何做

参加培训的人员通过考试后，就成了经过认证的 SPC，他们可以获得各种有用的 SPC 资源（https://www.scaledagile.com/spc-resources/）以方便采纳 SAFe。他们也可以得到授权，教授 https://www.scaledagile.com/becoming-an-spc/#TrainingOthers 中列出的一组特定课程。

参考资料

[1] Kotter, John P. *Leading Change.* Harvard Business Review Press, 1996.

第 2 章

SAFe 实施路线图

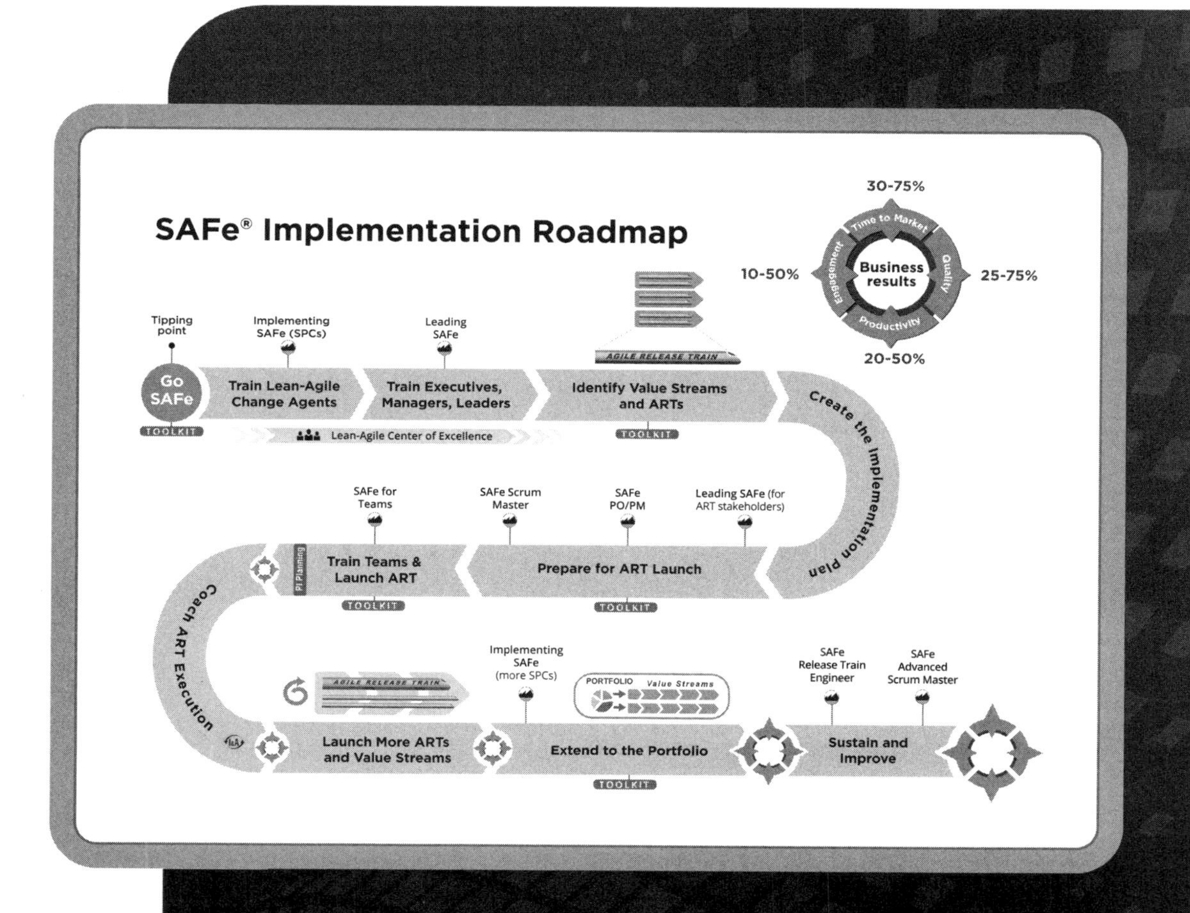

2.1 达到引爆点

任何一种社会风尚的成功，都非常依赖具有特殊且稀缺的社会技能的人的参与。

——Malcolm Gladwell，《引爆点》

摘要

想要改变工作方式——一个大型开发组织的工作习惯和文化，是非常困难的。许多企业都表示，实施 SAFe 是他们所经历过的难度最大同时也是收益最大的一项变革举措。

人们会本能地抵制改变，我们经常会听到这样的话："在这里，我们一直是这么做的"或者"这样做在这儿是行不通的"。接受改变意味着接受一种可能性，即你现在没有用最好的方式做事情，或者更糟的是，它可能会挑战一个人长期坚持的信念或价值观。

人们很容易保持其旧有的行为，除非有一个特别好的理由让他们做出改变。一个令人信服的理由，可以让人意识到仅仅维持现状是不可接受的；一个强有力的理由，可以使变革成为通往成功的唯一合理的道路。

换句话说，企业必须达到它的"引爆点"——在这个点，组织迫切地需要进行变革，而不是抵制变革（参考资料 [1]）。

详述

变革的必要性

我们观察到有以下两个主要原因可以促使组织转向 SAFe：

- **燃烧的平台** [⊖]——有时改变产品或服务的必要性是显而易见的。公司竞争力江河日下，而现有开展业务的方式显然不足以在可生存的时间窗口内达成新的解决方案，工作危在旦夕（人们濒临失业）。这种情况比较容易引发变革。虽然总会有一些人抗拒变革，但是他们很可能会被淹没在推动组织变革的洪流中。
- **积极的领导力**——即使没有面对一个燃烧的平台，领导亦应未雨绸缪，积极推动变革，以争取更好的未来。精益 – 敏捷领导者必须秉持丰田公司（参考资料 [2]）所倡导的"要时刻保持危机感"——这是一种可促进持续改进的、永无止境的潜在危机感。通常这是推动变革的不那么明显的原因，因为战壕里的人们可能尚未看到或感觉到为变革付出努力的迫切性。毕竟，他们现在是成功的，他们为什么要假设他们将来不会继续成功呢？变革不是冒险吗？在这种情况下，高管必须不断地向所有人灌输变革的必要性，明确指出维持现状是不可接受的。

建立变革的愿景

无论如何，变革都必须有一个令人信服的理由，并有一个与之相伴的愿景。科特指出，

⊖ 迫在眉睫的危机。——译者注

建立“变革愿景”是领导者的首要责任（参考资料 [3]）。变革的愿景带来以下三个主要好处：

- **目标**——它阐明了变革的目的和方向，并为所有人设定了应遵循的使命。它避免了可能令人困惑的潜在细节，让每个人都关注于为什么变革，而不是如何变革。
- **动机**——它推动人们朝着正确的方向前进。毕竟，变革是艰难的，痛苦是不可避免的，尤其是在早期。人们的工作将发生变化。通过给人们一个令人信服的理由，愿景有助于激发人们的积极性，从而做出改变。或许最重要的是，它强调了一个事实，即在现状中确实没有了对工作的永久保障。
- **对齐**——它有助于开展必要的协调行动，以确保几百甚至数千人齐心协力，朝着一个新的、更有个人价值的目标努力。有了清晰的愿景，人们被授权采取必要的行动来实现它，而无须经常进行管理监督或检查。

采取经济视角

无论是被动的还是主动的，实现业务和个人预期的收益是驱动一个组织实施变革的主要原因。SAFe 的第一条原则便是提醒我们要始终“采取经济视角”。在这种背景下，领导者需要用所有人都能明白的语言去描述变革的目标。通过几十个案例的研究显示，企业可以在以下四方面获得业务收益，如图 2.1-1 所示。

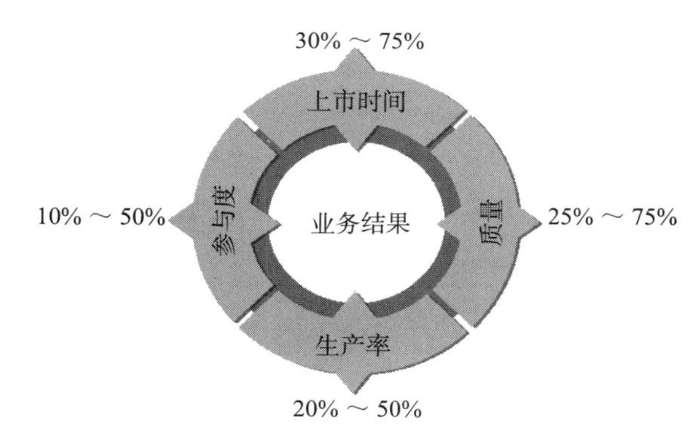

图 2.1-1 SAFe 的业务收益：缩短上市时间，提升质量、生产率和员工参与度

变革领导者应该传达一种信息，即预期的收益也是变革愿景的一部分。此外，领导者还应该阐述其他期望达成的具体的、形象的目标。这些基于关键绩效指标的、可度量的改善将提供必要的动力，以摆脱现状的惯性。

下一个主题

下一个关键举措是培训精益 – 敏捷变革代理人。

参考资料

[1] Gladwell, Malcolm. *The Tipping Point: How Little Things Can Make a Big Difference*. Little, Brown and Company, Kindle Edition.

[2] Cho, Fujio. Chairman of Toyota, 2006–2013.

[3] Kotter, John P. *Leading Change.* Harvard Business Review Press, Kindle Edition.

2.2 培训精益 – 敏捷变革代理人

需要一个强有力的指导联盟。该联盟有着正确的组成、信任程度，以及共享的目标。

——约翰 · 科特（John Kotter）

摘要

正如我们在 2.1 节中所描述的，采用新的实践方式开发解决方案的需求，通常是由一个燃烧的平台所驱动的。也就是说，当前所面临问题是很难用企业现有工作方式来解决的，故而产生了激发重大变革所需的紧迫感。

即便情况并非如此，随着技术和市场的变化，以及数字革命重塑了现代商业模式，这种紧迫感也已经成为一种新的常态。当今，与以往大不相同，对开发实践能力进行显著提升是取得成功的关键。变革就在眼前。为了有助于人们遵循 SAFe 实施路线图中的关键步骤，本章描述了其中的第二步：培训精益 – 敏捷变革代理人。

详述

一个强有力联盟的必要性

当一个组织一旦达到了引爆点，重大变革呼之欲出，艰难的旅程就此开始。在《领导变革》一书中，科特讨论了引导组织转型的 8 个步骤，以及实现这种转型所需的条件（参考资料 [1]）。

1. 树立紧迫感
2. 组建指导联盟
3. 确立愿景战略
4. 沟通变革愿景
5. 授权员工采取广泛的行动
6. 创造短期胜利
7. 巩固成果并深化变革
8. 成果融入文化

对于以上的第 2 个步骤来说，由利益相关者组成的一个“足够强大的指导联盟”是必要的。正如科特所指出的：“在一个快速发展的世界里，个人与弱势的委员会几乎很少拥有做出非常规优秀决策所需的所有信息。他们似乎也没有足够的信誉或时间来说服其他人为实施变革做出个人牺牲。在这种情况下，只有由正确成员组成，且成员之间有足够信任的团队，才是高效的团队。”

为了达到效果，这个联盟需要具备如下要求：

- 具有能够为变革设定愿景，指引方向，并消除障碍的领导者
- 具有能够实施具体流程变革的执行者、经理和变革代理人
- 具有足以引起重视的组织信誉
- 具有能够做出快速、明智决策所必需的专业知识

经验表明，为创建一个足够强大的SAFe联盟来启动变革，组织必须采取以下三个关键步骤：

1. 培训精益–敏捷变革代理人，使其成为SAFe咨询顾问（SPC），提供实施变革所需的知识和动力。

2. 培训高管、经理和主管。他们发起变革并支持实施。《引领SAFe（Leading SAFe）》即是为此设计的一门为期2天的课程。

3. 建设精益–敏捷卓越中心（LACE）。这个工作组是变革管理活动的焦点，也是源源不断产生灵感和能量的源泉。

本节介绍了第一个步骤，即引入一个培养人员的流程，使其拥有成功实施SAFe所需的知识、技能和资源。（指导联盟的第2步和第3步，将分别在2.3节和2.4节中进行阐述。）

将SPC培养成为变革代理人

在大多数企业中，取得认证的SPC会作为主要的SAFe变革代理人出现。他们是来自于企业内部或外部的不同角色，例如：

- 值得信赖的咨询合作伙伴
- 内部的业务和技术主管
- 投资组合/项目群/项目经理
- 架构师
- 分析师
- 流程主管

他们共同的成功之路是什么呢？——是参加《实施SAFe的SPC认证（Implementing SAFe with SPC Certification）》课程。这个为期4天的课程让SPC成为引领转型的变革代理人，学员将学习如何有效地应用SAFe的原则和实践，如何组织、培训和指导敏捷团队，以及如何识别价值流和敏捷发布火车（ART），启动ART，并协助构建和管理敏捷投资组合。

为了把精益–敏捷扩展到整个企业，或者由此带来任何实质性的改变，需要培训所有参与其中的人员。规模化敏捷公司（SAI）支持更经济、实用的“培训培训师（TTT）”的培训模式，即授权SPC（合作伙伴或企业雇员）在企业内教授SAFe课程，这提供了一种经济实惠的培训策略，并培养了启动和实施变革所需的培训师。

更多关于通过SPC认证实施SAFe的信息

这是一门为期4天的设置紧凑的课程，提供给企业的内部变革代理人和外部顾问，以

应对三大挑战：

- 领导企业精益 – 敏捷转型
- 实施 SAFe
- 通过《引领 SAFe》课程培训经理和高管

这门课程的前 2 天是《Leading SAFe》的强化版，目标是培养认证过的 SPC 去讲授《Leading SAFe》课程（以及其他基于 SAFe 角色的课程，如本节后续所述）。

这些变革代理人将通过利用 SAFe 及其敏捷开发、系统思考和精益产品开发流的基本原则，获得引领企业级敏捷转型所需的知识。在培训结束时，他们将理解如何应用 SAFe 的原则和实践支持敏捷团队、敏捷项目群、精益投资组合管理（LPM）和敏捷架构。

接下来的 2 天课程，演示如何识别、计划和实施 SAFe。此外，学员还将获得相关的简介、工件和模板，用以识别价值流、准备组织、启动 ART、计划和执行重大事件，以及实施有效的流程和度量来保持和改进组织转型。

学员在通过考试后，将成为认证的 SPC，可以获得授权得到大量用于转型的资源。他们还被授权教授《Leading SAFe》以及其他基于角色的课程。目前，这些课程包括：

- 培训 SAFe 团队
- 培训 SAFe Scrum Master
- 培训 SAFe 产品负责人 / 产品经理

课程是不断演进的。更多详情，请参阅 ScaledAgile.com 网站上的《实施 SAFe 的 SPC 认证》及其他课程。

下一个主题

经过培训，SPC 具备了教授和培训经理、团队及其他必要的利益相关者所需的知识、技能和资源，从而能有效地推动变革。他们成为强大的变革联盟的关键组成部分，推动后续的关键行动：

- 培训高管、经理和领导
- 创建或参与精益 – 敏捷卓越中心（LACE）
- 识别价值流和 ART
- 创建实施计划

参考资料

[1] Kotter, John P. *Leading Change.* Harvard Business Review Press, Kindle Edition.

[2] Knaster, Richard, and Leffingwell, Dean. *SAFe Distilled: Applying the Scaled Agile Framework for Lean Software and Systems Engineering.* Addison-Wesley, 2017.

2.3 培训企业高管、经理和主管

问题是“这个团队是否有足够多的合格领导者能够推动变革进程?”

——约翰·科特(John Kotter)

摘要

在 2.2 节中，我们描述了创建一个指导联盟所需的三个步骤：

1. 培养一批精益－敏捷的变革代理人成为认证的 SAFe 咨询顾问（SPC）
2. 培训高管、经理和主管
3. 建设精益－敏捷卓越中心（LACE）

我们已经描述了 SPC 作为变革代理人如何点燃企业的变革之火。但仅靠他们还不足以构建起一个可以推动变革的“足够强大的指导联盟”。因此，为了创造和维持必要的动力，其他利益相关者和高管必须参与其中，加速并引领变革。

毕竟，正如戴明所指出的，“管理层致力于提高质量和生产率是不够的，他们必须知道自己必须做什么。”在本节中，我们将介绍指导联盟的第二部分——培训高管、经理和主管的必要性和机制。

详述

要在组织中成功地实施任何变革，都需要强大的领导力。在 SAFe 的背景下，一部分领导者通过参与卓越中心（LACE）来为变革提供直接的、持续的资助。另一部分领导者则直接参与到 SAFe 实施中，他们引领、管理和影响转型中的其他参与者。管理者担任的角色可能包括直接参与启动敏捷发布火车（ART），或者在更高的层级上工作，从而消除公司在当前治理、文化和实践中出现的障碍。所有这些利益相关者都需要知识和技能，从而领导实施，而不仅仅是跟随。

展示精益－敏捷理念

为了有效地实施 SAFe，并为坚持不懈地改进提供灵感，企业的领导者必须拥抱精益－敏捷理念。精益－敏捷理念主要包含以下两个方面：

- **精益思想**——精益中的大部分思想都在 SAFe 精益之屋的图标中体现了出来。精益之屋由六个关键结构组成，“屋顶”代表了目标是交付价值。通过四个“支柱”，即尊重个人与文化、流动、创新和坚持不懈地改进来支持这个目标。精益领导力则为其他一切奠定了基础。
- **拥抱敏捷**——SAFe 是完全基于敏捷团队及其领导者的技能、资质和能力构建起来的。虽然还没有一个统一的定义来说明什么是敏捷方法，但敏捷宣言提供了一个统一的价值体系，帮助将敏捷实践引入到主流开发方法中。

事实证明，将这些概念付诸实践是获得成功的一种强力的方法。不幸的是，当领导者仅仅通过语言而非行动来支持精益 – 敏捷理念时，人们很快就会认识到他不是全心全意地推动变革。当一个领导者言行不一时，就会使人们反对变革，从而事与愿违。当这种情况发生时，变革的旅程就会胎死腹中，也无法获得 SAFe 带给个人或企业的经济收益。

应用精益 – 敏捷原则

对于一个组织，想要成功地融合 SAFe，管理者必须理解并强化其价值。领导者需要拥抱并应用 SAFe 的九大原则。如图 2.3-1 所示，也正如 1.4 节所强调的那样。

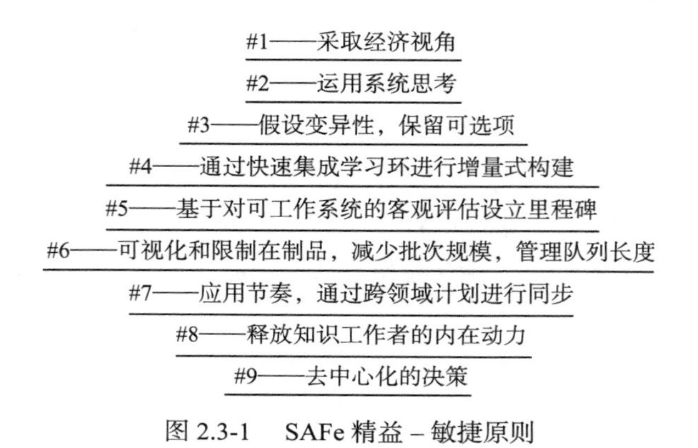

#1——采取经济视角
#2——运用系统思考
#3——假设变异性，保留可选项
#4——通过快速集成学习环进行增量式构建
#5——基于对可工作系统的客观评估设立里程碑
#6——可视化和限制在制品，减少批次规模，管理队列长度
#7——应用节奏，通过跨领域计划进行同步
#8——释放知识工作者的内在动力
#9——去中心化的决策

图 2.3-1　SAFe 精益 – 敏捷原则

SAFe 精益 – 敏捷领导者的职责

1.1 节概述了 SAFe 建议的七项具体活动，领导者可以通过这些活动来改善商业成果，具体如下：

- **引领变革**——展现并表达变革的紧迫性。沟通变革的必要性并制定一个成功进行变革的计划。理解和管理变革过程，解决出现的问题。
- **知晓方法，强调终身学习**—— 创造一个促进学习的环境。努力学习并理解精益、敏捷和现代管理实践的新进展。
- **发展员工**——采用精益领导力风格，专注于发展团队成员的技能和职业发展道路，而不是致力于成为一名技术专家或任务协调者。
- **鼓舞士气和遵循使命，最小化约束** ——为使命和愿景提供最低限度的具体工作要求。清除失去动力的政策和程序，基于价值流构建敏捷团队和敏捷发布火车（ART）。
- **去中心化的决策** ——负责制定和传达战略决策（即那些不经常发生、长期有效，并对经济效益具有显著影响的决策）。其他所有的决策采用去中心化的方式制定。
- **建立决策框架**——通过确立使命、发展员工和教授解决问题的技能来进行充分授权。
- **释放知识工作者的内在动机**——提供目标和自主权，帮助员工不断掌握新技能。

学习新技能

针对上述职责的要求也产生了一个问题：领导者如何学习这些新技能呢？为此目的，我们设置了一门为期 2 天的课程——《引领 SAFe（Leading SAFe）：引领精益 – 敏捷企业实施规模化敏捷框架（SAFe）》。

这门课程向领导者传授 SAFe 的精益 – 敏捷理念、原则和实践，以及管理新一代知识工作者所需的最有效的领导力价值观。领导者还将学习到：

- 如何通过敏捷发布火车（ART）来执行和发布价值
- 如何在大型解决方案层级构建大型系统
- 如何构建一个敏捷投资组合
- 如何引领企业级精益 – 敏捷转型

当然，这门课程仅仅是转型之旅的开始。正如比尔 • 盖茨提醒我们所说，“你停止学习的那一刻，也将是你停止领先的时刻。”对于任何想通过 SAFe 来获取全部收益的人来说，这是一个明智的建议。为此，课程提供了一个推荐阅读清单和许多其他的活动和练习，以帮助新任精益 – 敏捷领导者掌握这些新技能。

为了检测他们的知识，学员有机会参加一个考试，通过考试后可以成为认证的 SAFe 领导者（SA），并获得授权访问 SAFe 社区。该社区拥有各种资源，如培训视频和专门分享知识的论坛。

下一个主题

通过实施 SAFe 实施路线图中的前三个“关键步骤”——达到引爆点，培训精益 – 敏捷的变革代理人，培训高管、经理和主管，企业正走在通往成功的道路上。然而，还需要一个步骤来完成这个强有力的指导联盟，即创建精益 – 敏捷卓越中心（LACE）。这将是 2.4 节要讨论的主题。

参考资料

[1] Knaster, Richard, and Dean Leffingwell. *SAFe Distilled: Applying the Scaled Agile Framework for Lean Software and Systems Engineering.* Addison-Wesley, 2017.

2.4 创建精益 – 敏捷卓越中心

指导联盟作为一个高效运作的团队可以更快地处理更多信息。因为有权力的人真正理解并致力于关键决策，所以指导联盟还可以加速新方法的实施。

——约翰 · 科特（John Kotter）

摘要

精益–敏捷卓越中心（LACE）是一个致力于实施 SAFe 精益–敏捷工作方式的小型团队。LACE 也是一个关键差异化因素，用于区分一家公司只是在名义上实施敏捷，还是全身心地致力于采用精益–敏捷实践方式并获得最佳业务成果。LACE 是为实施变革而存在的"强有力的指导联盟"的第三个要素，成立指导联盟由三个主要部分组成：

- 培训一批精益–敏捷变革代理人作为 SAFe 咨询顾问（SPC）
- 培训高管、经理和主管
- 创建一个精益–敏捷卓越中心

本节基于我们以及其他在该领域直接工作人员的相关经验，提供了精益–敏捷卓越中心（LACE）的规模、结构和运营方面的指导。

详述

在 2.2 节和 2.3 节这两节中，我们描述了组织如何帮助变革代理人和领导者获得领导转型所必需的知识和技能。

组织面临的挑战是，大多数有资格驱动变革的人在他们原有的岗位上都是全职工作的。虽然他们的大部分时间可以用于支持变革，但组织仍然需要一个更小、更专注的团队来推动整个组织的转型。虽然这些团队采用了不同的名称——敏捷卓越中心、敏捷工作组、精益–敏捷转型团队、学习和改进中心，但他们都配备了一些专门人员，这些人将实施变革作为首要任务。

团队规模

创建一个有效的 LACE 团队并完成变革需要多少专业人士？除了人数之外，还必须考虑分配卓越人才到 LACE 时对组织和财务方面带来的影响。正如约翰·科特（John Kotter）指出的："一个有效联盟的规模似乎与组织的规模有关。变革开始时往往只有 2、3 个人。对于成功转型的，规模相对较小的公司或大公司的小单位里，这个团队会增长到 6 人。"（参考资料 [1]）

从这个角度来看，我们观察到在实施 SAFe 的公司中，由 4 ～ 6 名专职人员组成的小团队可以支持公司内部数百人的规模；而大约两倍规模的团队则可以按比例支持更大的团队。除此之外，当团队规模过大而变得笨拙时，"去中心化方式"或"轴辐式模型"往往更加有效，本节后面有详细介绍。

责任

不论团队规模大小，LACE 的责任通常包括：

- 沟通业务需求、紧迫情况和变革愿景

- 制定实施计划，并管理转型待办事项列表
- 建立度量指标
- 针对高管、经理和主管、开发团队，以及一些专业角色（例如：产品负责人，产品经理，Scrum Master 和发布火车工程师等）实施培训，或协调外部培训机构进行培训
- 识别价值流，并协助定义和启动敏捷发布火车（ART）
- 为 ART 利益相关者和团队提供指导和培训
- 参与诸如项目群增量（PI）计划会，以及检视和调整（I & A）等关键的初始活动
- 培育 SAFe 实践社区（CoP）
- 沟通进展
- 实施精益 – 敏捷聚焦日活动，组织演讲嘉宾参与，并展示内部案例研究
- 参照和连接外部社区
- 促进持续的精益 – 敏捷教育
- 将精益敏捷方法实践扩展到公司的其他领域，包括精益预算、精益投资组合管理、合同和人力资源
- 帮助建立持续的改进（参见 2.12 节）

对于一个小团队来说，以上内容是一个非常重要的责任清单。幸运的是，这个清单中的许多内容都可以与许多 SPC 分担，这些 SPC 可能是 LACE 的正式成员，也可能不是。

组织与运作

LACE 可以是组织中新兴的精益 – 敏捷项目管理办公室（敏捷 PMO）的一部分，也可以作为独立单位而存在。无论在哪种情况下，它都应该是变革活动的焦点，是持续不断的能量来源，可以通过必要的变革来为企业提供动力。此外，由于成为精益 – 敏捷企业是一个持续的旅程，而非一个静止不动的目的地，LACE 通常会演变成为一个长期存在的持续改进中心。

在实际运作中，LACE 通常像敏捷团队那样，并采用相同的迭代和 PI 节奏。这使得 LACE 能够与 ART 协调一致地制定计划并进行检视和调整，起到敏捷团队行为典范的作用。因此，LACE 需要以下类似的角色：

- 一个与利益相关者合作的产品负责人，为团队转型待办事项列表设置优先级。
- 一个促进变革过程执行并帮助消除障碍的 Scrum Master。
- 一个跨职能的团队。来自各个职能部门的可信赖的人员是该团队不可或缺的成员。这使得团队作为一个整体可以在任何地点处理待办事项列表中的条目，无论这些条目是否与组织、文化、开发过程或技术有关。
- 一位团队产品经理，通常由“C- 级”领导担任。

使命

LACE 团队需要使其工作与一个共同的使命保持一致。如表 2.4-1 所示，列出了一份使命声明的示例。

表 2.4-1 LACE 使命声明示例

<table>
<tr><th colspan="3">精益 – 敏捷中心的使命声明</th></tr>
<tr><td>为了</td><td colspan="2">EMV 生产公司</td></tr>
<tr><td>他们的</td><td colspan="2">生产自动导游车和游乐园游乐设施</td></tr>
<tr><td>这个</td><td colspan="2">EMV 精益 – 敏捷卓越中心</td></tr>
<tr><td>是一个</td><td colspan="2">全职的、跨职能的精益敏捷变革管理团队</td></tr>
<tr><td>它</td><td colspan="2">正在推动我们的企业转型为使用规模化敏捷框架（SAFe）的精益 – 敏捷工作方式</td></tr>
<tr><td>而不像</td><td colspan="2">我们传统的临时转型工作</td></tr>
<tr><td>我们</td><td colspan="2">提供专业的从业者和坚定的领导，以实施实现精益 – 敏捷工作所带来的商业利益所需的培训、流程、技术、工具、文化和治理</td></tr>
<tr><th>适用范围</th><th>超出范围</th><th>成功标准</th></tr>
<tr><td>• 沟通
• 领导力和团队培训及指导
• ART 的启动与指导
• 敏捷工具
• 顾问 / 供应商辅导和培训管理</td><td>• 组织架构的变革
• 外包策略的变革
• ……</td><td>• % 员工接受了他们的新角色岗位培训
• % 领导参加了他们的新角色岗位培训
• # 应用 SAFe 的价值流数量
• # 已经启动的 ART 数量
• ART 展现出持续的自我改进</td></tr>
</table>

团队分布

正如我们在上文中提到的，LACE 团队的规模必须与开发企业的规模和分布成比例。对于小型企业，单一的中心化 LACE 可以平衡速度与规模效益。然而，在大型企业中（通常是那些拥有超过 500 ～ 1000 名员工的企业）则考虑采用"去中心化方式"或"轴辐式模型"，如图 2.4-1 所示。

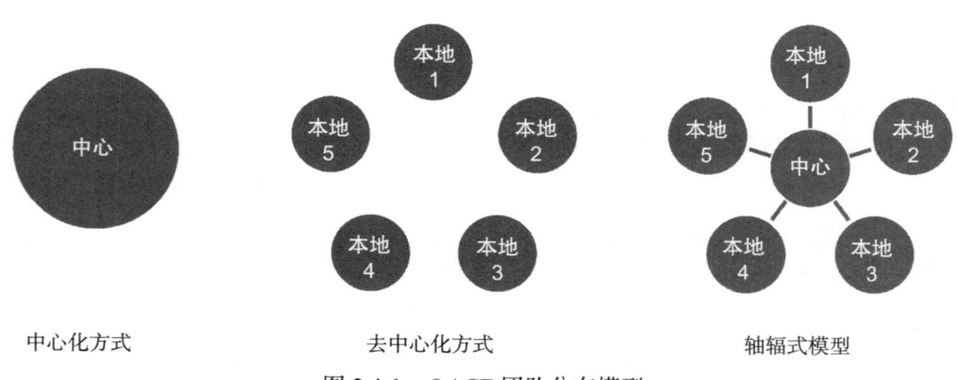

图 2.4-1 LACE 团队分布模型

表 2.4-2 描述了每种模型最有效的情况。

表 2.4-2　每种模型最有效的情况

模型	何时应用最合适
中心化方式	• 在一个规模适中的开发企业（数百名员工）中只有一个单一的投资组合、一个单一的 SAFe 实例 • 价值流和敏捷发布火车在共同的预算下运作 • 在共同的预算下为 LACE 的人员、工具和教练提供所需的资金
去中心化方式	• 有独立的业务部门，每个部门都有自己的 SAFe 投资组合，而且在很大程度上都是自治的。各个业务部门的环境差异很大，可以以不同的方式应用 SAFe • LACE 的人员、工具及教练所需的资金来自不同业务部门的预算 • 跨业务部门协作足够有效，能够提供必要的知识共享
轴辐式模型	• 在最大型的企业中，一个小型 LACE 通常都作为分散辐条的中心。每个辐条都是当地的协调中心，负责协调分配、顾问、供应商资源、工具和技术，以及资金来源 • 某些核心实践是在中心化形式中开发的，然后在本地共享和调整。有效的本地实践方式被传递回中心，以便与其他辐条共享 • 中心提供中心人员及通用工具所需的资金。各个辐条的人员及外部的咨询和辅导所需资金通常由本地承担

增量式提升

LACE 有一项艰巨的任务：改变大型开发组织的行为和文化。LACE 一旦成立，组织就会自然而然地希望它立刻加速到高档，并尽快地完成所有待办事项。然而，一开始就试图消除所有阻碍变革的障碍，将会使转型停止。相反，LACE（在整个指导联盟的支持下）使组织通过定义和启动 ART 来获得短期胜利。然后，随着其他 ART 的启动，又巩固了这些成绩。这将为解决更大的组织问题提供了积极的动力。

伴随着每个 PI、ART 和价值流、收益的持续增长，组织得以逐步转型。

下一个主题

下一个关键举措是识别价值流和 ART。

参考资料

[1] Kotter, John P. *Leading Change.* Harvard Business Review Press, 1996.

[2] Knaster, Richard, and Dean Leffingwell. *SAFe Distilled: Applying the Scaled Agile Framework for Lean Software and Systems Engineering.* Addison-Wesley, 2017.

2.5 识别价值流和 ART

打破部门之间的障碍。

——W·爱德华兹·戴明（W. Edwards Deming）

摘要

随着变革紧迫感和强大的指导联盟的就绪，现在是实施 SAFe 的时候了。在本章节中，我们将介绍下一个重要步骤：识别价值流和敏捷发布火车（ART）。如果你将价值流和 ART 视为实施 SAFe 举措的组织结构层面的支柱，你将会明白其对 SAFe 实施旅程的重要性。如果试图采用捷径或者轻描淡写地进行这一步，无异于在准备加速的同时踩了一脚刹车。但是如果正确地做到这一点，你将顺利地完成一个成功的转型。

详述

识别企业价值流和敏捷发布火车（ART）需要了解一种新的组织模型，该模型经过优化以促进跨职能筒仓、活动和边界的价值流动，具体的步骤包括识别以下内容：

- 运营价值流
- 支持运营价值流的系统
- 开发价值流的人员
- ART 的结构

以下内容描述了这些活动。

价值流复习

在我们开始之前，需要对价值流知识进行简短的复习。价值流是在 SAFe 中理解、组织和交付价值的主要结构。如图 2.5-1 所示，每一个价值流都是一系列长期存在的步骤，用于从概念最终转化为交付给客户的实际有形成果，从而创造价值。与任何构思良好的故事一样，价值流也确定了这些活动流动的时间顺序：

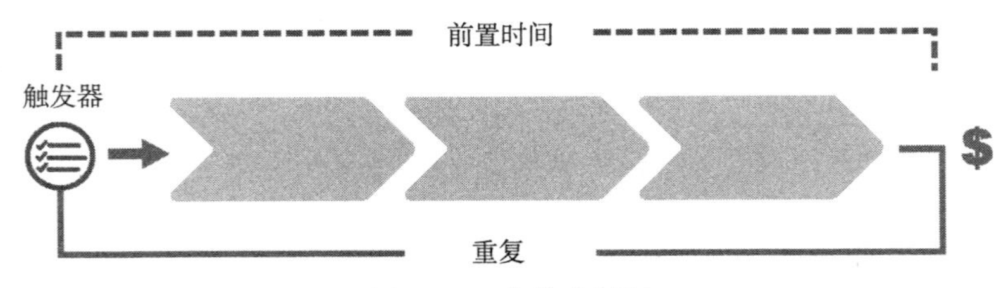

图 2.5-1 价值流剖析

- **触发器**——价值的流动是由某些重要的事件触发的，可能是客户的采购订单或者新的功能请求。当价值已经交付完成时，价值的流动就结束了，如交货、客户采购或者解决方案部署。

- **步骤**——中间部分是企业用来完成价值交付的一系列步骤（参考资料 [1]）。例如，图 2.5-2 描述了在 SAFe 网站上发布你正在阅读的文章所需的步骤。

图 2.5-2　创建一篇 SAFe 文章的价值流步骤

- **价值**——当价值流执行完成所有步骤之后，客户就会获得价值。如图 2.5-2 所示，用户可以在阅读文章并增加对 SAFe 的了解时获得价值。
- **人员和系统**——价值流还包含进行这项工作的人员，他们进行操作的系统，以及信息和物料的流动。例如，如图 2.5-2 所示，撰写文章的人、维护网站的人、使网站发挥作用的 WordPress 应用程序，以及亚马逊的 Web 服务托管系统都是价值流的一部分。
- **前置时间**——从触发到交付价值的时间就是前置时间。缩短前置时间来减少上市时间，这是精益思想的主要焦点。

价值流的类型

在我们冒着过于简单化操作的风险之前，请注意，这里有两种类型的价值流（参考资料 [1]），如图 2.5-3 所示。

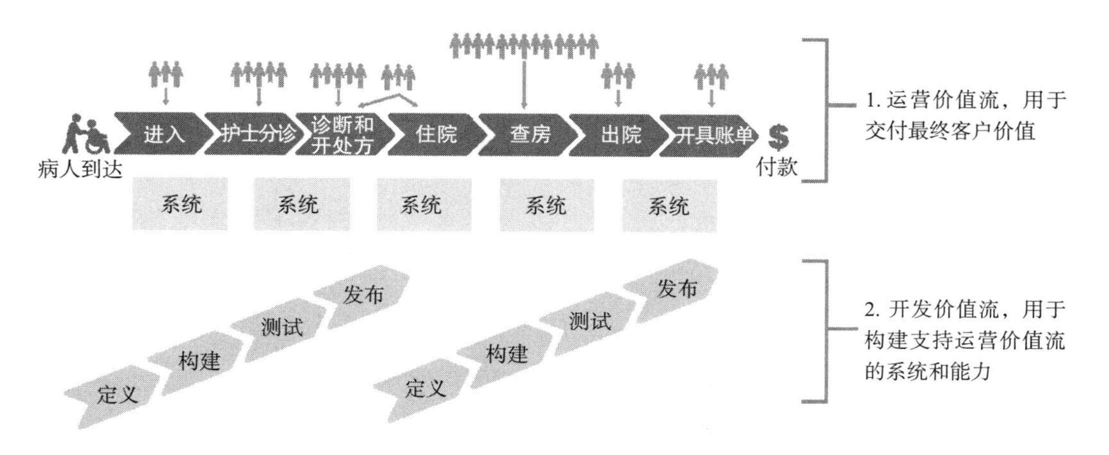

图 2.5-3　运营价值流和开发价值流

- **运营价值流**——这是用于向客户提供商品或服务的人员和步骤。例如，制造医疗器械或从供应商处订购和接收零件。

- **开发价值流**——对于被企业用来直接销售的，或者支持内部运营价值流的新产品、系统、解决方案或服务，开发价值流是用于开发它们的相应人员和步骤。这些是构成 SAFe 投资组合的价值流。

SAFe 主要关注开发价值流。毕竟，在最短的可持续前置时间内交付新的解决方案是 SAFe 的焦点，价值流有助于我们理解如何达到目标。但是，企业的运营价值流必须被识别，以便确定支持运营价值流相关的开发价值流。

识别运营价值流

对于一些组织来说，识别运营价值流非常简单。在很多情况下，运营价值流就是公司开发和销售的产品、服务或解决方案。

然而，在较大型的企业中，识别运营价值流的工作变得越来越复杂。价值会流经各种应用、系统和服务，并跨越分布式组织的许多部门，最终流向许多不同类型的内部和外部客户。

在这种情况下，识别运营价值流是一项重要的分析活动。图 2.5-4 提供了一个问题列表，帮助利益相关者识别运营价值流。

一般问题	• 有哪些大型的软件、系统或基于解决方案的目标，可以让我们的业务和市场上的已有业务产生差异化？ • 外部客户会如何描述或感知他们所得到价值的流动？ • 哪些现行的举措中有大量的开发和测试人员在一起共同工作？
独立软件供应商的问题	• 企业销售什么样的产品、系统、服务、应用程序或解决方案？
嵌入式和网络信息物理系统构建者的问题	• 企业销售什么样的产品和系统？较大的子系统或组件有哪些？启用了哪些关键的系统运营能力？ • 已经实施或加强了哪些关键的非功能性需求（NFR）？
IT 问题	• 启用了对哪些关键业务流程的支撑？ • 支撑了哪些内部部门？ • 这些部门服务的内部和外部客户有哪些？这些部门如何描述他们从 IT 部门获得的价值？ • 哪些关键的流程、成本、KPI，或者业务改进举措是要达成的目标？

图 2.5-4 帮助识别运营价值流的问题

在大型企业中识别运营价值流并非轻而易举的事情。它需要了解组织更广泛的目的，并明确了解特定价值元素如何流向客户。为了帮助大家理解，我们在以下部分中列举了两个例子进行说明：一个来自医疗健康领域，一个来自金融服务领域。

价值流定义模板

价值流定义模板可以用来进一步阐述和理解已识别的价值流特点。表 2.5-1 提供了一个例子。

表 2.5-1 带有运营价值流示例的价值流定义模板

名称	消费贷款
描述	为客户提供无担保 / 担保贷款
客户	现有的零售客户
触发器	客户想要借款并且通过任何现有渠道接触银行
企业获得的价值	还款加上利息
客户获得的价值	贷款

医疗健康提供商的运营价值流示例

我们的第一个运营价值流示例是一个医疗健康网络提供商，如图 2.5-5 所示（参考资料 [2]）。

为了进一步分析，团队决定把焦点放在医院，尤其是代表支持患者治疗的流程和信息系统的价值流（从接待患者到治疗和计费）。

这个价值流的触发点是病人到达医院。如图 2.5-6 所示，在患者接受治疗并为所提供的服务付款后，医院会收到全额医疗费用。

在顶部出现的人员表示的是执行价值流中各个步骤的人。

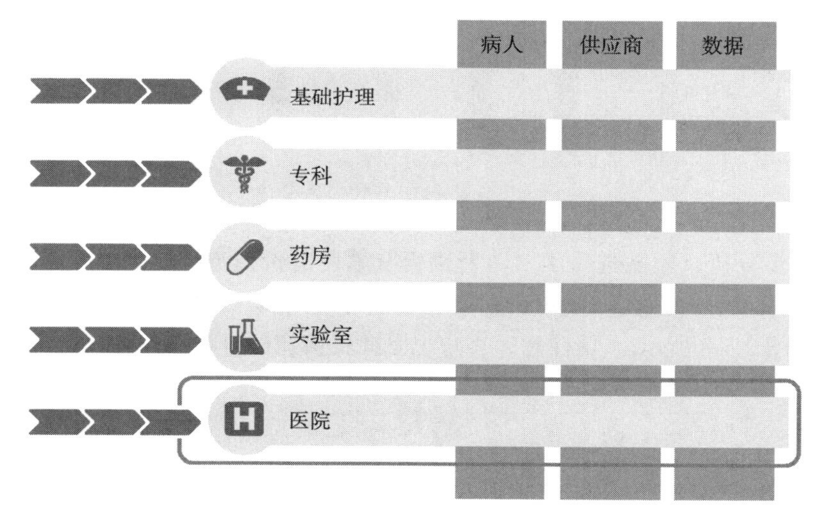

图 2.5-5 一个医疗健康网络提供商的运营价值流

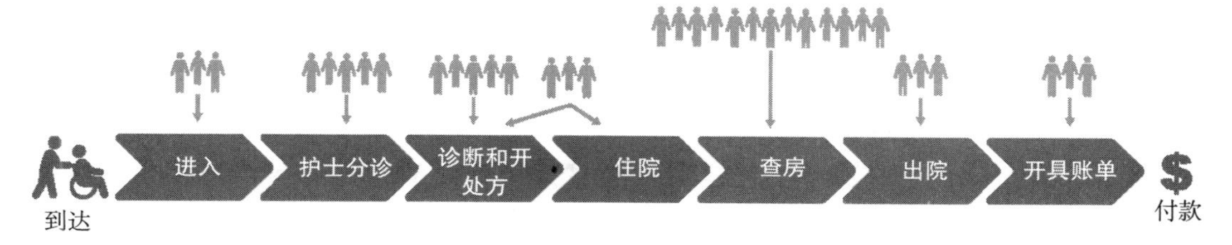

图 2.5-6 患者付费价值流的步骤

金融服务的价值流示例

我们将进一步识别的第二个运营价值流示例是一家银行机构。初步分析后，团队确定有一些主要价值流，如图 2.5-7 所示。

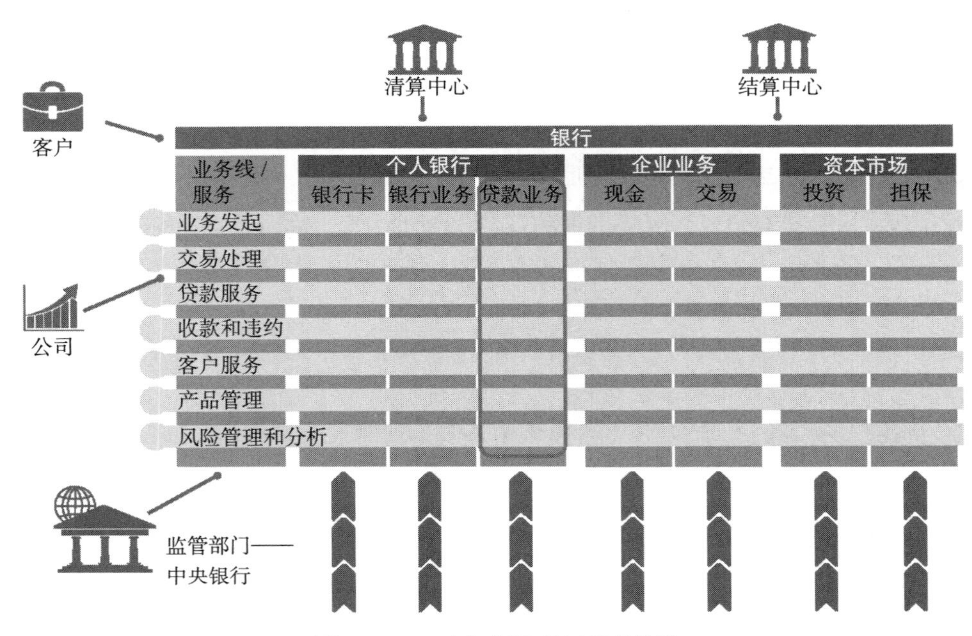

图 2.5-7 一家银行及其运营价值流

为了进一步分析，团队选择了“消费银行贷款”的价值流。此价值流是通过发放贷款（业务发起）触发的，并在客户使用利息偿还贷款时来完成。团队识别了步骤和执行这些步骤的人员，如图 2.5-8 所示。（请注意，客户也是此价值流的直接参与者。）

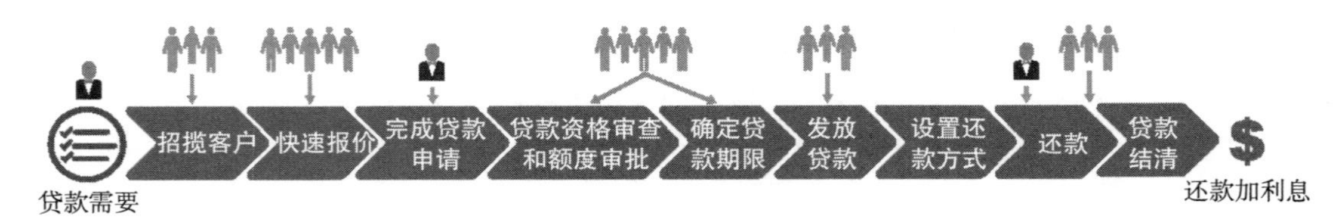

图 2.5-8 消费贷款价值流

识别支持价值流的系统

一旦确定了运营价值流的步骤，下一步就是识别为支持它而开发的系统。对于较大的价值流，将系统连接到价值流中的各个步骤的映射非常重要。此处将更深入地了解它是如何运作的，如图 2.5-9 所示，基于消费贷款的示例进行分析。

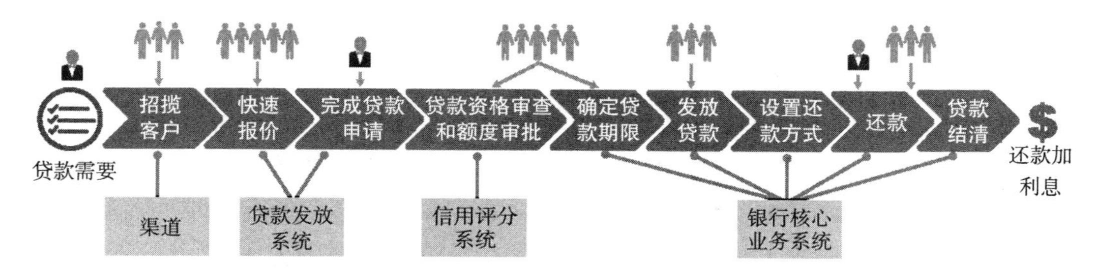

图 2.5-9　识别支持这些步骤的系统

识别开发系统的人员

一旦确定了支持运营价值流的系统，下一个活动就是估计构建和维护这些系统的人员的数量和位置，如图 2.5-10 所示。

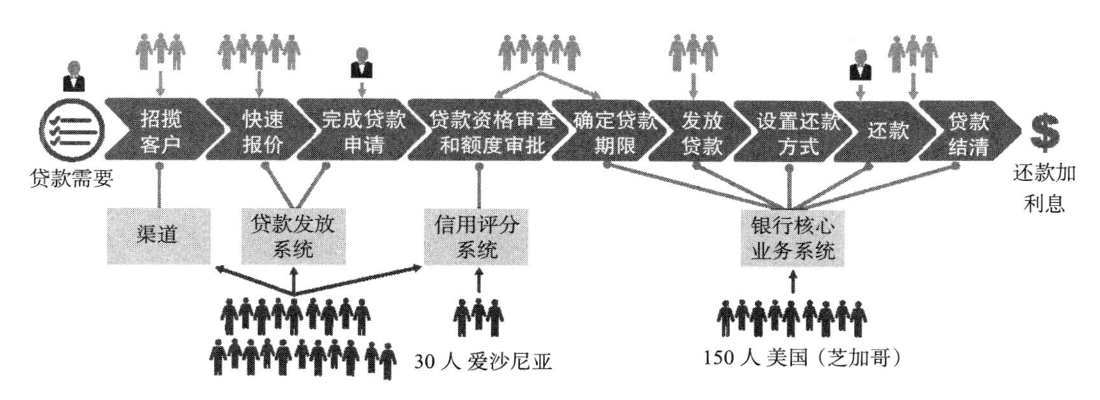

图 2.5-10　识别开发系统的人员

定义开发价值流

接下来，我们开始着手识别开发价值流，它代表开发这些系统所需的步骤以及开发这些系统的人员。由于这些价值流与运营价值流是有区别的，因此我们需要识别触发点和价值是什么。这些系统通过运营价值流来支持并实现更好的运营，因此价值是系统中的新特性或变更特性。那么触发点就是驱动这些特性的需求和创意。

我们可以使用这些触发点来确定拥有多少开发价值流。如果大多数需求需要触及所有系统以启用新功能，那么我们就可能有一个开发价值流。相反，如果这些系统是解耦的，我们可能会有多个开发价值流。在任何情况下，开发价值流应该大部分或完全独立，并且能够自行开发和发布，而没有太多价值流之间的依赖。如图 2.5-11 所示的示例中，大多数需求涉及前三个系统，或者涉及最后一个系统，但很少有需求涉及所有系统，因此我们就有两个开发价值流，其中的每一个开发价值流都能独立于另一个而进行开发、集成、部署和发布。

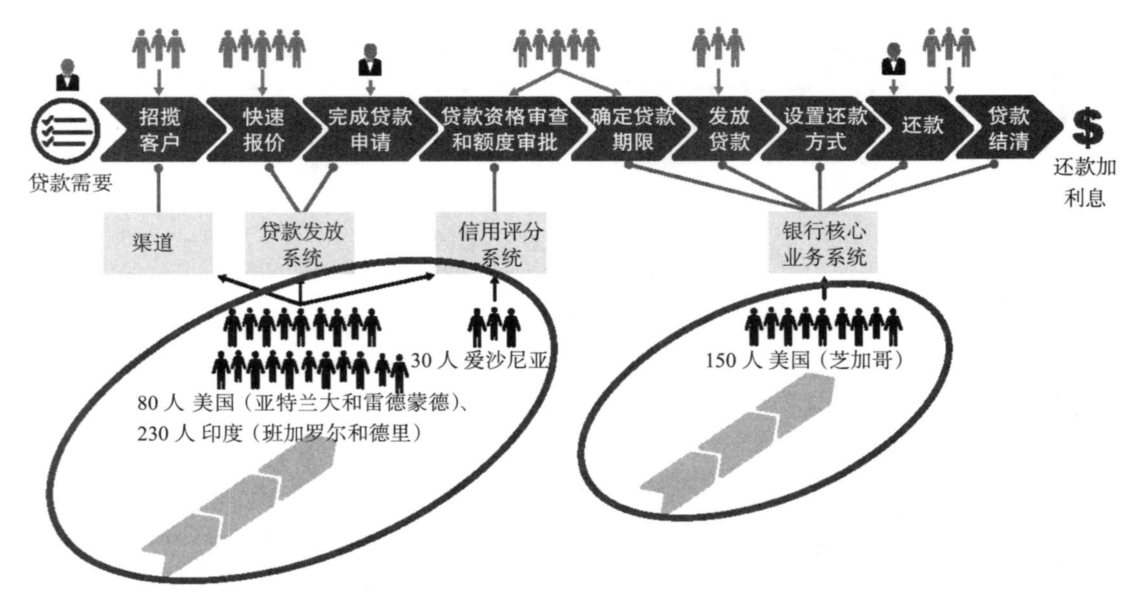

图 2.5-11 定义开发价值流

跨越边界的开发价值流

一旦开发价值流被识别出来，下一步就是开始理解如何组建敏捷发布火车（ART）去实现它们。ART 包含增强价值流动所需的所有人员和其他资产。第一步是理解组织中创造价值的位置，因为这是人员、流程和系统所在的地方。当这样做时，显而易见，开发价值流会跨越许多边界。企业的组织方式有很多种原因：历史、职能便利性、集中化效率、收购或地域等。因此，对于一系列用来持续地开发和增强有助于交付价值的系统的事件来说，完全有可能没有人可以全部理解。此外，尝试聚焦在职能方面和具体步骤的改进，往往只能获得一个职能或一个步骤的优化，但是对于整个价值流来说仅仅是局部的优化。

价值流的长期存在属性引发了精益组织中的不同思考。为了解决这个问题，企业应用系统思考（SAFe 的原则 #2）并了解系统的各个部分如何协同工作，从而实现改进的价值流动。通常情况下，较大的企业是按职能组织的，人们分布在多个地区和多个国家。但是价值会跨越这些边界，如图 2.5-12 所示。

识别 ART

最后一个活动是定义实现价值的 ART。经验表明，最有效的 ART 具有以下属性：

- 由 50 ～ 125 人组成

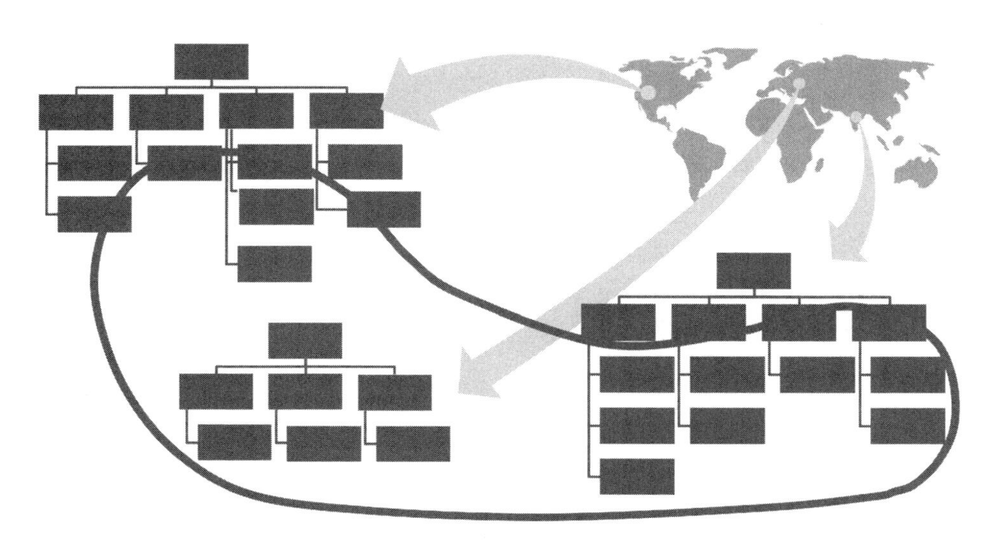

图 2.5-12　跨职能、组织和地域边界的价值流动

- 聚焦在整体系统或相关的一组产品或服务
- 持续交付价值的长期、稳定的团队
- 最大限度地减少与其他 ART 的依赖关系
- 可以独立于其他 ART 发布价值

根据完成工作的人数不同，ART 被设计成以下三种可能的场景，如图 2.5-13 所示。

多个较小的开发价值流可以由单个 ART 实现

产品 1

产品 2

敏捷发布火车

有些价值流很好地符合了相应的限制，可以由单个 ART 实现

更大的价值流需要多个 ART 组成一个解决方案火车

解决方案火车

敏捷发布火车

敏捷发布火车

敏捷发布火车

大型解决方案

图 2.5-13　ART 设计的三种可能场景

- **多个开发价值流可以符合单个 ART**——当相对较少的人员可以开发交付几个相关产品或解决方案时，单个 ART 可以交付个种价值流。在这种情况下，ART 与价值流大致相同。每个人都在同一个 ART 中！
- **单个开发价值流可以符合单个 ART**——通常，价值流可以通过 100 名或者 100 名以下的实践者实现。许多开发组织已经组织成大约这样规模的单元，所以这是一个普遍的情况。同样，每个人都在同一个 ART 上。
- **大型开发价值流需要多个 ART**——当涉及大量人员时，开发价值流必须分解为多个 ART，并形成一列解决方案火车，接下来将详细介绍。

将大型价值流拆分到多个 ART 中

以上最后一种情况在大型企业中非常普遍，通常需要一些额外的分析。在可能的情况下，火车应该聚焦在价值流中一个单一的、主要的系统，或者是一系列紧密相关的产品或服务中。这是一个相当简单的设计，一个 ART 交付一套明确定义的、有价值的东西。

然而，有的时候需要很多人交付一个单一系统。在这种情况下，最好的方法是让开发具有高度相互依赖的特性和组件的团队一起工作。这就给了我们一种相当普遍的模式，即围绕“特性领域”或子系统来组织 ART。

- **特性领域** ART 针对流动和速度进行了优化。在这种情况下，火车上的单个团队以及整个火车本身都可以提供端到端的特性。好处很明显，这就是把这种 ART 作为首选的原因。但是也要注意子系统的治理，从而防止系统架构的老化并最终导致交付速度减慢。通常，由系统架构师（一个或多个人，甚至是小团队）致力于维护平台的完整性。
- **子系统** ART（应用程序、组件、平台等）针对子系统和服务的架构健壮性和重用性进行了优化。同样，好处是显而易见的，因为这可以提高开发和重用的效率。（面向服务的架构利用了这一点。）但是，根据系统架构中关注点分离原则，此场景中的价值流动可以产生更多的依赖关系，并且需要 ART 之间的协调。

这里没有一个绝对正确的解决方案，大型系统通常都需要这两种类型的 ART。一个典型的例子是，多个 ART 基于通用平台提供服务或解决方案。在这种情况下，可能会有一个或多个平台 ART 来支持这些特性 ART，如图 2.5-14 所示。

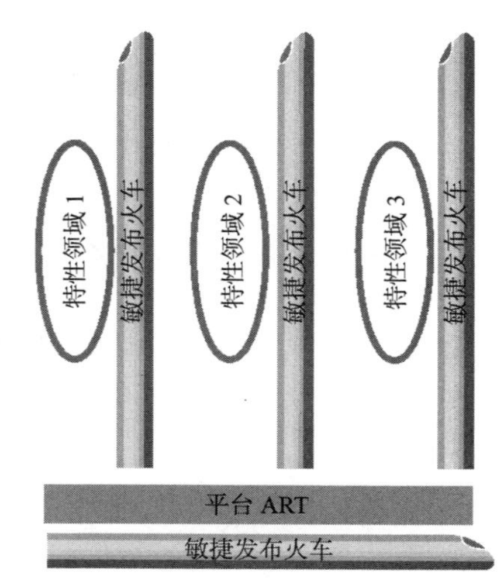

图 2.5-14 “特性领域 ART 和平台 ART”通用模式

在另一种常见模式中，ART 在一个更大的价值流中实现特定的细分。这似乎不能提供完全的端到端交付，但实际上，价值流的“开始和结束”是相对的概念。在这些细分中，输入、价值和系统的类型可能会有很大不同，从而形成一个逻辑分界线。

当然，这些模型的组合通常出现在较大的价值流中，正如最后一个示例，如图 2.5-15 所示。

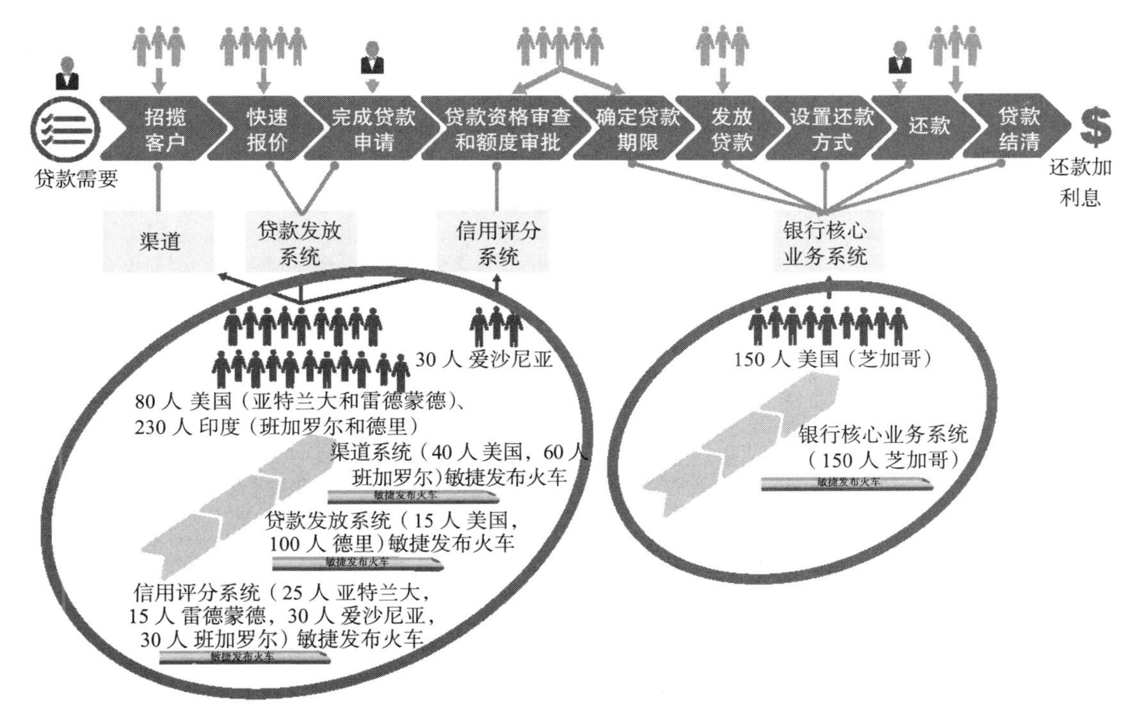

图 2.5-15 个人银行贷款示例中的 ART 组合模式

最后，还有其他一些 ART 设计和优化的考虑因素，包括地域、语言和成本中心等，所有这些因素都可能影响 ART 设计。总的来说，实际情况比这些场景复杂得多。

SAFe 价值流工作坊工具箱

如你所见，在这个过程中需要批判性思维和分析。为了帮助大家识别价值流，Scaled Agile 公司提供了一个价值流工作坊工具箱，该工具箱包括一个工作坊及其他工件，SAFe 咨询顾问（SPC）可以使用它们来指导利益相关者。工作坊提供了一种结构化的方法来识别价值流和定义敏捷发布火车（ART），从而识别企业中的价值流动。通过考虑依赖性、协调性和约束，该工具箱提供了经过验证的系统方法来优化设计。

通常，主要利益相关者参加完 Leading SAFe 课程之后，紧接着就是价值流工作坊。其目的是引导他们完成识别价值流、设计敏捷发布火车，甚至可能为启动第一列 ART 选定日期。

因为没有任何设计是绝对完美的，企业经常会在获得了更多实施经验之后，再次执行这个工作坊，并作为持续改进步骤的一部分。这允许他们改进对价值流和 ART 的理解，并把新的知识融入组织设计中。

下一个主题

在本节中，我们已经描述了团队如何为转型的基本组织结构、识别价值流和设计 ART。现在，我们已经准备好进入下一步骤了，制定实施计划将是 2.6 节讨论的主题。

参考资料

[1] Ward, Allen. *Lean Product and Process Development*. Lean Enterprise Institute, 2004.

[2] Contributed by SPCT candidates Jane Tudor, Justine Johnston, Matt Aaron, Steve Mayner, and Thorsten Janning.

[3] Contributed by SPCT candidates Darren Wilmshurst, Murray Ford, Per-Magnus Skoogh, Phillip Manketo, Sam Bunting, and Virpi Rowe.

[4] Knaster, Richard, and Leffingwell, Dean. *SAFe Distilled: Applying the Scaled Agile Framework for Lean Software and Systems Engineering*. Addison-Wesley, 2017.

2.6 创建实施计划

我们制定的计划越详细，我们的周期时间就越长。

——Don Reinertsen

摘要

在本节中，我们将讨论 SAFe 实施路线图中的下一个“关键动作”——创建实施计划。

在实现这种规模的组织变革中，战略和计划是非常重要的事件。但 Reinertsen 的话提醒我们不要过度考虑这个问题。计划一点，执行一点，学习一点就可以了，然后再进行重复。换句话说，我们需要采取一种敏捷的、增量的方法来实现，就像解决方案开发一样。

我们将通过选择一个价值流和一个敏捷发布火车（ART）来作为我们旅程的交通工具。

详述

在 2.5 节中，我们描述了一个典型的、在一个或多个工作坊上执行的流程，其中关键的企业利益相关者相聚一堂，一起识别组织中的价值流动。所谓“利益相关者”，我们指的是 SAFe 咨询顾问（SPC）、精益 – 敏捷卓越中心（LACE）成员、新培训的精益 – 敏捷领导者，以及其他重要团队成员。

通过使用 SAFe 培训中的新知识、精益 – 敏捷理念和原则，以及价值流工作坊，企业利益相关者开始识别实施这种新的工作方式的策略。这就给我们带来了下一个步骤——创建实施计划。这是在 SAFe 实施中真正见分晓的时候。

直到现在，一切都在纸上谈兵。然而，下一步行动需要个人和组织行为的真实和有形的改变。具体而言，创建计划涉及三个活动：

- 选择第一个价值流
- 选择第一列 ART
- 对于额外的敏捷发布火车和价值流制定初步计划

选择第一个价值流

在先前步骤中定义的每一个开发价值流，都是新工作方式的备选。一个大型企业提供了很多改进的机会，虽然没有一个正确的开始方式，但对于许多公司来说，下一个明智之举就是选择一个目标。毕竟，在这个商业环境中，这一重大变化很可能是没有经过测试的。挑选一个目标，允许新受训的 SPC 和领导者把他们的全部注意力和资源专注在一个特定的机会上。

一旦选择了价值流，就需要一些额外的分析来进一步定义开发价值流的边界、人员、交付物、潜在 ART 和其他参数。为了辅助分析，我们提供如图 2.6-1 所示的一个价值流画布，利益相关者可以用来获得他们新的理解（参考资料 [1]）。

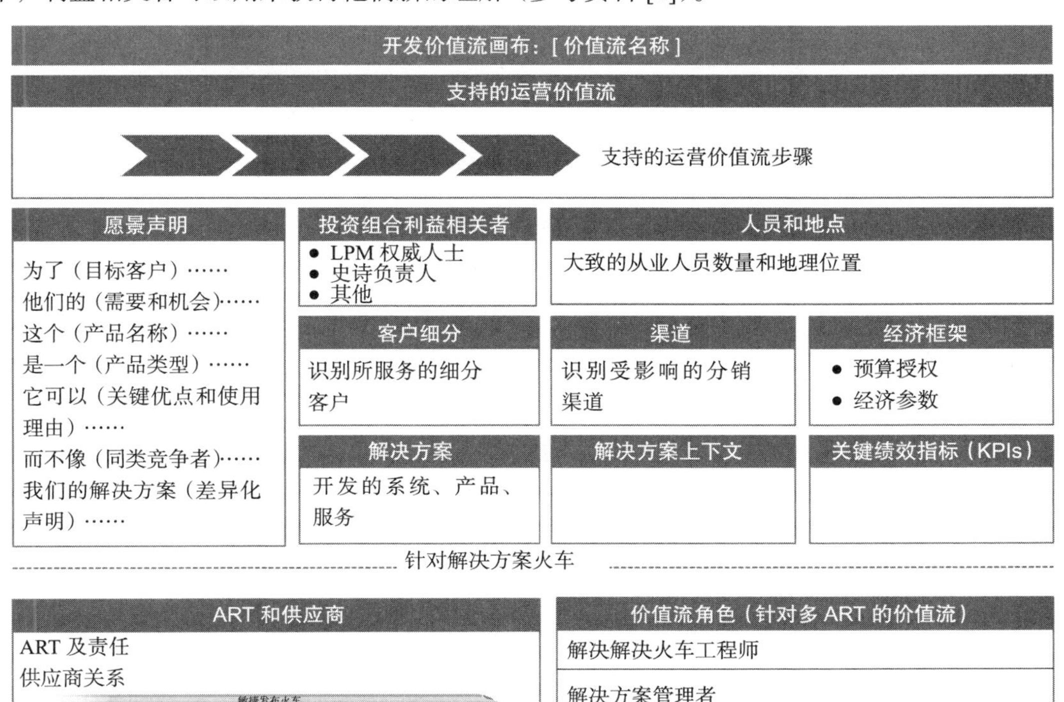

图 2.6-1 价值流画布

填写画布的各个区域需要做一些准备工作。需要了解现在是如何运作的，以及未来是如何工作的。正如在图 2.6-1 的底部所强调的，需要一些额外的分析来定义解决方案火车（多 ART 的价值流）中的预期 ART 和治理。

跨越边界的开发价值流

随着价值流被识别，显而易见的是，开发价值流经常跨越许多边界，如图 2.6-2 所示。

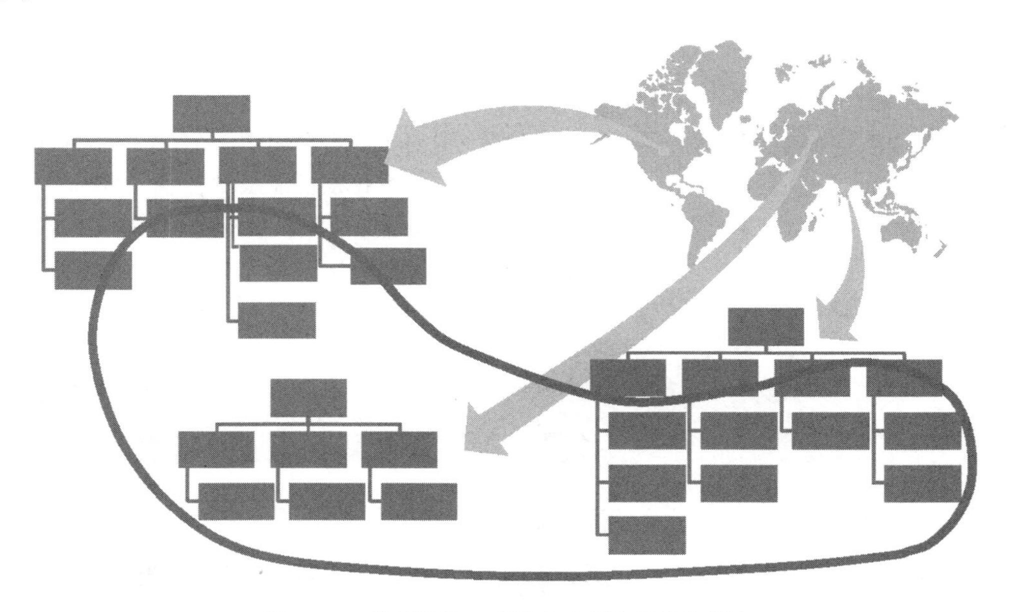

图 2.6-2　跨越职能、组织和地理边界的价值流

相应地，许多开发价值流以及由此产生的 ART，将会在地理区域上分布在不同地区，而不是在同一个地方。虽然这可能使事情变得复杂，但这是一个现实，它不会改变基本的运作模式。敏捷发布火车使用各种各样的技术来减轻这一挑战，包括多地点面对面的项目群增量（PI）计划。虽然我们已经观察到，SAFe 的实施提供了机会，以推动更多地理上同地办公的开发实践，但是公司只需要从他们的现状出发。

在一个大型价值流中选择第一个 ART

一旦第一个价值流被确定，是时候通过专注于第一个敏捷发布火车，来创造最初的“短期胜利”了。这将产生可以应用于其他敏捷发布火车的制度知识。在某些情况下，第一个价值流也是第一个 ART，并且不需要其他的决定。然而，在更大的价值流中，下一步将需要更多在该价值流中的领导者和其他利益相关者的积极支持。许多组织决定寻找第一个“有机会的”敏捷发布火车，如图 2.6-3 所示，在这些要素的交集处可以找到它。

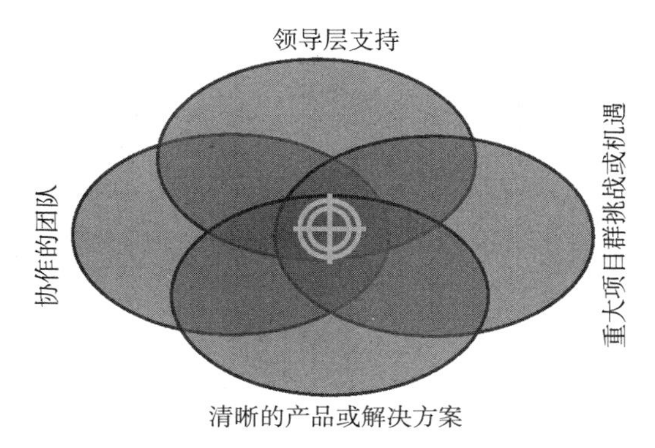

图 2.6-3　寻找更有机会的 ART

第一个 ART 的目标往往是最符合以下标准的：

- **领导层支持**——一些高层领导者可能已经接受过 SAFe 的培训，并且迫切希望把培训应用于工作中。此外，这些领导者中的许多人可能有过敏捷开发的经验。
- **清晰的产品或解决方案**——SAFe 最容易应用于清晰和有形的解决方案，这是公司直接销售的或高度重视的。
- **协作的团队**——在企业中，已经有多个团队一起协作构建一个更大的解决方案。有些团队可能已经开始敏捷，有些则不然。但考虑到企业当前的挑战，这些协作的团队可能已经准备好拥抱这种变化
- **重大挑战或机遇**——改变是困难的。聪明的企业选择一个真正值得其努力的主题，理想的是一个现有的巨大的挑战或者是一个新的机会。在短期内的成功将带来即时的收益，并促进更快更广泛的采纳。

一旦第一个 ART 被选中，企业就准备好进行下一步了。

为额外的 ART 和价值流创建初步计划

在我们着手启动第一个 ART 之前，我们注意到，可能已经形成了一个更广泛的实施计划。虽然在实施 SAFe 的过程中，这个计划还处在早期，推广额外的 ART 和启动额外的价值流的策略可能已经开始形成。简言之，变革开始发生，迹象无处不在：

- 新的愿景正围绕着公司传播
- 主要利益相关者正在达成一致
- 空气中弥漫着一种打动人心的力量，人们洞察到了这种氛围

正如我们在 2.4 节中所描述的那样，LACE 和各种 SPC 以及领导者通常使用敏捷和 SAFe 作为他们的运作框架，来指导敏捷转型和 SAFe 的实施。根据 SAFe 实践，LACE 主持内部的 PI 计划会议，并邀请其他利益相关者，例如业务负责人，来帮助进一步定义实施策略。一个自然的输出将是 SAFe 实施的 PI 路线图，如图 2.6-4 所示，路线图进一步详细说明了实施的计划和 PI 节奏。

在承诺这个路线图之前，对于利益相关者来说，反思现有文化和更大实施策略如何落地，这可能是个好主意。是的，这是一个承诺的变革举措，这意味着它是一个高度中心化的决策（参见 3.9 节）。变革不是可选的，而是在依赖于很多因素的情况下如何开展。通常情况下，强制执行的变革对那些在变革决策接收端的人来说不是令人鼓舞的。在这种情况下，你可能想尝试在 Yuval Yeret 的文章《基于邀请的 SAFe 实施》中所描述的方法，它描述了如何创建更加协作的组织变革工作。

不要过于担心你的策略在一开始就是完美的。任何这样的初步计划只是当前的假设，并且随着实施的演进，计划将逐步改进。稍后我们将在 2.10 节中，再次讨论更大的计划周期。

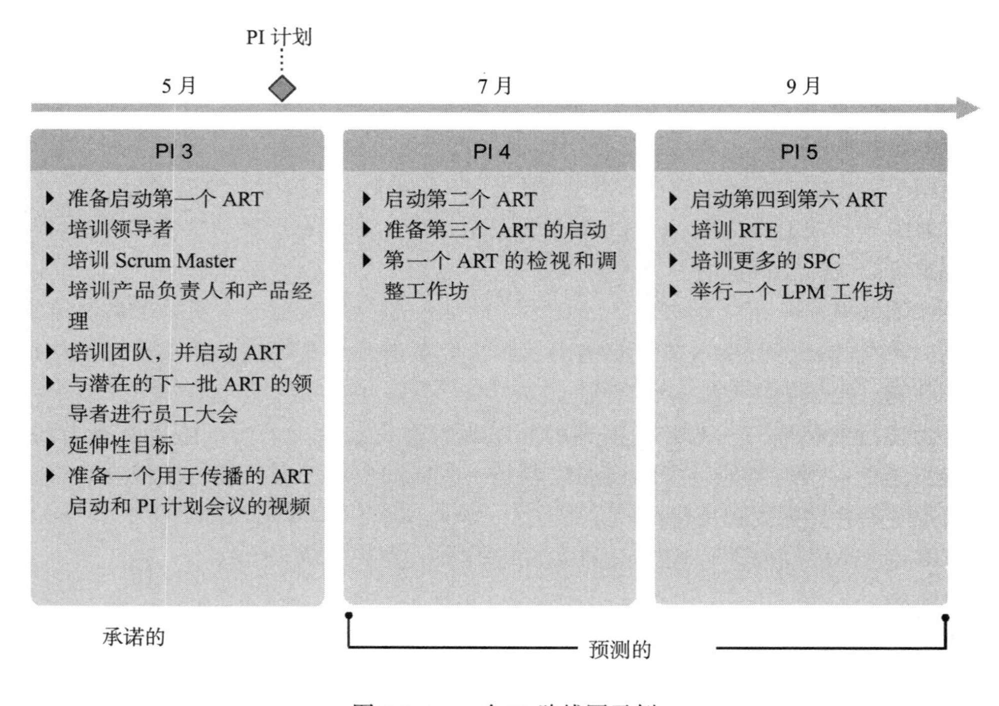

图 2.6-4　一个 PI 路线图示例

下一个主题

无论如何，在选择第一个价值流和定义一个或多个初始 ART 之后，是时候开始着手解决第一个 ART 将会遇到的实际问题了。这是 2.7 节的主题。

参考资料

[1] Thanks to SPCT Mark Richards for contributing the Value Stream Canvas concept.

[2] Martin, Karen, and Mike Osterling. *Value Stream Mapping*. McGraw-Hill, 2014.

[3] Knaster, Richard, and Dean Leffingwell. *SAFe Distilled: Applying the Scaled Agile Framework for Lean Software and Systems Engineering*. Addison-Wesley, 2017.

2.7 准备 ART 的启动

短期胜利有助于建立必要的变革势头。

——科特（Kotter）

摘要

到目前为止，企业已经识别了其价值流并建立了实施计划，并且在实施计划中还定义了第一个敏捷发布火车（ART）。这是一个转折的时刻，因为从现在开始将从计划转向实施。从变革管理的角度来看，第一个 ART 非常重要，可能具有深远意义。因为它是工作方式的第一个实质性变化，并将达成最初的“短期胜利”，这一“短期胜利”会帮助企业建立变革势头。

本节介绍了准备 ART 启动所需的活动。

详述

现在是时候执行成功的 ART 启动所必需的活动了。SPC 经常引领初始几个 ART 的实施，同时也会得到经过 SAFe 培训的利益相关者和精益 – 敏捷卓越中心（LACE）的成员提供的支持。

无论由谁领导，一些大型活动都是准备启动工作的一部分：

- 定义 ART
- 设置启动日期和项目群日历的节奏
- 培训 ART 领导者和利益相关者
- 建立各个敏捷团队
- 培训产品经理和产品负责人（PO）
- 培训 Scrum Master
- 评估和演进启动准备
- 准备项目群待办事项列表

下面的内容详细描述了上述的每一个活动。

定义 ART

在创建实施计划的过程中，利益相关者定义一个过程来识别第一个价值流和 ART。在计划阶段，只要有刚刚好的细节能够判断出这是一个潜在的 ART，据此就可完成 ART 的定义。然而，此 ART 的参数和边界需要留给那些更了解本地上下文的人，如图 2.7-1 所示

（参考资料 [1]）。

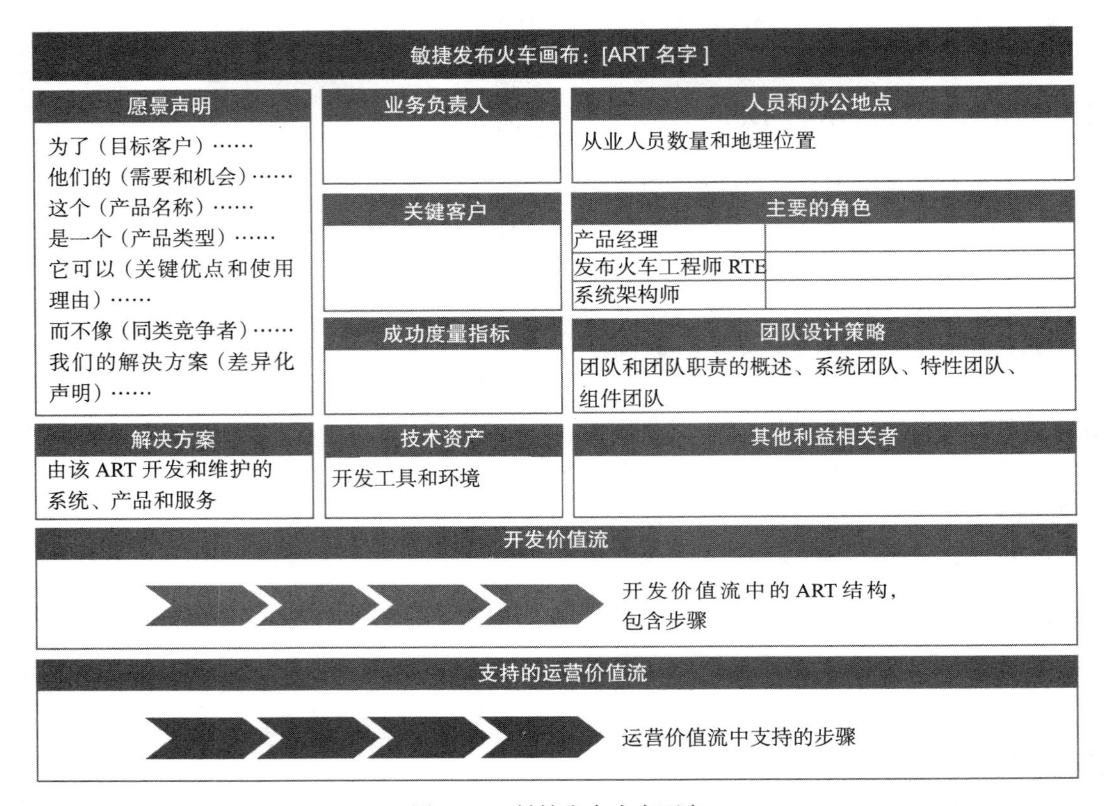

图 2.7-1 敏捷发布火车画布

ART 画布的一个重要好处是它能帮助识别 ART 的主要角色。只有当正确的人被赋予了正确的职责，ART 才能正常工作。毕竟，ART 组织是一个系统，系统必需的所有这些职责，包括解决方案定义、构建、确认和部署，都必须被实现，从而系统能够正确地工作。填写画布上的关键角色可以促进这些讨论并突出这些新的职责。

为了理解谁是业务负责人，我们需要特别注意。显然，他们包括内部和外部客户和 / 或其产品管理者代理人。然而，从系统的视角来看，这意味着其他人应该经常被包括在内，例如，开发 / 技术副总裁、数据中心经理、企业和安全架构师，以及营销和销售主管。只有正确的业务负责人集合才能集体地将不同的组织职责和观点进行对齐。

设置启动日期和项目群日历

有了 ART 定义后，下一步是设置第一个项目群增量（PI）计划活动的日期。这将创建一个强制功能，即 ART 启动的“确定日期”的截止日期，这将创建一个起点并定义计划时间表。

第一步是建立项目群的节奏，包括 PI 长度和迭代长度。 SAFe 大图显示了一个为期 10 周的 PI，其中包括 4 个定期的迭代和 1 个创新与计划（IP）迭代。 PI 节奏没有固定的规则，也没有为 IP 迭代预留多少时间的固定规则。一个 PI 的建议持续时间为 8 ～ 12 周，偏向较短的持续时间（例如 10 周）。一旦选择了节奏，它应该保持稳定，而不是任意地从一个 PI 节奏改变到另一个 PI 节奏。 这使得 ART 具有可预测的节奏和速度。固定节奏使得一整年的项目群活动可以在日历上提前设定出来。PI 日历通常包括以下活动：

- PI 计划
- 系统演示
- ART 同步，或者单独的 Scrum of Scrums 会议和 PO 同步会议
- 检视和调整（I&A）工作坊

对即将开展的活动提前通知会降低差旅和设施成本，并有助于确保大多数利益相关者能够参与。一旦设置了项目群日历，就可以安排团队活动，每个团队定义其每日站立会议、迭代计划、演示和回顾的时间和地点。火车上的所有团队应使用相同的迭代开始和结束日期，这有利于整个 ART 的同步。

培训 ART 领导者和利益相关者

根据 SAFe 实施的范围和时间，可能有一些 ART 利益相关者（例如，业务负责人、经理、内部供应商、运营）没有参加过“ Leading SAFe 课程”培训。他们可能不熟悉 SAFe 并且不清楚对他们的期望，而且他们可能不了解其参与的必要性和好处。这些利益相关者理解和支持该模型及其自身角色的职责，是非常重要的。

为了确保他们对该计划的承诺，SPC 通常会安排一个“ Leading SAFe 课程”来培训这些利益相关者并激励他们参与。接下来通常是一个为期 1 天的实施工作坊，新培训的利益相关者和 SPC 可以创建启动计划的细节。毕竟，这是他们的 ART ：只有他们自己才能制定出产生最佳成果的计划。从本质上讲，这是将变革的主要职责从变革代理人移交给新成立的 ART 利益相关者。

组织敏捷团队

在实施工作坊期间，将出现如何基于系统架构和解决方案目来组织敏捷团队的问题。与组织 ART 本身类似（请参阅 2.6 节），组织敏捷团队有两种主要模式：

- **特性团队**——这些团队专注于用户功能，并针对快速价值交付进行了优化。 这是首选方法，因为每个特性团队都能够提供端到端的用户价值。它们还促进了“T 形”（参考资料 [2]）个人技能的发展。
- **组件团队**——这些团队针对系统稳健性、组件重用和架构完整性进行了优化。建议对它们的使用仅限于有重要的组件重用的机会、高科技专业化和关键的非功能性需求（NFR）。在组件成熟之后，具有一些轻量级治理的特性团队可以承担组件的未来

开发工作。然后可以重新组织原始组件团队以承担其他特性或组件工作。

大多数 ART 都是一个特性团队和组件团队的混合体（请参阅 9.7 节）。然而，ART 通常应该避免围绕技术系统基础设施（例如，架构层、编程语言、中间件、用户界面）组织团队，因为这会产生许多依赖性，阻碍新特性的流动，并导致脆弱的设计。

组建敏捷团队

下一步是组建 ART 的敏捷团队。一个创新的解决方案是让 ART 上的成员能够以最小的限制将自己组织成敏捷团队（参考资料 [3]）。在其他情况下，管理层根据管理者的目标、个人才能和愿望的了解，时间安排，以及其他因素进行初步选择。在大多数情况下，需要管理层和团队之间的一些反复的协商。团队可以更好地理解他们的本地上下文，并了解他们喜欢的工作方式。管理者根据当前的个人、组织和产品开发策略加入自己的观点。

在 PI 计划之前，所有的实践者都必须成为跨职能敏捷团队的一部分。此外，必须建立 Scrum Master 和产品负责人的初始角色。

图 2.7-2 给出的团队花名册模板是一个简单的工具，可以帮助为每个团队的组织带来清晰性和可见性。填写名册的简单行为可以提供非常丰富的信息，因为它开始把敏捷开发的更抽象概念变得具体。毕竟，敏捷团队的结构得到了相当明确的定义；谁在哪一个团队的问题以及专业角色的性质问题，可以带来有趣的讨论。即使看似简单地将个人分配给一个敏捷团队的行为，也可以是一个让人大开眼界的体验。但是这里没有回头路可走：敏捷的这些规则（一人一队）是相当清楚的。

团队序号	团队名称	角色	团队成员名字	地理位置
1	A 团队	Scrum Master	姓，名	城市，国家
2	A 团队	产品负责人	姓，名	城市，国家
3	A 团队	开发人员		
4	A 团队	开发人员		
5	A 团队	开发人员		
6	A 团队	测试人员		
7	A 团队	测试人员		
8	A 团队	<role>		
9	A 团队	<role>		

图 2.7-2　敏捷团队花名册模版

如图 2.7-2 所示，其中地理位置这一列非常有趣，因为它定义了每个团队在同一地点面对面办公和分布式办公的情况。当然，同一地点办公总是会更好。但在有些情况下一个或多个人可能无法与其他人在一起同一地点办公。随着时间的推移，这种情况可能会发生变化，但至少每个人都了解当前团队成员所在的位置，因此他们可以开始考虑“每日站立会议”（DSU）的时间和其他团队活动。

培训产品负责人和产品经理

产品负责人和产品经理一起驾驭敏捷发布火车。他们分别拥有对故事和特性的内容权威。这两个角色对 ART 的成功至关重要，履行这些角色的人员必须接受过良好的培训，从而确保最佳协作，以及学习新的工作方式，并了解如何最好地履行其特定职责。此外，这些角色将主要负责构建初始项目群待办事项列表，这是 PI 计划的一个关键工件。

Scaled Agile 公司开发的为期 2 天的“SAFe 产品负责人 / 产品经理”课程是专门为此而设计的。本课程教授产品负责人和产品（和解决方案）经理如何推动 SAFe 企业的价值交付。学员将获得一个 SAFe 的精益 – 敏捷理念和原则的概览，并有机会深入探索基于特定角色的实践。学员将学习如何编写史诗、特性和用户故事，如何建立团队和项目群看板系统来管理工作的流动，以及如何通过使用加权最短作业优先（WSJF）的方法对待办事项列表进行管理和优先级排序。

培训 Scrum Master

有效的 ART 在很大程度上依赖于他们的 Scrum Master 的仆人式领导力，他们教练敏捷团队成员的能力，以及提高团队绩效的能力。这是一个专业角色，既包括传统的 Scrum 领导力职责，又包含了对构成 ART 的大型敏捷团队的相关职责。在 SAFe 中，Scrum Master 还在 PI 计划会议中发挥着关键的作用，并通过 Scrum of Scrums 会议帮助协调价值交付。显然，如果他们在第一个 PI 开始之前接受了适当的培训，那将是非常有帮助的。

Scaled Agile 公司开发的为期 2 天的“SAFe Scrum Master”课程教授 Scrum 基本原理，并探讨了 Scrum 在 SAFe 环境中的作用。它帮助 Scrum Master 准备如何推进迭代，如何成功规划和执行 PI，如何参与 ART 活动，以及如何使用看板系统来度量和提高工作流动的效率。本课程对新手和有经验的 Scrum Master 都是有益的。

评估和演进启动准备

培养每一个角色扮演好他们的新职责是 ART 准备就绪的一个关键部分，但这只是 ART 成功启动的一个要素，额外的活动仍然是需要的。然而，由于 SAFe 是基于经验性的计划 – 执行 – 检查 – 调整（PDCA）模型，因此对于启动而言很难有一个完全准备就绪的状态。即使试图达到这样的状态也是一件愚蠢的事情，因为第一个 PI 的经验将为未来的活动提供经验。此外，一开始就试图达到一个过于完美的状态，就会耽误学习，延缓学习成果的转化和实现。

也就是说，一定程度的准备有助于确保第一个计划活动更成功。图 2.7-3 和图 2.7-4 提供了一份对未来 ART 准备就绪评估和活动的检查表。

大多数人都会同意图 2.7-3 中的大多数条目是成功启动所必需的。图 2.7-4 中的条目当然是期望达到的，但依赖于你的具体情况，这些问题也可以在前几个 PI 中轻松得到解决。

领域	问题
计划的范围和上下文	是否已理解规划过程的范围（产品、系统、技术领域）？价值流和 ART 是否已被识别出来了？
发布火车工程师（RTE）	是否已经确定了 RTE 人选？ RTE 是否理解自己在准备组织和准备 PI 计划会议中的角色范围？
计划的时间框架、迭代和 PI 的节奏	是否已经确定了 PI 计划会议的日期，迭代节奏和 PI 节奏？
敏捷团队	是否已确定了每个特性／组件团队的 Scrum Master 和产品负责人？
敏捷团队的参与情况	所有的团队成员都会现场参与，还是需要安排远程参与？
高管和业务负责人的参与情况	我们知否知道谁（业务负责人）来设定业务上下文，谁（通常是产品管理者）来介绍产品／解决方案的愿景？
业务一致性	业务负责人和产品管理者是否就优先级达成一致？
愿景和项目群待办事项列表	对于我们正在构建的内容是否存在明确的愿景，至少在接下来的几个 PI 中愿景是什么？ 我们是否确定了第一个 PI 主题的前十个左右的特性

图 2.7-3 ART 准备就绪检查表：需要的条目

领域	问题
系统团队	是否已经确定和组建了系统团队？
共享服务	是否已经确定了共享服务（用户体验、架构等）？
其他参与人员	我们是否知道有哪些其他的关键利益相关者（IT、基础设施等）？
敏捷项目管理工具	我们是否知道如何以及在哪里去维护迭代、PI、特性、故事、状态等？
开发所需的基础设施	我们是否知道对环境的影响以及对环境（例如，持续集成和构建的环境）是否有所计划吗？
质量实践	是否制定了关于单元测试和测试自动化的策略？

图 2.7-4 ART 准备就绪检查表：有用的条目

准备项目群待办事项列表

如前所述，使用启动日期作为强制功能增加了确定 PI 的范围和愿景的紧迫性。毕竟，没有任何人想要在 PI 计划会议上表现出他们对于系统的使命和定义缺乏坚实的理解。虽然假设是很容易的：希望在会议之前大家对希望的使命和定义具有一致的理解，但经验表明，实际情况并非如此。团队成员更有可能对新系统应该做什么有多种意见，并且可能需要一些时间才能在启动日期之前收敛这些观点。

PI 的范围或“构建内容”主要由项目群待办事项列表定义，它包含一系列待开发的特性、非功能性需求，以及定义系统未来行为的架构工作。为此，SPC 和精益 – 敏捷卓越中心（LACE）的利益相关者通常会促使 ART 的利益相关者聚集在一起，制定出一个共同的待办事项列表。这通常在一系列待办事项列表工作坊和其他活动中完成，如图 2.7-5 所示。

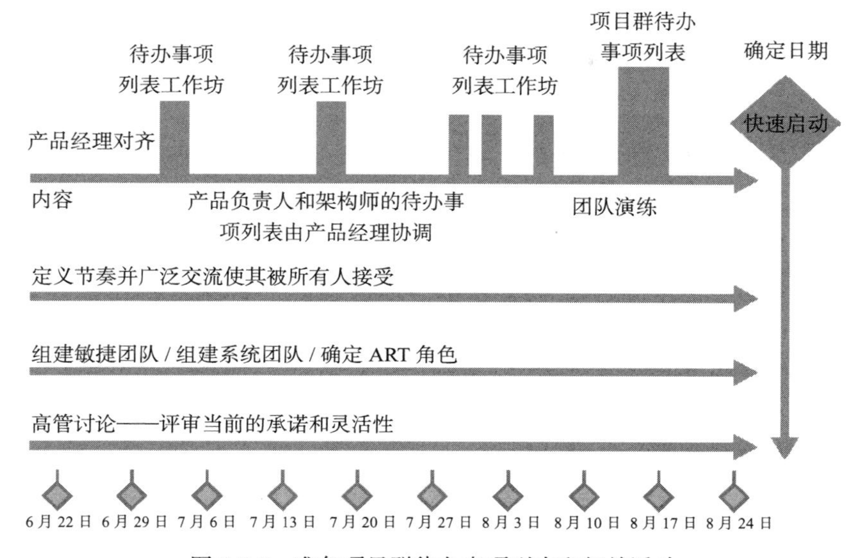

图 2.7-5 准备项目群待办事项列表和相关活动

很容易对待办事项列表进行过渡准备，所以不要为准备工作陷得太深——与团队一起规划的行为无疑将解决许多这些问题。无论如何，团队通常都知道什么是最好的。我们的经验表明，准备一份带有初始接收标准的、编写良好的特性列表就足够了。许多领导者倾向于过度计划和提前创建故事，但是当愿景发生变化时，往往会产生浪费和带来失望。这显然也会让团队失去动力，因为创建故事是他们对 PI 计划会议做出贡献的重要方面。

下一个主题

到目前为止，这是一段相当不容易的旅程。这是我们迄今为止所取得的成就：

- 达到引爆点
- 已培训精益 – 敏捷变革代理人
- 已培训高管、经理和领导者
- 已识别价值流和 ART
- 已创建实施计划
- 已准备好第一个 ART 启动

最后，终于可以驶出火车站，并启动这列敏捷发布火车了。你准备好了吗？ 太棒了！现在，你将要阅读 2.8 节，培训团队并启动 ART。

参考资料

[1] Thanks to SPCT Mark Richards for the ART Canvas inspiration.

[2] https://en.wikipedia.org/wiki/T-shaped_skill.

[3] http://www.prettyagile.com/2017/01/facilitating-team-self-selection-safe-art.html.

2.8 培训团队和启动 ART

我们常常不能仔细考虑在发生重大变革时需要什么样的新行为、技能和态度。因此，我们往往很难认识到帮助人们学习这些新行为、技能和态度所需的培训种类和数量。

——约翰·科特（John Kotter）

培训团队并启动火车。

——SAFe 的方式

摘要

到目前为止，关键的敏捷发布火车（ART）的利益相关者已经接受了培训并且已经到位，同时也已经制定了启动计划。精益－敏捷卓越中心（LACE）和多个具有不同背景经验的 SAFe 咨询顾问（SPC）也随时准备为项目提供帮助。在本节中，我们将讨论如何培训团队并启动 ART，以便开始实现变革的真正商业收益。

详述

科特的话提醒我们，改变人们的行为、态度和技能，以至于最终改变企业的文化并非是一件容易的事。简单地说，如果我们希望人们以不同的方式工作，领导者必须指明道路（参考资料 [1]）。这需要用培训向人们展示如何去做，并且提供后续辅导来帮助大家掌握这些新技能、技巧和工作的态度。

培训敏捷团队

我们现在已经准备好将注意力转向新的、已经初步确定的敏捷团队，他们将是火车上的主要成员。他们是那些真正在构建业务系统的人，因此必须对于将要发生的事情完全掌握。他们必须了解自己在 ART 中的作用，并获得能够有效发挥自己角色作用所需的精益－敏捷技能。可能部分甚至全部团队成员都从未参与过敏捷或 SAFe 运作环境，因此下一个重要任务就是对所有团队进行培训 SAFe 的工作方式。

Scaled Agile 公司提供的为期 2 天的面向团队的 SAFe（S4T）课程专为此目的而设计。这是一门组建团队和进行培训的课程，旨在介绍敏捷开发，其中不仅包括敏捷宣言及其价值观和原则的概述，还包含：

- 核心 Scrum 元素，以及对 Scrum Master 和产品负责人角色的探索
- 一些基本事件的目的和机制，包括迭代计划（IP）、迭代执行、每日站立会议（DSU）、迭代评审，以及迭代回顾
- 准备项目群增量（PI）计划会议
- 建立一个用于跟踪故事的看板（Kanban board）

此外，团队还需要准备团队待办事项列表，以确定即将进行的 PI 计划会议所需的工作。

在进行此培训时，许多团队成员可能对敏捷开发有一定程度的经验，这一点不要忽视，并且他们可能觉得已经具备了按照 SAFe 方式工作的能力。由于团队成员可能会觉得这就是一般的基础敏捷培训，他们在培训的接受上可能会有一些抵触情绪。实际上，这种团队培训对于 SAFe 实施的成功至关重要，因为它提供的指导远远超出了核心 Scrum 实践，特别是，这里面很多规模化敏捷的内容是 SAFe 所独有的，这些内容包括：

- 团队在 PI 计划、检视和调整（I & A），以及创新与计划（IP）迭代中的角色
- 专注并参与系统演示
- 应用特性、用户故事和接收标准来定义和确认系统行为
- 使用故事点作为速度的度量，并用于估算目的
- 了解通过看板系统的工作流动，包括团队的本地看板
- 与其他团队和其他角色协作，包括产品管理者和系统架构师
- 内建质量实践的引入和应用，包括持续集成、具有测试自动化的测试先行和结对工作
- 建立构成 ART 的更大的团队

“大房间培训”的好处

在一些敏捷推广中，培训是按团队逐个进行的。这种策略有时可能有效。尽管如此，我们强烈建议采用更加快速的方法，其中就包括同时培训所有团队成员。这种做法引起了业界的一些关注。一般的培训是由一个培训师对一个小团队在一个更加亲密的环节中进行，相比之下 100 多人在一个房间里同时获得培训，很难想象是否可以带来同等的好处。实际上，大房间培训所带来的好处往往更多：

- **加速学习**——此培训在 2 天内完成，而不是在几个月内完成。这加速了 ART 所有成员的学习时间和同化，也就加速了 ART 的启动。
- **统一的规模化敏捷范式**——所有团队成员同时接受同一位培训师的同样培训。这也消除了随着时间的推移，不同培训师使用不同课件的不同课程的变化。
- **成本效益**——规模化实施敏捷的一个挑战是培训的时机和费用。有才能并经过验证的培训师很难找到，并且不可能随叫随到，他们的价值和成本都相当高。 因而使用

“大房间培训”方法的成本效益通常是单个团队培训的 3 ～ 5 倍。

- **集体学习**——“大房间培训”的学习经验是无可替代的。 面对面的互动是规模化敏捷的关键要素之一。一起培训每个人也就开始了构建 ART 所依赖的社交网络，这种参与体验远比参与者彼此分开工作时要好得多。这种培训可以带来变革，这也是只有当你亲身经历过之后才能相信的事情。

为了让你了解可能的情况，以下是 SAFe 咨询顾问培训师（SPCT)，澳大利亚 SAFe 先驱马克·理查斯（Mark Richards）的一些观察结果：

到底怎样才能在房间里同时培训 100 人，从而获得高影响力培训体验呢？我起初完全不相信，所以我和客户一起安排了第一次 PI 计划会议之前的 4 ～ 5 个 SAFe 团队级课程。我要求每个团队将整个团队送到同一个课程，以便他们一起坐下来学习，他们承诺将尽全力执行。然后，痛苦就开始了。首先，直到培训前的最后一刻，这些团队还是会经常不断变动。其次，他们忙于当前的项目承诺，以至于很难让所有人都凑齐，所以每次培训都会有 2、3 个人缺席。还有，在不同地点的团队成员将参加不同的课程。

最后，我终于理解了大房间培训的动机和一些好处，最终被完全说服并开始尝试。在第一次“大房间培训”之后，我震惊了，然后花了一些时间进行研究，它究竟为何会如此强大。

以下是马克的一些见解：

- **团队将完全成型**。整个团队可以坐在一张桌子旁。他们不仅可以一起学习，分享他们在学习中的洞察，而且这种培训实际上是一个非常强大的团队建设活动。团队在第一天选择了自己的队名，然后团队不断成长，并互相认同，这一切就发生在我们眼前。
- **团队参与集体学习**。团队有机会在讨论和练习中找的了他们的不同解读。他们并不依赖于一个人（Scrum Master）去确保他们从敏捷方法中获得价值，相反，他们有很多想法，每个人都有不同的细微差别。
- **PI 的特性将准备就绪**。团队培训中关于用户故事的识别、拆分、估算和演进的练习，使用的都是他们将要在 PI 计划中处理的真实特性。
- **团队形成自己的身份认同**。团队坐在一起，为团队选择一个名字，并开始形成 ART 共同的身份认同。随着讨论和汇报的进展，他们也开始了解彼此的世界。

尽管有所不同，但全员的大房间培训方法仍然是我们最强烈的建议之一，也是 SAFe 最具成本效益和最有价值的实施策略之一。

启动 ART

有很多方式可以成功地开始 ART，并且我们在前一章节中描述的准备活动没有具体的时间表。但是，经验表明，启动 ART 最简单、最快速的方式是通过 ART 快速启动方法，如图 2.8-1 所示。

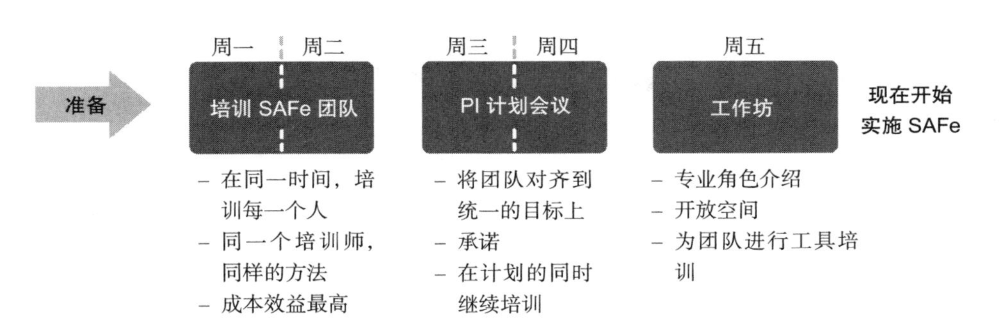

图 2.8-1 为期 1 周的全员 ART 快速启动方法

在这种方法中，敏捷团队接受培训，第一个 PI 计划会议安排在 1 周内完成。虽然这看起来令人生畏，但经验表明，这是帮助 100 多人过渡到新的工作方式的最简单、最务实的方式。这种方法有三个要素：

- 第 1 ～ 2 天——如前所述，敏捷团队进行大房间培训。
- 第 3 ～ 4 天——团队培训之后紧接着是 PI 计划会议。这样，团队仍然在一起并处在 SAFe 环境中，并且他们的第一个 PI 计划的体验将建立在前一天的培训的基础上。
- 第 5 天——这一天预留出来，用于指导新的角色、工具培训，讨论所需的敏捷技术实践、开放空间，以及团队为第一次迭代做好准备所需的任何其他活动。

第一次 PI 计划会议

在快速启动期间，PI 计划根据当前优先级帮助构建团队待办事项列表。同时也加强了他们对于刚刚培训所接收到的知识的认知。接下来的一周，团队将以常规的方式进行他们的迭代计划，并开始执行 PI。

很显然，以 PI 计划作为良好开端，对于第一个 PI 的成功至关重要。它体现了对所有团队和利益相关者的新工作方式的承诺。有效的 PI 计划会议将产生以下结果：

- 树立对新的工作方式的信心和热情
- 开始建设 ART，使所有敏捷团队形成一个团队，并且开始构建 ART 所依赖的社交网络
- 培训团队如何承担计划和交付的责任
- 对项目群的使命和当前背景进行完整的可视化呈现
- 展示精益 – 敏捷领导者对 SAFe 转型的承诺

因此，对于 SPC 以及其他领导者和变革推动者来说，第一次 PI 计划会议是至关重要的事件。为了确保最终得到好的结果，通常会由一个经验丰富的 SPC 共同引导 PI 计划会议。

下一个主题

随着团队和利益相关者的培训，以及现在的新工作方式的实施，没有人会希望回到过去的工作方式。当你准备演进并提升 SAFe 实践时，请记住：人们最初接受过的敏捷培训

并不能使他们真正变得敏捷。就像敏捷价值交付本质上是增量式交付一样，团队将会变得越来越敏捷。现在，持续学习和采用“检视和调整”实践的思维，对于 ART 的健康和福祉，以及企业的业务目标至关重要。

积极支持组成 ART 的成员，并为他们提供鼓励学习和成长的环境非常重要。允许他们止步不前，将违背我们作为精益－敏捷领导者和变革推动者的责任。

我们需要在这条新路上为大家提供辅导，这样他们才能在这个新的工作环境中脱颖而出。这也是 2.9 节的主题。

参考资料

[1] Heath, Chip, and Dan Heath. *Switch: How to Change Things When Change Is Hard*. Crown Publishing Group, Kindle Edition.

2.9 辅导 ART 的执行

每当你在工作即将完成之前放松下来，你的关键动力就会消失，取得的进展也会随之倒退。

—— 约翰·科特（John Kotter）

摘要

在 SAFe 实施路线图的这一阶段，第一件头等大事就是通过后视镜往后看看。你已经培训了团队，启动了第一个敏捷发布火车（ART），并且举办了项目群增量（PI）计划会议。所有这些努力的结果就是组建了一个获得授权、人人积极参与，并由多个步调一致的敏捷团队组成的大团队，准备开始构建所需的解决方案，交付客户价值。

在你开始这一个关键阶段之前，理解到如下一点非常重要：只有培训和划计并不会让新组建的团队和 ART 变得敏捷。它们只是提供了开启团队敏捷之旅的机会。要支持真正的敏捷之旅，领导者，尤其是 SAFe 咨询顾问（SPC）必须牢记，拥有知识不等于深刻理解。实现有效的团队级敏捷实践和行为需要大量的时间，这就是为什么必须付出大量的努力来辅导 ART 的执行。

详述

为了进入当前阶段，企业已经做了大量投入以培养 SPC 变革驱动者，并培训利益相关者以新的方式开展工作。现在，随着 SPC 和精益－敏捷领导者关注在他们真正关心的事情上，正是到了这些投资获得回报的时候：帮助确保在最短的可持续时间内交付价值，同时获得最高质量的产品。当你开始团队级和 ART 级辅导的时候，这种情况就会开始发生。

辅导 ART

辅导 ART 的执行，可以促进如下几个方面更快的进步：

- 帮助建立并维护愿景和路线图
- 定义并管理项目群看板和项目群待办事项列表
- 辅导产品经理、系统架构师，以及发布火车工程师（RTE）有效履行他们的角色
- 支持频繁的系统级集成，包括系统演示
- 参与 Scrum of Scrums（SoS）、产品负责人（PO），以及 ART 的同步会议
- 帮助引导检视和调整（I&A）会议，并跟踪改进事项
- 促进系统团队、敏捷团队及其他人员建立 DevOps 文化，在适当的自动化水平下实现持续交付流水线
- 维持对架构跑道的持续关注
- 支持以新的工作方式进行发布管理
- 支持或提供更多额外培训

辅导团队

团队，尤其是那些刚刚接触敏捷的团队，将会需要大量的帮助。在这种情况下，团队需要的辅导活动包括如下几个方面：

- 帮助团队进行第一次迭代的计划、执行、评审，以及回顾
- 辅导新的 Scrum Master 和产品负责人有效履行其角色和责任
- 启动并支持敏捷技术和内建质量实践
- 帮助团队建立持续交付流水线所需要的基础架构、DevOps 实践和文化
- 鼓励并支持实践社区（CoP）以帮助团队获取新的知识和技能

显然，对 SPC 和精益 – 敏捷领导者来说，绝对不缺乏实践和展示他们的新技能和新思维的机会。

重要提示：对于一线的开发经理和工程经理来说，转向 SAFe 并采用精益 – 敏捷思维，或许是一件令人恐慌的事情。已经不再需要传统的日常监督和以任务为导向的管理了。就像在 1.1 节中所讲述的那样，取而代之的是，这些新的“精益思维管理者 / 教师”将采用一种服务式领导的方法，并采取不同的活动组合和风格。辅导机会的简短列表也会提醒我们，因为还有很多工作需要完成，组织的管理者和领导者们的知识和技能也是极有价值的。只是那些工作需要以不同的方式来完成。

检视和调整

没有什么辅导机会比第一次检视和调整（I&A）工作坊更为重要的了。正是在这个工作坊中，团队的每一个人都能了解到 PI 进展如何，针对他们的 PI 目标团队执行的如何，组

织当前采用 SAFe 的程度有多好，以及在当前时刻他们所开发的解决方案如何真正有效。此外，SPC 和教练们可以领导第一个真正的纠正措施和问题解决工作坊。检视和调整工作坊给了团队独立改进其绩效所需要的工具。它也允许团队成员与其管理层利益相关者们一起工作，共同解决他们所面临的更大障碍。

下一个主题

对于第一个 ART 来说，他们正在驶向下一个 PI。而对于读者来说，我们将开始学习 2.10 节。

2.10 启动更多 ART 和价值流

巩固成果并推行更多的变革。

——约翰·科特（John Kotter）

摘要

你可以认为实施路线图的下一阶段，类似于喷着蒸汽的火车沿着轨道加速前进。更大的商机的到来，让企业能够通过启动更多的敏捷发布火车（ART）与价值流（参考资料 [1]）以“巩固成果并推行更多变革”。这使企业能够随之实现更全面的 SAFe 收益，有效地转向更高层次的转型阶段。

详述

第一次项目群增量（PI）计划会议的召开、ART 的正式启动，以及 PI 的交付成果，提供了初始的、可度量的和显著的业务收益。现在，业务和开发都对齐到一个共同的愿景和使命；每个人都认同了这种新的工作方式，采用了共同的方法、语言和节奏，并对各种事件会议进行了同步；建立了新的角色和职责；由于团队负责规划自己的未来，员工参与度也达到了新高。最重要的是，第一个 PI 交付成果证实了采用 SAFe 的有效性。

此外，第一个 ART 也为在价值流中实施其他 ART 创造了所需的有效模式和制度性的“肌肉记忆”。在接下来的关键动作，即启动更多的 ART 和价值流中，企业可以开始实现更高的投资回报：更快的上市时间，更高的质量，更高的生产力和更高的员工敬业度。只有全面有效地实施规模化的精益 – 敏捷实践才能实现这些回报。

启动更多 ART

到目前为止，SAFe 咨询顾问（SPC）、精益 – 敏捷卓越中心（LACE）和其他利益相关者，已经拥有了在下一个选定价值流中启动更多 ART 所需的经验。毕竟，ART 越多，回报越多。模式是一样的。只需重复第一次有效工作的关键动作：

- 准备 ART 启动
- 培训团队并启动 ART
- 辅导 ART 执行

但是，有件事必须特别关注。接下来的几个 ART 实施中，必须投入与启动第一个 ART 同等的关注和努力。否则，可能会产生认定“每个人都知道现在该怎么做”的倾向。在转型的早期阶段，这种舒适的状态不太可能出现，作为引领 SAFe 实施的利益相关者，仍然需要对每一个后续的 ART 给予尽可能多的关爱和照顾，就像对待第一个 ART 那样。

实施大型解决方案层的角色、工件和事件

正如我们在 2.5 节中所描述的那样，一些价值流可以通过单一的 ART 实现。这些团队已经拥有按需发布所需的人员、资源和跨职能技能，无需额外协调、与其他 ART 集成或额外的治理工作。然而，对于更大的价值流，则需要 SAFe 大型解决方案层的部分或全部其他角色、事件和工件（如图 2.10-1 所示）。

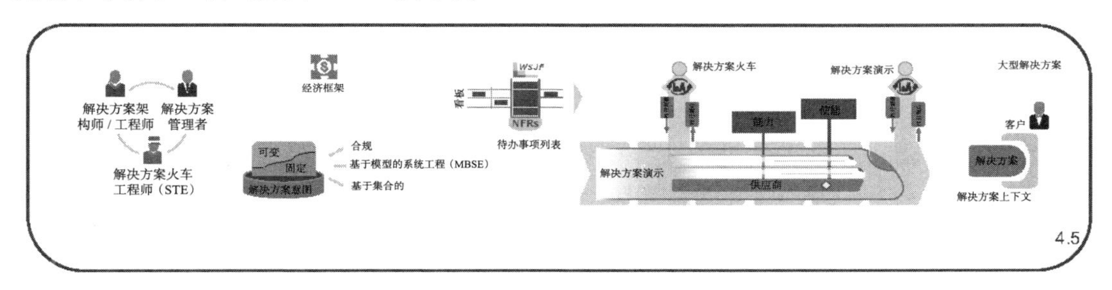

图 2.10-1　大型解决方案层

对于高保障性系统，系统定义（解决方案意图）需要更为严格，并且可能需要一些其他的活动。在这种情况下，这些价值流推广的下一阶段将需要建立这些额外的实践。

由于这些职责、工件和活动对企业来说是新的，因此领导者、SPC 和 LACE 将再次发挥积极作用。他们的任务可能包括以下内容：

- **建立角色**——确定价值流的三个角色：解决方案火车工程师（STE），解决方案管理者和解决方案架构师 / 工程师。
- **建立解决方案意图和解决方案上下文**——确定职责、流程和工具，从而定义并记录解决方案意图和解决方案上下文。对于高保障性系统，建立和（或）演进精益 – 敏捷验证和确认实践（请参阅 7.11 节）。
- **建立价值流、愿景、路线图和度量**——大型价值流可能需要跨层级面板的许多元素，包括愿景、路线图、度量，共享服务、系统团队和 DevOps 策略、用户体验（UX）、里程碑，以及发布。
- **引入能力和解决方案待办事项列表**——大型价值流受益于使用能力待办事项列表，在这种情况下，还必须建立解决方案看板。

- **实施 PI 计划前和 PI 计划后、解决方案演示、价值流，以及检视和调整（I & A）**——需要这些事件来准备每个 ART 的 PI 计划，在计划后跟进并协调价值流目标，并向价值流利益相关者演示完整解决方案。
- **集成供应商**——大型价值流通常有内部和（或）外部供应商。无论他们是否已经拥抱精益 – 敏捷和 SAFe 原则，他们必须融入新的工作方式。精益企业，由于提高了大型价值流的经济性，通常在帮助供应商采用 SAFe 方面发挥积极作用。无论如何，供应商必须至少在大型解决方案层集成到 SAFe 活动中。

启动更多价值流

启动第一个完整价值流，是转型的一个重要里程碑。成果体现在改进上。人们更快乐，新的工作方式也正在根深蒂固地融入组织的习惯中，同时文化也在不断演进。

但是，在大型企业中，这项工作远未完成。其他价值流可以是完全不同的业务、运营单元或子公司。他们可能位于不同的国家，提供明显不同的解决方案和服务，并具有不同的命令链。这些命令链可能在最高的公司级别上汇聚重合。

在这种情况下，即使将好消息传播到其他价值流，可能也不会导致企业全面自动拥抱 SAFe。许多人可能会认为，"在那里有效，在这里不一定会有效。"因此，从某种意义上说，每个新的价值流都代表了与实施前述所有变革管理步骤同等的挑战和机会。故而，每个新的价值流都需要经历一系列与推进到当前状态相同的步骤，如图 2.10-2 所示。

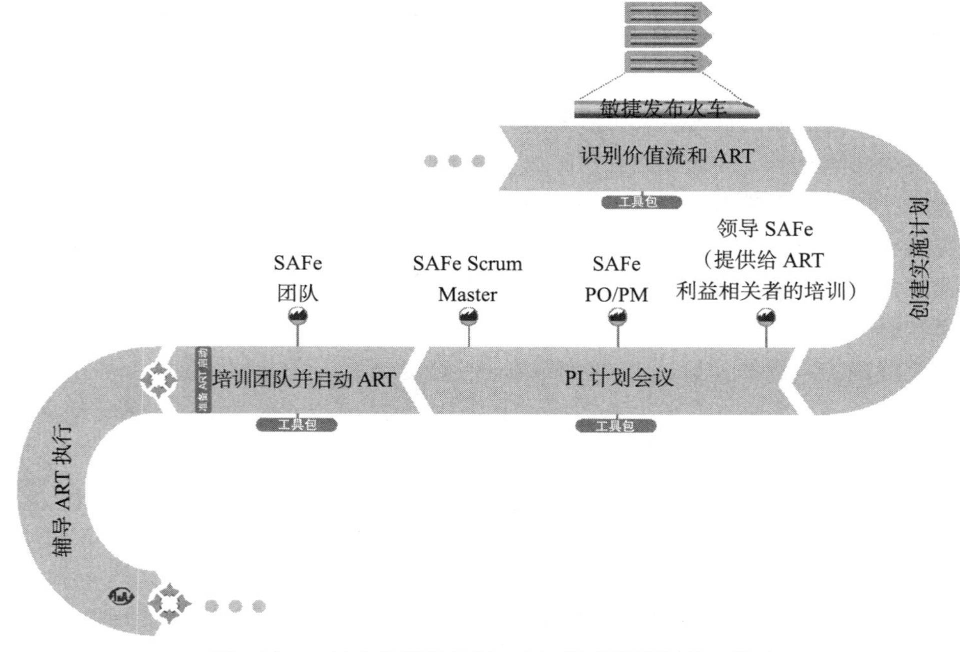

图 2.10-2　每个价值流执行 SAFe 实施路线图的一部分

因此，随着企业仔细思考下一个使变革、影响和业务收益最大化的重大步骤的时候，这也是推出“基于邀请的实施方法”的好时机。这种方法旨在建立必要的支持，并且“塑造路径”以使关键利益相关者能够承担他们在新的工作方式中取得成功所需的领导角色（参考资料 [2]）。

此外，考虑到未来工作的范围，现在是反思早期原则并应用 SAFe 原则 #6 的好时机。我们将在 SAFe 实施轨道中看到这些原则。

SAFe 实施轨道

不久前，我们有机会拜访了美国西北互助人寿保险公司（Northwestern Mutual）的人。他们正处于 SAFe 推广中期，也是迄今为止规模更大且最重要的 SAFe 推广之一。我们花了一些时间与技术转型团队（类似于 LACE），分享经验和相互学习。该公司团队向我们展示了他们如何管理他们的转型推广。

亮点是一个 10 英尺（约为 3 米）长的大型可视化信息雷达（BVIR）。我们的意思是，真的非常大，如图 2.10-3 所示。

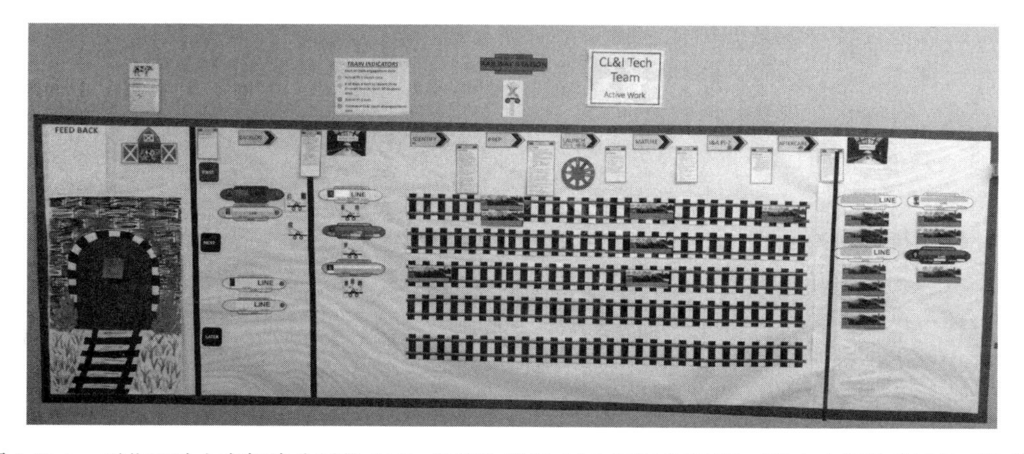

图 2.10-3　西北互助人寿保险公司的 SAFe 实施轨道板（“牛板”）(经西北互助人寿保险公司许可转载）

他们的精益 – 敏捷理念，他们应用 SAFe 原则和实践的方式，以及他们实施中采用的结构化方式，都给我们留下了深刻的印象。而当我们询问是否可以分享他们的经验时，他们的答案同样给我们留下了深刻的印象——他们慷慨地同意了。在 2016 年 SAFe 峰会上，萨拉 • 斯科特（Sarah Scott）将他们的工作作为案例研究进行了分享。在此基础上，我们总结了这些经验，并将其经验概括为我们称之为 SAFe 实施轨道的指南，如图 2.10-4 所示。

轨道的四个状态

轨道作为看板，包含一系列四个主要状态，其中第三个状态即“轨道”，由多个步骤组成，供每列 ART 使用。下文将逐个描述四个主要状态。

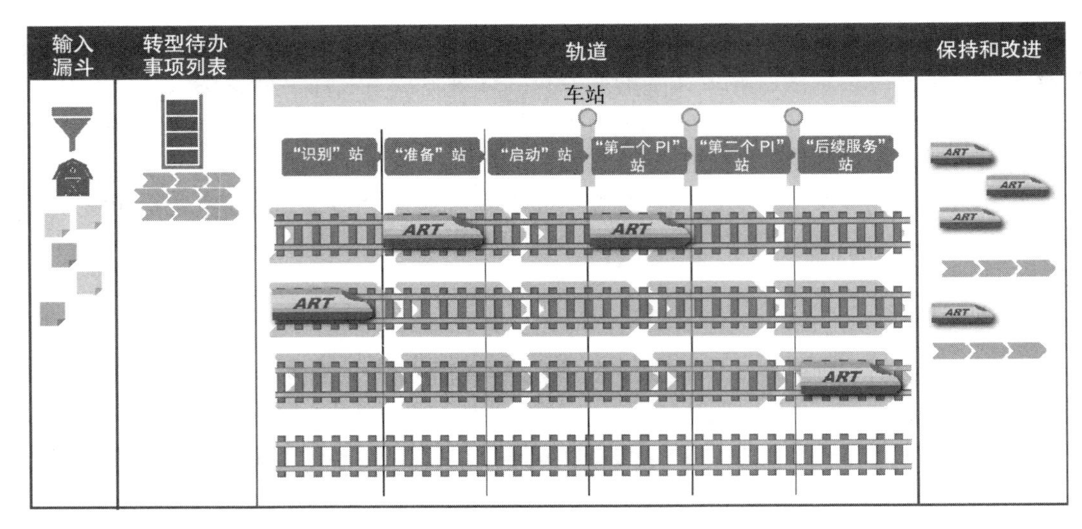

图 2.10-4 SAFe 实施轨道

- **输入漏斗**——有多种用途。该状态的主要用途是让利益相关者有机会自愿引领他们的价值流转型。其他用途包括收集反馈，提出改进建议或讨论点，或识别挑战，简而言之，确定任何可能的需要。漏斗环节没有 WIP 限制。准备就绪后，将价值流拉入转型待办事项列表状态。

（注：在西北互助人寿保险公司，漏斗状态里还有一个牛棚，用来放置团队标记的所谓的“障碍奶牛”，后文中将对此进行解释。）

- **转型待办事项列表**——转型待办事项列表状态，就是待转型状态，也就是说，根据机会和利益相关者的支持，放置的是按优先级排定的待转型的价值流。价值流保持这一状态，直到它们符合以下标准，才能离开进入下一个状态：
- **领导力准备就绪**——对价值流利益相关者新工作方式的培训已经完成，紧迫性已经被建立并得到传达，指导联盟完成组建，变革愿景绘制完成并得到传达。
- **ART 已识别**——运营和开发价值流分析完成，预期的 ART（参见 2.5 节）已识别。
- **价值流画布已定义**——价值流本身完成了进一步定义，价值流画布（参见 2.6 节）已建立起来。
- **SPC 已培训**——为了提供知识和辅导专业知识，价值流中的其他 SPC（参见 2.2 节）接受了培训。辅导计划已完成建立。

此状态有 WIP 限制，从而确保足够的 LACE 和 SPC 支持。

- **轨道**——轨道代表转型中状态，即 ART 已经组织、启动和运作，以实现价值流的目标。此轨道上有五个中间站，下一节中将介绍中间站详情。通过两种方式对轨道进行 WIP 限制：一种是限制可用的轨道（价值流）数量；另一种是要求每条轨道上的火车数量不得超过指定数量。

- **保持和提升**——一旦 ART 可以在没有教练的持续关注的情况下独立运行，火车就会移动到 BVIR 上的“保持和提升”状态。此部分显示组织中迄今为止已启动的所有 SAFe 价值流和 ART。此状态没有 WIP 限制，越多越好。

顾名思义，每列火车到达“保持和提升”状态并不是它的旅程的终点。这样的事件只是里程碑。达到这个节点，意味着每列火车坚持不懈地改进之旅就开始了。

轨道

轨道是大多数转型工作发生的地方。轨道上的每一站代表 ART 的不同成熟状态。尽管站点的数量和定义可以根据各个企业的背景进行调整，如图 2.10-5 所示，我们提供了一个示例。

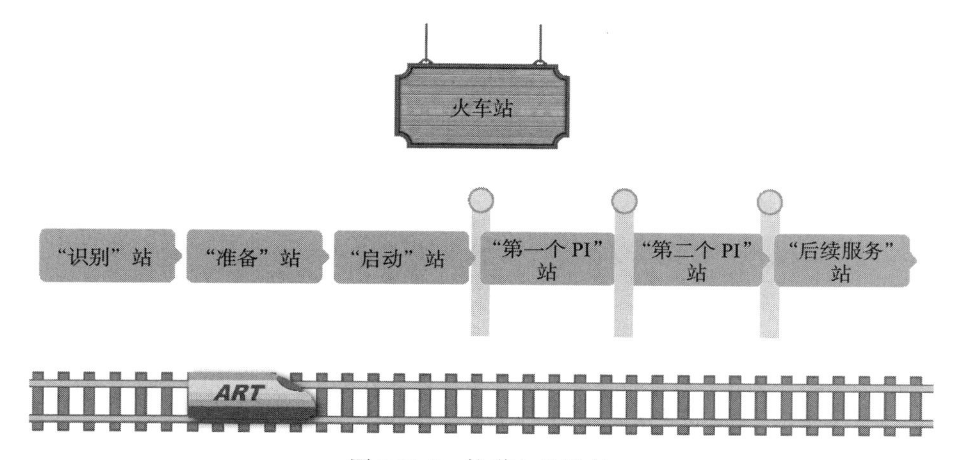

图 2.10-5 轨道上的站点

站点如下：

- **“识别”站**——（参见 2.6 节）此站包括以下类型的工作：
  - 沟通变革愿景
  - 使用 ART 画布识别火车
  - 准备第一列 ART 启动，包括设置 PI 计划的日期
  - 确认 ART 的范围和结构已定好，并且所需的从业人员已识别
  - 建立培训计划

应记录的数据：每个 ART 中的从业人员数量，以及每个 ART 的 PI 节奏（开始和结束日期）。

- **“准备站”**——（参见 2.7 节）典型的活动包括：
  - 定义 ART
  - 将团队按功能团队和组件团队分别进行组织
  - 进行《引领 SAFe》(Leading SAFe) 培训
  - 培训产品负责人、产品经理和 Scrum Master

  - 评估并推进启动准备工作
  - 准备项目群待办事项列表

应记录的数据：每个 ART 的 PI 节奏（开始和结束日期）以及每个角色培训的人数。

- **“启动”站**——（参见 2.8 节）典型的活动包括：
  - 开展《SAFe 团队》(SAFe for Team）培训
  - 进行第一次 PI 计划事件

应记录的数据：第一次 PI 计划的日期和火车当前状态的总时间（周期时间）。

- **“第一个 PI”站**——（参见 2.9 节）典型的活动包括：
  - 辅导 ART
  - 完成角色的建立，包括所需的任何专业培训
  - 执行第一个 PI
  - 进行第一次系统演示
  - 举办第一次 I & A 工作坊
  - 强化精益 – 敏捷理念和 SAFe 原则
  - 成功地达成各个仪式

应记录的数据：每个 ART 的开始和结束日期，第二个 PI 计划事件的估计日期，估计的辅导结束日期以及第一个 PI 可预测度量。

- **“第二个 PI”站**——（参见 2.9 节）典型的活动包括：
  - 观察第一次 I & A 工作坊的待改进事项
  - 完成第二次 I & A 工作坊
  - 评估 PI 可预测度和其他相关的客观度量指标
  - 观察和辅导自我管理和自我改进的行为
  - 评估向“坚持不懈改进”理念进行转变的进展
  - 观察重要事件，包括系统演示，并确保事件以定期的节奏发生
  - 观察下一个 PI 计划事件

应记录的数据：PI 可预测性度量指标，PI 效能指标以及第二个 PI 计划事件的日期。

- **“后续服务”站**——（参见 2.9 节）后续服务站的时间可以稍作主观安排，但是通常在 2 ～ 4 个 PI 后发生。典型的活动和度量包括：
  - PI 达成目标区域（80% ～ 100%）的可预测度
  - 规划未来的辅导需要
  - 展现自我省思和坚持不懈的改进

应记录的数据：此状态下每个 ART 的开始和结束日期以及 PI 可预测度。

管理障碍

假如培训、变革管理和文化基础齐备，这个计划似乎很简单。不幸的是，在推行的过

程里，自然会出现许多障碍。用西北相互公司自己的话来说，他们在克服一系列障碍的挑战中获得了乐趣：

- **障碍奶牛**——“将组织的文化纳入转型非常重要。我们文化中有一个关键方面是障碍，我们将其称为‘轨道上的奶牛’（见图 2.10-6）。”
- **奶牛的背景故事**——“1859 年，一列火车撞到一头奶牛，导致火车脱轨，两名西北相互公司的投保人不幸丧生。实在是一场悲剧。首次死亡索赔总额达到 3 500 美元，但公司账上只有 2000 美元。总裁塞缪尔•达格特（Samuel Daggett）亲自个人借款补齐，确保赔付。对于我们的关注点，一切以投保人权益为重来说，这是必要举措。现在每当遇到重大挑战或障碍时，人们都会说，“当心，轨道上有头奶牛！”

“在西北互助公司和 SAFe 的背景下，每当火车遇到重大问题时，我们就会把一头奶牛带出牛棚并放在轨道上。这一隐喻显眼、有趣，并且强化了我们的文化。最重要的是，它立即引起了对问题的关注。”

图 2.10-6　轨道上的障碍奶牛

（图片由西北互助人寿保险公司提供，奶牛图片的来源：http：//www.vectorportal.com/。）

下一个主题

显然，路线图的这一部分，代表了成功实施 SAFe 过程中的最大工作量。完成这一阶段，需要领导力、紧迫感、坚持不懈，以及积极主动消除障碍。随着组织文化开始转向新的价值观和规范，耐心也是必不可少的。

随着价值流和火车能够运行在一个一致的基础上，是时候进入到 SAFe 实施路线图中的下一个关键步骤了——扩展到投资组合。

参考文献

[1] Kotter, John P. *Leading Change*. Harvard Business Review Press, 1996.

[2] Heath, Chip, and Heath, Dan. *Switch: How to Change Things When Change Is Hard*. Crown Publishing Group, Kindle Edition.

2.11 扩展到投资组合

将新的方法根植于企业文化。

——约翰·科特（John Kotter）

摘要

对于组织来说，能够在一组价值流中实施 SAFe 是一项非常了不起的成就。到了这个阶段，新的工作方式正逐渐成为每一个在 SAFe 实施过程中发挥作用的人员的第二本性。最重要的是，上市时间、质量、生产力和员工敬业度的量化收益现在是切实可见的，并展示出真正的进步。因此，整个企业的效能开始提高，更大的目标正变得更加清晰：一个真正的精益 – 敏捷企业拥有一组全面实施 SAFe 的价值流。此时，是推广 SAFe 的一个很有说服力的阶段，因为它检验了组织是否真的致力于在各个层面推动业务转型。现在是时候将 SAFe 实施扩展到整个投资组合，并将新的方法根植于企业文化中了。

详述

在 2.10 节中，我们描述了企业领导者如何推动和促进更广泛的 SAFe 实施。这些敏捷发布火车（ART）和价值流的成功在组织中引起了关于“新的更好的工作方式”的讨论。这往往会激发组织对业务中一些更高层级的实践的更为严格的检视，它们常常会揭示出那些阻碍组织绩效的、遗留的、阶段 – 门限式的过程和流程。这些发现不可避免地给投资组合带来了压力，并引发了进一步改善整个投资组合战略流程所必需的额外的变革需求。这些被揭示的问题通常包括：

- 需求持续超过可承载的容量，这会危及吞吐量并逐渐破坏整体战略
- 基于项目的资金投入（将人员投入到工作上）、成本会计损耗，以及日常开销
- 不了解如何在敏捷中进行资本化运作
- 基于投机性的、滞后的投资回报（ROI）预测的，过于详细的商业案例
- 铁三角的限制（固定范围、成本和进度的项目）
- 传统的供应商管理和协作——关注最低的成本，而非最高的生命周期价值
- 阶段 – 门限式审批程序不能降低风险，并且实际上还阻碍了增量交付

精益 – 敏捷领导力在解决其中一些依然存在的遗留挑战时更为重要。如果这些方法没

有与时俱进地改变，企业将无法摆脱传统遗留方法的惰性，导致组织恢复到旧有的做事方式。这不可避免地造成以非敏捷的理念去尝试敏捷开发，通常被称为“仅在名义上敏捷”。改进结果也可能会大打折扣。

但有助于解决问题的方法就在眼前！如表 2.11-1 所示，说明了这些理念是如何随着培训和参与实施 SAFe 的过程而不断发展的。

表 2.11-1　将传统理念演变为精益 – 敏捷理念

传统方法	精益 – 敏捷方法
#1 中心化控制	#1 去中心化决策
#2 项目过载	#2 按需管理，持续的价值流动
#3 详细的项目计划	#3 轻量级的、仅有史诗需要的商业案例
#4 中心化的年度计划	#4 去中心化的滚动式计划
#5 工作分解结构 WBS	#5 敏捷估算和计划
#6 基于项目的资金投入和控制	#6 精益 – 敏捷预算和自我管理的敏捷发布火车
#7 瀑布式的里程碑	#7 客观的、基于事实的度量和里程碑

引领转型

许多传统理念存在于整个组织中，如果允许其持久存在，就会在组织中阻碍 SAFe 的完全实施。为了帮助 SAFe 团队接受新的工作方式，我们描述了 SAFe 咨询顾问（SPC）和精益 – 敏捷领导者是如何通过提供新知识以激发一种愿意接受新理念的态度来引领变革的。引领团队总好过随波逐流，我们越来越多地观察到一种新兴的组织——精益 – 敏捷项目管理办公室（PMO）在转型中发挥了积极的领导作用。在这个过程中，PMO 成员建立了示范性的精益 – 敏捷原则、行为和实践：

- 领导变革，促进坚持不懈地改进
- 使价值流与企业战略保持一致
- 建立企业价值流动
- 实施精益财务管理和预算
- 使投资组合需求与实施能力和敏捷预测保持一致
- 发展更加精益、更加客观的治理实践
- 培养更加精益的方法来改善与供应商和客户的关系

以下各节将对上述内容进行详细描述。

引领变革，促进坚持不懈地改进

对于许多企业而言，精益投资组合和敏捷 PMO 的人员领导了变革的需求和对新工作方式的了解。这些团队成员发起并参与精益 – 敏捷卓越中心（LACE），成为 SPC，并支持或鼓励专业实践社区（CoP）的发展，这些实践社区（CoP）聚焦和推进新的角色、责任和行为。

使价值流与企业战略保持一致

价值流存在的原因之一是：实现投资组合的战略目标。实施建立和传播战略主题的过程可以确保这个目标的达成。这样的做法有助于将投资组合组织到一个集成的且统一的解决方案产品中。如后文所述，战略主题还为价值流预算决策提供了信息。

建立企业价值流动

管理投资组合级别举措的工作流动是成熟的开发周期中的重要一步。它需要实施投资组合的待办事项列表和看板系统，包括通过采用史诗构造和精益业务案例来承担史诗负责人的任务。此外，企业架构师建立使能史诗，使能史诗提供了共同的技术基础以支持整个投资组合中更广泛的用例。

实施精益财务管理

在历史上，企业的建立是通过“项目”结构严格控制开发的定义和成本而达成的。从某种意义上说，项目模式“为临时人员提供了临时工作”，不可避免的成本超支和进度延迟导致了人员变动和财务混乱。

随着我们改进工作方法，并且认识到我们所做的大部分工作都是长期存在的，我们越来越清晰地领悟到必须转向更持久的、基于流动的模式。新方法必须最大限度地减少开销，使人们有更强的目标感，并支持系统知识的增长。这是投资组合价值流的更大目的，这些价值流的资金来源于 SAFe 精益预算实践。此外，为了确保在没有过多管理费用的情况下适当记录开发成本，在 9.4 节中描述了管理资本和费用成本的更加精益的方法。

使投资组合需求与实施能力和敏捷预测保持一致

精益思想告诉我们，任何以恒定过载状态运行的系统的实际交付都将远远低于其实际容量。任何形成过量在制品（WIP）的开发流程都会驱动多路复用（降低生产率），不可预测性（降低信任和参与度），以及倦怠（降低兴趣），实际情况也确实如此。

通过在团队、ART 和解决方案火车层面始终如一地应用速度的概念，新兴的 SAFe 企业利用这种宝贵的知识来限制投资组合 WIP，直到需求与容量相匹配。这就增加了吞吐量和交付给客户的价值。SAFe 企业不是试图建立详细的长期承诺，而是应用敏捷预测来创建投资组合路线图，这是向内部和外部利益相关者沟通的期望基准。

演进更加精益和更加客观的治理实践

如图 2.11-1 所示，传统的治理实践通常基于传统的瀑布式生命周期开发方式来实现。这通常包括通过各种阶段 – 门限里程碑，连同代理模式、纸质的完成程度度量。精益 – 敏捷模式的工作方式则不同。正如 SAFe 精益 – 敏捷原则 #5 所解释的那样：基于对可工作系统的客观评价设立里程碑，治理的重点转移到在每个项目群增量（PI）边界上建立并执行适当客观的度量。

培养更加精益的方法来改善与供应商和客户的关系

精益–敏捷理念为另一组业务实践提供了信息，即企业如何对待它的供应商和客户。

精益企业应该眼光长远，与供应商建立长期合作伙伴关系，以带来最低的总体购置成本，而不是制定仅仅关注降低当前交付成本的一系列短期策略。甚至，企业直接参与帮助供应商采用精益–敏捷理念，而且还可能参与发展供应商在该领域相关的能力。

SAFe 企业还认识到客户对价值流非常重要。这种领悟意味着客户将参与 PI 计划、系统和解决方案演示，以及检视和调整（I & A）研讨会等重要活动。反过来，客户承担了他们在精益–敏捷生态系统中所期望的责任。通过采用更加精益的敏捷合同方法来培养这些关系。

下一个主题

到目前为止，每天都会有大量业务收益的增长。质量、生产力、上市时间和员工敬业度的提高正在达到或超出预期。那么你将如何长期维持这种模式呢？下一个关键举措的主题是——保持和提升。

2.12　保持和提升

卓越的公司不相信卓越，只相信不断的改进和不断的变革。

——汤姆·彼得斯（Tom Peters）

摘要

如果你已经遵循了 SAFe 实施路线图的前 11 个步骤，那么恭喜！你在精益–敏捷转型之旅中已取得重大进展。转型硕果累累：一个非常强大的变革驱动者联盟已经就绪；大多数利益相关者都已经接受过培训；敏捷发布火车（ART）和价值流已经启动并正在交付价值；新的工作方式正在成为从团队层到投资组合层的文化的一部分。

当前，每天都会有大量的业务收益产生，质量、生产力、上市时间和员工参与度的提升都达到或超过预期。那么，如何长期保持这种趋势呢？随着一项新举措的“新车味道”开始消退，文化变革可能会失去动力，认识到这点尤为重要。

为了有效地继续实施 SAFe，确保员工的持续参与，领导者们现在必须扩大实施的视野。他们不仅需要在短期的迭代和项目群增量（PI）上持续投入精力和热情，同时也需要放眼远方，关注长期的可持续发展。现在必须让坚持不懈地改进的理念和流程扎根于组织之中。当然，作为持续变革的同义词，它对企业而言无疑是一个挑战。

在本节中，我们将推荐一些有助于企业不断保持和提升业务绩效的关键活动。

详述

当到达了实施路线图的最后一步，这又是另一段改进旅程的开始，这是一个坚持不懈地改进的过程。时至今日，新兴的精益 – 敏捷企业即将开始建立新的运营模式和文化，在这种模式下坚持不懈地改进已经开始成为一种常态，但我们却不能认为这种状态是理所当然的。

保持和提升所获得的收益离不开基础实践和高级实践，以及自省和回顾。以下这些活动可以让企业确保坚持不懈地改进：

- 培养坚持不懈地改进和精益 – 敏捷理念
- 实施敏捷人力资源（HR）实践
- 提升项目群执行和服务型领导力技能
- 度量并采取行动
- 提升敏捷技术实践
- 关注敏捷架构实践
- 提升 DevOps 和持续交付能力
- 通过价值流图缩短上市时间

接下来将详细描述以上这些改进活动。

坚持不懈地改进和精益 – 敏捷理念

这种努力始于坚持不懈地改进、精益 – 敏捷领导力和精益 – 敏捷理念，且仍在继续。图 2.12-1 表明了领导力和坚持不懈地改进之间的直接联系。

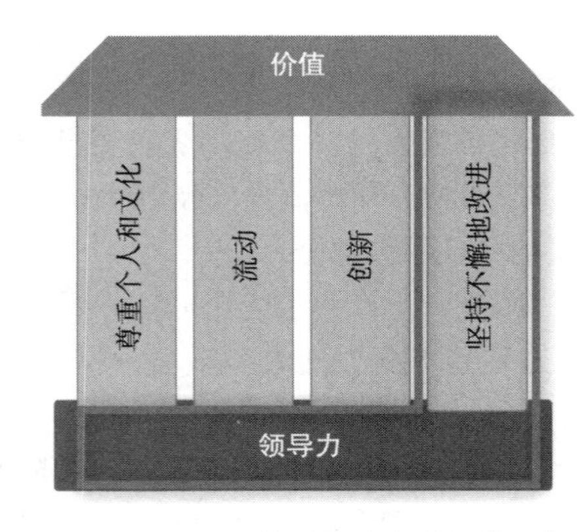

领导力与坚持不懈地改进是不可分割的。

“危机意识长存”。

——丰田公司

图 2.12-1　精益领导力是坚持不懈地改进的基石，二者互相依存

为了扩大收益，领导者需要以身作则，提供持续的变革紧迫感。

持续的领导力培训

无论领导力培训推广的范围如何广泛，都无法覆盖需要了解和接受新的工作方式的所有利益相关者——运营、人力资源、法律、财务和会计、销售、市场营销等。

如果这些关键的利益相关者不理解或不认可新的文化，变革也许仍然能够继续，但是在开车的过程中就可能会踩刹车。换句话说，你会与传统的、非敏捷的治理模式一起工作，而不能与精益–敏捷开发人员相融合。此时此刻正是通过向所有利益相关者传授“引领SAFe课程”来扩展他们的相关知识和文化的时机。

精益–敏捷卓越中心的持续作用

在实施路线图的第二部分，我们将精益–敏捷卓越中心（LACE）描述为“足够强大的变革联盟”引擎。精益–敏捷卓越中心初建时，其主要作用是在组织内部推行新工作方式。一旦目标达成，精益–敏捷卓越中心就成为一个为坚持不懈地改进，提供持久能量的常设机构。

实践社区

尽管精益–敏捷卓越中心有影响力，但它只是变革联盟的一个要素。企业如果想有效地保持和提升其运行，还需要其他的助力。如前面章节所述，SAFe围绕同一价值流把不同技能的人组织起来。然而，以这种方式进行组织会产生一个意外的后果——同一角色的人员之间分享知识和学习新技能的机会将受到限制。实践社区（CoP）将人员按照主题领域、工作角色或其他共同感兴趣的领域聚集在一起，有助于克服这一限制。

实施敏捷人力资源实践

尊重个人是SAFe精益之屋的支柱之一。毕竟，是人构建了我们所依赖的这些关键系统。员工工作的内在动机是建立高质量、创新的系统。考虑到员工的贡献举足轻重，所以管理层的挑战在于如何为他们营造一个让每个员工获得成功并能人尽其才的环境。

虽然SAFe提供了许多敏捷环境的价值观和实践，但它也给传统人力资源实践带来了极大的压力。它要求企业去拥抱新的、精益–敏捷人力资源观以适应现代知识工作者。这种新动态包含了6个主题：

1. 拥抱新的人才合同，明确承认价值、自组织和授权的必要性。
2. 培养人才对业务和技术使命的持续投入。
3. 雇用具有敏捷态度、团队导向和文化契合的员工。
4. 取消年度绩效评估，取而代之的是连续的、交互的绩效反馈和评估。
5. 取消消极的个人财务激励。通过给员工支付足够的薪水，解决掉金钱的问题，让员工聚焦于工作而非金钱。
6. 支持有意义的、有影响的、持续的学习和成长。

有关该主题的更多介绍，请参考SAFe指导白皮书《SAFe敏捷人力资源：21世纪精

益 – 敏捷价值观和原则》(参考资料 [2])。

提升项目群执行领导力技能

一个能够带来实质性成果的有效 SAFe 实施，是以有效的敏捷团队和敏捷发布火车（ART）为基础的。在引导和服务型领导力方面，没有哪个角色比 Scrum Master 和发布火车工程师（RTE）更重要的了。一旦这些人熟练掌握了基本职责，就会愿意进一步提升和发展新技能。

高级 Scrum Master 培训

SAI 公司提供了一个为期 2 天的“ SAFe 高级 Scrum Master 课程”，可以获得 SASM 认证。这个课程可以帮助当前的 Scrum Master 提升领导力，准备好担负起在促进敏捷团队、项目群和企业成功方面的领导作用。该课程包括促进跨团队交互，以支持项目群执行和坚持不懈地改进。它通过规模化的工程和 DevOps 实践，以及看板（Kanban）应用来增强 Scrum 范式，从而促进流动并支持与架构师、产品管理者和其他关键利益相关者的交互。该课程提供了可操作的工具，用于构建高绩效的团队，并探索解决企业中敏捷和 Scrum 反模式的实用方法。

发布火车工程师 (RTE) 培训

用类似的方式，敏捷发布火车工程师可以提升其作为敏捷项目群经理、团队教练，以及项目群引导者的技能。SAFe 敏捷发布火车工程师培训就是为此而设计的课程，可以获得 RTE 认证。

在为期 3 天的互动课程中，学员将深入了解 RTE 的角色和职责，学习如何通过 ART 和价值流促进和实现端到端的价值交付。学员还将学习如何通过成为服务型领导和教练来构建高绩效敏捷发布火车，以及如何计划和执行 PI 计划会议（这个会议是使 SAFe 组织所有层级进行对齐的关键事件）。

度量并采取行动

彼得·德鲁克有句名言：“有度量才有改进。”到目前为止，我们还没有把重点放在度量上，但是无法度量的事情就不能有意识地改进。在本部分中，我们将从许多可以度量并采取改进措施的机会中选取一些快速浏览一下。

检视和调整

检视和调整（I&A）是项目群改进的基石。它与回顾会议的简单形式有所不同，这些活动使得关键利益相关者（那些能够改变大家工作系统的人）参与到纠正措施工作坊中。他们提供了客观的演示、度量和结构化的根本原因分析。领导者必须积极地鼓励员工参与 I&A 问题解决工作坊，他们自己也要参与其中。这样就能形成 PI 学习周期的闭环，也是不断提高企业绩效的基础。

精益度量

精益–敏捷开发天生比以往的其他方法更具可度量性。6.1 节强调了企业可以应用的许多度量，以客观评估他们在向更好的成果进展。

使用 SAFe 自评提升绩效

人们通常不喜欢被度量。毕竟，对个人的评估只能通过与其他人比较获得。只有名列前茅的人才会对评估结果感觉良好。

另外，很多传统的针对开发过程和人员的度量指标现在已经过时了。而且被动度量与获得授权的自组织敏捷理念是相悖的。

因此，我们建议团队基于一致认可的敏捷价值观进行自评。SAFe 为团队层、项目群层和投资组合层分别提供了一系列自评表格。

请参阅 6.1 节以获得雷达图示例，该图用于显示自评结果（提示：自评表格可在 www.scaledagileframework.com/metrics/ 下载）。

提升敏捷技术实践

我们经常观察到，在实施 SAFe 实施路线图的第一年内，团队如果只实施基本角色和团队项目管理实践，会很快达到明显的速度上限。这之后，团队可以通过实施有效的敏捷技术实践，进一步提高速度和质量。

内建质量的软件实践包含持续集成、测试先行和测试自动化。掌握这些技术需要投入额外的精力和时间，通常需要那些已经在其他环境中应用该实践的外部专家的帮助。企业必须给新技术学习分配时间，而创新与计划（IP）迭代通常可以提供专属的时间。

此外，公司构建真正大型和 / 或高保障性系统时，需要关注不断演进的固定和可变的解决方案意图，并维护系统架构和其他模型，以展示系统如何工作。实施和提升基于模型的系统工程和基于集合的设计，有助于企业开发和维护这些重要的工件。

对于构建高保障性系统的团队而言，由于不允许出现任何错误，因此敏捷技术实践应该贯穿于测试、验证，以及合规的始终。7.11 节一将介绍相应的实践指南。

专注于敏捷架构

无论敏捷与否，如果没有一定程度的意图架构，都不可能构建出世界级的系统。然而，如今瀑布式开发中的大量前期设计（BDUF）实践已经不再适用。

在当今企业中，解决方案架构必须在构建解决方案时不断进行演进，包括创建架构基础（架构跑道），以及将旧系统增量式地演进到新平台的实践。换句话说，我们必须更换引擎，才能到达目的地。

创建敏捷架构实践社区（CoP）有助于企业应对这些挑战。它让系统架构师和企业架构师一起定义、学习更加精益和更多增量的方法，从而建立和演进解决方案架构，推进敏捷架构的技能和工艺。关于这方面的主题包括以下内容：

- 评审和采用 SAFe 的 7 条敏捷架构原则
- 识别解决方案架构演进所需的使能史诗和使能能力
- 识别相关方法，把架构史诗拆分成可增量实现的使能能力和使能特性
- 为架构治理和能力分配构建决策框架和策略
- 识别相关非功能性需求（NFR）

在许多企业中，这些工作坊会按照 PI 节奏举办，通常与创新和计划（IP）迭代步调一致。这种时间安排方便开发团队进行快速反馈探针，有助于确定设计备选方案的技术可行性。它也可以营造紧迫感，从而为下一次 PI 计划会议上评审架构概念和模型做好准备。

提升 DevOps 和持续交付

一旦敏捷发布火车（ART）启动并且价值流运作开始得以优化，企业将更好地看到后续一系列的瓶颈和阻碍。通常，对开发周期的“精益”操作，仅仅是把瓶颈沿着价值流往下传递到发布和部署环节。因为 DevOps 是完整价值流的集成，所以 SAFe 的敏捷发布火车(ART) 中包括运营和维护人员，而且可以独立发布价值。它们共同致力于通过持续交付流水线提高交付速度。在 5.22 节中介绍了一些推荐的实践方法，其中涉及转变公司理念和实现协作环境。这需要管理层和领域专家的强有力领导，他们有权创造持续价值交付的文化。实践社区（CoP）在这项工作中也发挥着重要作用。

用价值流图缩短上市时间

识别价值流并围绕价值流组建发布火车还有另一个显著的优点：每个价值流都向客户提供可识别、可衡量的价值流动。因此，它可以系统地改进以提升交付速度和质量。

价值流是 SAFe 中最重要的组织结构。“用系统的观点审视价值交付”意味着理解从构思和特性批准到开发，再到部署，直至发布的所有步骤。所有步骤的总平均时间（包括延迟时间）就是新特性的平均上市时间。这给我们的工具箱里增加了一个更重要的工具——价值流图分析法。这是一个让团队先发现问题，然后再改进上市时间的分析过程。

SAFe 企业不断完善价值流理念，一个重要的改进步骤就是绘制价值流图并坚持不懈地改进。具体步骤如下：

1. 识别从接到客户请求到产品发布的所有步骤、增值时间、工作传递和延迟，绘制出当前的状态。

2. 识别特性在系统中流转时最大的延迟来源和工作传递。

3. 选取最大的延迟，进行根本原因分析，创建改进待办事项列表，从而减少延迟。尽量减小批次规模。

4. 实施新的改进待办事项条目。

5. 再次度量，重复该流程。

通过这一流程，成熟的精益企业可以系统地、积极地、持续地缩短上市时间，从而获得收益。举例说明如图 2.12-2 所示，如果乘车管理系统的价值流 / 敏捷发布火车（ART）一直处在关键路径上，甚至当车辆准备好装运时乘车管理软件还没就绪，将会怎样？这将会导致巨大的延迟成本！

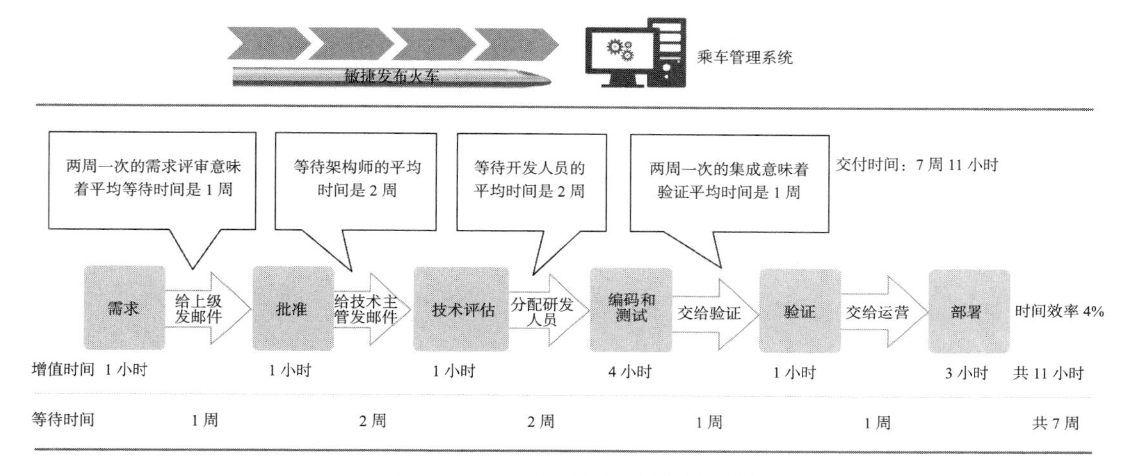

图 2.12-2　乘车管理系统价值流图示例

在该示例中，乘车管理系统敏捷发布火车将采用价值流图来识别通过该系统的步骤和价值流动，并可以用图 2.12-2 所示方式来描述价值的流动。团队很快就会发现，产生增值的时间只占交付最终结果总时间的很小部分。毕竟，团队仅用 11 个小时开发的特性，却需要 7 周才能投放到市场！如价值流图所示，大部分时间都花在了交接和延迟上。团队成员一直在努力工作，每一步任务的处理也非常有效，但是整个系统的流动却无法满足需求。加快编码和测试都不管用。相反，团队必须采用系统视角，并将关注点聚焦在延迟部分上。

缩短上市时间的最快途径是减少价值流中的延迟。

参考资料

[1] Martin, Karen, and Mike Osterling. *Value Stream Mapping*. McGraw-Hill, 2014.

[2] www.http://www.scaledagileframework.com/agile-hr/.

第 3 章 SAFe 原则

#1 – Take an economic view

#2 – Apply systems thinking

#3 – Assume variability; preserve options

#4 – Build incrementally with fast, integrated learning cycles

#5 – Base milestones on objective evaluation of working systems

#6 – Visualize and limit WIP, reduce batch sizes, and manage queue lengths

#7 – Apply cadence, synchronize with cross-domain planning

#8 – Unlock the intrinsic motivation of knowledge workers

#9 – Decentralize decision-making

scaledagileframework.com/**safe-lean-agile-principles**

3.1 原则＃1——采取经济视角

你可能会忽略经济，但经济不会忽略你。

—— Donald Reinertsen,《产品开发流的原则》

摘要

精益的目标是在最短的可持续前置时间内，为人类和社会提供最佳的质量和最优的价值。为了实现这个目标，需要对经济效益有基本的了解。如果没有这样的认识，即使是一个技术成熟的系统也可能需要很高的研发成本、很长的交付时间，或者由于生产和运营成本太高以至于无法在经济上支持有效的价值。

为此，整个产业链中的领导者、管理层和知识工作者就必须完全了解他们所做出决策的经济影响。传统的观点是，只有那些了解业务、市场和客户经济情况的决策者和当局者，才有必要了解这些活动与经济之间的关系。

然而，如果这些对经济相关的理解只是集中在领导者那里，就会造成基层员工在处理日常工作问题时要么缺乏相关信息，要么将问题升级到掌握信息的管理层。其中第一个选择会直接破坏经济成果，而第二个选择会导致延迟价值交付，这都会带来不好的影响。

详述

SAFe 十分强调经济效益在成功的解决方案开发过程中所发挥的重要作用。因此，SAFe 的第一个精益 – 敏捷原则就是采取经济视角。之所以是排名首位的原则，是因为如果不能满足客户或解决方案提供者的经济目标，那么解决方案能否长期存在就令人怀疑了。解决方案失败的原因有很多，其中不能满足经济要求是一个主要的原因。本章介绍了通过精益 – 敏捷方法达到优化经济成果所需的两个基本方面：

- 尽早和经常交付
- 理解每一个项目群和价值流的经济平衡参数

这两个方面在下文中都有概述。此外，SAFe 将这些原则在各种实践中进行了实例化，例如 7.5 节所阐述的主题。

尽早和经常交付

一般来说，企业决定拥抱精益 – 敏捷开发，是由于当前流程不能满足生产的需要，或者是他们认为当前流程将来会被取代。在选择精益 – 敏捷的道路上，通常选择基于增量式的模型，尽早和持续交付价值，如图 3.1-1 所示。

这样的决策将会带来显著的，或许是最基础的经济效益，如图 3.1-2 所示。

图 3.1-2 展示了精益 – 敏捷方法在这种流程中可以尽早地给客户交付价值。而且，这些价值随着时间不断累积，客户持有时间越久，得到的价值就越大。 相比之下，在瀑布模型

中，价值只能按照计划在开发周期结束时得到交付。

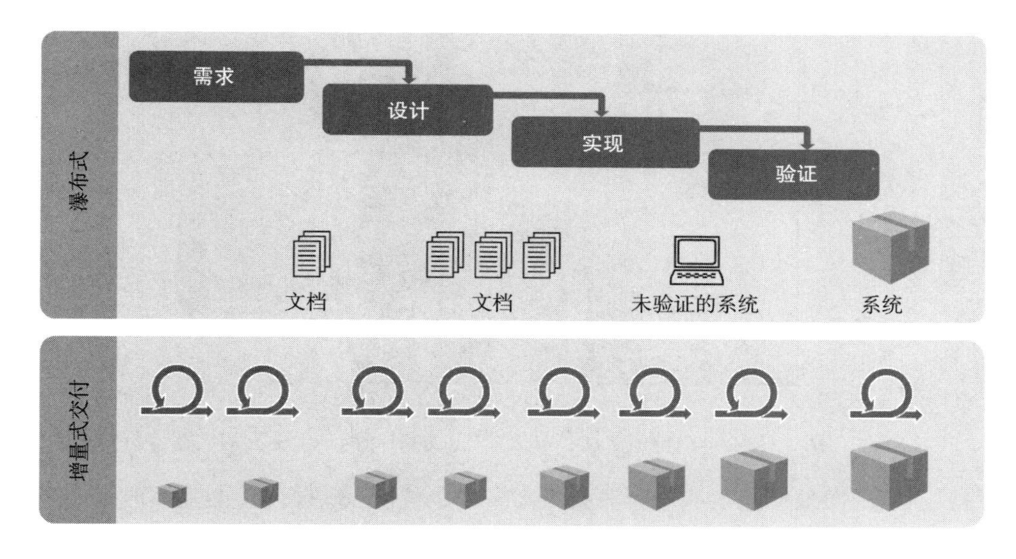

图 3.1-1　尽早和持续交付

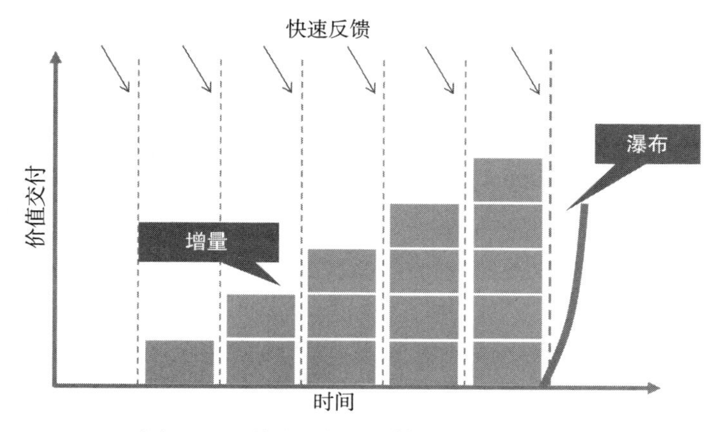

图 3.1-2　增量开发和交付能尽早产生价值

这种差异也展示了使用 SAFe 的经济效益。此外，该图并没有考虑尽快得到解决方案相关反馈的好处；同时也忽略了瀑布交付模式最终可能无法按时交付，或是无法证明可用性。而且，还有第 3 个也是最后一个因素，如图 3.1-3 所示。

图 3.1-3 展示了一个关键的差异化优势：只要质量满足要求，产品和服务越早投入市场，价值就越高。毕竟，如果能早于竞争对手提供相应产品，客户无法从其他厂商那里获得产品和服务，就愿意花更多的钱来购买。随着时间的推移，产品就会趋于同质化和陷入价格战，也就没有了价值差异化，这就是产品发展规律。这就意味着即使是在早期提供给客户

最小可行产品（MVP），也比在后期提供全面的功能更有价值。

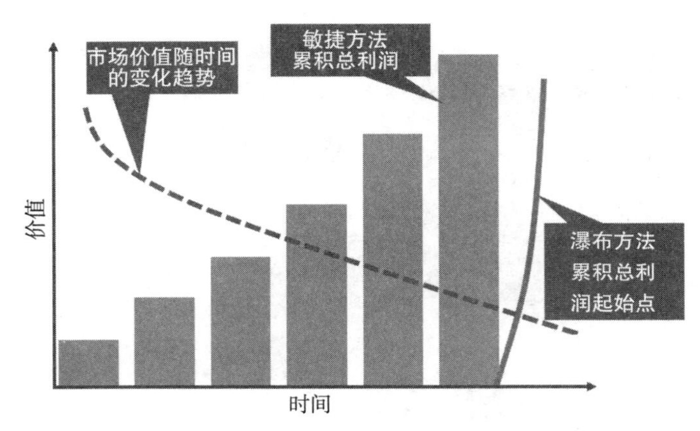

图 3.1-3 早期价值更高，可以在更长的时间内产生更大的收益

所以产生的净效应是累积总利润会更高。这是精益 – 敏捷开发的基本前提——它固化在精益 – 敏捷理念中，更是在最短的可持续前置时间内完成解决方案开发的驱动力量。

理解经济平衡的参数

此前讨论的基本原理是采用更有效的经济模型来更快速交付的驱动力。然而，在执行项目群时仍然有很多工作要做。毕竟，解决方案生命周期中的经济决策也将最终决定交付的成果。因此，有必要更深入地讨论多种经济参数的平衡。Reinertsen（参考资料 [1]）描述了五种基本因素，可以用于站在经济角度评估特定的投资情况，如图 3.1-4 所示。

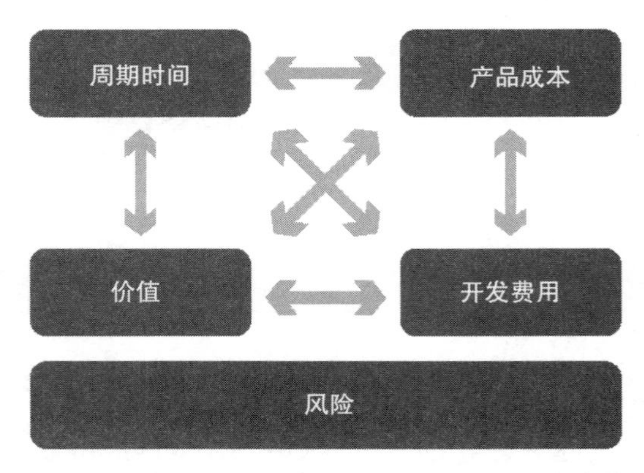

图 3.1-4 产品开发经济学中的 5 种基本平衡参数

对于五种参数的解释如下：

- **开发费用**：为了实现某种能力所需要的人力和物料成本。
- **周期时间**：为了实现某种能力的时间（前置时间）。
- **产品成本**：（销售商品的）制造成本和 / 或部署及运营的成本。
- **价值**：所实现的能力对于业务和客户的经济价值。
- **风险**：解决方案的技术或业务成功与否的不确定性。

理解经济平衡的参数，有助于优化生命周期的收益——这也是解锁开发中最佳经济价值的关键。然而与此同时，这需要对项目有更深刻的理解，以下是两个例子：

- 一个团队正在构建家庭自动化系统，据估计将更多功能转为软件实现可以减少 100

美元的电子部件的成本，但是这么做可能会延迟发布前置时间 3 个月。那么团队应该执行这个项目吗？答案显然是“视情况而定”。它取决于产品预期的销售量和如果推迟 3 个月发布产品的延迟成本（CoD）之间的对比。在做出决策之前，还需要做进一步的分析。

- 一个大型软件系统，如果有大量的技术债务，是很难进行维护的。而且开发费用是严格固定的。如果专注于现在的技术债务，在短期内将会减缓价值交付，但是从长期来看，会有利于减少未来特性交付的前置时间。那么团队应该采取这种措施吗？答案同样是“视情况而定”。在做决策之前需要更多的定量分析。

除了经济平衡的参数，Reinertsen 还介绍了一些关键的原则，有助于团队从经济的角度出发做出明智的决策。

- **量化延迟成本（CoD）的原则**——如果你只对一件事进行量化分析，那就是 CoD。
- **持续经济平衡的原则**——经济有效的选择必须在整个过程中持续不断地进行。
- **最佳决策时间的原则**——每一个决策都有它的最佳经济时间。
- **沉没成本的原则**——不要考虑已经花费的成本。
- **第一决策规则的原则**——使用去中心化经济控制的决策规则。

以上最后一个原则与 SAFe 紧密相关，可以推导出 SAFe 的原则 # 9——去中心化的决策，该原则将在 7.5 节中进一步描述。

参考资料

[1] Reinertsen, Donald. *The Principles of Product Development Flow: Second Generation Lean Product Development.* Celeritas Publishing, 2009.

3.2 原则 # 2——运用系统思考

系统是必须被管理的，它不会进行自我管理。如果让其自我管理，各个组件就会变得自私、相互竞争，成为彼此独立的利润中心，从而破坏整个系统。系统管理的奥秘就是面向组织目标，协调各个组件之间的合作。

——W. 爱德华兹 · 戴明

摘要

SAFe 来源于三个基础知识体系：系统思考、敏捷开发和精益产品开发。系统思考采用全方位思考来进行解决方案开发，将系统及其环境的所有方面整合到系统本身的设计、开发、部署和维护中。

图 3.2-1 说明了系统思考的三个主要方面。

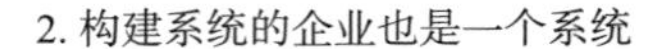
1. 解决方案本身就是一个系统
2. 构建系统的企业也是一个系统
3. 优化整个价值流

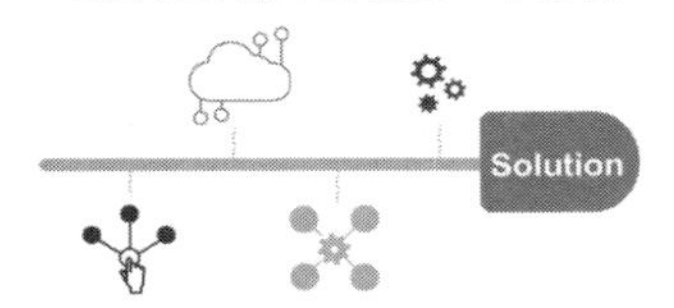
Solution

图 3.2-1 系统思考的三个方面

了解这些概念有助于领导者和团队掌控解决方案开发和组织的复杂性，以及总上市时间的全局视图。下面将会一一进行介绍。

解决方案就是一个系统

SAFe 指导复杂软件和网络物理系统的开发和部署。它们由 SAFe 解决方案体现，该解决方案是有形的，可以提供最终用户价值，是每一个价值流的主题（例如，应用程序、卫星、医疗设备或网站等）。当涉及这些有形的系统时，戴明的评论“系统是必须被管理的”，会引导我们做出批判性的洞察：

- 团队成员必须清晰理解系统的边界是什么，系统自身是什么，系统如何与周围的环境及其他系统进行交互。
- 仅仅优化一个组件是无法达到系统优化的，组件反而会变得自私，并独占其他组件所需的资源（比如计算能力、内存、电力供应等）。
- 为了让系统的行为表现良好，就必须理解其预期的行为，并对其架构有更深入的了解（组件如何协同工作以实现系统的目标）。意图设计是系统思考的基础。
- 一个系统的价值会通过其连接部件进行传递，比如接口和接口之间的依赖关系，这些连接部件是提供最终价值的关键要素。持续关注这些接口及其交互至关重要。
- 一个系统的进化速度取决于系统中最慢的集成点。完整系统的集成和评估越快，系统掌握的实际知识的增长速度就越快。

构建系统的企业也是一个系统

系统思考还有第二个方面：构建系统的组织中所包含的人员、管理和流程也是一个系统。“系统必须被管理”的理念也适用于此。否则，构建系统的组织的各个组件将只做局部优化并变得自私，从而限制了价值交付的速度和质量。这也会引导我们做出另一组对于系统思考的洞察：

- 建立复杂系统是一种社会性工作。因此，领导者必须创造一种环境，使人们可以通过最优的合作方式构建最好的系统。
- 供应商和客户都是价值流不可或缺的组成部分。他们必须被视为合作伙伴，建立长久的信任基础。

- 在这种情况下，仅优化一个组件是无法对整个系统进行优化的。同样，仅优化本地团队或职能部门，也并不一定能提高企业的价值流动。
- 价值跨越组织边界。想要加快价值传递，就需要消除职能筒仓，或者创建跨职能组织，比如敏捷发布火车（ART）。

理解并优化完整的价值流

价值流是 SAFe 的基础。SAFe 投资组合本质上是价值流的集合，每个价值流向市场交付一种或多种解决方案。如图 3.2-2 所示，每个价值流包含了一系列的步骤，可以通过新系统或现有系统来集成和部署一个新的概念。

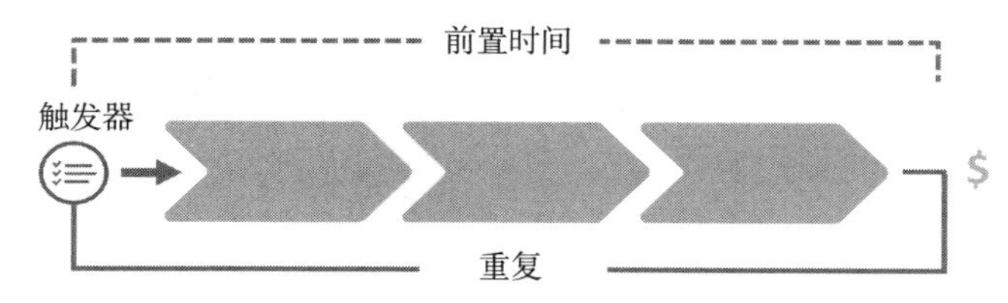

图 3.2-2 解决方案开发价值流

系统思考的第三个方面是理解和优化完整的价值流，这是减少从概念到现金所需的总时间的唯一方法（参考资料 [2]）。系统思考要求领导者和员工掌握完整的价值流，并对其不断进行优化，特别是当价值流跨越技术和组织边界时。

一个基本的流程是价值流映射，它是一种系统的方法，用来查看产生价值所需的所有步骤。价值流映射让领导者迅速认识到实际的增值工作步骤（创建代码和组件、部署、验证等）仅仅消耗了总上市时间的一小部分。这种认知促使领导者不断关注步骤间的延迟。图 3.2-3 提供了价值流映射的示例。请注意，图中从提出特性到部署之间的时间几乎全都是等待时间，从而导致一个非常低效的过程。

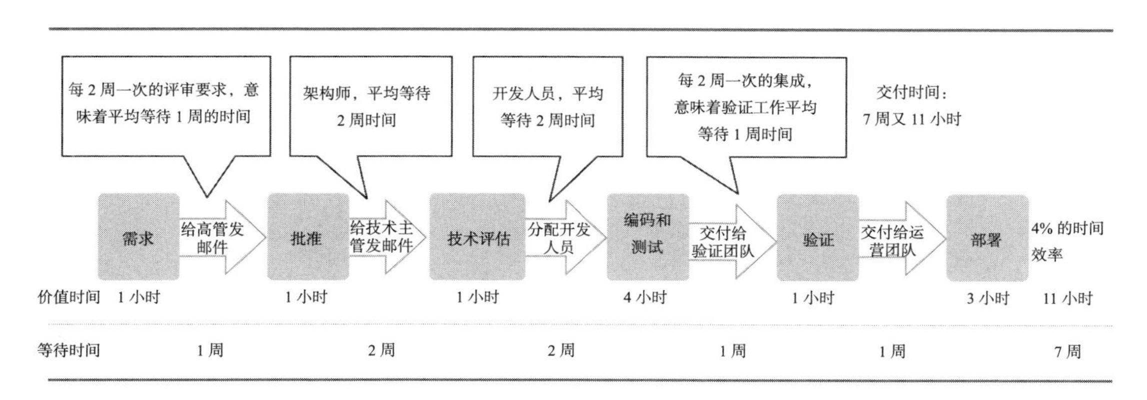

图 3.2-3 价值流映射示例：大多数时间是等待时间

只有管理能够改变系统

每个人都已经尽了最大努力；问题存在于系统之中……只有管理能够改变系统。

——W. 爱德华兹·戴明

戴明的这段话为我们提供了对系统思考最后一个方面的理解——系统思考需要采取一种新的管理方式，也就是说管理者是问题解决者，他们具备长远的系统视角，并且积极清除障碍。这些精益敏捷领导者：

- 展示和教授系统思考和精益 – 敏捷的价值观、原则和实践。
- 参与问题解决，消除障碍和无效的内部系统。
- 使用和教授根本原因分析和纠正措施技术。
- 与团队合作，共同实现关键里程碑，帮助团队识别和解决问题。
- 具备长远眼光，投资于基础设施、实践工具和培训等支持能力，从而实现更快的价值交付，更高的质量和生产力。

总结

理解系统思考的方方面面，有助于领导者和团队真正明白他们所做工作的目的和内容，以及对周围的影响。反过来，这也会形成一个更加精益、更加智慧的企业，可以更好地处理组织结构和解决方案研发的复杂性。相应地，这也会带来更好的业务成果。

参考资料

[1] Deming, W. Edwards. *The New Economics.* MIT Press, 1994.

[2] Poppendieck, Mary, and Tom Poppendieck. *Implementing Lean Software Development: From Concept to Cash.* Addison-Wesley, 2006.

3.3 原则 # 3——假设变异性，保留可选项

创造系统级设计和子系统概念的多种可选方案；而不是过早地选择一个胜出方案，然后消除与之不同的其他可选项。只有那些存活下来的设计选项，才是最强大的可选方案。

——艾伦 C. 沃德，《精益产品和流程开发》

摘要

系统开发人员都会倾向于减少变异性，这是人的本性。表面上看起来，你认为自己经过深思熟虑并且已经做出了相应的决策，应该能走得更远。但是，现实情况往往并非如此。

虽然变异性会导致糟糕的结果，但有些时候也不尽然。

变异性的自身无所谓好与坏。相反，是时间的经济效应和变异性的类型决定了最终的结果。如果过早地专注于消除变异性，可能会导致企业萌生厌恶风险的文化，这样员工也就不能通过试错和学习来获取经验。

精益知识工作者们认识到，在项目的早期除了一些基本的系统目标之外，对项目的实际情况往往知之甚少（确实，如果能掌握所有信息，那么系统早就构建成功了）。然而，传统的设计方法往往让开发人员迅速地开始实现单一的方案，而这个方案仅仅是众多潜在解决方案中被认可的一个，然后再通过修改推荐的设计，直到最终满足系统的目标。

这也许是一个很有效的方法——当然，前提条件就是团队最初所选择的单一方案不能有误。然后再通过后续的迭代进行细化，但是最终可能需要浪费许多时间才能得到一个并不是最佳设计的解决方案（参考资料 [1]）。不幸的是，如果最初选择的单一方案不是最优的，那么后果就是：系统越大越需要技术创新，所带来的损失也会越大。

一个更好的方法是，可以参考使用基于集合的设计（SBD，即多个设计构成一组）或者基于集合的并行工程（SBCE，即多个并行工程构成一组）(参考资料 [2])，如图 3.3-1 所示。

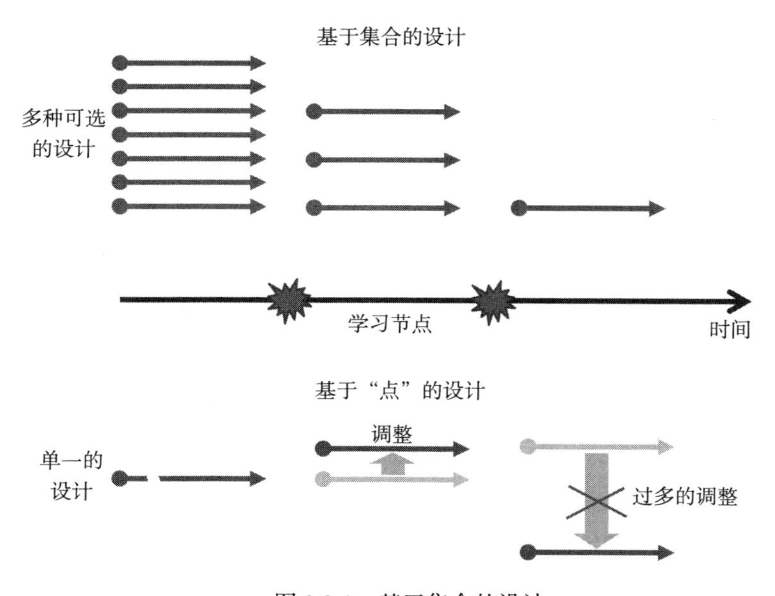

图 3.3-1 基于集合的设计

在基于集合的设计中，开发人员最初会考虑非常广泛的设计思路，提出多种设计选项。接下来，他们持续地评估经济效益和技术难度之间的平衡，在集成的学习点上，可以演示与目标的匹配情况。然后，基于演示的结果和所获取的经验，去除那些不太好的选项，收敛到一个最终的设计。

采取这种流程，可以让设计选项的持续时间尽可能延长，在必要的时候进行收敛，并最终产生更优的技术实现和经济效益。

参考资料

[1] Iansiti, Marco. "Shooting the Rapids: Managing Product Development in Turbulent Environments." *California Management Review,* 38. 1995.

[2] Ward, Allan C., and Durward Sobek. *Lean Product and Process Development.* Lean Enterprise Institute, 2014.

3.4 原则 # 4——通过快速集成学习环进行增量式构建

产品的集成点，是控制产品开发和提升系统的关键支点（杠杆点）。如果没有处理好集成点的时间，项目就会陷入困境。

——Dantar P. Oosterwal ⊖

摘要

在传统的方法中，根据“阶段－门限”进行开发，项目一开始就立刻投入成本，随后成本逐渐累积直到最终方案得以交付。通常，在项目执行期间极少交付实际价值，而是直到所有功能完成后才在最后一次性交付价值，有时候项目也会面临时间延期或者成本超支的问题。在开发过程中，一般很难收集到有意义的反馈，因为流程就不是为收集反馈而设计的。更重要的是，开发流程本身也并不是按照允许客户评估需求和能力的增量式提升来设计和实现的。因此，风险在项目执行中会一直存在，直到项目结束，有时候甚至会进入到部署和客户最初使用环节。

毫无疑问，这种典型的“阶段－门限”流程容易导致错误和问题，经常导致失去客户的信任。为了调整这些问题，合作双方会在项目早期进行需求定义，并选择“最好的”设计，他们也会执行更加严格的“阶段－门限”评审。不幸的是，这些补救办法实际上都存在一些潜在的问题。这是开发流程中存在的一个系统级别的问题，所以必须从系统化的角度去解决这个问题。

集成点可以从不确定性中获取知识

精益原则与实践解决问题的方式与上述方法有所不同，并不是在项目早期选择单一的需求和设计方案，也并不假设这些方案是完全可行和满足要求的，而是基于一定范围的需求和多种设计选项（原则 # 3）进行一系列短周期（时间盒）的增量式解决方案构建。每一个基于时间盒的活动都会产出一个可工作系统的增量，这个增量是可以交付的。后续的时间盒会在之前增量的基础上，逐渐交付演进的解决方案，直至最后的发布。在集成点上，获取经验知识不仅仅是为了技术可行性研究，也可以得到最小可行解决方案或者原型，供

⊖ 《精益机器》作者。——译者注

市场验证、建立可用性、获取客户反馈等。在必要的地方，这些快速反馈点允许团队转向另一个有效的解决措施，从而可以更好地服务于目标客户的需要。

根据意图设置集成点

在一定程度上，开发流程和解决方案的设计聚焦在基于节奏的集成点。每一个集成点都会创建一个“拉动事件”，拉动各种方案要素进行整体集成，即使只解决了系统的一部分目标也会进行集成。集成点也会将利益相关者拉动到一起，创建定期的同步有助于确保方案的演进，从而解决真正的问题和当前的业务需要，而不是仅仅依赖于在流程开始的时候建立起来的假设。每一个集成点都会通过将不确定性转化成经验知识的方式交付价值，这些经验知识包括：

- 当前设计选项的技术可行性的相关经验知识
- 基于客观度量的解决方案的潜在可持续性经验知识（原则 # 5）

通过更快的周期进行更快的学习

集成点是休哈特（Shewhart）的 PDCA（计划 – 执行 – 检查 – 调整）循环（如图 3.4-1 所示）的一个示例，是控制解决方案开发中变异性的机制（参考资料 [3]）。

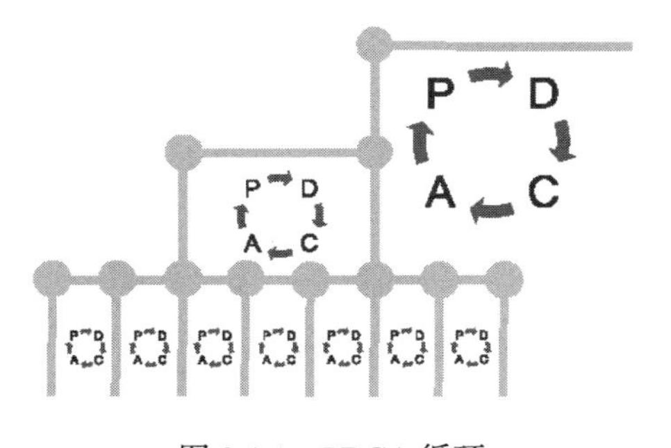

图 3.4-1　PDCA 循环

集成点越频繁，学习速度就越快。在复杂系统开发中，本地集成点用于确保系统中的每个元素和能力都能够履行其职责，为整体解决方案意图做出贡献。然后，这些本地集成点也必须集成到更高的系统级别中。系统规模越大，集成的层级就越多。解决方案设计者意识到：最高层级的、发生频率最低的集成点，提供了度量系统进展的唯一标准，他们也在努力尽可能频繁地创造这些集成点。所有的利益相关者也明白：如果集成点的时间没有控制好，项目就会陷入困境。但是即便是这样，这些经验知识也会有助于激发对范围、技术方法、成本和交付时间的必要调整，以重新定向项目来满足调整后的期望。

参考资料

[1] Oosterwal, Dantar P. *The Lean Machine: How Harley-Davidson Drove Top-Line Growth and Profitability with Revolutionary Lean Product Development.* Amacom, 2010.

[2] Ward, Allan C., and Durward Sobek. *Lean Product and Process Development.* Lean Enterprise Institute, 2014.

[3] Deming, W. Edwards. *Out of the Crisis.* MIT Press, 2000.

3.5 原则 # 5——基于对可工作系统的客观评估设立里程碑

实际上，按时进行“阶段 – 门限”交付与项目的成功并无关系。但有些数据表明，反过来却是相关的，即成功的项目都是按时进行阶段交付的。

——Dantar P. Oosterwal，《精益机器》

“阶段 – 门限”里程碑的问题

现在，对于大型系统的开发需要大量资源——投资总额可以达到数百万、上千万，甚者过亿美元。开发人员和客户有义务共同确保对于新的解决方案的投资可以提供必要的经济收益。否则，何必要进行投资呢？

显然，利益相关者必须进行协作，从而帮助确保在整个开发过程中实现预期经济效益的潜力，而不仅仅是“一厢情愿”地认为最终可以得到美好的结果。为了应对这一挑战，业界引入了“阶段 – 门限”（瀑布式）的开发流程，这种流程会对一系列确定的里程碑进行度量和进度控制。

这些“阶段 – 门限”里程碑也不是任意设置的，它们遵循一定的逻辑性和一系列的流程——发现、需求、设计、实现、测试和交付。当然，这种里程碑的设置方法并不总能获得好的收效，如图 3.5-1 所示。

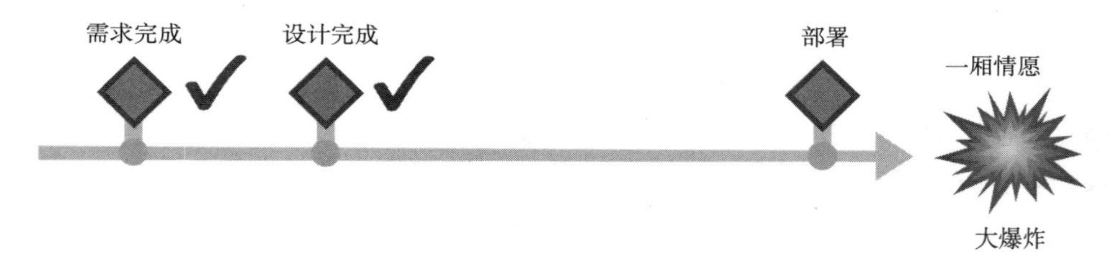

图 3.5-1 “阶段 – 门限”里程碑的问题

导致这个问题的根本原因是没有认识到在假设“阶段 – 门限”显示真实进展情况，从而消除风险的过程中，犯了四个关键的错误：

1. 将需求集中起来，同时进行职能筒仓式的设计决策，导致了后续的解决方案缺乏完整性。

2. 过早的设计决策和“虚假的可行性”(参考资料 [1])：

- 一个早期的选择是在当时做出的最佳选择
- 随后的开发流程就假设一切按照计划进行
- 直到最后才发现最初的选择是不切实际的（原则 # 3）

3. 假设存在一个确定的解决方案，而且只进行一次尝试就可以构建成功。这样就忽视了流程中固有的变异性，并且没有提供有效的处理方法。改变将是迟早的事。变异性迟早是要表现出来的。

4. 在前期就进行决策，创建了大批量的需求、代码和测试，形成了很长的队列。这也导致了大批量的工作交接和延迟的反馈（原则# 6）。

基于客观事实设立里程碑

显然，“阶段－门限”模型并没有像预期的那样降低风险，所以就需要一种不同的方法。原则# 4提供了解决这一困境的一些要素。

在整个开发过程中，系统进行增量式的构建，每一次构建都是一个集成点，在集成点上可以演示一些已经实现的内容，以验证当前解决方案的可行性。与“阶段－门限”开发方法不同，基于客观事件所设立的每一个里程碑都包含研发的所有步骤——需求、设计、开发、测试），从而达到增量式的价值交付，如图3.5-2所示。

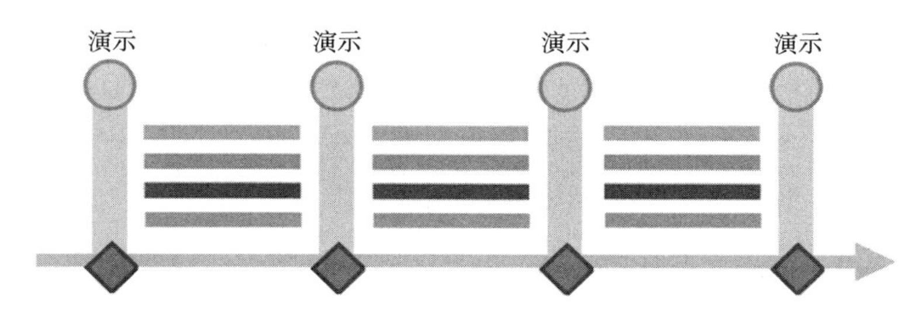

图3.5-2 基于对可工作系统的客观评估设立里程碑

此外，这种里程碑会基于的节奏进行（原则# 7），一个固定的节奏可以形成一种纪律，确保定期提供可用性和评估，同时能提前确定时间边界，也可以用来去除那些不太理想的选择。在关键的集成点上要对哪些要素进行有效的度量呢？这取决于所要构建系统的类型，关键点在于利益相关者可以在整个解决方案开发周期内频繁地对系统进行度量、评价和评估。这样可以提供财务、技术和符合目标的组织治理，从而确保持续的投资可以产生与之相匹配的回报。

参考资料

[1] Oosterwal, Dantar P. *The Lean Machine: How Harley-Davidson Drove Top-Line Growth and Profitability with Revolutionary Lean Product Development*. Amacom, 2010.

3.6 原则# 6——可视化和限制在制品，减少批次规模，管理队列长度

接近满负荷地使用产品开发流程是一场经济灾难。

——Donald Reinertsen

摘要

为了实现最短的可持续前置时间，精益企业努力实现持续流动的状态，即新的系统可以迅速地从概念到盈利。实现持续流动需要消除传统方法中的基于“开始－完成－开始”的项目启动和开发流程，也要消除阻碍流动的现行“阶段－门限”的方法（原则# 5）。

实现流动的三个关键点是：

- 可视化和限制在制品。
- 减少工作项的批次规模。
- 管理队列长度。

可视化和限制在制品

团队和项目群的工作过载，任务量超出了他们所能承担的范围，这是一个常见且有害的做法。过多的在制品（WIP）会影响优先级，导致频繁地在不同工作场景之间进行切换，并增加开销。这种情况会使员工工作过载，将注意力集中在即时任务上，降低了生产力和吞吐量，并增加了交付新功能的等待时间。

纠正问题的第一步是让当前的 WIP 对所有的利益相关者清晰可见（如图 3.6-1 所示）。这个看板说明了每一个步骤的工作总量，也作为对初始过程的诊断，并显示出当前的瓶颈。通常，仅需简单地可视化当前的工作量就可以唤醒团队成员，让他们开始意识到要解决同时开展工作太多而没有形成流动的问题。

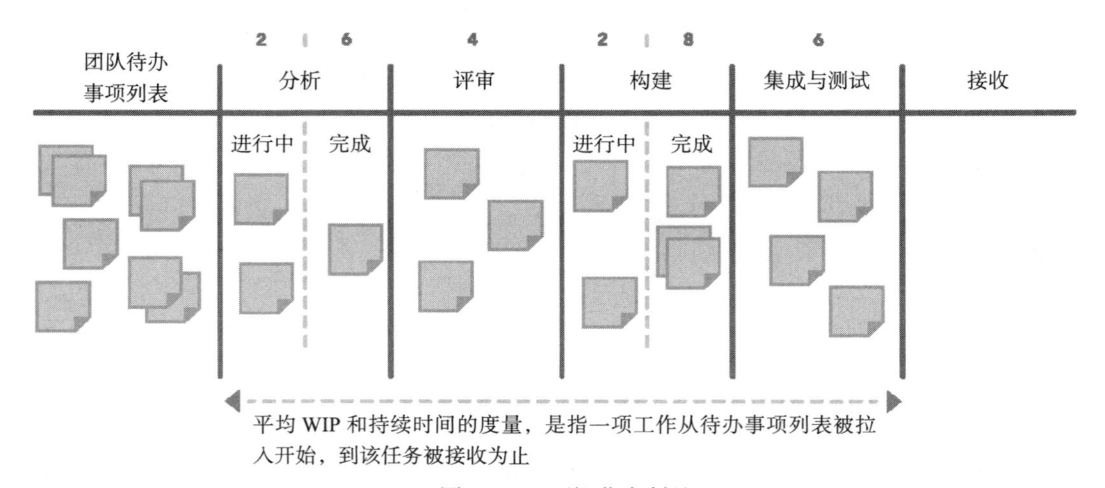

图 3.6-1 可视化在制品

下一步就是处理在制品数量和可用开发容量平衡的问题。如果在执行过程中，达到了 WIP 的上限，就不再承接新的工作任务。

然而，限制在制品（WIP）是需要有知识、有纪律和有承诺的。甚至有些时候看起来是反直觉的，比如以前有些人认为放入系统的工作越多，完成的就越多。这种关系在接近满负荷之前是成立的，但是如果超出了一定的限度，系统就会变得动荡，也会降低吞吐量。这说明，有效的 WIP 管理是不可取代的。

减少批次规模

减少在制品和提高流动性的另一种方法是减少工作的批次规模，这些工作包括需求、设计、编码、测试和其他相关工作。小批量通过系统的速度更快，变异性更小，并能够促进快速学习。速度更快的原因是显而易见的。变异性减少是由于批次中事项数量的减少。因为每个事项都会有一些变异性，所以大量的事项会累积成更多的变异性。

从经济的角度上来看，最优的批次规模依赖于持有成本（延迟反馈、库存损坏和延迟价值交付带来的成本）和交易成本（准备和实施该批次的成本）。如图 3.6-2 所示，说明了“U 型曲线”是批次规模的最优曲线（参考资料 [1]）。

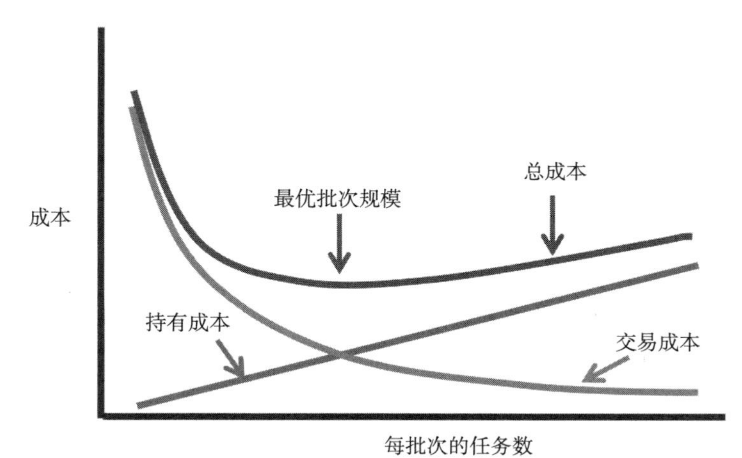

图 3.6-2 确定最优批次规模

为了提高处理小批量的经济效益，从而增加吞吐量，团队必须聚焦在减少批次的交易成本上。通常包括增加在基础设施和自动化上的关注和投资，包括考虑比如持续集成和构建环境、DevOps 自动化，以及系统测试的配置时间。以上这些关注都是与系统思考的融合（原则 # 2），也是进行长期优化的关键要素。

管理队列长度

实现流动性的第三个措施是管理队列长度并减少队列长度。利特尔法则（基于排队论的法则）告诉我们，系统提供服务的等待时间等于队列的长度除以平均的处理效率（虽然这可能听起来很复杂，可是在星巴克排队买咖啡的时候也会证明利特尔法则的有效性）。因此，假设平均的处理效率一定，队列越长，等待时间越长。

对于解决方案开发来说，这意味着无论团队多么有效地处理工作任务，只要团队实现的工作任务队列越长，那么等待时间就越长。因此，要实现更快的服务，就必须减少队列的长度或者提高处理效率。虽然提高处理效率是一个有价值的目标，但是减少等待时间最简单的方式是减少队列长度。在工作中，可以通过保持较短的待办事项列表和并不过多进行承诺来做到这一点。同时，可视化工作有助于确定简化流程的方法，同时缩短队列长度以减少延迟，减少浪费并增进对于成果的可预测性。

实现流动的三种主要方式是：可视化和限制在制品、减少批次规模和管理队列长度，这三种方式对于提高吞吐量非常有效。通过采取这些方式，可以触发在客户满意度和员工参与度方面的快速和可衡量的改进，对敏捷团队及其客户也可以带来收益。

参考资料

[1] Reinertsen, Donald G. *The Principles of Product Development Flow: Second Generation Lean Product Development*. Celeritas, 2009.

3.7 原则 # 7——应用节奏，通过跨领域计划进行同步

节奏和同步可以限制变异性的累积。

——Donald Reinertsen，《产品开发流的原则》

摘要

解决方案开发在本质上是一个内在不确定的过程。否则，解决方案早就已经存在了，下一代解决方案的创新也就没有空间了。这种内在的不确定性风险与企业活动是相互冲突的，比如企业活动需要管理投资、跟踪进展、对于未来成果有足够的信心，从而制定计划和承诺一个合理的行动实施。

精益 - 敏捷团队在“安全地带”中工作，这个“安全地带”有足够的不确定性提供创新的自由，同时也让企业有充足的信心来保证运营。实现这种平衡的主要方式是了解当前所处的状态。而应用节奏、同步和跨领域计划有助于对当前状态的了解。

节奏

节奏是流程中稳定的心跳，可以提供一种优雅的节拍模式。节奏让日常工作有规律进行，从而使知识工作者可以管理解决方案开发过程中那些可变的部分。通过将不可预测的事情变得可预测，节奏带来了很多额外的益处：

- 等待时间可预测，如果你所需要的工作交付物不在当前的这个项目群增量（PI）时间盒内，那么可能就会在下一个时间盒内。
- 通过引导计划活动，使人员和资源的使用更加有效。
- 降低了关键活动的交易成本，这些活动包括计划、集成、演示、反馈和回顾等。

同步

同步允许在同一时刻从不同的角度出发，进行工作任务的理解、解决和集成（如图 3.7-1 所示）。其结果是：

- 将系统中不同的资产进行整合，以评估解决方案的可行性。
- 将开发团队和业务团队的共同使命协调一致。
- 将客户融合到开发的流程中。

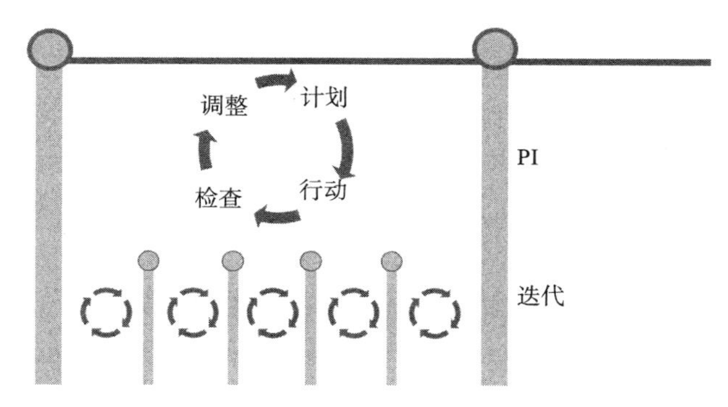

图 3.7-1　SAFe 中节奏和同步的和谐波谱

总之，尽管有前面描述的风险，节奏和同步——更为重要的是相关的其他活动，仍然可以共同帮助团队充满自信地开展工作。

通过跨领域计划进行同步

在 SAFe 的所有活动中最关键的一环是：所有的利益相关者定期聚集在一起进行跨领域的计划和同步。这项活动被称为 PI 计划，它是所有其他活动的支撑，它也使团队有机会展示和评审当前的真实状态。

PI 计划活动的三个主要目的是：

1. **评估解决方案的当前状态**——一个集成的、解决方案级别的演示和评估，确定了对当前状态的客观了解。这项活动通常在计划会议之前进行。

2. **再次对齐所有利益相关者的共同技术和业务愿景**——基于当前状态，业务领导和技术领导一起重新设定使命，考虑最小数量的限制条件（原则 # 8 和原则 # 9）。这项活动用于对齐所有利益相关者的近期和远期愿景。

3. **有助于团队对下一个项目群增量进行计划和承诺**——基于达成的新共识，团队对于在接下来的时间盒内要完成的工作进行计划。共享的计划和控制可以授权团队在给定的约束条件下，为达到最佳可能的解决方案创建出最佳可能的计划。

大型系统的开发从根本上讲是一种社交活动，这种计划活动为建立和完善社交网络提供了一个持续的机会。

解决方案开发的内在不确定性是无法治愈的。如果可以治愈，那么治愈的结果可能比原来的疾病更糟糕。然而，应用节奏和同步，以及定期地进行跨领域计划，提供了在“安全地带”中开展工作所需要的各种工具。

参考资料

[1] Reinertsen, Donald. *The Principles of Product Development Flow: Second Generation Lean Product Development.* Celeritas Publishing, 2009.

[2] Kennedy, Michael. *Product Development for the Lean Enterprise.* Oaklea Press, 2003.

3.8 原则 # 8——释放知识工作者的内在动力

看起来，任务的绩效提供了内在的奖励……这种驱动力……可能与其他元素一样，都是基础……

——丹尼尔·平克，《驱动力》

摘要

精益 – 敏捷领导者必须接受一个相对较新的、改变游戏规则的事实：对于知识工作者的管理其实是一个自相矛盾的说法。正如彼得·德鲁克指出的：“知识工作者比他们的老板更了解自己所从事的工作”（参考资料 [2]）。在这种情况下，员工完全更有能力自己定义必要的工作以达成他们的目标，那么经理们如何试图细致地监督，甚至亲自协调这些员工的技术活动呢？

事实上，经理们做不到。经理们能做的是释放知识工作者的内在动力。下面将介绍一些实施指导。

利用系统视图

在深入了解其他的激励机制之前，我们必须注意到一个重要的见解，即 SAFe 的精益 – 敏捷原则本身也是一个系统。此外，这个系统的元素相互协作，创建了一个新的授权模式。通过 SAFe，知识工作者现在能够：

- 跨越职能的边界进行沟通
- 基于对经济效益的理解进行决策
- 获得有关解决方案有效性的快速反馈
- 参与持续和增量式的学习并提高掌控能力
- 参与更高效、更充实的解决方案开发过程——这就是最强大的动力之一

了解薪酬的作用

许多组织的运作仍然基于那些已经过时的、对人员潜力和员工绩效的假设，而且大多基于传统观念而不是科学。这些组织继续追求的做法是，短期激励计划和按照证据的绩效工资支付方式，但实际上这种度量方式并不奏效，甚至会带来危害。

——丹尼尔·平克，《驱动力》

丹尼尔·平克和彼得·德鲁克，以及其他一些学者指出了知识工作者的薪酬激励因素的一个基本悖论（参考资料 [1,2]）：

- 如果企业不能支付足够的工资，员工就不能被激励。
- 但是，如果达到了一个临界点，工资就不再是一个长期的激励因素了。这个临界点就是知识自由和自我实现。当这种状态实现时，知识工作者的头脑可以自由地专注在工作上，而不是在金钱上。

当达到了这个临界点之后，增加激励性薪酬元素让员工把注意力转移到金钱而不是工作上，反而导致员工的绩效成绩变差。

精益 – 敏捷领导者都很清楚，知识工作者的构思、创新和在工作场所中深入参与工作，是无法用金钱来激励的；反之，也不会被威胁、恐吓和恐惧所胁迫。那种基于激励的报酬——通常由个人的目标管理（MBO）决定，会导致内部竞争，甚至有可能破坏必要的合作，乃至无法实现更宏伟的目标。如果这样的话，企业就会在竞争中失败。

提供目的、使命和最小可能约束的自主性

丹尼尔·平克主张知识工作者需要具备自主性——也就是他们与生俱来的自我指导和自我管理的能力。提供自主性，同时利用它来实现企业的更大目标，这一点是领导者的重要职责所在（参考资料 [1]）。

经理们和员工们也都知道，自我指导的动力必须在更大的目标下发生。为此，领导者们需要提供一些更大的目标——把员工的日常工作和企业的发展目标联系起来。

在构建系统时，知识工作者作为一个团队进行合作。所以，成为高绩效团队的一员同样是另一个重要动力。领导者可以通过以下指导来鼓励团队做出最大努力（参考资料 [4]）：

- 确立使命感——要有一个概要的目标和战略方向，以及一个强烈的愿景。

- 对于具体工作和项目计划，仅给出少量的、最小化的指导，甚至没有任务说明和计划。
- 对于需求和最小可能的约束条件发起挑战，由团队决定如何实现这些需求。

创造一个相互影响的环境

“如果要做到有效地领导，就必须尊重员工和倾听他们的声音”（参考资料 [2]），而且是在相互影响的环境中（参考资料 [4]）。领导者可以创造这种良好的环境，他们可以给予员工强有力的反馈支持，放下自己的职权影响力，并鼓励员工按照如下的方式开展工作：

- 在恰当的地方提出不同意见。
- 鼓励员工坚持自己的立场。
- 让员工清晰自己的目标并推动员工达成目标。
- 促进管理者和员工共同解决问题。
- 协商、让步、同意和承诺。

我们生活在一个崭新的时代，这个时代的特点是员工更加聪明，在具体的工作中比管理者具备更多的知识。释放这种原始潜力可以显著改善员工的活力，同时也可以为客户和企业提供更好的成果。

参考资料

[1] Pink, Daniel. *Drive: The Surprising Truth About What Motivates Us.* Riverhead Books, 2011.

[2] Drucker, Peter F. *The Essential Drucker.* Harper-Collins, 2001.

[3] Bradford, David L., and Allen Cohen. *Managing for Excellence: The Leadership Guide to Developing High Performance in Contemporary Organizations.* John Wiley and Sons, 1997.

[4] Takeuchi, Hirotaka, and Ikurijo Nonaka. “The New New Product Development Game.” *Harvard Business Review,* January 1986.

3.9 原则 # 9——去中心化的决策

由知识工作者自己来决定如何开展自己的工作，这是最佳的方式。

——彼得·德鲁克

摘要

在最短的可持续前置时间内交付价值需要去中心化的决策。任何需要上升到领导层进行的决策都会带来延迟，也会导致决策的质量降低，这是因为缺乏对具体环境的考虑，再加上在等待时间内会发生的各种变更。

相反，去中心化的决策可以减少延迟，提升产品开发的流动和吞吐量，并能更快反馈和做出更多创新性的解决方案。

战略性决策中心化进行

当然，并不是所有的决策都是去中心化分散进行的。有些决策是战略性的，其影响深远，超出了团队的范围、知识或职责。此外，领导依然对成果负责。他们还拥有市场知识、长远视角，并了解引导企业所需的业务和财务状况。

那么，这些决策应该是集中进行的，它们具有以下特征：

- **发生频度不高**——这些决策通常是不紧急的，并且适合做更深入的思考（例如，产品战略、国际扩张）。
- **长期有效**——一旦做出决策就不大可能改变，至少在短期内不会改变（例如，对标准技术平台的承诺、围绕价值流进行组织调整的承诺）。
- **对于经济效益有重大影响**——这些选择会带来巨大而广泛的经济效益（例如，常用的工作方式、标准开发语言、标准工具、离岸外包）。

领导层负责制定这些类型的决策，并得到受决策结果影响的利益相关者的支持。

其他类型的决策去中心化进行

绝大多数的决策并没有达到需要进行战略性决策的高度。这些决策都可以授权给团队分散进行。这些类型的决策包括以下特征：

- **发生频度高**——分散决策所要解决的问题是反复发生和常见的（例如，团队和项目群待办事项列表的优先级设定，实时界定敏捷发布火车范围，对缺陷和紧急问题的回应）。
- **时间上很紧急**——这些类型决策的延迟会带来高昂的延迟成本（例如，单点发布，客户紧急事件，与其他团队的依赖关系）。
- **需要本地信息**——这些决策需要考虑特定的具体环境，无论是技术、组织，还是特定的客户或市场影响（例如，向特定客户发布版本，解决重大设计问题，个人和团队的自组织以应对新出现的挑战）。

去中心化的决策应由那些了解具体环境，并详细了解当前情况的技术复杂性的工作人员决定。

一个轻量级思考的决策工具

了解决策的制定方式有助于知识工作者更加清晰地了解决策过程。领导层的责任是建立决策规则（例如，包括经济框架），然后授权其他人进行决策。图 3.9-1 展示了一个简单的工具或练习，用于考虑决策是中心化进行还是去中心化进行。

① 考虑你目前面临的三个重要决策。
② 使用下表为每个条目进行评分。
③ 你会做中心化决策还是去中心化决策？

决策	发生频度高吗？ Y=2 N=0	时间紧急吗？ Y=2 N=0	经济效益影响大吗？ Y=0 N=2	总和

- 每个条目分值为：0 ～ 2（低到高）
- 然后三者相加得到总和：0 ～ 3 = 中心化决策 | 4 ～ 6 = 去中心化决策

图 3.9-1　一个简单的决策框架和练习

第4章
团　队　层

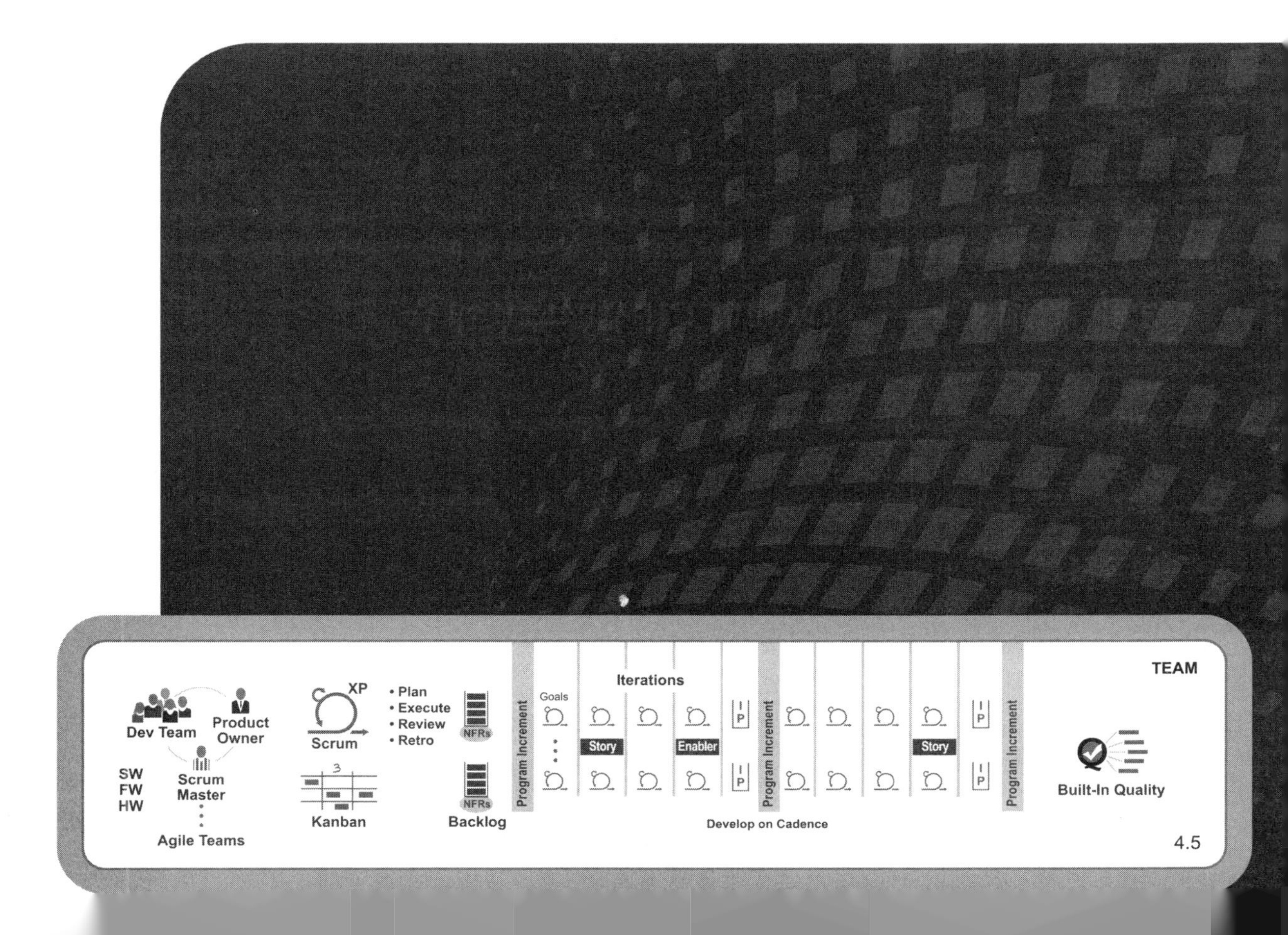

TEAM
Dev Team
Product Owner
Scrum Master
SW
FW
HW
Agile Teams
XP
Scrum
• Plan
• Execute
• Review
• Retro
NFRs
Kanban
Backlog
Program Increment
Goals
Iterations
Story
Enabler
IP
Develop on Cadence
Built-In Quality
4.5

4.1 团队层介绍

“Ba”——我们、工作、知识是一个整体。

——SAFe 作者

摘要

团队层包括包含与敏捷团队在敏捷发布火车（ART）上下文中构建并交付价值相关的角色、活动、事件和流程。

虽然在“SAFe 大图”中各个层级都有单独的描述，但是团队层是项目群层的一个重要组成部分。所有的 SAFe 团队都是 ART 的一部分——是项目群层的主要结构。

详述

团队层描述了敏捷团队是如何为 ART 提供动力的，如图 4.1-1 所示。

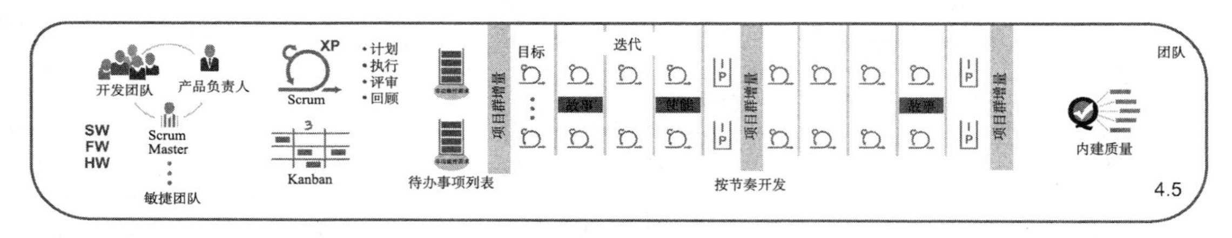

图 4.1-1 团队层

敏捷发布火车（ART）的角色和功能包括发布火车工程师（RTE）、产品管理者、系统架构师 / 工程师、系统团队和共享服务，他们支持着火车里的所有团队。因此，他们完全有能力在每个迭代中定义、开发、测试并交付可以工作并经过测试的系统。

每个敏捷团队负责定义、构建和测试来自团队待办事项列表中的用户故事。团队通过使用共同的迭代节奏与其他团队同步，与一系列固定长度的迭代对齐，从而保证整个系统开发的迭代执行。团队使用 Scrum XP 或团队看板以及内建质量实践来交付高质量的系统，通常每两周进行一次系统演示。这确保了在 ART 上的所有团队都可以创建出一个集成的、经过测试的系统，利益相关者可以通过快速反馈对该系统进行评估和响应。

每个团队有 5 ～ 9 名成员，这些成员包括在每一次迭代中构建一个有质量的价值增量所需的所有角色。Scrum XP 的角色包括 Scrum Master、产品负责人（PO）、全职工作的团队成员，以及团队交付价值所需的任何领域专家（SME）。看板团队的角色没有严格的定义，许多 SAFe 看板团队也使用 ScrumXP 的角色。

重点强调

以下是团队层的重点：

- **迭代**—— 固定长度的时间盒，为敏捷团队构建特性和组件提供了开发节奏。每次迭代都将提供一个新功能的价值增量。
- **项目群增量（PI）**——为所有敏捷发布火车（ART）建立共同的迭代，使其使用相同的持续时间，并在 PI 中保持相同的起止时间。
- **按节奏开发**——使用 PI 的时间盒将更大的、系统范围的功能组合成为有价值且可度量的项目群增量。项目群应按节奏开发并按需发布。
- ScrumXP ——一个轻量级的流程，适用于一个自我组织和自我管理的，5 ～ 9 人的跨职能团队。为了持续交付价值，ScrumXP 使用 Scrum 框架进行项目管理，使用 XP 衍生的软件工程实践。
- **团队看板**——一种精益方法，通过可视化工作流，建立在制品（WIP）限制，度量吞吐量，并不断改进他们的流程来帮助团队促进价值的流动。 SAFe 团队可以选择以 ScrumXP 或看板团队的形式运作，也可以选择两种形式结合在一起的混合模式。
- **内建质量**——该实践很大程度上受到极限编程（XP）的启发。极限编程确保软件、固件和硬件解决方案增量是高质量的，并且可以轻松地适应变化。

角色

团队层的角色帮助协调和同步团队级的事件。敏捷团队通过这些事件在敏捷发布火车的上下文中 构建并交付价值：

- **敏捷团队**——一个跨职能的 ScrumXP 或看板团队，由开发团队以及 Scrum Master 和产品负责人组成。 这个 5 ～ 11 人的小组有能力和权力在一个迭代中定义、构建和测试一个具有价值的解决方案元素（故事或使能）。
- **开发团队（Dev Team）**——由开发人员、测试人员和其他专家组成的小型跨职能团队，他们协同工作以交付功能的一个垂直切片。开发团队是敏捷团队的一个子集。
- **产品负责人**——该角色是团队待办事项列表的内容权威。产品负责人负责定义故事并确定待办事项列表的优先级，并且是唯一有权确认故事已完成并接收故事的团队成员。
- Scrum Master ——敏捷团队的成员，既是服务式领导又是敏捷团队的教练。 Scrum Master 帮助团队消除障碍，促进团队活动，并为高绩效团队营造支持型的环境。

事件

团队层使用多个事件来同步和协调 ART 内团队之间的活动：

- **迭代计划**——一个事件，此事件中敏捷团队确定迭代目标，并明确在即将到来的迭代中他们可以承诺的待办事项的数量。团队容量决定了所选故事和使能的数量。
- **迭代评审**——一个基于节奏的事件。在此事件中，团队在迭代结束时检视增量情况并根据反馈调整团队待办事项列表。迭代期间完成的所有工作都必须在迭代评审中展示。

- **迭代执行**——敏捷团队在时间盒内开发出有效的、高质量、可工作的且经过测试的系统增量的方法。在迭代执行期间，敏捷团队每天召开一次时间盒为 15 分钟的会议，称之为“每日站立会议（DSU）”。DSU 的目标是同步团队成员状态，评审进展，并识别问题。
- **迭代回顾**——该活动于迭代结束时举行，在此期间敏捷团队会检视实践并确定改进方法。回顾基于迭代评审期间呈现的定性和定量信息。
- **待办事项梳理**——在迭代期间举行一次或两次的事件，以优化、评审和估算团队待办事项列表中的故事和使能。
- **创新与计划（IP）迭代**——这一活动为团队提供了探索和创新的机会，专门用于制定计划的时间，以及通过正式或非正式的渠道学习的机会。在发布时间安排在 PI 边界的情况下，团队须进行最终的系统验证、确认和编写文档的工作。

工件

以下团队层的工件有助于描述团队在每次迭代和 PI 期间交付的业务及技术价值：

- **故事**——通过价值流将用户需求导入实践的工具。团队使用故事在迭代中交付价值，产品负责人负责创建故事内容，并对其进行验收。
- **使能故事** ——为支持扩展架构跑道以提供未来业务功能所需的活动。与任何故事一样，它们必须在一个迭代内完成，有明确的验收标准以阐明需求并支持测试。
- **迭代目标**——迭代计划事件的输出。这些高层级的总结表明了敏捷团队在一个迭代中同意完成的业务和技术目标。它们有助于确保迭代目标与 PI 目标的一致性。
- **团队待办事项列表**——若干用户故事和使能故事；大部分故事是在 PI 计划和待办事项列表梳理会议中确定的。
- **团队 PI 目标**——敏捷团队打算在即将到来的 PI 中实现的具体业务和技术目标的摘要描述。

参考资料

[1] Leffingwell, Dean. *Agile Software Requirements: Lean Requirements Practices for Teams, Programs, and the Enterprise*. Addison-Wesley, 2011.

4.2 敏捷团队

敏捷团队所向无敌。

——SAFe 语录

摘要

SAFe 敏捷团队是一个由 5 ～ 11 人组成的跨职能小组，他们负责在一个短迭代的时间盒内定义、构建、测试，并在适当的情况下部署解决方案价值的一些元素。具体来说，SAFe 敏捷团队包含了开发团队、Scrum Master 和产品负责人这些角色。

在 SAFe 中，敏捷团队为敏捷发布火车（ART）提供动力，并负责提供较大型解决方案价值。没有敏捷团队就无法组成 ART。同样，所有的团队都在火车上，为 ART 的愿景和路线图做出贡献，与其他团队合作，并参与 ART 的活动，。此外，他们还主要负责建设持续交付流水线和 ART 的 DevOps 能力。

团队与火车是不可分割的，它们作为一个整体的价值远大于每个部分简单相加的总和。

详述

敏捷运动（参考资料 [1]）是软件和系统开发方式的一个重要转折点。SAFe 正是基于这种变革而构建起来的，它通过授权敏捷团队作为基本单元来创造和交付价值。敏捷团队是由获得授权并富有激情的成员组成的，如果没有这种有效的敏捷团队，组织不能实现精益敏捷开发方式带来的更大的商业利益。

总体来说，敏捷团队的成员拥有在短时间盒内开发价值增量所必需的所有技能：

- **定义**——详细阐述和设计特性及组件
- **构建**——实现 / 特性和组件
- **测试**——运行测试用例以确认特性或组件
- **部署**——将特性移动到“预生产”环境和“生产”环境

在 ART 中，团队是被授权、自组织、自我管理的。他们负责交付满足客户需要和期望的结果。这些团队开发软件、硬件、固件，或者是这些输出的组合。不过大多数情况下，一个团队代表着交付特性或组件所必须的跨职能领域的协作。

企业将工作交予团队和火车，而不是把人员分配到工作任务上，这样可以在很大程度上消除“项目模型”（参见 8.5 节），从而有助于创建团队以及规模化团队，而且这些团队都是长期存在的，并致力于持续提升交付解决方案的能力。这就是 SAFe 与传统方式的不同之处。在传统方式中，是由管理人员来指导个人完成活动的。而在 SAFe 中，则是由团队而非管理人员来决定他们在迭代中能够构建哪些特性和组件，以及如何构建它们。精益 – 敏捷领导者为团队提供愿景、领导力和自主权，从而培养和促进高绩效团队。因为团队很大程度上是自组织和自我管理的，所以不再需要将工作分配给单个团队成员。这使得去中心化的决策方式交到了团队成员的层级。而精益敏捷领导的主要职责是对敏捷团队提供教练和指导。

SAFe 团队通常混合运用各种敏捷方法

SAFe 团队使用所选择的敏捷实践主要基于 Scrum、看板和极限编程（XP）。大多数

SAFe 团队将 Scrum 和 XP(参见 4.7 节）作为基本框架。产品负责人管理团队待办事项列表。Scrum Master 帮助团队实现交付目标，并帮助建立一个高绩效和自我管理的团队。

团队应用精益 UX 特性开发和内建质量实践来驱动规范的开发和质量建设。这些实践，包括集体所有权、结对工作、编码标准、测试先行和持续集成，通过将质量和运营效率嵌入到流程中以帮助保持精益。敏捷架构使高质量解决方案开发的蓝图更加完善。

SAFe 是一个基于流动的系统，因此大多数团队也应用看板来可视化他们的工作，建立在制品限制（WIP），并使用累积流图（CFD）来识别瓶颈并找到提高吞吐量的关键改进机会。一些团队，特别是维护团队和系统团队，将看板作为他们的基础实践。这种方法很有帮助，因为 Scrum 的计划和承诺方式可能无法有效地应用于基于活动和需求的工作以及工作事项优先级变化更为频繁的环境。

责任

SAFe 帮助组织从传统的、阶段 – 门限式开发模式中脱离出来，在这种开发模式中，用户的价值是在一个漫长的生命周期结束时，由一个个独立的职能筒仓（需求、设计、测试、部署）交付的。相反，敏捷团队在每个迭代中交付价值的同时执行所有这些功能。敏捷团队负责管理他们的工作，并在从持续探索到持续的集成、到持续部署、再到按需发布的整个生命周期中产生价值。为此，敏捷团队承担了以下职责：

- 估计工作的规模和复杂性
- 在架构指导下确定其所关注领域的技术设计
- 承诺在迭代或项目群增量（PI）时间盒中可以完成的工作
- 实现功能
- 测试功能
- 将功能部署到预生产环境和生产环境
- 支持和 / 或构建为建立持续交付流水线所必需的自动化
- 不断改进流程

此外，在构建敏捷团队时，只要有可能，敏捷团队都要具有构建和管理持续交付流水线并尽可能独立地发布其元素（特性、组件、子系统或产品）所需的技能和职责。

合作与文化

敏捷团队由共同的愿景和向客户交付价值的承诺所激励。每个团队成员都全身心地投入到单个团队中，并努力工作以为其成功做出贡献。团队成员持续并积极地与其他团队接触，以管理依赖关系并解决障碍。团队内部的关系是建立在信任的基础上的，并且以共同的任务、迭代目标和团队的 PI 目标为中心。通过使用融入在学习环中的定期反馈循环，团队坚持不懈地改进成员间的协作。每一次切实的价值交付都能鼓励彼此间的信任，降低不确定性和风险，并建立团队的自信。

只有通过不断的沟通和合作，并通过快速、有效和获得授权的决策能力，团队才能担负起他们所承担的责任。如果可能的话，团队应该被安排坐在一起，以便每天、每刻随时进行沟通。标准的团队会议根据所使用的不同方法而有所不同，但通常包括每日站立会议（DSU）、迭代计划、迭代评审、产品待办列表梳理和迭代回顾会。

敏捷团队在火车上

SAFe 敏捷团队并不是独立运行的，而是通过互相协作和构建可工作的解决方案中有价值的增量来给 ART 提供动力。所有团队都在一个共同的框架下运作，这个框架管理并指导整个火车的运行。敏捷团队共同制定计划、共同执行集成和演示、共同部署和发布、共同学习，如图 4.2-1 所示。

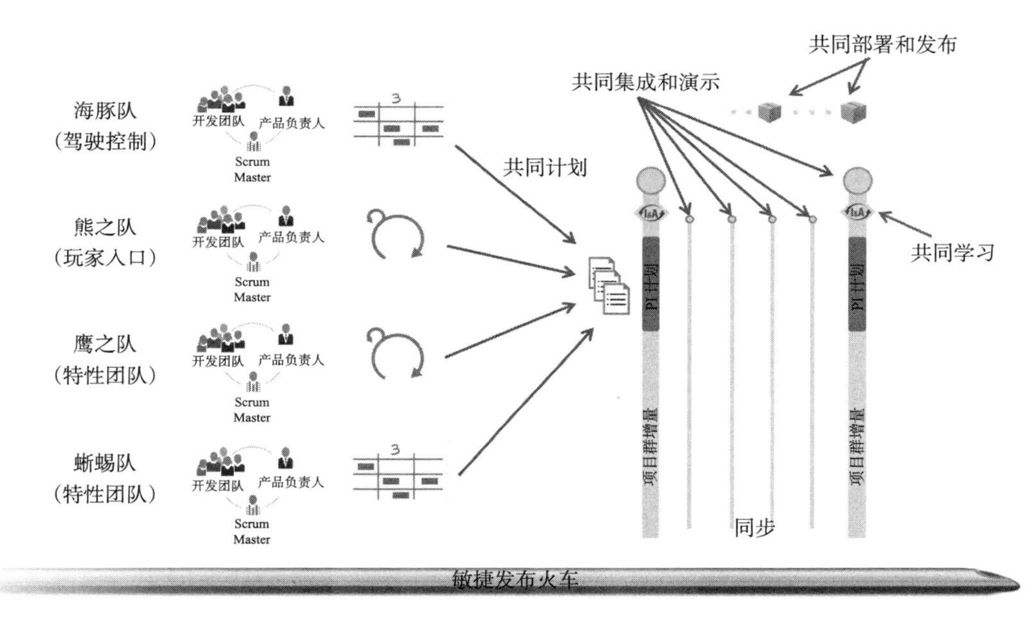

图 4.2-1　敏捷团队共同计划、共同集成和演示、共同部署和发布、共同学习

共同计划

所有团队共同参加 PI 计划会议，在计划会议上，大家一起计划和承诺一系列的 PI 目标。大家致力于一个共同的愿景和路线图，共同协作以达成目标。清晰的内容权威角色定义可以让计划和执行过程顺利地进行。产品负责人是一个更大的产品管理团队的一部分。各个团队独立的团队待办事项列表的一部分源自于项目群待办事项列表。

此外，作为 ART 的一部分，并依据经济框架，所有敏捷团队都使用相同的方法来估算工作。这提供了一种有意义的方式，可以帮助决策者根据经济问题来指导行动方案。

共同集成和演示

交付复杂、高质量系统需要参与开发过程的各个团队之间的紧密配合与相互协助。为了支持这种有凝聚力的参与，团队按照相同的ART节奏工作，在每个迭代开始时发布和沟通迭代目标。在ART同步时，各个团队也会互相更新状态，通过与其他团队的成员进行交互，从而积极地管理相互之间的依赖关系。

当然，这里所说的目标不是简单地让团队向着目标进行“冲刺”，而是指目标让系统作为一个整体向着高质量、可测量且有价值的增量进行“冲刺”。为了支持这一成果，团队应用内建质量，并参与持续探索、持续集成和持续部署，这一切发生在团队内部和整列火车上——同时所有团队共同朝着在每个迭代完成时进行聚合的系统演示而努力。

共同部署和发布

敏捷团队通过整个持续交付流水线来驱动价值。他们围绕着持续探索与产品管理者进行协作，将他们完成的工作与其他团队成员完成的工作进行持续集成，并且持续部署到预生产环境和生产环境中。

敏捷团队通过尽早且频繁地部署到生产环境来确认特性假设。他们设计系统的方式使解决方案与版本发布分离，并支持按需发布的能力。

共同学习

所有的SAFe团队都参与坚持不懈地改进（参见1.3节中的支柱4部分）。除了迭代回顾会议和随时发生的流程改进，团队也参与ART的检视和调整（I&A）会议，在会议中大家识别待办事项列表中的改进类故事，并按优先级对改进故事进行排序。这些识别出的改进故事将被纳入后续的PI计划会中进行处理。用这种方式，团队完成了一个迭代，ART完成了一个PI，这就让“环路闭合”了。当然，学习并非仅在回顾会议中进行：它是连续发生的。实践社区（CoP）也促进了学习，它的建立帮助个人和团队不断提升本职能和跨职能的技能。

参考资料

[1] Manifesto for Agile Software Development. http://agilemanifesto.org/.

[2] Leffingwell, Dean. *Scaling Software Agility: Best Practices for Large Enterprises.* Addison-Wesley, 2007.

[3] Lencioni, Patrick. *The Five Dysfunctions of a Team: A Leadership Fable.* Jossey-Bass, 2002.

4.3 开发团队

人人编码，人人测试。

摘要

开发团队（Dev Team）是敏捷团队的组成部分，由专职的专业人士组成，他们能够对故事、特性或组件进行开发和测试。开发团队通常包括完成某个垂直的功能切片所需要的软件开发人员和测试人员、工程师、以及其他专职的专家。

为了与 Scrum 中的定义保持一致，开发团队不包括产品负责人和 Scrum Master，他们是更大的敏捷团队中的角色。

详述

开发人员和测试人员是敏捷开发的核心。他们在小型的、跨职能团队中工作，可以快速创建可工作的、经过测试的、可以交付价值的代码。他们构建了大家所依赖的系统。

在传统开发中，开发人员和测试人员的角色往往是不同的，这两个角色通常由不同的部门管理。敏捷开发中，开发和测试两个角色混合在一起。例如：Mike Cohn 并不区分这些角色，取而代之的是统一称呼他们为“开发人员”（参考资料 [1]）。在 SAFe 的上下文中，负责开发硬件、固件和其他组件的工程师也被认为是“开发人员”。开发与测试之间的界限被刻意进行了模糊，开发人员也做测试，测试人员也编码。

开发团队得到企业的授权，通过自管理、自组织的方式完成工作。团队成员具备团队所需要的所有技能，以创建一个可工作的、已经过测试的解决方案增量。

责任

开发团队的主要责任如下：

- 协助产品负责人创建和梳理用户故事和接收标准。
- 参与 PI 计划，创建团队迭代计划和团队 PI 目标。
- 制定并承诺团队 PI 目标和迭代计划。
- 协助产品负责人确认代码和接收测试反映了预期的功能，编写代码。
- 进行研究、设计、原型制作和其他探索活动。
- 创建单元测试和自动化接收测试。
- 向共享源代码存储库提交新代码。
- 结对编写代码和自动化接收测试用例。
- 执行接收测试，并维护共享存储库中的测试用例。
- 努力地持续改进团队流程。

团队组成、协作与知识分享

敏捷团队成员的组成和对传统角色的模糊化，使开发速度和质量得到了优化，也有助于创建获得授权的敏捷团队。然而，这也意味着开发者不再从共享资源池上进行集体操作。

从理论上讲，共享资源池更容易促进学习、分享和增强集体的能力。为了解决这一潜在的不利因素，敏捷企业必须有意识地创造一种分享最佳实践和知识的文化和环境。这包括新发现的敏捷技能，例如故事编写、持续探索、持续集成、持续部署、代码集体所有权、单元测试自动化和接收测试自动化等，这些技能可以在团队间很容易得到分享。这种分享活动通常由实践社区予以推进。

持续交付

如前所述，开发团队直接负责构建持续交付流水线和实施 DevOps 所必需的大部分文化和许多实践。为此，团队的“T 型”技能培训包括开发和管理准生产和部署环境，以及掌握独立发布更大解决方案的元素的技术。团队成员在完成编码之后，还承担了支持到生产环境的一些额外职责。这种方法进一步融合了传统的筒仓式职责，使敏捷团队、甚至单个开发人员能够掌握按需发布的能力。

可测试性的设计

由于所有代码都是经过测试的代码，因此开发人员设计并改进系统以支持可测试性和测试自动化。在实践中，可测试性的设计与良好的设计是同义的，意味着模块化、低耦合，以及各层、组件和类的高内聚。可测试性的设计支持任何单独的逻辑片段的可测试性，以及创建更高级的、系统级集成测试的能力。按照类似的方式，解决方案应该被设计成易于部署和发布的。

参考资料

[1] Cohn, Mike. *Succeeding with Agile: Software Development Using Scrum.* Addison-Wesley, 2009.

[2] Leffingwell, Dean. *Agile Software Requirements: Lean Requirements Practices for Teams, Programs, and the Enterprise.* Addison-Wesley, 2011.

4.4 产品负责人

业务人员和开发人员必须相互合作，项目中的每一天都不例外。

——《敏捷宣言》

摘要

产品负责人（PO）是敏捷团队的一员，负责定义用户故事和确定团队待办事项列表的优先级，从而梳理项目群优先级事项的执行，并维护团队所负责的特性和组件在概念和技术上的完整性。产品负责人是质量保证的关键人物，并且是团队中唯一有权力确定用户故事已完成并接收故事的人。对于大多数正在向敏捷方式转型的企业来说，产品负责人是一个新的并且非常重要的角色。产品负责人通常是一个全职的工作，一个产品负责人通常可以支持一个团队（最多两个团队）。

产品负责人角色是开发团队与外界联系的重要接口，负责对外沟通。例如，与负责维护项目群待办事项列表的产品管理者（PM）一起工作，为项目群增量（PI）计划会议做准备。

详述

产品负责人（PO）是敏捷团队的成员之一，他充当了客户代理。担负产品负责人角色的人员负责与产品管理者以及其他利益相关者（包括其他产品负责人）协作来确定团队待办事项列表中的用户故事并排列其优先级。该活动确保解决方案能够有效地处理项目群优先级事项（特性 / 使能），同时保持技术的完整性。理想情况下，产品负责人与团队在同一地点办公，产品负责人与团队共享相同的管理、激励机制和文化。此外，产品负责人也会参加产品管理团队与计划，项目群待办事项列表 / 愿景梳理最为相关的会议。

责任

SAFe 产品负责人履行以下职责：

筹备和参加 PI 计划会议

- 作为扩展的产品管理团队的一员，产品负责人积极参与项目群待办事项列表梳理和准备 PI 计划会议的工作，同时也在 PI 计划事件本身中扮演重要角色。在 PI 计划会议之前，产品负责人更新团队待办事项列表，常常会评审和参与制定项目群愿景、路线图并进行内容展示。
- 在 PI 计划会议期间，产品负责人参与用户故事定义，为团队澄清产品需求，以帮助团队成员进行用户故事估算和排序。产品负责人还为即将到来的项目群增量（PI）起草团队特定目标。

迭代执行

- **维护团队待办事项列表** —— 产品负责人的主要职责是，从系统架构师 / 工程师和其他利益相关者那里获得输入信息，并构建、编辑和维护团队待办事项列表。待办事项列表主要由用户故事组成，但也包括缺陷和使能。待办事项列表中的条目基于在 PI 计划会议上确定的用户价值、时间和其他团队依赖关系进行优先级排序，并在 PI 执行期间进行优化。
- **迭代计划** —— 作为迭代计划会议筹备工作的一部分，产品负责人评审并给待办事项列表重新排序，包括与其他产品负责人协调相互的依赖关系。在迭代计划会议期间，产品负责人负责澄清用户故事细节和用户故事优先级，并负责接收最终的迭代计划。

- **准时制（JIT）的用户故事细化** —— 待办事项列表中的大部分条目都会细化成用户故事来实现。这个细化活动可能会发生在迭代之前、迭代计划过程中或迭代执行过程中。虽然任何团队成员都可以编写用户故事和接收标准，但产品负责人对保持流动的顺畅性负有主要责任。在团队待办事项列表中随时准备好可供两个迭代执行的用户故事通常是个好主意。如果故事过多，则会导致产生队列等待；如果故事过少，则会抑制流动的进行。
- **支持接收测试驱动开发（ATDD）**—— 产品负责人参加用户故事接收标准的制定，在用户故事可行时起草接收标准，并提供示例以支持接收测试驱动开发（ATDD）的实例化需求（参考 9.13 节的内容）。
- **接收故事** —— 产品负责人是唯一可以判定用户故事是否完成并接收故事的团队成员。接收用户故事包括确认用户故事是否符合接收标准，是否通过了适当和持续的接收测试，或者通过其他方式满足了“完成定义”（DoD）。通过故事接收，产品负责人也确保了一定程度的质量，主要集中在适用性。
- **理解使能工作** —— 虽然产品负责人无须推动技术决策，但是他们需要理解后续的使能工作的范围，并与系统和解决方案架构 / 工程团队协同工作来帮助做决策，并为那些实现新商业功能的关键技术基础设施排定顺序。正如在 4.15 节中所讨论的，这通常需要进行一定人力物力的安排。
- **参加团队演示和回顾** —— 作为团队中负责需求的人员，产品负责人在团队演示、评审和接收用户故事中扮演着重要的角色。产品负责人还参与迭代回顾，在回顾活动中，团队成员聚集在一起来改进流程。产品负责人也积极参与敏捷发布火车（ART）的“检视和调整”（I&A）工作坊。

项目群执行

- 迭代和敏捷团队都服务于一个更大的目标 —— 提供频繁、可靠和可持续发布的增值解决方案。在每个 PI 的过程中，产品负责人与其他团队的产品负责人协调团队间的依赖关系。产品负责人通常需要每周参加产品负责人 会议来保障这一点（详细信息请参阅 5.12 节）。
- 产品负责人在为项目群和价值流利益相关者进行系统演示方面也发挥了关键作用。

检视和调整

- 团队可以在 PI 的检视和调整工作坊中解决那些较大的障碍。在工作坊中，各团队产品负责人协同工作来定义和实施改进故事，以提高项目群的速度和质量。
- PI 系统演示是检视和调整工作坊的一部分。产品负责人在为项目群利益相关者进行 PI 系统演示时发挥重要作用。
- 产品负责人也参与 PI 系统演示的准备，以确保能够为利益相关者展现解决方案的最关键方面。

内容授权

对于大规模项目，一个人不可能身兼数职——既处理产品和市场策略，也专注于某一个敏捷团队。因为在项目群中产品管理和产品负责人分担“内容权威”，所以具有清晰的角色和职责划分是非常重要的（如图 4.4-1 所示）。

产品经理	产品负责人	团队
▶ 面向市场 / 客户。识别市场需要。与市场 / 业务人员进行合作。 ▶ 负责愿景、路线图、项目群待办事项列表、定价、许可以及投资回报（ROI）。 ▶ 通过对特性和使能排定优先级来推动 PI 目标实现和内容发布。 ▶ 建立特性的接收标准。	▶ 面向解决方案、技术和团队。与团队进行合作。 ▶ 参与制定愿景和项目群待办事项列表。负责团队待办事项列表及其实现。 ▶ 定义迭代和故事。接收迭代增量。 ▶ 通过排列故事优先级来推动迭代目标和迭代内容的实现。 ▶ 建立故事接收标准，接收故事进入产品基线。	▶ 面向客户 / 利益相关者。 ▶ 负责故事估算并实现其价值。 ▶ 参与意图式架构制定。负责浮现式设计。 ▶ 协助待办事项列表梳理和故事创建。 ▶ 与其他团队进行集成。

图 4.4-1 发布内容治理

产品经理、产品负责人和敏捷团队的人员配比

项目成功与否在某种程度是企业中的数字游戏（即企业内各个岗位的人员配比）。不合适的岗位人员配比会形成瓶颈，从而严重影响执行速度。因此，产品经理、产品负责人以及敏捷团队的数量必须是大体平衡的，以便正确地驾驭敏捷发布火车（ART）。否则，整个系统将在对定义、澄清和接收等工作的等待中花费大量的时间。为了最大程度地取得成功，SAFe 推荐了一个人员配比模型，如图 4.4-2 所示。

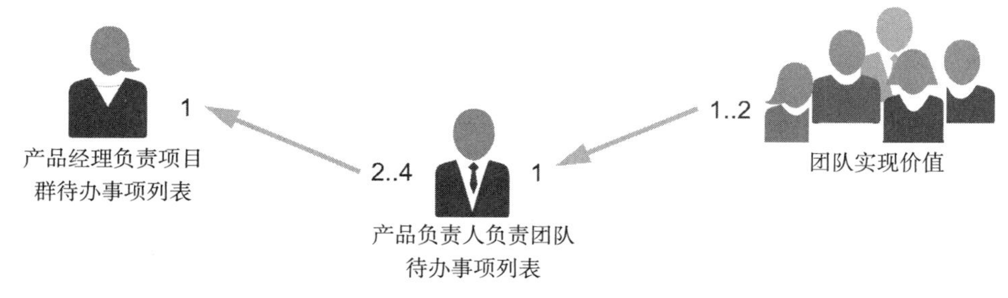

图 4.4-2 产品经理、产品负责人和敏捷团队的人员比例模型

每个产品经理通常最多可以支持 4 个产品负责人，每个产品负责人可以负责 1 ～ 2 个敏捷团队的待办事项列表。

参考资料

[1] Leffingwell, Dean. *Agile Software Requirements: Lean Requirements Practices for Teams, Programs, and the Enterprise*. Addison-Wesley, 2011.

[2] Larman, Craig, and Bas Vodde. *Practices for Scaling Lean and Agile Development: Large, Multisite, and Offshore Product Development with Large-Scale Scrum*. Addison-Wesley, 2010.

4.5 Scrum Master

好的领导者必须首先成为一名好的仆人。

—— 罗伯特 K. 格林里夫

摘要

Scrum Master 是敏捷团队的仆人式领导和教练。他们帮助教授团队有关 Scrum、极限编程（XP）、看板及 SAFe 方面的知识和实践，确保团队遵从大家一致认同的敏捷过程。他们也会帮忙移除障碍，培育出一个支持高绩效团队动态、持续流动并不懈改进的环境。

虽然 Scrum Master 角色主要基于标准的 Scrum 框架，但是敏捷团队——甚至那些正在应用看板方法的团队，也设置这一职位来帮助团队达成目标并协调与其他团队的活动。担负 Scrum Master 角色的团队成员的主要职责是协助自组织、自管理团队实现其目标。为此，Scrum Master 通过教授和教练团队实践，实现和支持 SAFe 原则和实践，识别和消除障碍以及引导团队流动来做到这一点。

详述

Scrum Master 是一个由一位敏捷团队成员来担任的独特角色，担任该角色的成员会花费大量的时间用于帮助团队成员进行沟通、协调及合作。一般来说，这个人需要协助团队达成他们的交付目标。

责任

优秀的 Scrum Master 是基于团队的仆人式领导，展现如下特质：

- **展现精益 – 敏捷领导力** —— Scrum Master 展现出具有精益 – 敏捷理念的精益 – 敏捷领导者行为。该个体有助于团队拥抱 SAFe 的核心价值观，采纳和应用 SAFe 原则，并且实施 SAFe 实践。

- **支持团队规则**——虽然敏捷团队的规则是轻量级的，但它依然是规则，Scrum Master负责强化这些规则。这些规则可能包括Scrum规则、来自极限编程的内建质量实践、来自看板方法的在制品限制以及团队一致认可的任何其他流程规则。
- **引导团队向着目标前进** —— Scrum Master接受培训并成为团队引导者，不断地挑战旧有的软件开发范式，以改善质量、可预测性、流动和速率等方面的绩效。担任该角色的人员要帮助团队以当前项目群增量（PI）目标为前提，关注于日常工作和迭代目标。
- **领导团队进行坚持不懈地改进** —— Scrum Master帮助团队进行改进，对他们的行为负责，并引导团队进行回顾。这个角色也教给团队如何解决问题，并帮助团队成员成为在小组和个人两方面均更加卓越的问题解决者。
- **引导会议** —— Scrum Master引导所有的团队会议，包括每日站会、迭代计划、迭代演示和迭代回顾会议。
- **支持产品负责人** —— Scrum Master帮助产品负责人管理产品待办事项列表并指导团队，同时在优先级和范围方面促进健康的团队活力。
- **消除障碍** —— 很多阻碍问题都超出团队授权，或是需要来自其他团队的协助。Scrum Master需要积极解决这些问题，以便团队能够持续专注于迭代目标的达成。
- **宣传推广SAFe质量实践** —— SAFe提供了指导，帮助团队坚持不懈地改进其交付物的质量，满足完成定义（DoD）的要求。Scrum Master帮助团队培养技术自律和工匠精神文化，这是高效敏捷团队的标志。
- **建立高绩效团队** —— Scrum Master聚焦于持续不断地提高团队的动力和绩效。其职责包括帮助团队管理人际冲突、挑战和成长机会。必要时Scrum Master可以把“人的问题”上升到管理层，但前提是通过团队内部处理无法解决该问题。Scrum Master还帮助团队和个人处理人事变动。
- **保护和沟通** —— Scrum Master与管理层和外部利益相关者进行沟通，帮助保护团队免受那些不可控地工作范围扩展的影响。
- **与其他团队进行协调** —— 一般而言，Scrum Master作为代表，参加Scrum of Scrums会议，把会议上的信息传达回团队（细节信息参见“项目群增量”章节）。担任该角色的个人经常与系统团队、用户体验、架构和共享服务人员进行协调。然而，需要注意的是，团队间协调的责任不能完全委托给Scrum Master，每一个团队成员在这方面都负有责任。
- **引导ART活动的准备和就绪** —— Scrum Master帮助团队准备ART活动，包括PI计划会议、系统演示以及检视和调整工作坊。
- **支持估算** —— Scrum Master指导团队建立标准化的估算方法，并帮助团队理解如何估算特性和能力。

角色来源

Scrum Master 可以是全职或兼职的角色，这取决于团队规模、所处环境和其他职责。然而，对企业来说，达到每个敏捷团队具备一个全职 Scrum Master 是一件很有挑战的事情。毕竟，如果企业正在组建 100 个新的敏捷团队，将 100 个专职开发团队成员全职地放在这个新职责上，而不再做开发或测试工作，这无论是经济上还是政治上都不太可行。就更不要说给每个团队配备一个全职或者兼职的顾问，来帮助团队学习和掌握新的思想了。甚至转型开始之前，在团队有机会证明这个角色的价值之前，变革就已经胎死腹中了。

因此，SAFe 采取了务实的方法和假设，通常情况下，Scrum Master 是一个兼职角色。在 SAFe 推行的初始阶段，这个角色的工作会很密集。因此，在此阶段，组织会发现引入外部顾问来指导团队，对于使团队在 Scrum 和 SAFe 执行中熟练起来是很有益处的。这些外部顾问 Scrum Master 经常能够同时教练组织中的多个团队。

参考资料

[1] www.scrumalliance.org.

[2] Leffingwell, Dean. *Agile Software Requirements: Lean Requirements Practices for Teams, Programs, and the Enterprise*. Addison-Wesley, 2011.

4.6 内建质量

检查无法改善质量，也不能保证质量。检验为时太晚，因为质量的好与坏已经内建到产品中。质量无法通过对产品或服务的检查而得到，是内建其中。

——W. 爱德华兹 · 戴明（W. Edwards Peming）

摘要

内建质量实践确保解决方案的每个元素在整个开发过程的每次增量中都满足适当的质量标准。

企业能否具有以最短的可持续前置时间交付新功能并适应瞬息万变的商业环境的能力，这些都取决于解决方案的质量。因此，内建质量是 SAFe 的核心价值之一也就不足为奇。内建质量不是 SAFe 特有的概念，而是精益 – 敏捷理念的核心原则之一，它有助于避免与召回、返工及缺陷修复相关的延迟成本。内建质量哲学应用系统思考来优化整个系统，确保整个价值流的快速流动，并使质量成为每个人的工作。

敏捷宣言同样强调质量，其中有一条敏捷原则是这样描述的：“坚持不懈地追求技术卓越和良好设计，敏捷能力由此增强”（参考资料 [1]）。本节提到的很多实践是受到极限编程的启发，而且在极限编程（XP）中也有描述。这些实践可以帮助敏捷团队，确保他们所构建的解决方案是高质量的、易于响应变化的，是为测试、部署和恢复而设计的。这些实践间的相互协同的本质，以及对于频繁确认的关注，建立了一种把工程和匠艺作为关键业务推动者的新兴文化。

软件、硬件和固件都具有相同的内建质量目标和原则。但是硬件和固件在物理和经济上有些不同，因此实践上也有些差异。这些差异包括固件和硬件的开发会更加专注于建模和仿真，以及更具探索性的早期迭代，更多的设计验证和更频繁的系统级集成。

详述

当企业需要应对变化时，建立在良好的技术基础上的软件和系统更容易去改变和适应。这对于大型解决方案来说则更为重要，因为即使是微小缺陷的累积效应以及错误的假设，都可能造成无法接受的后果。

实现高质量的系统是一项严肃的工作，需要持续的培训和承诺。这项投资也是有必要的，因为它有许多商业收益：

- 更高的客户满意度
- 改进的速度和发布的可预测性
- 更好的系统性能
- 提高的创新能力、可扩展性能力以及满足合规性的能力

以下总结了为在软件、固件和硬件上实现内建质量所推荐的实践。

软件实践

当企业必须迅速响应变化时，用高质量构建的软件和系统更容易修改和适应。许多实践受极限编程（XP）启发，以及对频繁确认的关注，建立了一种把工程和匠艺作为关键业务推动者的新兴文化。这些实践包括：

- **持续集成 (CI)** ——是一种软件工程实践，它每天不间断地把开发人员自己工作空间中的代码合并到单一主干代码分支上。持续集成减少了集成问题被延迟发现的风险，因此也降低了这种延迟对系统质量和项目可预测性的潜在影响。团队至少每天执行一次本地集成。为了确保工作向期望的方向发展，每个迭代至少应该实现一到两次完整的系统级集成。
- **测试先行** —— 是一组工程实践，它鼓励团队在实现代码前深入思考预期的系统行为。测试先行方法可以进一步被分为两种方法：（1）测试驱动开发（TDD），在测试驱动开发中，开发人员首先编写自动化单元测试用例，执行这些测试用例并观察其失败，然后编写通过测试所需的最少的代码；（2）接收测试驱动开发（ATDD），在这种方法中，故事和特性的接收标准用自动接收测试来表示，该测试可以连续运行，以在系统演进的过程中保证持续的确认工作。

- **重构** —— 一种“有纪律的技术，用于重构现有代码，在不改变其外部行为的情况下改变其内部结构”（参考资料 [2]）。重构是实现浮现式设计和敏捷性的关键因素。为了保持系统的健壮性，团队不断地小步重构代码，为以后的开发提供了坚实的基础。
- **结对工作** ——敏捷团队经常使用各种基于结对的技术，其中许多可以组合使用。一些团队使用结对编程进行所有的代码开发工作，就像极限编程所规定的那样；有的团队将开发人员与测试人员针对故事进行结对，在故事完成时评审彼此的工作；还有的团队让开发人员在需要的时候结对工作，例如关键代码片段开发、重构遗留代码、开发接口定义、以及系统级别的集成等有挑战性的工作。结对工作也是重构、持续集成、测试自动化，以及代码集体所有权的重要基础。此外，它减少或消除了对实现后的代码进行评审和返工的需要。
- **集体所有权** —— 是要求所有团队成员对解决方案有共同的理解和责任的一种实践。“任何开发人员都可以更改任意一行代码去增加新的功能、修复缺陷、改进设计或重构”（参考资料 [3]）。集体所有权对于拥有大型代码库的解决方案尤为重要，如果只有最初的开发人员才能修改代码，这与依赖专家具有相似的效果，一定会带来延迟等待。没有集体所有权，就没有共有知识，这会导致维护或增强解决方案的风险更高。
- **敏捷架构** —— 是一种平衡浮现式设计与意图架构以实现增值交付的方法。这种方法避免了大量前期设计（BDUF）和阶段 – 门限式方法的“启动 – 停止 – 启动”的本质。架构跑道是实现敏捷架构的主要工具之一。该跑道由代码、组件和必要的技术基础设施组成，这些代码、组件和技术基础设施是在没有过度重新设计及延迟的情况下支持优先实施的近期特性所必需的。

固件和硬件实践

与软件相比，在构建固件和硬件时，错误和未经证实的假设可能导致更高的变更和返工成本，如图 4.6-1 所示。

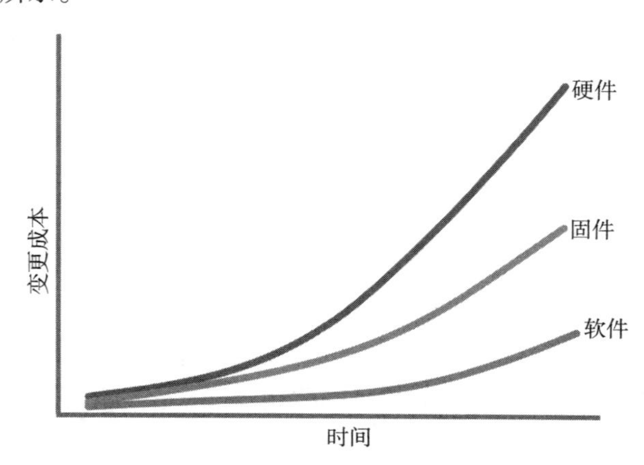

图 4.6-1　随着时间的推移，软件、固件和硬件的相对变更成本比较

对于硬件、固件和软件来说，迭代和项目群增量（PI）的节奏以及质量期望都大致相同。然而，早期的迭代对于硬件和固件而言尤其重要，因为此阶段的变更成本还没有达到很高的程度。因此，复杂系统（通常包含硬件和固件）的开发人员通常使用更多的实践来确保质量内建在解决方案开发的过程之中。

- **基于模型的系统工程（MBSE）**——通过将模型和工具应用在解决方案开发中的需求、设计、分析和验证活动，基于模型的系统工程提供了一种在开发之前和开发期间了解系统特性的经济高效的方法。这有助于管理大型系统文档编辑的复杂性和成本。
- **基于集合的设计（SBD）**——基于集合的设计是一种在开发周期的较长时间内维持多种需求和设计选项的实践。基于对浮现出来的新知识的不断获取，可以利用经验数据对关注内容进行收敛。
- **频繁的系统级集成**——对于许多软件解决方案来说，持续集成是一个可实现的目标。然而，在具有物理组件的系统（模具、印刷电路板、部件等）演进速度较慢，无法每天进行集成和评估。即便如此，这些特点也不能成为延迟集成和难以进行集成的借口。尽早并频繁地集成组件和复杂子系统对于避免这种结果至关重要，特别是对于嵌入式系统和复杂解决方案。
- **探索早期迭代** —— 正如参考文献 [5] 中所强调的，即使在建造“哈雷戴维森摩托”时（需要一个非常完整的团队在道路上测试新的摩托车），更频繁的设计周期也会加快对知识构建，并降低开发后期发现错误的风险和成本。在这方面，SAFe 使用与处理软件相同的方式来处理固件和硬件，迭代和项目群增量的节奏以及对质量的期望都大致相同。例外情况是，早期的迭代对于硬件和固件尤其关键，因为此时的更改成本相对较低。
- **设计验证** ——不幸的是，即使是频繁集成也不能保证内建质量。首先，由于系统的各种组件的依赖性和可获得性，这样的集成可能在整个流程中发生得太晚；其次，它不可能覆盖所有可能的使用情况和失败场景。为了解决这些缺点，高保障性系统的开发者执行设计验证以确保设计满足解决方案意图。设计验证可能包括子系统之间需求规格说明和分析，公差和性能的最差情况分析，失效模式及影响分析（FMEA），建模和仿真，完全验证和确认及可追溯性。

DevOps 与持续交付流水线的作用

从计划到交付，采用 DevOps 理念和实践可以通过构建和自动化持续交付流水线来增加开发和 IT 运维之间的协作。这种文化的转变，伴随着自动化增加了部署的频率和质量。在 SAFe 中，该流水线由四个元素组成：持续探索、持续集成、持续部署和按需发布。

DevOps 简单地认识到手动过程是快速价值交付、高质量、提高生产力和安全性的敌人。自动化还支持快速创建可重复的开发和测试环境和过程，这些环境和过程是自组织文档化的，因此更容易理解、改进、安全和审计。整个持续交付流水线是自动化的，以实现尽可能高质量的快速、精益的价值流动。

质量管理体系的作用

合规性是指允许团队应用精益敏捷开发方法来构建具有尽可能高的质量的系统，同时确保它们满足任何法规、行业或其他相关标准的策略、活动和工件。为了满足合规性要求，组织必须证明他们的系统达到了预期的目的，并且没有意外的有害后果。此外，客观证据必须证明系统符合这些标准。

精益质量管理系统（QMS）用于建立高保障性系统，它定义了经过批准的实践、方针和过程。这些系统旨在确保开发活动和成果符合所有相关法规和质量标准，并提供必要文件来证明这一点。

有关本主题的更多信息，请参阅 7.11 节。

参考资料

[1] Manifesto for Agile Software Development. www.AgileManifesto.org.

[2] Fowler, Martin. *Refactoring: Improving the Design of Existing Code.* Addison-Wesley Professional, 1999.

[3] www.extremeprogramming.org/rules/collective.html.

[4] www.innolution.com/blog/agile-in-a-hardware-firmware-environment-draw-the-cost-of-change-curve.

[5] Oosterwal, Dantar P. *The Lean Machine: How Harley-Davidson Drove Top-Line Growth and Profitability with Revolutionary Lean Product Development.* Amacom, 2010.

4.7 ScrumXP

……一套整体的或“橄榄球”的方法 – 球队在来回传球的过程中作为一个整体去跑完全程 – 可以更好地服务于今天的竞争需求。

——Nonaka 和 Takeuchi，《新型的新产品开发游戏》

摘要

ScrumXP 是一个轻量级流程，可以为 SAFe 中的跨职能、自组织团队交付价值。它结合了 Scrum 项目管理实践和极限编程（XP）实践二者的优势。

大多数敏捷团队使用 Scrum 作为主要的、基于团队的项目管理框架。Scrum 是一个轻量级但又严谨且高效的流程，它允许跨职能、自组织的团队在 SAFe 的结构中运行。它规定了三个角色：Scrum Master，产品负责人（PO）和开发团队（参考资料 [2]）。

Scrum Master 是一个服务式领导者，他帮助团队遵守 Scrum 规则，并且移除团队内部和外部的工作障碍。产品负责人负责定义团队要构建的内容。在 Scrum 实践被精益质量实践和 XP 工程技术扩展之后，ScrumXP 团队为 SAFe 提供了基本的敏捷构件。

当然，ScrumXP 团队不是孤立地在工作，每个这样的团队都是更大的敏捷发布火车（ART）的一部分，团队在敏捷发布火车上合作构建更大的系统。

详述

ScrumXP 敏捷团队是一个由 5 ～ 9 人组成的自组织、自管理、跨职能的团队，并且团队成员尽可能相邻而坐。同时，团队的规模和结构针对沟通、互动和价值交付进行了优化。

自组织意味着团队没有团队领导或经理角色来监督团队成员，估算他们的工作，给他们指派特定的目标，或者决定他们将如何推进解决方案。相反，团队被告知迭代的意图，然后自己全权负责决定团队可以承诺的范围有多少以及成员如何构建该增量价值。

团队的跨职能性质意味着它拥有提供可行解决方案所需的所有角色和技能。总之，团队的自组织和跨职能性质（当通过不断的沟通、建设性的冲突和动态互动得到加强时）可以为其成员创造一个富有成效的和更加愉快的工作环境。

Scrum 为敏捷团队的两个成员定义了特定的角色和独特的职责：产品负责人（PO）和 Scrum Master。这两个角色中的每一个都在各自的章节中进行了介绍，在此仅提供其职责的简要概述。

产品负责人（PO）

每个 ScrumXP 团队都有一名产品负责人，负责团队待办事项列表。产品负责人专注于团队的工作，每天都与团队成员互动。因此，最有效的模式是每个团队拥有一个专职的产品负责人，或者最多两个团队共享一个产品负责人。这使得产品负责人在迭代执行期间可以通过回答问题，提供有关正在开发的功能的更多细节，以及评审和接收已完成的故事到产品基线等方式有效地支持团队。

Scrum Master

Scrum Master 是团队的引导师和敏捷教练。该角色的主要职责如下：

- 确保遵循 ScrumXP 流程
- 对团队进行 Scrum、XP 和 SAFe 实践方面的教育
- 提供持续改进的环境

Scrum Master 作为团队成员之一，是一个全职或兼职的角色，Scrum Master 通常还负责移除障碍。此外，一些专职的 Scrum Masters 可能会支持两到三个 Scrum 团队。

Scrum 流程

Scrum 流程是一个轻量级的项目管理框架，可以促进解决方案的快速、迭代的推进。

为了促进持续改进以支持更高的质量和生产力以及更好的成果，它还采用了一系列迭代（即两周的时间盒），在每个迭代期间，团队定义、构建、测试和评估结果。Scrum 流程将在以下小节中进一步描述。（注意：Scrum 使用术语“冲刺”，而 SAFe 使用更通用的术语“迭代”。）

迭代计划

迭代始于迭代计划，迭代计划是一个 4 小时或更短的时间盒，由 PO 展示用于计划的故事。然后团队采取以下行动：

- 评审故事
- 定义接收标准
- 在必要时将大的故事拆分为较小的故事
- 根据故事点估算故事
- 根据已知的速度（每次迭代的故事点数），将他们能够构建的内容提炼为迭代目标
- 承诺迭代目标

在迭代计划中，许多团队进一步将故事分成任务，以小时为单位估算任务，以便更好地梳理他们对下一步工作的理解。

甚至在迭代开始之前，ScrumXP 团队就开始通过梳理产品待办列表来准备工作内容。这项准备工作的目的是更好地了解下一个迭代将要完成的工作。

可视化工作

在执行过程中，团队以每隔几天就能交付一到两个故事为目标构建和测试故事。这种方法限制了在制品（WIP）数量，并有助于避免“瀑布式”迭代。团队使用大型可视化信息雷达（BVIR）来了解并跟踪迭代执行期间的进度。

团队的故事板可视化了整个迭代过程中的故事和进展。为此，团队经常以每个开发步骤为一列，随着时间的推移从左到右移动故事，如图 4.7-1 所示。

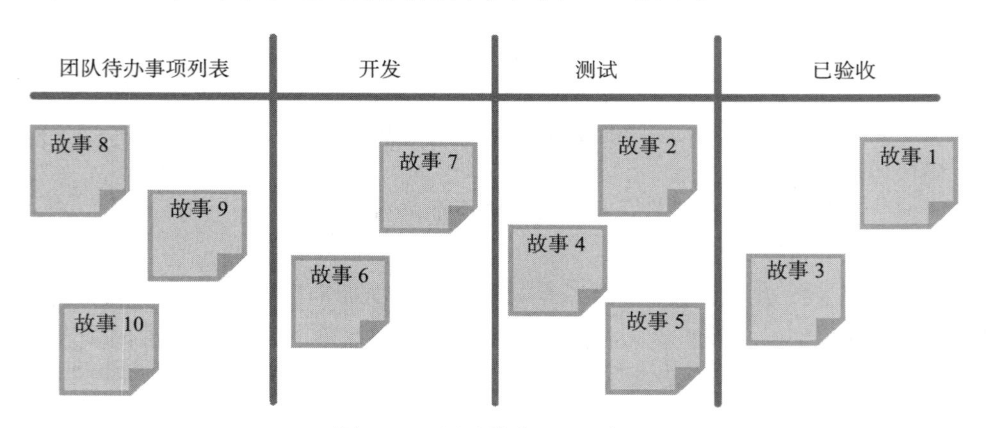

图 4.7-1 团队故事板的示例

一些团队还将在制品（WIP）限制应用于某些步骤，以便在迭代中创建“拉动”过程，并持续平衡工作以提高吞吐量。实际上，许多团队整合了 Scrum 和 Kanban 的最佳实践，以促进迭代里工作的流动。在这种情况下，图 4.7-1 中描绘的简单故事板演变成更加结构化的看板板（Kanban board）。有关 ScrumXP 团队使用看板的更多信息，请参阅 4.16 节。

协调每日站立会议

团队每天都会举行一个正式的仪式——每日站立会议（DSU），以了解团队成员的进展，提出问题并获得其他团队成员的帮助。在此次会议期间，每个团队成员都会描述他或她昨天为推进迭代目标所做的事，计划今天为实现迭代目标而计划工作的内容，以及该成员在实现迭代目标时遇到的障碍（如果有的话）。由于这是一次日常协调会议，Scrum Master 必须保持该会议简短扼要。DSU 应该不超过 15 分钟，并且是在故事板前站立完成的。

当然，团队沟通不会就此结束，因为团队成员在整个迭代过程中会不断互动。便于此类沟通的进行是 ScrumXP 希望尽可能让团队坐在一起的主要原因。

演示价值并改进过程

在每次迭代结束时，团队进行迭代评审和迭代回顾。在迭代评审期间，团队演示了每个故事的完成情况，最终结果是团队为该迭代创造的价值增量。这不是正式的状态报告，而是对迭代的有形成果的评审。接下来，团队进行一次简短的回顾，反思在本迭代中，流程方面有哪些是运行良好的，以及当前有哪些障碍。然后，团队为下一次迭代提出改进故事。

内建质量

SAFe 的一个原则阐明了对内建质量（SAFe 的核心价值观之一）的要求：“你无法规模化蹩脚的代码。”质量应始于代码和组件级别，由创建解决方案的人负责。否则，随着解决方案的集成和从组件扩展到系统再到解决方案，很难（或不可能）保证质量。

为了确保团队将质量构建在代码和组件中，SAFe 描述了受 XP 的原则启发的五种工程和质量实践，同时这些实践也补充了 Scrum 的项目管理实践。这五种实践是：持续集成，测试先行，重构，结对工作和集体所有权。有些团队还采用其他 XP 实践，例如结对编程和隐喻（参考资料 [3]）。

“敏捷发布火车上的” ScrumXP 团队

虽然团队是跨职能的，但是当一个大型系统包含不同的技术平台和一系列学科时，由一个七八个人组成的团队提供最终用户价值并不总是现实的。实现这一目标可能需要开发硬件、软件和系统工程组件，并且通常需要更多的团队。

为了满足多个团队的集体协作的要求，SAFe 的敏捷团队在 ART 上运作，ART 能够提供任务对齐和协作环境，团队可以与其他团队合作构建更大的解决方案的能力。作为 ART

的一部分，所有敏捷团队一起计划，一起集成和演示，一起发布和部署，并一起学习，如图 4.7-2 所示。

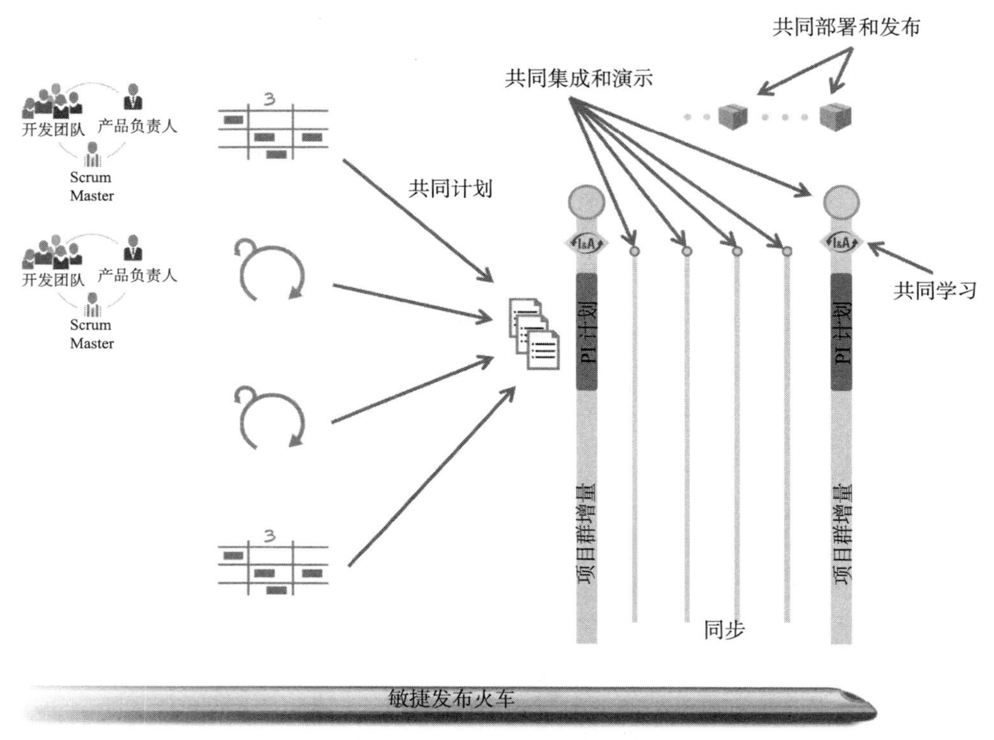

图 4.7-2 敏捷团队一起计划、集成和演示、发布和部署以及学习

每个团队对该共享责任的参与已在 4.2 节里进一步定义。

ScrumXP 团队的领导力

经理通常不是跨职能团队的一部分。然而，最初的人员组织围绕着特性、组件和子系统，以及 ART 的设计和结构，这往往是基于团队输入的管理职责。一旦组织的建立完成，团队管理人员就发生角色转变，从指导团队取得特定技术成就的“专家型管理者”转向“作为人员培养者的管理者”和精益 – 敏捷领导者。

参考资料

[1] Kniberg, Henrik. *Scrum and XP from the Trenches.* lulu.com, 2015.

[2] Sutherland, Jeff, and Ken Schwaber. Scrumguides.org.

[3] Beck, Kent, and Cynthia Andres. *Extreme Programming Explained: Embrace Change*, 2nd edition. Addison-Wesley, 2004.

4.8 故事

故事作为“行话”，使用户和开发人员双方可以达成共识，从而有效地协同工作。

——Bill Wake，极限编程的联合发明人

摘要

故事是以用户语言编写的一小块所需功能的简短描述。敏捷团队实现了系统功能的小的垂直切片，其大小可以在一次迭代中完成。

故事是用于在敏捷中定义系统行为的主要工件。它们不是需求，而是对功能的简短描述，通常从用户的角度讲述并用用户的语言编写。每个故事都旨在支持实现系统行为的一小块垂直切片，这样可以实现增量开发。

故事提供了刚刚好的信息，让业务人员和技术人员都能理解它们的意图。其细节会推迟到故事准备实现之前才明确下来。通过接收标准，故事会变得更明确，有助于确保系统质量。

用户故事直接向最终用户交付功能。使能故事支持探索、架构、基础设施和合规方面所需的工作，并将其可视化呈现。

详述

SAFe 描述了一个四层的工件层次结构，它概述了功能系统的行为。这四层结构是：史诗（Epic），能力（Capability），特性（Feature）和故事（story）。与非功能性需求（NFR）一起，这些敏捷待办事项列表条目定义了系统和解决方案意图，对系统行为建模，并构建架构跑道。

史诗、能力、特性和使能被用于描述较大的意图行为。相反，具体的实现工作是通过团队的待办事项列表里的故事来描述的。大多数故事来自于项目群代办事项列表中的业务特性和使能特性，但有些故事来自于团队的局部情况。

每个故事都是一个小的、独立的行为，可以增量地实现，并为用户或解决方案提供一些价值。它包括垂直的（而非水平的）功能切片以确保每次迭代都能带来新的价值。故事可以被进一步拆分，以便于在一个迭代中完成（参见“故事拆分”部分的描述）。

通常，故事首先写在索引卡或便利贴上。卡片的物理特性在团队、故事和用户之间创造了一种切实的关系：它有助于让整个团队参与故事编写。便利贴也提供了其他好处：它们有助于可视化工作，可以很容易放在墙上或桌子上，按顺序重新排列，甚至在必要时被终止。故事可以让我们更好地理解范围和进展：

- “哇，看看我要选做的所有这些故事。”（范围）
- “看看我们在这次迭代中完成的所有故事。”（进展）

虽然任何人都可以编写故事，但是批准它们进入团队待办事项列表并接受它们进入系

统基线是产品负责人的责任。当然，在整个企业层面，便利贴不能很好地扩展，因此故事通常会迅速转移到敏捷项目管理工具。

SAFe 中有两种类型的故事：用户故事和使能故事。

故事来源

如图 4.8-1 所示，故事通常是通过拆分业务特性和使能特性来实现的。

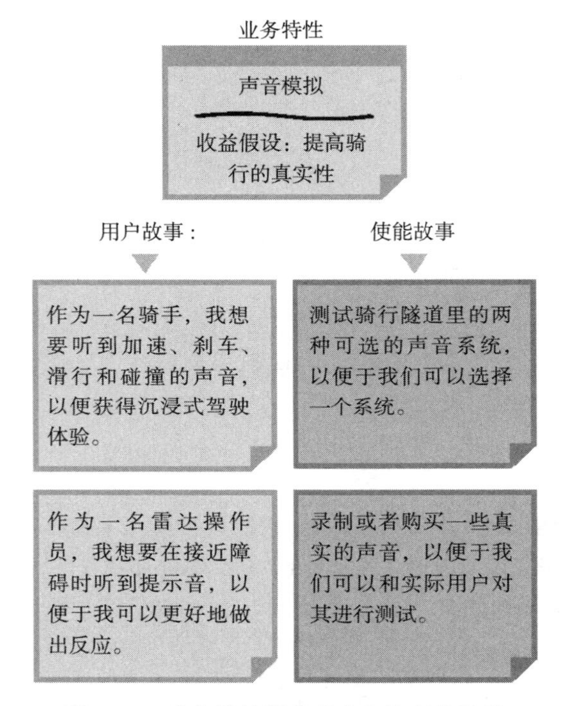

图 4.8-1　业务特性拆分成多个故事的示例

用户故事

用户故事是表达所需功能的主要方式。它们在很大程度上取代了传统的需求规格说明书。（在某些情况下，用户故事用于解释和开发系统行为，这些系统行为后来被记录下来以支持合规性、可追溯性或其他要求。）

因为用户故事关注的是用户而非系统，作为感兴趣的主题，用户故事是以价值为中心的。为了支持这种观点，推荐的表达方式是下面的用户之声的格式：

作为（用户角色），我想要（活动）以便于（业务价值）。

通过使用此格式，可以指导团队了解谁在使用系统，他们用它做什么，以及他们为什么这样做。通常应用"用户声音"格式往往会提高团队在该领域的能力；团队成员可以更好地了解用户的真实业务需求。图 4.8-2 提供了一个示例。

虽然用户之声格式是常见情况，但并非每个系统都与最终用户交互。有时，“用户”是一台设备（例如打印机）或一个系统（例如交易服务器）。在这些情况下，故事可以采用如图 4.8-3 所示的形式。

作为一名骑手，我想要听到加速、刹车、滑行和碰撞的声音，以便获得沉浸式驾驶体验。

图 4.8-2 用户之声格式的用户故事示例

作为一个停车操作系统，我想要记录驾驶中的所有行为，以便它们可以用于安全审计。

图 4.8-3 以“系统”作为用户的用户故事示例

使能故事

团队可能需要开发架构或基础设施来实现一些用户故事或系统的支持组件。在这种情况下，故事可能不会直接触及任何最终用户。这些使能故事可以支持探索、架构或基础设施。在这些情况下，故事可以从技术语言而非以用户为中心的语言来表达，如图 4.8-4 所示。

录制或者购买一些真实的声音，以便我们可以和潜在用户测试它们

图 4.8-4 使能故事示例

使能故事可能包括以下任何内容：

- 重构和探针（传统上在极限编程 [XP] 中定义）
- 构建或改进开发 / 部署的基础设施
- 运行需要人工交互的工作（例如，检索一百万个网页）
- 为不同的目的创建所需的产品或组件配置
- 系统质量验证（例如，性能和安全漏洞测试）

与用户故事类似，使能故事也要进行演示，典型的做法是通过生成的工件或者通过用户界面（UI）、打桩（stub）或模型（mock）进行。

编写好的故事

3C：卡片（Card），交谈（Conversation），确认（Confirmation）

XP 的发明者之一罗恩 • 杰弗里斯（Ron Jeffries）以使用 3C 描述故事而著称：

- **卡片**——在索引卡、便签或工具上记录用户故事的意图。索引卡的使用提供了团队和故事之间的实体联系。卡片的大小在物理上限制了故事长度，也避免了过早确定系统行为的细节。卡片也有助于团队“感受”即将到来的工作范围，因为在手上拿着十张卡片的感觉和在电子表格上看十行的感觉有着本质的不同。
- **交谈**——代表着团队、客户 / 用户、产品负责人和其他利益相关者之间围绕着故事“承诺进行交谈”。这种交谈对于确定实现意图所需的更详细的系统行为是必要的。

交谈可能会产生以用户故事的附件形式记录的细节（例如：模型、原型、电子表格、算法、时序图等）。交谈涵盖了故事生命周期中的所有步骤：

- 待办事项列表的梳理
- 计划
- 实现
- 演示

这些交谈提供了对正式文档所未提供的范围的共同理解。“实例化需求（Specification By Examples）”取代了过于详细的功能文档。交谈还有助于发现用户场景和非功能性需求之间的差距。有些团队在故事卡的确认栏里记下他们将演示的内容。

- **确认**——包含接收标准，提供确保故事被正确实现所需的信息，并涵盖相关的功能性和非功能性需求。如图 4.8-5 所示，提供了一个示例。

- 在我驾驶的场景中，当我加速时，我想要听到加速的音效
- 在我驾驶的场景中，当我刹车时，我想要听到刹车的音效

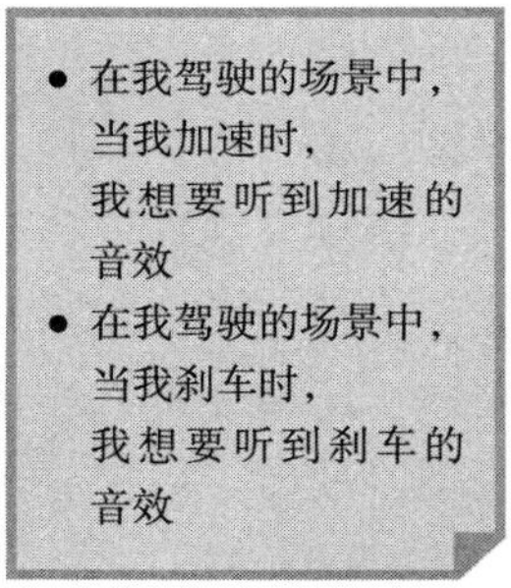

图 4.8-5 故事接收标准

敏捷团队尽可能采取自动化接收测试，通常采用具备业务可读性的、特定领域的语言。创建可自动执行的需求规范来确认和验证解决方案。自动化还提供了对系统进行快速回归测试的能力，从而增强持续集成、重构和维护。

投资于好的故事

为了提醒自己一个好故事所需具备的元素，团队经常使用由 Bill Wake（参考资料 [1,2]）开发的 INVEST 模型：

- **独立**（相对于其他故事而言）
- **可协商**（有弹性的意图陈述，而非合约）
- **有价值**（为客户提供有价值的垂直切片）
- **可估算**（较小，并且可协商）
- **小**（可以在一个迭代中完成）
- **可测**（足够了解并指导如何测试它）

估算故事

敏捷团队使用故事点和“估算扑克”来评价他们工作的价值（参考资料 [2,3]）。故事点是一个综合以下因素的单一数字：

- **数量**——有多少？
- **复杂性**——有多难？
- **知识**—— 哪些是已知的？
- **不确定性**——哪些是未知的？

故事点是相对的，与任何特定的度量单位无关。每个故事的大小（工作量）是相对于最

小的故事估算的，该最小故事的大小被分配为“1”。估算时所应用的修改过的斐波纳契数列（1，2，3，5，8，13，20，40，100）反映了估算中固有的不确定性，特别是当涉及较大的数字（例如，20，40，100）时（参考资料 [2]）。

估算扑克

敏捷团队经常使用估算扑克，它结合了专家意见、类比和分解方法来创建快速但可靠的估算。分解是指将故事或特性拆分成更小、更容易估算的工件的过程。估算还使用了一些其他的方法。

估算扑克的规则如下：

1. 参与者包括所有团队成员。
2. 每名参与者都有一副卡片，其分值分别是 1、2、3、5、8、13、20、40、100、∞和？。
3. 产品负责人参加会议但不做估算。
4. Scrum Master 参加会议但不做估算，除非此人参与实际的开发工作。
5. 对于要估算的每个待办事项列表条目，产品负责人讲读故事的描述。
6. 提出问题并回答。
7. 每名估算者各自选择一张代表他或她的估算值的估算卡。
8. 所有卡片同时翻转以避免偏差，并使所有估算值可见。
9. 分值最高和最低的人解释他们的估算依据。
10. 在讨论之后，每名估算者重新估算，估算结果可以与之前相同或不同。
11. 估算值可能会趋同。如果不是，则重复该过程。

虽然对设计做一些初步的讨论是合适的，但是花费太多的时间在设计讨论上往往是浪费精力。估算扑克的真正价值在于就故事的范围达成一致。当然，其本身也很有趣！

速度

团队在一个迭代的容量等于所有已完成并且符合完成定义（DoD）的故事的故事点数之和。了解速度有助于计划，并有助于限制在制品数量（WIP），因为团队不会承担比之前的速度所允许的更多的故事。此度量还用于估算交付史诗、能力、特性和使能所需的时长，这些也是使用故事点进行预测的。

估算的起始基准

在标准的 Scrum 中，每个团队的故事点估算，以及由此得到的速度，是各个团队局部的、独立的关注点。相反，在 SAFe 中，故事点速度必须共享相同的起始基准，以便于对需要由多个团队支持的特性或史诗的估算可以被很好地理解。

SAFe 使用一个起始基准，在该基准中在所有团队中以大致相同的方式定义“1”个故事点。这意味着可以根据用故事点转换的成本来确定工作的优先顺序。当然，由于各国家和地区（如美国、中国、印度、欧洲）的平均劳动力成本不同，在换算时进行适当的调整可能是必要的。毕竟，如果没有通用的“货币”，就无法确定潜在的投资回报率（ROI）。标准化的故事点提供了一种方法，用来获得一致同意的故事和速度的起始基准，如下所示：

1. 给团队中每个开发人员和测试人员分配“8”个点（对兼职人员进行调整）。

2. 为每名团队成员的每一个休假日和公共假日减去一点。

3. 找一个小故事，大约需要半天时间进行开发，半天时间进行测试和验证。将其定义为“1”个故事点。

4. 相对于上述一个点的故事，估算所有其他故事。

例如，假设有一个由三名开发人员，两名测试人员和一名产品负责人组成的六人团队，团队日历上没有休假或公共假期。在这种情况下，估算的初始速度 = 5 × 8 点 = 40 点 / 迭代。请注意，如果其中一个开发人员和测试人员也是 Scrum Master，则可能有必要将此估值稍微降低一些。

通过这种方式，故事点数在某种程度上可以类比于一个理想开发人日的计算方式，并且所有团队都使用相同的方法进行估算。管理层可以轻松确定某一特定区域人员的每一个故事点的成本，这反过来又提供了一种有意义的方法来为即将实现的特性或史诗的成本进行估算。

注：在此之后不必对团队的估算和速度进行重新校准。这只是一个起始基线。

虽然团队倾向于随着时间的推移提升其速度—— 这是一件好事，但是这个数字通常保持在相当稳定的水平。一个团队的速度受团队规模和技术环境变化的影响远远大于受生产力变化的影响。如有必要，财务规划人员可以稍微调整每个故事点的成本。经验表明这只是一个小问题，而规模相当的团队如果不设置一个共同的起始基线，他们展示出来的速度可能会大相径庭。这种差异完全不适用于企业级的规模，会很难做出经济决策。

故事拆分

较小的故事可以更快、更可靠地实现，因为小任务可以更快地通过系统，减少可变性和管理风险。因此，将大的故事拆分成更小的故事是每个敏捷团队必备的生存技能。它是一门艺术，也是增量开发的科学。莱芬韦尔（Leffingwell）的《敏捷软件需求》（参考资料 [1]）中描述了十种拆分故事的方法。这些拆分技术的摘要如下：

- 工作流程步骤
- 业务规则变化
- 主要工作量
- 简单 / 复杂
- 数据的变化
- 数据输入方法
- 延迟系统质量
- 操作（例如，创建，读取，更新，删除 [CRUD]）
- 用例场景

- 启动探针

图 4.8-6 展示了一个按用例场景分割的例子。

作为一名骑手，我想要听到加速、刹车、滑行和碰撞的声音，以便于获得沉浸式骑行体验
作为一名骑手，我想要在加速时听到加速的声音，以便于感受沉浸式体验
作为一名骑手，我想要在刹车时听到刹车的声音，以便于感受沉浸式体验
作为一名骑手，我想要在撞到障碍物时听到撞击的声音，以便于感受沉浸式体验
作为一名骑手，我想要在滑行时听到滑行的声音，以便于感受沉浸式体验

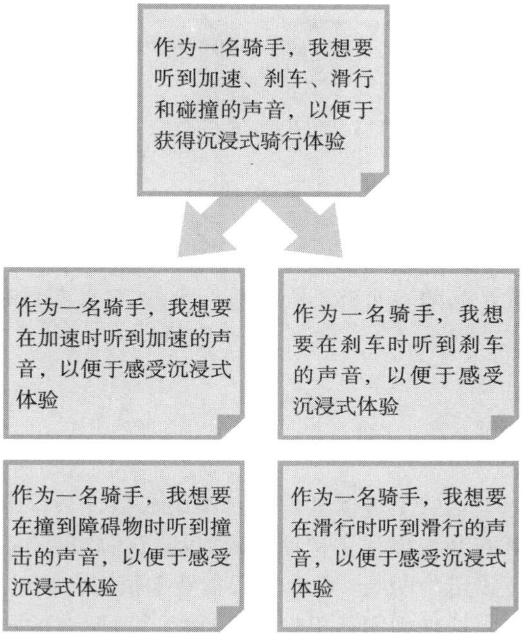

图 4.8-6 一个按用例场景分割的例子

SAFe 需求模型中的故事

如 9.10 节所述，该框架应用了大量的工件及其之间的联系，以精益和敏捷的方式管理复杂系统的定义和测试。如图 4.8-7 所示，说明了故事在这张大图中的作用。

请注意，此图使用统一建模语言（UML）的符号来表示对象之间的关系：零到多（0 .. *），一到多（1 .. *），一到一（1），依此类推。

如图 4.8-7 所示，故事通常（但不总是）源自新特性，而且每个故事都有其接收测试。此外，每个故事都应该进行单元测试。单元测试主要用于确保故事的技术实现是正确的。此外，这是测试自动化的关键起点，因为单元测试容易实现自动化，如 9.13 节所述。

特性
- 短语
- 业务收益
- 接收标准
被实现
0,1
1..*
故事
为以下之一
业务特性
使能特性
1
1
通过后完成
1..*
特性接收测试
为以下之一
用户故事
- 用户之声陈述
- 接收标准
使能故事
- 故事陈述
- 接收标准
1
1
通过后完成
1..*
0..*
故事接收测试
单元测试

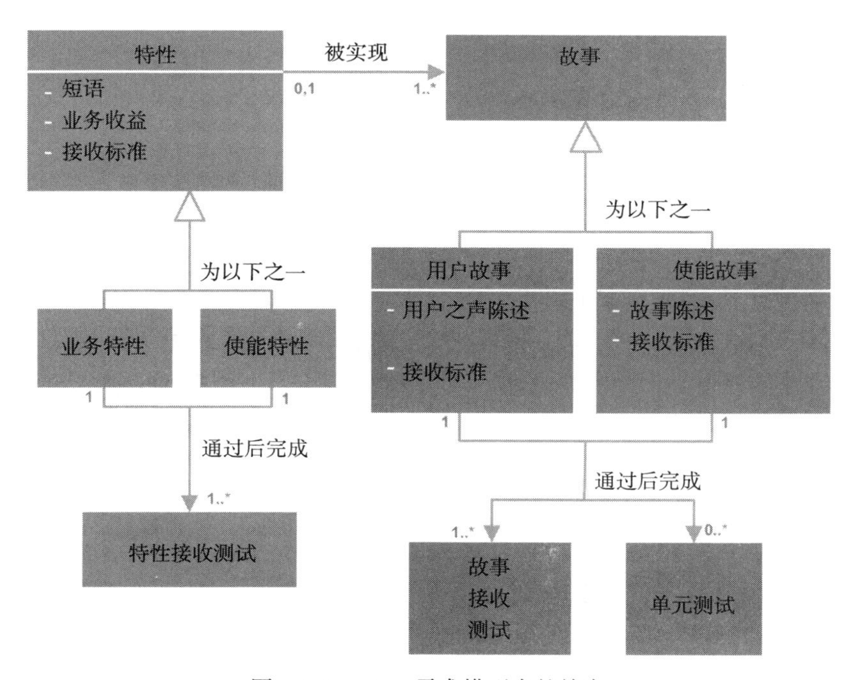

图 4.8-7 SAFe 需求模型中的故事

参考资料

[1] Leffingwell, Dean. *Agile Software Requirements: Lean Requirements Practices for Teams, Programs, and the Enterprise*. Addison-Wesley, 2011.

[2] Cohn, Mike. *User Stories Applied: For Agile Software Development*. Addison-Wesley, 2004.

4.9 迭代

我的发明都不是偶然得来的。我看到有些需求值得去满足，然后会再三尝试，直到它成为现实。

——托马斯·爱迪生

摘要

迭代是敏捷开发的基本组成部分。每个迭代都是一个标准的固定长度时间盒，敏捷团队在其中以可工作的、经过测试的软件和系统的形式交付增量价值。通常建议将时间盒长度设定为两周。但是，根据业务情况，1 ～ 4 周之间都是可以接受的。

迭代为团队提供了定期的、可预测的节奏来产生价值的增量，以及改进先前开发的增量。这些较短的时间段有助于团队、产品负责人、产品经理和其他利益相关者在实际工作的系统中测试技术和业务假设。每次迭代都会锚定一个集成点，一个“拉动事件”，它可以组合系统的各种方面——功能、质量、对齐和适用性，并贯穿所有团队的工作之中。

详述

由于最短可持续前置时间是 SAFe 学习环的重要目标，敏捷团队需要尽可能快地执行完整的计划 – 执行 – 检查 – 调整（PDCA）循环。PDCA 学习环中的步骤（如图 4.9-1 所示）对应于以下迭代事件：

- 计划 – 迭代计划
- 执行 – 迭代执行
- 检查 – 迭代评审
- 调整 – 迭代回顾

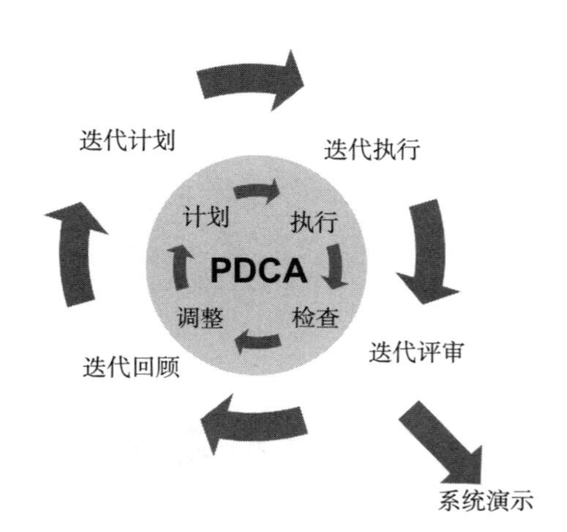

图 4.9-1 一个迭代中的“计划 – 执行 – 检查 – 调整”循环

迭代是一个单独的开发周期，每个敏捷团队会在其中对其迭代待办事项列表里的故事进行定义、构建、集成和测试。每个迭代都以检查团队的增量以评估进度，以及为下一个迭代更新产品待办事项列表来结束。接下来，团队准备并参与系统演示，该系统演示提供了敏捷发布火车（ART）中所有团队在最近一次迭代中所交付的新特性的集成视图。

计划迭代

迭代计划会议是PDCA循环的“计划”步骤。它使所有团队成员对齐到团队的PI目标所描述的共同目标，以及将在迭代评审和系统演示中演示的成果。

在此活动期间，所有团队成员进行协作，以确定在下一迭代中他们可以承诺交付多少团队代办事项列表条目。团队同时还将迭代计划的输出总结为一组承诺的迭代目标。根据团队是否采用ScrumXP方式或是看板方式，计划的细节将有所不同。

执行迭代

迭代执行是实际完成工作的过程。在迭代期间，团队通过构建和测试新功能来完成PDCA循环的“执行”部分。团队以增量的方式交付故事，一旦完成就向产品负责人演示他们的工作，使团队能够达到迭代评审就绪条件并展示他们已完成的工作。

每日站立会议（DSU）则代表迭代中较小的PDCA循环。团队成员每天都会聚在一起协调他们的活动，分享有关迭代目标进展的信息，并引起对阻碍进展的问题和依赖关系的关注。

迭代节奏发生在较大的项目群增量（PI）PDCA循环中。PI将各个敏捷团队开发的价值聚合成一个有意义的里程碑，以客观地度量正在开发的解决方案。

迭代评审

迭代评审是PDCA循环中的“检查”步骤。在这个评审中，团队向产品负责人展示了经过测试的价值增量，并获得对他们所生产的产品的反馈。在会议期间，一些故事将被接收，另一些则需根据迭代期间所获得的新见解来重新梳理。然后，团队将为即将到来的迭代计划做一些最终的待办事项列表梳理工作。

在迭代评审之后，团队成员参与将各团队的交付物集成起来的系统演示。该演示是ART上的团队的第一个正式集成点，它可作为“拉动事件”，确保在项目群级别进行早期集成和确认。在迭代中，系统增量在系统条件允许的情况下持续集成和评估。

改进流程

迭代回顾在整个迭代中属于PDCA循环的“调整”步骤。在此步骤中，团队将评估其流程以及来自于上一迭代的任何改进故事。团队成员识别出新问题及其原因 ¾ 以及亮点 ¾ 并创建改进故事，这些改进故事将进入下一个迭代的团队待办事项列表。这种定期反省是确保坚持不懈地改进（SAFe的精益–敏捷理念的支柱之一）发生在团队层的方法之一。迭代回顾还可以立即推动项目群层的过程改进，或在检视和调整（I & A）活动中推动改进。

在下一个计划周期开始之前，需要梳理待办事项列表，以使其包含来自迭代评审和迭代回顾的决策。产品负责人根据需要重构并重新定义待办事项列表中新旧条目的优先级。

参考材料

[1] Cockburn, Alistair. "Using Both Incremental and Iterative Development." *STSC CrossTalk* 21, 2008.

[2] Maurya, Ash. *Running Lean: Iterate from Plan A to a Plan That Works*. O'Reilly Media, 2012.

4.10 迭代计划

坚守对决定的承诺，但保持灵活的操作方法。

——汤姆·罗宾斯（Tom Robbins）

摘要

迭代计划是一个活动，在这个活动中，所有团队成员一起确定在接下来的迭代中，他们可以承诺交付多少团队待办事项列表中的条目。团队将这些承诺要完成的工作总结为一组承诺的迭代目标。

团队做计划的方式是从团队待办事项列表中选择故事，并承诺在接下来的迭代中执行其中的一组故事。在项目群增量（PI）计划会议期间，团队的待办事项列表将会被确定并将其中的一部分进行计划。此外，团队不仅可以从之前的迭代中获得反馈，而且有可以从系统演示和其他团队那里获得反馈。这些信息，以及改变事实模式的自然演变过程，为迭代计划提供了更广泛的上下文。迭代计划产生三个输出：

- 迭代待办事项列表，包括本迭代承诺的故事，以及故事的接收标准
- 迭代目标陈述，通常是描述本迭代中业务目标的一两句话
- 团队对于达成目标所需要做的工作的承诺

详述

迭代计划的目的是组织工作并且为迭代定义切合实际的范围。每个敏捷团队为接下来的迭代（依据迭代待办事项列表）商定需要完成的故事，并将这些故事汇总成一组迭代目标。迭代待办事项列表和目标是基于团队的容量来设定的，同时也考虑了每个故事的复杂性、规模大小，以及与其他故事和其他团队的依赖关系。在迭代计划的结尾，团队对迭代目标做出承诺，并对故事做必要的调整，从而可以实现更大的目标。作为交换，管理层不会干扰或调整迭代范围，允许团队将注意力集中在其目标上。

迭代计划的输入

在 SAFe 中，迭代计划是细节层面的细化，也是对在敏捷发布火车（ART）PI 计划过程中创建的初始迭代计划的调整。团队通过预先详尽阐述的团队待办事项列表制定迭代计划（他们通常在上一次迭代期间召开待办事项列表的梳理会议）。计划会议的输入有如下内容：

- 在 PI 计划中创建的团队和项目群 PI 目标
- 团队 PI 计划待办事项列表，包括在 PI 计划时确定的故事
- 基于团队的具体情况产生的额外故事，这些额外故事来源于缺陷、重构和 PI 计划会议后出现的新故事
- 从先前迭代中得到的反馈，包括在迭代过程中没能顺利完成的那些故事（没有达到完成定义（DoD），请参阅 5.15 节中“规模化的完成定义”部分的描述）
- 从系统演示中得到的反馈

计划迭代

在迭代计划会议之前，产品负责人（PO）会根据团队在项目群增量（PI）中的进展，准备好一些初步的迭代目标。通常情况下，在会议开始时，产品负责人评审拟定的迭代目标和团队待办事项列表中优先级较高的故事。在迭代计划会议中，敏捷团队讨论实施方案、技术问题、非功能性需求（NFR）和依赖关系，然后制定迭代计划。由产品负责人来定义要实现什么（What）；由团队来定义怎么做（How）和做多少（How much）。

在整个会议期间，团队对接收标准进行详细阐述并且评估完成每个故事所需的工作量。根据估算的速度，团队选择候选故事。一些团队选择将每个故事分解成任务，并以小时为单位估算完成这些任务所需的工作量，以便确认他们是否有能力和技能去实现迭代目标。然后，团队将全力投入工作，并将迭代待办事项列表记录在可见的地方，如故事板、看板或其他工具。对于两周的迭代，迭代计划会议的时间盒最多不超过 4 个小时。

确定速度

首先，团队对他们在即将到来的迭代中执行工作的容量进行量化。每个团队成员确定他或她可用和不可用的时间，确定休假时间以及其他可能需要承担的职责。同时也考虑其他的常规职责，比如维护的职责，这些常规职责与新故事的开发有着显著不同（参见 4.15 节中有关“容量分配”部分的描述）。

故事分析与估算

一旦团队成员的容量已经明确，团队就会对其待办事项列表进行评审。对每个故事进行讨论，包括它的相对难度、规模大小、复杂程度、技术挑战和接收标准。最后，团队对故事的规模估算达成共识。通常团队待办事项列表也包含其他类型的故事，例如构建基础设施工作的使能、重构、研究探针、架构改进以及缺陷，这些条目也会进行优先级排序和估算。

任务故事

有些团队会将每个故事分解成多个任务。任务被确立后，团队成员会讨论任务相关的细节：谁会是完成任务的最佳人选，大约需要多长时间完成（通常以小时计算），以及它可能和其他任务或故事存在的依赖关系。一旦将这些内容都了解清楚，某个团队成员就会为一个或多个特定的任务承担起责任。当团队成员开始承诺任务时，他们各自的迭代容量就开始递减，直到容量降到零为止。通常情况下，计划活动接近尾声时，一些团队成员会发现自己承诺了过多的任务，而另一些人还有容量空余。这种情况下，团队会进行更深入的讨论以最终均匀地分配工作。

虽然将故事分解成任务是相当常见的，但在 SAFe 中它是可选的而非强制的。这种方法主要被刚开始使用敏捷的团队用来熟悉他们的速度和能力。有了更多的经验，它就变得没有必要了，这样团队计划就只依赖于故事。

制定迭代目标

一旦了解了待办事项列表，团队就将注意力转向合成一个或多个迭代目标。这些目标基于来自 PI 计划会议和迭代待办事项列表的团队和项目群 PI 目标。越靠近 PI 计划会议的迭代，其项目群目标保持不变的可能性就越大。

承诺迭代目标

当团队承诺的故事点所需要的容量达到成员容量之和时，就不会再从团队待办事项列表中承诺更多的故事了。此时，产品负责人和团队针对将要完成的最终故事列表达成一致意见，并且他们重新检查和描述迭代目标。此后整个团队就会全身心致力于迭代目标，并且工作范围在迭代期间保持固定不变。

参与人员

下列人员出席了迭代计划会议：

- 产品负责人
- Scrum Master，负责主持会议
- 开发团队
- 任何其他利益相关者，包括来自其他敏捷团队或者 ART 的代表，以及领域专家（SME）

议程

迭代计划议程的示例如下：

1. 计算迭代可用的团队容量。
2. 讨论每个故事，详细阐述接收标准，并使用故事点提供估算。
3. 一旦团队的容量用完了，计划工作就会停止。

4. 确定迭代目标并达成一致。

5. 每个人都承诺实现这些目标。

通过与产品负责人和其他利益相关者的对话和协作来制定接收标准。根据对故事的估算，产品负责人可能会更改故事的顺序。或者，团队可能将故事分解成以小时为单位的任务，并且共同承担完成这些任务的责任。

指导原则

下面是举行迭代计划会议的一些小贴士：

- 会议时间限制在 4 个小时以内
- 计划会议由团队组织并为团队举办
- 团队应该避免所承诺的工作超出其历史速度

相对估算、速度和标准化故事点估算

敏捷团队使用故事点来相对地估算各种用户故事的范围（参考资料 [2，3]）。使用相对估算，每个待办事项列表条目的规模大小（工作量）是相对于其他故事的规模来进行估算的。例如，一个 8 个点的故事需要 2 个点的故事的四倍工作量。团队的迭代速度等于前一个迭代中能完成的所有故事的总故事点数。了解团队的速度有助于制定计划，并有助于限制在制品（WIP）——因为团队不会承担超出他们以前速度所允许完成的故事点。同样，团队也可以使用速度来估算需要花多长时间才能交付特性和史诗，这些同样也是用故事点来预测的。

标准化故事点估算

在 Scrum 中，每个团队的故事点估算（和最终的速度）通常是局部的和独立的。事实上，这些估算可能显著不同——一个小型团队可能使用自己的估算方式得到的速度为 50，而另一个较大的团队估算出的速度只有 13，这种差异通常不会引起关注。

与之相反，在 SAFe 中，故事点估算必须标准化，以便对需要多个团队支持的特性或史诗的估算基于相同的故事点定义，从而为经济决策提供一个共享的基础。下面展示了一种启动算法：

1. 标准化故事点估算

- 找一个小故事，大约需要半天时间开发、半天时间测试和验证，将其定义为 1 个点
- 相对于上述故事，对其他所有的故事进行估算

2. 按照历史数据确立速度

- 给团队中的每一个全职开发人员和测试人员 8 个点（如果是兼职成员可做适当调整）（译者注：产品负责人不被算在其中）
- 每个团队成员在迭代期间的每个休假日和公共假日减 1 个点

例如：假设一个 6 人组成的小团队，包括 3 个开发人员、2 个测试人员和 1 个产品负责人，他们都没有休假计划，那么就可以估算初始速度 = 5 人 ×8 点或者 40 点 / 迭代。（注：如果开发人员和测试人员中有一人同时担任 Scrum Master，则速度可能需要调整得慢一点）。

标准化的估算在初始 PI 计划中特别有用，因为许多团队对敏捷来说是新手，并且需要一种方法来估算他们在第一个 PI 的工作范围。在此之后，不需要重新校准团队的估算或速度；该基线仅仅是一个共同的起始基准。通过这种方式，所有团队都以通用的方式估算工作量，因此管理层可以快速地估算特定范围中团队的一个故事点的成本。然后，经理们以有意义的方式为即将实现的特性或史诗建立总成本估算。

随着时间的推移，团队往往会提高其速度 ¾ 这确实是一件好事。然而，这个速度往往保持得相当稳定，团队速度受团队规模、结构和技术背景变化的影响要比受生产率变化的影响大得多。如果有必要，财务规划人员可以稍微调整一下每个故事点的成本来考虑这些变化。相对于那些在非标准化情况下，大规模团队间大相径庭的速度呈现来说，这种财务调整的影响就显得微不足道了。

参考资料

[1] Leffingwell, Dean. *Agile Software Requirements: Lean Requirements Practices for Teams, Programs, and the Enterprise.* Addison-Wesley, 2011.

[2] Leffingwell, Dean. *Scaling Software Agility: Best Practices for Large Enterprises.* Addison-Wesley, 2007.

[3] Cohn, Mike. *Agile Estimating and Planning.* Robert C. Martin Series. Prentice Hall, 2005.

4.11 迭代目标

清晰的阐述可以让深刻的思想更加出色。

——Luc de Clapiers

摘要

迭代目标是敏捷团队同意在一个迭代内完成的业务和技术目标的高度概括性描述。作为一个自组织、自管理的团队，迭代目标对于协调一列敏捷发布火车（ART）是至关重要的。

迭代目标具有以下好处：

- 迭代目标使团队成员和产品负责人就使命保持一致。
- 迭代目标使团队成员与项目群增量 (PI) 目标保持一致。
- 迭代目标提供了理解和处理跨团队依赖关系的上下文依据。

无论团队应用 Scrum 方式还是看板方式，迭代目标都为项目群利益相关者、管理层和敏捷团队提供了一种共同语言，用于在项目群增量的执行过程中保持一致性、管理依赖关系和进行必要的调整。

详述

正如 4.10 节所述，计划过程会产生三个输出：

- 迭代待办事项列表，由承诺在迭代内完成的故事组成
- 迭代目标的描述，如图 4.11-1 所示
- 对为了实现迭代目标所需的工作的承诺

迭代目标通常反映以下几点：

- 特性、特性切片，或者特性的某些方面，比如研究或必要的基础设施等
- 业务或技术里程碑
- 架构、基础设施、探索和合规类活动
- 日常工作和其他事情，如维护和文档编写

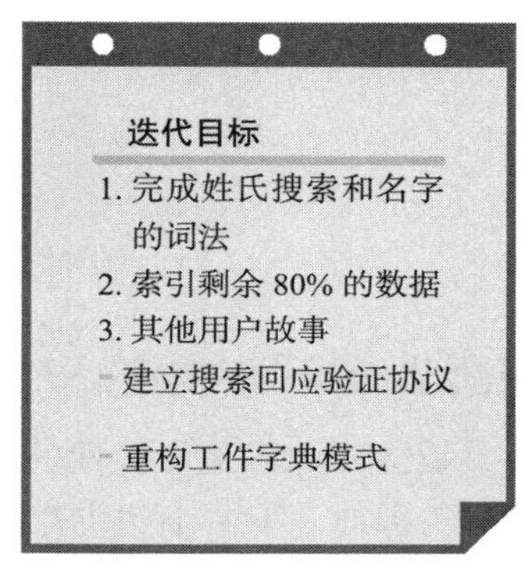

图 4.11-1 一个团队的迭代目标

迭代目标是通过完成迭代待办事项列表条目来实现的，即使这并不意味着要完成所有故事才能达成迭代目标。换句话说，迭代目标的重要性超越了对任何特定故事的关注。有时，甚至需要添加新的用户故事来实现迭代目标。

为什么需要迭代目标？

在敏捷发布火车（ART）的上下文中，迭代目标呈现一个更大的视图，帮助团队理解和维护每次迭代中打算完成的工作，以及在下一次系统演示中要演示的内容。

迭代目标支持 SAFe 四个核心价值观中的三个，即透明、协调一致和项目群执行。团队仅仅承诺在迭代中完成一系列用户故事是不够的。相反，团队必须持续检视每个迭代的业务价值，然后能够用业务术语与业务负责人、管理层和其他利益相关者就这些价值进行沟通。

虽然看板团队通常不使用与 ScrumXP 团队相同的迭代方式，但是当迭代目标是 ART 的一部分时，它仍然提供透明和协调一致。

将团队成员对齐到一个共同的目标

迭代的执行非常快。这是一个快速而激烈的过程。迭代目标帮助团队和产品负责人就他们就他们想要交付的初始业务价值时达成一致，使团队和项目群 PI 目标一致，并使大家都致力于使这个共同的目标落地，如图 4.11-2 所示。

图 4.11-2 迭代目标帮助团队与项目 PI 目标保持一致

将团队对齐到共同的 PI 目标并管理依赖关系

敏捷团队不是敏捷性的孤岛，而是一个更大的项目群层级的上下文环境和目标的组成部分。因此，下一个迭代开始前每个团队必须与其他团队和发布火车工程师（RTE）就下一个迭代的目标进行沟通。迭代目标有助于团队目标与项目群 PI 目标保持一致。此外，迭代目标也为发现和解决依赖关系提供了必要的上下文，如图 4.11-3 所示。

图 4.11-3 迭代目标使各团队协调一致并帮助识别团队间依赖关系

提供持续的管理信息

为了扩展到项目群层，需要创建一个更精简、得到更多授权的组织，管理人员在该组织中可以承担更多责任，使用组织技能消除障碍并推动改进。然而，管理层不能也不应该放弃理解团队的责任，他们应该了解团队正在进行的工作以及开展这些工作的原因。管理者仍然有责任去提高组织的开发能力并评估发布成果的价值。此外，将发布火车的迭代目标进行汇总，从而提供了一个简单的、为期两周的工作内容概要，如图 4.11-4 所示。

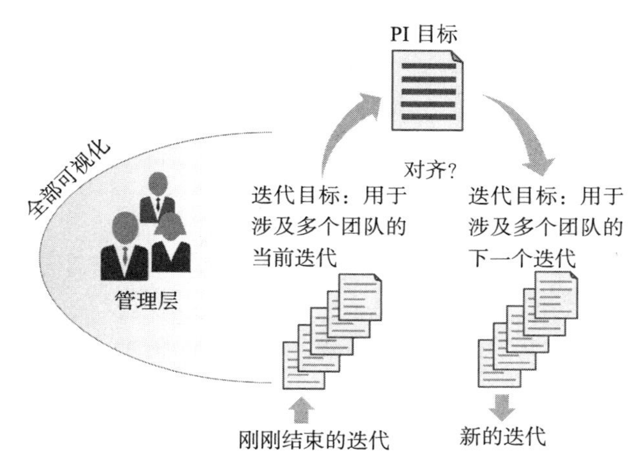

图 4.11-4 迭代目标提供了可视化及与管理层的沟通途径

参考资料

[1] Leffingwell, Dean. *Agile Software Requirements: Lean Requirements Practices for Teams, Programs, and the Enterprise.* Addison-Wesley, 2011.

4.12 迭代执行

没有执行的愿景只是幻觉。

——托马斯·爱迪生（Thomas Edison）

摘要

迭代执行是指敏捷团队在整个迭代时间盒中如何管理他们的工作，从而产生高质量、可工作、经过测试的系统增量。

开发高质量的系统是每个敏捷团队、敏捷发布火车（ART）和解决方案火车所面临的挑战。如果缺乏有效的迭代执行，即使有完备的准备和计划，实现规模化也几乎是不可能的，并且解决方案质量会受到影响。

在迭代过程中，每个团队密切合作，共同定义、开发和测试在迭代计划过程中开发的故事。团队使用故事、看板和每日站会（DSU）来跟踪迭代进展和提高价值的流动。他们在整个迭代过程中交付故事，并避免“瀑布”模式。他们采用内建质量实践来保证正确地构建系统。

完成的故事在整个迭代过程中以及在迭代评审中进行演示。在迭代回顾期间，敏捷团队反思迭代中的实践和挑战，并在每次增量中做出小步改进。团队还与敏捷发布火车上的其他团队有效合作，并参与系统演示。

详述

敏捷团队得到充分的授权，充满能量和激情，富有使命感和清晰的愿景，从而专注于更快速的价值交付。与传统项目管理和开发模式相比，团队具备了更好的使命感。迭代执行的核心就是在迭代期间开发高质量的系统增量。每个团队可能会采用不同的实践来实现这个结果，但是关注的焦点都是一样的，即通过交付迭代计划中承诺的故事来实现迭代目标。

但是即使有了良好的局部迭代执行，敏捷团队也总是有一个更大的目标——即优化项目群执行。这也是 SAFe 的四个核心价值观之一。团队在敏捷发布火车（ART）的环境中运作，敏捷发布火车引导各团队实现约定的团队目标和项目群 PI 目标。所有团队使用相同的迭代节奏和持续时间来同步他们的工作成果以便集成、评估和演示。

成功的迭代执行依赖于以下活动：

- **跟踪迭代进度**——团队使用故事板或看板来跟踪迭代的进度
- **持续和增量地构建故事**——这个实践避免了迭代内的“迷你瀑布”
- **持续沟通**——通过团队每日站会（DSU）进行持续沟通和同步是关键要素
- **改善流动**——团队通过管理在制品（WIP），内建质量和在整个迭代中持续接收故事来优化流动
- **项目群执行**——团队在一列敏捷发布火车（ART）上共同工作来实现项目群 PI 目标

跟踪迭代进展

跟踪迭代进展需要对用户故事、缺陷以及其他团队活动的状态进行可视化管理。为此，大多数团队会在房间的墙壁上使用大型可视化信息雷达（BVIR）。看板团队使用他们的看板板（Kanban board），而 ScrumXP 团队使用故事板，大致如图 4.12-1 所示。

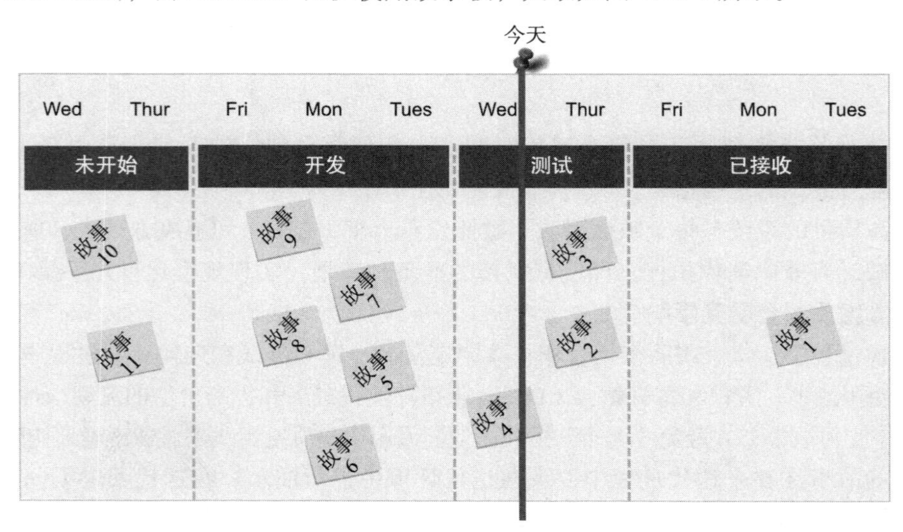

图 4.12-1 使用故事板跟踪迭代进度

有了这个简单的故事板，团队只要把红标尺移动到当前日期，就能对迭代进展提供简单易懂的视觉评估。在图 4.12-1 中，迭代很明显处于危险之中；团队可以使用故事板来找出完成迭代的最佳方式。故事板可以通过网络摄像头、电子邮件、wiki 或敏捷项目管理工具与远程参与者或利益相关方共享，而且这些通信方式通常是大型可视化雷达系（BVIR）的补充，而不是取代它。

持续沟通

团队协作的关键是具备开放的工作环境和团队成员在同一地点办公。否则，价值交付的延迟将会非常普遍。如果团队分布在不同的地理位置，可以通过网络摄像头、即时信息和其他协作工具保持长期在线来改善沟通。

每日站会

每天，团队成员在同一时间和同一地点召开会议，通过让每个团队成员回答以下问题来协调他们的工作：

- 我昨天做了什么来推进迭代目标？
- 我今天能够完成哪些工作来推进迭代目标？
- 是什么阻碍我们完成迭代目标？

每日站会是团队信息同步和自组织的关键。最有效的每日站会是团队站在 BVIR 前进行的。BVIR 上标明了作为团队 PI 目标一部分的故事的状态。每日站会需严格控制在 15 分钟之内，它不是用于管理的解决问题或状态会议。相反，它的目的是协调团队活动，并提出阻碍进度的问题和依赖关系，其中的许多问题需要在每日站会完成之后处理。Scrum Master 在“会后碰头板”（Meet After Board）上记录需要进一步讨论的问题，只有与问题有关的成员需要参与“会后碰头”会议。无效的每日站会是更深层次问题的征兆，需要采用系统的方法来解决，这常常成为 Scrum Master 的责任。

注：虽然每日站会属于 Scrum 框架，但许多看板团队也在其看板前进行每日站会，来协调和检查瓶颈或在制品 (WIP) 问题。

改进流动

管理在制品（WIP）

在制品（WIP）限制提供了一种策略，可以预防开发中遇到的瓶颈问题，也有助于提升流动。它还能提高团队专注力和信息共享，同时促进集体所有权。所有 SAFe 团队都应该对他们的 WIP 和流动有着清晰的理解。

看板团队明确地应用在制品（WIP）限制方法，而一些 ScrumXP 团队也会使用在制品（WIP）限制方法。这些对 WIP 的限制可以是显式的，也可以是隐式的。例如，当团队成员计划自己的工作时，只接受按照其速度预测可完成的故事数量，在制品（WIP）限制是隐式的。这种方式强制需求（即协商的迭代目标和故事）与容量（团队的速度）相匹配。迭代时间盒也可以通过防止不受控制的工作蔓延来限制在制品（WIP）。

在另一种方法中，一些 ScumXP 团队可能在他们的故事板上使用显式的限制 WIP。例如，在图 4.12-1 所示的情况下，如果没有限制 WIP，开发人员在完成了故事 5 之后会做什么呢？他们很可能会开始另一个故事的开发。但如果限制“处理中”和“测试”阶段的 WIP 数量为 3，开发人员则可能会去帮助做测试，这样吞吐量便会增加。要了解更多有关在制品（WIP）限制的内容，请参阅 3.6 节。

内建质量

敏捷发布火车以最短的可持续前置时间来执行和交付新功能。为此，他们必须创造可预测开发速度的高质量系统。SAFe 规定了一套 5 个质量和工程实践，这些实践甚至为最重要的解决方案的内建质量做出贡献：

- 测试先行
- 持续集成
- 重构
- 结对工作
- 集体所有权

确保从一开始就能内建质量，使得价值的交付更快、更容易、成本更低。

持续接收故事

持续地接收故事可以改善流动。使用这种方法可以快速有效地解决问题，并且可以让团队避免工作在与目的无关的新功能构建任务上。此外，团队避免了在需要返工时可能发生的上下文切换。当持续接收故事时，团队也会返工没有被接收的故事。如图 4.12-1 所示，表明了一个迭代的示例，该迭代 WIP 过多且流动性不足：过了六天时间，这个团队只将一个故事移动到“完成”状态。

测试自动化

在可能的情况下，由产品负责人和敏捷团队成员详细说明的系统接收标准应该被转换成自动的故事接收测试用例。随着系统演进，持续运行这些测试用例有助于确保先前开发和测试的解决方案在被更改或与其他组件结合后仍然以相同的方式运行。自动化也能提供快速系统回归测试的能力，这反过来又强化了持续集成、重构和维护。将接收标准文档化为用户可读的、可执行的规范鼓励更紧密的合作，帮助团队始终牢记业务目标。

持续集成和部署

团队、系统和解决方案级别的持续集成，以及将工作迁移到预生产环境，甚至部署到生产环境，都可以实现更快的价值流动并验证预期效益。“5.25”和“5.26”两节更详细地描述了这些实践。

连续和增量式构建故事

避免迭代内的“瀑布模式”

团队应该避免将迭代“瀑布”化的诱惑。相反，他们应该确保在迭代过程中完成多个“定义–构建–测试”的循环，如图 4.12-2 所示。

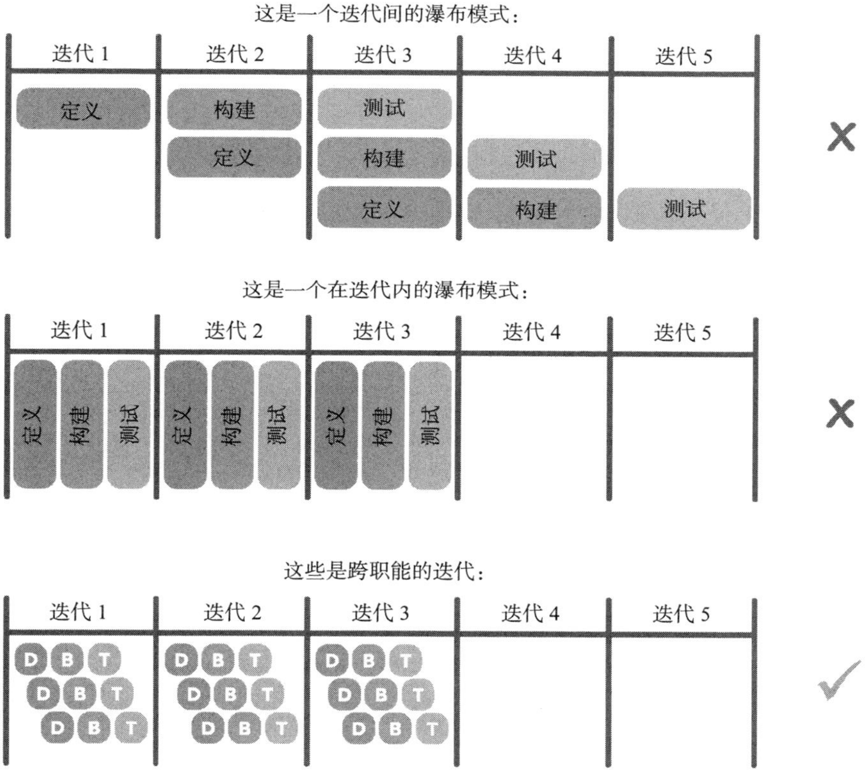

图 4.12-2　通过实现跨职能的迭代，迭代间和迭代内的瀑布模式

增量式构建故事

图 4.12-3 说明了如何将故事拆分成垂直的薄切片并就行实现，这是增量式开发、集成和测试的基础。

以这种方式构建故事可以缩短反馈周期，并允许开发团队使用可工作系统的较小增量，这反过来又促进了持续的集成和测试。这个方法帮助开发团队成员更好地理解相应的功能，并且支持结对开发和对工作系统更频繁的集成。团队内和团队之间的依赖关系，甚至敏捷发布火车之间的依赖关系，也可以进行更有效地管理，因为被依赖的团队可以更早地接触新功能。增量式实现故事还有助于减少不确定性，验证架构和设计决策，促进早期学习和知识共享。

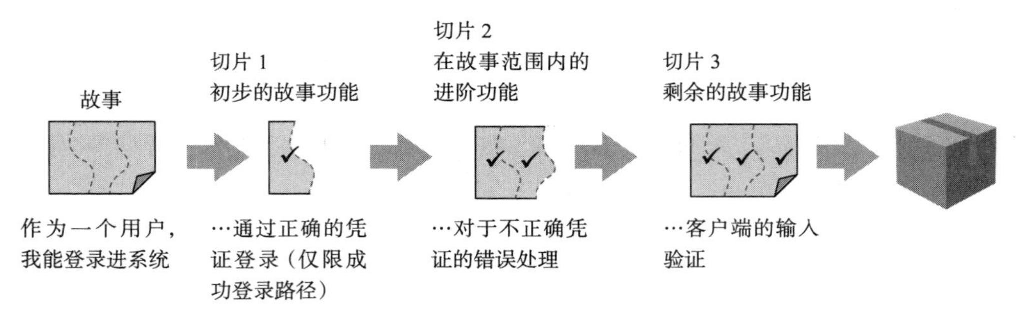

图 4.12-3　在垂直切片中实现故事是增量开发的关键

专注于项目群执行

所有敏捷团队的最终目标是敏捷发布火车 PI 目标的成功实行。图 4.12-4 展现了团队一起计划、集成和演示，一起部署和发布，以及一起学习。总的来说，这些行动帮助团队避免仅仅关注团队自身的局部问题。

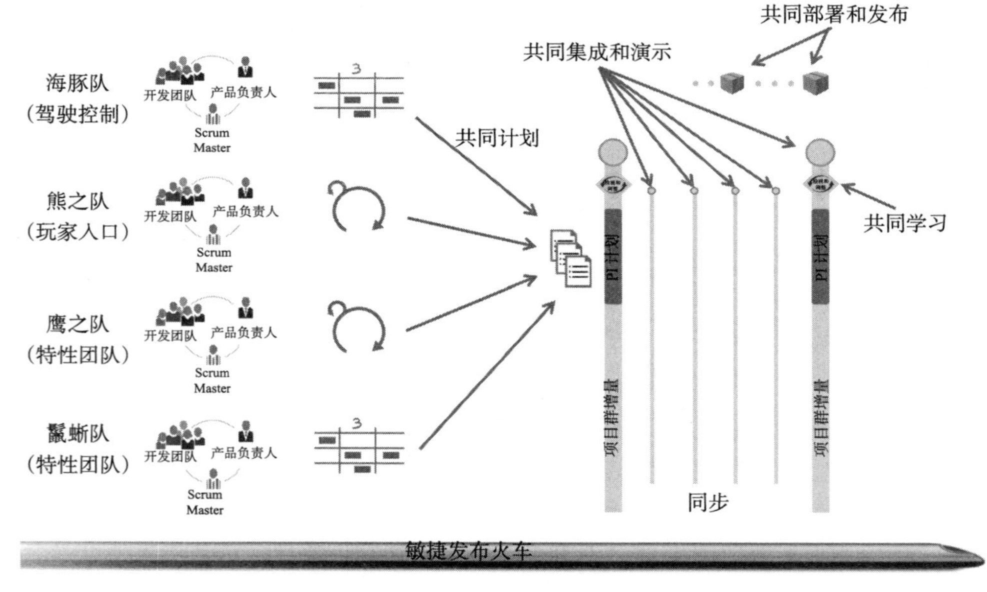

图 4.12-4　敏捷团队相互协作以实现项目群 PI 目标

在 4.2 节和 4.3 节中，进一步描述了这些团队在项目群执行中的角色。

参考资料

[1] Leffingwell, Dean. *Agile Software Requirements: Lean Requirements Practices for Teams, Programs, and the Enterprise*. Addison-Wesley, 2011.

4.13 迭代评审

眼见为实。

——佚名

摘要

迭代评审是一个基于节奏的事件，团队在每次迭代结束时检查增量，评估进度，并为下次迭代调整待办事项列表。

迭代评审期间，敏捷团队通过向产品负责人（PO）和其他利益相关者演示可工作的故事来获得他们的反馈，从而度量并展示其进度。团队演示每一个新的用户故事、探针、重构和非功能性需求（NFR）。迭代评审的准备工作在迭代计划期间就开始了，此时团队就开始考虑如何演示他们承诺的用户故事。“以终为始”有助于迭代计划和对齐，促进了在迭代执行之前对所需功能更全面的理解。

详述

迭代评审提供了一种方法，以有规律的节奏从敏捷团队利益相关者那里搜集即时的、基于上下文的反馈。迭代评审有三个重要目的：

- 迭代评审标志着迭代时间盒的结束，许多人为此做出了贡献，为业务提供了新价值。
- 迭代评审使团队有机会展示他们对业务的贡献，并享受工作和进展给他们带来的满足敢和自豪感。
- 迭代评审让利益相关者看到可工作的故事，并提供反馈来改进产品。

流程

为了开始迭代评审，团队会重温迭代目标并讨论它们的状态。接下来是遍历所有的用户故事。每个完成的用户故事都是在一个可工作的、经过测试的系统中演示的——最好是在一个与生产环境非常接近的预生产环境中演示。探针是通过展示研究结果来证明的。评审过程的主要目标就是利益相关者对演示的用户故事给出反馈。

演示结束后，团队会反思哪些故事没有完成（如果有的话），以及为什么没有完成。这种讨论往往会识别出障碍或风险、错误的假设、优先级的变化、估计的不准确或过度的承诺。反过来，这些发现可能导致在迭代回顾中进一步研究如何更好地规划和执行下一个迭代。图 4.13-1 呈现了一个正在进行的迭代评审。

团队除了回顾在最新的迭代中做得好的地方，还要明确朝着项目群增量（PI）目标的进展情况。在下一次迭代计划之前，团队通过梳理团队待办事项列表来完成迭代评审。

图 4.13-1　在迭代评审中展示可工作的、经过测试的团队增量

参与者

迭代评审的参与者包括以下各方：

- 敏捷团队，包括产品负责人和敏捷教练
- 希望看到团队进度的利益相关者，也可能包括其他团队

虽然敏捷发布火车（ART）的利益相关者可以参加，但他们的兴趣和所关注的细节程度通常能更好地与系统演示协调一致。

指南

以下是对迭代评审的一些提示：

- 将团队成员准备演示的时间限制在 1 ～ 2 小时以内。
- 将会议时间安排在 1 ～ 2 小时左右。
- 尽量减少使用幻灯片。迭代评审的目的是获得对可工作软件的功能、硬件组件和其他产出的反馈。
- 验证已完成的用户故事是否符合完成定义（DOD）。
- 如果有足够功能可以获得反馈的话，也可以演示不完整的故事。
- • 如果重要的利益相关者不能出席，产品负责人应负责跟进去报告进度并获得反馈。
- 鼓励建设性的反馈和庆祝成就。

实践持续交付或持续部署的团队也应该更频繁地进行用户故事或特性的评审。一旦功能已经达到可部署状态，关键利益相关者应该对其进行评审。

参考资料

[1] Leffingwell, Dean. *Agile Software Requirements: Lean Requirements Practices for Teams, Programs, and the Enterprise.* Addison-Wesley, 2011.

[2] Leffingwell, Dean. *Scaling Software Agility: Best Practices for Large Enterprises.* Addison-Wesley, 2007.

4.14 迭代回顾

团队定期地反思如何能提高成效，并依此调整自身的举止表现。

——敏捷宣言

摘要

迭代回顾是一个定期举行的会议，敏捷团队成员在会上讨论迭代结果，回顾团队的实践过程，并找出改进方法。

在每次迭代结束时，应用 ScrumXP 的敏捷团队（以及许多使用看板的团队）聚集在一起进行迭代回顾，在会上团队成员讨论他们的实践方法并确定改进的方法。回顾会的时间限制为一小时或更短的时间，每次回顾会的目的在于发现哪些工作做得好，哪些做得不好，以及哪些工作团队下次可以做得更好。

每次回顾都会产生定量和定性两方面的见解。定量评审搜集并评估用于衡量团队绩效的任何度量项。定性部分则讨论团队实践和上一、二个迭代期间发生的具体挑战。当问题被识别出来后，要分析根本原因，讨论潜在的纠正措施，并将改进作为故事点输入到下一次的团队任务列表中。

详述

敏捷团队通过迭代回顾会来反思刚刚完成的迭代，并发掘新的想法来改进流程。这有助于在个人和团队中建立坚持不懈地改进的理念（这是 SAFe 精益敏捷思维的支柱之一）。此外，它还有助于确保每次迭代过程中，都能对团队流程产生一些小的改进。

回顾过程需要整个团队的参与，他们在敏捷教练的引导下，应用工具和流程进行数据收集和问题解决。团队分两部分进行回顾：

- **定量评审**——团队评估他们是否达成了迭代目标。这是一个二元的评定标准：答案为“是”或“否”。团队成员还会收集他们同意进行分析的任何其他指标。此信息应包括速度 – 既包括开发新功能的部分，又包括用于维护已有功能的部分。敏捷团队收集和应用其他可视化的迭代度量，并帮助其过程改进。这些数据也可作为背景资料，用于随后的定性评审。
- **定性评审查**——首先，团队评审那些他们在上一次回顾中发现的改进故事。接下来分析当前的过程，并把焦点放在找到在下一次迭代中可以做得更好的一、二件事情上。由于许多改进项目所涉及的范围较大，因此团队应将其划分为较小的改进故事，以便团队可以专注于在一个迭代中可以改进的内容。

随着组织越来越多的实施 DevOps 和持续交付流水线，敏捷团队将拥有一个强大的改进机会清单，清单内容包括但不限于以下内容：

- 测试自动化和持续集成
- 将开发与部署分离的架构方法
- 自动化部署过程
- 将远程测试和恢复技术纳入到系统中

精益－敏捷领导者除了负责交付新特性外，还负责保留和保护团队在每个项目群增量（PI）期间集中精力培养这些技能所需要的时间。创新和计划（IP）迭代是一个好时机，为团队创造机会以提升他们在这些新领域的技能水平。

回顾会的形式

已经引入了几种技术以得到如何让迭代成功的主观反馈。（参见参考资料 [1]，[3—5]）

- **个人**——每个人在便利贴上写下反馈，然后大家一起找到共识。
- **欣赏**——记录下是否有人曾经帮助过你或帮助过团队。
- **概念**——选择一个词来描述本次迭代。
- **评分**——按 1 ～ 5 分对迭代进行评分，然后进行头脑风暴，讨论如何使下一个迭代达到 5 分。
- **简单**——展开讨论，并将讨论结果放在三个标题下面。

以上方法中的最后一种是大家都熟悉的方法。在这种方法中 Scrum Master 简单地将三张纸分别标记为“做得好的”，“做得不好的”和“下一次可以做得更好的”，然后引导一个开放的头脑风暴会议。这样的讨论进行起来相当容易，使所有的成就和挑战都可见，如图 4.14-1 所示。

图 4.14-1　一个团队的回顾结果（图片由 Scaled Agile，Inc. 提供）

团队可以选择用轮流负责的方式引导回顾会。如果这样做了，一个有趣的实践是允许每个人在轮到自己领导回顾会时，由他或她自己选择回顾方式。这不仅创造了流程的共享所有权，而且也使回顾会议保持新鲜感。当新的形式或者不同形式出现的时候，团队成员更有可能保持参与度。

指导原则

以下是如何成功举行一个迭代回顾会的一些提示：

- 将会议时间限制在一小时或更短时间内。请记住，它每两周就会出现一次，目标是进行小的、坚持不懈地改进。
- 只选择一、二件下一次可以做得更好的事情，并将它们作为改进故事点添加到团队代办事项列表中作为下一次迭代的目标。如果其他改进目标在回顾中重新出现，该目标总是可以在将来的迭代中得到解决。
- 要确保每个人都发言。
- Scrum Master 应该花一些时间准备回顾会议，因为它是团队坚持不懈地改进的主要工具。
- 关注团队可以解决的问题，而不是别人可以改进的问题。
- 为了显示进展状态，要确保在迭代评审或定量评审开始时，讨论来自上一次迭代的改进故事是否完成。
- 回顾会是团队的私人会议，应仅限于敏捷团队成员参加（开发团队，Scrum Master 和产品负责人）。

参考资料

[1] Derby, Esther, and Diana Larson. *Agile Retrospectives: Making Good Teams Great*. Pragmatic Bookshelf, 2006.

[2] Leffingwell, Dean. *Scaling Software Agility: Best Practices for Large Enterprises*. Addison-Wesley, 2007.

[3] Fun Retrospectives. www.funretrospectives.com.

[4] TastyCupcakes.org. http://tastycupcakes.org/tag/retrospective/.

[5] Agile Retrospective Resource Wiki. www.retrospectivewiki.org.

4.15 团队待办事项列表

待办事项列表的定义：（参考资料 [1]）

1. 隐藏在舒适表面下的大型列表
2. 未完成的任务或未处理资料的聚集

上述第一种待办事项列表的燃尽速度缓慢，而第二种待办事项列表的燃尽速度迅速。

—— SAFe 作者

摘要

团队待办事项列表包含源自项目群待办事项列表的用户故事和使能故事，以及团队自身的具体场景产生的故事。它还可能包括其他工作项，代表一个团队为了推进系统的一部分而要做的所有事情。

产品负责人（PO）负责团队待办事项列表。 因为该列表既包含用户故事又包括使能，所以通过有效分配容量以确保投资可以在需求冲突中得到平衡非常重要。容量的分配考虑了敏捷发布火车（ART）和特定团队的需求。

详述

虽然‘待办事项列表’似乎是一个简单的概念，但它包含了以下关键概念：

- 待办事项列表包含了所有未完成的事情。如果工作项处于列表中，它就可能会被完成。如果它没有被列在表中，就不会被完成。
- 待办事项列表是一个“想要做”的工作项清单，而不是一个承诺。工作项可以被估算（推荐），也可以不用估算，但无论哪种情况都不意味着会承诺完成该项工作的具体时间。
- 待办事项列表只有唯一责任人，即产品负责人。这个角色会保护团队避免受多方利益相关者的干扰，因为每个利益相关者对于什么是关注重点有不同看法。
- 所有团队成员都可以将故事放到待办事项列表中。
- 待办事项列表包含用户故事、使能故事和改进故事；其中改进故事是从团队迭代回顾会议的结果中识别出来的改进内容。

团队待办事项列表方便地隐藏了敏捷在规模化过程中的复杂性。图 4.15-1 描述了团队待办事项列表及其三个主要来源。

项目群待办事项由即将实现的特性组成，这些特性计划由敏捷发布火车交付。在项目群增量（PI）计划期间，PI 的候选特性由团队划分为多个故事，并暂时安排到团队待办事项列表中以便在下一个迭代实现。

敏捷发布火车上的团队不是孤立存在的，团队的待办事项列表中将包含一些支持其他团队的工作和敏捷发布火车 PI 目标的故事。这些故事可能包括用于研究和估算特性的探针、能力甚至史诗。

除了完成特性所需的故事外，团队待办事项列表中通常还会包含一些团队自己创建的故事，这些故事代表了新的功能、重构、缺陷、研究和其他技术债务。这些故事被写成使能故事，就像用户故事一样，它们被估算并在待办事项列表中按优先级排序。

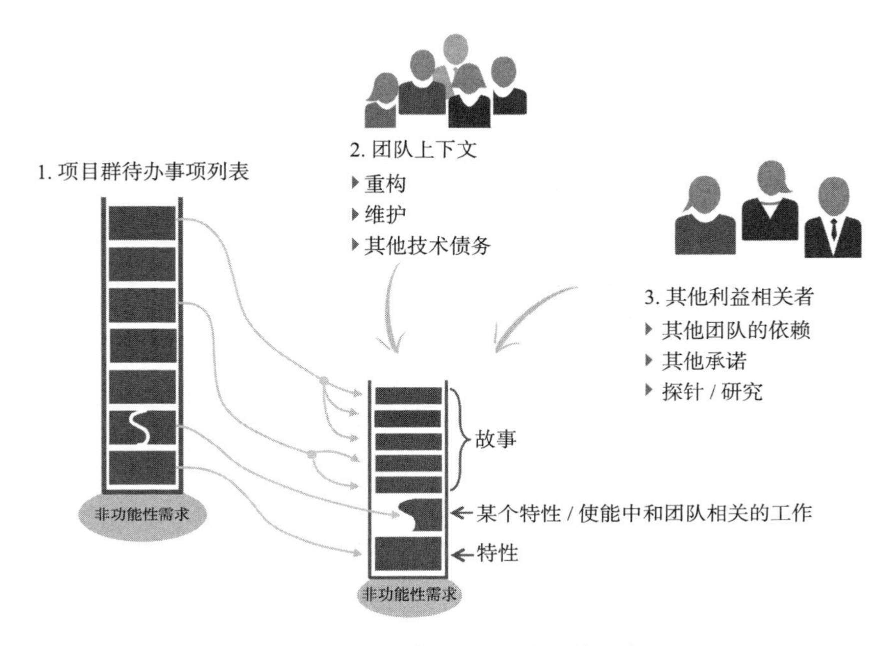

图 4.15-1 团队待办事项列表的输入来源

通过容量分配优化价值交付

就像敏捷发布火车本身一样，每个团队都面临着如何平衡待办事项列表中内部和外部工作项的问题。内部工作项包括维护、重构和技术债务，外部工作项是指可以立刻交付业务价值的新用户故事。

仅仅关注业务功能可能会起到一点作用，甚至会给市场带来即时的满足感，但这将是短暂的，因为交付速度最终将被沉重的技术债务所减缓。然后，团队必须不断投资于解决方案架构改进，并通过缺陷修复和改进提升来保持当前的客户满意度，以避免由于技术过时而需要大规模更换系统。

平衡不同类型的工作会使排定优先级的挑战复杂化，因为 PO 正在尝试比较不同事物的价值：缺陷、重构、重新设计、技术升级和新的用户故事。对这些东西的需求是没有上限的！

与项目群待办事项列表类似，团队使用“容量分配”来确定在给定的时间段内，他们的总工作量中有多少可以应用到每种类型的活动中，如图 4.15-2 所示。PO 与团队协作，为迭代中容量的每个“切片”选择优先级最高的待办事项条目。

对于那些在项目群中已经承诺的故事，在进行 PI 计划承诺时就已经进行了优先级的排序。相反，对于团队自己添加的特定故事，PO 需要按照“价值 / 规模”，甚至在有益的情况下应用完整的加权最短作业优先（WSJF）进行优先级排序。此外，为了平衡长期的产品健康状况和价值交付，分配到每个“切片”的百分比可以随着时间的推移而改变。这种变化通常发生在 PI 边界上。

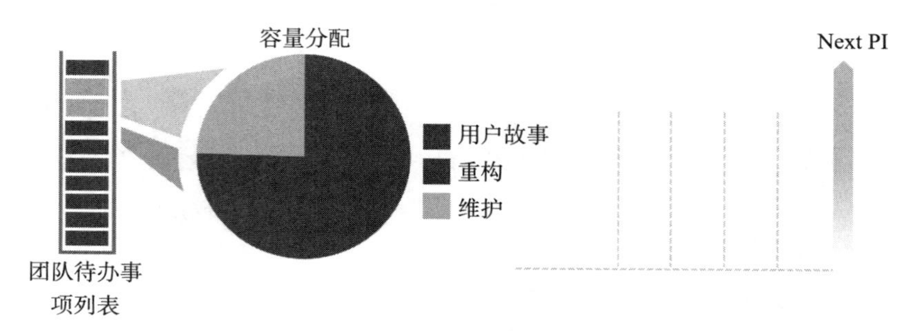

图 4.15-2 团队待办事项列表容量分配

待办事项列表梳理

由于团队待办事项列表必须始终包含一些实质上已经准备好实现，并且没有重大的风险或意外的故事，因此待办事项列表梳理应该是一个连续的过程。敏捷团队采用基于流的方法来使待办事项列表保持就绪的状态，通常每周至少有一次待办事项列表梳理会；避免将待办事项列表梳理活动仅限制在一次会议上。本梳理会的唯一重点是查看即将到来的故事（以及适当的特性），讨论和评估其范围，并建立初步的接收标准。

应用接收测试驱动开发（ATDD）的团队通常会在开发特定的接收测试上投入更多的时间，有时也会开一些相关会议，通常称为“规格说明书工作坊”。此外，由于多个团队都将进行待办事项列表梳理，可能会出现新的问题、依赖关系和故事。通过这种方式，待办事项列表梳理有助于把当前计划中存在的问题暴露出来，然后可以在敏捷发布火车同步会议上讨论这些问题。

参考资料

[1] https://www.merriam-webster.com/dictionary/backlog.

[2] Leffingwell, Dean. *Agile Software Requirements: Lean Requirements Practices for Teams, Programs, and the Enterprise*. Addison-Wesley, 2011.

4.16 团队看板

造成过量库存的唯一原因是因为使用了过量的人力。

——艾利·高德拉特（Eli oldratt）

也有可能是因为职责划分过于专业化了？

—— 本书作者

摘要

团队看板是一种可以帮助团队通过可视化工作流来促进价值流动、建立在制品限制、度量吞吐量和坚持不懈地改进流程的方法。

SAFe 团队可以自行选择敏捷方法，多数团队会选择 Scrum 方法，它是一种轻量级的、流行的管理方法。开发新代码的团队也会采用极限编程（XP）实践，从而专注在软件工程和代码质量上。其他团队——特别是系统团队、运营团队和维护团队，会选择看板来作为他们主要的敏捷方法。以下场景都会导致团队选择使用看板方法，比如救火式的工作、快速变化的优先级，以及计划下一个迭代的工作是没有意义的行为等。

看板系统应用于 SAFe 的投资组合层、大型解决方案层、项目群层和团队层，尽管这些不同的层级采用看板方法是出于不同的原因。本章描述了一个非常适合敏捷团队的看板系统。但是这些敏捷团队是敏捷发布火车的一部分，并且需要遵循一些额外的规则。

详述

看板是一种“拉动系统”，这意味着当团队知道自己有足够的容量做某个工作时，他们就会“拉动”工作，而不是把工作“推动”到他们身上。看板系统是由一系列工作流步骤组成的。大多数步骤都有 WIP（在制品）限制，从而只有当该步骤中的工作项数量低于 WIP 限制时，才能将工作项拉入到该步骤中。少数一些步骤（通常是开始和结束的步骤）可能不受此限制。团队定义和调整 WIP 限制，从而使其能够快速适应复杂系统开发流动的变化。

在 SAFe 里，团队看板适应敏捷发布火车（ART）所要求的节奏与同步。这有助于团队间的对齐，依赖关系管理，以及快速、基于集成的学习环。这些努力提供了推进更广泛解决方案所需的客观证据。

看板描述

看板（Kanban），意为“可视化信号”，是一种可视化和管理工作的方法。虽然对于如何在开发中应用看板有很多种解释，但大多数人会同意看板系统包括以下几个主要方面的内容：

- 系统包含一系列定义工作流的状态。
- 通过可视化所有工作来跟踪项目的进展情况。
- 团队对于每个工作状态具体的在制品（WIP）限制达成一致，并在必要时更改 WIP 限制以优化工作流。
- 采用显示化规则，明确工作的管理。
- 度量流动。工作项从进入系统开始就被跟踪，直至离开。这样就可以持续地标识 WIP 数量和当前的前置时间，也就是说，可以统计出工作项通过系统所需的平均时间。

- 根据延迟成本（CoD），用服务类别对工作项进行优先级排序。

可视化流动和限制 WIP

启用看板之初，团队通常会创建一个大致的当前工作流程，并设定初始的 WIP 限制。图 4.16-1 展示了一个团队的初始看板作为例子，他们目前的工作流程是：分析、评审、构建，以及集成和测试。

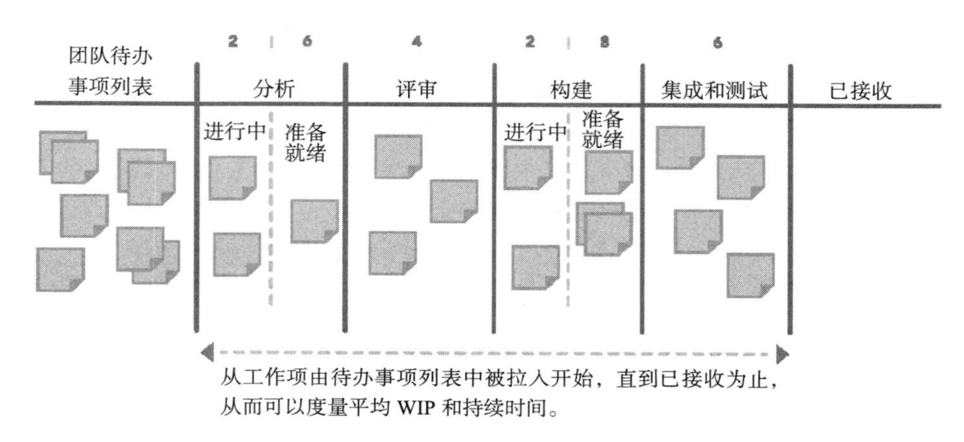

图 4.16-1 团队初始看板示例

在图 4.16-1 中，该团队已经决定创建两个缓冲区（“准备就绪”列）来更好地管理流动的变化。一个缓冲区是在“评审”状态之前，因为评审阶段可能需要团队之外的领域专家（产品管理者或者其他专家）的参与，而这些专家可参与的时间有限或者不能在同一时间参与。另外一个缓冲区是在“集成和测试”状态之前，在这个团队的例子里，集成和测试是由同一群人在同一个环境上执行的，需要使用共享的测试设备和资源，所以这两个步骤被视为同一个状态。另外，考虑到交易成本的因素，团队允许对“评审”与“集成和测试”两个步骤设置适当较高的 WIP 限制。

团队看板的改进是迭代式进行的。在定义初始流程和 WIP 限制并且执行了一段时间之后，团队的瓶颈将会显现出来。如果没有出现瓶颈，团队可以梳理工作流程，或进一步降低 WIP 限制，直至某些状态出现明显的空闲或者过载，这有助于团队不断地调整流程以优化流动——例如，通过调整 WIP 限制，以及合并、分割或重新定义工作流的状态。

度量流动

看板团队使用客观的度量，包括平均前置时间、WIP 和吞吐量，从而了解并改善工作的流动和流程。如图 4.16-2 所示，累积流图（CFD）是一个面积图，它描述了在给定状态下工作项的数量，显示了进入该状态，在该状态的持续时间和工作项数量，以及离开该状态。

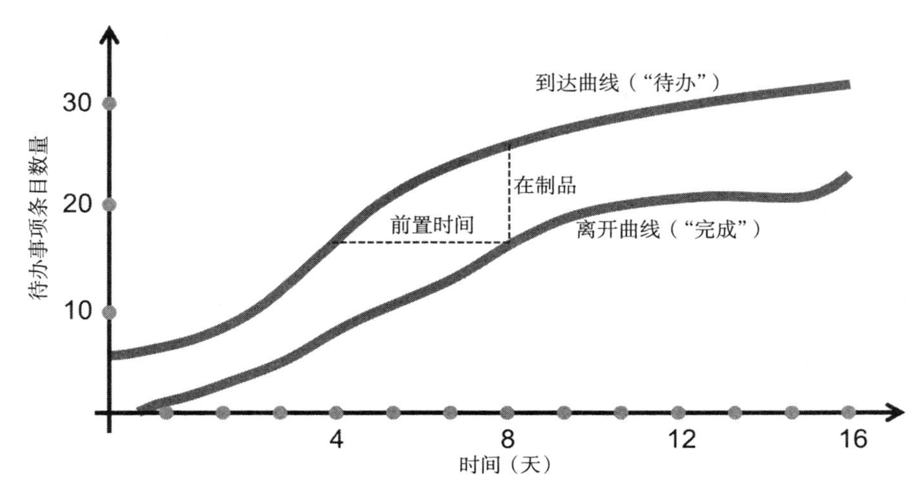

图 4.16-2 累积流图（CFD）展示了前置时间和 WIP 随时间的变化

每一个工作项，进入看板时（从团队待办事项列表拉入到开始实施状态）及完成时都是有时间戳的。到达曲线显示了将待办事项拉入工作的比率。离开曲线显示了这些项目被接收的时间。*x* 轴显示的是平均前置时间——也就是平均来说一项工作通过系统所花费的时间。*y* 轴显示了 WIP——系统在任何时间点上的平均工作项数量。

吞吐量是指在给定时间段内完成的故事数量，它也是一个非常关键的指标。SAFe 中看板团队以迭代为工作节奏，因此会根据每个迭代的故事数量来度量吞吐量。

累积流图（CFD）提供了团队用来计算当前迭代吞吐量的数据。为了得到每天处理的平均故事数量，团队用平均 WIP 除以平均前置时间，接下来，他们将这个值乘以 14，也就是两周迭代的天数[⊖]。其结果就是每个迭代的平均故事吞吐量，这个数据有助于制定计划。（这对于计算团队速度也是很重要的，相关内容将在本节后半部分进行描述）。

累积流图也将明显的流动变化进行了可视化。这些变化可能是团队没有意识到的系统内部阻碍，或者是干扰了流动的外部力量。CFD 是一个客观的度量工具，可以帮助看板团队坚持不懈地改进。

通过服务类别改进流动

团队也需要有能力管理依赖关系并确保与里程碑保持一致。看板使用服务类别概念帮助团队优化待办事项条目的执行。服务类别有助于基于延迟成本区分待办事项条目。每一种类型的服务都有一个团队同意遵循的特定执行规则。例如：

⊖ 此处的 14 是指包含了非工作日在内的迭代持续时间为 14 天，当然也可以考虑只计算 10 天工作日，只要团队达成共识即可。——译者注

- **标准**——表示服务类别的基线，适用于既不需要加速也没有固定日期的工作项。大多数待办事项条目都应该属于这一类别。对于标准类别的任务，它的延迟成本是线性的，它的价值只有在完成交付的时候才会实现，但对它没有固定完成日期的要求。
- **固定日期**——该类别指的是必须在特定日期或之前交付的工作项。通常，这些工作项的延迟成本是非线性的，并且对交付日期的微小变化非常敏感；这些工作项必须被积极地管理以缓解进度风险。因此，在必要的时候要“拉动”这些工作项进入开发状态，以期按时交付。有些工作项需要额外的分析来改进期望的前置时间。有些工作项在落后于计划进度时需要将其类别改为“加速”。
- **加速**——该类别包括难以接受延迟成本的工作项，这类工作项需要团队立即关注；即使在违反当前 WIP 限制的情况也要将其拉动进入开发状态。通常在系统里同一时间内只允许有一个加速类别的工作项，并且团队可以设定一个策略来集中资源处理该工作项，以确保该其快速通过系统。

如果团队发现很多工作项都需要加速，那么系统极有可能是超负荷的。在这种情况下，要么需求超过容量，要么输入过程可能需要更多的约束。无论如何，这个过程是需要进行调整的。

如图 4.16-3 所示，通常情况下服务类别被可视化为“泳道”。

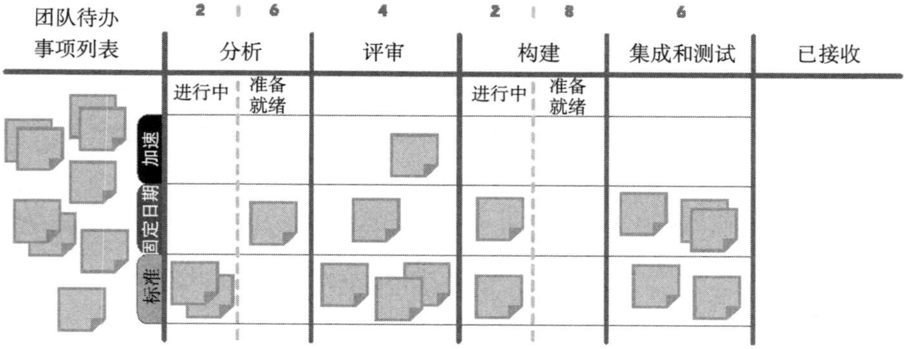

图 4.16-3 看板上的服务类别

另外，团队可以针对不同类别的待办事项条目使用特定的颜色，比如新功能、研究探针、建模等。正如在 5.17 节中所描述的那样，这可以让正在执行的工作项变得更加清晰。

密切关注流动的过程可以让看板团队能够识别并利用可能不被注意的改进机会。例如，累积流图中发生的变化可能揭示了平均 WIP 在增加（这将导致前置时间的拉长）。虽然这可能是某种更深层次问题的一个表象，但是团队现在是有能力发现它的。为了实现流动的高可见性，必须定期反思和调整过程。

SAFe 看板团队“在火车上”

看板团队在更大的场景下运作，他们在构建需要多个敏捷团队甚至可能跨越解决方案火车之间的协作。为了实现这一目标，团队除了需要遵守常规的看板指导规则之外，还需要遵守特定的 SAFe 规则。正如在 4.2 节中所描述的那样，这些规则包括：团队之间共同制定计划，共同集成和演示，共同学习。共同制定计划是一个值得进一步讨论的话题，如下文所述。

估算工作

一般来说，看板团队在估算或者任务分配上花费的时间没有 Scrum 团队那么多。相反，团队查看要做的工作项，把较大的工作项进行必要的拆分，然后致力于完成拆分出来的故事，通常不会在意故事的大小。然而，SAFe 团队需要具备基于自身的容量对 PI 计划的需求进行估算的能力，以及参与较大待办事项条目的估算。此外，预测团队的速度所用的估算方法需要与 ART 上其他团队使用的方法和 ART 总速度的估算方式保持一致。

为估算建立一个共同的起点

最初，一个新的看板团队并不清楚其自身的吞吐量，因为吞吐量是基于历史数据计算出来的。启动之初，团队成员需要一种估算工作的方法，这往往从第一个 PI 计划会议开始。在一定程度上与 Scrum 团队一致，初始容量的估算是以标准化估算开始的（参见 4.10 节中的描述）。然后，看板团队把估算过的故事加入到迭代中，如 Scrum 团队所做的一样。团队的初始容量是他们所假设的速度，至少在第一个 PI 时是这样的。

计算导出速度

启动之后，看板团队可以使用累积流图来计算每次迭代故事的实际吞吐量。或者，他们可以先将故事简单地相加再计算平均值。然后，看板团队通过将吞吐量乘以平均故事规模（通常是 3 ～ 5 点）来计算导出速度。这样，SAFe 中的 Scrum XP 团队和看板团队都可以参与到大型经济框架中来，从而为投资组合的运行提供了基本的经济环境。

估算更大的工作项

在投资组合和大型解决方案层，经常需要估算更大的工作项来确定它们的潜在经济可行性（诸如史诗或能力）。另外，开发一个项目群路线图需要两个输入：

- 估算的相关知识（工作项的规模是多大？）
- ART 的速度（ART 的容量是多少？）

较大的工作项往往难以估算，而且会增加风险。当面对这种工作项时，团队采取与 Scrum XP 团队类似的方式，将工作项分解为故事，从而加深理解，提高估算的准确性，并使 PO 更容易地为工作进行优先级排序。然后将故事用标准化故事点数进行估算，这为企业提供了将来自不同类型的团队的估算组合在一起的能力，而且在整个过程中避免了对于估算方法优劣的过度争论。

参考资料

[1] Anderson, David. *Kanban: Successful Evolutionary Change for Your Technology Business.* Blue Hole Press, 2010.

[2] Kniberg, Henrik. *Lean from the Trenches: Managing Large-Scale Projects with Kanban.* Pragmatic Programmers, 2012.

第 5 章
项 目 群 层

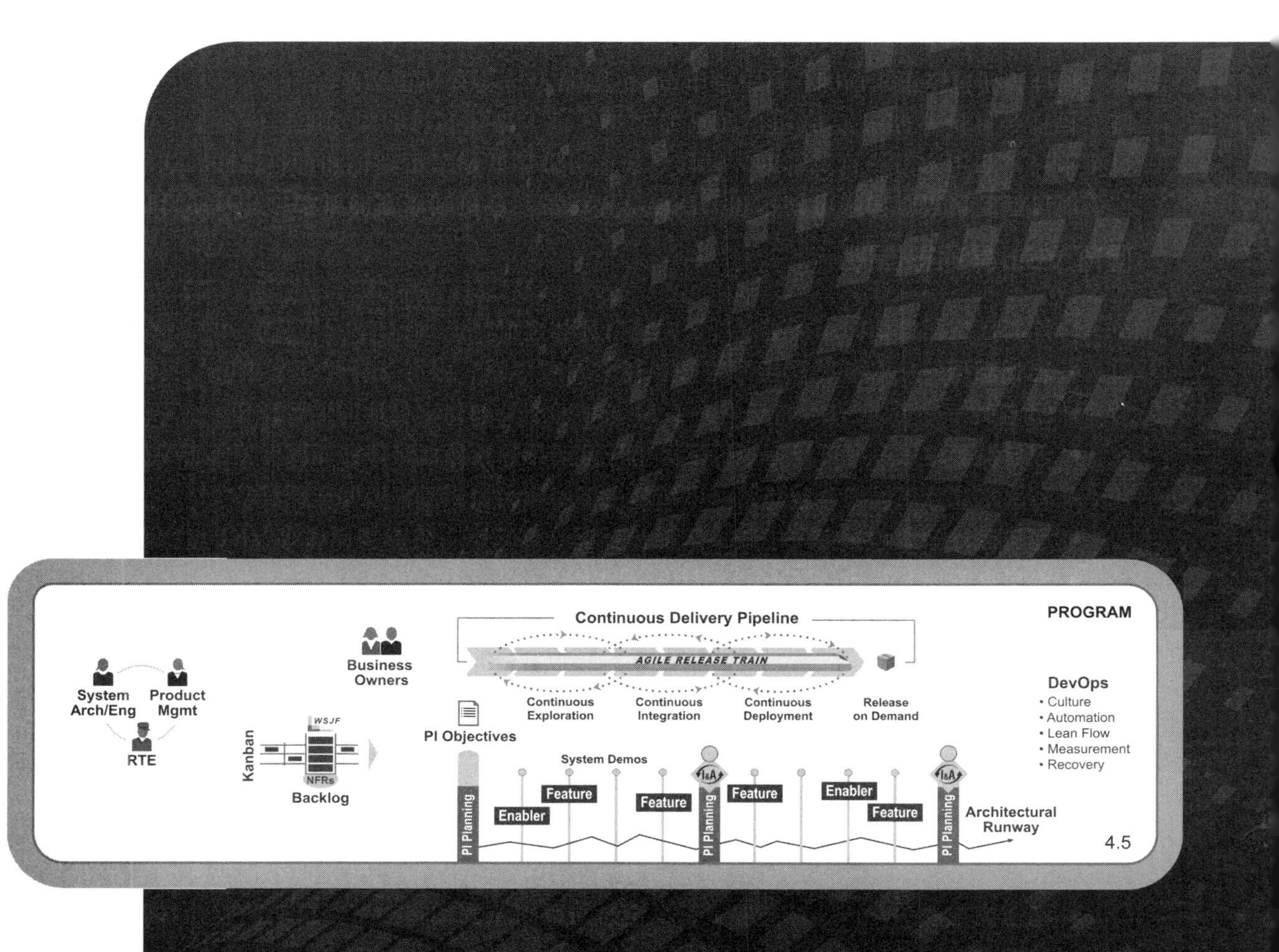

Continuous Delivery Pipeline
PROGRAM
AGILE RELEASE TRAIN
Business Owners
System Arch/Eng
Product Mgmt
RTE
Continuous Exploration
Continuous Integration
Continuous Deployment
Release on Demand
DevOps
• Culture
• Automation
• Lean Flow
• Measurement
• Recovery
WSJF
Kanban
NFRs
Backlog
PI Objectives
System Demos
PI Planning
Enabler
Feature
I&A
Architectural Runway
4.5
scaledagileframework.com/program-level

5.1 项目群层介绍

系统是必须被管理的。它不会自我管理。若放任自流，组件会变成自私的、相互竞争的、彼此脱节的利润中心，进而摧毁整个系统……系统管理的秘诀在于基于组织共同目标的组件间协作。

——W. 爱德华·戴明

摘要

项目群层级包含了通过敏捷发布火车（ART）来持续交付解决方案所需的角色和行为。

在项目群层，开发团队、利益相关者和其他资源致力于进行中的解决方案开发。敏捷发布火车这一比喻形象地描述了增量交付持续价值流的项目群层级的团队、角色和行为。敏捷发布火车是个虚拟组织，它通过实施 SAFe 的精益 – 敏捷原则和实践来跨越职能边界、减少不必要的交接和步骤，并加快价值交付。

尽管使用了“项目群层”这个术语，但与传统项目群不同，敏捷发布火车是长期存在的，拥有更加稳固的自组织工作方式，组织结构和使命。相比之下，传统的传统项目群一般有明确的开始和结束日期，以及临时分配的资源。

详述

在项目群层级（图 5.1-1），一个敏捷发布火车可以交付部分解决方案，或者在有些情况下交付完整的解决方案。敏捷发布火车的特性——长期存在、优化价值流，以及自组织，是 SAFe 的驱动力之源。

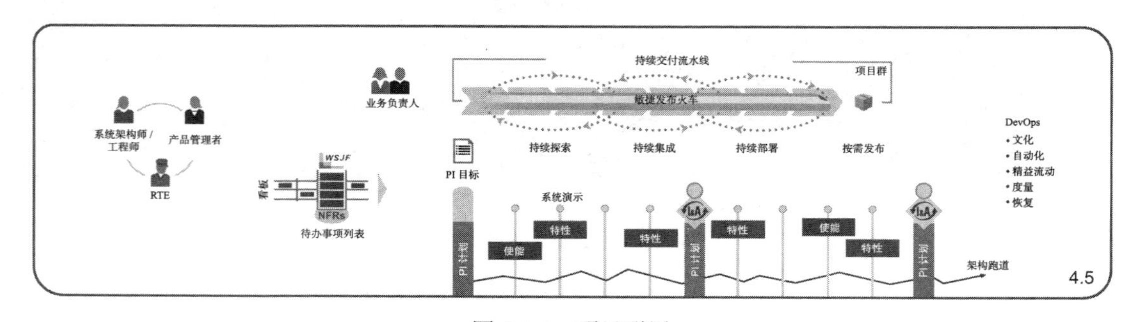

图 5.1-1　项目群层

有许多敏捷发布火车是虚拟的，跨越组织和地理的边界。另一些则与业务或者产品线的组织结构保持一致。

重点强调

项目群层的核心有以下内容：

- **敏捷发布火车**——是项目群层的关键组织，围绕着一个共同的项目群愿景、使命和待办事项列表来对齐人和工作。
- **敏捷团队**——每个敏捷发布火车由 5 ～ 12 个敏捷团队（50 ～ 125 人，有时会更多或更少）组成，并且包含必要的角色和基础设施，以交付可完全工作的、测试完毕的软件和系统。
- **项目群增量**——是一个 ART 交付增量价值的时间盒。PI 的长度通常是 8 ～ 12 周。最普遍的模式是每四个开发迭代，紧接着一个创新与计划（IP）迭代。
- **持续交付流水线**——为最终用户提供稳定的价值发布所需的工作流、活动和自动化机制。
- **DevOps**——是一种思维模式、文化和一系列技术实践的组合。它提供了交流、集成、自动化以及相关人员之间的紧密协作机制，来计划、开发、测试、部署、发布和维护一个解决方案。

角色

ART 是由敏捷团队构成的自管理和自组织的团队，它负责共同计划、承诺和执行。然而，一个发布火车也需要方向指引。项目群层的角色帮助大家致力于共同的使命，协调各 ART，并且提供必需的精益治理方式。

- **系统架构师 / 工程师**——是一个个体或者小型的跨学科团队，真正地应用 #2 原则，即运用系统思考。这个角色为系统定义整体架构，协助定义非功能性需求，决定主要系统要素和子系统，并且协助设计子系统之间的接口和协作。
- **产品管理者**——是客户声音的代表。这个角色和客户以及产品负责人（PO）工作在一起，理解和交流他们的需求，定义系统的特性，并且参与确认需求。产品管理者也为项目群待办事项列表负责。
- **发布火车工程师（RTE）**——是一名仆人式领导以及发布火车的首席 Scrum Master。RTE 使用各种机制，比如 PI 计划、项目群看板、检视和调整工作坊等，帮助优化项目群里的价值流动。
- **业务负责人**——一组利益相关者，肩负着业务和技术责任，使得 ART 所开发的解决方案适于使用，并且符合治理和投资回报（ROI）方面的要求。

事件

项目群层利用三个主要的活动来帮助协调 ART：

- **PI 计划**——一个基于固定节奏的，面对面的计划会议，起到 ART 心跳的作用，使 ART 里所有团队对齐到使命。
- **系统演示**——将最近一个迭代里所有团队交付的所有新特性集成在一起进行演示。

每次演示都为 ART 利益相关者提供了 PI 进度的客观评估标准。

- **检视和调整**——一个重要的事件，用以对解决方案的最新进展进行演示和评估。接着，团队会通过一个结构化的问题解决工作坊，以反思、识别持续改进事项，并加入持续改进待办事项列表。

工件

以下项目群层级工件有助于协调 ART:

- **特性**——是一组系统或者服务，可以满足利益相关者的需要。每个特性包括一个名字、利益假设和接收标准。一个特性的大小上限是要在单个 PI 能够完成。
- **项目群史诗**——为单独一个 ART 所定义的史诗。
- **项目群待办事项列表**——新产生的特性的存放之处，目的是使单个 ART 可以满足用户需求并且交付商业利益。它也包含了为构建架构跑道所需的使能特性。
- **项目群看板**——通过持续交付流水线，可视化并且管理特性和使能的流动的方法。
- **PI 目标**——单个 ART 要在下一个 PI 实现的业务和技术目标的汇总描述。
- **架构跑道**——必要的代码、组件和技术基础设施，用以支持高优先级的，近期的特性实现，使特性的实现无需过多的重设计和延迟。

通过 ART 管理价值流

项目群看板系统用来可视化和引导特性从构思、分析到实现的流动，并且通过持续交付流水线发布出来。一旦被批准，特性会在项目群代办列表里维护和进行排序。在实现阶段，特性会被拆分成一个 PI 可以实现的大小，每个特性交付的新功能保持概念上的一致性。特性是通过故事实现的，故事是由单一的团队在一个迭代里完成的。

与投资组合和价值流的关联

项目群的愿景和路线图展示了待开发的、反映客户和利益相关者需求的特性，以及满足那些需求的方法。然而，对于解决方案火车来讲，项目群愿景和路线图不是在隔离的情况下创建出来的，而是在产品和解决方案管理的帮助下开发出来的，并且必需和解决方案火车里别的 ART 保持同步。精益投资组合管理（LPM）以及产品和解决方案管理也参与相关的路线图和愿景的创建。

参考资料

[1] Leffingwell, Dean. *Agile Software Requirements: Lean Requirements Practices for Teams, Programs, and the Enterprise*. Addison-Wesley, 2011.

5.2 敏捷发布火车

更多的对齐才能带来更多的自主。对齐是自主的前提。

——Stephen Bungay，作者兼战略咨询师

摘要

敏捷发布火车（ART）是一个长期存在的敏捷团队集合。ART 与其他利益相关者一起，在一个项目群增量（PI）时间盒内采用一系列固定长度的迭代来逐步开发和交付解决方案。敏捷发布火车（ART）将各团队对齐到一个共同的商业和技术使命上。

每一列火车是一个虚拟组织（50 ～ 125 人，有时更多或更少），其成员共同进行计划，交付和执行。敏捷发布火车（ART）的创建是围绕企业重要的价值流来进行的，其唯一目的是通过构建解决方案向最终用户提供收益，从而实现价值交付。

详述

敏捷发布火车（ART）是跨职能的，它具备定义、实施、测试和部署新系统功能所需要的软件、硬件、固件和其他所有能力。ART 的目标是交付持续的价值流，如图 5.2-1 所示。

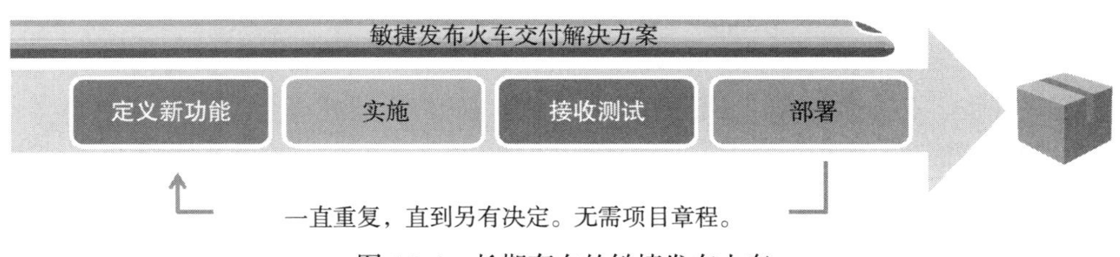

图 5.2-1 长期存在的敏捷发布火车

敏捷发布火车（ART）使所有团队对齐到共同的使命上，帮助管理解决方案开发中的固有风险和变化。敏捷发布火车（ART）基于一系列共同的原则运作：

- **固定的时间表**——火车按照已知的、可靠的时间表从站台出发，时间表由预先选定的项目群增量（PI）的节奏决定。如果一个特性错过了前一列火车，它可以搭乘下一列火车。
- **每两周交付一次新的系统增量**——每列火车每两周交付一次新的系统增量。系统演示作为一种机制用以评估所有团队的增量集成后的可工作系统。
- **固定的 PI 时间盒**——火车上所有的团队都同步到相同的 PI 时间区间（通常为 8-12 周），并使用相同的迭代开始 / 结束日期和迭代持续时间。
- **已知的速度**——每列火车都能对它在每个 PI 中能够交付多少“货物”（即新的特性）进行可靠的估算。
- **敏捷团队**——敏捷团队践行敏捷宣言和规模化敏捷框架（SAFe）的价值观和原则。

团队应用 Scrum、极限编程（XP)、看板和其他内建质量相关的实践。

- **专职的人员**——不论人员在职能组织中的汇报结构如何，敏捷发布火车（ART）上需要的大多数人员都是专注于该火车的全职人员。
- **面对面的 PI 计划会议**——敏捷发布火车（ART）通过定期的、大型面对面会议的方式来计划 PI 中的工作内容。
- **创新与计划（IP）**——IP 迭代为估算提供了一个保护带（缓冲时间)，为 PI 计划、创新、持续教育和基础设施构建等工作提供了专属时间。
- **检视与调整（I&A）**——在每个 PI 结束时会举行检视与调整活动，以演示和评估当前状态的解决方案。然后团队和管理层通过一个结构化的问题解决工作坊来找出改进项。
- **按节奏开发，按需求发布**——敏捷发布火车（ART）用节奏和同步来管理研发中固有的变异性。然而，发布通常是与开发节奏分离的。基于特定的管理模式和发布标准，ART 可以在任意时间发布一个解决方案，或者解决方案的某一部分。

此外，在更大的价值流中，多列敏捷发布火车进行协作，通过解决方案火车来构建更大的解决方案能力。在这种情况下，敏捷发布火车的利益相关者将参与到包括解决方案演示，PI 计划前和计划后会议等相关的解决方案火车的活动中。

组织结构

敏捷发布火车（ART）通常是虚拟组织，它包括定义和交付价值所需要的所有人员。这种组织形式打破了在实施 SAFe 之前，组织可能存在的传统职能筒仓（图 5.2-2）。

在传统的职能型组织结构中，开发人员与开发人员一起工作，测试人员与测试人员一起工作，架构师与系统工程师一起工作。虽然组织演变成这种工作方式是有原因的，然而，由于必须跨越所有的职能筒仓，在这种组织结构中价值是不容易流动的。管理者和项目经理必须每天深度介入，以促使各项工作在各个筒仓之间移动。因此，工作进展缓慢，也造成了工作交接和价值交付的延迟。

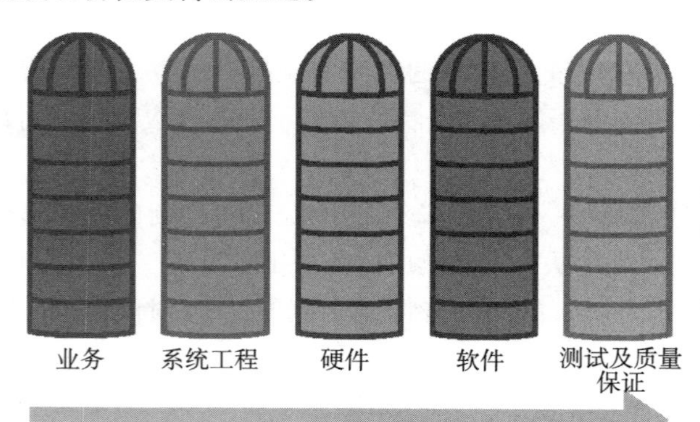
业务
系统工程
硬件
软件
测试及质量保证
• 筒仓间的交接和延迟阻碍了价值交付
• 政治边界妨碍了合作
• 筒仓促进了基于职能的位置分布
• 跨越筒仓的沟通非常困难
管理挑战：把筒仓连接起来

图 5.2-2　传统的职能型组织

相反，敏捷发布火车采用了系统思考的视角，构建了一个跨职能的组织，从而更好地促进从概念设想到部署上线的价值流动，如图 5.2-3 所示。综上所述，这是一个完全跨职能的组织，无论是实际的（ART 成为直接的组织汇报结构）还是虚拟的（职能汇报的结构不变），它都具备定义和交付价值所需要的所有人员和所有条件。敏捷发布火车是自组织和自管理的。这种方式创建了一个更加精简的组织，它不再需要传统的日常任务和项目管理工作。在这样的组织里，价值能够更快地流动并且运营成本降到最低。

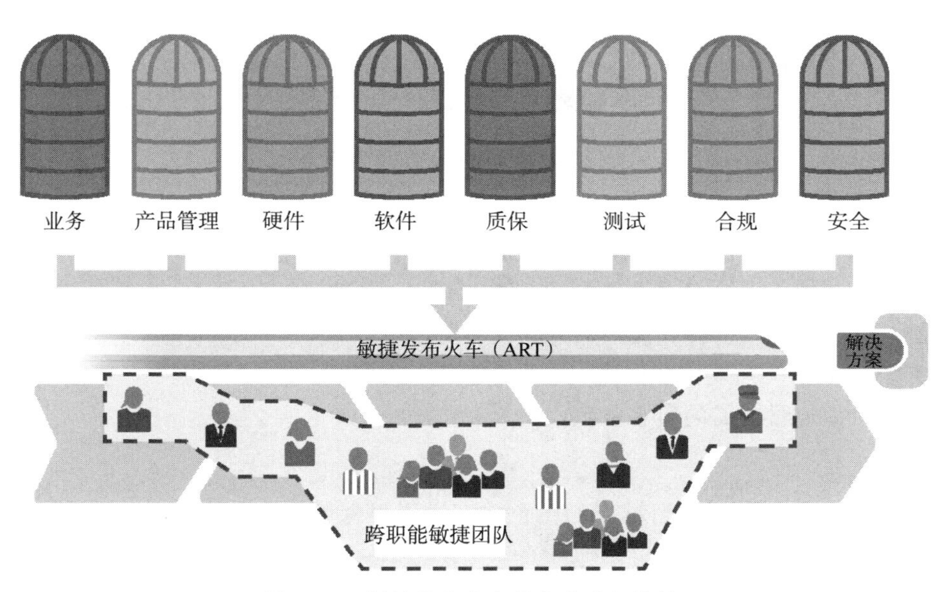

图 5.2-3　敏捷发布火车是完全跨职能的

敏捷团队为火车提供动力

敏捷发布火车（ART）包含多个能够定义、构建、测试特性和组件的敏捷团队。SAFe 中的敏捷团队可以选择合适的敏捷实践，主要基于 Scrum、XP 和看板方法。软件质量实践包括持续集成、测试先行、重构、结对编程和代码集体所有制。硬件质量由探索性的早期迭代、频繁的系统级集成、设计验证、建模、基于集合的设计等实践来支持。敏捷体系结构能够为软硬件质量提供支持。

每个敏捷团队包括 5 ～ 9 名专职的团队成员，涵盖了为迭代构建高质量的价值增量所需的所有角色。团队可以交付软件、硬件和任意相关组合。同样，敏捷发布火车上的敏捷团队也是跨职能的，如图 5.2-4 所示。

关键团队角色

每个敏捷团队都由专职成员组成，包含了为迭代构建高质量的价值增量所需的所有角色。大多数 SAFe 中的敏捷团队采用 ScrumXP 和看板方法相混合，具有三个 Scrum 的主要角色：

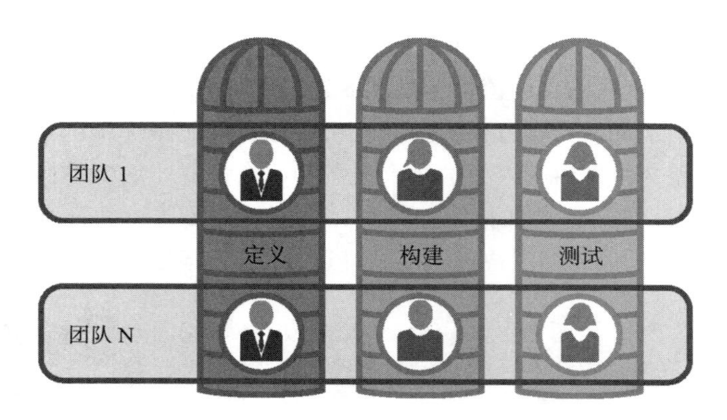

图 5.2-4　敏捷团队是跨职能的

- **Scrum Master**——Scrum Master 是敏捷团队的仆人式领导，负责引导团队会议、培育敏捷行为、帮助团队清除障碍以及维持团队的专注性。
- **产品负责人**——产品负责人负责维护团队的待办事项列表，代表客户回答团队的问题，排定工作项的优先级顺序，并与产品管理者协作，计划和交付解决方案。
- **开发团队**——开发团队由 3 ～ 9 名专职的成员组成，包含了在一个迭代中构建高质量的价值增量所需的所有角色。

关键项目群角色

敏捷团队之外，以下项目群层的角色将有助于确保敏捷发布火车的成功执行，如图 5 所示。

- **发布火车工程师**——仆人式领导者，负责引导项目群层的执行，移除障碍，管理风险和依赖，并推动持续改进。
- **产品管理者**——负责确定“到底要构建什么”，通过愿景、路线图以及项目群待办事项列表中的新特性来定义需求。产品管理者与客户和产品负责人一起工作，理解和沟通他们的需要，并参与解决方案的验证。
- **系统架构师 / 工程师**——为系统定义整体架构的个人或团队。这个角色在团队和组件之上的抽象层级进行工作，定义非功能性需求（NFR）、主要系统要素、子系统和接口。
- **业务负责人**——敏捷发布火车的关键利益相关者，为火车交付的业务结果负有最终责任。
- **客户**——解决方案的最终买家。

除了以上项目群层的关键角色，以下的职能团队对 ART 的成功起到重要的作用：

- **系统团队**——通常为构建和维护开发环境、持续集成环境、测试环境提供帮助。
- **共享服务**——由领域专家组成，如数据安全专家、信息架构师、数据库管理员（DBA）。他们对于 ART 的成功是必不可少的，但是无法专注于某个特定的火车。

- **发布管理者**——具有权威、知识和能力促进并批准发布活动。在很多情况下，发布管理者包括解决方案火车和敏捷发布火车的代表，以及来自营销、质量、精益投资组合管理、IT 服务管理、运营、部署、分发团队的代表。其成员也将积极参与范围管理。

按节奏开发

敏捷发布火车（ART）也解决了传统的敏捷开发会遇到的一个常见问题，即为同一个解决方案工作的几个团队是独立且异步运行的。这使得整个系统的例行集成变得非常困难。换句话说，“团队正在迭代（冲刺），但系统没有”。这就增加了延后发现问题所带来的风险，如图 5.2-5 所示。

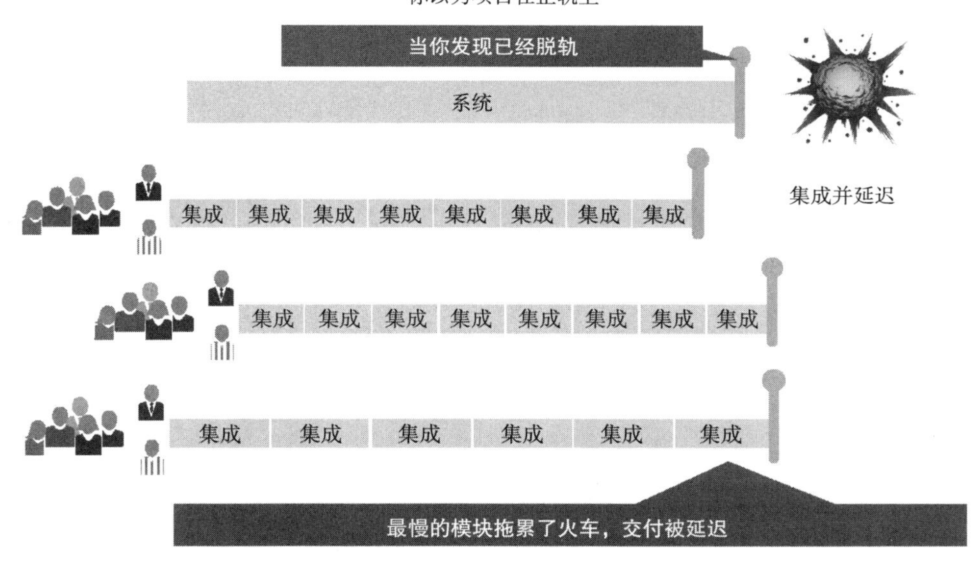

图 5.2-5 没有同步的敏捷开发

敏捷发布火车（ART）使用相同的节奏和同步机制来确保系统作为一个整体进行迭代（冲刺），如图 5.2-6 所示。

节奏和同步机制确保了关注的焦点始终放在整个系统的演进和客观评估上，而不是在系统的单个元素上。迭代结束时进行的系统演示也客观地证明了系统的进展情况。

ART 执行、DevOps，以及持续交付

敏捷发布火车（ART）每两周（发生在每个 PI 中）都会交付一个新的系统增量。该交付周期由持续交付流水线决定，流水线通常包括新特性的交付所需的工作流、活动和自动化。如图 5.2-7 所示，展示了这些过程在敏捷发布火车的 DevOps 能力支持下如何共同持续地进行。

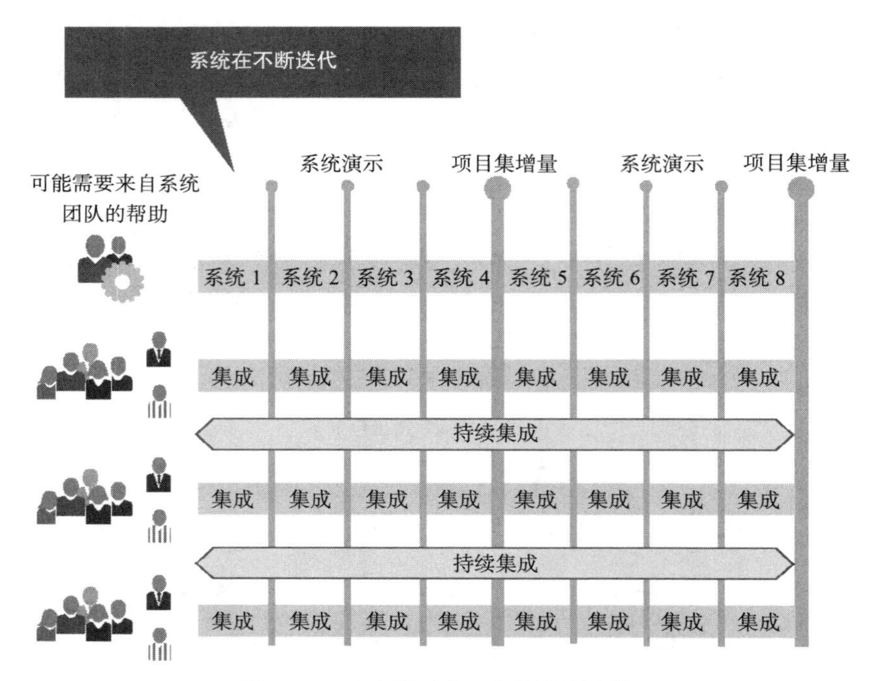

图 5.2-6　对齐的开发：系统持续迭代

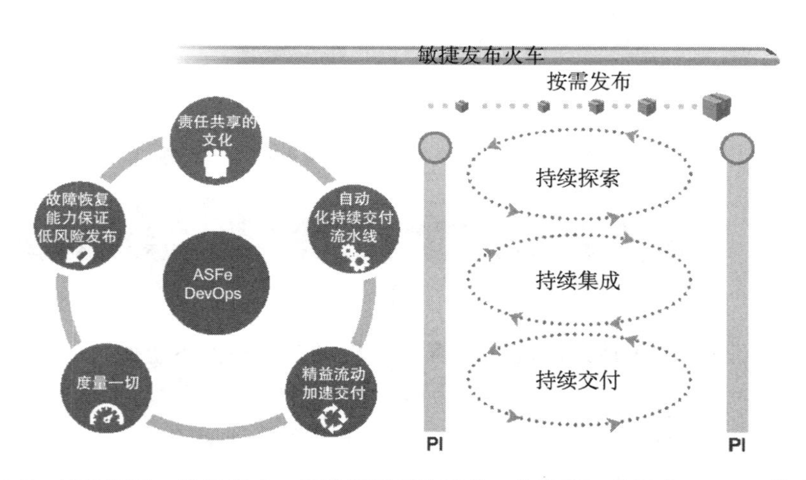

图 5.2-7　持续探索，持续集成，持续部署是持续的、并发的、并且由 DevOps 能力支持

每列敏捷发布火车（ART）都构建并维护一条流水线。该流水线具有尽可能独立交付解决方案所需的资产和技术。流水线上前三个元素互相协作以支持小批量的新特性交付，然后发布以满足市场的需求。

- **持续探索**——持续探索市场和用户需求，并定义愿景、路线图以及满足这些需求的特性集合的过程。

- **持续集成**——从项目群待办事项列表中获取特性，并在准生产环境中对其进行开发、测试、整合及验证以进行部署和发布准备的过程。
- **持续部署**——通过持续集成获取经过验证的特性并将其部署到生产环境中以进行发布的测试和准备过程。

持续交付流水线的开发和管理是由DevOps支持的，是每一个敏捷发布火车的一种能力。对于DevOps方法，SAFe使用缩写词CALMR来反映文化（Culture）、自动化（Automation）、精益流动（Lean flow）、度量（Measure）和恢复（Recovery）这几个方面。

系统中的流动通过项目群看板实现了可视化、管理和度量。

按需发布

发布是独立于开发节奏的。虽然有很多敏捷发布火车（ART）选择在PI的边界进行发布，然而更多的情况是，发布活动的发生独立于这个节奏。而且，对于较大型的系统，发布不是一个孤注一掷的事件，也就是说，解决方案的不同部分（如子系统、服务）可以在不同的时间发布。在5.15节将作更多介绍。

敏捷发布火车交付全部或部分价值流

敏捷发布火车的组成决定了哪些人将在一起进行计划和工作，以及火车将要交付哪些产品、服务、特性或组件。如何组建敏捷发布火车是SAFe的一门“艺术”。这个主题在5.5节中有更详尽的阐述，在2.5节和2.6节中也有部分涉及。

组建敏捷发布火车的主要考虑因素是团队规模，高效的敏捷发布火车通常包括50～125人。人数上限是基于“邓巴数”理论进行设置的，“邓巴数”指出了一个人可以与之形成有效交往和稳定社会关系的人数上限。下限的数量是基于经验观察得到的。当然，少于50人的火车依然可以非常高效，并且在协调敏捷团队方面提供了许多优于传统敏捷实践的方法。

在规模受限制的情况下，敏捷发布火车可以有两种主要的组织形式（图5.2-8）：

- 多个小型的价值流可以在一列敏捷发布火车中实现
- 大型价值流需要由多列敏捷发布火车共同实现

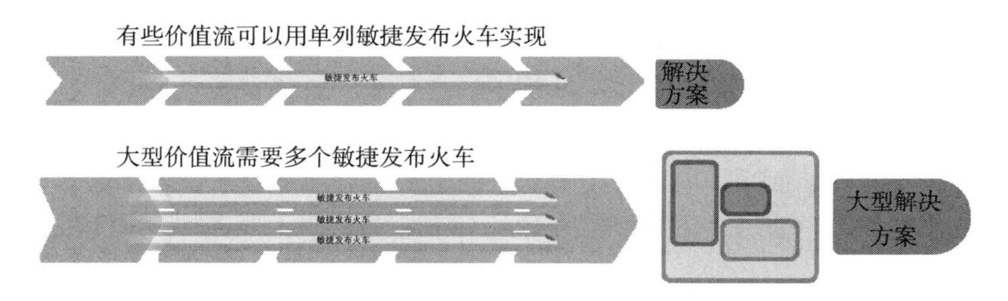

图5.2-8 敏捷发布火车实现所有或部分价值流

在后一种情况下，企业应用大规模解决方案层的元素和实践创建解决方案火车，以帮助协调多个敏捷发布火车及供应商的产出，从而能够交付世界级的大型系统。

参考资料

[1] Knaster, Richard, and Dean Leffingwell. *SAFe Distilled: Applying the Scaled Agile Framework for Lean Software and Systems Engineering*. Addison-Wesley, 2017.

[2] Leffingwell, Dean. *Agile Software Requirements: Lean Requirements Practices for Teams, Programs, and the Enterprise*. Addison-Wesley, 2011.

[3] Leffingwell, Dean. *Scaling Software Agility: Best Practices for Large Enterprises*. Addison-Wesley, 2007.

5.3 业务负责人

很难想象有比把决策交给那些不会为错误付出任何代价的人更加愚蠢、更加危险的决策方式。

——托马斯·索维尔（Thomas Sowell）

摘要

在 SAFe 中，业务负责人是一个小团队，他们对敏捷发布火车（ART）所交付解决方案的治理、合规以及投资回报率（ROI）负有商业和技术上的首要职责。他们是敏捷发布火车的关键利益相关者，需要积极参与 ART 的某些活动并评估其适用性。

可以用如下问题识别业务负责人：

- 谁对业务产出负有终极职责？
- 谁能够驱动敏捷发布火车开发正确的解决方案？
- 谁可以影响解决方案现在及将来所需要的技术能力？谁应该参与计划、帮助消除障碍，并且能够作为研发、业务和客户的代言人？
- 谁能够批准并且捍卫项目群增量（PI）计划，理解它不可能让每个人都满意？
- 谁可以帮助协调公司内的其他部门和组织？

对这些问题的回答可以识别业务负责人，他们将在敏捷发布火车交付价值过程中发挥关键作用。业务负责人在 PI 计划中有特定职责：他们参与使命设定、计划制定、计划草案评审、管理评审和问题解决。他们把为 PI 目标分配业务价值，并最终批准 PI 计划。并且，在 PI 计划活动之后，他们并不会消失：业务负责人的积极的持续参与是每一列火车成功的决定性因素。

详述

自管理、自组织的敏捷团队和敏捷发布火车对于 SAFe 的成功至关重要。这引发了管理思想中的一个显著变化。管理者不再需要直接通过分配任务和活动，来管理新产品的开发。相反，他们通过使命和愿景展现领导力，通过教练和技能提升帮助团队，很大程度上把执行的权力下放到 ART 的成员身上。然而，精益 – 敏捷工作方式的转型，并没有消除管理者最终需要承担的职责，他仍然对组织及人员成长、卓越运营和业务成果负责。

为了达成这一目标，SAFe 定义了业务负责人的职责。业务负责人是引导 ART 产出正确成果的关键管理者。SAFe 建议的活动使业务负责人能够履行对企业的义务，同时也授权团队做出最好的成绩。业务负责人是精益 – 敏捷的领导者，他们共同担负特定的敏捷发布火车价值交付的责任。他们负责理解企业的战略主题，并给予火车一定的影响。他们拥有当前企业业务背景和价值流背景的知识，并参与驱动和评审项目群愿景和产品路线图的制定。

责任

一个高效的业务负责人必须积极、持续地参与 ART 运作，只有这样他们才能履行他们的责任。下文从 PI 的执行和增量开发的角度描述其主要责任。

PI 计划之前

对于业务负责人来说，PI 计划之前比较忙碌，因为他们将会：

- 尽量参加 PI 计划前会议。
- 理解和帮助确保业务目标被火车的关键利益相关者理解并同意，利益相关者包括发布火车工程师（RTE）、产品经理和系统架构师。
- 准备业务背景的介绍，包括里程碑和重大外部依赖关系，例如供应商依赖。

PI 计划中

业务负责人在 PI 计划的作用至关重要，他们将会：

- 在规定的 PI 计划议程的时间盒里提供业务背景下的相关要素。
- 参与某些关键活动，包括愿景展示、评审计划草案、分配最终业务价值到 PI 目标上、批准最终计划。
- 在以下方面发挥关键作用，包括评审计划草案，理解整体计划蓝图，理解这些计划作为一个整体是否可以支持当前业务目标。
- 关注重大的外部承诺和依赖关系。
- 在计划期间积极沟通，将业务优先级传达给团队，并协调利益相关者之间的关系，从而确保与火车的关键目标保持一致。
- 参与管理者评审和解决问题的会议。评审和调整范围，在必要时做出权衡取舍。

分配业务价值

为了在 PI 计划期间分配业务价值，团队需要和最重要的利益相关者也即业务负责人，进行非常重要的面对面对话。这是发展敏捷团队和业务负责人之间关系，识别共同的关注点并基于此建立相互的承诺，并且更好地了解真正业务目标和它们相关价值的机会。如图 5.3-1 所示，是一个示例。

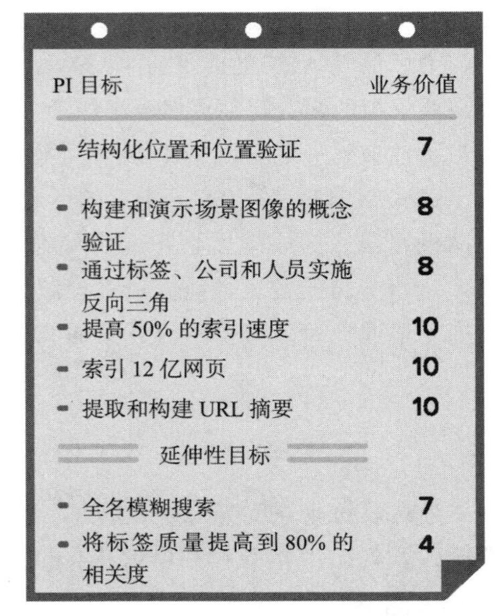

PI 目标
业务价值
结构化位置和位置验证 7
构建和演示场景图像的概念验证 8
通过标签、公司和人员实施反向三角 8
提高 50% 的索引速度 10
索引 12 亿网页 10
提取和构建 URL 摘要 10
延伸性目标
全名模糊搜索 7
将标签质量提高到 80% 的相关度 4

图 5.3-1 团队根据业务价值排列 PI 目标的示例

在分配业务价值的过程中，业务负责人通常会将面向用户的特性排在最高优先级。然而业务负责人也应该邀请技术专家，这些专家了解架构及其他会增加团队产出未来业务价值的速度的因素。对使能赋予业务价值，可以帮助提高团队产出的最终速度，并且支持合理的技术挑战。

PI 计划之后的道路必然是曲折的，所以对目标的业务价值进行排序可以为团队提供进行权衡取舍和小范围调整的依据，这有利于团队交付最大化的业务收益。这些数字也是确定 PI 的可预测性的一个度量指标，这是项目群绩效和可靠性的一个关键度量指标。

在检视和调整中

检视和调整工作坊是一个较大规模的、基于节奏的机会，ART 成员借此契机聚集在一起来反映和解决他们面临的系统性的障碍。如果没有业务负责人的帮助，很多障碍是无法解决的。在工作坊期间，业务负责人帮助评估实际实现的业务价值（与原计划相比），并且在此之后参与问题解决工作坊。

在 PI 执行中

业务负责人的工作并不会因为 PI 计划的完成而结束，他们还会继续承担帮助 PI 成功的责任，在此阶段业务负责人的职责包括：

- 积极参与正在执行的、达成一致的开发活动，来维持业务和开发的对齐，因为优先级和范围的变更是无法避免的。
- 帮助验证项目群史诗最小可用产品（MVP）的定义，基于 MVP 的交付情况指引“调头还是继续”的决定。
- 参与系统演示来检查进度并提供反馈。
- 适当参加敏捷团队迭代计划和迭代回顾会议。
- 参与发布管理，重点关注范围管理、质量、部署方案、发布和市场方面的考虑。

其他责任

除了上述描述的内容外，业务负责人可能还承担另外一些责任，包括：

- 参与解决方案演示，并针对 ART 构建的能力和子系统提供反馈。
- 积极排除障碍，特别是那些超出了火车上关键利益相关者权力范围之外的障碍。
- 参与解决方案火车的 PI 计划前 /PI 计划后会议，并且辅助 ART 在需要时调整其 PI 计划。
- 在某些情况下，参与精益投资组合管理，产品管理和系统架构建设，在适当的时候作为史诗负责人。
- 帮助驱动持续交付管道的投资，提升 ART 的响应能力和质量。
- 帮助打破壁垒，促成开发和维护团队的协作，创建基于责任共享的 DevOps 文化。

业务负责人的积极参与是火车成功的关键，这一点怎么强调都不过分。

5.4 产品和解决方案管理

去中心化的决策。

—— SAFe 原则 #9

摘要

产品管理者负责项目群待办事项列表的内容。 他们负责识别客户需要、确定特性的优先级顺序、通过项目群看板指导项目群工作，并制定项目群愿景和路线图。

解决方案管理者负责解决方案待办事项列表的内容。他们与客户合作并了解他们的需要，确定能力的优先级顺序、创建解决方案愿景和路线图、定义需求，并通过解决方案看板指导解决方案层的工作。

本节描述了产品经理和解决方案经理在 SAFe 中扮演的角色。尽管这两个角色在很多方面都很相似，但他们在管理过程中关注在 SAFe 框架的两个不同层级。

详述

精益企业专注于以最高的质量和最短的可持续前置时间，向客户交付正确的解决方案。这需要对内容拥有明确权威的人负责持续的需求定义、优先级排序和验证。 产品和解决方案管理者在工作上跟开发紧密配合，在较短的、集成的学习周期内，把客户的声音带给开发人员，也把开发人员的反馈传递给客户。

遵循原则 # 9——去中心化的决策，SAFe 设计了一个三层的内容权威阶梯：

1. **团队层**——产品负责人代表敏捷团队快速做出本地内容决策。
2. **项目群层**——产品管理者负责敏捷发布火车（ART）的内容决策。
3. **大型解决方案层**——解决方案管理者负责解决方案火车的内容决策。

产品管理者和解决方案管理者用加权最短作业优先（WSJF）的方法对工作进行优先级排序，通过产品路线图对发布进行排期，确认客户的回应，并提供快速反馈。

内容管理的一种精益 – 敏捷方法

SAFe 里所描述的“内容”，在传统意义上被视为市场需求文档（MRD）、产品需求文档（PRD），以及系统及软件规格说明书（SRS）。

在传统开发中，这些规格文档往往需要预先创建，并期待在解决方案开发之前能确定所有的需求。然而，这种方法很少有成功的，所以它的缺点也成为应用精益和敏捷实践的重要驱动力。

现在我们理解到关于系统需求、设计和架构一切相关的假设都需要通过实际的开发、测试和实验进行确认，此外，敏捷团队必须乐于接受那些能被快速反馈至解决方案的逐渐浮现的知识（参考资料 [1]）。在 SAFe 中，持续探索是这样一个过程：它被用来探索市场和用户的需要，并用以定义愿景、路线图，以及满足这些需要的特性和能力。

表 5.4-1 精益 – 敏捷企业中产品和解决方案管理行为的变化

责任	传统模式	敏捷
理解客户需要	事先且不连续	持续与客户交互，客户是价值流的一部分。其他技术包括客户访问、现场走访（Gemba walks）、启发（例如，访谈和问卷调查、头脑风暴、行业研究和市场调查）
用文档描述需求	完整的文档阐述，通过文档进行交接	愿景的概要描述，持续精炼产品和解决方案待办事项列表，与敏捷团队非正式的面对面沟通
进度表	项目之初创建的硬性承诺的路线图和里程碑	连续的近期路线图
需求的优先级排序	完全没有，或者也许只有一次。需求经常以文档的方式存在	每个项目群增量 (PI) 的边界都通过加权最短作业优先（WSJF）重新排序，持续地进行范围分类
验证需求	不适用。传统上是质量保障（QA）的职责	重要环节，在迭代和项目群增量的系统演示中进行，确认接收标准，理解需求的合用程度
管理交付进度表	通常是一次性的，预先确定	频繁发布，在任何有足够价值的时候都可以进行
管理变更	避免变更——每周开变更控制会议	拥抱变更，在项目群增量和迭代边界进行调整

正如在 7.10 节中所述，解决方案中有些需求易于理解且在项目之初便可确定，而其他内容则灵活多变且只能在产品开发过程中逐渐被理解。管理这种动态的新范式正是产品和解决方案管理者的主要职责。精益企业必须以一种更敏捷的方式履行这些职责，如表 5.4-1 所示。

产品管理者的责任

以下描述了在单个敏捷发布火车（ART）环境中产品管理者的主要职责。稍后对解决方案管理者的职责进行描述。

- **理解客户需要并确认解决方案**——产品管理者在敏捷发布火车中代表客户的声音，并与客户（以及产品负责人）一起工作，持续理解和沟通他们对于将要实现的解决方案的需求，并参与验证解决方案。
- **理解并支持投资组合工作**——投资组合是每列敏捷发布火车的生存环境，所以产品管理者有责任去理解下一个财务周期的预算情况，理解战略主题如何影响战略方向，并和史诗责任人一起工作，为影响其敏捷发布火车的史诗编写精益业务论证。
- **制订并沟通项目群愿景和路线图**——产品管理者持续地与开发团队保持沟通，开发愿景并定义系统的特性。产品管理者与系统和解决方案架构师/工程师协作定义和维护非功能性需求（NFR），以帮助确保解决方案满足相关的标准和其他的系统质量需求。产品管理者负责产品路线图，作为将要实现的系统特性的高层描述。
- **管理并为工作流排定优先级**——产品管理者通过项目群看板和待办事项列表对工作流进行管理。产品管理者还需要确保待办事项列表里总是有足够数量的就绪的特性等待开发。例如，为了准备就绪，他们制订特性接收标准，开发特性时据此满足其完成定义（DoD）。因为审慎明智地对特性进行选择和排序是每列敏捷发布火车关键的经济驱动，所以待办事项列表在每个项目群增量（PI）计划会议之前，都会通过WSJF的方法进行优先级的重新排序。
- **参与PI计划会议**——在每个项目群增量计划会议期间，产品管理者通过阐述愿景强调解决方案里需要实现的特性，以及相关的即将到来的里程碑。他们也通常作为业务负责人参与火车，此时其职责是批准项目群增量目标和建立业务价值。
- **定义发布和项目群增量**——作为“内容”的负责人，意味着产品管理者在很大程度上也对发布的定义负责，包括新特性、架构和技术债务的分配。这可以通过一系列的项目群增量和发布来完成，而它们的定义和业务目标也由产品管理者来确定。在恰当的时候，产品管理者将会和发布管理人员协作，一起决定何时才能产生足够的价值，并向客户进行有用的发布。
- **与系统架构师/工程师协作以理解使能工作**——尽管产品管理者并不会驱动技术决策，但他们要理解即将到来的使能工作的范围，并与系统架构师/工程师一起工作，辅助决策制订并对业务承载新功能的关键技术基础设施进行排序。这经常通过建立容量分配来完成，参见5.7节的描述。
- **参与演示、检视和调整（I&A）事件**——产品管理者需要积极参与每两周进行一次的系统演示，包括项目群增量结束时的最终系统演示。产品管理者还会参与度量的评估，包括对实际达成的业务价值的评估，并与计划对比。他们也需要积极参与检视和调整工作坊。
- **组建高效的产品经理/产品负责人团队**——尽管产品经理和产品责任人的角色可能汇报给不同的组织，但是组建一个高效的产品经理/产品负责人团队是高效开发的关键。如果一支团队总能高质量地进行任务交付并履行自己的承诺，就会成为高效能团队，如果大家成为高效能团队的一员，大家也会产生极大的职业满足感。

产品管理者参与大型价值流工作

上文强调了单列敏捷发布火车环境中的产品管理者，而对于那些需要多列敏捷发布火车的大型解决方案团队而言，产品管理者还有以下额外职责：

- **与解决方案管理者协同工作**——在大型解决方案层级，解决方案管理者扮演了类似的角色，但他们的关注点在解决方案的能力上。最终，构建有效解决方案的能力取决于这两个角色的协作效果。这种协同工作，涵盖了参与解决方案待办事项列表的梳理和优先级排序，并根据相应场景把能力拆分成特性和非功能性需求。
- **参与项目群增量计划前、后会议**——产品管理者也要参与项目群增量计划前会议，与解决方案火车的利益相关者一起为即将到来的 PI 计划会议定义输入、里程碑和高层目标。在项目群增量计划后会议中，产品管理者帮助把计划会议中要点汇总成意见统一的解决方案 PI 目标。
- **参与解决方案演示**——产品管理者参与解决方案演示，通常会演示他们所在敏捷发布火车中完成的能力，他们也会评审其他敏捷发布火车所做的贡献。产品管理者总是会从系统的视角，审视是否与目标保持一致。
- **与发布管理者协同工作**——在大型系统里，发布管理者也扮演者重要的角色。产品管理者与关键的利益相关者进行合作，涉及进度、预算、发布策略和解决方案元素可发布性等各个方面 。

解决方案管理者的责任

解决方案管理者扮演着和产品管理者类似的角色，但他们工作在大型解决方案层级，并且负责能力而不是特性的内容。职责包括与投资组合利益相关者、客户、相关敏捷发布火车和解决方案火车一起工作，以便理解需要，构建和管理解决方案待办事项优先级。 解决方案管理者们具有相似的愿景、路线图、解决方案看板和解决方案演示活动。

解决方案管理者、解决方案火车工程师和解决方案架构师 / 工程师组成了关键的三驾马车，为解决方案的成功分担很多职责。他们还负责解决方案意图，解决方案意图捕获和记录了确定和变化的解决方案层面的行为。根据需要，解决方案管理者也会与发布管理者进行协作。

解决方案管理者在 PI 计划前、后会议，大型解决方案检视和调整工作坊中扮演着至关重要的角色。他们也与供应商进行协作，确保供应商正确理解了他们需要交付的需求，并协助相关内容在概念层面的整合。

参考资料

[1] Ries, Eric. *The Lean Startup: How Today's Entrepreneurs Use Continuous Innovation to Create Radically Successful Businesses*. Crown Business, 2011.

[2] Leffingwell, Dean. *Agile Software Requirements: Lean Requirements Practices for Teams, Programs, and the Enterprise*. Addison-Wesley, 2011.

5.5 发布火车工程师和解决方案火车工程师

为属于别人的问题负责，是对我们自身权力的一种滥用。

——Peter Block

摘要

发布火车工程师（RTE）是敏捷发布火车（ART）的仆人式领导和教练，其主要职责是引导敏捷发布火车（ART）事件和流程，协助团队交付价值。发布火车工程师（RTE）还与利益相关者沟通，升级处理阻挠团队开发的问题，管理风险，并促进坚持不懈地改进。

解决方案火车上有相似角色解决方案火车工程师（STE）；其职责是促进和指导所有敏捷发布火车（ART）和价值流中的供应商。

虽然敏捷发布火车（ART）和解决方案火车都是由自组织、自管理的团队构成，但火车并不能自动驾驶。驾驶火车的职责由发布火车工程师（RTE）或解决方案火车工程师（STE）承担。他们作为仆人式领导的时候能够发挥最大的作用。他们深刻理解规模化背景下的精益和敏捷，理解在引导和对齐大型开发项目群时，所面临的特有的挑战和机会。

详述

RTE 和 STE 负责引导敏捷发布火车和解决方案火车中的流程和执行。他们向上汇报所出现的障碍、管理风险，并帮助确保价值交付和驱动坚持不懈的改进。他们也会参与组织的精益 - 敏捷转型，也会在新的流程和理念下，对领导层、团队和 Scrum Master 进行教练辅导，以及帮助企业采用 SAFe 框架，并对相关实践进行标准化和形成文档。

责任

RTE 和 STE 通常会履行以下的职责：

- 通过各种项目群管理工具对 ART 和解决方案火车进行管理和优化，例如使用项目群和解决方案火车看板以及信息雷达。
- 创建和沟通用于迭代和项目群增量（PI）的年度日程表。
- 通过促进愿景和待办事项列表的准备，以及利用 PI 计划前、后会议等活动来促进 PI

计划会议的准备工作。
- 引导实施 PI 计划会议。
- （RTE）把各团队的 PI 目标整合到项目群的 PI 目标中，并发布它们以保证透明及可视化。
- （STE）把项目群的 PI 目标整合到解决方案火车的 PI 目标中，并发布它们以保证透明及可视化。
- 协助跟踪和执行特性 / 能力（参考 6.1 节）。
- 引导周期性的同步会议，包括基于项目群层级的 ART 同步会议和基于解决方案火车层级的价值流同步会议。
- 引导团队对特性和能力的估算，汇聚为史诗的估算，以协助团队基于经济考量进行决策。
- 在精益 – 敏捷实践和理念下，对领导层、团队和 Scrum Master 进行教练辅导。
- 协助管理风险和依赖关系。
- 升级和跟踪障碍。
- 为资源投入提供输入信息，来解决关键瓶颈问题。
- 鼓励敏捷团队与系统和解决方案架构师、工程师之间的协作。
- 与产品和解决方案管理者、产品所有者、以及其他利益相关者共同合作，以确保组织战略与实施的一致性。
- 采用持续交付流水线和 DevOps 提升价值的流动。
- 协助推动精益用户体验（UX）创新循环。
- 向精益投资组合管理组织（LPM）提供状态报告及支持相关活动。
- 理解和运作精益预算。
- 引导系统演示和解决方案演示。
- 通过检视和调整（I&A）工作坊驱动坚持不懈地改进，评估 ART 和解决方案火车的敏捷程度并协助改进。
- 培育实践社区（CoP），促进工程实践和内建质量实践的使用。

汇报结构

在 SAFe 框架中没有明确规定汇报的结构，但通常 RTE 和 STE 会向企业中的开发组织或敏捷项目群管理办公室（APMO）进行汇报。APMO 在 SAFe 框架中被认为是精益投资组合管理（LPM）的一部分。相比之下，已经存在 PMO 组织的企业通常会由项目群经理充当此角色。

RTE 和 STE 是仆人式领导

尽管新的 RTE 和 STE 通常具备履行其职责的组织能力，但他们需要学习并采用精益 – 敏捷理念。而且，他们可能需要从直接指导和管理各项活动转变为仆人式领导。仆人式领导是一种领导的哲学，这种领导哲学蕴含了对于人员、工作、社区精神这些特质的全面深入理解（参考资料 [1]）。RTE 和 STE 的工作焦点是对各个敏捷团队、敏捷发布火车（ART）和解决方案火车提供必要的支持以使其自组织和自管理。仆人式领导风格的特点包括：

- 在各团队识别问题和进行决策的过程中耐心倾听并提供支持。
- 创建一个相互影响的协作环境。
- 理解团队其他成员并与之共情。
- 鼓励和支持团队成员的个人发展，以及团队的整体发展。
- 通过强有力的问题教练他人，而不是采用命令式的强迫执行。
- 突破日常活动的约束来考虑问题，运用系统思考。
- 对团队的承诺提供支持。
- 在与他人的协作中，始终保持开放和欣赏的心态。

正如仆人式领导之父 Robert Greenleaf 所言，"好的领导首先应该是一个好的服务者。"与精益投资组合管理向精益–敏捷模式转变时必须遵守的若干指导原则相类似，从传统的领导风格向仆人式领导风格转变时，同样存在一些指导实践的原则，它们包括：

- 从协调团队的具体活动及其结果，转变为教练团队内部和团队之间如何进行协作。
- 从针对完成期限的管理，转变为针对目标的管理。
- 从直接驱动产出特定的交付物，转变为专注于项目群的整体绩效。
- 从"我知道答案"，转变为让团队寻找答案。
- 从指示方向，转变为让团队在自组织过程中找到他们自己的节奏。
- 从自己解决问题，转变为帮助他人去自行解决问题。

参考资料

[1] See the article on Servant Leadership at http://en.wikipedia.org/wiki/Servant_leadership.

[2] Leffingwell, Dean. *Agile Software Requirements: Lean Requirements Practices for Teams, Programs, and the Enterprise.* Addison-Wesley, 2011.

[3] Trompenaars, Fons, and Ed Voerman. *Servant-Leadership across Cultures: Harnessing the Strengths of the World's Most Powerful Management Philosophy.* McGraw-Hill, 2009.

5.6 系统和解决方案架构师 / 工程师

工程师是一个伟大的职业。先是在纸上描绘头脑中想象的事物，然后在石头、金属或某种能量上实现，然后被人们带回家里，并改变了原有的生活使之变得更加舒适，这就是工程师专有的荣耀。

——赫伯特·胡佛（Herbert Hoover）

摘要

系统和解决方案架构师 / 工程师角色由一个人或一个小型团队担任，这个角色为开发中的解决方案提供共同的技术和架构愿景。在与敏捷发布火车（ART）和解决方案火车紧密合作的过程中，他们参与确定系统、子系统和接口；验证技术假设；评估替代方案。

这些个人或多技能团队在解决方案开发过程中采用“系统视角”（参考 SAFe 精益 – 敏捷原则 #2）。他们通过分析技术得失、确定主要的组件和子系统，以及定义接口以及接口间的协作，来参与定义高层的功能性和非功能性需求（NFR）。他们清楚解决方案环境，并且与团队、客户和供应商一起工作来确保实现目标。

通过与解决方案和产品所有者的协作，架构师 / 工程师是确保团队保持正确的技术方向以完成愿景和路线图的关键角色。他们也是了解大规模解决方案开发复杂性的精益—敏捷领导者，并能够应用精益—敏捷原则和实践来应对复杂性。

详述

架构师 / 工程师通过提供、沟通和演进解决方案的宏观技术和架构来支持解决方案的开发。

在项目群层和大型解决方案层，都会存在架构师 / 工程师团队。系统架构师 / 工程师通常工作在敏捷发布火车上，他们与敏捷团队一同工作并对敏捷发布火车范围内的子系统和技能领域提供技术支持。解决方案架构师 / 工程师团队则领导整个解决方案的架构能力发展。

两个层面上的架构师 / 工程师与业务人员、团队、客户、供应商，以及第三方利益相关者紧密合作以定义技术基础设施，把复杂系统分解为组件和子系统，定义子系统之间的接口，以及定义解决方案与解决方案环境之间的接口。

除了提供解决方案架构的全景之外，架构师 / 工程师还会对实现价值的具体开发人员进行赋能，使其能够自主决策，从而加速工作流动并达成更好的经济价值。

责任

架构师和系统工程师团队是精益—敏捷的领导者，其典型的职责如下：

- 参与解决方案的计划、定义和概要设计，并研究可选的解决方案。
- 积极参与持续交付流水线中持续探索部分，尤其要关注使能史诗。
- 定义子系统及其接口，分配子系统的职责，理解解决方案的部署，并沟通与解决方案上下文交互的需求。
- 与客户、利益相关者、供应商一起确定概要的解决方案意图，帮助建立解决方案意图的信息模型和存储方式。
- 确定解决方案层面的关键非功能性需求（NFR），并参与其他非功能性需求（NFR）的定义。

- 在经济框架内，验证设计决策的经济影响。
- 与投资组合利益相关者（特别是企业架构师）一同参与企业级使能史诗的酝酿、分析、拆分和实现。
- 参与项目群增量（PI）计划会议，PI 计划前、后会议，系统和解决方案演示，检视和调整（I&A）活动。
- 定义、研究敏捷发布火车和解决方案火车使能并支持其实现，从而演进解决方案意图；直接参与敏捷团队合作以实现这些使能。
- 计划和设计架构跑道，从而为近期的业务特性和能力提供支持。
- 参与产品和解决方案管理以决定使能工作的容量分配。
- 为项目群和解决方案看板提供技术 / 工程方面的支持。
- 提供总览和促进内建质量。

SAFe 里两种角色的由来

系统架构师角色

架构师经常参与软件开发工作，这个职能是 SAFe 的一部分。 架构师在项目群和大型解决方案层级工作，其角色将不再仅限于软件领域。他们承担了在技术纷繁、领域复杂的解决方案环境中促进价值交付的职责。

系统工程师角色

企业在构建信息物理系统（例如，嵌入式系统）时，是需要依赖于系统工程师团队的，他们是一组进行解决方案开发的系统工程人员。系统工程师团队通常具备多种职能，包括硬件、电子电气、机械、水力、光学和复杂解决方案中其他层面的学科，当然也包括软件在内。国际系统工程学会（参考资料 [1]）是这样定义系统工程的：

“……一个跨学科的可以促进系统成功实现的途径和手段。它专注于在开发初期定义客户需要和功能需求，通过文档记录需求，然后进行设计综合和系统验证，同时考虑问题的全貌，包括运营、性能、测试、制造、成本和时间、培训和支持，以及销毁处理方式。系统工程师将所有的学科和专业集成到团队的工作中，形成从概念到产品再到运维的结构化开发流程。系统工程考虑了所有用户的业务和技术需求，目标是提供一个满足用户需要的高品质产品。”

一个更加精益的方法

如果没有软件架构师和系统工程师的角色，是无法构建复杂的解决方案的。然而需要注意的是，传统方法通常会强烈倾向于阶段门限法、单点解决方案、大量前期设计（BDUF）等方法。这种偏好是可以理解的，因为这些解决方案都是大型系统，必须有人知道应该如何着手构建这些系统，大量前期设计（BDUF）在当时是最有效的模型。

正如在 SAFe 精益 – 敏捷原则所描述的，大量前期设计（BDUF）方法不支持产品开发流，它不能带来最好的经济收益。相比之下，SAFe 认为软件架构师和系统工程师是对持续产品开发流具有使能职能的。在精益 – 敏捷理念中，这些角色专注于频繁的跨学科合作，快速的增量式系统构建，反馈驱动的学习周期，了解和利用产品开发构成中内在差异，以及去中心化的控制。

在 7.11 节阐述了从传统的阶段门限治理模式到精益 – 敏捷流程的转变，这个转变使“流动”式开发成为可能的同时，应该满足监管和合规问题。

去中心化的决策

设计决策依影响程度、紧急程度、发生频度等方面的不同而存在显著的差异。这种多样性说明我们应该在集中决策和去中心化决策之间维持一个平衡（SAFe 原则 #9，去中心化的决策）。对于系统设计，这有双重意味：

- 某些大规模的架构决策应该是集中进行的。这包括定义主系统目标、子系统和接口、子系统功能分配、公用平台的选择、定义解决方案层的非功能性需求、去除冗余。
- 除以上之外，其余大部分设计决策是敏捷团队的责任。敏捷团队必须平衡浮现式设计和意图架构设计（参见 9.1 节）。

系统设计有赖于频繁的协作，不论是非正式的持续的面对面讨论，还是更加规范的形式，比如借助 PI 计划会议、系统和解决方案演示、检视和调整工作坊，以及规格说明研讨会等。

无论如何，架构师 / 工程师都会展现出他们精益 — 敏捷领导者的特性：

1. 他们与工程师和相关领域专家合作，并赋予他们进行决策的能力和权力
2. 他们在设计相关的领域中培养团队成员，引领技术实践社区，促进跨火车的实践者交流
3. 他们在系统设计领域中践行精益 – 敏捷的原则，例如引入基于集合的设计（SBD）

一种经验主义的方法

此外，解决方案开发过程的成功取决于组织从经验中学习的能力。这种范式可以挑战传统思维模式，传统思维模式支持详细的、基于推理但是未经验证的早期假设和实施策略。在存在相反证据的情况下，负责初始设计的人倾向于为解决方案辩护并忽视证据。

精益 — 敏捷的架构师 / 工程师信念坚定地认为，如果设计有问题，那问题就是设计本身，而不是当初的设计人员。没有人能够预见新的知识，这毕竟是研究和开发，大家在共同学习。以下行为可以促进这种信念：

- 基于事实的管理，依赖频繁的集成和客观的数据。
- 持续探索使能的替代方案以支持史诗的最小可行产品（MVP）中包含的最小可市场化功能（MMF）。
- 基于集合的设计（SBD）——针对一个问题考虑一系列可能的解决方案，而不是过早

选定唯一方法。

- 以验证技术和业务假设为目的，计划和执行学习里程碑。
- 倾向于考虑经济效益的决策。与业务利益相关者进行合作，坚持在系统架构能力和持续的经济收益之间取得权衡。

参考资料

[1] International Council on Systems Engineering. “What Is Systems Engineering?” http://www.incose.org/AboutSE/WhatIsSE.

[2] Leffingwell, Dean. *Agile Software Requirements: Lean Requirements Practices for Teams, Programs, and the Enterprise.* Addison-Wesley, 2011.

5.7 项目群和解决方案待办事项列表

关注的重点应该落在为什么要做这件事情上。

——W. 爱德华兹·戴明（W. Edwards Deming）

摘要

项目群待办事项列表是一个存放将要实现的特性的列表，这些特性用来实现敏捷发布火车（ART）的用户需要并产生业务收益。此列表也包括使能，用于构建架构跑道。

解决方案待办事项列表是一个存放将要实现的能力和使能的列表，每一项可能需要多个 ART 来实现，用以推进解决方案和架构跑道构建。

产品管理者负责项目群待办事项列表，而解决方案管理者负责解决方案待办事项列表。待办事项列表中的条目是由不同的利益相关者，如客户、业务负责人、产品管理者、产品负责人、系统和解决方案架构师 / 工程师等调研和协作的结果。

项目群和解决方案待办事项列表中的条目分别由项目群看板系统和解决方案看板系统管理。当高优先级的特性和能力被充分阐述并经过审批后，会经历“漏斗”和“分析”状态，被移入“待办事项列表”。这些条目与列表中的其他事项相比较而确定优先级，然后等待实现。

使用加权最短作业优先（WSJF）方法有效地识别、细化、调整优先级，以及排序待办事项列表条目是解决方案获得经济上成功的关键。因为待办事项列表既包含新的业务功能，又包含必要的扩展架构跑道所需的使能工作，所以可以使用“容量分配”的方法来兼顾短期和长期的价值交付，并同时保证足够的速度与质量 .

详述

项目群和解决方案待办事项列表中存放了所有即将发生的影响解决方案的工作。产品和解决方案管理者对项目群和解决方案待办事项列表进行相应的开发、维护和调整优先级等工作。本质上，待办事项列表是一个短期存放区域，用来存放流经项目群和解决方案看板并被批准的特性和能力。待办事项列表中的条目使用故事点进行估算，如图 5.7-1 所示。

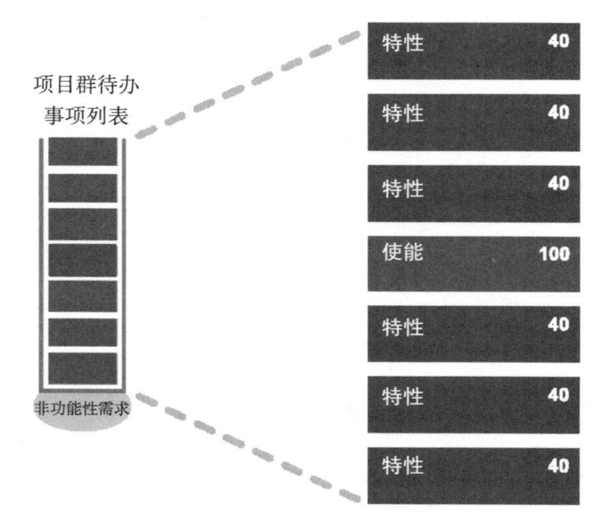

图 5.7-1 带有故事点估算的项目群待办事项列表的扩展视图

梳理待办事项列表

敏捷发布火车（ART）和解决方案火车运行在一个节奏固定为 8 ～ 10 周的项目群增量（PI）中，包括计划、执行、演示、检视和调整（I&A）等活动。这个稳定的节奏也是驱动待办事项列表准备就绪的“心跳”。如果未经仔细讨论的工作条目出现在 PI 计划前会议或 PI 计划会议上，将会为下一 PI 带来不可接受的风险。

产品和解决方案管理者在 PI 计划活动之间会非常忙碌，他们不断地进行待办事项的梳理和优化，从而为下一个 PI 计划做好准备。通过项目群和解决方案看板，可以把这个过程可视化，并且可以让即将到来的 PI 达到“待办事项列表就绪”的状态。

待办事项列表梳理的典型活动包括：

- 评审和更新待办事项列表条目的定义，并且制定接收标准和收益假说。
- 与团队一起建立技术可行性和范围估计。
- 分析可以用哪些方法把待办事项条目分解成小块的价值增量。
- 找出支持新特性和能力所需的使能，并为它们分配容量。

排定待办事项列表优先级

项目群和解决方案待办事项列表的优先级排定对于解决方案来讲是一个关键的经济驱动因素。为此，产品和解决方案管理者使用加权最短作业优先（WSJF）的方法对工作进行排序。WSJF 可以表述成下面这个简单的公式，如图 5.7-2 所示。

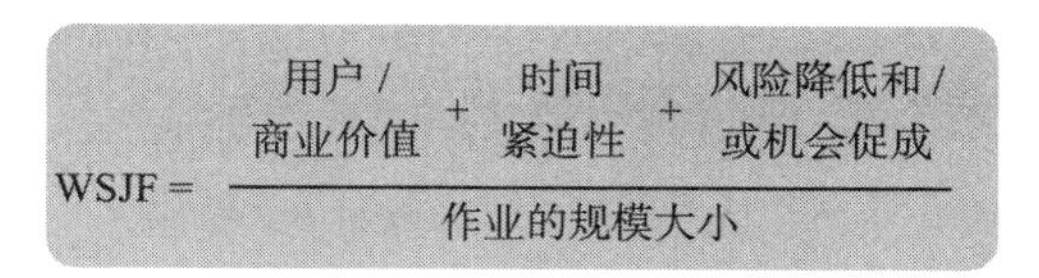

WSJF =
用户 / 商业价值 + 时间紧迫性 + 风险降低和 / 或机会促成
作业的规模大小

图 5.7-2 WSJF 计算公式

准备 PI 计划会议

在 PI 计划会议的前一两周是非常忙碌的，产品和解决方案管理者进行最终的待办事项列表准备、更新愿景简述，并且在会议前与产品负责人做进一步的沟通。系统与解决方案架构师 / 工程师更新使能工作的定义和模型，并且经常开发用例来展示这些特性和能力是如何在一起工作从而为最终客户提供价值的。

通过容量分配优化价值与解决方案一致性

每一个敏捷发布火车与解决方案火车都面临一个相同的挑战，那就是如何能够平衡待办事项列表中的业务特性和能力，可以得到持续投入建设的架构跑道的支撑；付出一些时间来为后续的 PI 进行需求和设计的探索，以及创建原型和模型来增强问题领域的可视性。为了避免团队速度降低，以及延迟由于技术陈旧导致的整体模块替换，敏捷发布火车（ART）必须对解决方案中的使能工作进行持续的投入。这使得工作优先级排序变得更加复杂，因为不同的人会将团队引向不同的方向（如图 5.7-3 所示）。

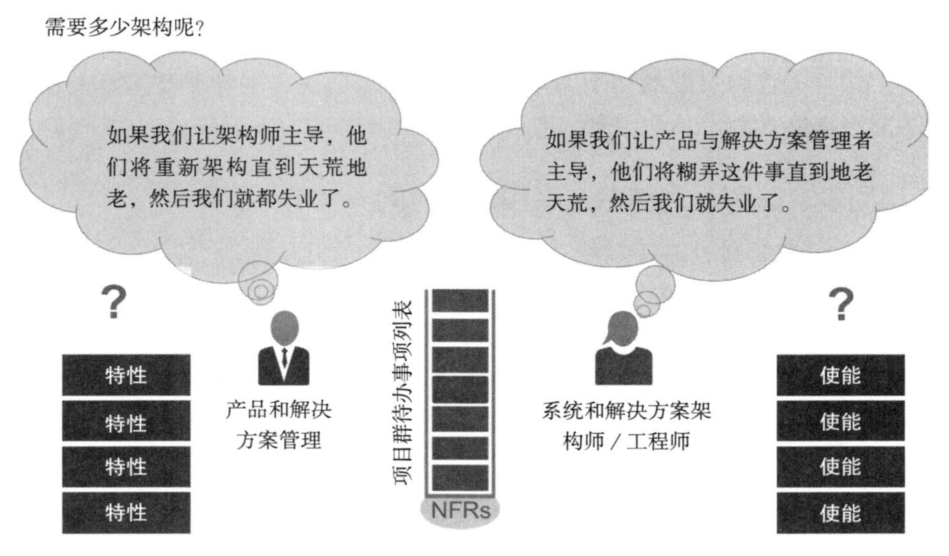

图 5.7-3 业务和使能待办事项的困境

为了解决这个问题，团队使用“容量分配”——一种用以决定即将到来的 PI 中的各类活动可以分配多少工作量的技术。并且，他们建立一个约定来决定各类工作如何进行。如图 5.7-4 和表 5.7-1 所示，给出了分配结果的示例。

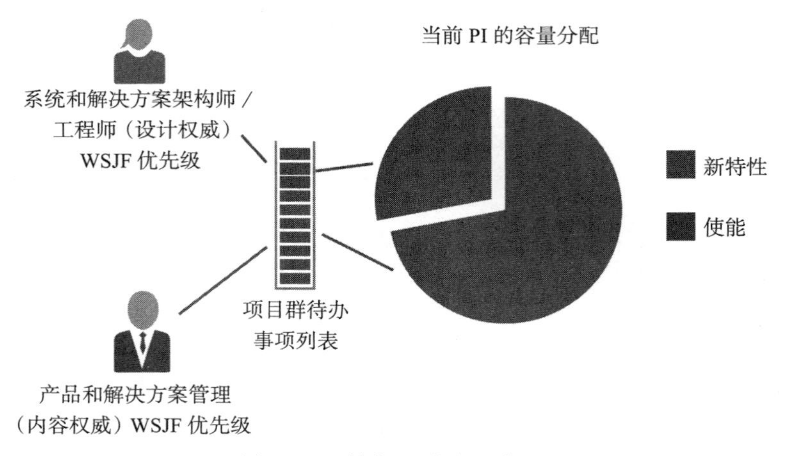

图 5.7-4 单个 PI 的容量分配

表 5.7-1 使能和特性的容量分配的简单策略

- 在每一个 PI 的边界，我们对新特性、能力和使能工作的资源百分比达成一致
- 我们同意系统和解决方案架构师和工程师有权调整使能工作的优先级
- 我们同意产品和解决方案管理者有权调整业务待办事项列表条目的优先级
- 我们同意根据经济考量合作调整工作的优先级。我们同意以最大化客户价值的方式协同排序工作

虽然大家认同的约定可以持续一段时间，但分配的容量应该根据情景定期调整。在敏捷发布火车（ART）中，在为准备 PI 计划会议而进行待办事项列表梳理时可以重新审视以上的约定。同样，在解决方案 PI 计划会议之前，需要解决方案管理者和解决方案构架师 / 工程师一起为解决方案做出类似的约定。

待办事项列表、队列、利特尔法则和等待时间

此处，我们简要讨论一下待办事项列表、等待时间和流动之间的关系。SAFe 原则 # 6——可视化和限制在制品，减少批次规模，管理队列长度对这个关系进行了详细讨论。因为项目群和解决方案待办事项列表会极大地影响发布时间和生产效率，我们在此回顾一下相关讨论：

- 利特尔法则展示了在队列中工作的平均等待时间等于队列的平均长度除以队列中工作的平均处理速度（如图 5.7-5 所示）。因此，队列越长，等待时间就越长，并且波动范围越大。
- 想一想星巴克的队列：如果前面的十个人每人点了一杯中杯咖啡，那你可以在几分钟就离开队列；如果他们都点了超热香草拿铁和热面包圈，那你可能就会赶不上会

议了。并且，你无法控制这种情况。

- 长队列非常不好，会导致士气下降、品质低劣、更长的周期、更大的波动性（例如星巴克的情况），也会增加风险（参考资料 [2]）(如图 5.7-6 所示)。

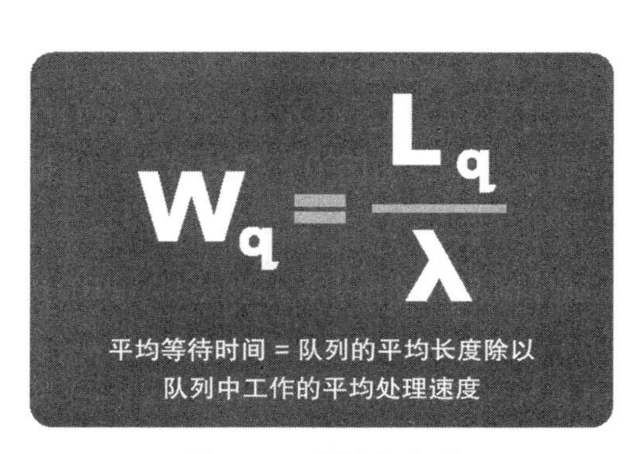

图 5.7-5 利特尔法则

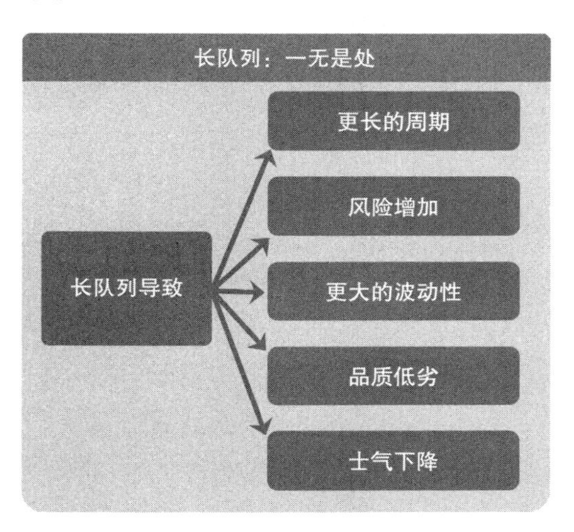

图 5.7-6 长队列是糟糕的

项目群与解决方案待办事项列表并不是队列，因为列表条目可以跳过其他条目，从而达到更快的交付，并且你可以选择不用处理列表中的所有内容（注意，这在星巴克是不可能的）。

然而，如果所有的待办事项列表条目都已经向利益相关者进行了承诺，那么你的待办事项列表就像一个队列。队列越长，你的利益相关者就不得不等待更长的时间。如果等待的时间太长，他们会寻找另一家咖啡店，因为你的店不能满足他们快速变化的市场需要。

所以，为了使开发项目群能够更快、更具响应力，团队必须积极地管理待办事项列表并使其尽量短。团队也必须限制对长期工作的承诺，因为可能会出现一些比先前承诺更重要的工作。如果在待办事项列表里，团队有太多固定的、承诺的需求，那么不管他们的效率有多高，都不可能进行快速的响应。

团队只有积极地管理待办事项列表并使其尽量保持短小，才能进行可靠和快速的交付。

参考资料

[1] Leffingwell, Dean. *Agile Software Requirements: Lean Requirements Practices for Teams, Programs, and the Enterprise.* Addison-Wesley, 2011.

[2] Reinertsen, Don. *Principles of Product Development Flow: Second Generation Lean Product Development.* Celeritas Publishing, 2009.

5.8 特性和能力

Linux 中有很多创新，这其中有一些卓越的技术特性令我感到骄傲，有些 Linux 的能力是其他操作系统所不具备的。

——林纳斯·托瓦兹（Linus Torvalds）Linux 创始人

摘要

特性是一种用来满足利益相关人需要的服务。每个特性都包含一个收益假说和接收标准。特性可以由一个敏捷发布火车（ART）在一个项目群增量（PI）内完成交付（超过这个大小则需要拆分）。

能力是一种高层解决方案行为，通常横跨多个敏捷发布火车。能力需要被拆分成多个特性，从而在一个 PI 内（由多个 ART）实现 。

特性还用于精益用户体验流程模型，其中包括对最小市场化特性（MMF）的定义、一个收益假说，以及接收标准。MMF 的概念有助于限制范围和投资，提高敏捷性，并提供快速的反馈。能力和特性类似，但它是一个在更高层次上的抽象，用以支持大型解决方案的定义和开发。

详述

特性和能力是 SAFe 需求模型的核心概念，它们对于解决方案价值的定义、计划和执行至关重要。图 5.8-1 展示了包括特性和能力的更广泛的场景。

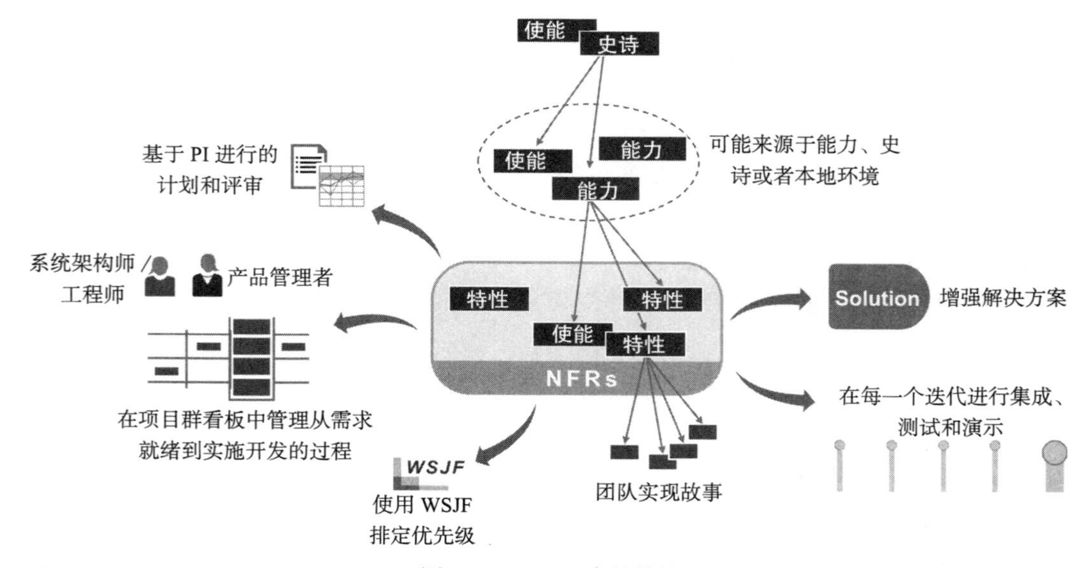

图 5.8-1 SAFe 中的特性

如图 5.8-1 所示，解决方案是通过一个个特性开发的。每个特性都是满足利益相关者的重要需求的系统服务。特性在项目群待办事项列表中进行维护，并被调整为合适的大小以符合项目群增量的开发，每个特性都可以交付新的价值。特性可以来源于当前的敏捷发布火车，也可以是史诗或能力经过分解后而产生的。

项目群和解决方案看板系统支持特性和能力的流动，他们会经过看板的漏斗、分析、待办事项列表、实现、验证、部署和发布各阶段。这个过程保证了经济分析、技术影响和增量开发实施策略都经得起推敲。

产品管理者和系统架构师 / 工程师负责特性和使能。非功能性需求（NFR）定义了系统属性，如安全性、可靠性、性能、可维护性、可扩展性和可用性。NFR 是对系统设计的约束或限制，它跨越了不同层次的待办事项列表。通过加权最短工作优先（WSJF）方法对特性进行优先级排序，在 PI 边界对特性进行计划和评审。它们被拆分成故事来实现、集成、测试并在功能变得可用时演示。

特性描述

特性一般用特性和收益矩阵（FAB）来描述：

- **特性**——一个简短的描述，包含名称和上下文
- **收益假说**——对最终用户或业务的可度量的收益

最好避免使用“用户故事”格式来定义特性，这种格式是为了支持一个用户角色而设计的，而特性通常为多个用户角色提供功能。此外，使用相同的方法来描述用户故事和特性可能会使业务负责人感到困惑，因为他们通常不熟悉用户故事。

图 5.8-2 表明了一个包含四个不同特性的收益矩阵示例。

特性	收益假说
软件在线升级	显著减少计划的宕机时间
硬件 VPN 加速	安全网络的高性能加密
通信拥塞管理	提高各种协议的整体服务质量
路由优化	通过更快更可靠的连接提高服务质量

图 5.8-2 特性和收益矩阵

特性创建和管理

产品管理者与产品负责人及其他关键的利益相关者合作，在当前 ART 的上下文中定义特性。这其中有些特性是由史诗分解而来的。

通常，系统架构师创建使能特性。使能特性与业务特性一起在项目群待办事项中进行维护。使能特性用以建设架构跑道、支持业务探索，或提供开发、测试和集成系统所需的基础设施。

就像业务特性一样，使能特性既可能来源于史诗，也可能在敏捷发布火车环境中涌现。通过看板系统被批准实施的使能特性将受项目群待办事项的容量分配机制制约，以确保解决方案的客户需求交付和架构跑道扩展达成合理平衡。资源分配比例（新特性或能力与使能

之比）在每个 PI 开始之前进行估计，用以指导火车运行。

特性排序

WSJF 优先级模型基于产品开发流的经济考量对工作（例如特性、能力）进行排序。以正确的顺序实现正确的工作会为敏捷发布火车提供最大的经济收益，所以该过程至关重要。

产品和解决方案管理者决定业务特性优先级，而系统和解决方案架构师 / 工程师决定使能特性优先级。

特性估算

特性估算有助于预测价值交付、使用 WSJF 排序方法及估算史诗的规模（将史诗拆分成特性，估算特性后求和）。这个过程通常发生在项目群看板的分析阶段，并且需要统一的估算技术，类似于敏捷团队所使用方法（更多细节请参阅 4.10 节）。在分析过程中，敏捷发布火车里面相关领域专家参与探索活动和初步估计。这个阶段的估计活动中，特性不需要分割成故事，也不需要引入全部开发团队。

特性接收

接收标准用于确认是否进行了正确的实现并交付了业务价值。图 5.8-3 是一个接收标准的示例：

特性：
- 在线软件升级

接收标准：
- 不间断路由可用性
- 自动和手动更新支持
- 回滚能力
- 支持现有的管理工具
- 升级后所有已启用服务都正常运行

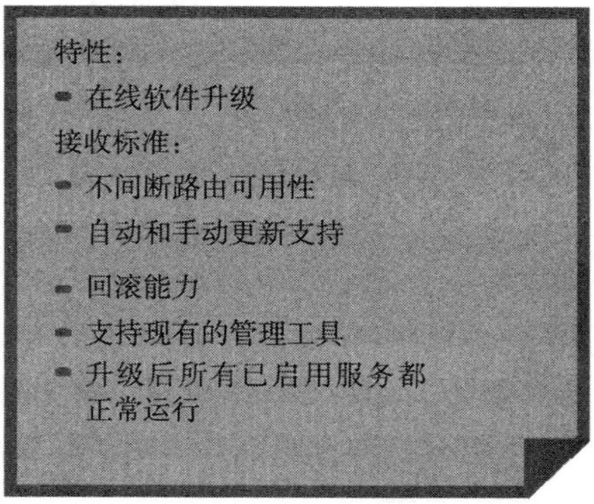

图 5.8-3　附有接收标准的特性

特性接收标准可以降低实现的风险，并可以对利益假设进行早期验证。此外，接收标准通常是用户故事以及功能测试的来源。这些功能测试用以支持重构和回归测试而开发（并且实现自动化）。

产品管理者负责特性接收。他们用接收标准来确认功能是否被正确实现，以及非功能性需求是否被满足。

能力

本节重点讨论了特性的定义、表述和实现，因为它们提供了主要系统行为的描述。能力具有相同的特点和实践：

- 能力可以用用一个短语和收益假说来描述。
- 能力需要能够在一个 PI 中完成，尽管他们经常需要多个 ART 来实现。
- 使用解决方案看板来管理和批准能力，批准的能力在解决方案待办事项列表中进行维护。
- 能力具有相关的使能，用来描述、呈现有效开发交付业务价值所必须的技术工作。
- 能力由解决方案管理者进行接收，他们使用接收标准来确定功能是否满足目标。

能力可能来自于解决方案内部环境，或者由跨越多个价值流的投资组合史诗拆分而来。另一个潜在的能力来源是解决方案上下文，因为解决方案上下文环境的某些方面可能需要新的解决方案功能。

特性和能力的拆分

能力必须拆分成特性来实现。特性也需要拆分成故事，并在一个固定的迭代时间盒内完成。SAFe 提供了“工作拆分”的 10 种模式，如第 6 章（参考资料 [1]）中所述：

1. 工作流程的步骤
2. 业务规则的变化
3. 主要工作量
4. 简单 / 复杂
5. 数据的变化
6. 数据接口方法
7. 延迟系统特性
8. 操作（例如：创建、读取、更新、删除 CRUD）
9. 用例场景
10. 创建一个探针

如图 5.8-4 所示，演示了如何把能力拆分成特性。

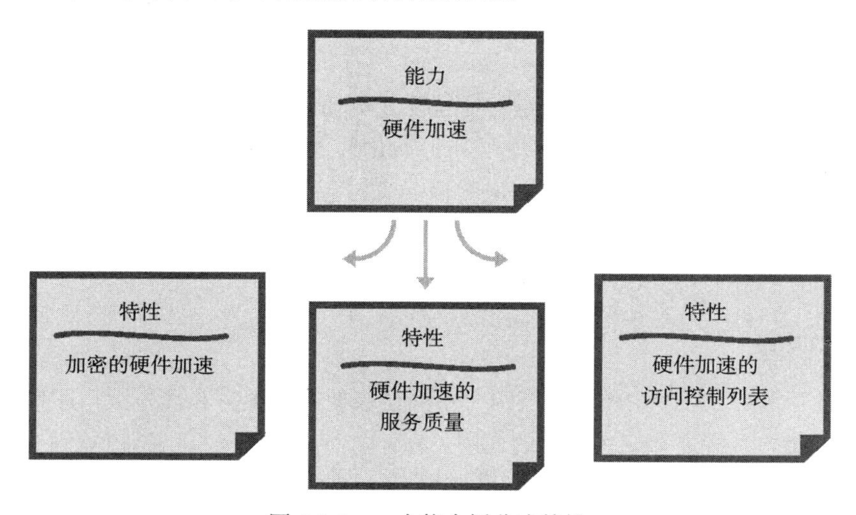

图 5.8-4　一个能力拆分成特性

参考资料

[1] Leffingwell, Dean. *Agile Software Requirements: Lean Requirements Practices for Teams, Programs, and the Enterprise*. Addison-Wesley, 2011.

5.9 使能

所谓的幸运就是当你准备好了的时候，机会来了。

——塞涅卡（Seneca）

摘要

使能是扩展架构跑道所需的活动，以提供未来的业务功能。这些活动包括需求探索、基础设施搭建、合规性工作和架构开发。使能保存在各种待办事项列表中，存在于框架的所有层级。

详述

使能使得支持高效开发和交付未来业务需求所需的所有工作可见，主要用于需求探索、演进架构、确保合规性和改进基础设施。由于使能反映了真实的工作（有时甚至是大量的工作），所以不应该被业务需求所掩盖。因此，使能与其他创造价值的开发活动一样，估算、可见、可跟踪、在制品（WIP）限制、反馈，以及展示成果这些活动都一样适用。

使能类型

使能可以用于支持未来业务需求的任何活动，它们通常分为以下四类：：

- **探索使能**——挖掘及理解客户需要、探索解决方案、评估替代方案所需的研究、原型设计等活动。
- **架构使能**——用以构建架构跑道，使得开发更加顺畅和快速。
- **基础设施使能**——用以构建、增强和自动化开发、测试和部署的环境，从而达成更快的开发、更高质量的测试和更快的持续交付管道。
- **合规使能**——促进管理特定的合规性活动，包括验证和确认（V&V）、文档及签署，以及监管要求的信息提交和审批。

创建和管理使能

使能存在于 SAFe 框架中的各个层级，不同层级使能的编写和优先级排序遵循其所对应层级的史诗、能力、特性和故事相同的规则。

- **使能史诗**——采用史诗假设声明格式编写，跟业务史诗一样。使能史诗通常会跨越价值流和项目群增量（PI）。为了支持它们的实现，这些使能必须包含一个精益业务案例，并通过投资组合看板系统识别和跟踪。使能史诗也可能出现在大型解决方案层和项目群层。
- **使能能力和特性**——出现在大型解决方案层和项目群层，并在这两层中发挥作用。这些使能也是一种特性或能力，所以与其他特性或能力具有相同的属性，包括描述语句、收益假说和接收标准。同时也要确保它们的规模大小能够在一个项目群增量（PI）中得以实现。

- **使能故事**——与其他故事相同，必须能够在一个迭代中实现。虽然它们可以不采用“用户声音格式”[⊖]，但它们的接收标准仍然需要澄清需求并支持测试。

使能经常由不同层级的架构师或者系统工程师创建，这些架构师 / 工程师可以是在投资组合层的企业架构师，或者是大型解决方案和项目群层的解决方案和系统架构师 / 工程师。架构师可以通过看板系统驱动他们创建的使能，指导其分析过程并提供评估和实施它们所需的信息。

为了改进现有的解决方案，一些使能可以来源于敏捷团队，敏捷发布火车（ART）或者解决方案层本地的需要，以确保解决方案开发和架构跑道扩展都得到足够的重视。各层级待办事项列表的容量分配决定了多少使能可以通过看板系统进入实施。使能可以按统一的优先级排序，也可以区分不同的类型之后分别排序。

使用使能

探索

应用使能进行探索，为开发团队具体化需求和设计提供了一种方法。解决方案意图的本质是，需求的初期往往有很多变数。毕竟，在开发初期，团队对客户的需求以及如何实现需求所知甚少，甚至客户自己往往并不清楚自己究竟想要什么。只有通过迭代的产品开发和演示，客户才逐渐理清他们真正的需要。

在解决方案层面上，实现一个业务需求可以有多种技术可能性。这些可能性必须被分析，通常使用模型化、原型开发，甚至多个备选项并行开发（亦称作基于子集的设计）来进行评估。

架构

架构跑道是 SAFe 实施敏捷架构理念的方式之一。作为合适的技术基础，它是更快开发业务功能的前提。由于新功能的开发持续不断地影响技术基础，因此必须对架构跑道进行持续维护。使能就是待办事项列表中用以扩展架构跑道的工作。

有些架构使能用来修复现存解决方案中的问题，比如，提高性能。这些使能开始放在待办事项列表中，但实现之后可能成为非功能性需求（NFR）。事实上，许多非功能性需求（NFR）源于架构使能的实现，并且随着时间的推移而演进，如图 5.9-1 所示。

⊖ 即“As a … I want to … so that …”格式。——译者注

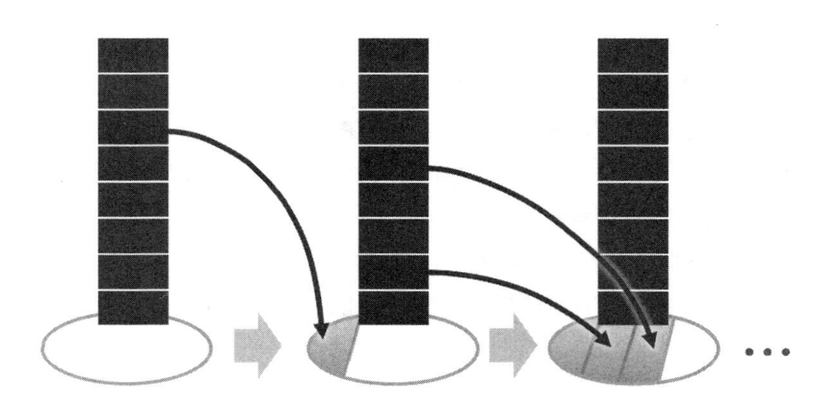

图 5.9-1　非功能性需求随时间推移以使能的结果而呈现

基础设施

敏捷开发依赖频繁的集成。每个迭代中，同一列敏捷发布火车（ART）上的敏捷团队将工作产物整合进行系统演示。每个项目群增量（PI），各敏捷发布火车的工作整合之后进行解决方案演示。许多企业实施了持续集成（CI）和持续部署（CD），以确保解决方案始终可运行，这样减少了在最后时集成的风险，并允许快速部署和尽早交付价值。

为了支持频繁的集成和测试，解决方案层、项目群层和团队层需要搭建相应的支持性的基础设施。敏捷团队与系统团队一起负责构建和维护这些基础设施。基础设施使能作为待办事项列表条目用来持续地增强基础设施，以支持新的场景及提高企业的敏捷性。

合规性

解决方案的组成部分是在一系列 PI 中以逐渐递增的方式开发的。由此，SAFe 支持持续的验证和确认。验证活动是流的一部分（例如，作为待办事项列表或完成定义 [DOD] 的内容）。尽管在开发进行的最后阶段才需要提供客观的证据，但它们是在整个生命周期中以迭代的方式逐渐创造出来。确认则是产品负责人（PO）、客户和最终用户参与到 ART 计划和系统演示中，一起确认解决方案符合目标。

例如，假设规范要求设计评审，并且所有的问题都需要被记录和解决。设计评审使能待办事项提供必要的评审的证据，它的完成定义（DoD）确保问题根据精益质量管理系统要求被记录和解决。如果需要，这些问题本身可以作为使能的故事被跟踪。监管也可能要求对所有的变更进行评审，这可以通过对所有故事进行强制性的同行评审来解决。

增量式实现架构使能

架构使能工作的规模和要求可能会使这些挑战看起来难以应对。因此，这样的工作需要拆分成更小的适合迭代的故事。然而这可能很困难，因为架构和基础设施的变化可能会导致现有系统停止工作（直到新的架构 / 基础设施到位）。计划使能工作时，一定要组织好，以确保系统大部分时间可以在旧的架构或基础设施上运行。这样，当使能工作进行时，团队可以继续工作、集成、演示，甚至发布。

正如5.6节和参考资料[1]中描述的，有三种方式来处理架构使能工作：

- **方式A**——使能较大，但是可以以增量式的方式实现。系统会一直运行（运营）。
- **方式B**——使能较大，并且不能完全地增量式实现。系统需要偶尔被中断。
- **方式C**——使能非常大，不能增量式实现。系统只有当需要时才运行，换句话说，不能破坏系统。

增量式模式的例子在参考资料[2]中有所描述，通过使用已经证明可用的模式，比如资产捕获或者事件拦截，逐渐替代遗留子系统的运行。

通过创建交付业务功能的技术平台，使能可以带来更好的经济效益。当然，创新性的产品开发与风险是相伴随生的。最初关于技术的决定并不总是正确的，因此敏捷企业必须做好改变路线的准备。在这些情况下，沉没成本原则（参考资料[3]）提供了基本的指导：不要考虑已经花掉的成本。而增量式开发有助于在投资增长过大之前及时采取纠偏措施。

实现跨ART和跨价值流的使能史诗

使能史诗可以横跨多个价值流，使能能力则可以横跨多个ART。在看板系统中的分析阶段，最重要的决策之一是：在所有ART和解决方案中同时实现使能，还是增量地实现使能。这个决策涉及“降低一次性实现一个解决方案或系统的风险”与“缺少完整的使能而导致的延迟成本（CoD）”之间的权衡（如图5.9-2所示）。

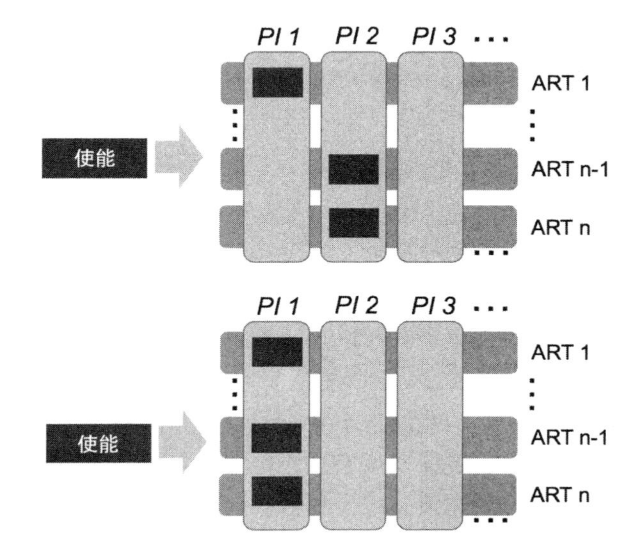

情景A：如果不确定性水平、对现有系统的影响很高，总体风险很高，那么增量实现是明智之选。

情景B：如果延迟的成本高得不可接受，那么使能可以在所有敏捷火车（ART）/价值流（VS）上同时实现（例如：新的法规要求）。

图5.9-2　实现跨多个ART或价值流的大型使能的两种情景

参考资料

[1] Leffingwell, Dean. *Agile Software Requirements: Lean Requirements Practices for Teams, Programs, and the Enterprise*. Addison-Wesley, 2011.

[2] Fowler, Martin. Strangler Application. http://martinfowler.com/bliki/StranglerApplication.html.

[3] Reinertsen, Donald. *The Principles of Product Development Flow: Second Generation Lean Product Development*. Celeritas Publishing, 2009.

5.10 非功能性需求

魔鬼就在细节里。

——*俗语*

摘要

非功能性需求（NFR）定义了系统的质量，比如安全性、可靠性、性能、可维护性、可扩展性，以及可用性。它们在不同待办事项列表中充当系统设计方面的约束或限制。

相比之下，功能性需求则大多使用用户故事、特性和能力来表示。功能性需求占据大部分工作量。团队构建能够向用户交付价值的系统——解决方案开发过程中的大部分时间和精力都致力于这个目标。

然而，非功能性需求保证了整个系统的可用性和有效性。如果这些需求中的任何一个不满足要求，都可能会导致系统不能满足内部业务、用户或市场的需要，或不符合监管或标准机构规定的强制性要求。

详述

有一种考虑所有可能影响解决方案适用性的需求类型的方法——《管理软件需求》一书（参考资料 [5]）中所描述的“FURPS”分类法，即功能性、可用性、可靠性、性能和可支持性。

作为长期持续的质量要求和约束条件，非功能性需求与功能性需求不同：他们通常作为每个迭代、项目群增量（PI）和发布的“完成定义”（DoD）的一部分，因而会被不断地检查。非功能性需求存在于所有层级的待办事项列表中：团队层、项目群层、解决方案层和项目组合层。

正确定义和实现非功能性需求非常重要。非功能性需求要求过度的话，解决方案很可能因为过于昂贵而无法实现。非功能性需求要求过低或者实现不足，系统将不足以满足其预期的用途。应用随时调整和逐步递增的方法来探索、定义和实现非功能性需求是敏捷团队一项至关重要的技能。

对于系统的成功而言，非功能性需求和功能性需求同等重要。非功能性需求可以被认为是对新开发的约束，每个非功能性需求都在一定程度上消除了系统构建者的设计自由度。例如：基于 SAML 的单点登录（SSO）可能是某特定套件内所有产品的一项需求。在此情景下，SSO 是一种功能性的要求，而 SAML 技术则是一种约束。

非功能性需求可以覆盖没有被功能性需求很好解决的广泛的业务关键问题。系统设计人员需要注意，参考资料 [1] 中的提供了这些潜在的非功能性需求的一个相当全面的列表。

非功能性需求存在于所有层级

SAFe 中所有四个层级的待办事项列表中都包含有非功能性需求，如图 5.10-1 所示。

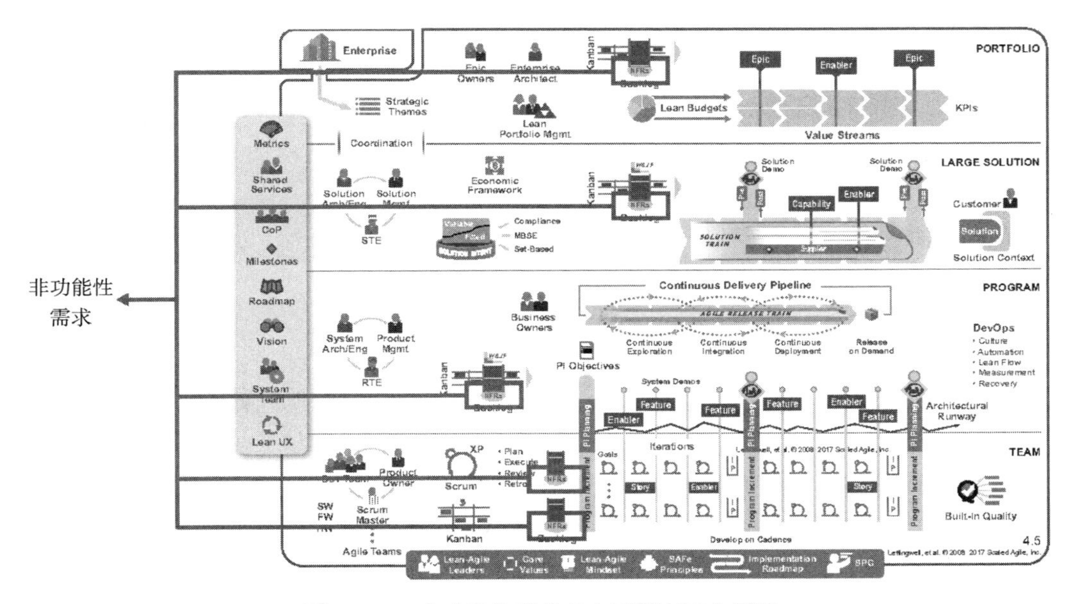

图 5.10-1　非功能性需求存在于所有四个层级

由于非功能性需求是敏捷发布火车和价值流创建的解决方案的重要属性，因此它在项目群和大型解决方案层级上表现得最为明显。系统和解决方案架构师和工程专家们常常负责定义和细化这些非功能性需求。

所有的团队都必须意识到他们正在创建中的系统的这些特殊属性。加快而不是推迟 NFR 测试，有助于促进内建质量实践。团队需要把相关的非功能性需求加入到完成定义中，把它们作为本地设计和实现约束，并在某些层次上承担对自己的 NFR 进行测试的责任。如果不这么做，解决方案可能无法满足关键的非功能性需求，如果这样的事情发生在开发的后期，修正成本将会非常高。

团队待办事项列表中的 NFR 也很重要，因为这些 NFR 体现了团队开发过程中涌现出的特性和子系统的约束和性能要求。在投资组合层级可能也需要一定的非功能性需求，比如单点登录的例子体现的跨系统的质量要求。其他的例子包括，开源软件使用的限制、常见的安全性要求、合规（监管）标准等。如果一个特定的投资组合层级的非功能性需求没有达成，则可能需要架构使能来协助实现它。非功能性需求通常在用于描述业务和使能史诗的“史诗假设声明”中进行定义。

非功能性需求作为待办事项的约束条件

在 SAFe 框架中，非功能性需求被当作“待办事项列表的约束条件”出现，如图 5.10-2 所示。

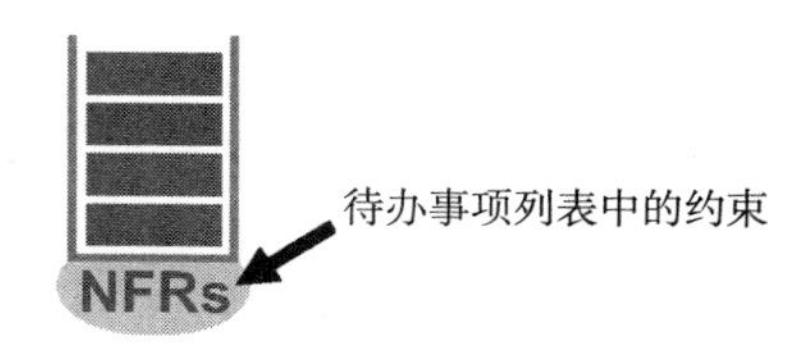

图 5.10-2 非功能性需求约束的待办事项列表

此外，SAFe 的需求模型指出，非功能性需求可能会限制的待办事项条目为：零、一些或许多。更进一步地，为了验证系统是否符合约束条件，大多数非功能性需求需要进行一个或多个系统质量测试，如图 5.10-3 所示。

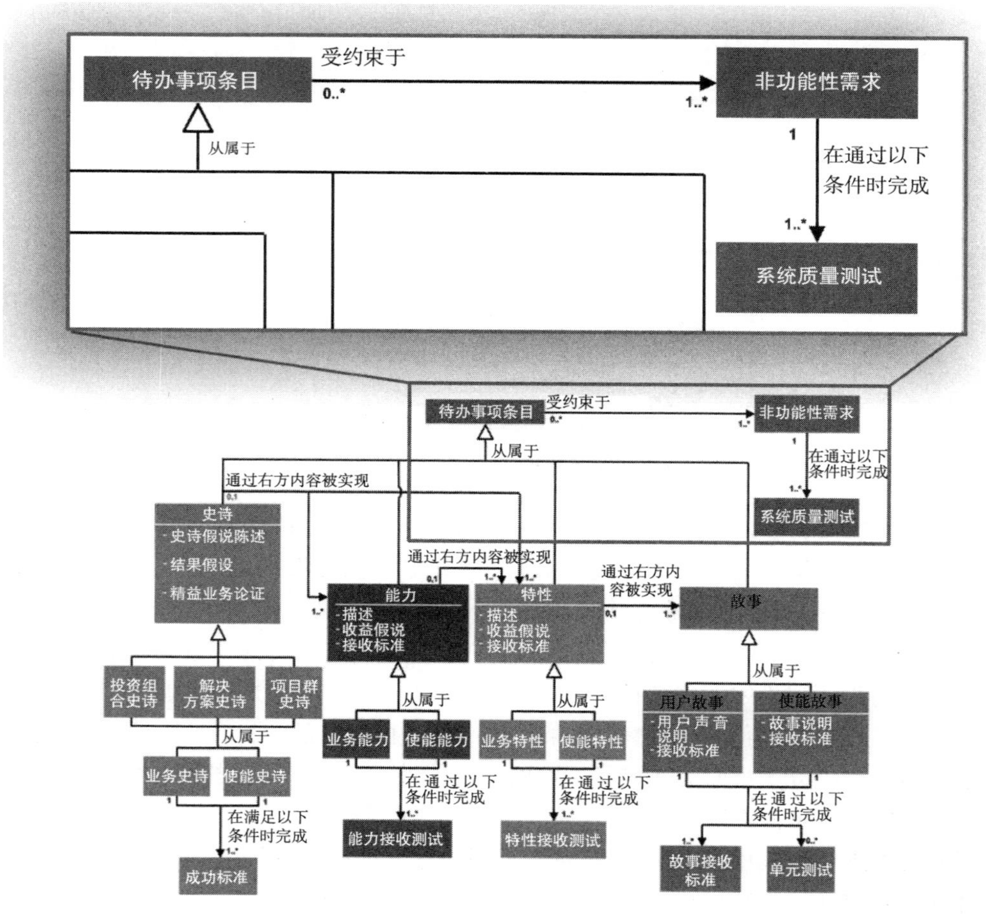

图 5.10-3 待办事项条目、非功能性需求和系统质量测试之间的关联

许多非功能性需求的诞生是从需要被实现的使能开始。然后，他们为系统和所有新的待办事项条目提供约束。

解决方案开发中非功能性需求的影响

非功能性需求会对解决方案的开发和测试有重要影响。非功能性需求很难明确，很容易走极端。例如，“99.999% 的可用性”相比于“99.98% 的可用性”而言，可能会增加一个或两个数量级的开发工作量。有时候细节如此精确是必要的，而有时却不是。尽管如此，非功能性需求的影响一定要被那些定义解决方案需求的人清楚地理解。类似地，物理上的约束，如重量、体积或电压，如果没有给予足够的考虑，可能会导致解决方案过于复杂并成本太高。

解决方案的经济框架应该包含评估非功能性需求的评估标准。对功能性需求的考虑，应当在成本和其他方面的因素之间找到一种平衡。供应商同样受到非功能性需求的影响，因为要求的非功能性需求不正确或没有在经济框架中充分地权衡后果，可能会导致不必要的复杂度和昂贵的系统和组件。

定期重新对非功能性需求进行评估也是非常重要的。与其他的需求不同，非功能性需求是对待办事项列表的持续约束，而它们本身不是待办事项列表中的内容。所以，它们并不总能在 PI 计划中被考虑到。然而，非功能性需求确实也在开发过程中发生变化，确保非功能性需求得到保障非常重要。

非功能性需求和解决方案意图

如图 5.10-4 所示，解决方案意图是关于解决方案事实的唯一来源。它包括非功能性需求和功能性需求，也包括非功能性需求与受其影响的功能性需求以及用于验证它们的测试之间的联系。非功能性需求对于从经济层面理解固定的和可变的解决方案意图有关键的作用。

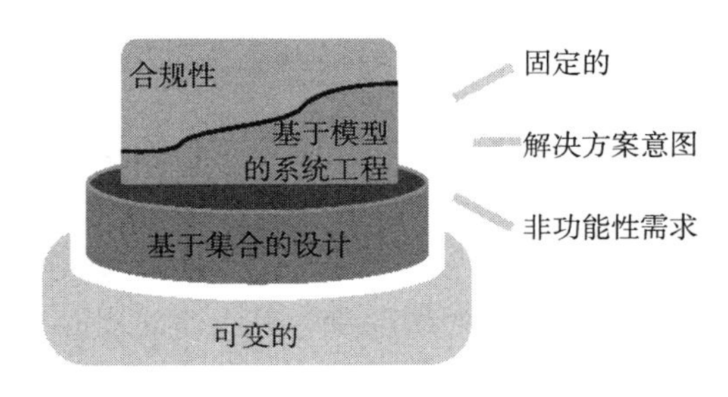

图 5.10-4 解决方案意图

在项目早期，一些功能可能还不清楚，需要在开发过程中进行测试并与客户协商。非功能性需求也与此类似。有一些非功能性需求是固定的，可以很好地提前了解，而另外一些则需要随着解决方案而逐渐演进。

通过施加约束，非功能性需求可能影响到范围广泛的系统功能。因此，它们是如下情境中需要考虑的一个重要因素：

- 分析业务史诗、能力和特性
- 计划和构建架构跑道
- 通过重构来更好地体现逐渐增加的解决方案领域知识

- 在制造、部署、支持、安装、维护等活动中引入 DevOps 约束

用于帮助开发解决方案意图的工具提供了一些机制，以建立一个定义和实现非功能性需求的经济的方法：

- **合规性**——这是系统或解决方案满足监管法规、行业和其他相关标准和指南的证明。
- **基于模型的系统工程**——MBSE 可以用来模拟非功能性需求的效果，可以与验证它们的测试相关联。
- **基于集合的设计**——SBD 为达到 NFR 的要求提供了不同的选项，可以指导一系列边界条件测试来支持设计决策。

定义非功能性需求

考虑以下标准会有助于定义非功能性需求：

- **有边界的** ——如果超出限定的上下文边界，一些非功能性需求是不相关的（甚至是有害的）。例如，性能方面的考虑对主要应用来说可能是非常重要，但对于管理和支持性应用却可能是不必要的，或者过于昂贵。
- **独立的** —— 非功能性需求之间是相互独立的，以便它们可以进行独立的评估和测试，而不用考虑其他系统质量 / 不受其他系统质量的影响。
- **可协商的** —— 了解非功能性需求的业务驱动和限定上下文要求非功能性需求具有一定的可协商性。
- **可测试的** —— 非功能性需求必须遵从客观的、可衡量的、可测试的标准进行描述，因为如果你不能测试它，你就不能发布它。

实现方法

为了满足它们，许多非功能性需求会强制要求做一些额外的工作（无论现在还是将来）。有时候需要把所有非功能性需求一次完整实现；有时候团队可以采取更为渐进的增量方式进行实现。经济框架中描述的权衡会对实现方法有所影响。非功能性需求的实现应当以这样方式进行，即允许通过几个学习周期来确定非功能性需求的正确水平。

- **一次完整实现**——一些非功能性需求随着新的关注点的出现而出现，并且要求立刻实现。例如，一项新的衍生交易监管规则，如果未能立即纳入解决方案，可能会导致该公司完全退出市场或导致监管违规。
- **逐个故事的增量式实现**——团队有时可以有不同选择来处理非功能性需求。例如，“大幅度提高性能”这一需要，可以随着时间的推移而逐渐处理，一次只处理一个故事，如图 5.10-5 所示。

非功能性需求的实现也受到敏捷发布火车（ART）组织方式的影响。围绕架构层次建立的 ART 会发现，作为一个整体来实现和测试一个 NFR 是很困难的。而围绕能力建立的 ART 则更容易实现、测试和维护系统性的非功能性需求。

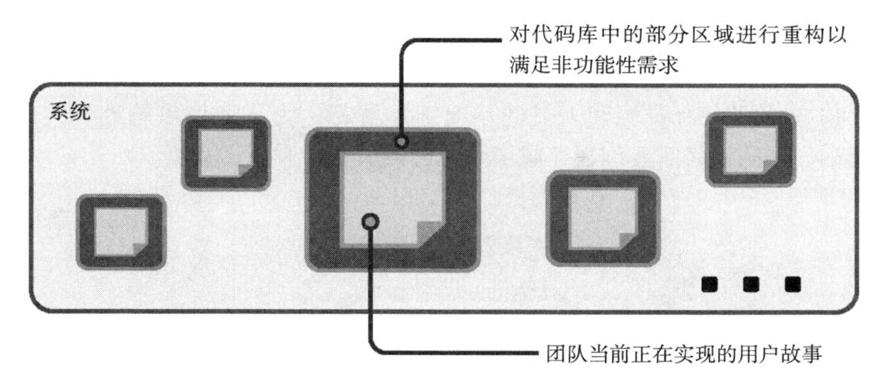

图 5.10-5 非功能性需求的增量式实现

测试非功能性需求

当然，要想知道一个系统是否满足非功能性需求，必须对它们进行测试。测试非功能性需求从敏捷测试四象限的视角看是最容易的，如图 5.10-6 所示（参考资料 [2]、[3]）。

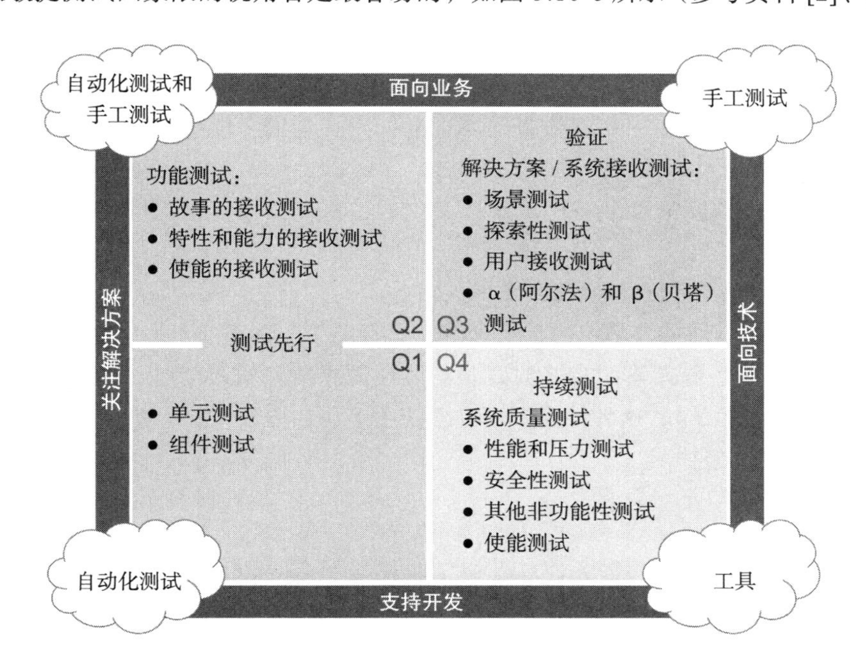

图 5.10-6 敏捷测试象限（采用自参考资料 [2]、[3]）

图 5.10-6 中的象限 4，即系统质量的测试，是大多数非功能性需求测试的集中地。由于其范围和重要性，非功能性需求测试往往需要系统团队和敏捷团队之间进行协作。为预防技术债，团队应该在任何可能的地方实施自动化测试，以便这些测试可以连续运行，或至少按需运行。

然而，随着时间的推移，回归测试的逐渐积累和增长，即使是自动化测试，也会消耗太多的处理时间和过多资源。更糟糕的是，这可能意味着非功能性需求的测试仅仅是偶尔可行，或仅仅在使用专有资源和人员的情况下才可行。为了确保可行性和连续使用，如图 5.10-7 所示，团队经常需要创建缩减了数量的测试套件和测试数据。

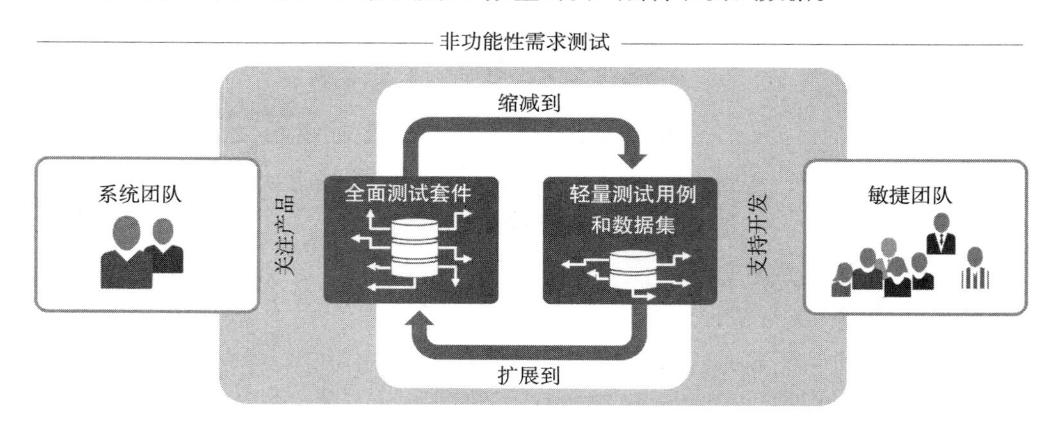

图 5.10-7　系统团队和敏捷团队合作创造一个更实际的 NFR 测试策略

虽然“部分测试”听起来不太理想，但它实际上可能有利于提升系统质量：

- 当团队能够在本地使用缩减数量的测试套件时，他们可能会发现测试数据和测试方法的不一致。
- 团队可能会创建新的和独特的测试，其中的一些测试可能被系统团队采纳来帮助建立更大的测试集合。
- 测试基础设施和配置有机会得到不断的改进。
- 团队获得非功能性需求影响的真实理解，这有助于改善对业务和使能特性的估计。

即便如此，在某些情况下，能够测试非功能性需求的测试环境也未必每天都可用（例如：导航软件的场地测试）。这种情况下，可以使用下面的方法（参考资料 [4]）：

- 使用虚拟化的硬件
- 创建模拟器
- 创建相似的环境

在任何情况下，有效地测试非功能性需求都需要一定的思考和创造性。另一方面，缺乏非功能性需求测试可能增加大量的技术债风险，甚至会导致系统故障。

参考资料

[1] https://en.wikipedia.org/wiki/Non-functional_requirement.

[2] Leffingwell, Dean. *Agile Software Requirements: Lean Requirements Practices for Teams, Programs, and the Enterprise*. Addison-Wesley, 2011.

[3] Crispin, Lisa, and Janet Gregory. *Agile Testing: A Practical Guide for Testers and Agile Teams*. Addison-Wesley, 2009.

[4] Larman, Craig, and Bas Vodde. *Practices for Scaling Lean and Agile Development: Large, Multisite, and Offshore Product Development with Large-Scale Scrum*. Addison-Wesley, 2010.

[5] Leffingwell, Dean, and Don Widrig. *Managing Software Requirements: A Use Case Approach* (2nd ed.). Addison-Wesley, 2003.

5.11 加权最短作业优先

如果你只量化一件事，那么就量化延迟成本。

——Don Reinertsen

摘要

加权最短作业优先（WSJF）是一种优先级排序模型，用于对作业（例如特性、能力、史诗等）进行排序，以获得最大的经济效益。在 SAFe 中，WSJF 的估算是使用延迟成本（CoD）除以作业大小。

SAFe 使用敏捷发布火车（ART）帮助企业实现持续不断的增量式、“流动式”开发。同时，它避免了传统的项目和项目群管理中反复启停造成的超支和延时问题。传统项目一般通过授权和阶段 – 门限来控制项目群及其经济效益。

这种连续工作流模型有助于加速价值交付并保持系统精益，但同时必须持续不断地更新系统的优先级，以获得最佳经济效益。在基于“流动”的系统中，作业的序列驱动最佳经济效益，而不是单个项目的理论投资回报率。 为了达到这一目的，WSJF 通过计算延迟成本和作业规模大小（替代作业所需时长）对待办事项列表进行优先级排序。此方法基于当前的用户和商业价值、时间因素、风险和机遇，以及工作量等各种考虑，在 PI 边界上持续地更新代办事项列表的优先级，从而自动地忽略了沉没成本 。忽略沉没成本是精益经济学的一个关键原则。

详述

Reinertsen 描述了一个称作加权最短作业优先（WSJF）的完备的模型，基于产品开发流的经济考量来排列作业的优先级（参考资料 [2]）。WSJF 的计算公式为延迟成本除以作业的持续时间 。 当一项作业可以提供最大业务价值（也就是延迟成本）而且需要最短时间时，那么这项工作将首先被实现。当应用于 SAFe 时，WSJF 也支持产品开发流的一些其他原则，包括：

- 采取经济视角
- 忽略沉没成本

- 财务方面的选择必须持续进行
- 使用决策规则来进行去中心化的决策和控制
- 如果你只量化一件事，那么就量化延迟成本

图 5.11-1 展示了如何恰当应用 WSJF（参见参考资料 [2] 的完整讨论）。阴影区域表示每种情况的总延迟成本。从图中可以看到，应用加权最短作业可以获得最佳经济效益。

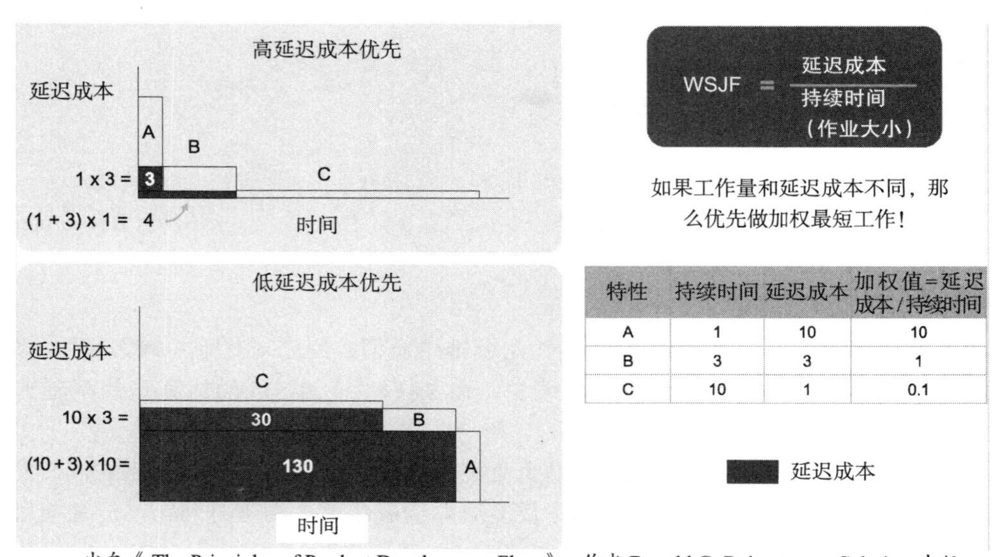

特性	持续时间	延迟成本	加权值=延迟成本/持续时间
A	1	10	10
B	3	3	1
C	10	1	0.1

出自《The Principles of Product Development Flow》，作者 Donald G. Reinertsen，Celeritas 出版 ©2009 年 Donald G.Reinertsen

图 5.11-1　应用 WSJF 算法达成最佳经济效益

计算延迟成本

在 SAFe 框架中，作业是指我们开发的史诗、特性和能力，所以我们需要得到延迟成本和持续时间。构成延迟成本的三个主要因素是：

用户 / 业务价值——我们的用户更偏爱这个需求吗？对我们的业务收入有什么影响？如果延迟发布，有潜在的惩罚或其他不良后果吗？

时间紧迫性——用户 / 业务价值如何随时间衰减？有固定期限吗？用户会等待我们还是转向其他解决方案？有没有关键路径上的里程碑受到这项工作的影响？

降低风险 / 促成价值——对于我们的业务还有什么其他用途？ 该工作是否降低了当下的风险或者未来交付的风险？ 是否会提供有价值的信息？ 这个特性将开辟新的业务机会吗？

此外，我们处于持续不断的工作流中，应该有足够多的待办事项可供选择，所以我们不必担心数字的绝对大小。我们只需要使用在“估算扑克”里的斐波那契数列来比较待办事项条目之间的相对值即可。 相对延迟成本的计算如图 5.11-2 所示：

延迟成本 = 用户 / 商业价值 + 时间紧迫性 + 降低风险 / 促成价值

图 5.11-2 相对 CoD 的计算公式

持续时间

接下来，我们需要理解作业的持续时间。要给出持续时间通常比较困难，特别是在项目早期我们可能还不知道由谁执行这项作业，或者他们可能分配多少人力来执行这项作业。这些内容我们都一无所知。幸运的是，当系统中的资源固定时，我们有一个现成的替代参数——作业的规模大小 。(如果我是唯一的一个割草人，而我的前院草坪比后院大三倍，那么前院割草要花三倍的时间。) 而且，我们已经知道如何用故事点的方法来估算待办事项的规模大小（参见 5.8 节的内容）。就作业规模大小而言，我们有一个相当简单的计算方法来通过 WSJF 进行比较，如图 5.11-3 所示。

WSJF = 延迟成本 / 作业持续时间（作业规模大小）

图 5.11-3 计算 WSJF 的公式

下面举个例子，我们可以创建一个简单的表格来比较多个作业（此例中有三个作业），如图 5.11-4 所示。

使用图 5.11-4 中的表格时，团队使用三个参数对特性排序（注：用相对估算法，一次只看一列 ，把最小的条目设置为“1”，然后以该条目为参照，设置其他条目的值）。然后用 CoD 除以作业的规模大小。拥有最高 WSJF 值的作业就是接下来要做的最重要的条目。

这个模型鼓励将大的项目分解成若干小的项目，这样可以与其他小的、低风险的项目进行排序竞争。但这只是工作中的敏捷。由于实现是渐进式的，每当一个作业的排名总是不高于其他作业时，那么相关的需求可能已经被满足了，因此去做其他条目就可以了。

特性	用户 / 商业价值	时间紧迫性	降低风险 / 促成价值	CoD	作业的规模大小	WSJF
	+	+	=	÷	=	
	+	+	=	÷	=	
	+	+	=	÷	=	

- 每个参数的数值范围：1，2，3，5，8，13，20。
- 注意：一次做一列，从选择最小的一项开始，并对它赋值为“1”。
- 每列必须至少有一个“1”！
- WSJF 一列分值最高则优先级最高。

图 5.11-4 用于计算 WSJF 的示例表格

WSJF 模型的另一个优点是，不需要确定这些数字的绝对值，而只需要将每个项的参数与同一待办事项列表中的其他项进行比较。最后，由于待办事项大小估算只计剩余的工作量，频繁的重新排序意味着系统将自动忽略沉没成本。

关于使用作业规模大小替代持续时间的说明

在 WSJF 模型中，作业规模大小并不总能代表作业的持续时间。例如：

- 如果可用资源可以保障一个更重要的作业可以更快被完成（相对于其他价值类似的作业），那么我们很可能可以直接使用持续时间估计，来得到更精确的结果。（如果有三个人可以帮我修剪前院的草坪，同时我自己修剪后院草坪，那么这两个作业的时间可能相同，虽然花费不一样。）
- 一个小规模的作业可能与其他许多项目有依赖关系。它的持续时间可能比一个大规模的作业还要长。

然而，我们几乎不需要担心这些边缘情况。即使我们在选择上犯了一点小错误，下一个重要的作业也很快就会在优先级列表里向上攀升。

参考资料

[1] Leffingwell, Dean. *Agile Software Requirements: Lean Requirements Practices for Teams, Programs, and the Enterprise*. Addison-Wesley, 2011.

[2] Reinertsen, Don. *Principles of Product Development Flow: Second Generation Lean Product Development.* Celeritas Publishing, 2009.

5.12 项目群增量

从空想到实干是质的飞跃。

——Barbara Sher

摘要

项目群增量（PI）是一个时间盒，敏捷发布火车（ART）在这个时间盒内通过提供可工作、已测试的软件和系统来增量式地交付价值。典型的 PI 是 8 ～ 12 周。常规的 PI 模式是 4 个开发迭代，然后进行 1 个创新与计划（IP）迭代。

正如迭代是针对敏捷团队而言的，PI 是针对一个 ART（或解决方案火车）而言的。换句话说，PI 是一个固定的节奏，用于构建和验证完整的系统增量，并向客户演示价值从而获得快速反馈的时间盒。每个 PI 都利用节奏和同步，从而达成以下目标：

- 协调计划
- 限制在制品（WIP）
- 总结有新价值的内容并获得反馈

- 确保使用持续一致的项目群回顾

根据 PI 范围内，它还涵盖了对投资组合层和产品路线图的相应的观察和思考。

详述

SAFe 把开发时间表划分为 PI 中的一系列迭代。SAFe 全景图表明了一个 PI 如何从 PI 计划会议启动，然后执行 4 个迭代，最后再执行 1 个创新与计划迭代。这种模式只是一种建议，不必强制执行，在 SAFe 中也没有固定一个项目群增量应该包含有多少个迭代。经验表明，一个项目群增量的持续时间在 8 ～ 12 周之间的效果最好，并且倾向于使用尽可能短的持续时间。

解决方案火车和敏捷发布火车都使用相同的 PI 节奏，如图 5.12-1 所示。

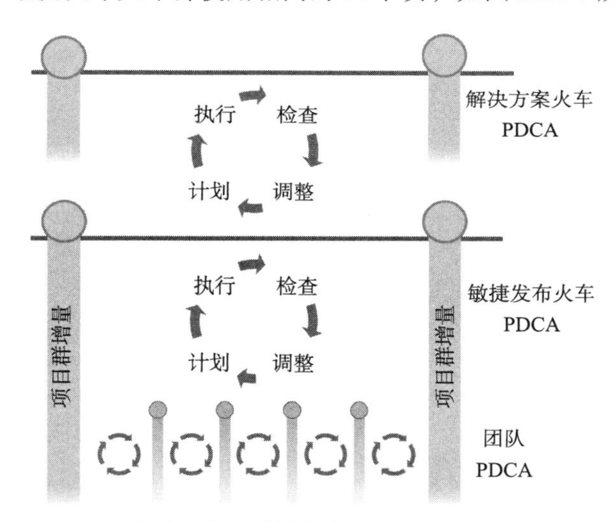

图 5.12-1 解决方案和敏捷发布火车遵循同样的 PI 节奏

PI 呈现出经典的休哈特 PDCA 循环，如图 5.12-1 的顶部所示。它将每个敏捷团队开发的价值组合成一个有意义的里程碑，从而对正在开发的解决方案进行客观的度量。

PDCA 学习循环（如图 5.12-1 所示）代表了 SAFe PI（环路）中的以下事件：

- **“计划”**—— PI 计划会议是循环中的计划步骤。
- **“执行”**——PI 执行是循环中的执行步骤。
- **“检查”**——系统演示是循环中的检查步骤。
- **“调整”**——检视和调整（I&A）事件是循环中的调整步骤。

按节奏开发，按需发布

持续的 PI 执行为火车提供了节拍，它们创建的资产以迭代和增量的方式增长。然而，发布解决方案是一个单独的关注点，这在 5.15 节中有所介绍。虽然火车决定了最佳的产品开发节奏，但只要 IT 部门或市场需要，业务部门就可以部署发布。

PI 的节奏可以不同于发布的节奏。但是，在某些情况下，两者是相同的，这或许能够提供很好的便捷性，也可能其他 ART 需要比 PI 的发布节奏更少或更多，还可能有一些 ART 需要为解决方案的各个组件提供多种独立的发布周期。

执行项目群增量

当涉及单个 ART 的 PI 执行时，一系列项目群事件创建了一个闭环系统来保持火车在轨道上运行，如图 5.12-2 所示。下文将对每个项目群事件进行详细描述。

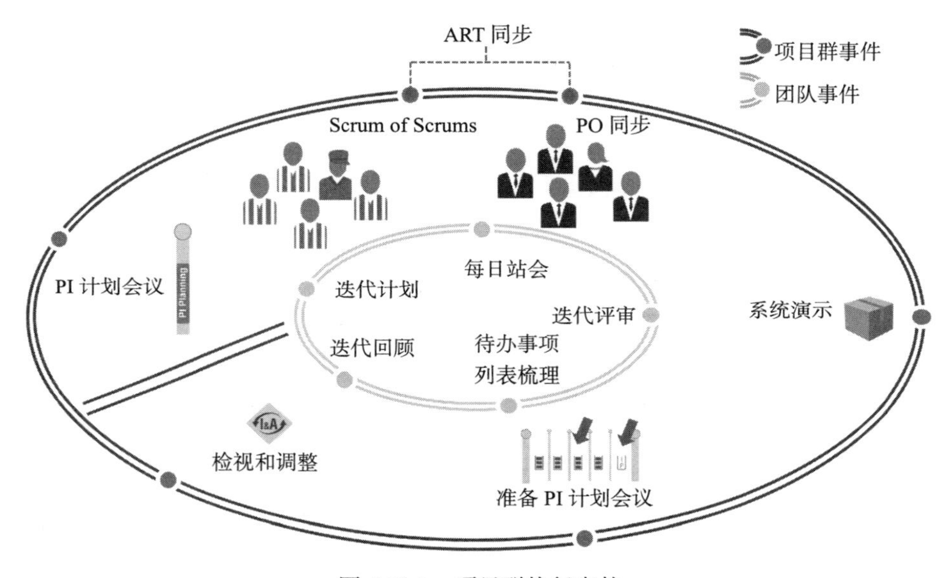

图 5.12-2 项目群执行事件

PI 计划会议

PI 始于 PI 计划会议，鉴于项目群增量中的关键事件是有固定节奏和流程的，所以可以把日期预先设定好，这样可以降低会务、差旅、行政和其他事务的成本。此外，提前计划好的日期，可以帮助火车上的人员（尤其是业务负责人）管理好自己的行程，确保能够出席这些重要的事件。

在 PI 计划会议中，团队对工作的内容和交付时间进行估算，并且明确工作之间的依赖关系。PI 计划会议也会根据将要定义、构建和演示的工作内容，设定相应的集成和演示的节奏。PI 计划会议的一个输出是一组 PI 目标，用于详细描述在 PI 结束时，敏捷发布火车将会集成和演示哪些内容。当然，敏捷团队会持续集成他们的工作，并在迭代评审和系统评审（或者解决方案火车的解决方案评审）中进行演示。

Scrum of Scrums

发布火车工程师 (RTE) 通常每周（或根据需要可以更加频繁）组织 Scrum of Scrums

（SoS）会议，来持续协调处理敏捷发布火车上的依赖关系，并将进展和障碍以可视化的方式呈现出来。由 RTE、Scrum Master，和其他成员（视具体情况而定）参加 SoS 会议，更新里程碑的进度、PI 目标和团队之间的内部依赖关系。该会议的时间一般不超过 30 分钟，随后可以召开“跟进会”来解决在 SoS 会议中发现的问题。如图 5.12-3 所示，描述了一个建议的 SoS 会议议程。

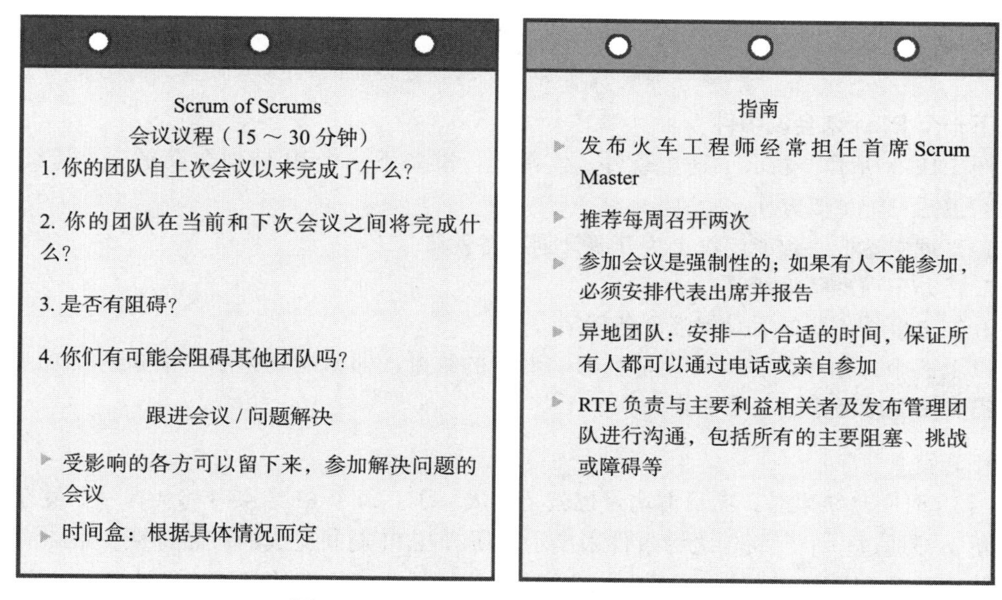

图 5.12-3　Scrum of Scrums 会议议程示例

PO 同步

PO 同步会议和 SoS 会议类似，该会议由产品负责人和产品经理参加，会议通常每周举行，也可以根据具体情况更频繁地进行。PO 同步会议也限制时间盒（30 ～ 60 分钟），随后召开“跟进会”，解决任何发现的问题。

PO 同步会议可以由 RTE 或产品经理来引导。会议的目的是，根据 PI 目标将敏捷发布火车的进展状况进行可视化呈现，讨论特性开发中的问题或机会并评估任何的范围调整。会议也可以用于为下一个 PI 做相应的准备工作（参见下文的描述），并且可能包括项目群待办事项列表的梳理工作，以及在下一个 PI 计划会议之前的加权最短作业优先（WSJF）优先级排序等。

注意：如图 5.12-2 所示，有时 SoS 会议和 PO 同步会议可以合并成一个会议，通常被称为 ART 同步会议。

发布管理会议

发布管理会议对将要发生的发布进行治理，也提供了和管理层定期沟通的机会。想要理解更多的内容，可以阅读 5.15 节的内容。

系统演示

系统演示是一个每两周进行一次的事件，用于从利益相关者那里获得关于正在开发系统的有效性和可用性的反馈。该演示还有助于确保同一个敏捷发布火车上的团队之间的集成，集成需要定期进行，且每个迭代至少集成一次。考虑到“集成点控制产品开发”（参考资料 [1]），所以 PI 是一个常规的节点，用于将完整的系统或解决方案的有价值和新实现的内容进行评估。

准备下一个 PI 计划会议事件

图 5.12-3 所示，显示了这个事件。实际上，准备下一个 PI 计划会议是一个持续的过程，它包括三个主要方面：

1. 管理层达成一致，组织上为开展计划准备就绪
2. 待办事项准备就绪
3. 推进事件需要的后勤保障准备就绪

以上三个方面中的任何一项都会影响潜在的结果，即影响具体的、承诺的项 PI 计划，所以需要慎重地考虑这三个要素。

检视和调整

当 PI 时间盒结束时，项目群增量也就“完成”了。每个 PI 结束时都会有一个最终的系统演示，即通过一个广而告之的事件来展示出所有在 PI 期间完成的产品特性。系统演示通常会作为检视和调整工作坊的一部分，检视和调整是一个定期的省思、解决问题，并采取必要的改进措施以加快下一个 PI 的速度、质量和可靠性的会议。工作坊的结果通常是一系列的改进故事，可以将其添加到待办事项列表中，用于在将来的项目群增量计划会议中讨论。通过这种方式，可以在每次 PI 中对每一个 ART 进行改进。

解决方案火车的 PI 执行

在大型解决方案层，设定了一些额外的重要事件和活动，能更好地聚焦在对解决方案的进展上。接下来将详细介绍这些事件和活动。

PI 计划前、后会议

PI 计划前、后会议可以让解决方案火车上的多个 ART 和供应商，为 PI 计划会议进行准备和协调。这些事件的目的是为了一个共同的愿景和使命，以及一系列解决方案中要开发的特性，进行协调一致和对齐。

PI 计划前会议用于协调 ART 计划会议的输入（例如，目标、关键里程碑、业务背景和解决方案上下文）。PI 计划后会议用于将各个 ART 计划会议所产生的结果进行集成，为解决方案火车创建愿景和路线图。在 PI 计划后会议结束后，应该有一个达成共识的解决方案 PI 目标，将会在 PI 结束时实现，并在下一次解决方案演示会议中进行演示。

解决方案增量和解决方案演示

在PI时间盒中，ART通过构建多个价值流增量，从而累积成解决方案的能力。这些新能力必须被设计、开发、测试，并与系统的现有能力一起进行整体的验证。解决方案演示是PI学习环中至关重要的方面。这是一个备受瞩目的事件，解决方案利益相关者、客户（或他们的内部代理人），以及高层管理者，将共同观看在上一个PI中解决方案方面所取得的进展。

在这个事件中，解决方案火车将演示其在过去PI的成果。高层管理者和利益相关者在更广泛的解决方案环境中评审进展情况。它也可以用来通告是否继续、调整，甚至取消原有方案，或者为多个价值流变更精益预算。

解决方案火车的检视和调整

在PI结束时，可能需要为解决方案火车提供额外的I&A工作坊。它采用与ART的I&A相同的方式。由于涉及的人数众多，解决方案I&A工作坊无法涵盖ART中的所有利益相关者，因此需要选择最合适的代表参与进来。参与的人员包括解决方案火车的主要利益相关者，以及来自多个不同ART和供应商的代表。

参考资料

[1] Oosterwal, Dantar P. *The Lean Machine: How Harley-Davidson Drove Top-Line Growth and Profitability with Revolutionary Lean Product Development.* Amacom, 2010.

5.13 创新与计划迭代

惰性是上一代创新的残留物。如果置之不理，它会消耗下一代创新所需要的资源。

——杰弗里·摩尔（Geoffery Moore）

100%的利用率将导致不可预测性。

——Donald Reinertsen

摘要

创新与计划迭代（IP）发生在每个PI结束的时候，具有多种目的。值得强调的是，它是满足PI目标所需的估算缓冲，并提供了专门的时间用于创新、持续学习、PI计划会议、检视与调整（I&A）事件。

SAFe专注于客户价值的持续交付，组织内的人员将会忙于他们在PI计划会议中承诺的特性。每一个迭代都很关键，迭代中团队主要专注于近期的价值交付。通过一个又一个迭代，解决方案离发布越来越近，对于解决方案交付的专注始终不能松懈。

当然，专注于一件事情可能导致对其他事情的松懈，比如创新。交付始终是急迫的，“残酷的紧急迭代”有可能导致丧失一切创新的机会。为了解决这个问题，SAFe 提供了一个专门的 IP 迭代。

详述

理解 IP 迭代的活动

IP 迭代在每一个 PI 中为团队提供例行的时间，让团队有机会开展在持续增量价值发布环境中难以进行的活动。这些活动可能涵盖以下内容：

- 在专注于交付的迭代之外，创新和探索的时间
- 处理技术架构、工具和其他阻碍交付的工作
- 用以支持持续学习和改进的教育活动
- PI 系统演示、检视和调整工作坊、PI 计划会议和待办事项列表梳理——包括使用加权最短作业优先（WSJF）模型对特性的最终优先级进行排序
- 最终的解决方案集成，包括验证和确认（如果在 PI 边界上发布）
- 最终的用户接收测试，以及不适合在每个迭代中进行的其他准备活动

IP 迭代还有另一个重要的作用——它为达成 PI 目标提供了缓冲时间，提高了 PI 绩效的可预测性。

敏捷发布火车（ART）的成员通常反馈，这种有规律的“充电和磨刀”增强了团队的效率、速度和工作的满意度。

为创新预留时间

创新是 SAFe 精益 – 敏捷理念的支柱之一，但是在交付期限之前专门留出时间进行思考和改变可能很困难。为此，很多企业使用 IP 迭代来安排一些研究和设计的活动，以及黑客马拉松。黑客马拉松有两个简单的规则：

- 团队成员可以和任何他们想合作的人一起做任何他们想做的事，只要这些事情和公司的使命保持一致即可
- 在活动结束时，团队会向其他人演示他们所做的事情

专门的 PI 计划时间

检视与调整工作坊和 PI 计划会议安排在 IP 迭代中可以避免降低常规迭代的速率。更重要的是，这种安排使得 PI 的活动能够遵循特定的节奏，从而更好地保证他们按时进行。并且，在此期间对项目群和解决方案的待办事项列表中的特性和能力进行“恰好及时”(Just in time) 的梳理和细化，将显著地提高即将到来的计划活动的效率。

集成完整的解决方案

当解决方案包括硬件（和其他组件）时，以端到端的方式进行持续集成会变得更加困

难。在项目群层和大型解决方案层的全面集成可能只有 IP 迭代可行。常识告诉我们，这种情形需要在计划中考虑周全。

然而，系统成分的集成不能只在 IP 迭代中做一次尝试。部分或全部的集成活动贯穿每个 PI 的执行过程，并至少进行一次完整的解决方案集成。这样可以尽早验证假设，从而团队在当前 PI 中能够对重大问题和风险做出响应。

每个 PI 结束的时候会进行最终的 PI 系统演示。对火车上所有团队工作成果的集中展示是在准生产环境中进行的，并尽可能地模拟预期的生产环境。对于大型解决方案层的多列火车来说，每列火车的系统演示结果将集成到解决方案演示中。

IP 迭代也为最终的集成和解决方案演示预留了时间。解决方案演示是一个更加结构化并且正式的事件，展示了一个解决方案火车在整个 PI 执行过程中累计完成的所有特性。

通常，解决方案演示作为解决方案火车的检视和调整工作坊的一部分，其产出将反馈给回顾会议和各种 PI 过程度量。

推进研发基础设施建设

精益交付给开发基础设施带来了更大的压力：准备及运作新的集成开发环境；实施和维护自动化测试框架；采用敏捷项目管理工具，升级和增强跨团队和跨火车的沟通系统；等等。

通常，如果未来几天内不会有关键的迭代演示，此时进行基础设施的改造或迁移会更加高效。（这些有关基础设施的改进故事往往来自于团队的迭代回顾会议，或者使能。）

我们知道，工具需要经常进行更新，敏捷团队的工具也一样。事实上，他们对工作环境的依赖程度更高，所以需要花时间不断地进行改进。

促进持续学习

精益工程师和精益领导者都是终身学习者。科技的变化日新月异，方法和实践也在不断变化，然而，持续学习的机会却少得多。并且，转向精益－敏捷之初往往需要应用很多新的技术，掌握新的技能：

- 编写特性 / 故事
- 内建质量
- 自动化测试
- 集体所有权
- 敏捷架构
- 持续集成
- 结对工作
- 掌握产品负责人和 Scrum Master 的角色
- 团队建设

为持续学习安排出时间，团队成员和领导层就得到了一个好机会去学习并掌握这些新技能。这些学习时间也可以用于启动和支持专项主题的实践社区。结果将是个人和企业都从中受益：员工的技能和工作满意度提升，团队开发速度提高，产品的上市时间缩短。

利用内置估算缓冲

精益流的概念告诉我们，100% 的利用率会带来不可预测的结果。简而言之，如果安排每个人都满负荷地工作，当问题发生时人们就无法灵活应变，而问题的发生几乎是不可避免的。这将会导致客户价值交付的不可预测性，最终造成延迟。为了应对这个问题，IP 迭代提供了一个保护带（小缓冲），以避免将当前 PI 未完成的工作推迟到下一个 PI 中。

在 PI 计划中，ART 对 IP 迭代不安排特性和故事。这个 IP 迭代给团队提供了缓冲（额外的时间）来应对突发事件、依赖导致的延迟，以及其他问题，从而增强了团队达成 PI 目标的能力。这个缓冲时间大大增强了项目群输出的可预测性，这对于业务而言是非常重要的。然而，习惯性地使用这个缓冲时间段来完成工作是一种错误的模式。这种做法不符合 IP 迭代的主要目的，也损害了创新。团队必须谨慎使用这个估算“防护带”，不要把它简单地变成实现 PI 目标的拐杖。

IP 迭代日历的示例

IP 迭代有一个标准的时间表和格式。图 5.13-1 提供了一个 IP 迭代日历的示例。橙色的条目代表了解决方案火车的事件，蓝色和绿色的条目代表的是一个单一 ART 的事件。

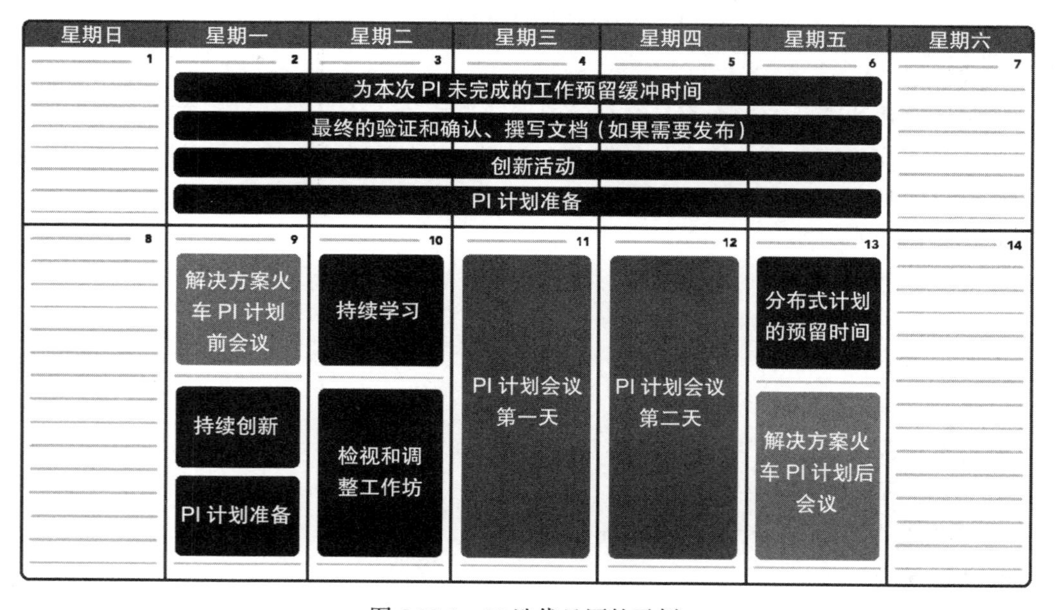

图 5.13-1 IP 迭代日历的示例

参考资料

[1] Reinertsen, Donald G. *The Principles of Product Development Flow: Second Generation Lean Product Development.* Celeritas Publishing, 2009.

[2] Leffingwell, Dean. *Agile Software Requirements: Lean Requirements Practices for Teams, Programs, and the Enterprise*. Addison-Wesley, 2011.

5.14 按节奏开发

在不确定性中控制流动。

——*唐·赖纳特森*（Don Reinertsen）

摘要

按节奏开发是在基于流动的系统中，通过确保重要的事件和活动以定期的、可预测的时间表发生，从而管理系统开发固有可变性的一种基本方法。

节奏的效果可以直接在 SAFe 全景图中看到——当几个快速同步的短迭代完成后，就紧接着集成进更大的项目群增量（PI)。节奏保证重要的事件，例如 PI 计划、系统和方案演示，以及检视和调整（I&A）工作坊，在定期的、可预测的时间表内发生。通过事先规划好这些标准事件，节奏也降低了执行这些事件的成本。

详述

节奏，与同步一起，是 SAFe 中用来构建系统和解决方案资产的关键概念。节奏是定期的、可预测的开发韵律，而同步可以保证多个潜在依赖的事件可以同时发生。

我们要感谢唐·赖纳特森的《产品开发流的原则》一书（参考资料 1)，从而能够解释为什么节奏和同步对于有效的解决方案开发至关重要。这些原则的一部分总结在表 5.14-1 和表 5.14-2 中，以及实现它们的相关 SAFe 实践中。

表 5.14-1 在 SAFe 中应用的节奏原则

流动的原则：节奏	SAFe 实践
F5: 使用定期的节奏来限制变化累积	定期按 PI 间隔进行计划，将变化限制到单一 PI 时间盒中，提升敏捷发布火车 (ART) 以及解决方案火车的可预测性
F6: 提供足够容量的冗余来保障节奏	为了可靠地达成 PI 目标，创新与计划（IP）迭代没有计划范围，并提供了时间表的冗余（时间缓冲）。另外，未承诺的，但计划为延伸目标的，同样提供了容量的冗余（范围缓冲）。它们共同提供了一种可靠地实现 PI 目标的方法
F7：使用节奏来让等待时间可预测	如果一个特性无法被计划进一个 PI，但依然保持有较高的优先级，那么可以计划在下一个 PI 进行交付（或者另一个已计划的、频繁的发布）。这避免了在当前增量中加入过量的在制品（WIP）的诱惑

（续）

流动的原则：节奏	SAFe 实践
F8：使用定期的节奏来保证小批量	短迭代有助于控制迭代批量的故事数量。特性批量的大小通过短的 PI 和频繁的发布来控制，提供了高度的系统可预测性和吞吐量
F9：通过可预测的节奏计划频繁的会议	PI 计划、系统演示、检视和调整 (I&A)、ART 同步、迭代计划、待办事项优化，以及架构讨论，都是从频繁的会议中受益的例子。每次会议只需处理小批量新的信息。节奏帮助降低这些会议的交易成本

表 5.14-2 在 SAFe 中应用的同步原则

流动的原则：同步	SAFe 实践
F10: 通过多个项目间同步来发挥规模化经济	每个敏捷团队的迭代长度都保持一致。通过系统演示和解决方案演示来同步工作。投资组合业务史诗和使能史诗驱动通用的基础设施和客户公共设施
F11: 容量的冗余保证交付的同步	创新与计划（IP）迭代让最终的 PI 系统演示和解决方案演示没有降低 ART 或解决方案火车的速度
F12：利用同步事件来促进跨职能的权衡	ART 和解决方案火车的事件同步了客户反馈，并可以调整资源和预算，对齐使命，持续改进，以及对项目群进行了监督与治理。它们也同样驱动协作与团队建设
F13：减少队列，同步批量大小和相邻流程的时间	团队保持相同的时间盒与相似的批量大小。ART 和解决方案系统团队按定期的节奏支持集成。为促进快速的交付新的想法，待办事项列表也保持短小并且是未承诺的
F14：使用和谐的嵌套的节奏来同步工作	团队以迭代为界限（至少）进行集成与评估。ART 和解决方案火车以 PI 为界限进行评估

总而言之，节奏和同步是帮助我们管理工作固有可变性的关键概念。它们创建了一个更可靠、更可依赖的解决方案开发和交付流程，这也是关键业务利益相关者可以依赖的流程。

但是按需发布

如我们所见，按节奏开发提供了诸多好处。但当实际发布价值时，会遵从一组不同的规则。当 PI 有了可靠的节奏，下一个甚至更大的考虑是去理解何时，以及如何真正的发布所有累积的价值给最终用户。正如在 5.23 节和 5.15 节中所述的那样，每一个 ART 和解决方案火车，都需要一个适合开发和业务上下文的解决方案发布战略。

面向持续交付

对许多人来说，对持续交付的预期是非常高的。毕竟，当一个移动电话的自动升级功能可用时，没有人会惊慌失措。相反，我们会假设它将交付价值，并且当我们按下更新按钮时，不会有太多的想法或顾虑。当然，与手机中的软件相比，在我们的企业系统中将会有更多的软件。

然而，在企业的世界里，经常以不同的鼓点行军。也许，基于保密和可用性相关的考虑，或者对于金融或安全至关重要的系统来说，客户的运营环境不太适合持续的更新重大的新价值。也许我们企业的开发和发布能力，还没有先进到足够的程度，以至于这些更新对于客户而言是不存在风险的。也许，无论什么原因，持续的更新无法产生经济效益。

此外，支持持续交付的系统，必须为了持续交付而进行设计。即使如此，发布也不是要么全有、要么全无的事件。例如，即便是一个简单的 SAFe 网站也会有多个发布节奏。但是，如果我们每周更新 SAFe 大图，那么使用 SAFe 工具和 SAFe 课件的人，都会认为那是一个不好的做法。然而，当我们没有能力去更新其中的内容（通过博客、补充的指导文章，以及更新现有文章）时，就会破坏原本的持续价值交付的目标。我们就不是敏捷的。简而言之，你必须为这些事情做好设计。

在所有的情况下，应用 SAFe 的企业可以很容易地理解开发和发布是两个分开的概念。他们可以根据需要发布任何有质量的资产，从而满足业务的需要。

参考资料

[1] Reinertsen, Don. *Principles of Product Development Flow: Second Generation Lean Product Development.* Celeritas Publishing, 2009.

[2] Leffingwell, Dean. *Scaling Software Agility: Best Practices for Large Enterprises.* Addison-Wesley, 2007, chapter 16.

[3] Leffingwell, Dean. *Agile Software Requirements: Lean Requirements Practices for Teams, Programs, and the Enterprise.* Addison-Wesley, 2011.

5.15 按需发布

按节奏开发，按需发布。

——SAFe 箴言

摘要

按需求发布是这样一种过程：部署到生产环境的功能根据市场需求增量式地交付或者整体交付给客户，它是持续交付流水线中的第四个也是最后一个要素，如图 5.15-1 所示。

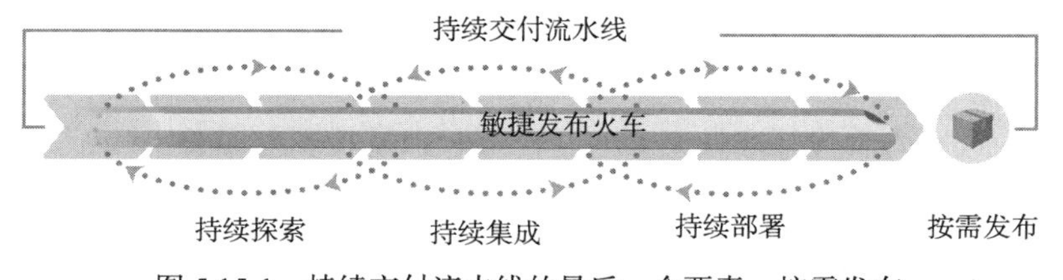

图 5.15-1 持续交付流水线的最后一个要素：按需发布

如图 5.15-1 所示，按需发布之前的三个过程有助于确保价值可以被部署到生产环境当中。但是，只有当终端用户在他们的环境中使用解决方案时，价值才会得以体现，所以在正确的时间交付价值，对企业获得真正的敏捷收益至关重要。像发布这样的决定是一个关键的经济驱动因素，因此需要仔细考虑。虽然在某些情况下，部署的功能可以立即供所有最终用户使用，但更多情况下，发布是一种（跟部署）解耦的按需行为，仅发生在特定用户在特定的时间需要的时刻。

详述

按需发布的能力是持续交付流水线的一个关键要素，它引出了以下三个问题，使得敏捷发布火车（ART）可以拥抱 SAFe 的第三个原则（接受变异性，保留可选项）：

1. 我们什么时候应该发布？
2. 应该发布系统的哪些元素？
3. 哪些终端用户应该收到这次发布？

通过回答这三个问题，可以加速交付流程并提供灵活的交付价值。并且，按需交付通过评估持续探索阶段提出的收益假说，形成了闭环。是否需要进一步探索一个想法？或者是否有新的功能需要增加？又或者需要采用不同的做法？发布为这些决策提供了有力的数据支撑。

实践按需发布需要组织发展以下的能力：

- 将发布与开发的节奏分离
- 将发布元素与解决方案分离
- 设计支持增量发布的解决方案

下文将会对这些能力进行详述。

发布与开发的节奏解耦

按节奏开发是发布策略的另一个方面，它允许敏捷发布火车和解决方案火车以可预测的模式运行，并与多个开发团队保持同步。在发布价值的时候，可能会应用不同的规则。

一旦我们的持续部署过程拥有了稳定的价值流，下一步需要考虑的因素就是何时以及如何发布。如图 5.15-2 所示，发布策略是要跟开发节奏解耦的。

根据具体上下文及具体情况，可能会采用多种发布策略：

- **按项目群增量（PI）的节奏发布**——在最简单的场景下，企业可以在 PI 的边界做发布。通过这样的策略，PI 计划会议、发布，以及检视与调整（I&A）将会有可预测的日期。创新与计划（IP）迭代也可以定时地设计和组织，以便支持更广泛的发布活动。IP 迭代可能包括这几个最终的活动：验证和确认（V & V）、用户接收测试（UAT），以及培训和发布文档。

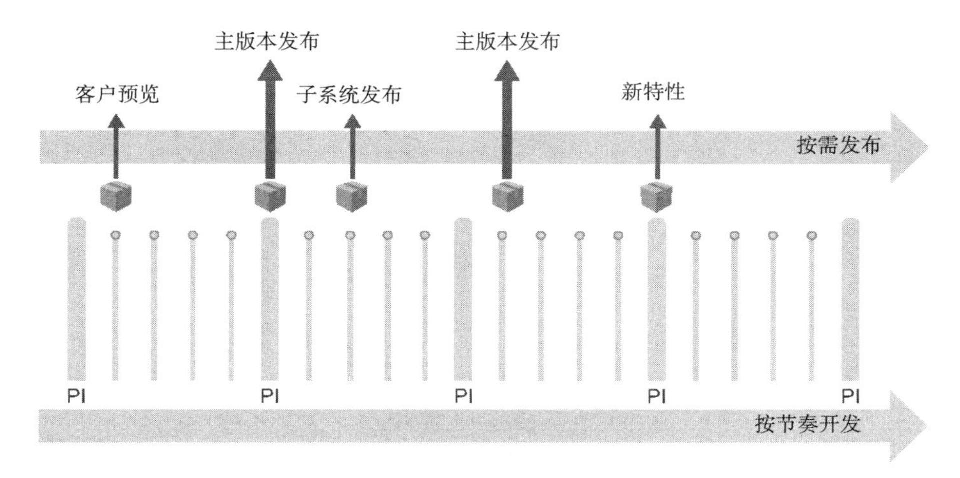

图 5.15-2 将开发活动与发布活动解耦

- **较少频率的发布**——在很多场景下，依照一个快速的 PI 节奏去发布是不太可能的，甚至是不可取的。例如，在某些企业配置中，已部署的系统构成了运营环境的关键基础设施，即便客户希望软件更新，服务等级和许可协议也可能不允许这种类型的发布。此外，组织还需要考虑与部署相关的开销与中断。在某些情况下，构建包含软件和硬件（例如移动电话或地球物理测绘卫星）的复杂系统时，时间表由这些系统的硬件组件（显示屏，芯片组等）来决定。这些组件通常需要较长的研制周期，新硬件必须首先可用，这意味着可能无法进行早期的增量发布。在这些情况下，跟 PI 同样的节奏进行发布可能不切实际，计划和发布活动可能需要完全解耦。
- **更频繁的发布**——对于很多组织而言，目标是尽可能频繁地发布——每小时、每天、每周等等。 实现频繁发布需要 DevOps 的能力，一个高效的持续交付流水线，并且架构上需要支持增量发布。即便如此，周期性计划的方式，仍然可以给企业提供管理变化以及限制偏离预期所需要的节奏、同步和对齐。
- **按需发布**——对于构建复杂解决方案的组织（例如，系统组成的复杂系统）而言，前面的例子可能过于简化了。大型的系统通常包含了不同种类型的组件与子系统，每一个都依赖于不同的发布模型。在这种情况下，最通用的模型是：只要符合治理和业务模式，可以在任何必要的时候发布任何需要发布的东西。

将发布元素与解决方案解耦

应用不同的发布频率引出了另外一个问题，我们必须一次发布一个单一的整体吗？要么全部发布，要么什么都不发布？如果是这样的话，发布策略将受到很大的限制，幸运的是我们不必如此发布。事实上即便简单的解决方案也将会有多个发布元素，每一个元素可以采用不同的发布策略，如图 5.15-3 所示。

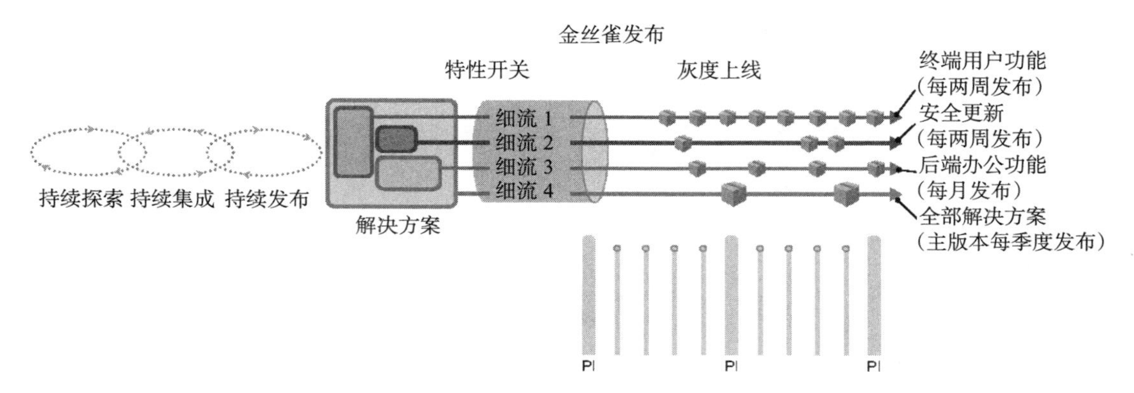

图 5.15-3　从解决方案解耦发布元素

例如，SAFe 网站有多个发布周期：

- 作者可以随时修复已部署版本的缺陷或解决安全问题（临时，但紧急）。
- 作者可以随时更新任何文章，通过博客推送通知读者（高频）。
- 有了重要的新内容，作者可以将新的文章添加到“高级主题”部分（中频）
- 基于新的内容，新的渲染大图的方式，最重要的是当市场条件已具备的时候，对框架进行周期性地重大修订（低频）。

我们称这些单独的有价值的流动为“细流”，因为它们代表在一个价值流内部的一个完整的、端到端的价值流动，每个细流（价值流切片）可以且应该按照自身的需求跟节奏交付价值。识别细流对于按需发布至关重要，因为它们允许解决方案内的不同元素以单独的节奏独立发布。

构建增量发布的解决方案

实现不同的发布策略，就要求解决方案针对组件（或服务）的可部署性、可发布性以及快速恢复能力来设计。对这些属性的特意设计需要系统架构师、敏捷团队，以及部署运维团队的协同工作。目标是建立一个快速的，理想状态下几乎不需要人工干预的交付过程。

灵活的发布过程需要以下的能力：

- **特性开关 (Feature toggles)**——特性开关使得特性可以在部署到生产环境时对客户不可见。这样就避免了多个代码分支的需求，使开发人员能够部署新的特性到生产环境，但是仅在企业准备好使用特性的时候再激活它。当特性发布并稳定运行之后，这些特性开关要被移除以避免技术债。
- **金丝雀发布（Canary releases）**——这种技术通过首先将变化逐渐推介给小部分用户，然后再将其推广到整个用户群的方式，减少了引入新版本发布到生产环境中的风险。这种发布方式允许选择少部分用户地进行生产环境测试及功能验证，而不会影响所有用户。

- **灰度上线（Dark launches）**——一些情况下，在将新功能提交给客户之前进行生产环境配置下的测试是非常重要的，特别是在生产环境中非功能性需求的不确定性很高的时候。

实现这些能力可能需要组织升级基础设施与架构，包括转向标准的技术栈，使用微服务来解耦单体的应用程序，确保数据的完备与规范化，使用第三方的 API 和数据交换，实现日志记录和报告工具。

闭环特性假设

终于，在特性发布之后，是时候评估收益假说了。预期的结果是否实现了？例如，金丝雀发布可以扩展到更多用户了吗？组织是否应该打开特性开关了？一旦我们了解了生产环境的结果，特性就可以被视为完成了。但是（基于生产环境的得出结果），或许还有必要在待办事项列表中添加新的条目以扩展功能，或是转向寻求不同的解决方案（移除特性）。

构建发布

构建可发布的、合用的大规模系统需要采用增量开发的方法，如图 5.15-4 所示。下文将描述四种类型的增量方式。

团队增量

这个过程的第一步是每个敏捷团队为它们所负责的故事、功能和组件通过以下步骤生产出一个工作增量：

- 完成团队待办事项列表中的用户故事，同时确保每个故事都符合其本地（故事）的完成定义（DoD）。
- 实施持续集成实践，使用测试自动化监测和确认进展。

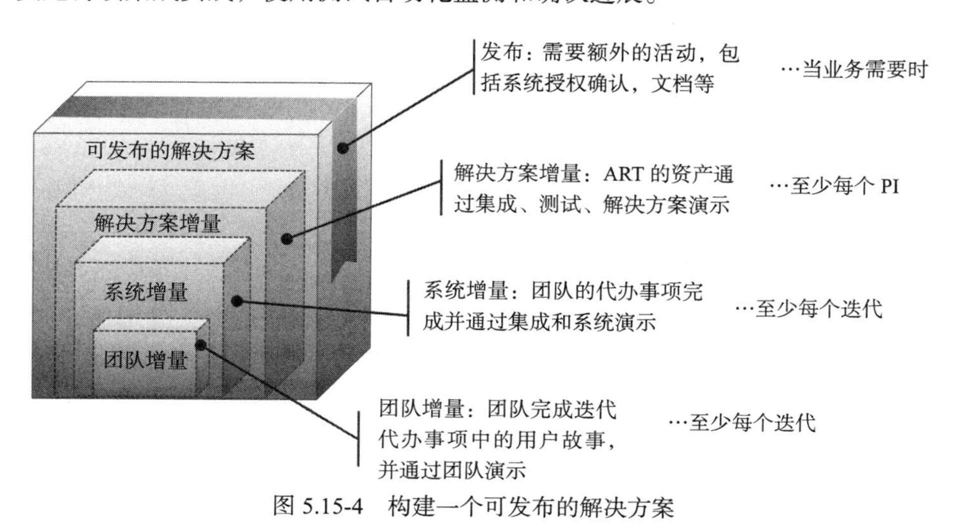

图 5.15-4　构建一个可发布的解决方案

系统增量

每两周，各团队构建一个系统增量，在其中集成了所有新功能，代表了敏捷发布火车（ART）在当前和之前所有迭代中完成的所有待办事项列表条目。在系统演示的时候，利益相关人评审系统增量并提供反馈。通过这种方式，新特性可以逐步添加到系统中，通常每个迭代都会增加几个特性。

解决方案增量

在开发大型解决方案时，ART 通常只对解决方案的一部分做贡献——可能是一些子系统、一些解决方案的能力，或两者的混合。在集成，验证和确认时，解决方案增量必须同时满足功能性和非功能性需求。解决方案演示无比重要，而解决方案增量是演示的主题，它将所有系统增量一起整合到工作系统当中

发布增量

逐步构建解决方案会影响整体发布增量。如前所述，解耦解决方案元素可以让解决方案的发布更小更独立。 这些元素可能位于团队，系统或解决方案级别，相同的逻辑贯穿于整个解决方案集成中。

在增量发布的时候，可能需要一些额外的活动，即验证和确认，发布说明，用户接收测试（UAT)，文档和培训材料，以及营销活动。这些活动要尽可能地作为之前的增量完成定义（DoD）的一部分。然而，有些会成为发布活动。

规模化完成定义

持续开发系统功能增量时需要一种规模化的完成定义，如表 5.15-1 所示。

表 5.15-1　一个规模化的完成定义示例

团队增量	系统增量	解决方案增量	发布
用户故事满足接收标准	ART 上的所有团队完成用户故事并经过集成	所有火车的能力被完成且满足接收标准	所有的能力都完成且达成接收标准
通过接收测试（条件允许时，实现自动化）	完成的特性达到了接收标准	部署或安装在模拟生产环境	解决方案端到端集成测试，接证测试和确认完成
编写单元测试与模块测试用例，通过测试，并入版本验证测试	满足非功能性需求	满足非功能性需求	回归测试完成
累积的单元测试通过	没有必须要解决的问题	系统端到端集成测试，验证测试和确认完成	满足非功能性需求
资产在版本控制之下	关键场景被验证和确认	没有必须要解决的问题	没有必须要解决的问题
遵守工程标准	并入构建定义与部署过程	并入版本定义，以及部署 / 转换过程	版本发布的文档完成
满足非功能性需求	完成增量演示，得到反馈	文档已更新	所有的标准都满足
没有必须要解决的问题	被产品管理者接收	完成解决方案演示，得到反馈	被解决方案管理者和发布管理接收
用户故事被产品负责人接收		被解决方案管理接收	

发布管理

发布管理是计划、管理，以及治理解决方案发布的过程，它有助于指导价值流遵循业务目标发展。 在某些企业中，尤其是那些必须符合不容忽视的监管和合规标准的企业，会出现一个集中的，产品组合级别的团队或职能，来确保版本发布符合所有相关的业务标准。在其他的情况下，敏捷发布火车和解决方案火车的领导层，以及来自开发运营、质量、销售等部门的利益相关者应该具有部分的发布管理和治理职责。

无论如何，发布管理职能促进内外利益相关方接收和部署新解决方案所需的活动。它还确保了在部署之前，治理层面最关键的质量要素被妥当处理——特别是内部和外部安全，法规和其他合规性指示。

发布计划属于 PI 计划流程的一部分。不过，计划是简单的部分；困难在于如何在一个发布版本中协调实现多个迭代内的所有功能和特性，尤其是出现新的问题 / 障碍 / 依赖关系，以及发现愿景跟待办事项列表的差距时。由于这些挑战，每个版本的范围必须被持续的管理，重复验证和沟通。这里主要的考虑因素包括：

- 确保组织的发布治理模式被理解和遵守。
- 向外部利益相关者沟通发布状态。
- 制定适当的部署计划。
- 在内部与外部沟通上协调市场营销以及产品和解决方案管理者。
- 验证解决方案是否符合相关的解决方案的质量标准和合规性标准。
- 参与检视与调整（I&A）工作坊以改进发布流程、价值流生产效率和解决方案质量。
- 为版本发布提供最终授权。
- 与精益投资组合管理（LPM）保持恰当的联络。
- 参与并监督最终发布活动。

许多企业每周都会举行发布管理会议，以解决以下问题：

- 愿景是否被正确理解，火车和团队是否与这个目的对齐？
- 每个人是否都了解他们正在构建什么？以及，他们的理解是否符合价值流和当前战略主题的目的？
- 这些火车是否在按照预定的发布日期前进？
- 解决方案的内建质量是否适当？
- 必须解决哪些障碍才能推动进展？

这样的周会定期为高级管理层提供了发布进度的可见性。会上可以批准任何关于范围 / 时间 / 人员 / 资源的调整，以确保发布。 在一个更加接近持续交付的环境当中，参与者可以密切监控项目群看板的“发布”状态的一栏，确保在需要时将内容发布给适当的受众；管理灰度上线和金丝雀的发布；确保假设被评估；并确保在生产验证后将特性开关进行删除。

参考资料

[1] Kim, Gene, Jez Humble, Patrick Debois, and John Willis. *The DevOps Handbook: How to Create World-Class Agility, Reliability, and Security in Technology Organizations*. IT Revolution Press, 2016.

5.16 架构跑道

虽然我们必须承认设计和系统开发的逐渐浮现，但少量的计划却可以避免巨大的浪费。

——James Coplien 和 Gertrud Bjørnvig,《精益架构：敏捷软件开发》

摘要

架构跑道包含实现近期功能所需的现有代码、组件和技术基础架构，而无需过多的重新设计和延迟。这为开发商业创意以及实现新特性和能力提供了必要的技术基础。架构跑道是用于实施本框架敏捷架构策略的主要工具之一。

新特性和能力的开发会消耗架构跑道，因此必须通过对使能的持续投入对其进行扩展。有些使能可以修复解决方案的现有问题，例如提升性能或用户体验；另一些可能为支持未来的功能提供基础能力。

详述

敏捷开发避免了大规模提前设计（BDUF），取而代之的是简单的信念：最好的架构、需求和设计浮现于自组织团队（参考资料 [3]）。由此出现了浮现式设计的概念——敏捷架构演进流程提倡仅仅在需要的时候才对设计进行探索和扩展，足够实现和验证下一个功能的增量即可。

然而，为了应对新业务挑战，组织也需要较大规模的架构举措，这需要一定量的预先计划。单独运用浮现式设计可能无法处理大规模系统开发的复杂性，从而开始出现以下问题：

- 大量的设计返工和延迟，速度降低。
- 系统变得难以集成，验证和维护。
- 系统的质量（非功能性需求）退化。
- 团队之间的协作和同步显著减少。
- 系统组件重用率低，解决方案元素实现中出现了冗余。

以上问题导致解决方案性能低下，经济效益差，产品上市时间缓慢。

意图架构支持更大的视角

团队不可能预见其所处环境之外的所有变化。让单个团队完全理解整个系统来避免冗余和冲突的设计实现也是不现实的。简而言之，一个大型企业中的单个团队是不可能看到全局的，让团队去预见所有未来的变化也是不合理的，因为很多变化在他们可控范围之外。因此，团队需要一些“意图架构”——一组有意义、有计划的架构指南，在同步实施的同时增强解决方案设计、性能和可用性以及跨团队设计的方向。

意图架构和浮现式设计结合起来，使项目群能够创建和维护大规模的解决方案。浮现式设计支持快速的本地可控的机制，以使团队可以适当地应对需求变化，无须为保证系统的前瞻性产生过量的投入。意图架构为确保系统概念的完整性和目标一致性提供了必要的指导。保证合理的浮现式设计和意图架构的平衡，是有效开发大规模系统的关键。

架构促进流动和敏捷性

使能在投资组合层由企业级架构师定义，而在大型解决方案层和项目群层由系统和解决方案架构师/工程师定义。

架构师定义使能之后，还会提供必要的指导，以对使能进行分析、估算和实现，从而让使能在不同的看板系统中流动。这些支持确保受到影响的所有元素（包括子系统、组件、功能、协议、内部系统功能等）有必要的架构支撑，以实现产品路线图中的近期特性和能力。

为了避免大规模提前设计（BDUF），企业致力于以增量的方式实现架构。因此，使能史诗被划分成使能特性或能力，最终由 ART 来实现。每个使能特性必须在一个项目群增量（PI）内完成，确保系统始终运行——这意味着它是潜在地可部署的，即使在开发过程中也是如此。

在某些情况下，新的架构举措会逐个实现（甚至可能在完成实现的 PI 中对用户不可见）。这种方式中，架构跑道的实现和测试是在幕后进行的，而不影响当前的交付。当准备好支持新的业务史诗和特性时，新架构向用户公开。

PI 节奏和同步有助于管理研发的内在易变性。ART 可以使新产品始终处于可交付状态。这样，企业就可以根据主要外部因素自由决定是否交付这些资产。作为底线，在 PI 边界拥有高质量、可部署的系统级解决方案是至关重要的。

也就是说，在 PI 计划会议之前，必须有一定量的架构跑道准备就绪。否则，将会有架构返工的风险——相应地，依赖此架构的新特性也需要返工，这可能造成项目群层不可接受的风险。

为了降低这一威胁，项目群应该确保在 PI 计划时，最新特性所需的架构设计已经实现。如后文所述，有三种达成方式：

- 构建一段跑道
- 使用跑道
- 扩展跑道

构建架构跑道

在开发新平台时，特别是高度创新或者全新开发的平台，系统或解决方案架构师 / 工程师在定义和构建跑道时发挥作用是很常见的。通常情况下，新的基础架构最初只需要几个敏捷团队即可实施——有时，架构师 / 工程师将会在若干迭代中作为产品负责人，如图 5.16-1 所示。

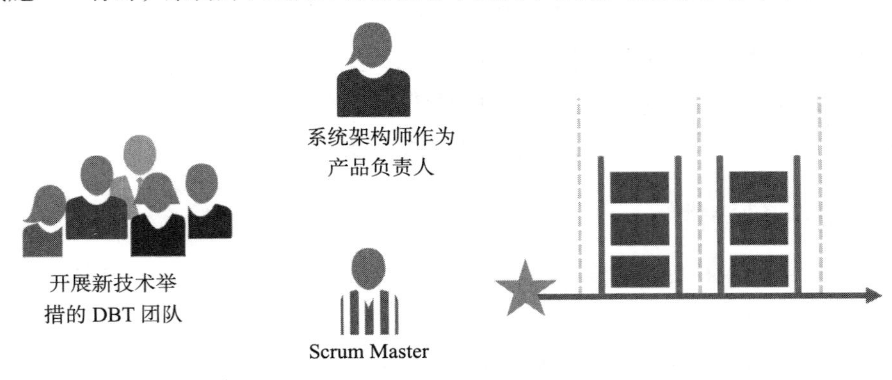

图 5.16-1　初始化架构跑道

构建跑道的规则既简单又灵活：

- 构建跑道的团队的迭代执行和项目群中其他的敏捷团队是一样的。
- 专注于完成可工作的解决方案，而不是模型或设计。
- 时效性是关键。用少许几个迭代实施和验证新的架构设计即可。
- 然后，项目群会迅速扩大，特性团队加入，并以早期的特性对新架构进行测试，如图 5.16-2 所示。

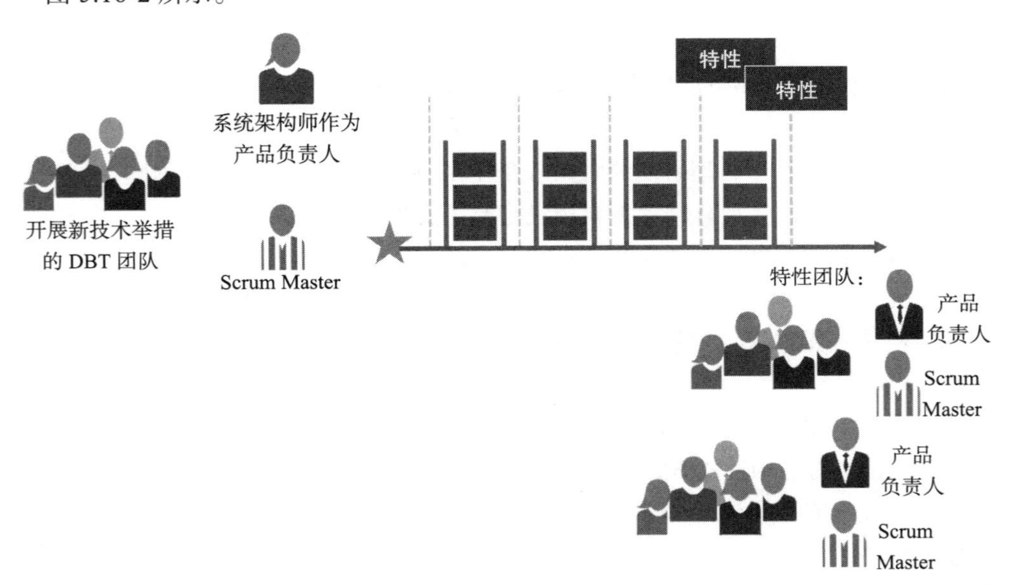

图 5.16-2　在新跑道上实现一些新特性

同时，团队会继续构建架构跑道，如图 5.16-3 所示。

为了获得稳定的速度，架构跑道需要持续维护和扩展。容量分配机制用以确保对使能的持续投资，以扩建架构跑道。

产品和解决方案管理者及架构师 / 工程师们会与有关团队合作定义使能，然后由 ART 进行实现。架构跑道要满足近期的成功交付，并且要避免为了长期的技术投入过分限制当前的开发。架构跑道需要保持在“恰当的数量”：

- 如果太多，就会过分束缚团队并脱离当前的上下文
- 如果太少，团队就会在实现短期承诺上遇到麻烦

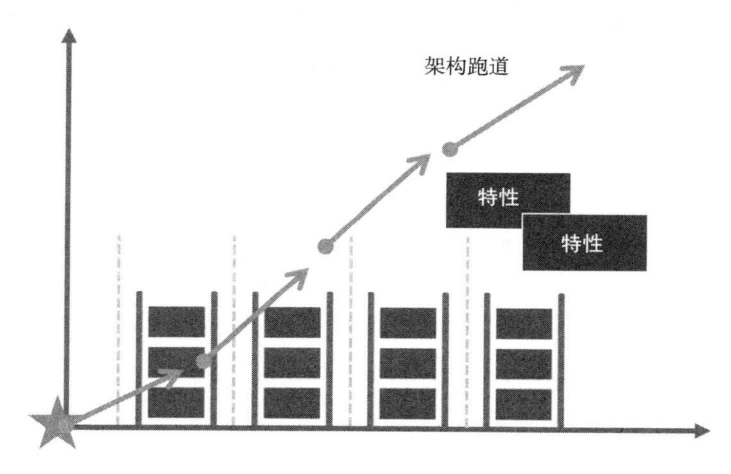

图 5.16-3 构建架构跑道的过程

消耗架构跑道

新的架构已经具备，有价值的特性得到部署，此时，团队可以为他们的成就感到自豪。但是，初期的成功是暂时的，架构会随着时间的推移，自然而然地被一系列因素逐渐消耗殆尽：

- **敏捷团队是快速的**。他们拥有无与伦比的专注力和提供新功能的能力，导致架构跑道的高速消耗。
- **产品负责人和产品 / 解决方案管理者往往缺乏耐心**。他们已经在内部系统的能力构建上投入了时间，他们很快将会改变待办事项的优先级，把投入转向用户将会付费的特性上。
- **架构本身也是脆弱的，且需要持续改进**。技术更新很快，原有的东西可能会过时。
- **客户的要求也在快速变化**。在当今快节奏的数字经济，机会和威胁可能会突然浮现，客户需求也在不断演变。

除非敏捷团队很好地适应其变化，否则结果将如图 5.16-4 所示。

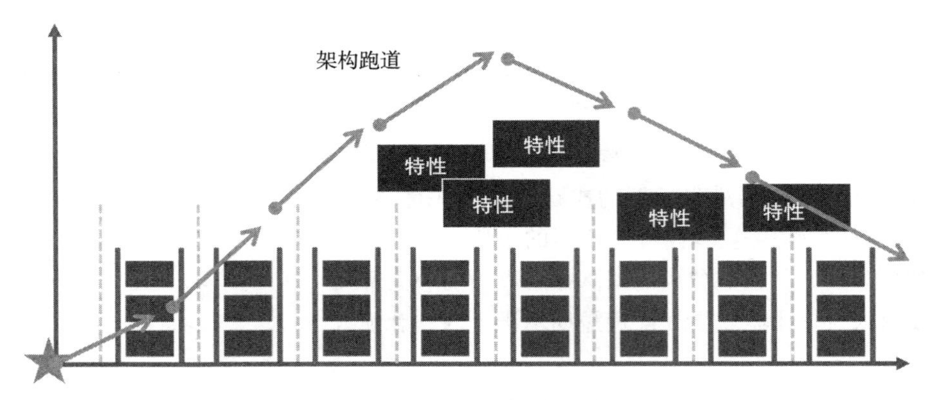

图 5.16-4 耗尽架构跑道

扩展架构跑道

如何避免团队又退回到他们的起点状态呢？一定要认识到，在架构构建上的投资不应该是一次性的或偶尔出现的。毕竟，ART 运用各种看板系统持续流动地运作。因此，团队必须致力于不断阐述，分析和实施使能。此外，架构师 / 工程师和敏捷团队必须学习把使能史诗和特性拆分到小的切片，以便在每个迭代和 PI 中实现，以便团队可以持续交付客户价值（参见 5.6 节，参考资料 [2] 中第 20 章和第 21 章关于增量实现策略的内容）。

架构跑道的背景故事

“架构跑道”一词的使用，最早出现在对于 PI 层级燃尽图的观察。通常，当团队开始一个 PI 时，代码中现存的架构往往无法支撑当前的工作，任何依赖新架构的特性开发都会具有较高的风险。

ART 通常无法“使那些 PI 着陆”（也就是在 PI 结束时，让燃尽图的剩余工作减少到 0）。在这种情况下，他们将无法实现 PI 目标。像飞机一样，PI 需要足够的“跑道”才能安全“着陆”。

在 SAFe 全景图中可以看到绘制成红色的架构跑道折线，它随时间上下波动，因为团队会构建一些跑道，然后使用它们，再构建更多的跑道，继而再加以使用。简而言之，在任何一个时间节点上，都需要合适数量的跑道。

如果把这个比喻再扩展一下：飞机（系统）越大，飞行速度越快（团队速度），就需要铺设更多的跑道，用来保障 PI 安全着陆。关于架构跑道的内容，在 9.1 节中有更深入的阐述。

参考资料

[1] Leffingwell, Dean. *Scaling Software Agility: Best Practices for Large Enterprises.* Addison-Wesley, 2007.

[2] Leffingwell, Dean. *Agile Software Requirements: Lean Requirements Practices for Teams, Programs, and the Enterprise.* Addison-Wesley, 2011.

[3] Manifesto for Agile Software Development. http://www.agilemanifesto.org.

5.17 PI 计划

因为我们无法提前确定未来的产品开发任务，所以把计划和控制交给那些能理解和响应最终结果的人们吧。

——Michael Kennedy，《精益企业的产品开发》

SAFe 里没有魔法……也许除了 PI 计划。

——本书作者

摘要

项目群增量计划（PI Planning）是基于节奏的、面对面的计划活动，该活动作为敏捷发布火车（ART）的心跳，使 ART 上的所有团队朝着共同使命和愿景努力。对于分散于不同地理位置的敏捷发布火车，PI 计划可能利用即时的语音和视频，以便在不同地点同时进行。

详述

敏捷宣言的一条原则提到："不论团队内外，传递信息效果最好效率也最高的方式是面对面的交谈。" SAFe 通过 PI 计划把这条原则带入到更高的层级。PI 计划会议是常规的、面对面的事件，有着标准化的流程，包括业务背景和愿景的展示，以及随后的团队分组计划，为下一个 PI 制定团队的迭代计划和目标。

在发布火车工程师（RTE）的组织下，PI 计划会议尽可能包括敏捷发布火车的所有成员。PI 计划发生在创新与计划（IP）迭代内，持续一天半到两天时间。在 IP 迭代期间举行该会议，可以避免影响 PI 里其他迭代的时间进度或容量。

PI 计划会议对 SAFe 至关重要：如果你没有进行 PI 计划，你就不是真正地在使用 SAFe。如图 5.17-1 所示，这是一件相当重大的事件。

图 5.17-1 面对面 PI 计划会议。远程团队使用视频会议方式与本地团队同时进行计划（图片由 SAI 提供）

PI 计划的业务效益

PI 计划能带来很多的业务收益：

- 在所有团队成员和利益相关者之间建立面对面的沟通渠道
- 建立敏捷发布火车所依赖的社交网络
- 通过业务背景、愿景和团队及项目群 PI 目标，把开发与业务目标对齐
- 识别依赖并培养跨团队和跨敏捷发布火车的协作
- 为架构、精益用户体验提供“适量”的指导
- 为需求匹配适度的容量，消除过多的在制品（WIP）
- 促进快速决策

下面重点介绍 ART 就绪检查清单（参考资料 [1]）。

PI 计划会议的输入与输出

PI 计划会议的输入，包括如下几项：

- 业务背景（参见“**内容就绪**”部分的描述）
- 产品路线图和愿景
- 项目群待办事项列表中的优先级最高的 10 个特性

成功的 PI 计划会议将交付如下两个主要产出：

- **承诺的 PI 目标** —— 这组“SMART”的目标是由各个团队创建，并由业务负责人分配业务价值。
- **项目群公告板** —— 该公告板重点强调了新特性的交付日期，不同团队之间以及与其他 ART 的特性依赖关系和相关的里程碑信息。

准备工作

PI 计划是个重大事件，它需要有准备、协调和沟通工作。该事件的与会者必须被提前告知以使他们提前做好充分准备，这些人包括业务负责人、产品管理者、敏捷团队、系统和解决方案架构师 / 工程师、系统团队和其他利益相关者。

为一个成功的事件做准备需要做到如下三个主要方面：

- **组织结构准备就绪** —— 战略上的同步、团队及火车的组建
- **内容准备就绪** —— 管理和开发的准备
- **设施准备就绪** —— 事件发生的具体地点和相关后勤

组织结构准备就绪

开始计划会议之前，项目群必须在各参与者、利益相关者和业务负责人之间进行策略同步。关键角色也已分配好。为了提前处理好这些问题，事件组织者必须清晰回答如下问题：

- **计划范围和上下文** —— 计划流程中的范围（关于产品、系统、技术领域）是否已被所有人理解？我们是否了解哪些团队需要在一起参与计划？
- **业务对齐** —— 在各业务负责人之间是否就优先级达成了合理的共识？
- **敏捷团队** —— 我们有敏捷团队吗？每个敏捷团队是否有专门的开发人员和测试资源，是否有确定的 Scrum Master 和产品负责人？

内容准备就绪

保证具有清晰的愿景和上下文，与保证合适的利益相关者参与计划会议同样重要。因此 PI 计划必须包含如下内容：

- **管理层概述** —— 定义当前的业务背景。
- **产品愿景概述** —— 由产品管理者准备，包含项目群待办事项列表中优先级最高的 10 个特性。
- **架构愿景概述** —— 公司的首席技术官（CTO）、企业架构师或系统架构师为沟通新的使能、特性和非功能性需求（NFR）而准备的一份陈述。

设施准备就绪

保证众多与会者所需的物理空间和技术设施并非易事，尤其是涉及远程接入的与会者。需要考虑的因素如下：

- **设施** —— 房间必须足够容纳所有与会者，并按需配备休息室。
- **设备 / 技术支持人员** —— 这些人需要提前找好并提早到场，在环境搭建、测试以及整个计划事件中可以随时提供支持。
- **沟通渠道** —— 在团队分布于不同地点同时进行的计划会议中，主会场和分会场的音频、视频和演示渠道必须可用。

标准议程

PI 计划会议通常遵循一个类似于如图 5.17-2 所示的标准议程。下面就议程中每个条目展开描述。

第一天议程

- **业务背景** —— 高层管理者或者业务线负责人描述当前的业务状态，并从业务角度介绍目前的解决方案在多大程度上满足了当前的客户需要。
- **产品 / 解决方案愿景** —— 产品管理者介绍当前的愿景，通常对等待开发的优先级最高的 10 个特性进行展示，并强调自上次 PI 计划会议以来发生的任何变化，以及面临的所有里程碑。
- **架构愿景和开发实践** —— 系统架构师 / 工程师演示架构愿景。除此之外，资深开发经理可能会演示为了支持敏捷，下一个 PI 在开发实践中需要推进的变化，比如自动化测试、DevOps、持续集成和持续部署。

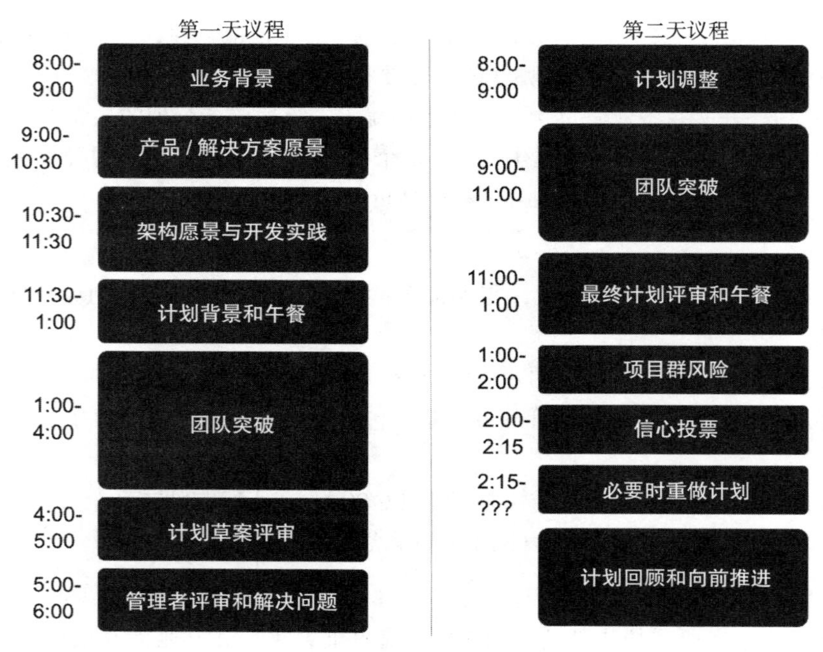

图 5.17-2 标准的 2 天 PI 计划会议日程

- **计划背景和午餐** —— 发布火车工程师（RTE）演示计划流程及会议的预期输出。
- **第一次团队突破**—— 在这次分组计划中，团队为每个迭代预估他们的容量 (速度)，并把有待实现的特性分解为迭代待办事项条目。每个团队逐个迭代创建各自的计划草案，并呈现给所有团队成员。

在这个过程中，团队会识别风险和依赖，并起草团队的初始 PI 目标。这些 PI 目标中通常会包含“延伸性目标”，这些延伸性目标是指那些列入计划（比如，这些目标相应的用户故事已识别并包含进计划中）但因太多的未知因素或风险而未被团队承诺的目标。

延伸性目标不是那些万一团队有额外时间而需要做的额外事情。相反地，延伸性目标提升了计划的可靠性，给管理层提供了 ART 可能无法交付的目标的一个提前预警。计划过程中团队也会把特性添加到项目群公告板上，如图 5.17-3 所示。

- **计划草案评审**—— 通常计划草案评审会议的时间盒比较紧凑，团队会演示关键的计划输出，包括目标草案、潜在风险和依赖关系。业务负责人、产品管理者、其他团队和利益相关者会进行评审，并提供输入。
- **管理者评审和问题解决** —— 计划草案很可能出现挑战，比如范围、人员和资源限制，以及各种依赖条件。在问题解决会议里，管理层可能对范围变更进行协商，以及通过对各种计划调整达成一致来解决这些挑战。发布火车工程师（RTE）会组织此会议，把主要的利益相关者聚在一起，为达成可实现的目标而制定决策。该会议时间长度不固定，以实际需要为限。

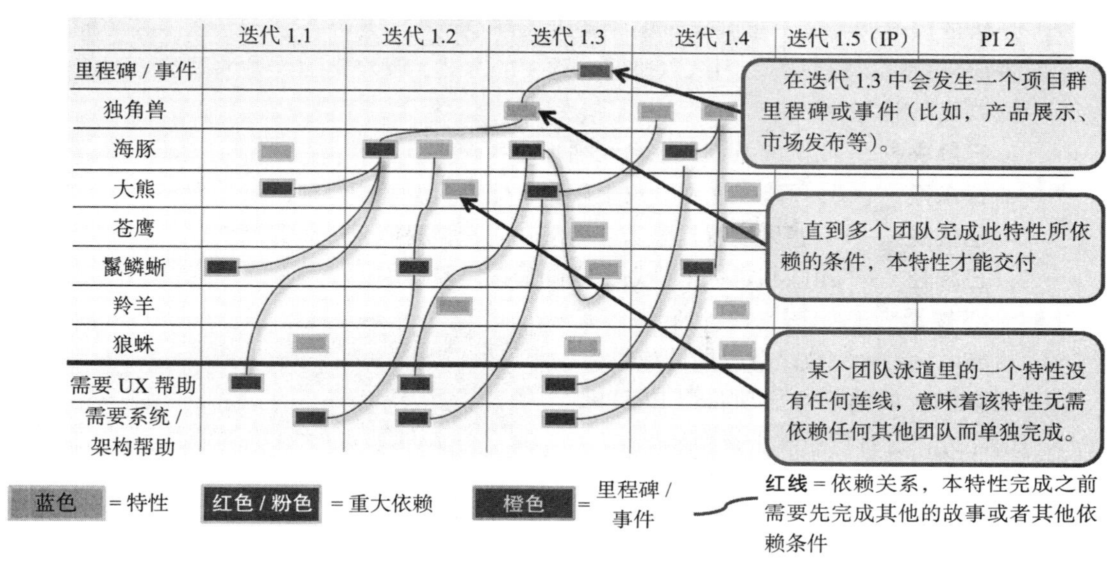

图 5.17-3 项目群公告板

在包括多个 ART 的解决方案火车中，解决方案火车层面可能会有类似的会议在计划第一天之后举行，用以解决那些在计划中出现的跨敏捷发布火车的问题。或者，另外一个做法是，相关敏捷发布火车的 RTE 相互讨论、提出问题，然后在 ART 层的问题解决会议中解决问题。解决方案火车工程师（STE）帮助组织并解决跨 ART 的问题。

第二天议程

- **计划调整** —— 第二天，会议始自管理者描述计划范围和资源的任何变化。
- **第二次团队突破** —— 基于前一天的日程，团队继续工作，对计划做出适当的调整。他们会最终确定各自的 PI 目标，并由业务负责人为这些目标分配业务价值，如图 5.17-4 所示。
- **最终计划评审和午餐**——在此环节，每个团队都向全体与会者展示他们的计划方案。每个团队在其展示结尾时阐明他们的风险和障碍，但并不会在如此短时间盒里尝试解决这些风险和障碍。如果所做的计划可以被客户接受，团队会把他们的 PI 目标列表和项目群风险列表移到房间的前面，以便所有人都能即时看到项目群汇总目标的逐渐诞生。

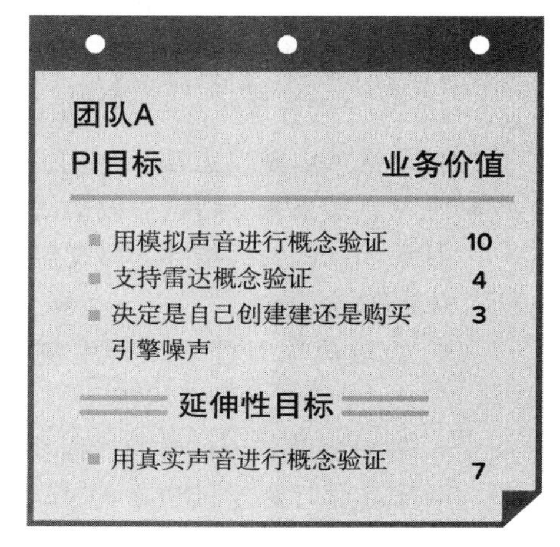

图 5.17-4 团队 A 的带有分配的业务价值的 PI 目标清单

- **项目群风险**——在计划过程中，团队已经识别了可能会影响达成目标能力的项目群层级的风险和障碍。整列火车的相关人员都在现场，这些潜在问题可以在全面的管理层支持下得以解决。团队以诚实、透明的方式，逐个地讨论这些风险，并将其归入以下类别之一：

- **已解决** —— 团队同意该问题已无须担心
- **已承担** —— 该风险无法在会议上解决，但有人会承担该风险的处理
- **已接受** —— 有些风险就是事实或者潜在问题，只能被理解和接受
- **已减轻** —— 团队制定一个计划，来降低该风险影响

- **信心投票**——如图 5.17-5 所示，项目群风险讨论完成之后，团队成员会在会议上就他们达成项目群 PI 目标的能力，进行信心水平投票。

图 5.17-5 ART 的信心水平投票（图片由 Scaled Agile, Inc 公司提供）

每个团队进行一次“五指拳”投票。如果平均有三根手指或者更多，管理层就接受团队的承诺。如果平均数少于三根手指，那么团队需要重做他们的计划。任何人如果伸出两根或两根以下的手指，都需要给他们机会说出其顾虑。这可能需要增加风险列表条目并需要额外计划，也可能只是简单地沟通信息。

- **重做计划** —— 如果需要，团队重做他们的计划，直到他们就满足目标的能力达到一个较高的信心水平。此时此刻，对齐和承诺比遵守时间盒更有价值。
- **计划回顾和向前推进** —— 最后，如图 5.17-6 所示，发布火车工程师（RTE）会为此次 PI 计划会议组织一个简短的回顾会议，归纳哪些方面做得好，哪些做得不好，哪些下次可以做得更好。
- 通常，接下来会讨论后续的活动，包括给团队的最终指导，可能包括：
  - 清理会议室
  - 在敏捷项目管理工具中整理团队的 PI 目标和用户故事
  - 评审团队和项目群的日程表
  - 确定每日站会（DSU）的时间和地点
  - 检查为迭代计划会议准备的地点

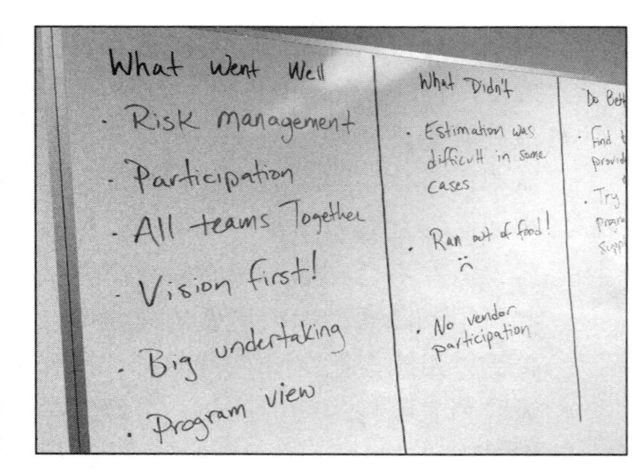

图 5.17-6 计划会议回顾（图片由 SAI 提供）

PI 计划会议完成之后，RTE 和其他 ART 的利益相关者会把各个团队的 PI 目标总结到一组项目群 PI 目标中，如图 5.17-7

所示，并将其用于与外部相关方进行关于团队计划的沟通、跟踪目标的进展情况等。

产品管理者使用该项目群 PI 目标来更新路线图，基于目前已经获得的信息，改进对接下来的 2 个 PI 的预测。

在 Scrum of Scrums（SOS）会议上，经常使用项目群公告板来跟踪依赖情况。在某些情况下，PI 计划会议之后，项目群公告板可能不会再被手工维护了。这取决于实际使用的敏捷项目管理工具，以及各个 ART 的需要。

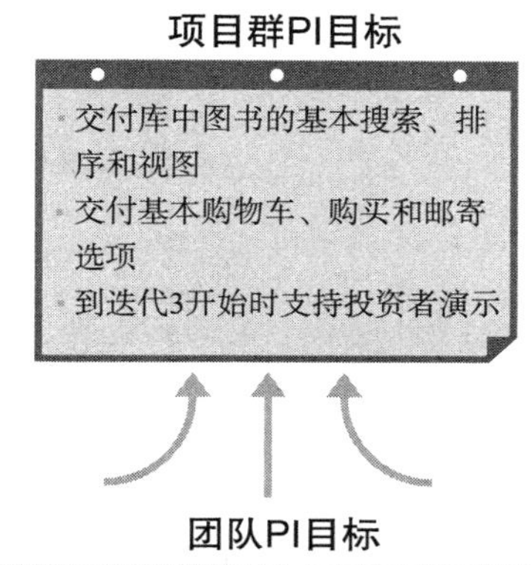

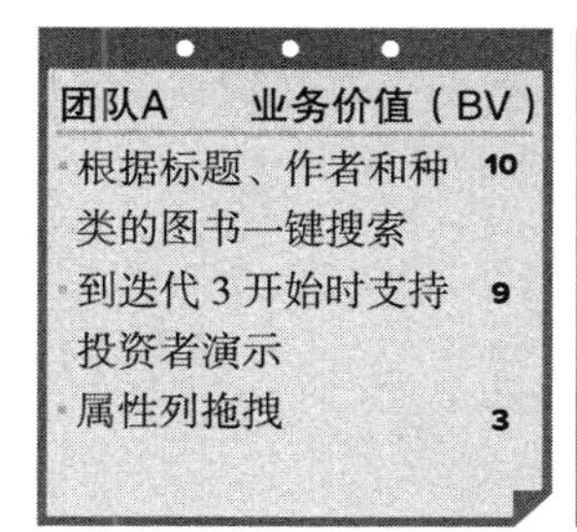

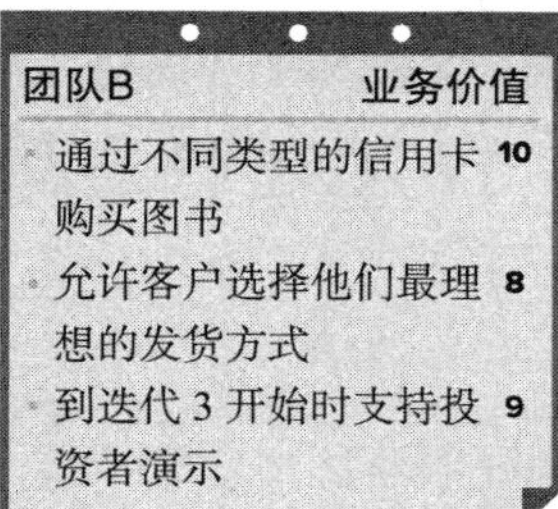

图 5.17-7 各个团队的 PI 目标综合成一组项目群 PI 目标

当团队成员离开 PI 计划会议时，已经为即将到来的 PI 安排好了迭代待办事项。他们接受了各自团队的 PI 目标、迭代计划和风险，返回各自日常的工作区域。项目群风险则留在了 RTE 那里，他要确保对风险负责的人获取到相关信息并主动管理其风险。

至关重要的事情是，项目群继而执行计划好的 PI，跟踪进展情况，并在新情况出现时，针对所发生的变更进行必要的调整。PI 的执行，始于所有团队依据他们的 PI 计划为第一个迭代制定出迭代计划，这些计划又成为后续迭代的输入。鉴于 PI 计划并不考虑用户故事的接收标准，所以各迭代计划执行过程中可能需要相应的调整。

解决方案火车的 PI 计划

本章主要聚焦于单个 ART 的计划活动。然而，大型价值流可能会包含多个 ART 及其供应方。在此情况下，解决方案火车通过一个 PI 计划前会议，为单个 ART 的 PI 计划会议设置相关背景并输入目标。而在 ART 的 PI 计划会议之后，紧跟着一个 PI 计划后会议，用于集成对整体解决方案有贡献的各个 ART 的计划结果，如图 5.17-8 所示。

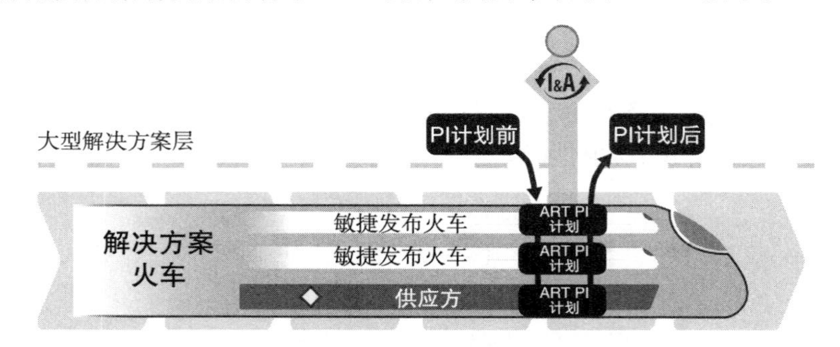

图 5.17-8 带有 PI 前和 PI 后计划活动的 PI 计划

5.13 节提供了一个 PI 计划前和 PI 计划后会议的日程表示例。

参考资料

[1] Leffingwell, Dean. *Agile Software Requirements: Lean Requirements Practices for Teams, Programs, and the Enterprise*. Addison-Wesley, 2011.

[2] Kennedy, Michael. *Product Development for the Lean Enterprise*. Oaklea Press, 2003.

5.18 PI 目标

制定和履行小的承诺可以建立信任。而且必须针对目标激发出潜能。

——Nonaka 和 Takeuchi，《创建知识的公司》

摘要

项目群增量（PI）目标是一个总结性的描述，用于表明敏捷团队或者火车在即将进行的项目群增量（PI）中明确的业务和技术目标。

在 PI 计划会议期间，团队创建 PI 目标，可以提供如下益处：

- 提供与业务和技术利益相关者交流的通用语言
- 将火车和共同的使命进行对齐
- 创建短期愿景，团队可以在 PI 期间团结一心进行开发工作
- 使 ART 能够通过项目可预测性度量，评估其绩效和实现的业务价值
- 沟通并强调每个团队对业务价值的贡献
- 公开需要协调的依赖项

注意：9.14 节解释了团队 PI 目标和特性之间的差异，并提供了有关它们的用法和价值

的相关描述。

详述

SAFe 依赖于来自敏捷团队和火车的滚动式短期承诺，从而支持有意义的业务计划和交付成果，达到并提升在开发人员和业务利益相关者之间的对齐和信任。

为了做出有意义的业务计划，团队必须提供大量可信赖的、有前瞻性的预测。如果承诺内容太少，“ART 就不能做出任何有意义的成果”；如果承诺内容太多，结果就是“ART 不能兑现他们的承诺”。两种情况都不好，因为都增加了业务方和开发方之间的不信任，也极大地阻碍了最终的业务成功，更别提工作乐趣了。

我们需要一种折中的方式——这就是 PI 目标的作用。除了保持对齐之外，设置可行目标的流程也是不可或缺的一环，可以减少系统中过多的在制品（WIP）。

PI 目标和迭代计划的构建是自下而上的，由敏捷团队在 PI 计划会议期间，对其负责的解决方案进行估算和计划。他们总结出项目群层级的目标，如果 ART 是一个解决方案火车的一部分，就进一步再综合汇聚成大型解决方案层级的目标，如图 5.18-1 所示。

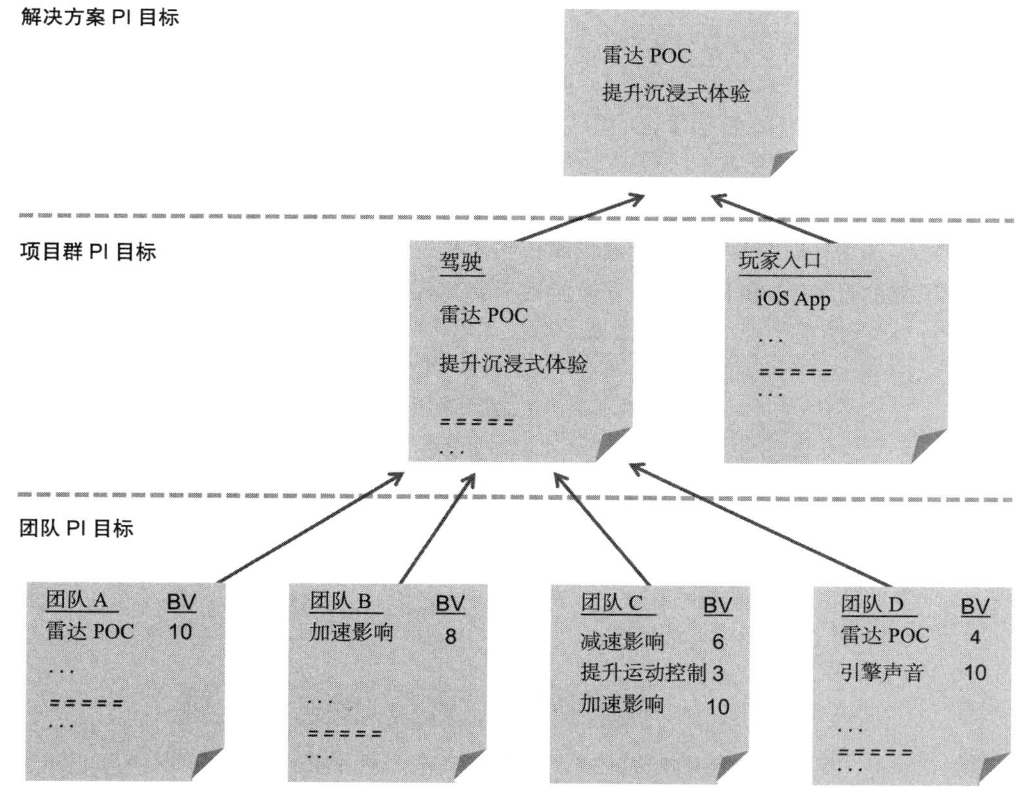

图 5.18-1 团队和项目群 PI 目标的汇聚

构建团队的 PI 目标

在 PI 计划过程中，团队评审项目群愿景和新特性，以及他们计划需要交付故事的计划。通过这种活动，他们可以也可是识别出明确的团队 PI 目标。

创建团队 PI 目标不是一件简单的事情，它要求扎实的估算和计划，并对团队速度有很好的了解。还需要对开发的特性进行分析，为团队的待办事项列表定义故事，最后用一些简洁的业务语言把这些内容进行综合汇聚，从而让每个人都可以理解。

如图 5.18-2 所示，呈现了团队 PI 目标的一个示例。

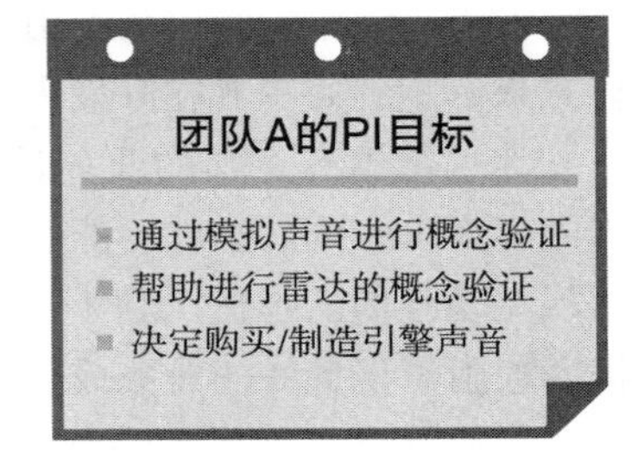

图 5.18-2 团队 A 的 PI 目标

特性和 PI 目标之间的区别

团队的 PI 目标通常与系统待开发的特性直接相关，实际上，有时二者是相同的内容。然而，二者通常不是完全重合的，因为特性需要多个团队的共同协作来完成，如图 5.18-3 所示：

需要指出的是，一些特性（如图 5.18-3 所示的特性 A）可以由单独的团队交付，而另一些特性（如特性 B）需要多个团队的协作。除了特性及其输入信息之外，团队目标也是类似的情况。这些目标包括技术目标（例如，如图 5.18-2 所示的概念验证），即用于使能将来的一些特性，也可以是对开发基础设施的增强，或者是一些里程碑。这个过程的所有结果，在相应的团队目标中都有所体现。

特性和接收标准是很好的工具，有助于团队理解并捕获相应的工作内容，并围绕这些工作相互协作。但团队比较容易陷于仅仅是“实现特性”，而忽视了隐藏在特性里的整个业务目标。PI 目标有助于聚焦目标，从开发特性转移到实现期望的业务成果。

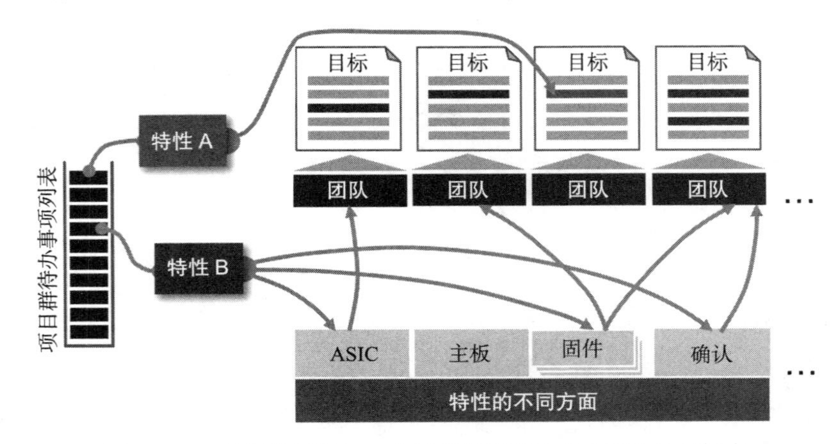

图 5.18-3 从特性到目标：有些特性出现在多个团队的目标中

所以核心问题就变成“我们的目标是完成列表中的特性呢，还是提供通过这些特性提供的成果？”换句话说，如果我们不用完成所有的特性，而仅用一半的工作量就能提供出所需要的结果，可以接受吗？

通过和业务负责人直接交流，可以更好地理解其意图，也能够使团队给系统架构师/工程师和产品管理者提供新的视角，从而快速地发现更有效地利用专业技能的方法。

使用延伸性目标

延伸性目标有助于提升所交付业务价值的可预测性，因为它们不包含在团队承诺的目标里，也不计入团队的项目群可预测性度量里。

- 延伸性目标用于识别在PI范围内可能发生变化的工作。对于利益相关者来说，延伸性目标并不是让团队承担更多工作的方式。它们不是额外的事情，只是为了以防万一而设定的。
- 如果团队对其实现PI目标的能力缺乏信心，则应考虑将其归类为延伸性目标。
- 如果一个工作项有许多未知因素，则考虑将其移动到延伸性目标里，并在PI中尽早计划探针工作，以减少团队为了实现该工作项而达成PI目标的不确定性。

最终，团队承诺尽最大努力来交付延伸性的目标，它们也被包含在PI中的团队容量里。但是，有些延伸性目标可能在PI时间盒里无法交付，所以利益相关者需要做好相应的计划。

延伸性目标提供了许多好处：

- **增加经济效益**——如果没有延伸性目标，团队必须在固定的时间盒内完成100%的承诺，那么团队就可能被迫去降低质量，或者事先预留很多缓冲时间。预留的缓冲时间可能会累积，将不确定的可以提前完成的工作，转换为确定的延迟交付的工作，最终的结果就是整体上降低了产能。
- **增加可靠性**——延伸性目标的范围是可变的，可以对主要的优先事项的交付建立信心。反过来，交付承诺是在团队和利益相关者之间建立信任的最重要因素（延伸性目标不是承诺的目标）。
- **对变化的适应性**——为了使团队能够按节奏进行可靠的交付，延伸性目标提供了实现承诺所需的容量范围，并且可以当具体情况发生变化时，在必要时更改优先级。

通常情况下，可以把10%～15%的团队容量用于延伸性目标。团队需要注意的是，延伸性目标是用于识别在计划范围内那些可变的领域。

编写SMART目标

团队PI目标是团队为PI所制定计划的总结。有时候可能会比较模糊，而且是不太能够验证的“零散的意图”。为了解决这个问题，团队使用SMART的方法来表述目标：

- **明确的**——表达预期的结果要尽可能的简单、明确（提示：编写目标时，试着使用行为动词开头）。

- **可度量的**——目标应清晰地表明团队需要做什么来达到目标，其度量可以是描述性的，可以用“是 / 否”来回答，也可以是量化的，或者提供一个范围。
- **可达到的**——目标的达成应当在团队的控制和影响范围之内。
- **现实的**——识别出一些不可控的因素（提示：避免总是做“乐观”的假设）
- **有时限的**——达成目标的时间期限必须在 PI 的时间范围内，因此所有目标必须有相应的时间范围

为目标设定业务价值

因为目标在 PI 计划会议时最终确立，所以业务负责人可以通过和团队面对面的交流，把业务价值分配到每个团队的目标上。

这种与团队的特殊对话的价值不能被夸大，因为它传达了这些加权决策背后的战略和背景。当业务负责人分配业务价值时，将使用从 1（最低）到 10（最高）的分值。业务价值不应与任何其他度量相混淆，例如与目标相关联的工作量或总故事点数。

因此，业务价值是分配的，而不是计算的，并且作为执行考虑的输入。团队的许多目标为解决方案提供了直接和即时的价值。而其他一些因素，例如使能技术（例如基础设施的预研、开发环境，质量举措等）也可以帮助快速识别将来的业务价值。在最后的权衡决策中，所有这些因素都是需要考虑的。

最终确定团队的 PI 目标

当目标已经按照“ SMART”编写完成，延伸性目标也确定下来了，业务价值也分配好了，这时团队目标也就完成了。从如图 5.18-2 所示的目标，演进成了如图 5.18-4 所示的目标。

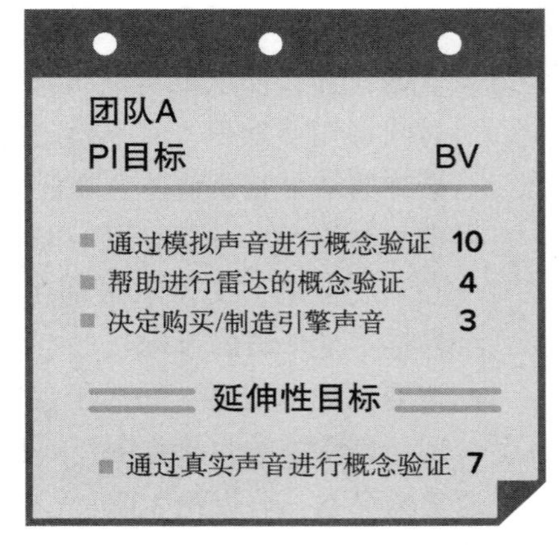

图 5.18-4　包含业务价值和延伸性目标的目标列表

对 PI 目标的承诺

当团队对 PI 目标进行了承诺，会在 PI 计划会议接近尾声时进行信心投票。所寻求的承诺必须是向团队成员提出的合理要求。因此，SAFe 中的承诺有以下几部分：

- 团队同意去尽全力完成他们承诺的目标。
- 团队同意当遇到实现目标的阻碍时，立即上报问题。
- 在 PI 的执行过程中，如果有事实显示一些目标不能被达成，团队同意立刻向上级反映以便采取相应措施。

通过这种方式，所有利益相关者都会知晓：项目群将按计划完成，或者他们将得到充分的信息，用于采取相应的措施缓解和解决问题，从而最小化对业务的损害。毕竟研发工作

有很多不确定性，大家需要相互理解、通力合作。

创建项目群和解决方案 PI 目标

PI 计划过程的结果就是一定数量获得批准的目标，每个团队都有自己的目标。团队对这些目标进行信心投票，如果信心足够高，这些目标就被综合汇聚成承诺的 ART 计划。发布火车工程师（RTE）将这些团队目标进行总结，汇总成项目群的 PI 目标，并用恰当的形式与管理层进行沟通。

汇总后的目标也应该是“SMART”的，也要有延伸性目标，这些都与团队的 PI 目标类似。而且，项目群 PI 目标也可以是 ART 正在实现的业务能力、使能或其他的业务及技术目标。

在 PI 计划后会议中，在所有的 ART 都完成了计划之后，解决方案火车工程师（STE）将目标汇总到大型解决方案层，然后综合和归纳行程解决方案 PI 目标。这是 SAFe 最高层级的 PI 目标，它可以将目标传达给所有的利益相关者，告诉大家在即将发生的 PI 中，整个价值流将交付哪些内容。如图 5.18-1 所示，表明了 PI 目标从团队层到项目群层，再到解决方案层的汇聚过程。

需要注意的是：只有团队 PI 目标是被分配业务价值的。而可预测性指标是可以向上汇聚到更高的一个层级的。

用现实的目标去除过多的 WIP

在评审团队 PI 目标时，并非各业务利益相关者所设想的所有事情都能在一个 PI 的时间盒内达成。因此，对于一些当前正在进行的开发工作（WIP），需要与业务负责人一起进行重新评估，从而为 PI 目标达成共识。

那些低优先级的工作被重新放回到项目群待办事项列表中。去除过多的 WIP，减少了开销和浪费，提升了生产率和速度。最后达成的是一组可行的，而且是各利益相关者和团队达成共识的目标，同时也获得了更高的效率和更高的交付成功率。可以说，这是每个人都应该做出承诺的事情。

大型解决方案层的计划也是类似的：各个不同 ART 的计划可能会产生冲突，也可能需要把一些工作放回到解决方案待办事项列表中，从而在后续的 PI 中重新进行评估。

参考资料

[1] Leffingwell, Dean. *Agile Software Requirements: Lean Requirements Practices for Teams, Programs, and the Enterprise.* Addison-Wesley, 2011.

[2] Reinertsen, Donald. *The Principles of Product Development Flow: Second Generation Lean Product Development.* Celeritas Publishing, 2009.

5.19 系统演示

基于对可工作系统的客观评估设立里程碑。

——精益 – 敏捷原则 # 5

摘要

系统演示是一个重要的事件，这个事件展示了敏捷发布火车（ART）上的所有团队在最近一次迭代中所开发新特性的集成成果。每一个演示都给 ART 的利益相关者展示了当前的项目群增量（PI）进展的客观度量。

系统演示非常关键。它提供了一个从团队、投资人、利益相关者和客户收集即时反馈的渠道。价值、团队速率和进度的唯一真实的度量就是所有团队在当前迭代中完整的、集成的工作。

计划和呈现一次有用的系统演示需要团队做一些准备工作。尽管需要花一些精力，但是这些付出是值得的：系统演示是唯一获得迅速反馈以用于构建正确的解决方案的方法。

详述

系统演示的目的是测试和评估在敏捷发布火车上正在开发的完整系统，并且能够从主要的利益相关者那里获得反馈，这些利益相关者包括业务负责人、高层管理者和发起人、其他敏捷团队、开发管理者、客户和客户代理机构，他们会关注开发中解决方案的有效性和可用性。他们的反馈至关重要，因为只有他们能提供正确的反馈，从而让火车保持当前的轨道运行或者采取一些纠偏措施，如图 5.19-1 所示。

图 5.19-1　系统演示

系统演示在每个迭代结束时进行。它提供了火车上的所有团队在最近的迭代中所交付的新特性集成的聚合视图。它基于 PI 中工作执行的当前情况，提供了 ART 进展情况的度量，而且这是唯一真实的关于ART速度的度量。为此，这意味着团队必须实现可扩展的工程实践，并支持跨ART之间的集成和同步。

在每个PI的结尾都要进行一次专门的最终PI系统演示。这是一个比较结构化的正式事件，因为它演示了在PI中已经被开发完成的所有特性。系统演示通常是检视和调整（I&A）工作坊的一部分，它也为回顾会议和PI过程中的多种度量指标提供了相关信息，比如可预测性度量数据，以及项目群绩效度量数据。

准生产环境是最适合做系统演示的环境，因为这个环境通常和生产环境尽可能地相似。在大型的价值流中，系统演示被放在解决方案火车的解决方案演示中进行。

系统演示的时间安排

系统演示尽量安排在迭代结束时进行，理想情况下是迭代结束后的第二天。然而，有一些问题的存在会使这样的安排不太切合实际，包括如下：

- 通常情况下，完整的集成工作只有在迭代最后才能完成（当然目标是通过一站式的持续集成来实现，但并不是总能做到这一点）。
- 每一个新的增量可能需要对演示环境有新的要求，比如新的接口、第三方组件、仿真工具等。当然，系统团队和敏捷团队可以对这些进行计划，但是一些最新的突发情况是不可避免的。

无论如何，系统演示的时间不应迟于下次迭代开始的时间。否则，给团队的反馈就会被延迟，从而导致PI产生风险。ART必须进行必要的投入，保证系统演示及时进行。

平衡集成的工作量和反馈

系统演示的目的是从最近的开发经验中进行学习，并且根据情况进行调整。然而，当ART包含软件、硬件、机械系统、供应商提供的组件等情况时，如果要对所有的方面进行每两周一次的集成，就会耗费大量的生产力和产生难以接受的交易成本。简单来说，在这种环境中做持续集成可能不太经济，也不太现实。

然而，如果不做集成，或者延迟集成可能会更加糟糕，如果那样的话将会大大抑制学习并创造一种虚假的安全感和速度。因此，如果做完整的集成不太现实，找到一个合适的平衡就显得至关重要了，同时也可以不断提升集成和测试自动化来降低未来集成的成本。如图5.19-2所示，显示了针对集成效果的成本优化U型曲线。

当每个迭代都进行完整集成的成本太高时，团队应该考虑：

- 针对能力的子集、组件或子系统的集成
- 针对一个特定的特性、能力或者非功能性需求的集成
- 针对支持原型和模拟的部分集成
- 低频率地集成（例如，每两个迭代一次），直到可以更快地集成

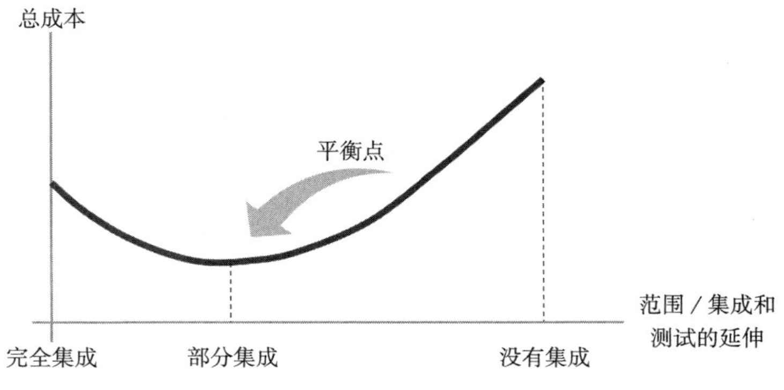

图 5.19-2　集成活动 U– 曲线成本优化

值得注意的是，在团队过渡到精益 – 敏捷方法的过程中频繁的集成会给团队带来挑战。这是正常的，但是不应该成为削减集成程度或者范围的借口。随着火车越来越成熟，大多数挑战将会消失，但前提是团队立即开始采纳这种方法。

流程和日程

设定一套日程和固定的时间盒，可以有助于降低系统演示的交易成本。一个系统演示会议的示例如下：

- 简要地评审业务上下文和 PI 的目标（大约 5 ～ 10 分钟）
- 简要地描述每一个将要被演示的新特性（大约 5 分钟）
- 通过端到端用例来演示每个新特性（总共大约 20 ～ 30 分钟）
- 识别当前的风险和障碍
- 问题和意见的开放讨论
- 总结进展、反馈和行动事项

参与人员

系统演示的参与人员通常包含以下的人员：

- 产品经理和产品负责人，他们通常负责演示操作。
- 系统团队中的一个或多个成员，他们通常负责准备用于演示的准生产环境。
- 业务负责人、高层管理者发起人、客户，以及客户代理。
- 系统架构师 / 工程师、IT 运维、参与开发工作的其他人员。

下面是一个成功的系统演示的一些技巧：

- 演示的时间盒是一个小时，一个小的时间盒有助于保证重要利益相关者每两周一次的持续参与，这也能够说明团队的专业性和解决方案已经就绪。
- 需要演示新特性的团队，将由他们的团队主管和产品负责人共同负责进行演示。
- 在准生产环境上演示特性。

- 最小化 PPT 幻灯片的使用，只演示可工作的、已测试的解决方案即可。
- 讨论当前解决方案对非功能性需求的影响。

参考资料

[1] Leffingwell, Dean. *Agile Software Requirements: Lean Requirements Practices for Teams, Programs, and the Enterprise.* Addison-Wesley, 2011.

[2] Leffingwell, Dean. *Scaling Software Agility: Best Practices for Large Enterprises.* Addison-Wesley, 2007.

5.20 检视和调整

Kaizen 是改善事物的行为方式。如果你假设所有事情都没有任何问题，你就无法进行 Kaizen。那么让我们来做一些改变吧。

——大野耐一（Taiichi Ohno）

摘要

检视和调整（I & A）工作坊是一项在每个项目群增量（PI）结束时举行的重大事件，其中解决方案的当前状态由火车进行演示和评估。然后，团队通过结构化的问题解决工作坊来反映和识别改进的待办事项条目。

敏捷宣言中的一个声明总结了坚持不懈地改进的理念对于 SAFe 精益 – 敏捷方法的重要性：“团队定期地反思如何能提高成效，并依此调整自身的举止表现。”

SAFe 更进一步地强调了这一理念的重要性——那就是通过把坚持不懈地改进作为 SAFe 精益之屋的四大支柱之一。 改进的机会可以且应该持续发生（例如，通过迭代回顾），通过采用一些结构、节奏，以及同步，可以帮助确保在敏捷发布火车（ART）I & A 工作坊中预留时间来考虑如何做得更好。

详述

所有项目群的利益相关者与敏捷团队一起参加 ART 的检视和调整工作坊。产出的结果是一组改进条目，团队会将其添加到下一个 PI 计划会议的待办事项列表当中。通过这种方式，每个 ART 会改进每个 PI。对于大型解决方案，解决方案火车也会进行类似的检视和调整工作坊。I&A 工作坊包含三个方面的内容：

- PI 系统演示
- 量化度量
- 回顾和问题解决工作坊

ART 检视和调整工作坊的参与者应该尽可能地包括所有参与构建系统的人员：

- 敏捷团队
- 发布火车工程师（RTE）
- 系统和解决方案架构师 / 工程师
- 产品管理者、业务负责人和其他在火车上的角色

另外，价值流上的利益相关者也可能会参加这个会议。

PI 系统演示

系统演示是 I&A 工作坊的第一部分。系统演示与每两周一次的团队演示有所不同，它会演示所有本次 PI 所计划实现的特性。同时参加会议的人员也比较广，有时候一些客户代表也会参加，因此 PI 系统演示也往往于更加正式，一些额外的准备和筹划通常也是需要的。像其他演示一样，系统演示也应该保持在一个小时甚至更短的时间内完成。同时系统演示也需要具有一定的概括性，从而确保重要的利益相关者能够积极参与并进行反馈。

在 PI 系统演示期间，业务负责人，客户和其他重要的利益相关者与每个敏捷团队协作，评估他们实现的实际业务价值，如图 5.20-1 所示。

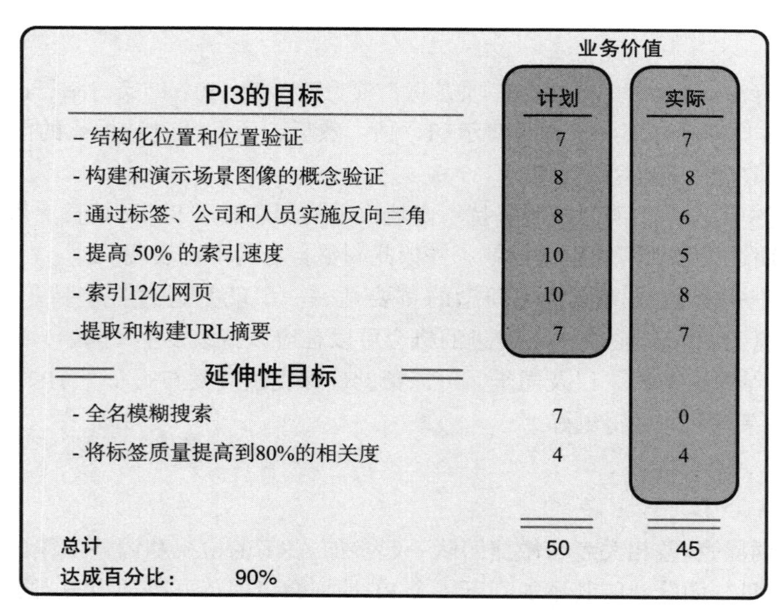

图 5.20-1 业务负责人与每个团队协作，在 PI 系统演示期间给 PI 目标进行打分

量化分析

在工作坊的第二阶段，团队会评审他们承诺收集的数据和量化度量项。RTE 和解决方案火车工程师通常会负责收集信息、分析数据，并展示他们感兴趣的统计分析结果和发现

的问题，他们会协助度量内容的陈述。

项目群可预测性度量项是一个主要的度量指标。每个团队的计划与实际业务价值在项目群可预测性度量中汇总到项目群层级，如图 5.20-2 所示。

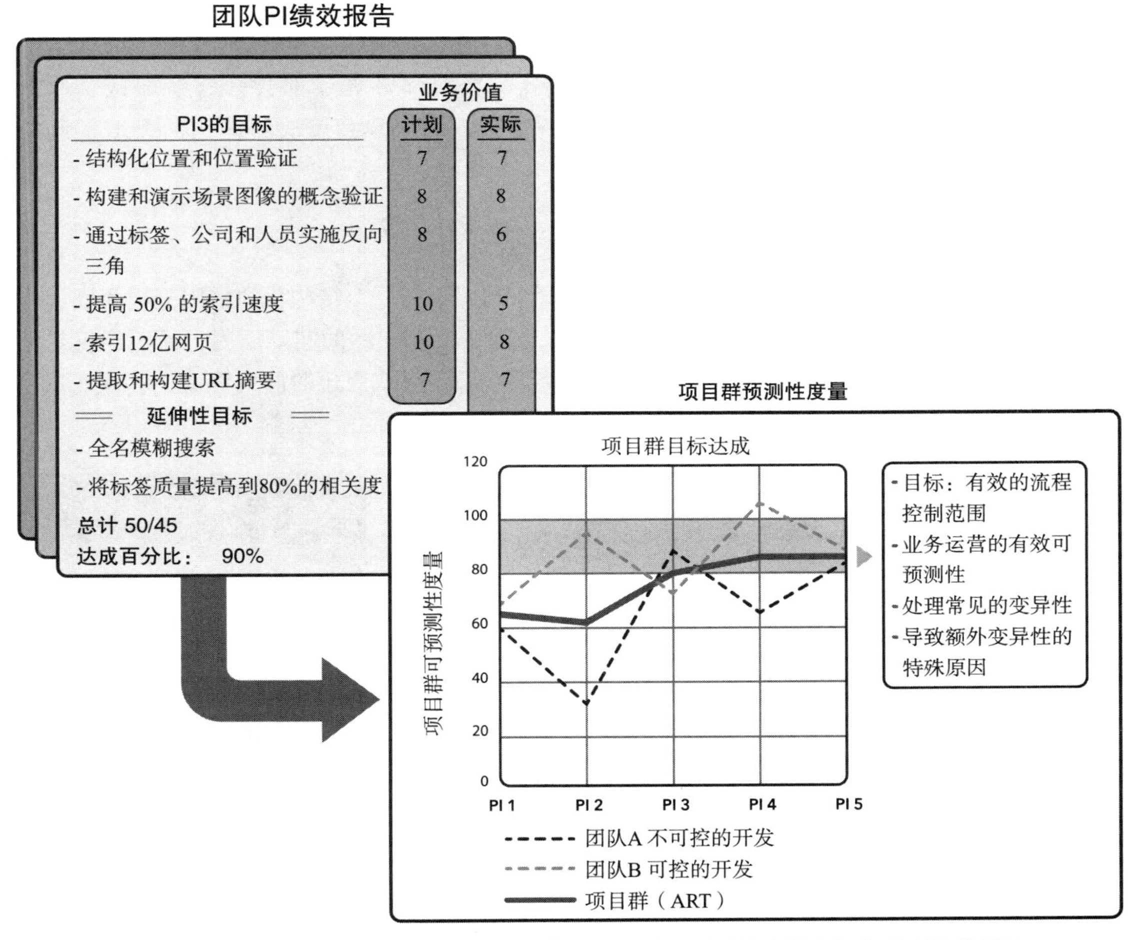

图 5.20-2 每个团队的计划与实际业务价值在项目群可预测性度量中汇总到项目群层级

可靠的火车一般会实现 80% ～ 100% 的目标；这可以有助于企业及其外部的利益相关者有效进行计划制定。注：延伸性目标不在团队的承诺之内，但是在计算实际评分时会被考虑进来，如图 5.20-1 所示。

回顾

接下来，团队会举行一个简短的回顾会（一般不超过 30 分钟），目的是找出团队想要解决的问题。回顾会的方法多种多样，参考资料 [3] 介绍了常见的几种敏捷回顾方法 。其主要目的就是找一些团队可以解决的显著问题。

根据参加会议的人员和所识别问题的不同，会议主持人会帮助团队一起决定哪些问题是团队希望解决的。他们可以选择解决团队层的问题，也可以选择与其他团队一起协作来解决项目群层的问题。这种自组织的问题选择，提供了从不同职能和不同视角分析问题，并为最有可能受影响的人和最有动力解决问题的人提供解决问题工作坊。

关键的 ART 利益相关者，包括业务负责人、客户和管理层都会一起参加这个回顾会议以及之后的解决问题工作坊，通常，业务负责人可以单独解决哪些团队无法控制的阻碍。

问题解决工作坊

为解决项目群层面的问题，敏捷发布火车（ART）举行一个结构化的根因分析问题解决工作坊。根因分析提供了一组问题解决工具，可用于识别问题的实际原因，而不仅仅是解决表面的症状。该会议通常由 RTE 或其他协调人在两小时或更短时间内促成。如图 5.20-3 所示，说明了问题解决工作坊中的步骤，下文更详细地描述了每个步骤。

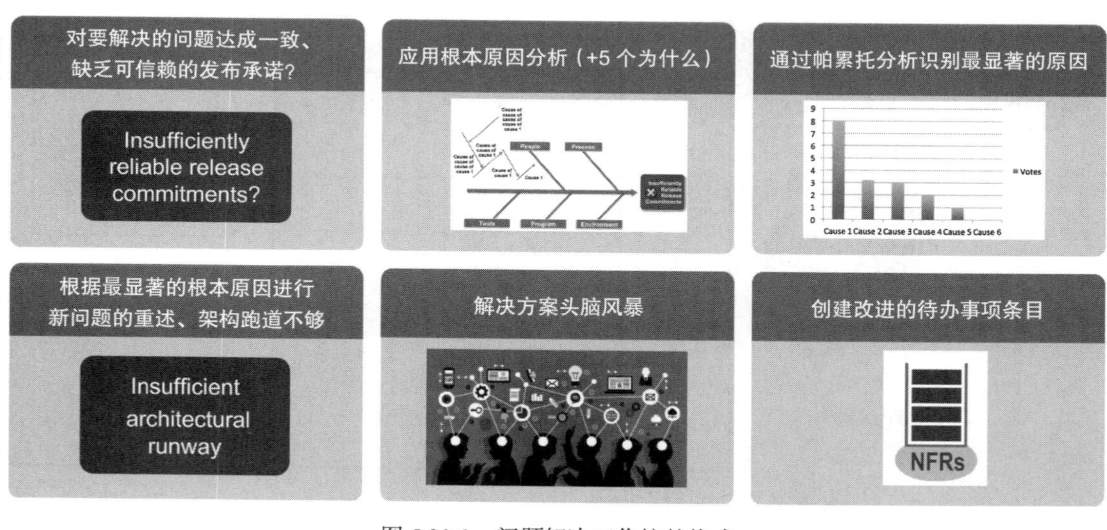

图 5.20-3 问题解决工作坊的格式

对要解决的问题达成一致

美国发明家查尔斯·凯特灵有一句名言：“如果能把问题表述清楚，那么就意味着已经解决了一半的问题”。基于这一点，团队需要选择出自己愿意投入精力去解决的问题。但是团队成员真的就问题本身达成共识了吗，或者他们还都持有不同的观点？为此，团队应该花一些时间陈述问题，尽量简明扼要地思考问题是什么，在哪里发生，什么时候发生，以及问题带来的影响。图 5.20-4 给出了一个“巴哈赛车”的系统工程问题的示例。

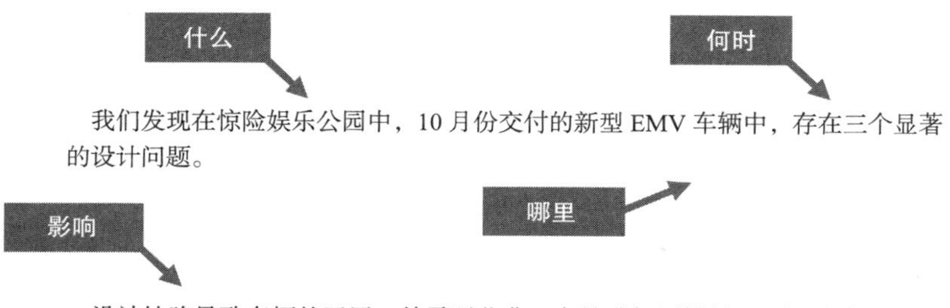

图 5.20-4 问题描述示例

根本原因分析

解决问题的有效工具包括鱼骨图和“五个为什么”(5Why)。鱼骨图也称为石川图，是一种可视化工具，用于探索特定事件的原因或过程中的变异波动来源。图 5.20-5 显示了鱼骨图，其中问题陈述写在“鱼”的头部。

在问题解决工作坊中，该图预设了“主干”分类——即人员、流程、工具、程序和环境等类别。原因被识别后，可将其放置到对应“主干”的鱼骨上。不过，这些分类是可以适当地进行调整的。

然后，团队成员集体讨论他们认为有助于解决问题的因素。一旦找到原因，就使用“5Why”的方法挖掘问题的根本原因。通过简单地提问“为什么”，不少于5次，就会很容易找到原因的原因，且可以添加到图中。

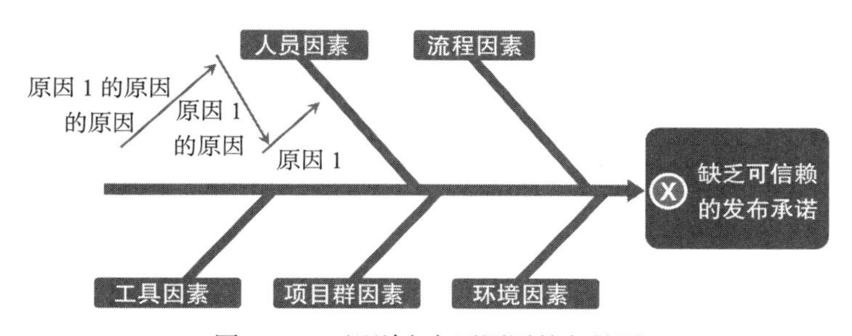

图 5.20-5 识别出主要原因的鱼骨图

识别最显著的根本原因

帕累托分析也被称为80/20规则，这种技术可以把能产生整体影响的大量措施进行分析，收敛到一个较小的范围。它使用的原则是，20%的原因导致80%的问题。当面临复杂的系统问题时，许多可能的措施会是最主要的原因，此时帕累托分析尤其有用。

一旦所有可能的原因被找到后，团队成员就投票选出大家认为造成最终问题的最重要的原因。他们可以通过放置“星星”的方法（给每个成员5颗星，大家分别把每个星放置到自己认为最重要的原因上），来进行投票选出他们认为最严重的原因。然后，该团队把投票结果进行总结，呈现在帕累托图表中（如图 5.20-6 所示），用来说明他们对最重要根本原因的集体共识。

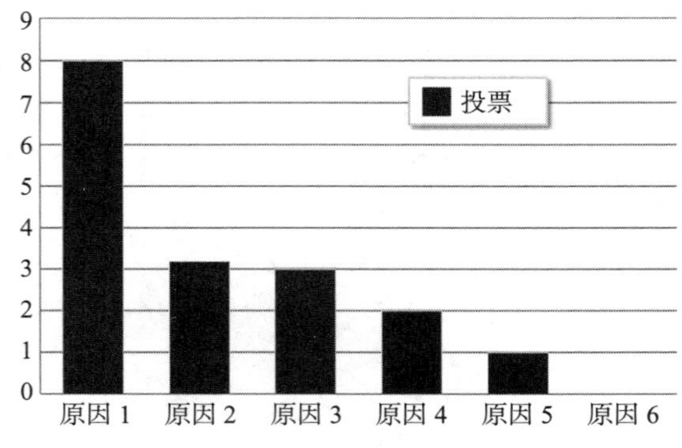

图 5.20-6 问题原因的帕累托图

新问题的重述

下一步是从列表中挑选最重要的原因，并将其作为一个问题重新进行描述。此时团队已经非常清楚根本原因了，所以这一步仅仅需要花费几分钟时间。

解决方案的头脑风暴

此时，根本原因会暗示一些潜在的解决方案。团队成员可以通过头脑风暴，在固定时间内（大约 15 ～ 30 分钟），尽可能多地想出纠正措施。头脑风暴的规则如下：

- 尽可能多地产生想法
- 不要进行批评和争论
- 让想象力尽情飞扬
- 探索和合并想法

创建用来改进的待办事项条目

然后，该团队累计投票选出最多三种可能的解决方案。这些解决方案将作为改进故事或特性，直接提供给随后的 PI 计划会议。在 PI 计划中，RTE 帮助确保在迭代计划中，像处理其他待办事项条目那样，来处理这些相关的改进故事，从而保证采取相应的行动措施和分配所需的资源。这样就可以让回顾形成闭环，并确保分配了必要人力和物力资源，用于改进当前的问题。

通过这种方式，可以在项目群层和大型解决方案层有规律、系统化地开展问题解决的活动，团队成员、项目群利益相关者、大型解决方案的利益相关者就可以确保价值流持续不断地进行改进提升。

解决方案火车的检视和调整

前面详细描述了在单一 ART 解决问题的严谨方法。ART 的检视和调整工作坊中通常会包括解决方案火车的关键利益相关者，这是可以促进解决方案开发的推荐做法。但是，在更大型的价值流中，可能需要按照相同的形式组织，进行额外的检视和调整工作坊。

由于解决方案火车中的人数众多，并非所有人都可以参加解决方案火车的检视和调整工作坊，因此需要根据具体的情况邀请合适的人员参加，包括主要的解决方案火车的利益相关者，以及来自不同 ART 的代表和供应商的代表。

参考资料

[1] Leffingwell, Dean. *Agile Software Requirements: Lean Requirements Practices for Teams, Programs, and the Enterprise.* Addison-Wesley, 2011.

[2] Leffingwell, Dean. *Scaling Software Agility: Best Practices for Large Enterprises.* Addison-Wesley, 2007.

[3] Derby, Esther, and Diana Larsen. *Agile Retrospectives: Making Good Teams Great*. Pragmatic Bookshelf, 2006.

5.21 项目群和解决方案看板

改善是永无止境的。使用看板工作的人有责任通过创新和智慧对其进行改进，而不是保持一成不变。

——大野耐一（Taiichi Ohno）

摘要

项目群和解决方案看板系统是一种方法，通过持续发布流水线来可视化和管理特性和能力的流动，从构思到分析、实施，直至发布。看板系统帮助敏捷发布火车（ART）和解决方案火车以在制品（WIP）限制为基础将需求与容量相匹配，并且将每个过程状态中的瓶颈进行可视化，这有助于识别坚持不懈地改进的机会，就像 SAFe 精益之屋中所描述的那样（参见第 1.3 节）。看板系统还包括管理工作项在每个状态的进入和退出的策略。

详述

项目群和解决方案看板系统的实施和管理是在产品和解决方案管理的支持下进行的。实施看板系统需要了解精益和敏捷开发，以及如何为新的开发、业务日常维护和支持性活动提供容量。当充分了解这些问题后，企业就可以有逻辑地、务实地对项目群和大型解决方案级别的举措进行评估，支持他们在度量的基础上分析并预测实施时间。

看板系统是实现 SAFe 的原则 #6 可视化和限制在制品，减少批次规模，管理队列长度，以及精益流动概念的主要机制。这些系统提供了许多好处：

- 增加对现有和即将开展的工作的可视化，帮助团队更好地理解工作的流动。
- 确保持续梳理新的价值定义和接收标准。
- 促进跨学科、跨职能和跨层级的协作。
- 通过制定基于“拉动”机制的策略来支持经济决策。
- 在 ART、解决方案火车和投资组合之间建立联系。

项目群看板

项目群看板通过持续交付流水线促进特性的流动。如图 5.21-1 所示，展示了一个典型的项目群看板，以及管理每个状态的示例策略和 WIP 限制。

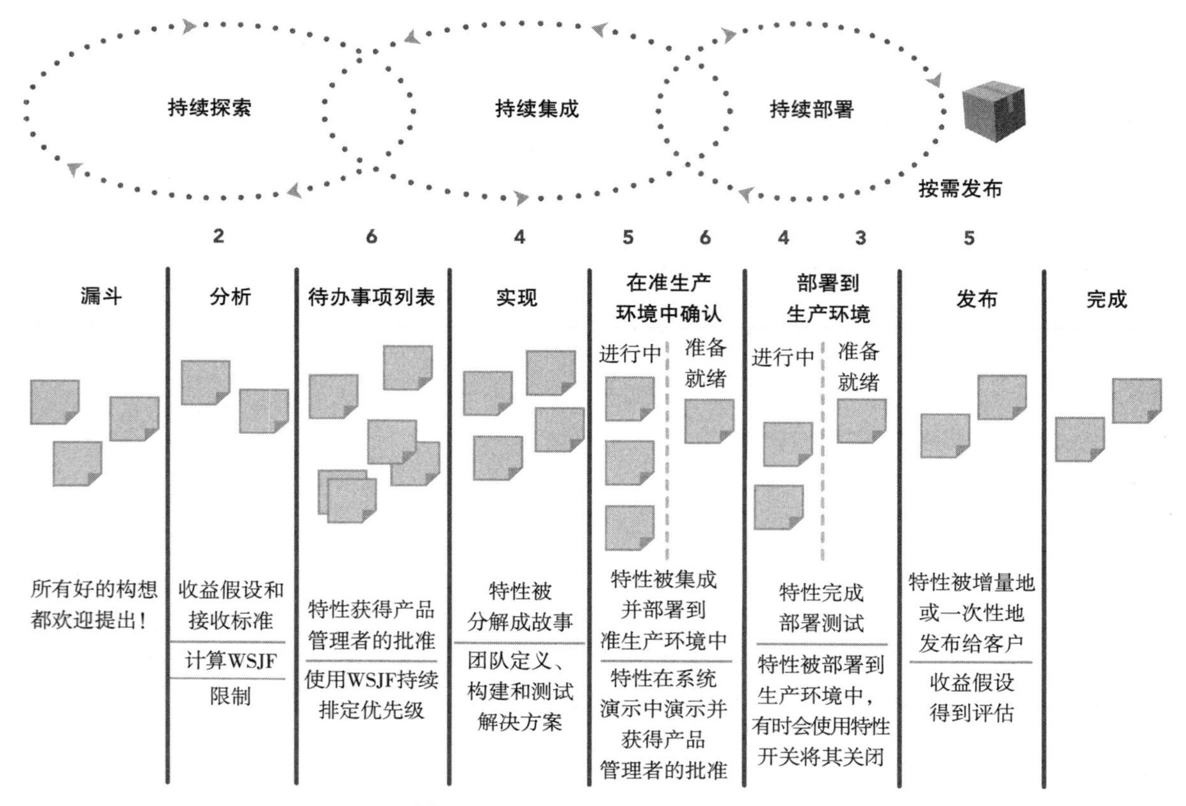

图 5.21-1 一个典型的项目群看板

特性一般从持续探索开始，它可能来自 ART 本身，或者来自上游看板（例如，解决方案看板或投资组合看板）。该看板由本地内容权威者、产品管理者和系统架构师共同进行管理。以下的过程状态描述了看板的流动：

- **漏斗**——所有的新特性都受到欢迎。它们可能包括新功能、现有系统功能的增强，或者使能特性。
- **分析**——当敏捷团队有可用的容量时，他们将进一步探索与愿景保持一致并支持战略主题的新特性。新特性的梳理包括通过相互协作来定义一个特性的描述、商业收益假设、接收标准和标准化故事点的规模。该特性可能需要由敏捷团队做原型设计或其他形式的探索。这个状态的 WIP 限制必须考虑到产品管理者的可投入时间，团队和其他领域专家的容量。
- **项目群待办事项列表**——由产品管理者分析和批准的最高优先级的特性会进入这个状态。此处，这些特性使用加权最短工作优先（WSJF）模型进行优先级排序，它们相对于待办事项列表中剩余的条目拥有更高的优先级，并等待被实现。

- **实现**——在每个项目群增量（PI）的边界上，ATR 从项目群待办事项列表中拉入处于顶端的特性，并将它们移动到实现状态。通过 PI 计划过程，这些特性被拆分成若干故事并计划到迭代中，随后由团队在 PI 中进行实现。
- **在准生产环境中确认**——在每次迭代的末尾，当 ART 为系统演示做准备时，已经准备就绪可以接收反馈的特性就会被拉入到这个状态中。团队在一个准生产环境（或近似的环境）中，将这些特性与系统的其他部分集成并测试。在系统演示中，这些特性被展示给产品管理者和其他利益相关者以获得批准。被批准的特性会被移动到这个状态的“准备就绪”部分，在那里它们再次通过 WSJF 方法来设定优先级并等待进行部署。
- **部署到生产环境**——当有容量可以进行部署活动时（或者在完全自动化的持续交付环境中），该特性就会被移动到生产环境中。如果它被部署但已关闭（有关更多细节请参阅 5.15 节），那么就将它移动到这个状态的“准备就绪”部分，等待进行发布。这个状态是有 WIP 限制的，以避免被部署但尚未发布的特性被不断累积。
- **发布**——当有足够的价值、市场需求和机会时，这些特性会被发布给部分或所有的客户。此时会对收益假设进行评估。当该特性移动到“完成”状态时，可能会创建新的工作项来支持最小可行产品（MVP）和最小市场化特性（MMF）。

这里描述的看板系统为大多数 ART 提供了一个良好的起点。但是，它应该被进行定制以适应 ART 的过程，包括对 WIP 限制的定义和每个过程状态的特定策略。

项目群史诗看板

有些 ART 举措太大了，以至于不能在单个 PI 内完成。这些举措被称为项目群史诗，在一个单独的看板系统中进行识别和管理，如图 5.21-2 所示。另外，一些投资组合的史诗可能需要被拆分成解决方案和项目群史诗，以促进它们的增量实现。虽然项目群或解决方案史诗主要还是从局部的视角进行考虑，但是它们可能会对财务、人力和其他资源产生影响，而且这些影响足够大，从而需要一个精益业务案例、讨论和获得精益投资组合管理（LPM）的财务审批。这就是史诗之所以称为“史诗”的原因。

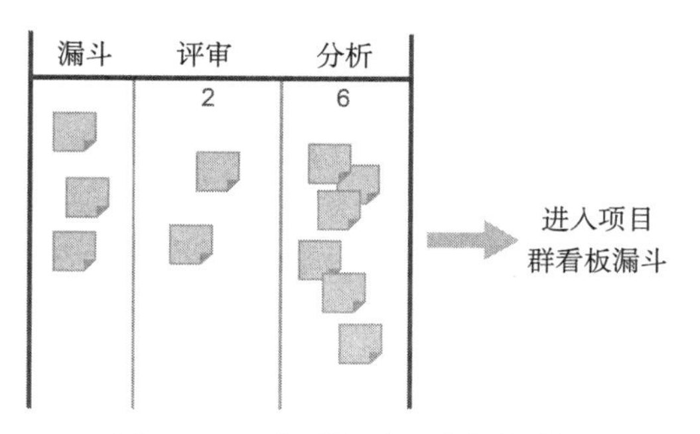

图 5.21-2 典型的项目群史诗看板

这个看板系统的主要目的是分析和批准项目群史诗，将它们分解为特性，这些特性将会使用项目群看板进行进一步探索和实现。是否需要项目群看板系统取决于本地的 ART 上下文中项目群史诗发生的频率。

项目群看板通常需要大型解决方案或投资组合涉及的利益相关者参与探索和批准项目群史诗。这个看板中的过程状态通常遵循投资组合看板中的那些状态：

- **漏斗**——所有大型的项目群举措在“漏斗”状态中都是受欢迎的。没有 WIP 的限制。
- **评审**——领域专家和利益相关者对史诗进行评审，并使用 WSJF 对它们进行优先级排序，以确定哪些应该继续进行更深入的探索。此处，需要有 WIP 的限制。
- **分析**——在这个诊断和探索的状态中，鼓励领域专家和利益相关者：
  - 对比其他史诗来梳理规模估算，并使用 WSJF 进行优先级排序。
  - 考虑多种解决方案的可能性。
  - 识别可能的 MVP 和 MMF。
  - 使用精益业务案例来确定成本、技术和架构支持，以及相关的基础设施。

在分析和洞见的指引下，业务负责人（通常是精益投资组合管理人员）批准或拒绝史诗。经过批准的史诗故事将被拆分为特性，并进入到项目群看板的漏斗，在那里使用 WSJF 对它们进行优先级排序。同样，分析状态也需要设定 WIP 的限制。

就像在投资组合层一样，项目群史诗可能需要史诗负责人来帮助定义、探索和实现。

用 ART 同步管理项目群看板

ART 同步会议是一个重要的项目群活动。在这个会议中，Scrum Master 和 产品负责人将评审项目群看板系统，并根据每个状态的可用容量拉动更多的工作进入该状态。参与者讨论新工作，给工作排定优先级，并根据需要做出部署和发布的决策。

此外，项目群公告板（Program Board，参见 5.17 节）有助于评审“实现”状态中的工作项，也包括关于依赖关系和执行的讨论。

解决方案看板系统

本节详细描述了项目群看板系统。对于使用大型解决方案层配置的组织来说，解决方案看板遵循了与项目群层相同的结构和流程。然而，解决方案管理者和解决方案架构师通过管理能力（capability）而非特性（feature）来运行管理这个看板。此外，如有需要，解决方案火车可以使用解决方案史诗看板来管理解决方案史诗，它是项目群史诗看板的镜像。

5.22 DevOps

想象有这样的一个世界，在这个世界里产品负责人、开发工程师、QA、IT 运维以及信息安全负责人共同努力，他们不单单彼此互相帮助，同时为了组织的成功共同努力。他们为了一个共同的目标，即更加快捷地交付产品，同时获得一流的稳定性、可靠性、可用性，以及安全性。

——《DevOps 手册》

摘要

DevOps 是一种思维方式、一种文化和一系列的技术实践。它提供了计划、开发、测试、部署、发布和维护解决方案所需的所有人员之间的交互、集成、自动化和密切合作。

采用 SAFe 的企业实施 DevOps 是用以打破筒仓，并且为每个敏捷发布火车和解决方案火车进行赋能，从而不断地向用户交付新的特性。随着时间的推移，开发和运营之间的分离感显著减少，敏捷发布火车使用自动化持续交付流水线来运行。这项机制无缝地为最终用户定义、实施以及交付解决方案，而不再需要手动或者做过多的外部生产和运营支持。

这么做的目标非常简单：更频繁高效地提供价值。这个目标确实是可以实现的，因为“高绩效 IT 组织可以更频繁地部署 30 倍，交付周期缩短为原来的 1/200。……失败次数为原来的 1/60，故障修复速度提高 168 倍（参考资料 [1]）。

详述

DevOps 是两个词的组合，即开发和运维。如果没有采用 DevOps，那些创建新特性的开发人员和维护生产环境稳定性的运维人员之间往往关系比较紧张。开发团队是根据提供给最终用户的价值交付来衡量自己的工作的，而 IT 服务管理团队则是根据生产环境的健康和稳定性来衡量自己的工作的。当每个群体之间存在表现为对立的业务目标时，交付效率不高和组织摩擦可能就会占据主导的位置。

DevOps 终结了这种筒仓式的方法，从而使企业能够在持续交付流水线中为公司业务和客户开发及发布小批量的功能。按照 SAFe 的定义，DevOps 是每个价值流的组成部分，也是 SAFe 的组成部分。

许多 SAFe 基本概念和原则（如系统思考、小批量交付、短迭代、快速反馈）都非常直接地支持了 DevOps 的原则。此外，SAFe 的持续探索、持续集成（CI)、持续部署，以及按需发布这些实践则直接支持了业务需求。

DevOps 的目标

从计划开始一直到交付，DevOps 的目标是，通过开发和自动化实现持续交付流水线，从而促进开发团队与 IT 运维之间的合作。这样做就可以让 DevOps 达到以下这些目的：

- 增强交付的频率和部署的质量
- 通过做更加安全的试验，改进创新和风险承受力
- 更快地进入市场
- 提升解决方案的质量以及更快速地修复缺陷
- 减少严重以及频繁的发布失败
- 改进平均复原时间（MTTR）

SAFe 的 CALMR 模型描述了在 DevOps 环境中的五个主要方面，如图 5.22-1 所示。下文将详细介绍每一个方面。

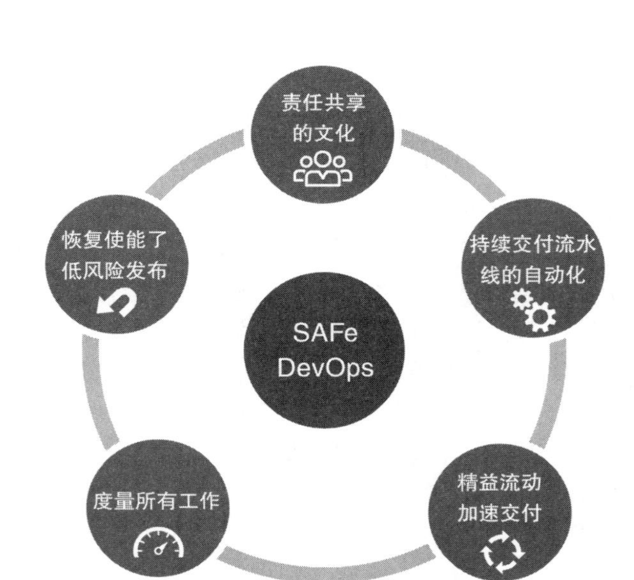

图 5.22-1　SAFe 中的 DevOps CALMR 方法

责任共享文化

在 SAFe 中，DevOps 通过采用精益 – 敏捷价值观、原则和整体的框架，从而形成了文化。对于所有的 SAFe 原则来说，从原则 #1 ：采取经济视角，到原则 #9 ：去中心化的决策都适用于 DevOps。采用这样的观点，使得一些在操作上的责任可以向上游转移，同时使下游的开发工作可以同步地进行部署等操作，并且在生产过程中操作和监控产品的生产。这种文化包括以下属性：

- **协作和组织**——DevOps 依赖于敏捷团队和 IT 运维团队持续有效协作的能力，确保解决方案得到更快速、更可靠的开发和交付。这种凝聚力是依靠每个 ART 的所有人员的共同努力来实现的。
- **风险承受能力**——DevOps 要求团队对于风险拥有一定的承受能力，以及快速从风险中恢复的能力。
- **自服务的基础设施**——这样的基础设施促进了开发和运营可以独立工作而不会互相阻碍。
- **知识共享**——鼓励跨越筒仓地分享发现、实践、工具，以及学习。
- **一切皆可自动化的理念**——在很大程度上，DevOps 依赖于自动化来提升速度、协同性，以及可以重复的流程和创建环境，具体内容在下文中进行描述。

一切皆可自动化

DevOps 认为手动流程是加速交付价值、提高生产率以及确保安全性的敌人。反之，自动化不仅仅可以节约时间；还能创建可以持续循环的环境以及可以进行自我记录的流程。因此它更便于理解，可以持续改进，安全性更强，并且更便于审校。整个持续交付流水线可以自动化地获得快速、精益的流动。

自动化设施有助于缩短学习和反馈市场与客户需求的时间。自动构建、测试、部署和打包可以提高常规处理的流程的可靠性。

这个目标的一部分是可以通过构建和应用如图 5.22-2 所示的集成和自动化“工具链”来实现的。该工具链通常包含以下类别的工具：

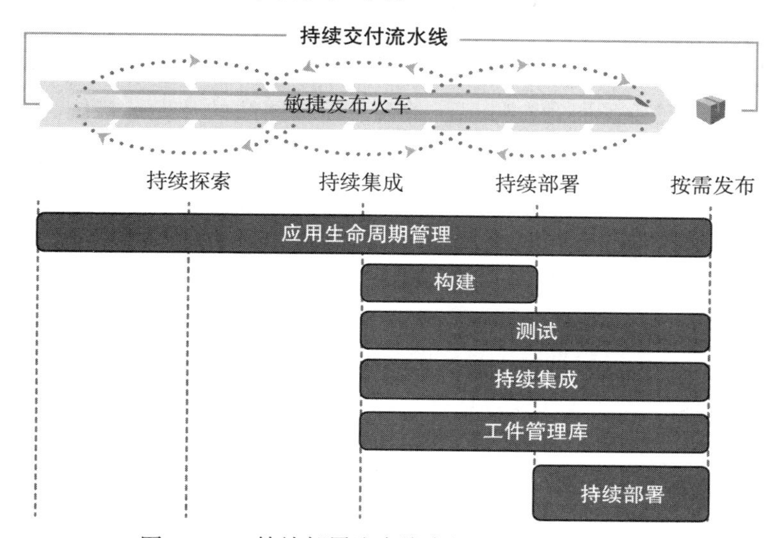

图 5.22-2 持续部署流水线中的 DevOps 工具链

- **应用生命周期管理（ALM）**——应用和敏捷生命周期管理工具为开发团队和相关团队之间的沟通和协作，创建了一个标准化的环境。基于模型的系统工程在许多情况下会提供类似的信息。
- **工件管理库**——这些工具提供了一个软件的存储库，用来存储与版本化二进制文件及其相关元数据。
- **构建**——构建自动化用于编写脚本，或者自动将计算机源代码编译为二进制代码的整个过程。
- **测试**——自动化测试工具包括单元和接收测试、性能测试和负载测试。
- **持续集成**——在开发人员将代码嵌入中央存储库之后，CI 工具会自动地将代码编译到构建中。在 CI 服务器构建了系统之后，会运行单元测试和集成测试，之后形成报告，在报告中通常会发布可部署的工件的标记版本。
- **持续部署**——通过一系列的部署工具可以自动化地将应用程序部署到各种环境。这些部署工具可以提供快速反馈以及持续交付，同时提供必需的审计跟踪、版本控制以及审核跟踪。
- **附加工具**——还提供了许多其他重要的 DevOps 支持的工具：配置、日志记录、管理和监控、供应、源代码控制、安全性、代码审查，以及协作。

精益流动

采用 SAFe 的团队长期致力于实现一种持续流动的状态，能够使得新特性快速地从概念转向产生价值。关于实现流动的三个主要关键因素，在 SAFe 原则 #6 中进行了总结，可视化与限制在制品，减少批次规模与管理队列长度。这三项都是系统思考（原则 #2）与长期持续优化和改善的结果。接下来将针对这三项内容进行描述。

- **可视化与限制在制品（WIP）**——如图 5.22-3 所示，可以看到通过看板形式来管理项目群，可以将限制在制品有效地展示给利益相关者。这样的看板可以帮助团队成员有效识别出过程中的瓶颈在哪里，并且可以在团队的开发运营能力与在制品的数量之间找到一个平衡。由于在开始一项新特性时，前面的其他一些任务都已经完成了，因此可以工作得更加顺畅。
- **减少工作项的批次规模**——改进工作流动的另一种方法是减少每个批次的规模。小批量工作方式可以更快地使工作流过系统，并且有效减少不确定性和频繁变更，这就促进了更加快速的学习和部署。这种策略通常导致针对基础设施和自动化的投资会大幅度上升，同时降低每个批次的交付成本。
- **管理队列长度**——经过有效的管理和减少队列长度，可以加快流动。针对解决方案来说，这意味着等待实施或者部署的工作队列越长，等待的时间就会越久，这样的一种消耗与团队处理工作的效率是没有关系的。与之恰恰相反的是，队列越短，部署的速度会越快。

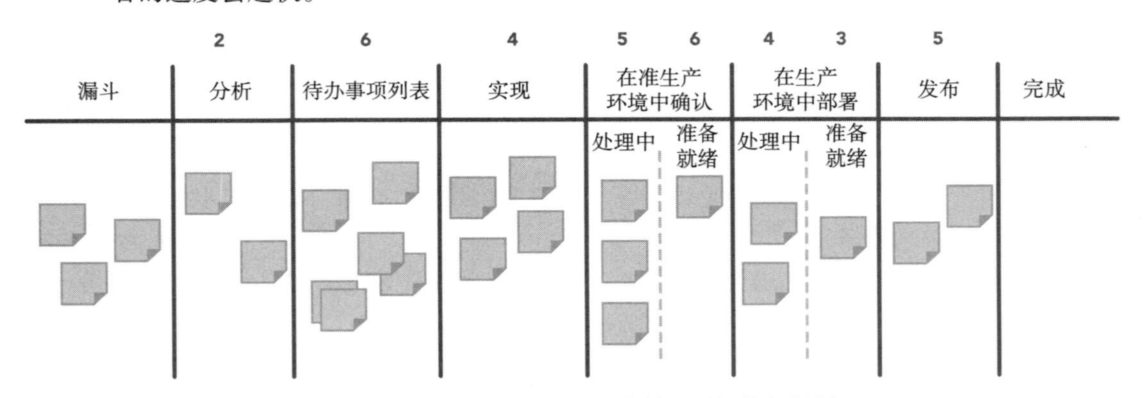

图 5.22-3　使用项目群看板有助于有效地可视化与限制 WIP

度量价值的流动

在 DevOps 环境中，解决问题变得不是特别复杂，同时由于更加频繁地进行持续改进，且交付批次规模变得更小。遥测（即自动化收集与解决方案性能相关的实时数据）可以帮助团队快速地评估由于频繁更改对应用程序的影响。由于团队不需要等待很长的时间去排除故障和解决问题，因此通常很快能得到解决方案。

在实现遥测的时候，非常重要的是可以自动收集关于解决方案的业务以及技术性能。

实际上，由于“客观存在的是最正确的”，基于数据而非直觉所做的决策会使结果更加客观并且无可挑剔，这样可以走上支持改进的道路。数据应该是透明的，每个人都可以访问数据，数据有意义且易于可视化，从而可以发现问题以及趋势。

作为构建应用程序的目标，需要遵循以下步骤：

- 收集有关业务、应用程序、基础架构和客户端层的数据
- 通过使能分析的方式存储日志
- 为不同的利益相关者使用不同的遥测
- 公布度量结果并且完全透明
- 使用事件叠加度量（部署并发布）
- 在解决了问题之后仍然进行持续监测与持续改进

另一件事情也很重要，就是通过建立持续交付流水线来度量价值流动。有关 DevOps 度量的具体建议，请参阅 6.1 节的内容。

恢复：使能低风险发布

为了支持持续交付流水线和按需发布，系统必须设计成可以拥有可用于低风险组件或者基于服务的可部署性，拥有高可释放性和从操作故障中快速修复的能力。5.15 节中介绍了可以实现更加灵活的发布过程的技术。此外，下面这些技术也可以帮助快速修复：

- **安灯绳制度**。在拥有了叫停制度之后，每个人都可以去处理任何问题直到问题被解决。当持续交付流水线或者已经部署的系统出现问题的时候，可以采用同样的方法解决。一旦问题被解决会立即集成到流程或者产品中。
- **针对失败的计划和彩排**。对于一些大型的 IT 应用程序而言，故障不仅仅是一种可能性，在某些时候可以看成是一定会发生的，主动地去体验失败可以增加并且有效促进组织系统内部的弹性 (参考资料 [2] 中“捣乱猴”的描述)。
- **构建环境以及修复前滚能力**。一旦出现错误，服务器就将失败，因此团队需要拥有快速修复前滚的能力，并在必要时回滚到以前的某一个阶段的良好的状态。在后面这种情况下，需要将数据更改到先前的状态，需要做好完备的计划并投入大量的工作，才能确保在这个过程中不丢失用户信息。

为了实现这些可以恢复的能力，组织通常需要采取某些企业级的举措来增强架构、基础设施，以及其他非功能性的考虑，从而支持部署准备就绪、发布和生产。

参考资料

[1] Kim, Gene, Jez Humble, Patrick Debois, and John Willis. *The DevOps Handbook: How to Create World-Class Agility, Reliability, and Security in Technology Organizations*. IT Revolution Press, 2016.

[2] 2015 State of DevOps Report. https://puppet.com/resources/whitepaper/2015-state-devops-report?link=blog.

5.23 持续交付流水线

我们最重要的目标，是通过持续不断地及早交付有价值的软件使客户满意。

——敏捷宣言

摘要

持续交付流水线（也称为“管道”）表示持续地为最终用户提供发布价值所需的工作流动、各项活动，以及自动化工作。该流水线包含四个要素：持续探索（CE）、持续集成（CI）、持续部署（CD）和按需发布，如图 5.23-1 所示。

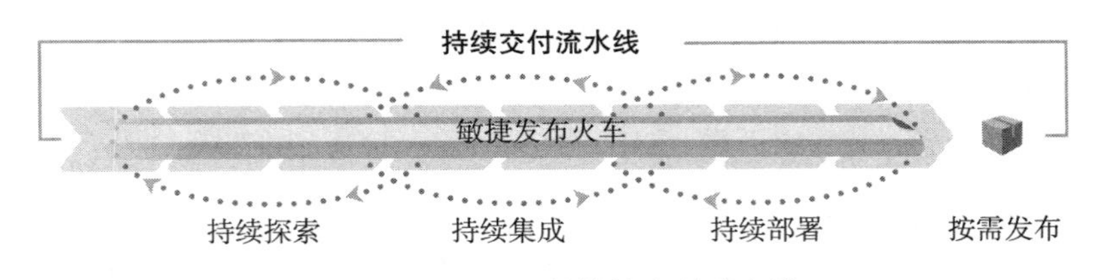

图 5.23-1 SAFe 的持续交付流水线

每个敏捷发布火车（ART）都构建和维护（或共享）流水线，其中包含尽可能独立提供解决方案价值所需的资产和技术。流水线的前三个元素共同支持小批量新功能的交付，然后根据市场需求进行发布。

详述

持续交付流水线代表着一种新的能力，可以比当前使用的流程更加频繁地向用户提供新功能。对于一些软件系统而言，“持续”代表着每天进行发布，甚至每天发布多次。而对其他的一些人来说，“持续”可能意味着每周或者每个月发布一次。

对于大型的复杂系统而言，增量式的发布解决方案可以有效避免“全有或者全无”的情况。考虑由卫星、地面站以及网络农场所组成的卫星系统，该系统用于将获得的卫星数据全部提供给最终用户。其中的某些元素可能会不断地进行发布，例如一些农场网页的功能。而其他的元素，比如卫星本身的硬件组件，则每个发射周期只会发布一次。

从某种意义上来说，持续交付意味着，你希望自己的持续交付做成什么样子，它就是什么样子——只要目标是提供比之前现状更加频繁的交付就可以。在以上的卫星示例中，被应用到软件中的功能越多，整个交付过程就越需要呈现持续的状态，因为这些功能可以和卫星的物理发射启动所面对的约束分离。在所有的情况下，目标都应该是非常明确的，即更加频繁地向最终的用户交付价值。

通过精益创业环来促进创新

精益创业运动（参考资料 [1]）吸引了全球的商业及技术领先者的想象力和创造力。这种灵感方法的出现部分受益于敏捷方法的出现，精益创业倡导者认识到，大量前期设计（BDUF）与前期的大量财务承诺相结合，对于促进创新来说是一种糟糕的方式。这种方法在进行任何经过验证的学习之前，假设并承诺了太多的时间、人员和资源。

相反，精益创业运动包含高度迭代的“假设－构建－度量－学习”循环，这非常适合SAFe。具体来说，我们可以将此模型应用于任何史诗，无论它出现在投资组合层、大型解决方案层，还是项目群层。无论来源如何，史诗的范围都需要一种合理的、反复的投资和实施方法，如图5.23-2所示。

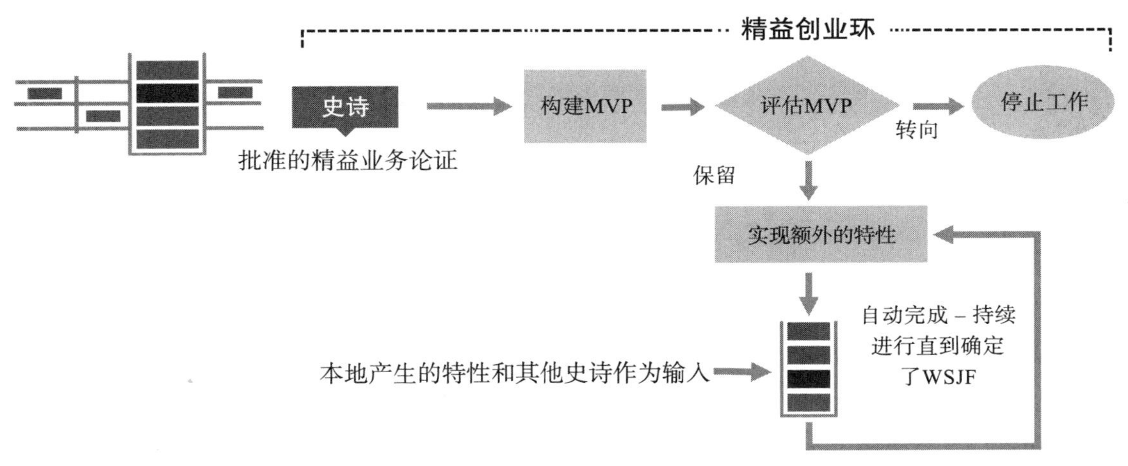

图5.23-2 精益创业循环中的史诗

如图5.23-2所示，被批准的史诗需要得到更多额外的投入，而不是完全按照事先的预计进行投入。毕竟到目前为止，所进行的工作都是分析性和探索性的。为了表明是在经过验证的学习中，我们需要通过“假设－构建－度量－学习”的周期来进行：

- **假设**——每个史诗都有一个精益业务论证，其中包括描述可用于评估史诗是否会提供与完成该史诗所需的资源投入相称的商业价值的假设和潜在度量标准的假设。
- **构建MVP**——基于史诗的假设，下一步是实施最小可行产品（MVP），即为充分验证这项假设是正确还是无效的最小值。在SAFe中，这种转化将会提供一些整体但是最小化的解决方案所需要完成的最小功能集合。
- **评估MVP**——一旦实现了功能集合，团队就会根据假设评估MVP。但是，此评估并非基于投资回报率（ROI），因为这是一个后期的经济指标。相反，团队会通过“创新核算”（参考资料[1]）来设计系统，以便为未来可能会成为产品是否成功的指标提供一些快速反馈。这些指标可能包括使用情况的统计、系统性能，或任何其他有用的指标。
- **转向或者保留**——有了客观的验证，团队和利益相关者就可以决定下一步该做什么。具体来说，他们可以根据MVP的验证结果来衡量是否应该停止这项工作，并同时开始其他的事情；或者他们是否应该保留原先定义的那些功能做进一步的深入，并完善功能。

- **实现额外的特性**——选择保留意味着原来的工作将继续进行，直到没有更加有价值的新功能可以加入到史诗中为止。当使用加权最短作业优先（WSJF）模型时，这个过程将会自动发生。由于工作内容仅仅包含剩余的工作量，WSJF 还有将史诗中已经产生的沉没成本忽略掉的独特优势。

持续交付流水线的学习循环

简而言之，流水线不能以非常严格的线性顺序运行。与之相反的是，这是一个学习循环，过程中允许团队建立一些假设，然后去构建测试每一个假设的解决方案是否合理，并且从中进行学习，如图 5.23-3 所示。

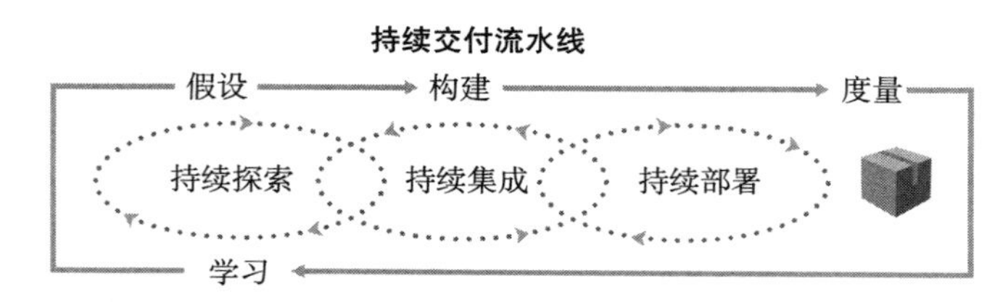

图 5.23-3 持续交付流水线本质上是持续学习和持续交付价值的机制

现在，让我们继续总结这些后续的活动，包括持续探索、持续集成、持续部署，以及按需发布。

持续探索

持续探索是不断探索市场和用户需求，并定义愿景和一系列特性，从而解决这些问题的过程。对该过程的总结如图 5.23-4 所示。

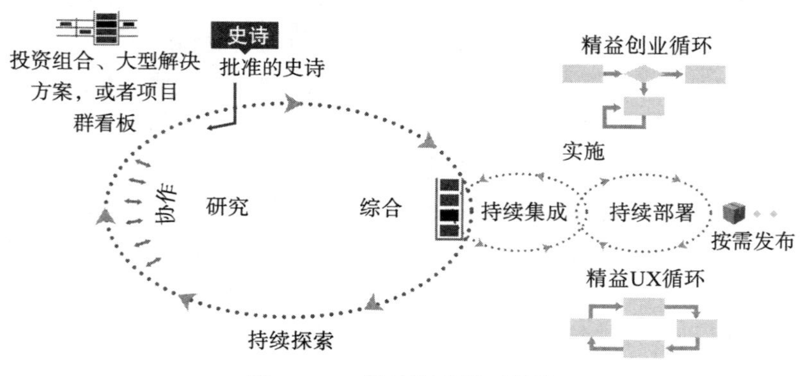

图 5.23-4 持续探索循环总结

这个循环包括四个主要因素：

- **协作**——产品管理者支持并促进持续的协作流程，通过这种方式去征求不同的利益相关者的意见。这些利益相关者包括客户、敏捷团队、产品负责人、业务负责人、投资组合史诗，以及系统和解决方案架构师 / 工程师等。
- **研究**——除了直接输入信息之外，产品管理者还使用各种研究活动和技术来帮助建立产品愿景。这些包括客户访问、现场查看、需求获取、引导技术、权衡分析，以及原始应用市场研究。
- **综合**——产品管理者将他们的发现综合安排到关键的 SAFe 工作阶段中，即产品愿景、产品路线图和项目群待办事项列表中。最终的结果是待办事项列表中的特性全部准备好，达到可以进行实施的状态。
- **实施**——紧接着开始实施工作。在战略层面，工作遵循精益启动循环，该循环包括初始化 MVP 特性集合，然后是其他额外功能，直到其他工作的更高优先级出现为止。

持续集成

流水线的下一个工作程序是持续集成。这是个从项目群待办事项列表中获取特性，并在准生产环境中开发、测试、集成和最终验证的过程。每个特性实现都遵循精益 UX 循环（参考资料 [3]），产生初始最小市场化特性（MMF），然后在 MMF 的基础上进行扩展，从而提供适当的额外经济价值。

持续集成通常由三重方式来达成：故事集成、系统集成，以及解决方案集成，如图 5.23-5 所示。

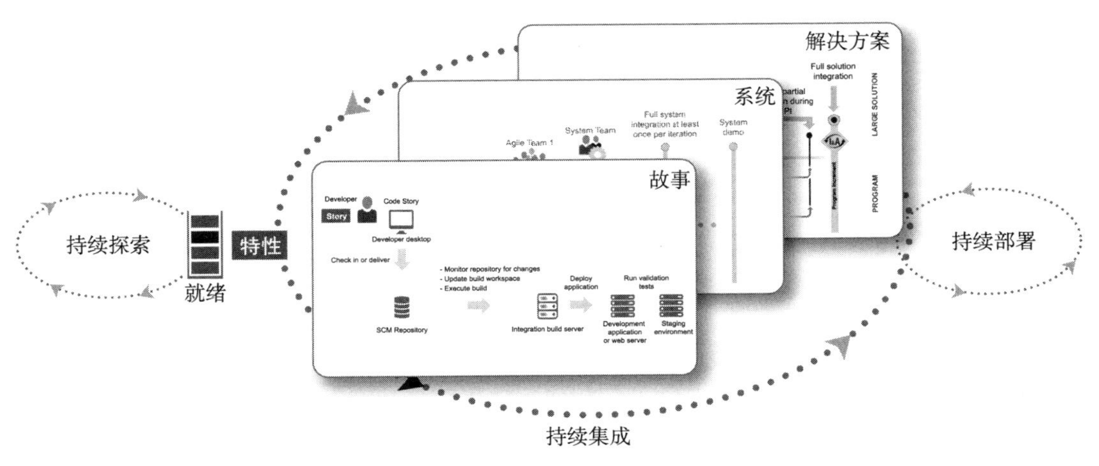

图 5.23-5　三层持续集成

故事集成

因为特性过于抽象而无法直接编码，因此必须在 PI 计划会议上将它们转换为故事。每个故事都需要被定义、编码、测试并集成到基线中。团队成员经常需要整合他们的个人工作，并应用到自动化持续集成环境中去。为确保新故事与现有功能兼容，还必须不断测试整个系统。因此，团队应用自动化测试和测试先行的方式进行开发。

系统集成

敏捷团队实施他们负责的特性和组件。当然，这还不足以确保兼容性和整体进度。在系统团队的支持下，必须经常集成所有 ART 团队的工作，以确保系统按预期发展。在最重要的系统演示中，客观地评估了这部分的工作。

解决方案集成

最后，最大的解决方案需要额外的集成等级，因为所有 ART 和供应商的工作必须集成在一起。在解决方案的演示工作中，结果对客户和其他利益相关者都是可见的。为了能够定期进行演示，敏捷发布火车和解决方案火车将致力于解决方案级集成、测试和支持基础架构。即使如此，集成和测试的程度可能低于 100%，并且可能需要在多个早期集成点之间变化。

持续部署

持续部署是一个过程，它使用已经通过持续探索和持续集成的功能，并将它们部署到准生产环境和生产环境中，这些特性已准备好即将要发布。

图 5.23-6 列出了 6 个可以帮助组织实施持续部署环境和流程的一般实践。每种做法的标签都是显而易见的。这些内容都将在 5.26 节中进一步详细介绍。

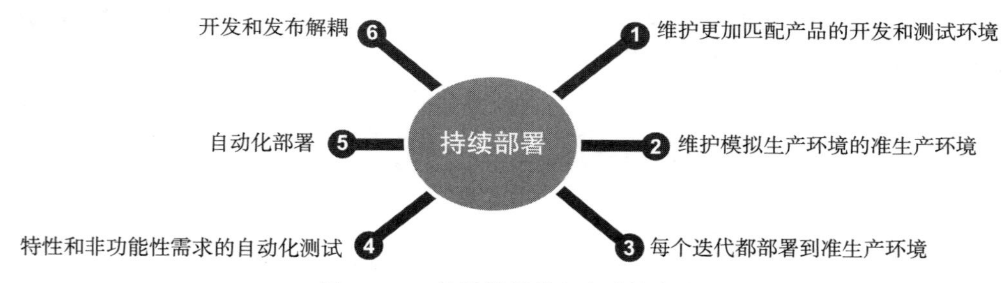

图 5.23-6 持续部署的六个建议实践

按需发布

按需发布是要求逐步或实时向客户发布已部署的特性，并且从持续探索的阶段就开始评估假设的过程。但是，正如我们在 5.15 节中所描述的那样，持续发布并不总是自动化的。它也不是一个“全有或者全无”的命题，如图 5.23-7 所示。

相反，系统的各项元素会在市场需要并且也可以使用的时候进行发布。临时发布的策略进一步验证了这种方法，包括特性开关、灰度发布，以及金丝雀发布（参考资料 [4]）等技术，所有这些都在 5.15 节中进行了描述。

跟踪持续交付

从整体上看，持续交付是一个很宽泛的过程。实际上，它可能是每个 ART 和解决方案火车需要具备的最重要的能力。虽然很大程度上要尽可能进行自动化，但利益相关者可以直接通过可视化工具去跟踪正在进行的工作。他们需要建立 WIP 机制，用来提高吞吐量、识别和解决瓶颈问题。这是项目群看板的作用，具体的流程如图 5.23-8 所示。

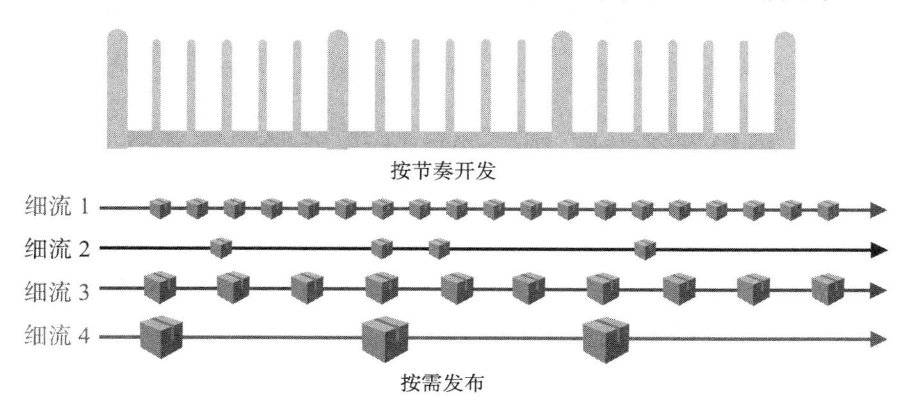

图 5.23-7 按节奏开发，但按需发布

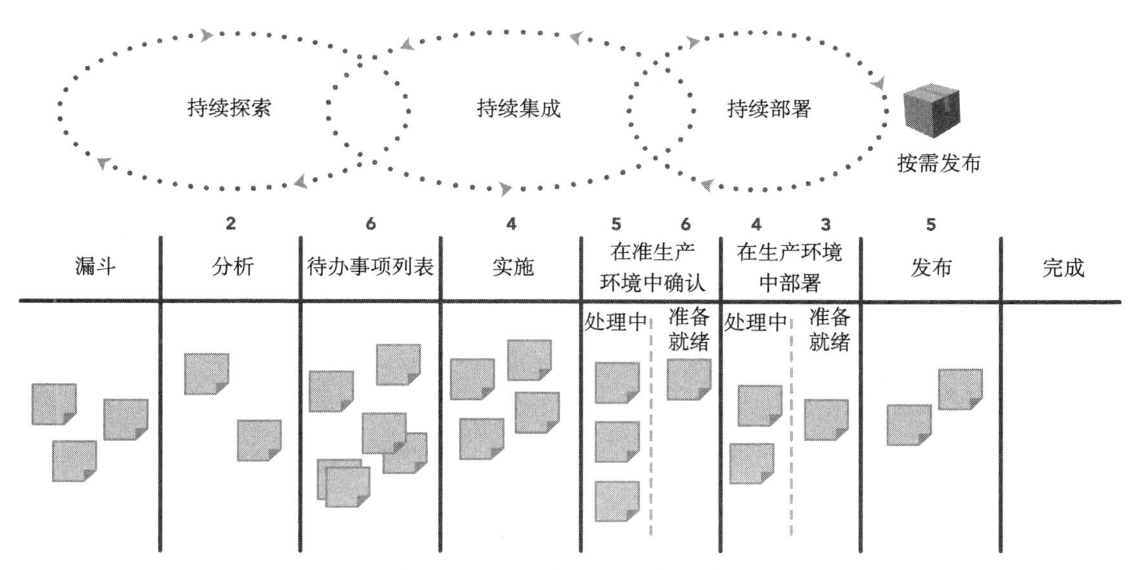

图 5.23-8 一个项目群看板示例

看板系统由以下状态组成：

- **漏斗**——这里是捕获新的特性或者针对现有系统进行增强的特性。
- **分析**——将与产品愿景相符合的特性加入到分析这一步骤，来进行进一步的分析探索。在这里，针对关键特性进行细化，包括业务上的收益和接收标准。
- **项目群待办事项列表**——经过分析后，优先级较高的特性会转移到待办事项列表中，并且安排较高的优先级。

- **实施**——在每个项目群增量（PI）边界，项目群待办事项列表的主要特性被拉入实施阶段，在那里它们被开发并集成到系统基线中。
- **在准生产环境中确认**——准备好需要进行反馈的特性将被拉入在准生产环境中确认的步骤，以便在准生产环境中与系统的其余部分进行集成，然后进行测试和确认。
- **在生产环境中部署**——当容量可用时，特性部署到生产环境中，等待发布。
- **发布**——当有足够的价值可以满足市场机会时，将发布特性并对收益假设进行评估。
- **完成**——当假设得到满足时，如果对于该特性没有需要进一步采取的工作，就将其移至完成状态。

总结

作为一个综合体，持续探索、持续集成、持续部署和按需发布，提供了一个集成的精益和敏捷策略，从而更快地加速向客户发布价值。

参考资料

[1] Manifesto for Agile Software Development. http://agilemanifesto.org/.

[2] Ries, Eric. *The Lean Startup: How Today's Entrepreneurs Use Continuous Innovation to Create Radically Successful Businesses*. Random House. Kindle Edition.

[3] Gothelf, Jeff, and Josh Seiden. *Lean UX: Designing Great Products with Agile Teams*. O'Reilly Media. Kindle Edition.

[4] Kim, Gene, Jez Humble, Patrick Debois, and John Willis. *The DevOps Handbook: How to Create World-Class Agility, Reliability, and Security in Technology Organizations*. IT Revolution Press, 2016.

5.24 持续探索

具体而言，你可以花时间开发并提出一个以市场为中心的外部视角，这种视角非常引人注目且可以得到更多更新的消息，可以与去年公司运营计划中以公司为中心的内视角做出平衡。

—Geoffrey Moore, Escape Velocity

摘要

持续探索 (CE) 是不断探索各种市场和用户需求，并定义满足这些需求的愿景、路线图，以及一系列特性的过程。它是持续交付流水线中四部分的第一个元素，如图 5.24-1 所示。

在持续探索过程中，新特性最初被捕捉和定义。当每个特性准备好之后，它就会被加入到项目群待办事项列表中，而持续集成过程将会实施最高优先级的特性。此后，持续部署循环将这些特性拉到准生产环境或部署环境中，在那里对它们进行验证并准备发布。

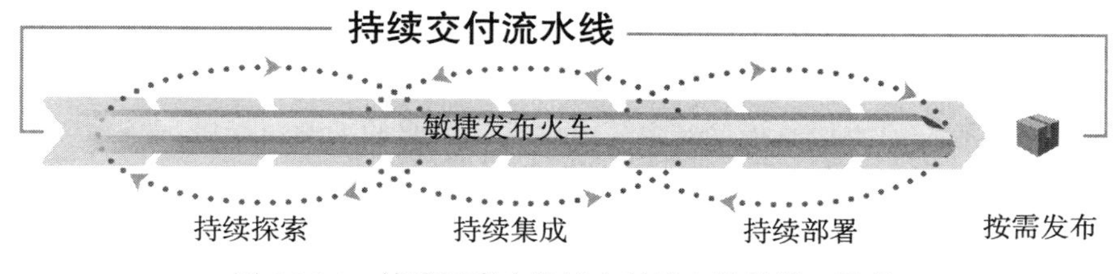

图 5.24-1 持续探索在持续交付流水线的第一元素

持续探索的输入来自客户、敏捷团队、产品负责人、业务负责人、利益相关者和对于投资组合的关注。在产品管理者的指导下，通过各种研究和分析活动来进一步定义和评估每个特性。这个过程的结果是一组输出，包括愿景，待办事项列表中为实施而定义的一组特性，以及如何随时间交付这些特性的初步路线图预测。

详述

SAFe 避开了传统的“瀑布式”开发方法，从而消除了对要做的工作的大量预先定义。与此相反的是，它应用了一个持续探索过程，支持一致的新工作流程，这些新工作已经为团队的实现做好了充分的准备。通过这种方式，可以在小批量中使用新功能，这些小批量可以轻松地通过持续集成、持续部署和发布。

持续探索流程

持续探索流程可以认为是由三个独立的活动组成，即协作、研究和综合，如图 5.24-2 所示。

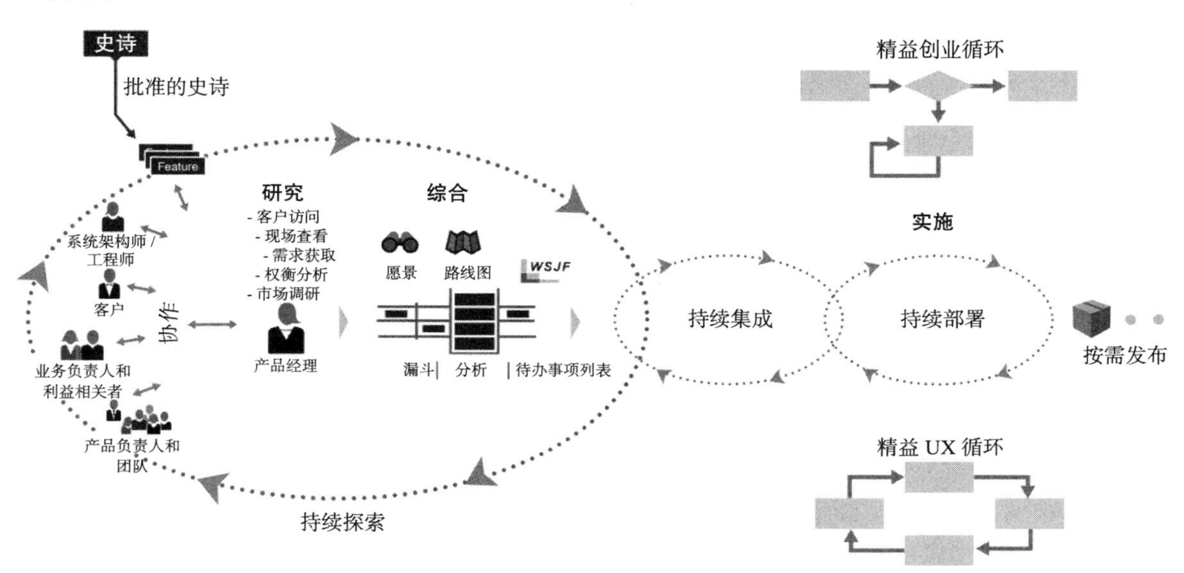

图 5.24-2 持续探索流程

协作

为了创建一个引人注目的、与众不同的愿景，产品管理者支持并促进一个持续的、协作的过程，它需要从不同的利益相关者中征求意见。主要的来源包括以下合作者：

- **系统架构师 / 工程师**——他们对解决方案有深入的技术知识，并负责在系统级别理解它，及其“用例”和非功能性需求（NFR）。虽然，将他们看成技术和内部的角色是一件很自然的事情，但是依我们的经验，他们也会涉及重大的和持续的客户活动。
- **客户**——通过他们的钱包或行为投票，客户是价值的最终判断者。它们是最明显和最主要的输入来源。但是需要注意的是：客户非常依赖于他们当前的解决方案上下文，所以他们经常被激励去逐步改进；换句话说，客户投入的总和并不是一个策略所决定的，与此同时，未能满足真实和不断变化的客户需求，将使企业走向灭亡，所以就需要一种平衡感。正如 SAFe 的精益 – 敏捷理念所说的，“生产者进行创新，客户进行确认。”
- **业务负责人和利益相关者**——业务负责人拥有制定使命和愿景所需的业务和市场知识。他们在整个开发过程中也有具体的职责。一个不能满足他们期望的解决方案可能根本就不是解决方案。
- **产品负责人和团队**——产品负责人和团队包括领域内一些重要的专家。在大多数情况下，他们开发了现有的解决方案，并且最接近于技术和用户的关注，他们的投入是不可或缺的，也是无价的。

敏捷发布火车 (ART) 在更大的投资组合上下文中运行，战略主题推动新的史诗来提升投资组合的差异性。

研究

除了这种直接的输入，产品管理者使用各种研究活动和技术来帮助建立愿景：

- **客户访问**——没有什么能代替亲临现场观察工作人员的日常活动。无论他们的调查是结构化的还是非正式的，产品经理和产品负责人都要负责理解人们在实际工作环境中实际使用系统的方式。他们无法在自己的办公桌上完成这一任务——在特定的解决方案环境中观察用户是无可替代的。
- **现场查看**——很多时候，客户是实现组织开发系统支持的运营价值流的内部人员，在这种情况下，开发人员可以使用现场查看（“ Gemba”是执行工作的地方）(参考资料 [4]) 来观察这些利益相关者如何在他们的运营价值流中执行步骤和特定活动。
- **需求获取**——产品管理者和产品负责人作为专业人员，使用各种结构化的引导技术来生成输入并优先考虑用户需求。这些研究方法包括访谈、调查、头脑风暴、思想归纳、问卷调查和竞争分析。其他技术包括需求研讨会、用户体验模型、用户角色、客户要求的评审和用例建模（参考资料 [2,3]）。
- **权衡分析**——团队从事权衡分析以确定解决方案的最实用特征。他们回顾了许多技术问题的解决方案，以及供应商提供的产品和服务，以解决主题范围或邻近需求。然后根据利益假设来评估替代方案，以确定哪一个方案对特定环境最有效。

- **市场调研**——为了拓宽思路，团队进行原始市场调研，分析二次调研和市场 / 行业趋势，识别新兴的客户群体，采访行业分析师，评估竞争解决方案。

综合

基于这种协作和研究，产品管理者将他们的发现整合到愿景、路线图和项目群待办事项列表中。项目群看板帮助管理这项工作。漏斗、分析和待办事项列表的默认看板状态是建立工作流的良好起点。进入项目群待办事项列表的特性已经准备就绪，可以使用加权最短作业优先 (WSJF) 的方法进行优先级排序，从而确定哪些应该被拉入项目群增量 (PI) 计划会议中。

实施

6.8 节描述了实施特性的四个步骤：

1. 定义收益假设。
2. 协同设计。
3. 创建最小市场化特性（MMF）。
4. 根据假设评估 MMF。

虽然这个模型是在面向用户的功能环境中开发和描述的，但它并不是专为该环境保留的，所有特性都可以从这种方法中获益。例如，“使用中的软件更新”之类的使能特性可能根本就不是面向用户的，如图 5.24-3 所示。

特性：使用中的软件升级
收益假设：
- 宕机时间减少80%

接受标准：
- 不间断路由可用性
- 自动和手动更新支持
- 可回滚的能力
- 支持现有的管理工具
- 升级后所有的使能服务可运行

图 5.24-3　使能特性定义

有了可靠的特性定义，下一个过程（持续集成）可以从项目群待办事项列表中提取特性并实现它们。根据精益用户体验的流程（参考资料 [5]），每个 MMF 都是协同设计、开发和增量交付的。增量交付导致了团队需要重构、调整和重新设计的快速反馈，或者甚至是在完全基于真实的客观数据和用户反馈的基础上放弃一个特性。这就创建了一个闭环的精益用户体验流程，可以在客观证据是否满足假设的驱动下，以迭代的方式向着成功的结果演进。

参考资料

[1] Ries, Eric. *The Lean Startup: How Today's Entrepreneurs Use Continuous Innovation to Create Radically Successful Businesses*. Random House, Inc.

[2] Leffingwell, Dean. *Agile Software Requirements: Lean Requirements Practices for Teams, Programs, and the Enterprise (Agile Software Development Series)*. Pearson Education.

[3] http://www.innovationgames.com.

[4] Womack, Jim. *Gemba Walks: Expanded 2nd Edition*. Lean Enterprise Institute.

[5] Gothelf, Jeff, and Josh Seiden. *Lean UX: Designing Great Products with Agile Teams*. O'Reilly Media, 2016.

5.25 持续集成

集成点的重要之处在于可以控制产品开发，也是改善系统的杠杆支点。如果错过了集成点，项目也就陷入了困境。

——Dantar Oosterwal，《精益机器》

摘要

持续集成（CI）是一组流程，是指从项目群待办事项列表中获取特性，在准生产环境中开发、测试、集成和确认，从而为部署和发布做好准备的过程。CI 是持续交付流水线中四部分的第二个元素，如图 5.25-1 所示。

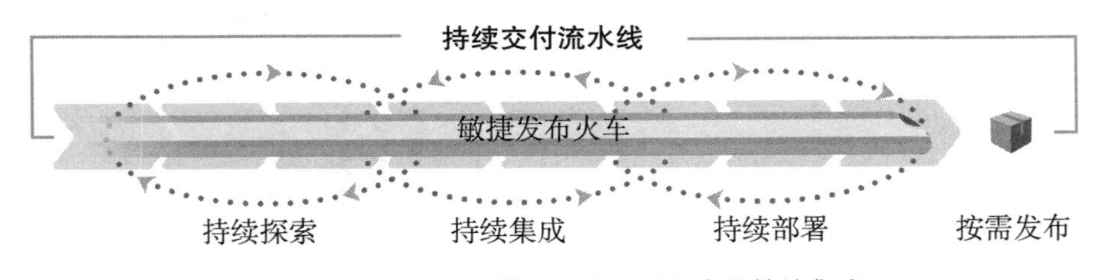

图 5.25-1 在持续交付流水线上下文中的持续集成

CI 是每个敏捷发布火车（ART）的关键技术实践。它降低了风险，建立了一个快速、可靠和可持续的开发节奏。

详述

通过持续集成，系统是潜在可部署的，甚至在开发期间也如此，从而达到“系统总是在运行”的效果。CI 最适用于那些小的、可测试的垂直线程，能够独立交付价值的方案。而在大型的多平台软件系统中，CI 的挑战就变得越来越大，因为每个平台都有自己的技术架构，平台本身也要求能够不断地集成新的功能。

在那些具有机械子系统、软件、电子 / 电气子系统、供应商、子部件和类似的复杂系统中，CI 的应用就更难了。然而，频繁地集成和测试协作的组件是充分验证解决方案的唯一办法。正如 Dantar Oosterwal 在《精益机器》一书中指出的“集成点控制产品开发”（参考

资料 [1])。

因此，团队需要一种平衡：一种允许他们内建质量的方法，同时又能够从集成的增量中得到快速的反馈。真正的持续集成更容易应用于软件中，特别是对于大型和复杂的系统，CI 需要在集成频率、集成范围和测试之间进行权衡。

三层解决方案集成策略

CI 的工作级别和策略取决于解决方案的规模和复杂性。当构建大型解决方案时，CI 可以分为三层（如图 5.25-2 所示）。

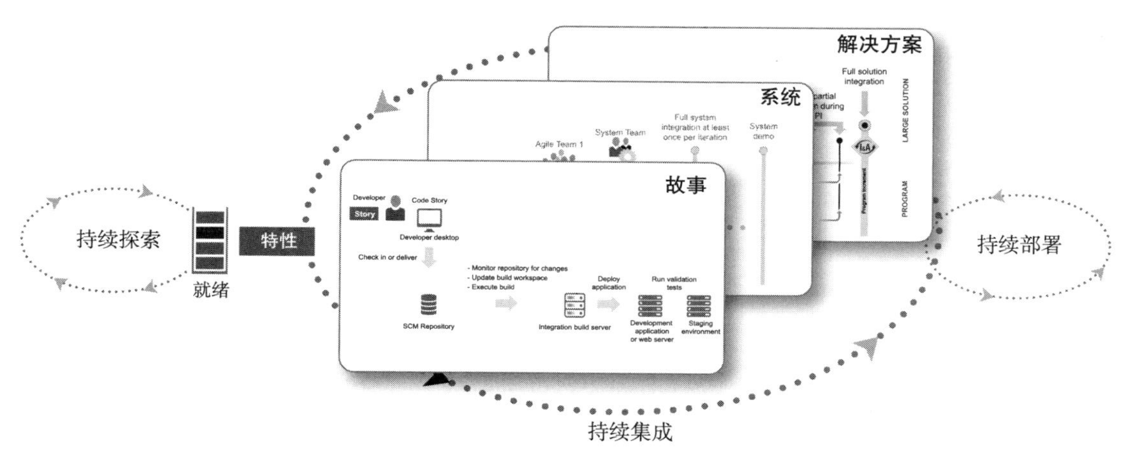

图 5.25-2 三层的持续集成

故事的集成和测试

CI 流程的作用是从项目群待办事项列表中获取特性，然后团队能够在准生产环境中设计、实现、集成、测试和验证。但是，特性通常太大、太抽象，而不能直接进行开发。所以，在项目群增量 (PI) 计划会议期间可以将特性转换成故事，如图 5.25-3 所示。

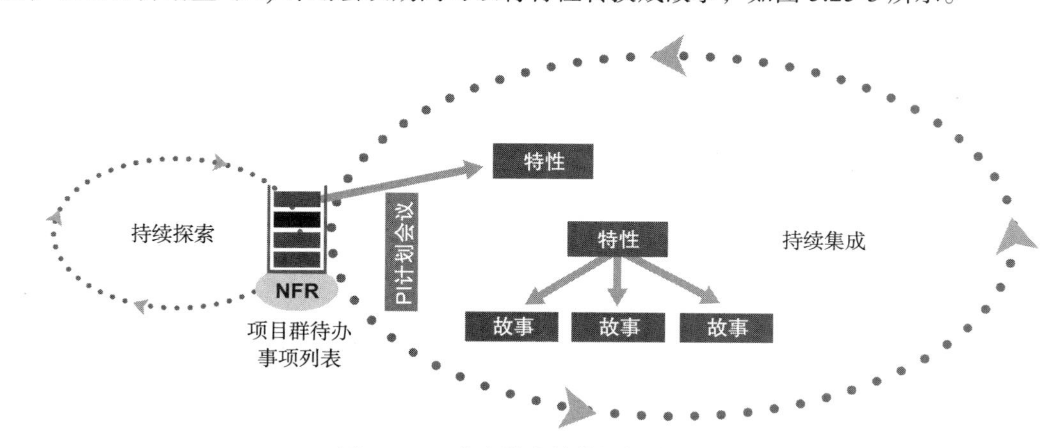

图 5.25-3 在实施中将特性拆分为故事

每个故事都需要被定义、编码、测试并集成到基线中。另外，团队成员需要频繁地集成他们的工作，并应用自动化的持续集成环境，如图 5.25-4 所示。

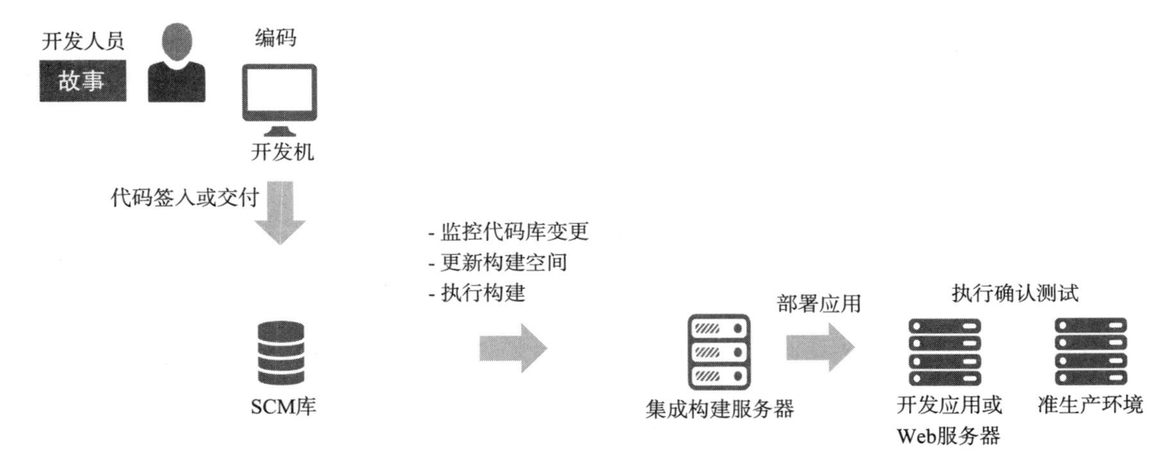

图 5.25-4　自动化的持续集成环境

自动化故事测试

增量开发意味着系统必须不断地进行测试，否则就无法确保新故事与所有现有功能兼容。为此，团队可应用测试先行开发的方式，包括为每个实现的故事创建单元测试和接收测试。为了避免构建“技术债”，敏捷团队需在他们实现故事的同一个迭代中，开发和应用这些测试（如图 5.25-5 所示）。衡量开发进展的指标就是：通过和不通过，或者是失败的自动化测试。

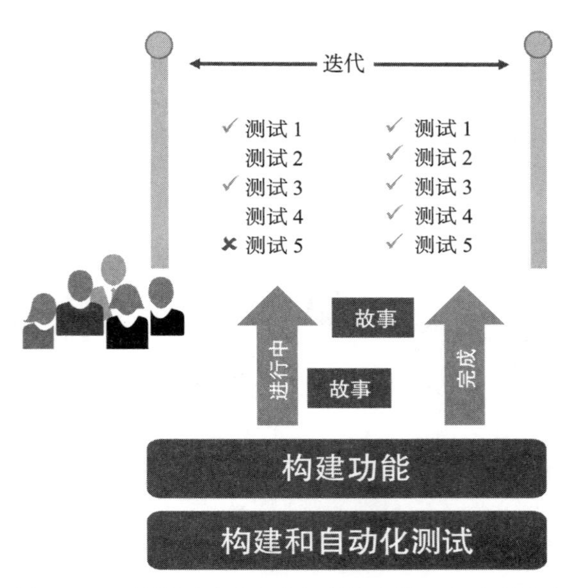

图 5.25-5　敏捷团队为每个新的故事构建自动化测试

系统的集成和测试

虽然集成和测试很关键，但是本地的故事集成和测试是远远不够的。为了全面测试特性，需要系统级的集成和测试。在系统团队的支持下，所有 ART 团队的工作必须频繁集成，以确保系统按照预期的方向开发（如图 5.25-6 所示）。

在迭代过程中，应尽可能频繁地进行系统级测试，最好是每天进行。即使无法保证每天进行，在每次迭代中，完整的系统集成至少必须完成一次。否则，较晚发现的缺陷和问题会产生连锁反应，影响到更早的迭代，导致大量的返工和项目延迟。在系统演示中将展示所有实现的特性和相关的所有工作，这是 ART 进展程度的真正指标。

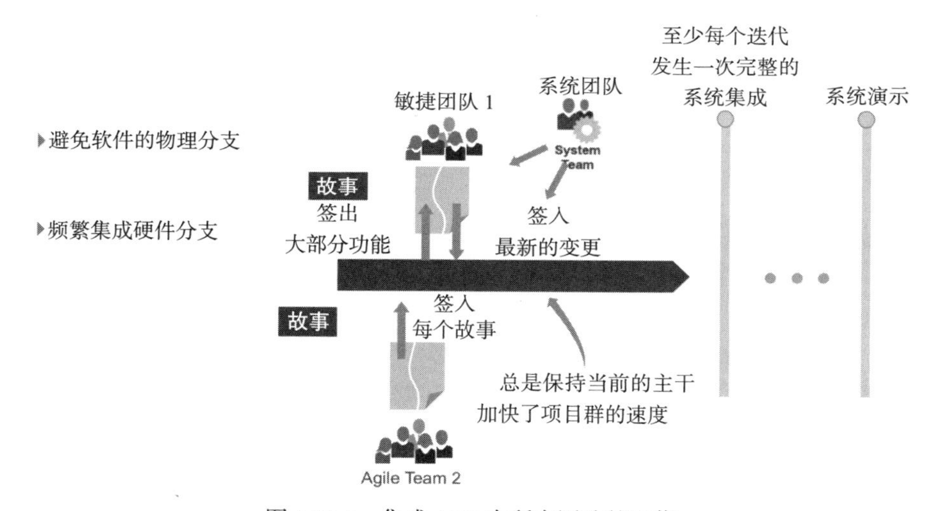

图 5.25-6 集成 ART 中所有团队的工作

自动化特性测试

与用户故事一样，为了确保新特性的开发，特性必须根据其接收标准进行持续测试。同样，这里也适用测试先行原则，并且尽可能多地采用自动化特性测试。

解决方案的集成和测试

最后，构建那些需要多个 ART 和供应商来开发的大型解决方案，需要额外的集成，从而将所有的工作整合在一起。在整个 PI 过程中，需要完整的集成或部分的集成工作，至少保证每个 PI 集成一次完整的解决方案（如图 5.25-7 所示）。

ART 和系统解决方案团队共同负责解决方案的集成和演示。在解决方案演示期间，客户和利益相关者都能看到综合结果。

为了能够常规地演示完整的解决方案，ART 通常要在集成、测试和支持基础设施方面进行额外的工作。在许多情况下，集成和测试的范围可能小于 100%，还可能跨越多个早期的集成点。为此，团队可以利用虚拟化、环境模拟、模拟对象、打桩、简化测试套件和其他测试相关的技术来解决。这种大型的集成和演示可能需要在 PI 计划会议期间计划并预留出时间和工作量。

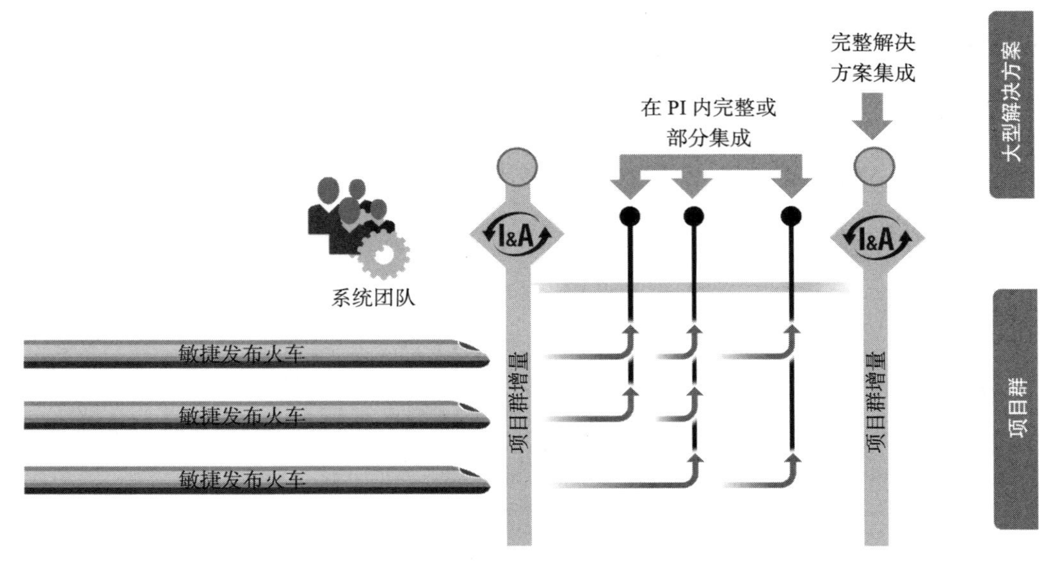

图 5.25-7 在每个 PI 中至少有一次完整的解决方案级的集成

与供应商同步

对开发工作做出独特贡献的还有供应商，供应商对交货时间和价值交付有很大的影响，不容忽视，他们的工作也必须不断地和开发团队结合起来。实现的技巧有：

- ART 与供应商应共同计划集成点。
- 采用共同的集成节奏，建立客观的评估里程碑。
- 促进 ART 和供应商系统团队之间的合作。
- 促进系统和解决方案架构师 / ART 的工程师和供应商之间的协作和同步。
- 参与 PI 计划前、后的会议和解决方案演示。

优化集成权衡

每个 ART 的目标是在每个迭代中完全集成所有团队的特性。然而，正如前面所描述的，由于解决方案的复杂性和异质性，实现这个目标可能很困难，存在专业测试人员、实验室、设备和第三方组件的可用性问题等。考虑到这些挑战，团队可能会认为集成迭代的目标是不现实的，至少最初是这样认为的。但这不能成为借口，以下是一些关于如何实现优化集成的建议，即使在完整的、快速的 CI 没有立即使用的情况下。

- 在不同的时间段内集成解决方案的不同部分。
- 整合所有测试，只运行测试的子集。
- 使用虚拟或仿真环境、打桩和模拟对象，直到实际功能可用为止。

使能持续集成

持续集成大型和复杂的系统需要大量的时间，以下这些建议将有助于建立一个有效的CI文化和实践。

- **频繁集成**：团队集成的越频繁，发现问题的速度就越快。而越困难，就越需要这样做。在消除障碍的过程中再增加自动化，取得更快的学习周期和更少的返工。
- **使集成结果可见**：当集成中断时，团队中每个人都应该知道它是如何发生的以及为什么会中断。当问题被修复后，就应该针对这个问题添加新的测试，来更早地检测问题并防止再次发生类似情况。
- **修复失败的集成优先级最高**：如果团队在集成失败期间还继续埋头常规的工作，就说明团队忽略了问题的严重性，没有解决问题的紧迫感。为了突出并让团队意识到这个问题，使用闪烁的灯光来提醒人们注意一个失败的构建是个好主意，或者采用可见的指示器显示系统持续失败的时间百分比。
- **建立一个共同的开发节奏**：当所有的团队都以相同的节奏前进时，集成会更加容易。这就是为什么所有的PI在一个ART和一个解决方案火车中都使用相同迭代节奏的原因。如果完整的CI不能在迭代过程中完成，团队可以在短期内权衡哪些可以集成，同时不断改进技术和基础设施，进一步朝着目标前进。
- **开发和维护适当的基础设施**：有效的持续集成取决于测试和预生产环境的可用性（参见5.26节）。当然，基础设施是一项不小的投资。精益－敏捷的领导者往往着眼长远，在当前进行必要的投资，来提高实现整个过程的速度。

应用支持性的工程实践：当系统在设计时考虑到工程实践的问题，持续集成就会更容易。测试优先的可测试性开发和设计需要更好的模块化和分离关注点，以及使用主要接口和物理测试点。

现在就开始

还需要注意的是，持续的系统集成和频繁的解决方案集成对于处在向SAFe过渡早期的团队来说是一个特殊的挑战。他们以前没有这样做过，也没有建立起必要的基础设施。即便如此，这也不能成为减少集成范围的借口。相信大多数的挑战都将在未来消失，前提是团队需要现在就开始行动！

参考资料

[1] Oosterwal, Dantar P. *The Lean Machine: How Harley-Davidson Drove Top-Line Growth and Profitability with Revolutionary Lean Product Development*. Kindle Edition.

[2] Leffingwell, Dean. *Scaling Software Agility: Best Practices for Large Enterprises (Agile Software Development Series)*. Pearson Education. Kindle Edition.

[3] Kim, Gene, Jez Humble, Patrick Debois, and John Willis. *The DevOps Handbook: How to Create World-Class Agility, Reliability, and Security in Technology Organizations*. IT Revolution Press. Kindle Edition.

5.26 持续部署

为了跟上客户的需求，你需要创建部署流水线，需要把所有东西纳入版本控制，需要自动化全部的环境创建过程；也应该通过部署流水线完全按照需求去创建测试环境、生产环境，然后将代码部署到环境中。

——Erik to Grasshopper，《凤凰项目》参考资料 [1]

摘要

持续部署（CD）是从持续集成中获取经过确认的特性，并将其部署到生产环境中，在生产环境中对其进行进一步测试并准备发布。它是持续交付流水线中四部分的第三个元素，如图 5.26-1 所示。

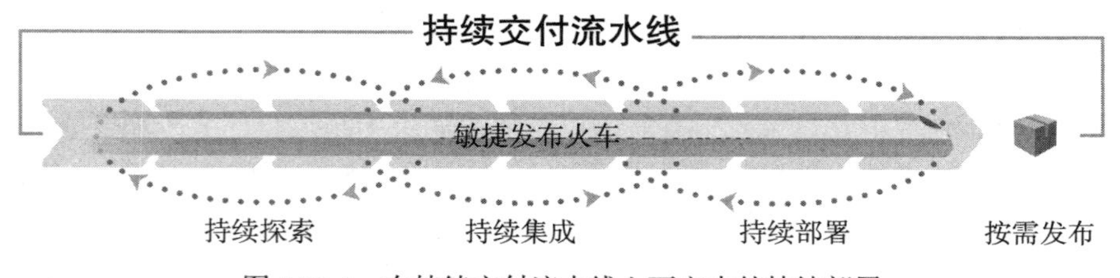

图 5.26-1 在持续交付流水线上下文中的持续部署

只有当最终用户在他们的环境中成功地实施解决方案时，才会产生实际价值，因此对于每个敏捷发布火车（ART）和解决方案火车来说，CD 都是一个关键能力。CD 要求将复杂的程序部署到生产环境中，为的是在开发过程中尽早得到有意义的关注。

5.24 节和 5.25 节引向了一点：通过在整个特性开发时间表中，做到保持持续部署就绪的状态。这样做的结果会产生更小批量的特性，其中一些特性总是准备好部署和发布。现在，我们只需要不断地部署这些有价值的资产，以便它们能够立即投入生产。这使得业务能够更频繁地发布，在最短的可持续前置时间内交付尽可能好的质量。

详述

这里的目标一直都是：尽可能频繁地向最终用户交付越来越有价值的解决方案。正如 SAFe 描述的那样，一种更精益、更敏捷的开发方法，通过系统地减少开发周期中的时间和引入内建质量的方法，有助于建立更快的开发流程。

然而在许多情况下，开发团队仍然大批量交付部署或生产的解决方案。新解决方案的实际部署和发布可能是手工的、易出错的、不可预测的，会对发布日期和交付质量产生不利影响。

为了解决这些问题，开发和运营团队必须将他们的注意力集中在下游的部署过程上。通过降低交易成本和风险，业务可以转向更连续的部署，从而更经济地交付小批量的解决方案。这是持续交付流程的最后一个关键步骤。

持续部署的六个建议实践

SAFe 推荐了六个具体的实践，来帮助团队建立一个更高效、持续的部署过程，如图 5.26-2 所示。下文将对每种实践进行了详细阐述。

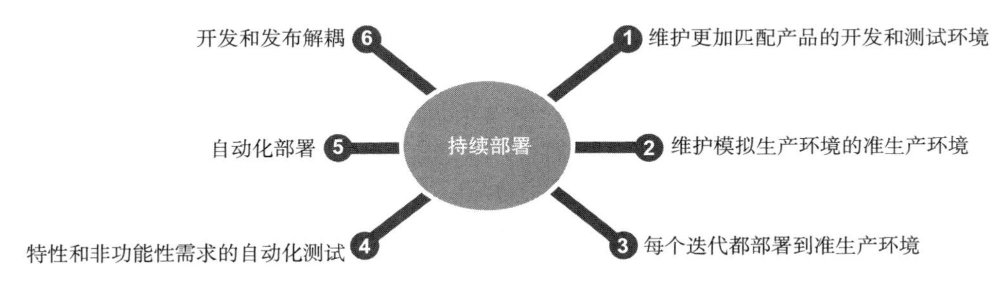

图 5.26-2 持续部署的六个建议实践

维护更加匹配产品的开发和测试环境

团队经常会发现，在开发过程中似乎很有效的解决方案在生产中并不奏效。这导致了团队常常处于救火状态，把大量的时间花在了修复生产环境的新缺陷上。

造成这种困境的一个根本原因是，开发环境与生产环境的不匹配。例如，Em Campbell-Pretty 在 Telstra（参考资料 [2]）关于使用 SAFe 的经验中提到，“团队很快就有了一个惊人的发现：在他们的开发和测试环境中，只有 50% 的源代码与生产环境中运行的代码匹配。”

环境的不匹配，部分原因是实用性和成本造成的。例如，对于每个开发团队来说，可能没有单独的负载均衡器或等效于生产环境的数据集。不过，在几乎所有环境中大多数软件的配置都是可复制的。因此，生产环境中的所有更改（例如组件或应用程序升级、新开发的初始配置、环境更改和系统元数据更改等）都必须复制到所有的开发环境中。在持续交付解决方案的工作流和流水线中完成这一步骤即可。

为了做到这一点，在版本控制中需要捕获所有的配置更改。同样，部署过程所需的所有新操作都应该记录在脚本中，并尽可能自动执行。

维护模拟生产环境的准生产环境

这是第二个问题：出于很多原因，开发环境永远不会与生产环境相同。例如，在生产环境中，应用程序服务器位于防火墙之后，防火墙前面是负载均衡器。大规模的生产数据库是集群化的，媒体内容则驻留在单独的服务器上。类似的差异列表会越来越长，墨菲法则将再次起作用：部署将失败，调试问题和解决问题将变得不可预知。

准生产环境的产生就是为了来弥补这个差异性。追求相同的生产环境在经济上可能永远都不划算，例如，部署必要的数百或数千台相同的服务器，不过也有很多方法可以在不必大量投入的情况下实现功能对等。

例如，需要20台应用服务器实例的也许使用2台就足够了，采用来自同一供应商的更便宜的负载均衡器也可以达到目的。在一个信息物理系统中，以一个联合收割机为例：所有电子子系统、驱动马达和硬件执行器均被这台机器所操作，便可以认为是一个准生产环境，而不是说真的需要15吨铁。

每个迭代都部署到准生产环境

除非能够在类似于生产的环境中操作和测试，否则很难了解任何系统增量的真实状态。显而易见的建议是：在准生产环境中进行所有的系统演示。这样，可部署性就成为完成定义（DoD）的一部分。

虽然持续部署就绪对于建立可靠的交付过程至关重要，但是缩短交付时间的真正好处来自更频繁地在生产环境上部署。由此还可以消除长时间存在的开发分支，以及合并和同步所有分支需要的大量额外工作。

特性和非功能性需求的自动化测试

当然，更频繁地部署要求更频繁地进行测试。这需要测试自动化，包括在所有实现该特性的故事的相关单元测试上，运行自动化回归测试的能力，在特性级别上运行自动化接收测试的能力。

增量部署的意思是团队将会部署部分功能：单独的故事、部分特性、依赖于其他尚未开发的 特性，以及依赖于外部应用程序的特性等。这导致了一些团队在需要测试自己特性的时候，功能没有部署在系统中。不过，有许多技术可以解决这个问题，包括应用实物模型、打桩和服务虚拟化等。

虽然对于非功能性的测试要求做到100%自动化是不太实际的，但是需要自动化的测试必须得自动化，特别是那些可能影响系统性能的新功能。否则，一些更改可能会对系统性能、可靠性、合规性或其他质量问题产生意想不到的危害。

注意 有关测试驱动开发（TDD）、接收测试驱动开发（ATDD）、部署测试、测试自动化和测试非功能性需求（NFR）的更多信息，请参阅9.13节的内容，以及参考资料[3]和[4]。

自动化部署

现在，很清楚的是，实际的部署过程本身也需要自动化。同时也包括开发流程中的所有步骤：构建系统、创建测试环境、执行自动化测试、部署和验证代码，以及目标环境中的相关系统和实用程序。因为团队优先考虑到自动化的这一目标，再通过增量开发，组织的充分承诺和支持，以及创造性和实用性，从而达到最后的、关键的自动化部署过程，如图5.26-3所示。

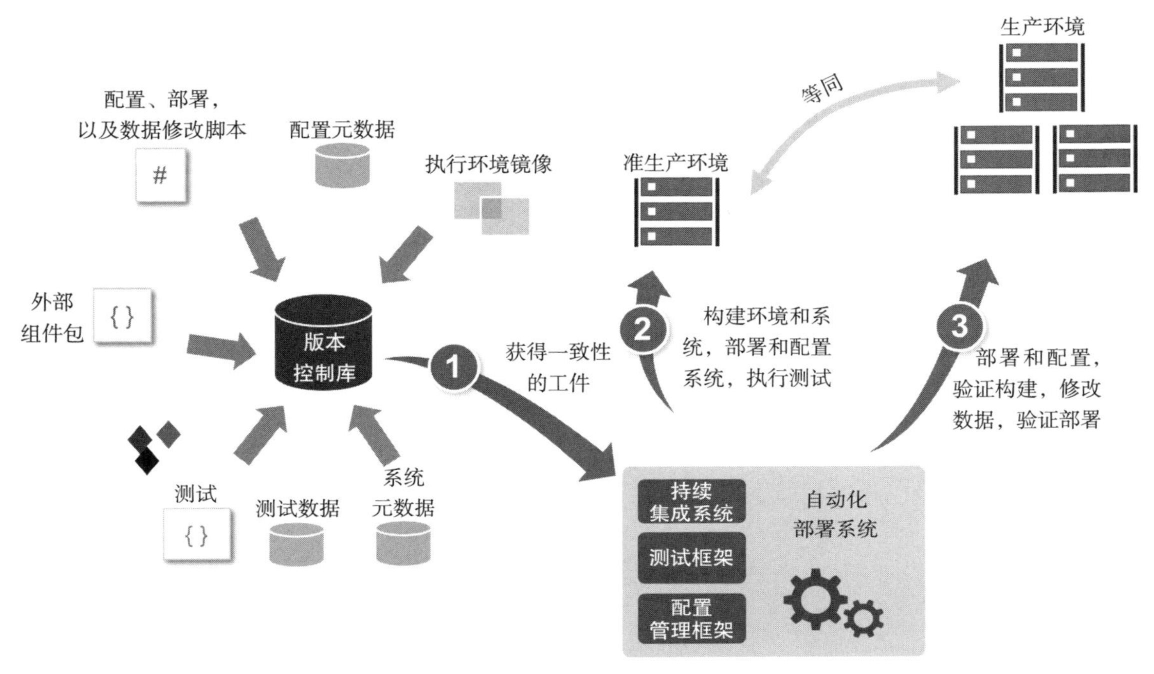

图 5.26-3 自动化部署的流程

如图 5.26-3 所示，必须被自动化的三个主要流程如下：

1. **自动获取版本控制的开发部件**：第一步是从 CI 过程中，包括代码、脚本、测试用例、配置项和元数据，自动获取所必需的部件，所有这些都必须严格在版本控制下维护。获取到的部件包括新代码、所有必要的数据（例如字典、脚本、查找、映射）、所有库和外部程序集、配置文件和数据库。为了团队在每次引入、创建或测试新场景时都能进行数据更新，测试数据还必须具有足够的版本控制和可管理性。

2. **自动构建系统及其环境**：许多部署问题是由于在构建运行着的系统和环境时，出现的易出错、频繁的手工操作：包括准备操作环境、应用程序和数据；配置工作；启动系统的初始化操作。为了建立可靠的部署，环境设置过程本身需要被自动化。可以通过虚拟化、基础设施用作服务 (IaaS) 和应用特殊框架自动化配置管理任务等方法来实现。

3. **自动部署到生产环境**：在不影响到最终用户的服务的前提下，部署和测试迁移到生产环境的所有过程也必须是自动化的。详细的部署技术将在 5.15 节中进一步讨论。

开发和发布解耦

关于持续交付的一个神话就是：不管你喜不喜欢，你必须持续地交付给最终用户。但这夸大了实际情况，忽视了基本的经济和市场因素，事实上发布一个解决方案不仅仅取决于系统的状态，还有许多因素会影响发布的时间，如客户的准备、渠道和供应商的支持、展会和市场活动，以及合规性需求等。这些问题将在 5.15 节中进一步探讨。

参考资料

[1] Kim, Gene, et al. *The Phoenix Project: A Novel about IT, DevOps, and Helping Your Business Win*. IT Revolution Press, 2013.

[2] Kim, Gene, Jez Humble, Patrick Debois, and John Willis. *The DevOps Handbook: How to Create World-Class Agility, Reliability, and Security in Technology Organizations*. IT Revolution Press, 2016.

[3] Humble, Jez, and David Farley. *Continuous Delivery: Reliable Software Releases through Build, Test, and Deployment Automation*. Addison-Wesley, 2010.

[4] Gregory, Janet, and Lisa Crispin. *More Agile Testing: Learning Journeys for the Whole Team.* Addison-Wesley Signature Series (Cohn). Pearson Education. Kindle Edition.

第 6 章

跨层级面板

Metrics
Shared Services
CoP
Milestones
Roadmap
Vision
System Team
Lean UX
scaledagileframework.com

6.1 度量

最重要的事情是不能被度量的。最重要的和长期的问题也是不能预先被度量的。

——*爱德华兹·戴明*（W. Edwards Deming）

可工作的软件是进度的首要度量标准。

——*敏捷宣言*

摘要

度量指标是用来评估一个组织在投资组合、大型解决方案、项目群和团队层面的业务和技术目标方面进展如何的度量标准。

伴随着有形的工作、时间盒和快速反馈，敏捷天生就比之前的面向文档的、间接的、基于瀑布的方式更容易进行度量。此外，在敏捷的情况下，“系统总是运行的”。所以，最好的度量直接来自可工作系统的客观评估。持续的交付和 DevOps 实践提供了更多需要度量的东西。本章中描述的所有其他度量，甚至是广泛的精益敏捷度量，都是重点关注快速交付高质量解决方案的首要目标的次要指标。

但是，度量在企业环境中非常重要。SAFe 框架的各个层面都提供了度量指标的指导。

投资组合度量

精益投资组合度量

这里提供的精益投资组合度量是一个完备而且精益的度量指标集合，它可以被用于评估整个投资组合内部和外部的进展情况。本着“最简且可行的度量集合”精神，表 6.1-1 提供了一个最精益的集合，精益 – 敏捷企业用它们来有效地评估其转型过程的整体效率。

表 6.1-1 精益投资组合质量

收益	期望结果	度量方法
员工投入度	提高员工满意度，减少流失	员工调查问卷，人力资源统计
客户满意度	提升的净推荐值（NPS）	净推荐值（NPS）得分调查
生产率	减少平均的特性周期时间	特性周期时间
敏捷性	持续改进团队和项目群的度量指标	团队、项目群和投资组合的自我评估，版本发布的可预测性度量
上市时间	更频繁的版本发布	每年发布的版本数量
质量	减少的缺陷数量和支持请求的数量	缺陷数据和支持请求的数量
合作伙伴健康情况	改善生态系统的关系	合作伙伴和供应商调查问卷

投资组合看板

投资组合看板的主要目标是确保史诗和使能在到达项目群增量（PI）边界之前，已经进行了权衡和分析，排定了合适的优先级，并建立了接收标准，从而可以指导高保真的实施。

此外，可以跟踪业务史诗和使能史诗的状态，清楚地理解它们所处的状态。

史诗燃起图

史诗燃起图用来跟踪史诗的完成进度，有三种度量指标：

1. **史诗初始估算线**——基于精益业务论证进行估算得到的故事点。

2. **已完成工作线**——基于史诗拆分出的特性和故事，算出的实际完成的故事点。

3. **累积的已完成工作线**——基于史诗拆分出的特性和故事，算出的实际完成的故事点，并进行累积。

图 6.1-1 描述了这种度量方式。

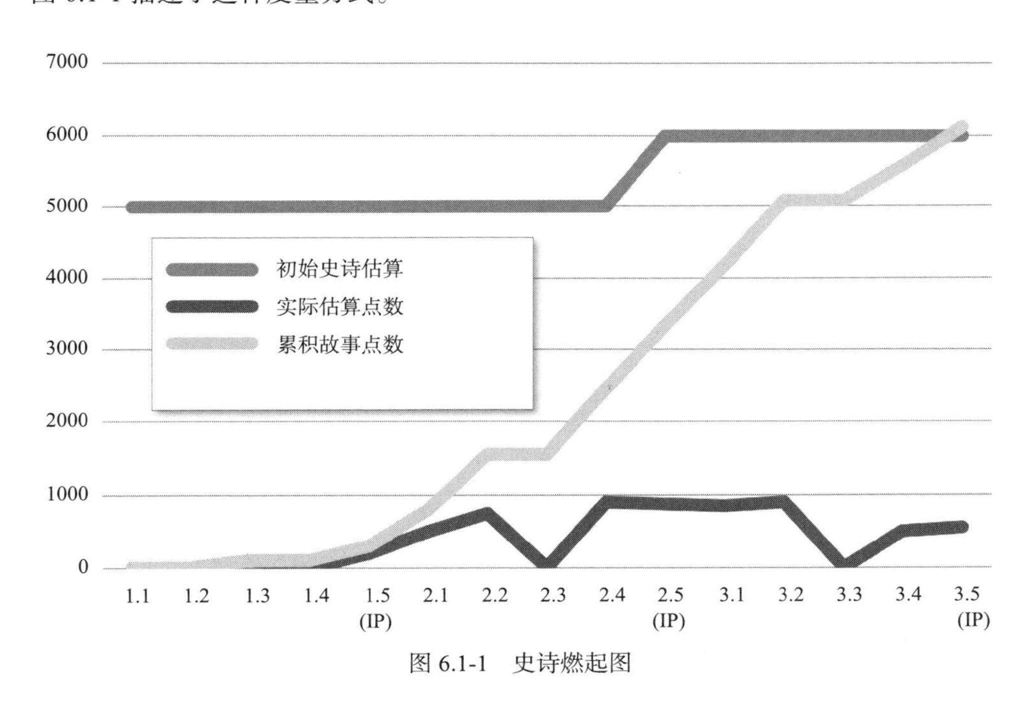

图 6.1-1 史诗燃起图

史诗进展的度量

它提供了投资组合中所有史诗状态的概览视图。

1. **史诗 X** ——表示史诗的名称；业务史诗是深色的，使能史诗是浅色的。

2. **横道的长度**——表示当前基于史诗拆分出的特性和故事进行估算得出的故事点总数，深色阴影区域表示实际完成的故事点，浅色阴影区域表示进行中的故事点 。

3. **垂直的线** ——代表史诗初始估算的故事点，估算是基于精益业务论证进行的。

4. 0000/0000 —— 第一个数字代表当前估算的故事点，基于史诗拆分出的特性和故事得出；第二个数字代表史诗初始估算的故事点（与垂直的线含义相同）。

图 6.1-2 描述了这种度量方式。

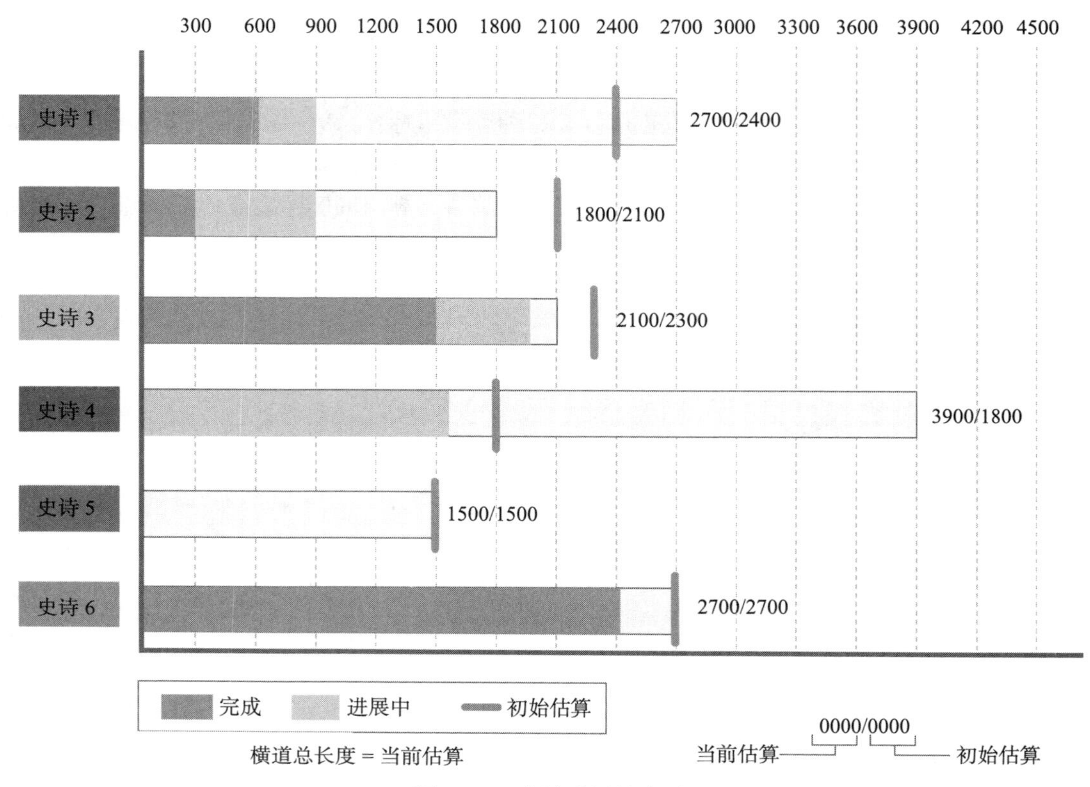

图 6.1-2　史诗进展的度量

企业平衡计分卡

企业平衡计分卡提供了 4 个方面来度量每一个投资组合，但是这种方法的使用已经越来越少了，取而代之的是精益投资组合（LPM）度量，下文将详细描述。这些度量包括：

1. 效率
2. 交付价值
3. 质量
4. 敏捷性

这些度量指标可以被映射到一个实施仪表板中，如图 6.1-3 和图 6.1-4 所示。

关于这种方法的详细描述，请参见参考资料 [2] 中的第 22 章。

效率 度量指标示例 • 边际贡献 • 组织稳定性 • 团队速度 vs. 容量	**交付价值** 度量指标示例 • 发布次数 • 交付的特性价值点数 • 交付日期百分比 • 架构重构
质量 度量指标示例 • 缺陷 • 支持电话 • 支持满意度 • 产品满意度 • 问题升级百分比	**敏捷性** 度量指标示例 • 产品负责人 • 发布计划和跟踪 • IP 计划和跟踪 • 团队合作 • 测试和开发实践

图 6.1-3　平衡记分卡方法，将相关度量纳入四个方面

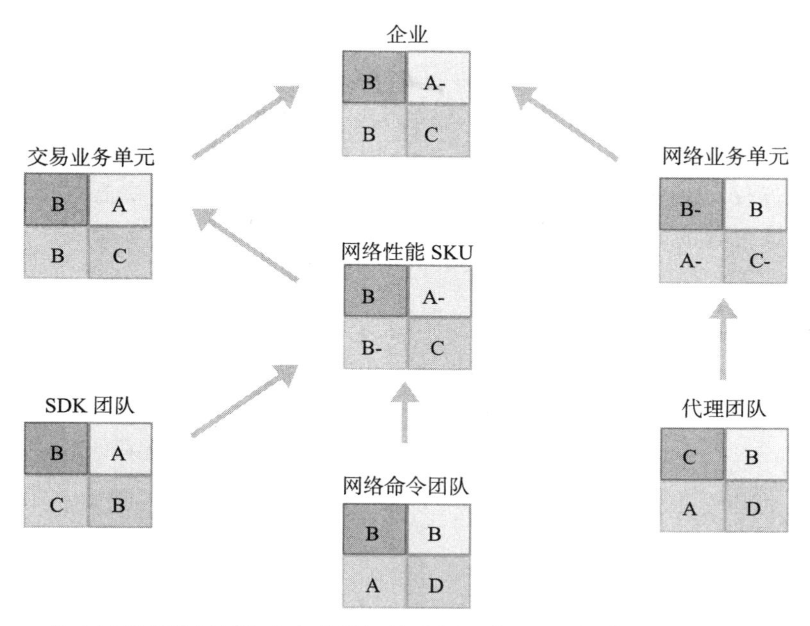

图 6.1-4　将上述度量指标转换为字母等级并进行汇总，可以提供一个企业级的全局视图

精益投资组合管理的自我评估

精益投资组合管理（PPM）团队持续评估并改进他们在企业中所使用的流程。LPM 定期地采用自我评估问题列表来评估自身的绩效，完成自我评估的表格后会自动生成一个类似图 6.1-5 中展示的雷达图，显示出组织的投资组合实践中相对的优势和劣势。

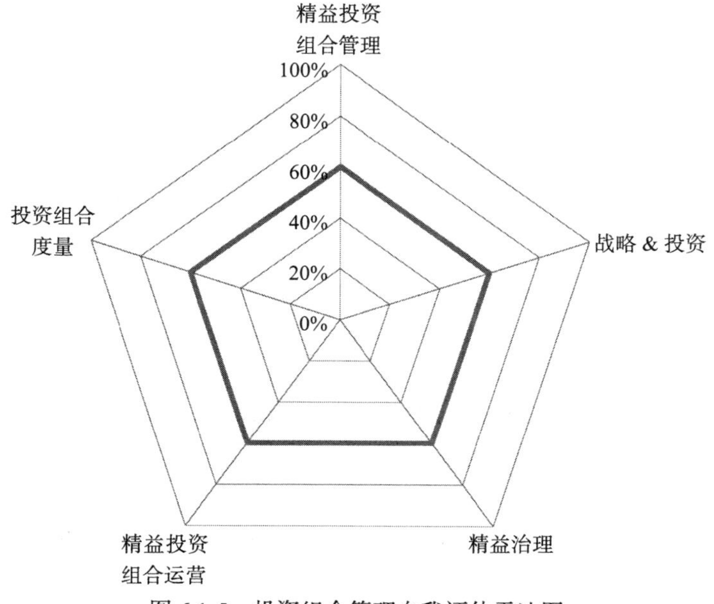

图 6.1-5　投资组合管理自我评估雷达图

大型解决方案度量

解决方案看板

对于使用大型解决方案层或该种配置方式的组织而言，解决方案看板遵循与项目群层相同的结构和流程（如图 6.1-9 所示）。然而，解决方案管理者和解决方案架构师来管理看板，其内容是能力而不是特性。同时，解决方案火车会在恰当的时候使用解决方案史诗看板来管理解决方案史诗。其本质的运作方式与项目群史诗看板相同。

解决方案火车的可预测性度量

敏捷发布火车（ART）的每个可预测性度量指标，可以聚合起来创建一个整体的解决方案火车可预测性的度量指标，如图 6.1-6 所示。

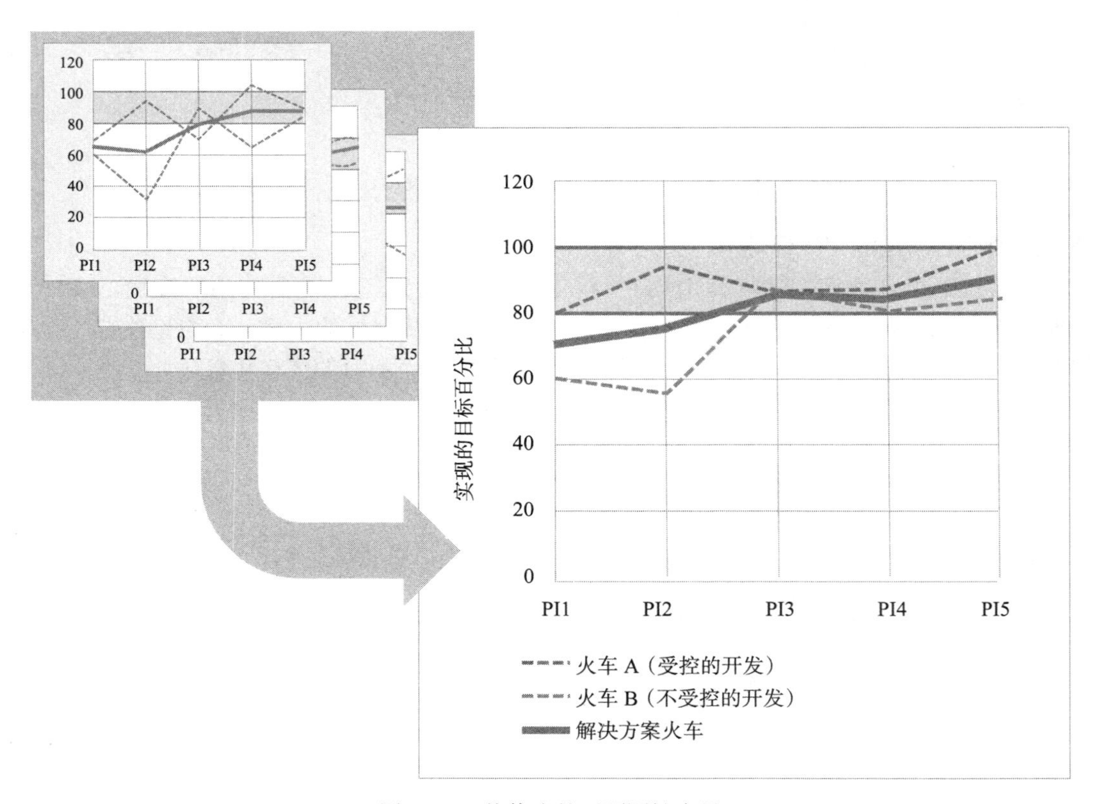

图 6.1-6 价值流的可预测性度量

解决方案火车的绩效度量

敏捷发布火车的每个绩效度量指标，可以聚合起来创建一套总体的解决方案火车绩效度量指标，如图 6.1-7 所示。

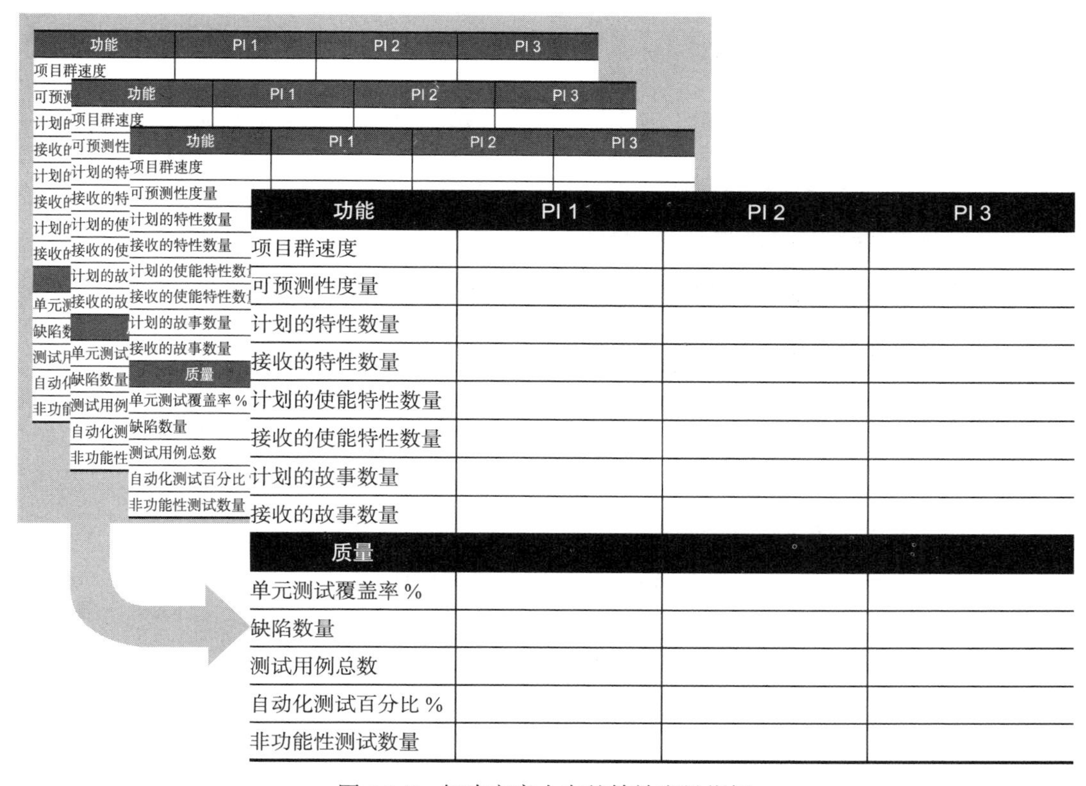

功能	PI 1	PI 2	PI 3
项目群速度			
可预测性度量			
计划的特性数量			
接收的特性数量			
计划的使能特性数量			
接收的使能特性数量			
计划的故事数量			
接收的故事数量			
质量			
单元测试覆盖率 %			
缺陷数量			
测试用例总数			
自动化测试百分比 %			
非功能性测试数量			

图 6.1-7　解决方案火车的绩效度量指标

项目群度量

特性的进展报告

特性的进展报告跟踪 PI 执行过程中的特性和使能的状态，它显示出在每一时间点上，哪些特性进展正常，哪些特性进度落后。报告图有两条横道：

1. **计划**——表示一个特性分解出的故事的总数。

2. **实际**——表示一个特性中已完成故事的数量。横道根据特性进展是否正常，显示为不同颜色。

图 6.1-8 给出了一个特性进展报告的示例。

项目群看板

项目群看板用于协调持续交付流水线中的特性流动。图 6.1-9 所示为一个典型的项目群看板，包含规则的示例和给定状态的 WIP 限制。然而，看板的流程状态和 WIP 限制，将会随着 ART 掌握如何提升流程和消除瓶颈的能力而迭代演进。同样，ART 可以采用项目群史诗看板来管理那些在一个 PI 中特别大型的举措。

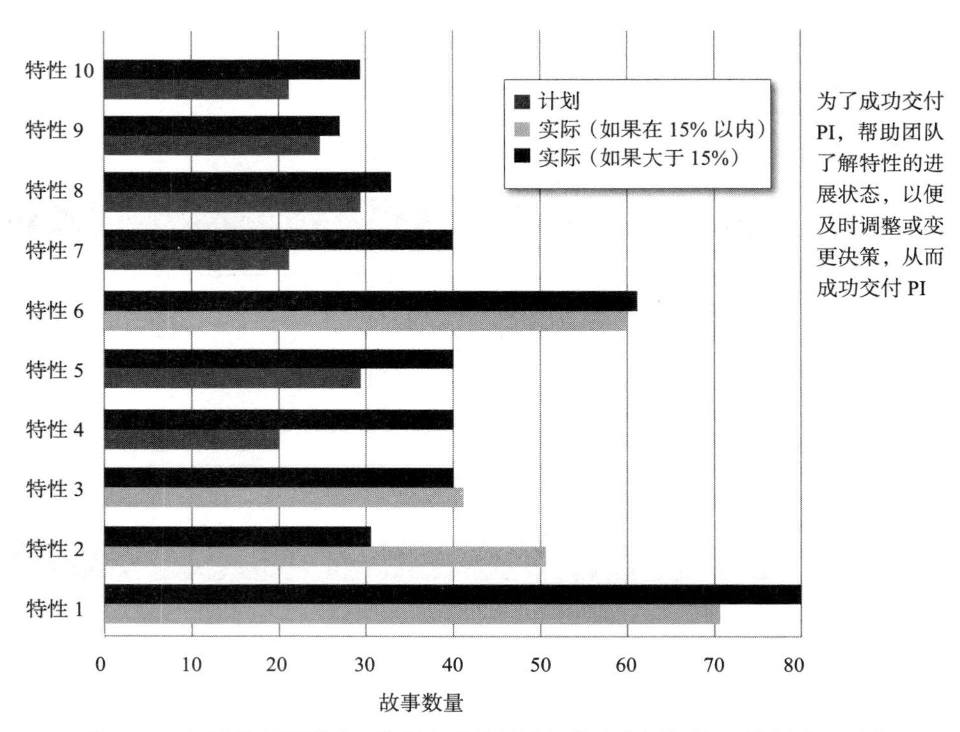

图 6.1-8　特性的进展报告，将每个特性的进展状态和最初的 PI 计划进行对比

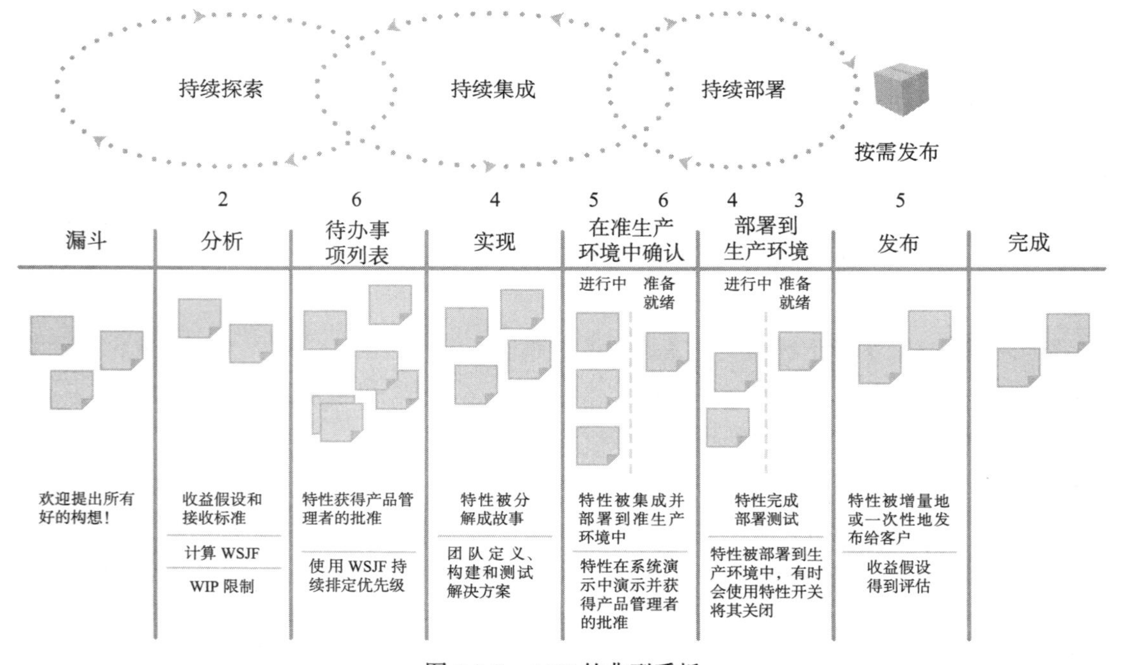

图 6.1-9　ART 的典型看板

项目群的可预测性度量

团队的 PI 绩效报告汇总起来，可以计算出 项目群的可预测性度量，如图 6.1-10 所示。

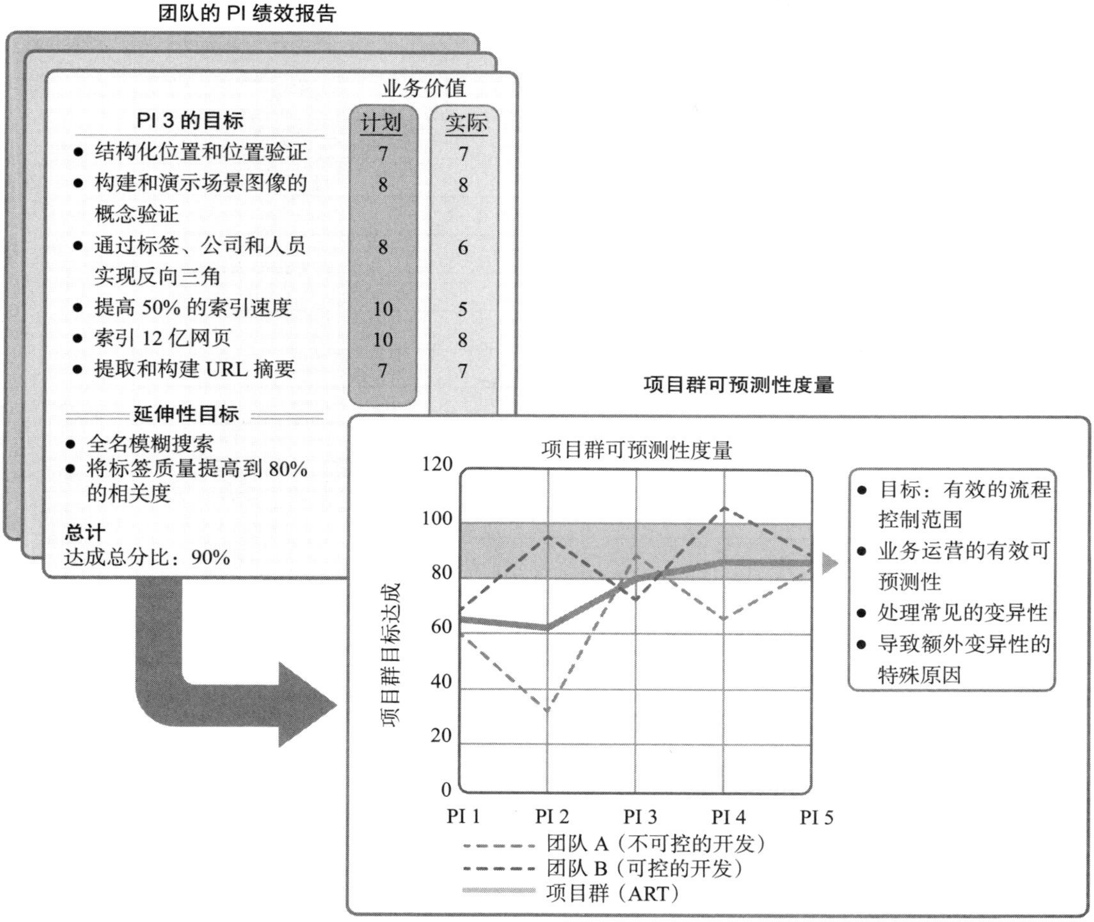
团队的 PI 绩效报告
业务价值
PI 3 的目标
计划
实际
结构化位置和位置验证 7 7
构建和演示场景图像的概念验证 8 8
通过标签、公司和人员实现反向三角 8 6
提高 50% 的索引速度 10 5
索引 12 亿网页 10 8
提取和构建 URL 摘要 7 7
延伸性目标
全名模糊搜索
将标签质量提高到 80% 的相关度
总计
达成总分比：90%
项目群可预测性度量
项目群可预测性度量
120
100
80
60
40
20
0
项目群目标达成
PI 1
PI 2
PI 3
PI 4
PI 5
目标：有效的流程控制范围
业务运营的有效可预测性
处理常见的变异性
导致额外变异性的特殊原因
团队 A（不可控的开发）
团队 B（可控的开发）
项目群（ART）

图 6.1-10　项目群的可预测性度量，呈现了两个在火车和项目群的团队的情况（累积）

报告中对比了实际的业务价值和计划的业务价值（参考图 6.1-23）。

关于这种方法的详细描述，请参见参考资料 [1] 的第 15 章。

项目群的绩效度量

每个 PI 的结尾都是一个常规的和重要的度量节点，图 6.1-11 是一些项目群的绩效度量指标的示例。

PI 燃尽图

PI 燃尽图显示了在 PI 时间盒中所取得的进展。它可以基于已接收的工作来跟踪 PI 的计划完成情况。

- PI 燃尽图的横轴表示 PI 中的迭代。
- PI 燃尽图的纵轴表示每个迭代开始时的总剩余工作量（故事点数）。

功能	PI 1	PI 2	PI 3
项目群速度			
可预测性度量			
计划的特性数量			
接收的特性数量			
计划的使能特性数量			
接收的使能特性数量			
计划的故事数量			
接收的故事数量			
质量			
单元测试覆盖率 %			
缺陷数量			
测试用例总数			
自动化测试百分比 %			
非功能性测试数量			

图 6.1-11　敏捷发布火车的绩效度量指标的图表

如图 6.1-12 所示，说明了火车的燃尽情况的度量。

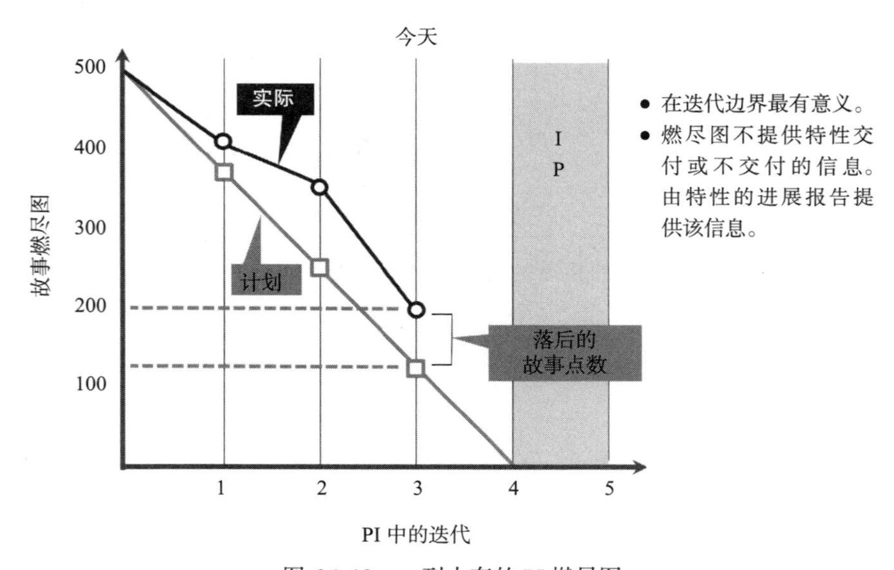

图 6.1-12　一列火车的 PI 燃尽图

尽管 PI 燃尽图可以用来显示在项目群增量时间盒内的进展情况，但是它并不能显示在

PI 内哪些特性被延迟了。特性的进展报告可以提供相关的信息（如图 6.1-8 所示）。

累积流图

累积流图（CFD）由一系列表示不同看板阶段的工作量的线条或区域组成。例如，在项目群看板中的一些典型的状态：

- 漏斗
- 分析
- 待办事项列表
- 实现
- 评审
- 在准生产环境中验证
- 在生产环境中部署
- 发布
- 完成

图 6.1-13 显示了每天看板中各状态的特性数目。CFD 图中最厚的区域代表了潜在的瓶颈。

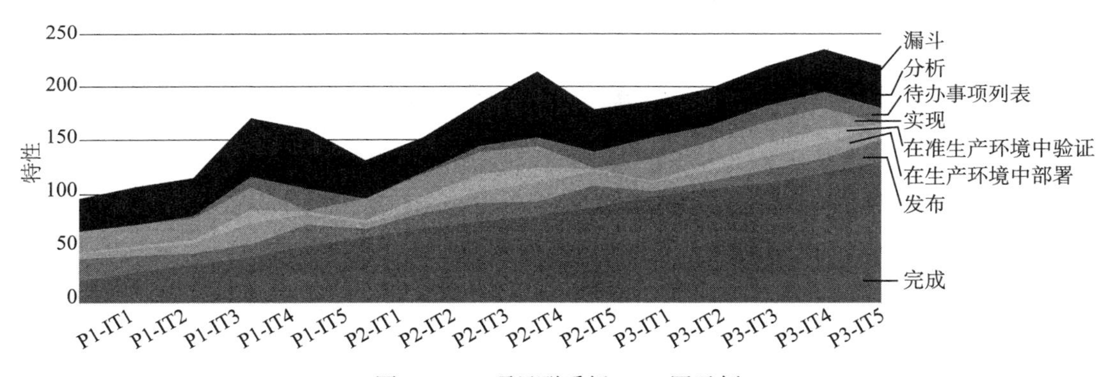

图 6.1-13 项目群看板 CFD 图示例

敏捷发布火车自我评估

项目群实施是 SAFe 的核心价值观之一，所以敏捷发布火车（ART）持续努力提高其绩效。发布火车工程师（RTE）可以在 PI 边界或者在其他任何时刻暂停下来填写自我评估表格，对团队的进展情况进行反思。随着时间的推移，这些数据所呈现的趋势将是项目群的关键绩效指标。如图 6.1-14 所示，给出了一个自我评估的结果用雷达图呈现的示例。

持续交付流水线效率

流水线效率可以通过计算接触时间和等待时间的比值获得。接触时间表示团队执行增值的工作。通常，接触时间只占总生产时间的一小部分；大部分时间都花在了等待上，例如移动工作、排队等待等。

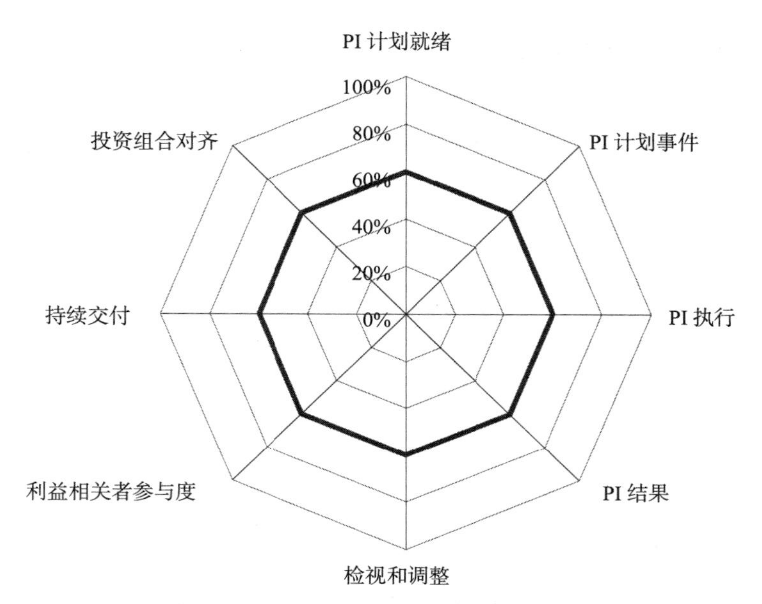

图 6.1-14　敏捷发布火车自我评估雷达图

其中一些信息可以自动从工具中获得，特别是持续集成和持续部署工具，而其他数据则需要在电子表格中手动记录。价值流映射技术通常用于分析报告中确定的问题。如图 6.1-15 所示，描述了一个组织的持续交付流水线的效率。

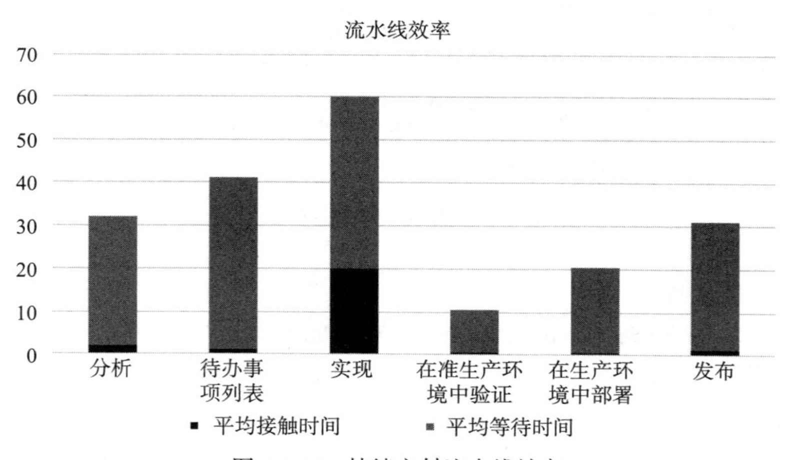

图 6.1-15　持续交付流水线效率

每个时间盒的部署和发布

对于在每个时间盒中的部署和发布进行度量，旨在呈现项目群是否在更频繁地部署和发布方面取得了进展。可以在 PI 的基本边界上进行度量，如图 6.1-16 所示。或者，我们也可以延伸到在 PI 执行期间，当需要处理发布时进行度量，如图 6.1-17 所示。

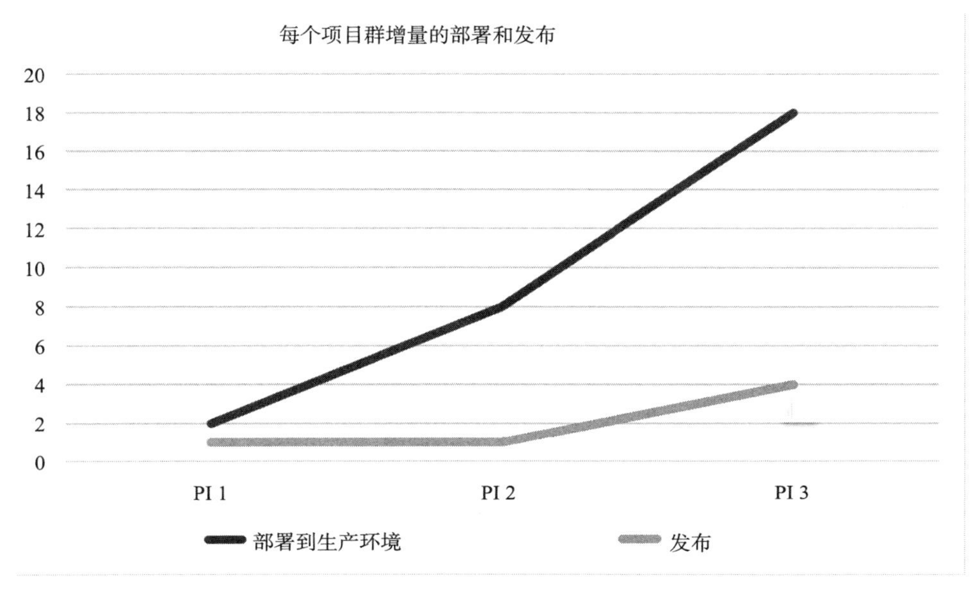

图 6.1-16　每个项目群增量的部署和发布

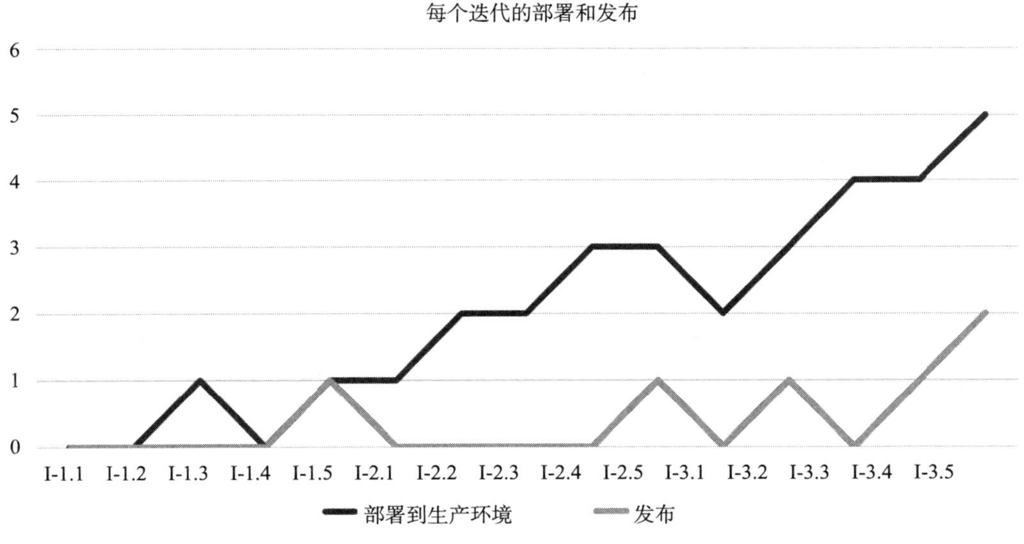

图 6.1-17　每个迭代的部署和发布

随时间推移的恢复

随着时间的推移，恢复报告可以度量物理上或通过关闭特性开关而发生的回滚次数，还将在图上绘制出解决方案部署或发布到生产环境中的日期，以确定两者之间是否存在关系。图 6.1-18 提供了一个示例。

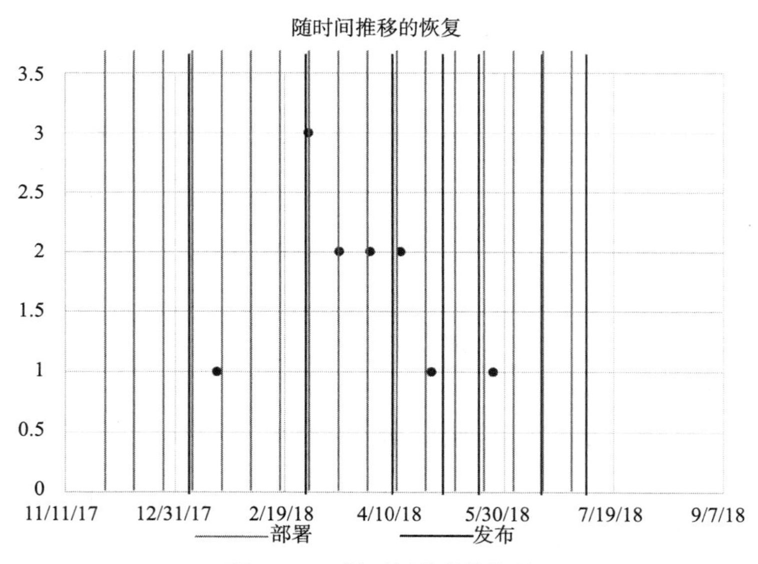

图 6.1-18 随时间推移的恢复

创新核算与引领性指标

持续交付流水线的目标之一是使组织能够快速运行实验，从而允许客户验证假设。最小市场化特性（MMF）和最小可行产品（MVP）都必须定义主要指标，以便衡量收益假设的进展。避免依赖于那些没有度量实际进展的虚荣指标。

图 6.1-19 显示了从 SAFe 网站收集的一些指标，以展示开发工作的引领性指标。

	6/21/17	6/26/17	7/1/17	7/6/17	7/11/17	7/16/17	7/21/17	7/26/17	7/31/17	8/5/17
访问次数	4000	5500	6500	6000	4500	4600	4000	4200	4200	5500
新访问占比	42%	10%	12%	12%	30%	40%	42%	42%	40%	60%
跳出率	50%	15%	17%	15%	25%	45%	51%	50%	51%	50%
停留时间	7:01	12:01	14:47	12:23	8:47	6:34	6:59	6:58	6:32	7:02
被打开的文章数	3.24	7.5	8.7	7.7	6.5	4.5	3.7	3.86	3.6	3.7

SAFe 4.5 发布

首页上的指导文章

图 6.1-19 SAFe 网站创新核算的引领性指标

随时间推移来检验假设

假设驱动开发的主要目标是创建小实验，客户或其代理尽快对其进行验证。图 6.1-20 显示了一个 PI 中验证的假设与失败的数量。在快速测试的环境中（参考资料 [3] 提供了更多信息），较高的失败率可能表明团队正在快速学习如何取得良好的结果。

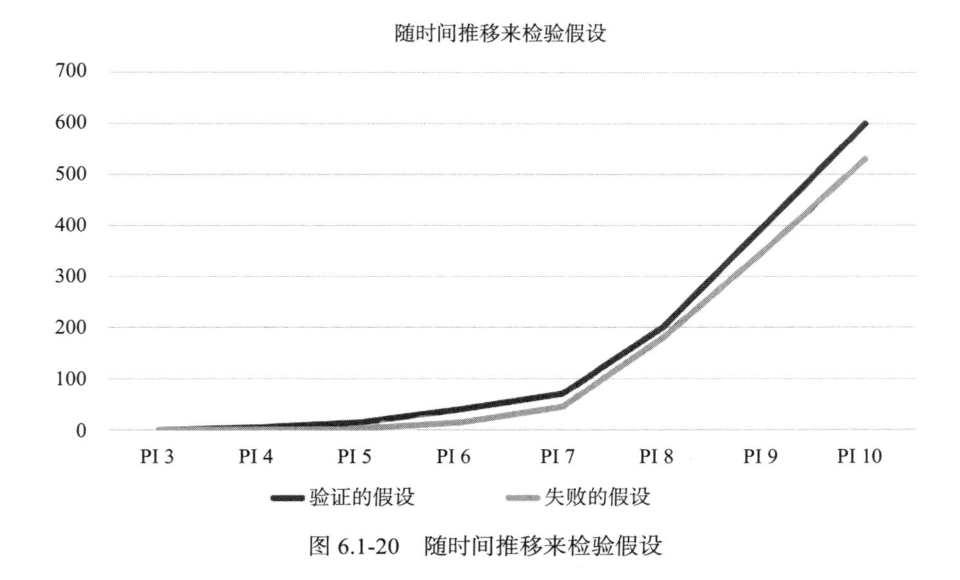

图 6.1-20 随时间推移来检验假设

团队度量

迭代度量

每个敏捷团队收集他们已经达成一致的迭代度量指标。这些活动可以发生在团队回顾会的定量评审部分。图 6.1-21 给出了一个团队的度量指标。

功能	迭代 1	迭代 2	迭代 3
计划的速度			
实际的速度			
计划的故事数量			
接收的故事数量			
接收的故事百分比 %			
质量			
单元测试覆盖率 %			
缺陷数量			
新测试用例数量			
新自动化测试用例数量			
测试用例总数			
自动化测试百分比 %			
重构的数量			

图 6.1-21 团队的迭代度量的图表

团队看板

当团队定义了初始的看板流程（例如：定义 – 分析 – 评审 – 构建 – 集成 – 测试等）和在制品（WIP）限制之后，随着团队获得更多的流程改进和解决瓶颈问题，这些流程状态可以迭代式地进行演进。图 6.1-22 展示了一个团队的看板板面。

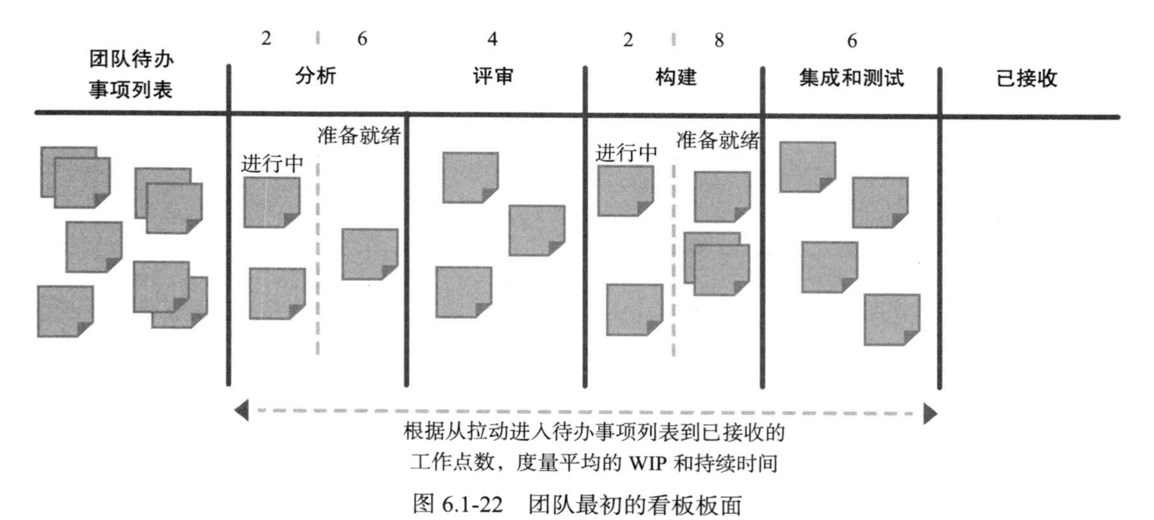

图 6.1-22 团队最初的看板板面

团队的 PI 绩效报告

在 PI 系统演示过程中，业务负责人、客户、敏捷团队和其他利益相关者协同工作，来评估每个团队的 PI 目标所达到的实际业务价值（BV），如图 6.1-23 所示。

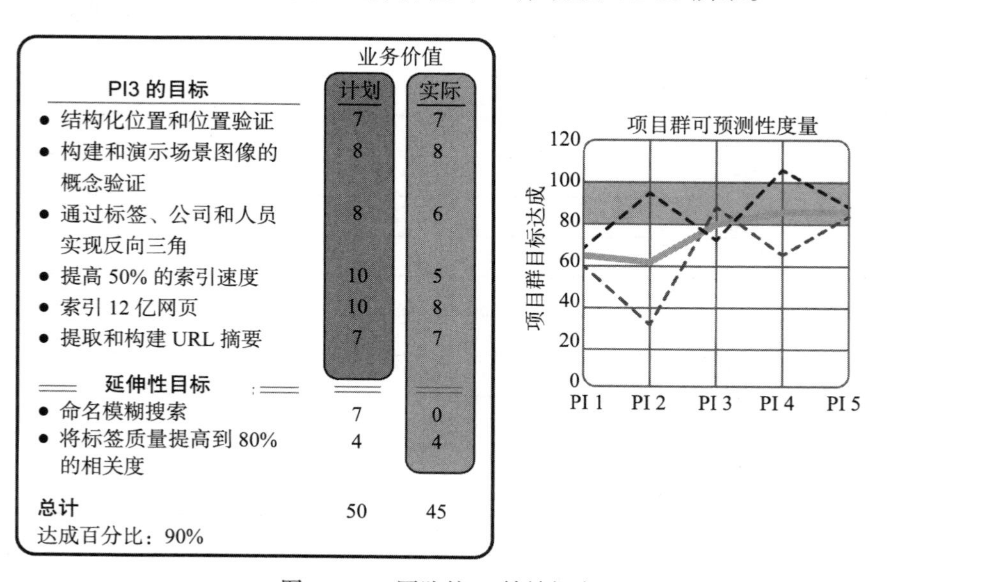

图 6.1-23 团队的 PI 绩效报告

可靠的火车一般应实现工作内容范围的 80% ～ 100%，从而使业务部门和外部利益相关者可以有效地进行计划。下面是有关可行的报告的一些重要注意事项：

- 计划的总业务价值（BV）不包括延伸性目标，从而可以保证火车的可靠性。
- 实际的总业务价值（Actual BV）包括了延伸性目标。
- 达成百分比通过实际业务价值除以计划业务价值计算得出（Actual BV / Planned BV）。
- 一个团队可以实现大于 100% 的进展百分比（达成延伸性目标的结果）。

各个团队的度量指标汇总成项目群的可预测性度量指标（参见图 6.1-9）。

团队自我评估

敏捷团队不断评估并改进流程。他们可以利用简单的 SAFe 团队实践评估工具，当团队完成了评估表格后，会自动生成一个雷达图，如图 6.1-24 所示，显示出相对的优势和劣势。

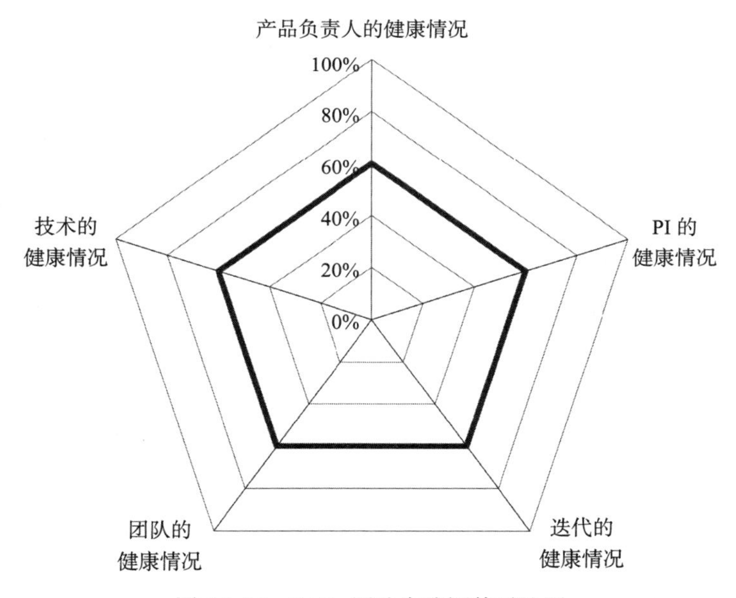

图 6.1-24 SAFe 团队自我评估雷达图

参考资料

[1] Leffingwell, Dean. *Agile Software Requirements: Lean Requirements Practices for Teams, Programs, and the Enterprise*. Addison-Wesley, 2011.

[2] Leffingwell, Dean. *Scaling Software Agility: Best Practices for Large Enterprises*. Addison-Wesley, 2007.

[3] https://www.youtube.com/watch?v=VOjPpeBh40s.

6.2 共享服务

专家是对越来越少的东西知道得越来越多的人。

——*威廉 J. 梅奥*（William J. Mayo）

摘要

共享服务代表了敏捷发布火车（ART）或解决方案火车取得成功所必需的特殊角色、人员和服务，但这些资源对于火车而言不可能是全职的。因为这些资源是专业的——通常是单一来源的，并且通常非常忙碌，所以每一个 ART 和解决方案火车都必须计划在需要共享服务人员时使用这些人员。

详述

集中所有必要的技能和能力来实现价值是 ART 的特点，也可以说是解决方案火车的特点。然而，在许多情况下，把一些特殊的职能用于一列 ART 是不切实际的。可能是某一特定技能的短缺，或是 ART 对这些职能的需求经常波动，使得要求这些职能在火车上全职工作变得不切实际。为了解决这些问题，共享服务通过快速将专业知识集中到需要独特知识和技能的系统或解决方案领域来支持开发。

在某些情况下，必须在敏捷团队之前考虑最这类技能的需求（例如，安全、信息架构），以便它可以直接为用于支持新能力或新特性开发的架构跑道做出贡献。在其他情况下，对这些资源的投入可以稍微滞后于核心开发任务（例如，客户培训、本地化）。在某些情况下，仅仅提供支持和快速反应就足够了。

在以上两种情况下，如果没有及时的支持和同步，项目群将难以实现其目标。虽然共享服务不是专为火车服务的，但它必须与火车同步前行，因为火车也必须依靠它们完成运载货物的任务。

角色描述总结

共享服务的潜在成员通常包括具有以下专业技能类型的人员：

- 敏捷和软件 / 系统工程教练
- 应用程序 / 门户网站管理
- 配置管理
- 数据建模、数据工程和数据库支持
- 桌面 / 台式机支持
- 终端用户培训
- 企业架构
- 信息架构
- 基础设施和工具管理

- 国际化和本地化支持
- IT 服务管理和部署操作
- 安全专家（信息安全部）
- 系统质量保证和探索性测试
- 技术文档工程师

责任

共享服务人员从事下列活动：

- 参与项目群增量（PI）计划会议以及 PI 计划前和计划后会议；
- 在必要时推动需求，增加解决方案意图，并获取属于他们的那部分待办事项列表条目的所有权；
- 与敏捷团队合作以解决 PI 执行期间出现的依赖关系；
- 参与系统演示、解决方案演示，并在适当的时候参加检视和调整（I&A）工作坊，因为许多改进待办事项列表条目可能反映出在专业技能的可用性和依赖性方面的挑战。

有时候，共享服务的成员可能选择作为单一的团队来运作。在这种情况下，他们会以与 ART 相同的节奏迭代，并且像任何其他敏捷团队一样工作。

不断接受专业培训

因为共享的技术资源是高度专业化的（与一般的敏捷团队不同，敏捷团队成员是通用技术的多面手），他们的技能需要持续更新，以满足所在领域不断进步的要求。在 ART 发布期间，共享服务应该与敏捷团队一起接受培训。

定期深入敏捷团队

支持敏捷团队需要持续的或过渡的专业知识。共享服务人员可能在短时间内暂时成为敏捷团队的一部分。在这种情况下，他们可以体验敏捷动态，以及理解开发速度和产品质量。他们作为团队成员的身份虽然是临时的，但也加速了更广泛的由敏捷团队组成的大团队的动态发展，只有共同行动才能实现企业价值。此外，让共享服务人员短时间深入到团队中可以实现知识转移，从而减少了 ART 对专业技能的依赖。

参考资料

[1] Leffingwell, Dean. *Agile Software Requirements: Lean Requirements Practices for Teams, Programs, and the Enterprise*. Addison-Wesley, 2011.

6.3 实践社区

聪明的人会从自己犯的错误中学习，更加聪明的人会从别人犯的错误中学习，最聪明的人会从别人取得的成功中学习。

——约翰 C. 麦克斯韦尔改编的禅宗谚语

摘要

实践社区（CoP）是由对特定技术或业务领域有共同兴趣的人员组成的团体。他们定期合作，以共享信息，提高技能，并积极努力推进该领域的通用知识。

健康的实践社区拥有一种建立在专业的网络、人际关系、共享知识和共同技能基础上的文化。与自愿参与相结合，实践社区为知识工作者提供了在敏捷发布火车（ART）中体验自主性、精通性和超越日常工作的目标的机会（参考资料 [2]）。

实践社区使实践者能够与整个组织的人员交换知识和技能。这种开放的成员资格使得实践社区提供了广泛的专业知识，以帮助解决技术挑战，促进坚持不懈的改进，并为企业的更大目标做出更有意义的贡献。其结果是，组织可以从快速解决问题、提高质量、跨多个领域的合作以及留住顶尖人才这些方面受益。

详述

按照温格（Wenger）的说法（参考资料 [1]），实践社区必须具有三个不同的特点才能被认为是实践社区（如图 6.3-1 所示）：

- **领域**——一个共同感兴趣的领域。
- **实践**——一个共享的知识、经验和技术体系。
- **社区**——自我选择的一组人，他们非常关心这一主题，能够参与定期的互动。

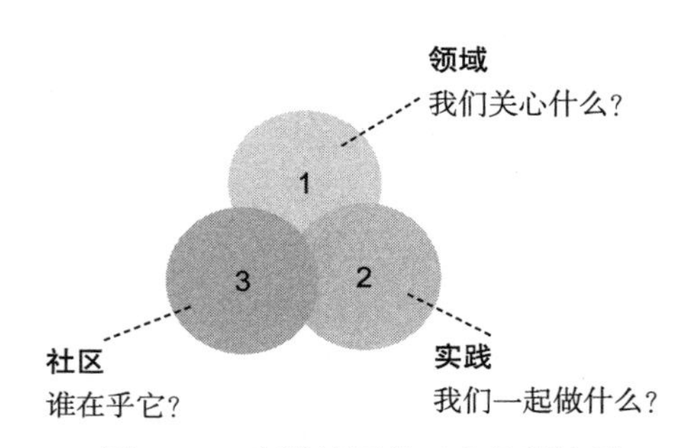

图 6.3-1　实践社区的三个显著特征

精益–敏捷原则和实践促进了跨职能的团队和项目群，从而促进了企业中的价值交付。同样，精益思想强调围绕价值流来组织具有不同技能的人。然而，开发人员需要与其他开发人员交流，测试人员需要与其他测试人员交流，产品负责人需要与来自其他敏捷团队的同行进行交流，等等。这对于利用来自不同人群的多种经验和不同类型的实践知识是至关重要的。这就是为什么实践社区可以推动技能和持续学习能力，促进采用新的方法和技术。

这种以领域为中心的交互通常得到实践社区的支持。实践社区是专门为团队、敏捷发布火车和整个组织之间有效的知识共享和探索而设计的非正式网络。图 6.3-2 提供了基于角色的实践社区的示例，它是最常见的社区类型之一。

例如，来自不同敏捷团队的 Scrum Master 可以组成一个实践社区来交换构建高效敏捷团队的实践和经验。随着实践社区开始获得接受并有更多的人参与，基于主题的社区通常开始出现，如图 6.3-3 所示。

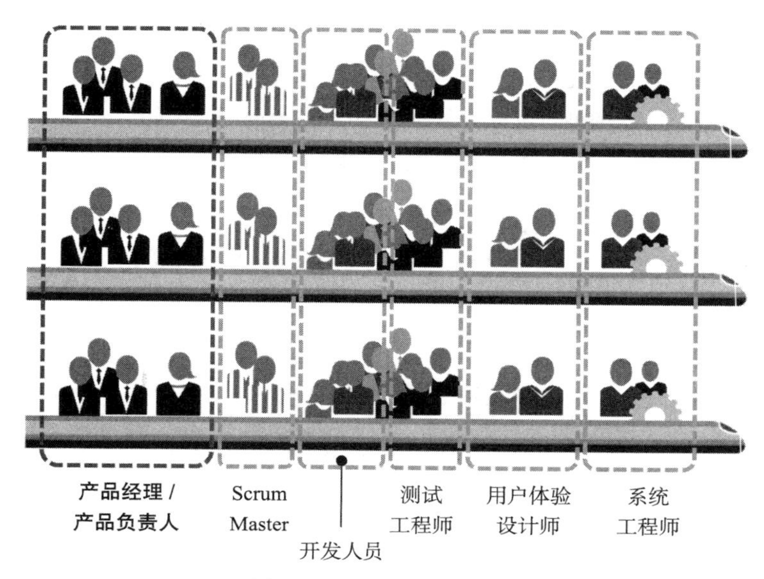

图 6.3-2　基于角色的社区

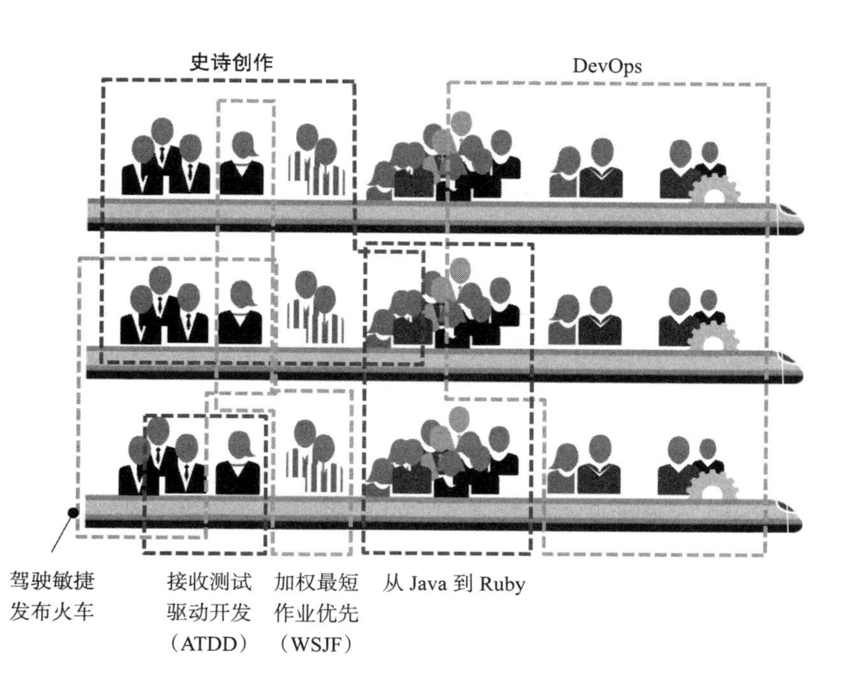

图 6.3-3　基于主题的实践社区

这些实践社区的成员可以更加多样化。例如，一个关于 DevOps 主题的实践社区可以吸引的参与者几乎可以是组织中的任何角色。

自动化测试实践社区可以由对提高这些技能感兴趣的测试工程师和开发人员组成。敏捷架构和设计实践社区可以促进采用诸如浮现式设计、意图系统架构、持续集成和重构之类的实践。它还可以支持构建和维护架构跑道的工作，培养设计思维，以及支持可测试性和部署、应用程序安全等方面的设计。还有可能围绕着敏捷教练、DevOps 和持续交付流水线、合规性、内建质量实践和其他新流程形成其他实践社区。

组织实践社区

实践社区是高度有机的。像大多数生物一样，它们也有一个自然的生命周期，开始于建立一个新社区的想法，结束于社区成员认为该社区已经实现其目标或者不再提供价值的时候。图 6.3-4 显示了实践社区的典型生命周期。

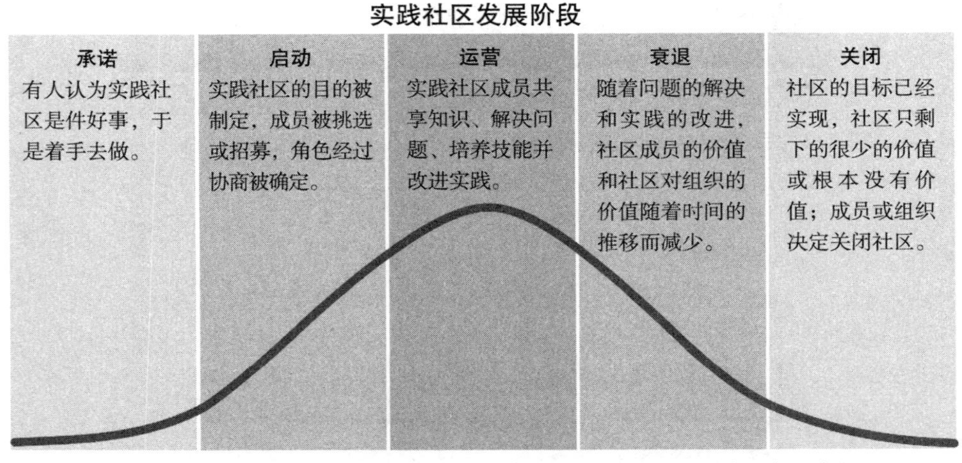

图 6.3-4　实践社区通常遵循五个阶段的生命周期，从构想到结束（参考资料 [3]）

实践社区是由一小群核心的实践者在承诺阶段组建的，他们对某一特定领域有着共同的热情和需要。如图 6.3-5 所示，实践社区成员参与社区的程度表现出多个级别。

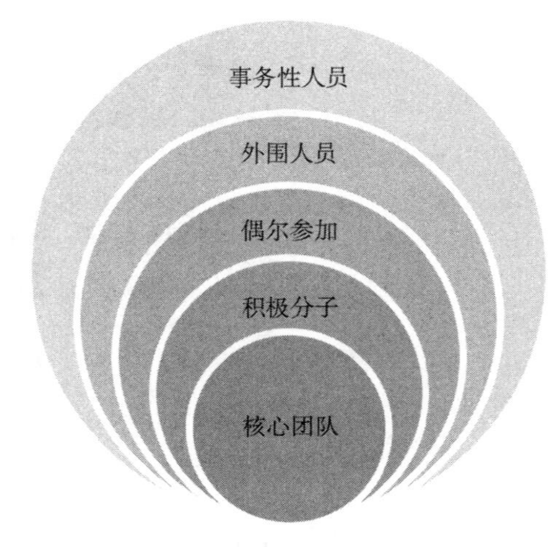

图 6.3-5　实践社区成员表现出多种层次的参与，可以随着需要和兴趣的变化在不同层次上自由移动

下面将介绍每个级别：

- **核心团队**——核心团队构成社区的核心，负责组织、获得组织许可、营销、培育和运营社区。
- **积极分子**——这些成员与核心小组密切合作，帮助确定实践社区的定义和方向。这包括定义社区的共同愿景、目的、角色、互动、营销和沟通策略。
- **偶尔参与**——这些成员会在涉及感兴趣的特定主题时，或者他们对小组有贡献时参加社区活动。他们往往是社区中最大的群体。

- **外围人员**——这些成员感到与社区有联系，但参与有限。他们可能是新来者，也可能是对社区活动兴趣不大的个人。
- **事务性人员**——这些成员与社区的联系最少，可能只连接访问实践社区的资源或向实践社区提供特定服务（例如，网站支持）。

随着时间的推移，人们在不同层级的参与和承诺之间移动是很常见的。实践社区是自组织的，其成员自由决定自己的参与程度，这是这些团体组织的一个方面，不同于其他类型的工作组，如老虎团队、特别工作组和委员会。人们在社区和各层级之间的自然流动是健康的。它允许新知识和新思想以与正式信息共享不同但互补的方式在组织中流动。

运营实践社区

由于实践社区本质上是非正式的和自我管理的，因此社区成员被授权设计互动的类型，并确定最能满足其需求的互动的频率。对于开发人员来说，这可能涉及黑客马拉松、编码道场和技术讨论。其他形式可能包括 Meetup、午餐研讨会（Brown bag）、网络研讨会以及通过社交业务平台进行的独立交流，如 Sack、Confluence 和 Jive。

在实践社区的运营阶段，社区成员通过参与类似于敏捷团队所使用的定期回顾活动来持续发展。核心小组成员通过以下方式关注社区健康维护：

- 保持简单和非正式
- 培养信任
- 确保交流和共享意识的快速流动
- 增加实践社区形成的共享知识体系

最终，个体的实践社区将会完成他们的使命，社区成员应该考虑让实践社区退休，允许社区人员将精力投入到其他社区。一个社区达到这个阶段的信号包括活动参与度的稳步下降、协作站点的活动以及来自社区回顾的输入减少。当一个实践社区退休时，领导人应该使其成为一项积极的活动，庆祝社区的成功，表彰关键贡献者，并鼓励他们继续参与其他实践社区的活动。通过这些庆祝活动，实践社区的经验经常成为公司知识的一部分，一个健康的实践社区退休后产生三到五个新社区的情况并不罕见。

促进实践社区的参与

创新和计划迭代为实践社区提供了很好的机会，可以举办正式或非正式学习会议，以及参与诸如编码道场、教练诊所等其他活动。

精益－敏捷领导者的角色是鼓励和支持人们改进的愿望。正如 SAFe 原则 #8 中所讨论的，这有助于企业整体改善和解锁知识工作者的内在动机。实践社区拥抱精益的 SAFe 之屋中描述的尊重个人、创新、流动和坚持不懈地改进的理念。

通过促进实践社区的形成，精益－敏捷领导者可以通过不断地沟通实践社区的价值、强调成功故事以及认可社区志愿者的努力来表示支持。领导者还可以通过提供会议空间、后勤支持以及为 Meetup 工具和通信基础设施提供资金来支持实践社区。

参考资料

[1] Wenger, Etienne. *Communities of Practice: Learning, Meaning, and Identity*. Cambridge University Press, 1999.

[2] Pink, Daniel H. *Drive: The Surprising Truth About What Motivates Us*. Riverhead Books, 2011.

[3] The Distance Consulting Company. *Community of Practice Start-Up Kit*. 2000.

6.4 里程碑

基于对可工作系统的客观评估设立里程碑。

——SAFe 精益 – 敏捷原则 #5

摘要

里程碑用于跟踪特定目标或事件的进展。它们在产品开发时间轴上标识了特殊进度节点，在度量并监控一个项目群的进展和风险方面的作用是不可估量的。过去，许多进展里程碑都是基于阶段 – 门限的活动，然而在 SAFe 中，迭代和项目群增量的固定节奏能够更好地指示进度里程碑。

在 SAFe 计划中，我们通常需要考虑三种里程碑：

- **PI 里程碑**——PI 里程碑能够客观评估技术或业务假设的进度，它是按照 PI 节奏发生的。
- **固定日期里程碑**——并不是所有事情都是按节奏发生的。软件和系统工程涉及许多依赖于外部事件、第三方交付成果和外部约束的因素。这些通常需要与开发节奏不同的固定日期里程碑。
- **学习里程碑**——这些里程碑有助于确认业务机会和假设。

如果应用得当，每种类型的里程碑都可以将重点放在工作上，帮助提供有效的治理，并支持更好的业务成果。

详述

如今的大型系统开发需要大量的投资，动辄可以达到数百万、上千万甚至上亿美元。客户、开发团队和其他利益相关者共同负有受委托的责任，以确保对新的解决方案的投资会带来必要的经济效益。否则，就没有理由进行该投资了。显然，整个开发过程需要有利益相关者的积极参与，以帮助确保原计划的经济利益得到实现。而不是仅仅依靠一厢情愿的想法，认为一切最终都会好起来。

阶段 – 门限里程碑存在的问题

为了应对这个挑战，以前工业界遵循“阶段 – 门限”（瀑布模型）的开发流程，通过一系列特定的进度里程碑来评估项目的进度并进行控制。这些里程碑也不是随意设置的，它们通常以文档的形式被确立，遵循明显的逻辑，并且按照一系列顺序的步骤进行。这些步骤包括：探索发现、需求分析、设计、实现、测试和交付。

但是，正如 Oosterwal 在《The Lean Machine》一书（参考资料 [1]）中提到的，这种里程碑方式其实是无效的。问题的原因在于人们没有意识到，阶段 – 门限可以呈现真实的项目进度并会因此减轻风险这个基本假设有一些致命的错误，例如：

- 使用文档作为解决方案进度的代理。这些文档不仅造成了一种假象，让人感觉解决方案的进度是安全的，它们还驱动了各种测量和度量，比如工作分解结构、挣值度量等。这些内容实际上都会妨碍价值的流动和真正价值的交付。
- 在独立的职能筒仓内集中处理需求和设计决策，而在后期的解决方案开发中却不再考虑需求和设计
- 强制推行过早的设计决策，以及“误以为真的可行性”(参考资料 [1])。
- 假设在“不确定性圆锥图”的早期存在一个“点”可作为解决方案，并且它可以在第一次就正确构建。

这些例子突出了阶段 – 门限里程碑的缺陷，这些缺陷通常不会降低风险。相反，它鼓励在开发过程中过早地选择一个“点”作为解决方案，从而导致发现问题的时间过晚（如图 6.4-1 所示）。

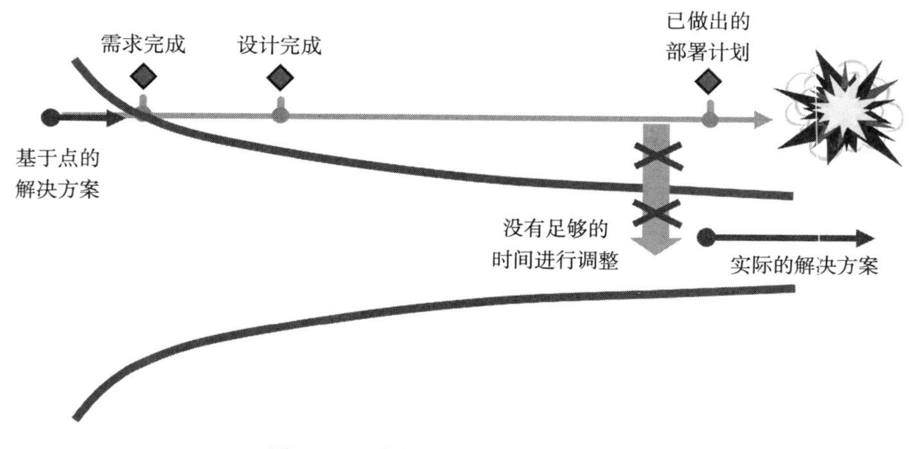

图 6.4-1 阶段 – 门限里程碑的问题

很明显，正如本章的其余部分所描述的那样，在这种背景下需要用不同的方法来处理里程碑。

PI 里程碑：可工作系统的客观证据

SAFe 提供了一系列方法来解决传统里程碑相关的问题。特别是将原则 #4 与基于集合的设计（SBD）一起使用时，效果尤其显著。

通过这种方法，系统以增量的形式构建。每一个增量都是一次集成和知识点，可以演示当前进程内解决方案的可行性。更进一步说，这是根据 PI 的节奏来执行的。它提供了所需的纪律，来确保定期的可用性和可评估性，以及预先确定的时间边界，这些时间边界可以用来消除那些不太理想的选项。每个 PI 都创建了一个对于进度的客观度量，如图 6.4-2 所示。

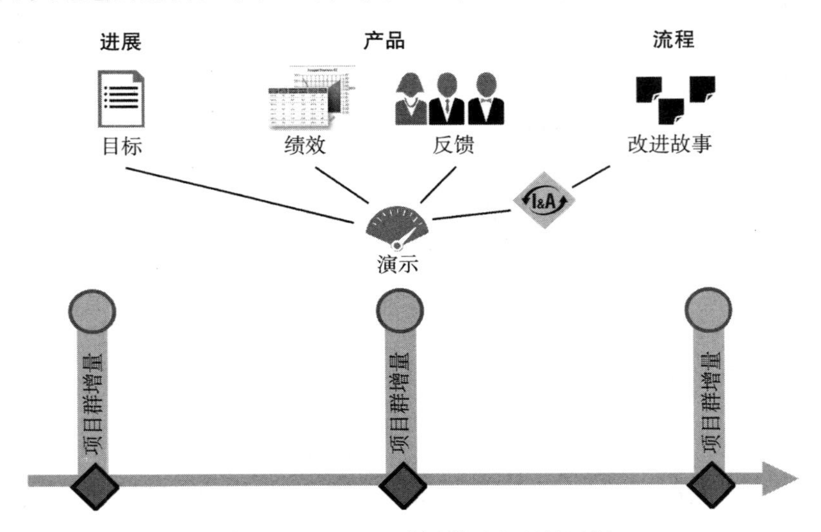

图 6.4-2　PI 里程碑提供了客观的证据

解决方案 / 系统集成和验证发生在项目群层和大型解决方案层。对于这两个层面来说，这些都是真实有效的。当然，在这些关键集成点上实际度量哪些内容取决于正在构建的系统的性质和类型。然而，在整个开发过程中，利益相关者可以频繁地对系统进行度量、评价和评估。最重要的是，只要还有时间，就可以做出改变，如图 6.4-3 所示。

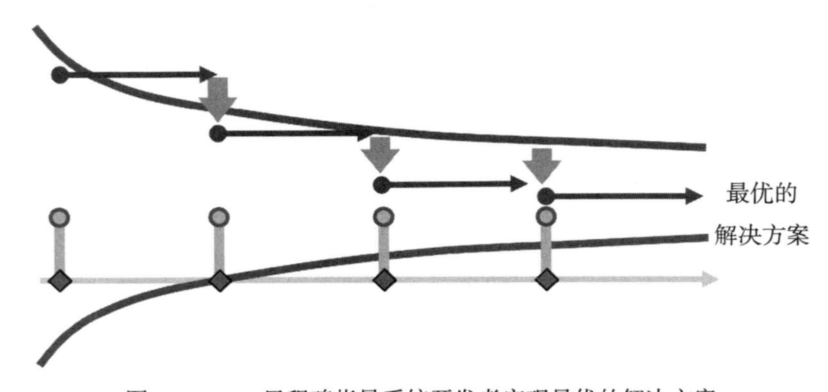

图 6.4-3　PI 里程碑指导系统开发者实现最优的解决方案

这提供了财务、技术以及适用性的治理方法，从而确保持续的投资可以带来与之相匹配的回报。

在 SAFe 中，PI 里程碑是最关键的学习里程碑，它控制着解决方案开发——它们是如此关键，以至于被简单地假定为可信和客观的里程碑。换句话说，每一个 PI 都是一种学习里程碑。不过，同样还有其他的里程碑，下文将进行介绍。

其他学习里程碑

除了 PI 里程碑之外，其他学习里程碑可以用来支持构建一个解决方案中所包含的核心目标，从而满足客户的需求并产生业务价值。非常重要的一点是，新的解决方案或重大举措背后的价值主张应被视为一种假设，需要根据实际的市场情况进行概念化和验证。将假设转换为业务需求是一门关于精益–敏捷产品管理的科学和艺术，这其中包含了大量中间的组织内学习，而学习里程碑可以起到很大的帮助。例如：

- 新产品能力是否已经有了一个准备付费购买它的市场？
- 它们是否解决了目标用户的问题？
- 是否有必要的非财务的度量来展示真实的进度？（参考资料 [2]）
- 组织可以期望多少收入？
- 是否有一个可行的商业模型来支持新产品或者新能力？

上述这些问题以及许多其他的业务关注点，构成了所有重大举措的基本假设。学习里程碑提供了必需的方法，使人们理解解决方案的可行性，并构建正确的能力集合。通过焦点小组测试新能力的概念，构建并发布一个最小可行产品（MVP），确认最小市场化特性（MMF）的精益 UX 设想，这些都是学习里程碑的实例。这些里程碑并不一定出现在 PI 边界上。而且它们可能需要付出大量的工作来实现，这些工作不仅来自产品开发部门，还来自企业的其他业务部门，如销售、市场、运营和财务。

每个学习里程碑都假设有某种程度的不确定性，需要将其转化为知识，并最终转化为组织的业务收益。这需要基于集合的设计思维。在必要的时候，需要有能力转向一个不同构思的方案。

由于任何学习里程碑的输出都会影响我们对意图的理解，因此里程碑是渐进计划的，如图 6.4-4 所示。包括解决方案愿景、解决方案意图和经济框架在内的其他因素，也会随着学习而不断演进。

但是，即使新的产品能力准确命中了市场需求并开始产生商业效益，学习也不会停止。系统的每一个新能力和每一个重要的非功能性方面，都需要用事实来取代对预期价值的假设。在精益企业环境中，学习是产品开发中一个不可或缺的部分，即使是对于成熟的产品也是如此。有意义的学习里程碑可以对产品开发产生极大的帮助。

固定期限里程碑

每个精益–敏捷企业都希望可以在最少的约束下运作。在某种程度上，这是追求敏捷的驱动力。然而，在现实世界里，人们的关注点是不同的。固定期限里程碑在传统开发模式和精益－敏捷开发中都是普遍存在的。例如，固定的时间期限可能源于：

- 诸如贸易展会、客户演示、用户大会、事先计划的产品发布会等活动。
- 由其他内部或外部业务关注点控制的发布日期。
- 受合同约束的价值交付日期、中间里程碑、付款、展示等。
- 计划好的大规模集成问题，包括硬件、软件、供应商集成，以及其他任务，固定期限起到了适当的推动力作用，可以将相关资产集成在一起并验证它们之间的互用性。

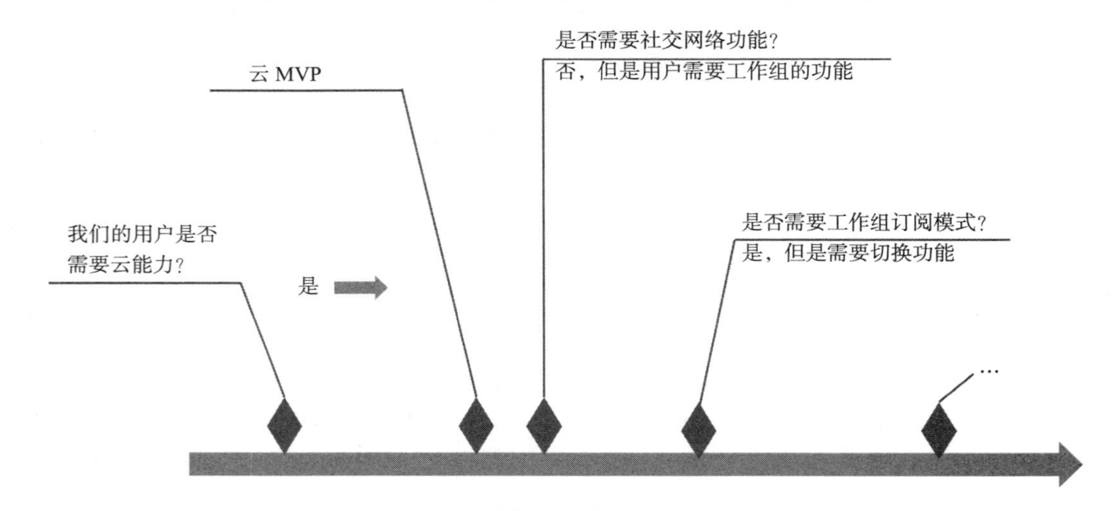

图 6.4-4　学习里程碑帮助评估相对于最终目标的进度

当然还可以举出更多的例子。在精益术语里，固定期限具有非线性的延迟成本。也就是说，随着日期的临近，所需的系统特性变得具有更高的优先级。这是因为如果没有达到该里程碑的要求，就会带来负面的经济后果。这通过加权最短作业优先（WSJF）的方法，直接纳入了项目群和解决方案待办事项列表的优先级排序中。随着固定日期的临近，“时间紧迫性”参数变得更高，从而增加了依赖于该日期的元素的 WSJF 优先级。在任何情况下，任何固定日期的里程碑都应该反映在相关的项目群计划或价值流路线图上，以便所有利益相关者能够相应地做出计划调整并采取行动。

其他里程碑

除了前面讨论的里程碑之外，为了保证产品开发经济收益良好，还必须经常解决其他问题，例如填报专利、认证系统、对某些政策性的需求进行审计等。在许多情况下，这些里程碑会影响工作的内容和优先级，甚至可能会改变开发流程本身。例如，执行解决方案认证的需要可能增加将新版本加入到生产环境中的交易成本，并可能促使团队在发布之前寻找获取反馈的替代方法。需要强调的是，任何这样的里程碑都应该出现在相关的路线图中。

里程碑的计划和执行

对于需要什么类型的里程碑来支撑价值创造的理解，可能有不同的来源。它可以从企业层面传递到项目组合，或者在项目组合或解决方案 / 项目集看板系统的分析状态中识别，甚至在价值流和敏捷发布火车的计划和线路图制定阶段中被指定。最后，团队将不得不在 PI 计划会议中创建一个特定的行动计划，构建特定的故事来满足该里程碑的要求，在路线图和 PI 目标中反映出这个里程碑，理解并解决与其他团队和火车之间的依赖关系，并与项目群的利益相关者对于范围和时间权衡进行协商。由此，里程碑的执行是增量式的。每一个 PI 都会演示进度。

度量成功

考量里程碑的执行需要一些标准，来表明什么代表“成功”。因此，我们把特定的度量方法和标准与里程碑结合在一起是很有价值的。例如，“获得 25% 的市场份额”的里程碑可能需要了解收益或者使用率的指标。又如，一个学习里程碑被描述成“一个搜索引擎能够可靠地在 Web 页面中识别人名”，可以通过在网页数据的“黄金收集”中有限的误检率来证实。任何情况下，考虑周全的度量方法都会使里程碑更有意义。

参考资料

[1] Oosterwal, Dantar P. *The Lean Machine: How Harley-Davidson Drove Top-Line Growth and Profitability with Revolutionary Lean Product Development*. Amacom, 2010.

[2] Ries, Eric. *The Lean Startup: How Today's Entrepreneurs Use Continuous Innovation to Create Radically Successful Businesses*. Crown Business, 2011.

6.5 路线图

预测是件很困难的事，尤其是在预测未来的时候。

——尼尔斯·玻尔（Niels Bohr）

摘要

路线图是事件和里程碑的时间表，用于在时间抽上传达计划的解决方案和可交付成果。它包括对已计划的和即将到来的项目群增量（PI）的承诺，并提供对未来几个 PI 预测的可交付成果的可见性。

当然，预测未来是一件很危险的事，精益 – 敏捷企业必须对不断变化的现实、学习和业务条件做出响应。然而，现实世界有时也需要一些确定性。因此，企业可能需要进行更长期的预测。有些举措需要花费数年的时间进行开发，并且必须对客户、供应商和合作伙伴做出一定程度的承诺。此外，基于对新工作范围的估算、敏捷发布火车（ART）和解决方案火车的速度以及当前对项目群执行的预测，SAFe 为长期的预测提供了一些指导方法。（请参阅 6.1 节中对项目群可预测性度量的讨论。）

我们需要谨慎对待长期预测和短期预测的平衡问题。如果预测的周期过短，企业可能无法保持协调一致，并缺乏对未来所要开发的新特性和能力的了解。如果预测的周期过长，企业的发展将会基于对不确定的未来所做的假设和承诺。

详述

“响应变化高于遵循计划”是《敏捷宣言》的四个价值观之一（参考资料 [1]）。为了实现这个价值观，有计划显然是相当重要的——否则一旦事情发生变化，待办事项列表也会像“狗尾巴”一样随着变化不断摇动，而这些变化本应是可以预测的。反过来，这会导致混乱、过量的重复工作和过量的在制品（WIP），影响所有人的工作积极性。计划活动有助于消除不必要的颠簸，因此计划是必不可少的。

路线图提供了一个计划，帮助团队在更广泛的上下文中理解他们当前的承诺和意图计划。按照计划执行相应的任务，给团队中的每个人提供了满足感并提高了士气，而且提供了应对无法预料的变化所必需的额外的智力和体力。

SAFe 的路线图由一系列经过计划的项目群增量组成，其中列出了各种里程碑，如图 6.5-1 所示。路线图中的每一个元素都是一个里程碑——要么是由团队定义的学习里程碑，要么是被外部事件驱动的固定日期里程碑。

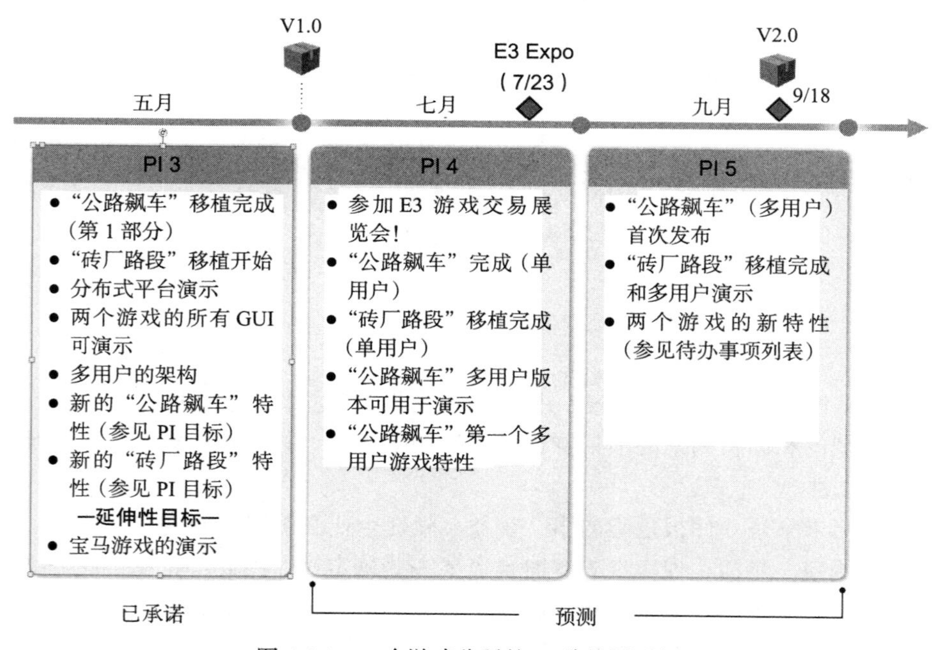

图 6.5-1 一个游戏公司的 PI 路线图示例

构建 PI 的路线图

图 6.5-1 显示了一个涵盖三个 PI 或跨度大约 30 周的路线图。在许多企业中，这是一个最佳的时间长度，既拥有开展业务所需的足够细节，也提供了一个较短的时间周期用于保证相应的灵活性，以应对不断变化的业务优先级，从而确保兑现长期承诺。以上路线图中，包含了一个“承诺的 PI”和两个“预测的 PI”，下文将进行详述。值得注意的是，预测并不代表着承诺。

承诺的 PI

在 PI 计划会议中，团队会承诺在下一个 PI 中要实现的 PI 目标，这样当前的 PI 计划就是一个高可信度的计划；企业应该具备足够的信心来计划即将到来的新功能的影响。那些对 SAFe 来说是全新的敏捷发布火车，企业对其 PI 计划缺乏足够的自信，针对这种情况，系统演示、检视和调整工作坊将有助于增强企业的信心。无论如何，在下一个 PI 中按照预期交付成果是 ART 所应具备的一项重要能力。

对 PI 进行预测

对接下来的两个 PI 进行预测是一件十分有趣的工作。通常，ART 和解决方案火车每次只能计划一个 PI。对于大多数人来说，由于业务和技术上下文变化很快，因此计划过早地锁定细节是不明智的（也许某些架构跑道除外）。

然而，项目群待办事项列表和解决方案待办事项列表包含了通过看板系统工作的特性和能力（它们是未来的里程碑）。这些能力和特性的合理性经过了分析，有了接收标准和利益假设，并且对其规模按照故事点进行了初始的估算。当敏捷发布火车具备了一些相关信息（ART 速度、PI 的可预测度量指标、相对优先级、用于进行维护的工作量以及其他的常规业务活动的历史数据），就可以较为容易地把未来的特性放置在路线图中。因此，大部分火车的路线图都会包括未来的 3 个 PI 周期，而且这 3 个 PI 具有合理的可信度。

长期的预测

之前的讨论强调了企业如何对投资组合中的所有 ART 制定合理的近期计划。然而，对于很多企业来说，尤其那些需要构建大型、复杂系统的企业，包括供应商、较长的硬件前置时间、主要子系统、关键交付日期、外部客户承诺等，这时仅仅考虑 3 个 PI 的路线图就显得不够充分。简而言之，建造一颗卫星、一台智能联合收割机或者一辆新型汽车所花费的时间要比 PI 路线图所涵盖的时间跨度长很多，企业必须为更长远的未来制定切实的规划。

此外，即便没有外部事件推动长期预测的开展，企业也同样需要制定未来的投资计划。企业需要了解潜在的资源和开发瓶颈，以便支持长期业务需求，以及对特定价值流进行投资的增减。

因此结论很明显：即使未来的工作还处于未经筹划的状态，也非常有必要超越 PI 计划的范畴进行长远预测。

对长期举措进行估算

幸运的是，敏捷工作方法为我们提供了一种预测长期工作的方法。当然，为了预测工作，需要进行估算。敏捷团队可以使用基于标准化的故事点估算方法，并在史诗级别上进行更大的估算。

当处于投资组合看板的“分析”状态时，史诗被分解为潜在特性。通常，产品管理者和系统架构师 / 工程师会根据历史记录和相对规模来估算特性。个别敏捷团队根据需要参与此估算。

图 6.5-2 描绘了史诗是如何被分解成特性的，之后用故事点对特性的规模进行估算。特性的估算结果被汇总到史诗的故事点估算中，并成为精益业务案例的一部分。

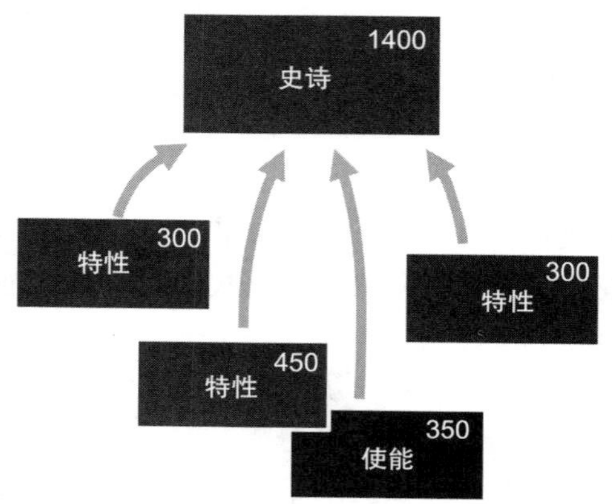

1. 当处于投资组合看板的“分析”状态时，史诗被拆分成潜在的特性
2. 潜在的特性用故事点进行估算
   - 通常，由产品管理者和系统架构师基于历史数据和相对规模进行估算
   - 个别团队根据需要参与估算
3. 特性的估算结果被汇总到史诗的故事点估算中，并成为轻量级业务案例的一部分

图 6.5-2 通过特性的估算，汇总成史诗的估算故事点数

有了规模的故事点估算结果，有了对 ART 速度的了解，再加上对可以提供给新举措的容量分配有了一定的认识，业务部门就可以进行假设分析，如图 6.5-3 所示。

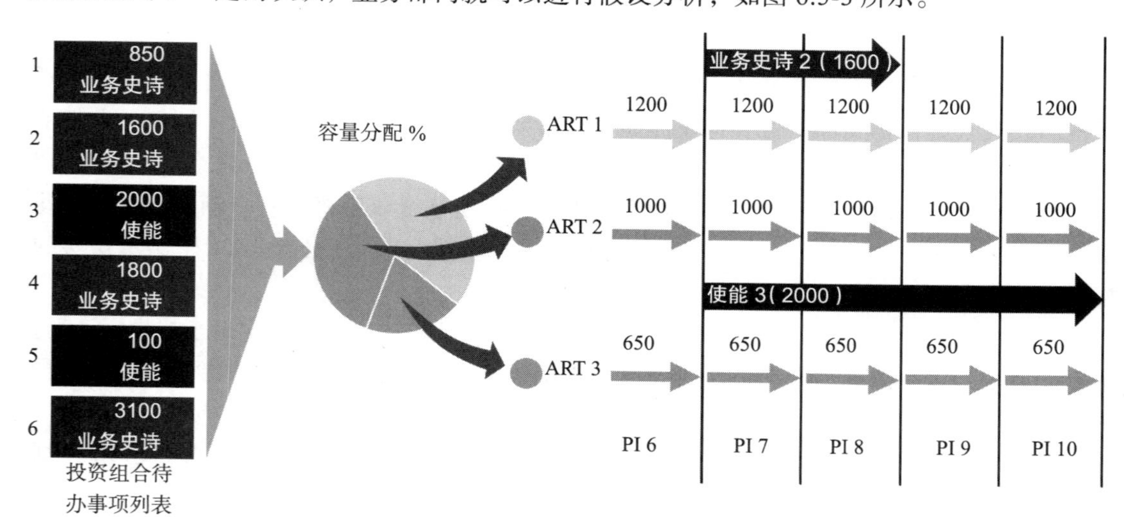

图 6.5-3 史诗估算、容量分配、ART 速度可以被用于长期预测

通过这种预测方式，企业就可以按照需要创建路线图，该路线图可以一直延伸到未来。然而，每一个企业都必须小心谨慎地对待这样的预测。尽管许多人把长期的可预测性作为目标，但是精益－敏捷的领导知道，每一个长期承诺都会降低企业的敏捷性。

即使有些时候事先可以清晰地识别出需求，但是依然会存在一些因素造成对实际情况的低估，这些因素包括：创新的不可预测性和可变性，仅估算已知活动的倾向，预测未来容量的难度，不可预见的事件，以及其他的相关因素。这种情况造成的影响是，尽管固定的长期计划和承诺可能感觉良好，甚至在某些情况下可能是必需的，但是它们一定会限制企业的创新能力，潜在地影响企业的经济效益和交付成果。鱼与熊掌不可兼得。

最终，精益－敏捷企业会努力做到适度的可视化、对齐和承诺，同时实现适当的灵活性。企业通过主动地将长期承诺转化为对未来的预测，并根据需要在每个 PI 的边界持续地重新评估优先级和业务价值，将可以获得长期计划性和短期灵活性的恰当平衡。

避免将路线图变成队列

精益－敏捷领导者必须理解在 SAFe 原则 #6 中讨论的排队理论，并意识到长队列对交付时间的影响。简而言之，承诺的队列越长，等待任何新举措发布的时间就越长。

例如，在图 6.5-1 中，路线图上的第二个 PI 并没有满负荷。统计结果显示，一个新的、未计划的特性的等待时间需要 10 ～ 20 周，这是无法在当前 PI 中实现的，但是可以包含在下一个 PI 中。

如图 6.5-4 所示，这个路线图讲述了另一个不同的故事。例如，如果此路线图上的所有项目都已得到了承诺，且团队的工作量接近满负荷，那么新能力的等待时间将超过 50 周（假定一个 PI 为期 10 周）！企业虽然认为这是敏捷，但如果其领导者不能真正地理解排队理论的利特尔法则，那么它就真的陷入了传统的思维模式。

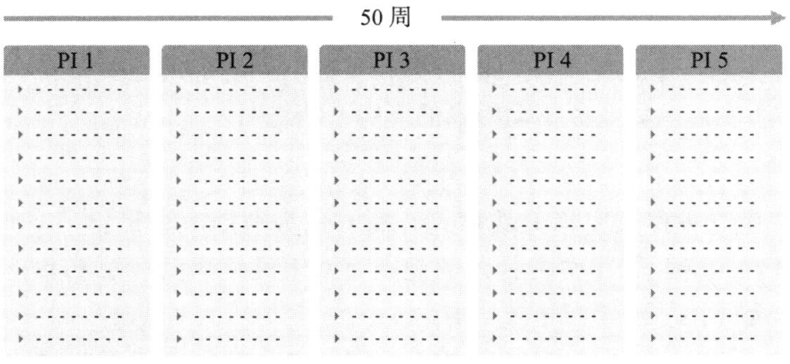

50周

PI 1	PI 2	PI 3	PI 4	PI 5

图 6.5-4 一个被交付承诺填满的路线图变成了队列

参考资料

[1] The Agile Manifesto. http://agilemanifesto.org.

6.6 愿景

参与工作的成员都渴望了解自己所从事工作的背景，渴望知道自己所做的工作对达成整体目标的贡献。

——丹尼尔·平克（Daniel Pink）

摘要

愿景是对正在开发的解决方案的未来状态的描述。它反映了客户和利益相关者的需求，以及为满足这些需求而提出的特性和能力。

愿景既充满抱负又可以实现，为正在开发的解决方案提供了更广泛的上下文——概览和目的。它描述了市场、客户细分和用户需求。它为新特性、非功能性需求（NFR）和其他工作设置边界和上下文。

愿景适用于 SAFe 的任何层级，这就解释了为什么它位于“跨层级面板”上。虽然它的重点通常放在解决方案上，但投资组合的愿景也是明显相关的，它反映了价值流将如何合作以实现企业目标。敏捷发布火车（ART）和敏捷团队也可能有自己的愿景来交流他们在开发解决方案中的角色。

详述

很少有人质疑精益 – 敏捷专注于短期交付成果和快速价值交付所带来的好处，这有利于将决策推迟到最后责任时刻，并限制在制品（WIP）。这种方法还避免了大量前期设计（BDUF）、面向未来的架构和过于详细的计划。没有比致力于行动更好地做法了：“让我们先构建，然后我们将了解更多信息”。

然而，在大型解决方案的上下文中，每个参与者都要做出许多决策。因此，不断地开发、维护和沟通愿景对于建立对项目群目标和目的的共同理解至关重要，特别是当这些想法受不断变化的市场需求和业务驱动因素的影响而演进时。

投资组合愿景

项目组合愿景以一种既实际又鼓舞人心的方式为短期决策设定了一个长期的上下文：“这是一件值得做的事情。”了解更长远的观点有助于敏捷团队在短期和长期的功能开发方面做出更明智的选择。

精益 – 敏捷的领导者对设定公司的战略方向，并为实施该战略的团队建立使命负有最大责任。《瞬变》一书的作者称这个长远目标为“目的地明信片”（如图 6.6-1 所示）（参考资料 [1]）。

投资组合愿景具有以下特征：

- **志向远大，但现实可行**——它必须是引人注目的且有点未来主义，但也应该是立足现实的，并且在合理的时间盒内是可以达成的。

- **在旅途中充分激励他人不断前进**——愿景必须与战略主题相吻合，并且与团队自身的目标相辅相成。

长期愿景：
- 我们未来的解决方案如何解决更大的客户问题？
- 它将如何 使我们具有独特性？
- 未来我们的解决方案将会在什么环境里动作？
- 我们当前的业务上下文是什么，以及我们必须如何发展才能满足未来预期的状态？

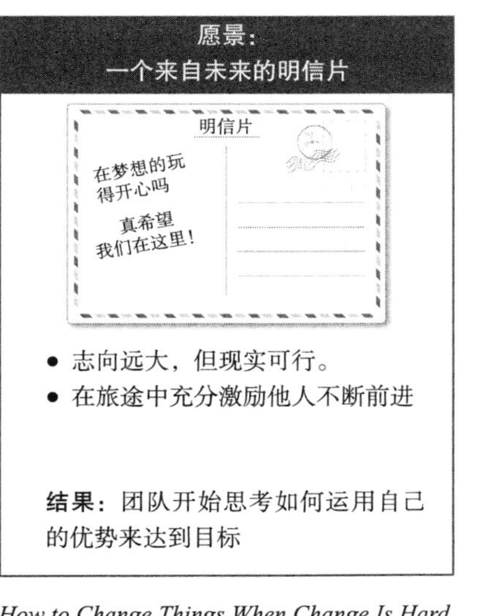

愿景：
一个来自未来的明信片
明信片
在梦想的玩得开心吗
真希望我们在这里！
• 志向远大，但现实可行。
• 在旅途中充分激励他人不断前进
结果：团队开始思考如何运用自己的优势来达到目标

Switch: How to Change Things When Change Is Hard,
Heath and Heath, Broadway Books , 2010

图 6.6-1　投资组合愿景是企业级的“来自未来的明信片”

业务负责人（或 C 级主管）通常在项目群增量（PI）计划活动中展示这个长期愿景和业务上下文。这些领导者能够激励并协调团队，增加他们的参与度，并培养他们的创造力，以达到最佳结果。

解决方案愿景

产品和解决方案管理者有责任将投资组合愿景转换为解决方案愿景，说明所选解决方案背后的原因和方向。为了完成转化工作，需要提出和回答以下具体问题：

- 这一新的解决方案将会做哪些事情？
- 它将解决哪些问题？
- 它将提供哪些新特性和收益？
- 它将为谁提供这些服务？
- 它将满足哪些非功能性需求？

解决方案愿景的输入

产品和解决方案管理者直接与业务负责人和其他利益相关者合作，以综合所有输入，并将它们整合到一个整体并且有凝聚力的愿景中，如图 6.6-2 所示。这些输入包括以下资源：

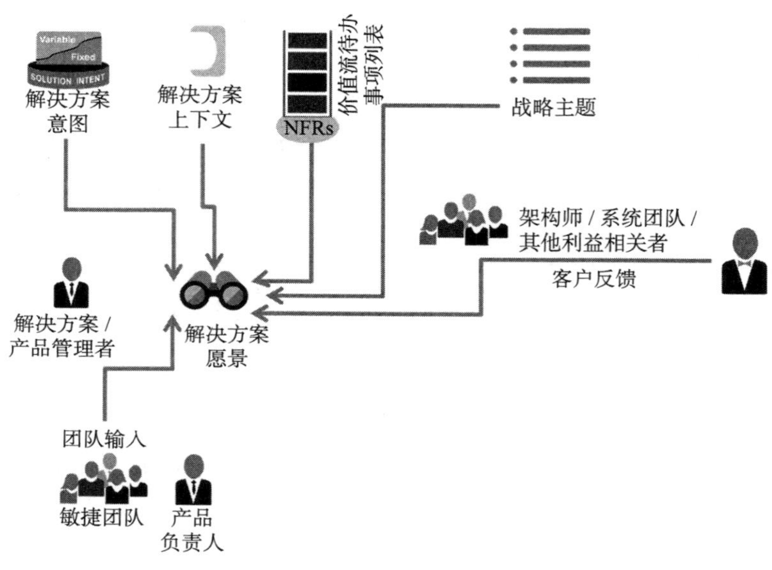

图 6.6-2　解决方案愿景的输入来源

- **客户**——终端用户和客户提供快速的反馈，并对他们需要什么有深入的了解。
- **战略主题**——战略主题提供方向，并充当决策过滤器。
- **解决方案上下文**——解决方案上下文描述了相关解决方案如何与客户场景进行交互。
- **解决方案待办事项列表**——解决方案待办事项列表为愿景提供方向和指导。
- **解决方案意图**——解决方案意图包含相关愿景，并且是新元素的终点站。
- **架构师 / 工程师**——系统和解决方案架构师 / 工程师支持架构跑道的持续演进，而架构跑道又支持当前和近期的特性。
- **敏捷团队**——该领域最重要的专家通常是敏捷团队本身。
- **产品负责人**——产品负责人不断沟通，并将新出现的需求和机会整合回项目群愿景中。

从解决方案意图中撷取愿景

SAFe 实践提倡有节奏的、面对面的 PI 计划，因此愿景文档（各种形式的文档参见参考资料 [2]、[3]、[4]）是通过滚动式的愿景简报来增强的，有时也会被替换。这些简报会定期向团队介绍短期和长期的远景。在 PI 计划会议过程中，大型解决方案层的利益相关者（如解决方案管理者）描述了当前的总体解决方案愿景；与此同时，产品管理者将会向团队提供相应的 ART 场景描述及愿景说明。

随着对当前和特定系统行为的细化，与愿景相关的各种要素将从解决方案意图中被撷取。

项目群愿景

在使用完整 SAFe 或大型解决方案 SAFe 时，每个 ART 都可能有自己的愿景来详细描述它所要交付的指定能力和子系统的发展方向。但这些 ART 层面的愿景应该与其所支持的解决方案愿景高度吻合。

路线图视角

有方向感是计划和参与的关键。当然，除非团队对如何达成愿景制定出切实可行的计划，否则团队成员不可能真正了解他们必须做什么。这一目标是由路线图实现的。图 6.6-3 提供了一个实例。

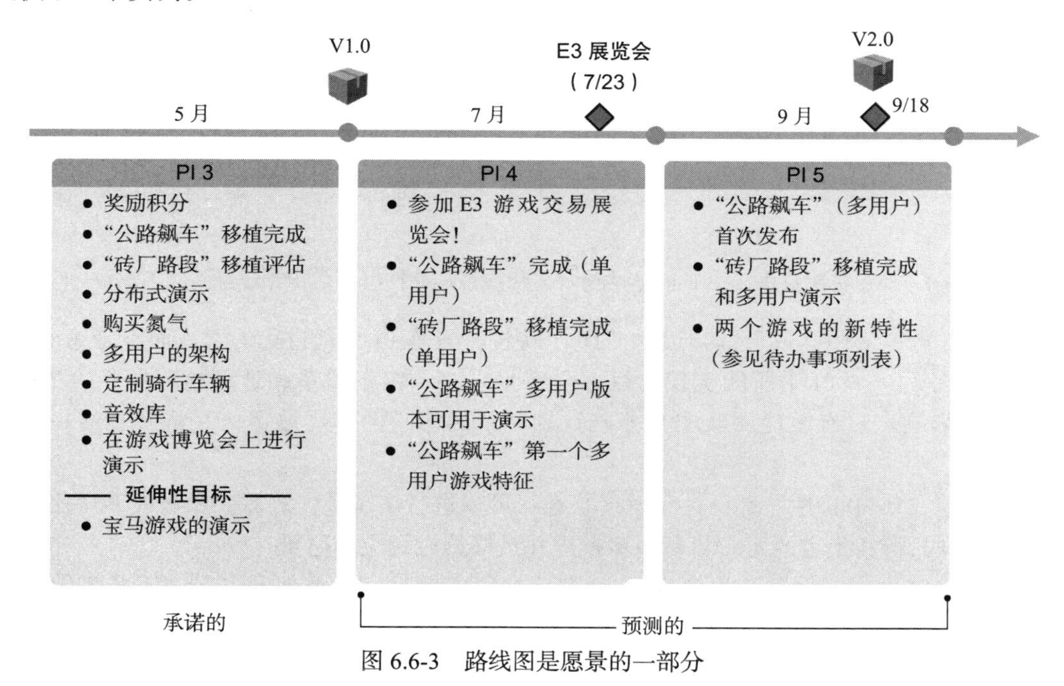

图 6.6-3　路线图是愿景的一部分

PI 计划愿景：优先级最高的 10 个特性

制定路线图非常有助于愿景的达成，但对于具体的行动与执行，团队必须明确要立即采取的步骤。产品管理者和解决方案管理者有责任对下一步的实施工作提供指导。在 SAFe 应用场景中，这些指导转化为一系列循序渐进的步骤，一次一个 PI，一次一个特性，如图 6.6-4 所示。

为了实现这一点，产品管理者使用加权最短作业优先（WSJF）模型不断地更新特性的优先级。然后在 PI 计划会议中，向团队展示优先级最高的前 10 个特性。团队不会对新的列表感到惊讶，因为他们已经看到了愿景会随着时间的推移而发展，这些新特性正朝着愿景实现的方向发展。此外，项目群看板被用来探索特性的范围、它们的效益假设和它们的接收标准；因此，当特性到达此边界时，表明其已被良好定义，且处于评审完成的状态。此时解决方案架构师 / 工程师已经完成了对相关特性定义的评审，且各种使能都已被有效执行。

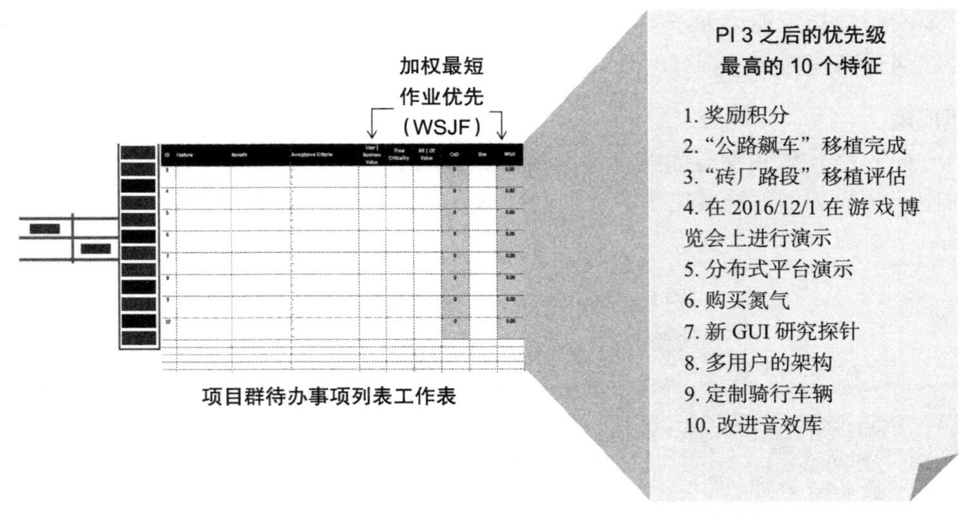

图 6.6-4 通过每次只执行一个 PI 达成愿景（只考虑下一个 PI 中的优先级最高的 10 个特性）

但是，所有的团队成员都知道这“10 个特性”只是 PI 计划过程的输入而不是输出，并且认识到在下一个 PI 中所能实现的目标受容量限制、依赖关系和计划过程中产生的知识等因素的影响。只有敏捷团队本身才能计划和承诺相应的行动方案，并将其总结在 PI 目标里。

但是这“10 个特性”都已处于就绪状态，可以进行实现了。然后，通过在 PI 中逐个交付特性，项目群将沿着既定的目标稳步推进并最终达成相应的愿景。

同样，解决方案管理者也会在 PI 计划前会议中展示一个类似的“优先级最高的 10 个能力列表”，以便对齐解决方案火车中的所有 ART。

参考资料

[1] Heath, Chip, and Dan Heath. *Switch: How to Change Things When Change Is Hard*. Broadway Books, 2010.

[2] Leffingwell, Dean. *Agile Software Requirements: Lean Requirements Practices for Teams, Programs, and the Enterprise*. Addison-Wesley, 2011.

[3] Leffingwell, Dean. *Scaling Software Agility: Best Practices for Large Enterprises*. Addison-Wesley, 2007.

[4] Leffingwell, Dean, and Don Widrig. *Managing Software Requirements*. Addison-Wesley, 2001.

6.7 系统团队

整体大于它的各部分之和。

——亚里士多德（Aristotle）

摘要

系统团队是一个专门的敏捷团队，协助构建和使用敏捷开发环境，包括持续集成、测试自动化和持续部署。系统团队支持集成来各自敏捷团队的资产，在必要时执行端到端的解决方案测试，并协助部署和发布。

在 SAFe 中，敏捷团队不是孤立的单元。相反，他们是敏捷发布火车（ART）的一部分，共同负责交付更大的系统和解决方案价值。在向敏捷转型期间，通常需要额外的基础设施工作来更频繁地集成解决方案资产。为了实现这一点，通常会组建一个或多个专门的系统团队。他们帮助构建环境并帮助进行系统和解决方案集成。他们还会随着解决方案的不断演进，对其进行演示。

一旦基础设施成熟，系统团队有时会被排除在 ART 之外，而开发团队承担维护和使用这些基础设施的责任。在较大的解决方案中，专业知识更有可能保留在一个或多个系统团队中，在这些团队中，人员、技能和技术资产的组合可以提供最佳的经济价值。

详述

系统团队协助构建和使用敏捷开发环境基础设施（包括持续集成），以及集成各敏捷团队的资产和执行端到端的解决方案测试。系统团队的成员通常在每次迭代结束时参与系统演示，在每个项目群增量（PI）结束时参与解决方案演示，或在必要时更频繁地参与相关活动。演示还会对不断演进的端到端解决方案的适用性和完整性进行快速反馈，以此来支持团队和其他利益相关者。系统团队还可以协助发布和协调解决方案火车。

然而，系统团队和敏捷团队共同承担这些工作。否则，系统团队将变成瓶颈，而敏捷团队将不能完全胜任价值交付，或对真正的价值交付负责。

解决方案火车中的系统团队

对于需要解决方案火车的大型的、多 ART 的价值流而言，系统团队尤其有用。根据价值流的范围和复杂性，系统团队的结构有三种主要模式：

- 每个 ART 有一个系统团队，它协调解决方案的集成和确认而不需要额外的帮助。
- 只有解决方案火车有一个系统团队，它可以为解决方案的 ART 履行系统团队的职责。
- ART 和解决方案火车都有各自的系统团队。

决定使用哪种模式取决于价值流的特定上下文。考虑的因素包括价值流中的 ART 结构（围绕特性或组件构建）、解决方案架构、跨 ART 的分支和集成策略、系统可测试性和开发基础设施。

责任

接下来将描述系统团队的主要职责。

构建开发基础设施

良好的基础设施支持 ART 的高速运行，因此系统团队可以执行以下操作：

- 创建和维护基础设施，包括持续集成、自动化构建和自动化构建验证测试
- 为解决方案演示、开发、质量保证、用户接收测试和预生产创建平台和环境
- 为自动化部署创建产品、工具和脚本
- 促进与第三方在技术方面的合作，例如数据或服务提供商和托管设施

系统集成

复杂的解决方案还要求系统团队执行以下操作：

- 参与大型解决方案层的 PI 计划会议和 PI 计划前后会议，以及待办事项列表梳理以定义集成和测试待办事项列表条目
- 决定适当的分支模型，并帮助维持相关决策和规则
- 运行解决方案层的集成脚本，或者在无法自动化、尚未应用自动化时进行手工集成
- 协助组件团队定义组件间的接口
- 参加其他团队的站立会议来支持日常活动

端到端和解决方案性能测试

系统团队还可以执行一些自动化测试任务：

- 创建新的自动化测试场景
- 将测试场景扩展到更接近生产环境的数据集
- 将单个团队设计的测试用例组织成有序的套件
- 对新特性和故事进行手工测试，并运行自动化测试
- 优先处理耗时的测试、重构，并在适当的地方运行简化的测试套件
- 帮助团队创建可以独立运行的简化测试套件
- 针对非功能性需求（NFR）测试解决方案的性能，并协助系统和解决方案火车工程师识别系统缺陷和瓶颈

系统和解决方案演示

在每次迭代中的适当时候，ART 在系统演示中向利益相关方演示当前整个系统。同样地，解决方案火车必须将迄今为止完成的所有工作进行集成，并在解决方案演示中显示工作进度。系统团队通常帮助准备技术环境，以便团队成员能够充分和可靠地演示新的解决方案功能。

发布

系统团队成员通常具有与不断演进的解决方案相关的独特技能和经验。他们可能包括高级质量保证人员，也许系统架构师 / 工程师是这个团队的成员。这些团队成员已经看到了解决方案在多个迭代中的进展，这意味着他们理解它是什么、它做了什么，以及它如何满足预期的需求。从这个角度来看，系统团队可能直接参与支持 PI。作为 DevOps 和持续交付流水线活动的一部分，他们将做任何必要的工作来帮助 ART 或解决方案火车准备、打包

和将解决方案部署到目标环境中。

平衡解决方案集成和测试工作

然而，系统团队永远不能成为集成挑战的完整解决方案。敏捷团队还必须对他们正在创建的内容有设想更大的蓝图。否则，即使每个敏捷团队自身都表现出色，也不会带来良好的经济效益。高效的解决方案开发需要共享最佳实践。例如，如果仅仅是系统团队在测试非功能性需求（NFR），而单个团队甚至不执行轻量级的性能测试，那么通过这些关键质量测试所必需的返工将减慢整个ART的速度。同样，如果敏捷团队对他们所接触到的直接组件没有进行持续集成，那么系统团队的工作将是一个漫长而痛苦的过程。要想最大化ART速度，就需要在敏捷团队和系统团队之间保持有效的平衡（参见图6.7-1）。随着成熟度和自动化程度的提高，集成职责的最佳点向左侧移动。

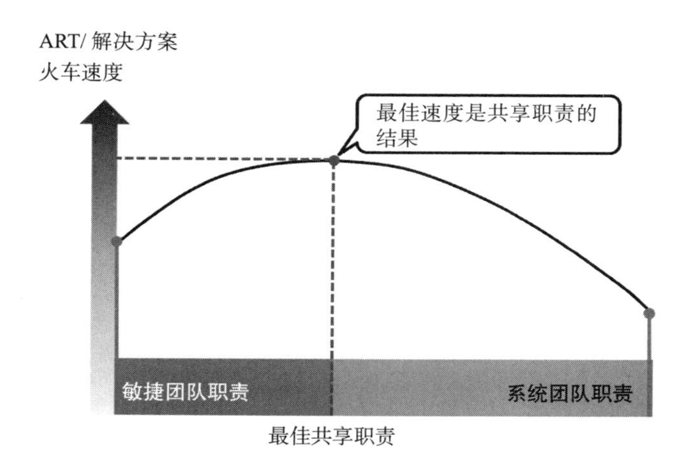

图6.7-1 敏捷团队和系统团队间集成工作的最佳平衡

参考资料

[1] Leffingwell, Dean. *Agile Software Requirements: Lean Requirements Practices for Teams, Programs, and the Enterprise*. Addison-Wesley, 2011.

6.8 精益用户体验

如果我们发现自己正在开发没人要的东西怎么办？如果是那样，即使我们在预算内按时完成又有什么用呢？

——埃里克·莱斯（Eric Ries）

摘要

精益用户体验（Lean UX）设计是一套拥抱精益敏捷方法的思维方式、文化和流程。它以最小可行增量的方式来实现功能，并通过将结果与收益假设相比较来判定成功与否。

精益用户体验设计扩展了传统的用户体验（UX）的角色，它不仅仅只是执行设计元素和预测用户会如何和系统交互。相反，它鼓励更全面地了解为什么会有这样一个特性，实现它需要哪些功能，以及它会带来什么收益。精益用户体验提供了一种定义和度量价值的闭环系统，可以通过获得即时反馈来搞清楚系统能否达成真正的业务目标。

详述

一般来说，用户体验（UX）代表了用户对系统的观感，包括易用性、实用性和用户界面的有效性。用户体验设计的重点在构建一个能展示你对最终用户深刻理解的系统。它会考虑到什么是用户的需要和希望，同时也体谅到用户所处的环境和限制。

使用敏捷方法时有一个常见的问题，就是如何最有效地将用户体验设计融入快速的迭代开发周期中，然后得到全栈实现的新功能。当团队试图去解决那些复杂且看起来很主观的用户交互问题，同时还要尝试开发增量式的交付成果时，他们通常会在许多设计方案中翻来覆去，这可能变成敏捷开发受挫的根源。

幸运的是，精益用户体验运动通过将敏捷开发和精益创业实现方法结合在一起解决了这些问题。SAFe 的思维、原则和实践反映了这种新思路。这个流程通常以第八章的 8.6 节所描述的精益创业循环开始，继而使用下文描述的精益用户体验流程来开发特性和能力。

因此，敏捷团队和敏捷发布火车（ART）可以利用一个共同的策略来生成快速开发、快速反馈和让用户感到愉悦的、全面的用户体验。

精益用户体验流程

在《精益设计》这本书（参考资料 [2]）里，杰夫 · 戈塞尔夫和乔什 · 赛登描述了一个我们已经在真实业务场景中使用的模型。图 6.8-1 描述了这个模型。

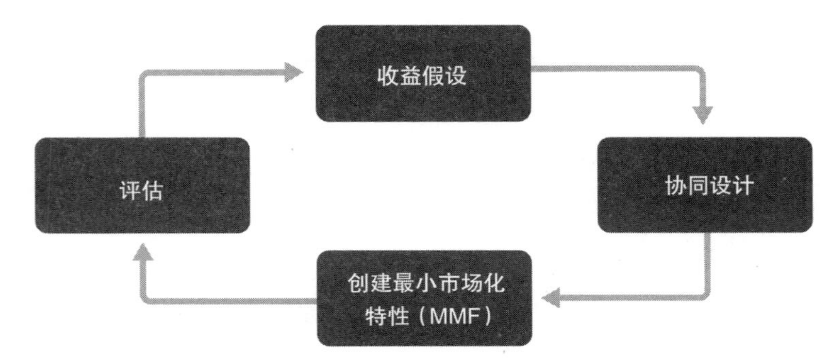

图 6.8-1 精益用户体验流程（从参考资料 [2] 改编而来）

收益假设

精益用户体验方法从一个收益假设开始：敏捷团队和用户体验设计师接受一个现实，即“正确的答案”是无法事先知道的。相反，团队应用敏捷方法来避免大量前期设计（Big Design Up-front，BDUF），专注于创建一个关于某个特性预期业务结果的假设，然后用增量的方式去实现并测试那个假设。

当特性穿过项目群看板的持续探索循环时，SAFe 的特性和收益矩阵（FAB）可以用来捕获这种假设：

- **特性**——带有名称和上下文的一个短语；
- **收益假设**——对最终用户或企业提议的可度量的收益。

度量成果最好的方式是使用引领性指标（参见参考资料 [1] 中对“创新核算”的讨论）来评估新特性在多大程度上实现了收益假设。例如，某个指标可以说明“我们相信管理员可以用比以前少一半的时间添加一个新用户”。

协同设计

传统上，用户体验设计已经成为专业化的领域了。那些有设计眼光，有用户交互感觉和受过专业培训的人经常负责整个设计流程。他们的目标是在实现之前就完成“完美像素”级别的早期设计。通常这样的工作是在孤立封闭的部门筒仓内完成的，和那些恰恰最了解系统和业务的人们相互隔离。衡量成功的标准是实现的用户界面与最初的用户体验设计的一致性。但是在精益用户体验中，这种情况发生了巨大的变化：

“在精益用户体验中简直没有英雄的用武之地。作为假设的整个设计概念立刻推翻了英雄主义观念。作为一个设计师，你必须预料到你的很多想法很可能无法通过验证。英雄是决不允许失败的，但精益用户体验设计师却会拥抱失败，并将其视为流程的一部分。”（参考资料 [2]）

敏捷团队在他们的精益用户体验设计活动中应用原则 #2——运用系统思考，从筒仓专家方式转变为协作式跨职能设计模式。敏捷团队和敏捷发布火车（ART）应该包括了所有设计 – 构建 – 测试这些跨职能技能，非常适合这种模式。设计的视角应该考虑到各种角色，包括产品管理、系统架构、业务负责人、信息安全、运维和共享服务等等，从而确保解决方案既适合最终用户使用，又支持部署运维和客户支持。

原则 #9——去中心化的决策，给精益用户体验流程提供了额外指导：敏捷团队被授权可以进行协作式的用户体验（UX）设计和实现，这大大提高了业务成果并缩短上市时间。此外，另一个重要目标是跨越各种不同的系统单元或渠道（例如移动端、web 端、售货亭），甚至跨越同一公司的不同产品交付一致的用户体验。使这种一致性成为现实需要对某些可重用的设计资产进行集中控制（遵循原则 9）。设计系统（参考资料 [2]）是一组标准，包含对团队有用的任何用户界面（UI）元素，包括以下内容：

- 编辑规则，风格指南，语音和音调准则，命名约定，标准术语和缩写
- 品牌和公司标识套件，调色盘，版权、徽标、商标及其他属性的使用指南
- 用户界面资产库，包括图标和其他图像，标准布局和网格
- 用户界面小工具，包括按钮和其他类似基本元素的设计

让这些资产更易于访问，能够让团队“做正确的事情”，这是他们自然的工作流程的一部分，而不会产生摩擦。再者，这种方式支持去中心化控制，同时也认识到设计系统的某些元素需要集中化。毕竟，正如原则 #9 的描述，这些需要集中化的决策比较少见，具有持

久的影响，并提供显著的规模经济效益。

创建最小市场化特性（MMF）

在假设和设计就位后，团队可以着手用最小市场化特性（MMF）的方式来实现功能。MMF 应该是团队可以建立的最小功能，以验证收益假设是否有效。通过这种做法，敏捷发布火车 ART 应用原则 #4——通过快速集成学习环，进行增量构建，来实现和评估特性。

在某些情况下，MMF 最初可能是非常轻量级的，甚至不能实用（例如：纸面原型、低保真模型、实物模型、API 调用接口）。在其他情况下，为了测试架构并在系统演示中获得快速反馈，可能只需要一个包含 MMF 一小部分的垂直切分（完整栈）。但是，在某些情况下，功能可能需要一直做到部署和发布阶段。在部署和发布阶段，通过应用程序检测和遥测提供来自生产用户的反馈数据。

注：遥测（Telemetry）是一个自动化的过程，通过该过程可以在远端或无法访问的点收集测量数据和其他数据，并传输回来用于监测和分析。遥测可以同时应用在功能的技术方面和业务方面，例如解决方案组件的性能检测，自动化的 A/B 测试。

用户故事

SAFe 团队通过用户故事实现特性。方便的是，用户故事是使用以下这种格式来编写，该格式支持精益用户体验的成果 - 假设方式：

作为一个<用户角色>，我可以<活动>，以便于<业务价值>。

使用用户故事增量式地实现特性，可以根据收益假设连续地测试结果。

用户画像

为了更好地理解他们的用户，敏捷团队应用用户画像来描述不同类型的最终用户的特征、目标和行为。开发和保持对主要和次要用户角色的深刻理解是成功敏捷团队的常见做法。（想更多了解用户画像的内容，请参考参考资料 [3]。）

评估

在实现一个 MMF 时，有多种方法可以确定该特性是否提供了正确的结果：

- **观察**——只要有可能，直接观察系统的实际使用情况；这是一个了解用户的业务上下文和行为的机会。
- **用户调查**——当直接观察不可能的时候，一个简单的用户调查表也能获得快速反馈。
- **使用分析**——精益 – 敏捷团队可以直接把分析内建在应用程序中，这有助于确认初始使用情况，并提供应用程序遥测以支持持续交付模式。遥测为已部署系统提供了不间断的运维和用户反馈。
- **A/B 测试**——这种形式的统计会假设比较两个样本，与此同时承认用户的偏好是事先不可知的。认识到这一事实是真正的解放，它消除了设计师和开发者之间无休止的争论——他们可能并不会使用这个系统。团队遵循原则 #3——接受可变性；保留可选项——尽可能长时间地保持他们的设计选项是开放的。无论在实际上和经济上是否可行，它们都应该为关键用户的活动实现多种替代方案。然后，他们可以用设模型、原型、甚至是全栈实现来测试这些备选方案。在最后一种情况下，不同的版本可以被部署到多个用户群体中，可能会随着时间的推移进行排序，并通过分析进行测量。

简而言之，仅基于客观数据和用户的反馈来获得可测量的结果，从中获取认知来帮助团队做出决策，是否需要重构、调整、重新设计，甚至调换方向以放弃某个特性。度量创建了一个闭环的精益用户体验过程，它由一个特性是否满足假设的实际证据驱动，通过迭代产出成功的结果。

参考资料

[1] Ries, Eric. *The Lean Startup: How Today's Entrepreneurs Use Continuous Innovation to Create Radically Successful Businesses*. Random House. Kindle Edition.

[2] Gothelf, Jeff, and Josh Seiden. *Lean UX: Designing Great Products with Agile Teams*. O'Reilly Media, 2016.

[3] Leffingwell, Dean. *Agile Software Requirements: Lean Requirements Practices for Teams, Programs, and the Enterprise*. Addison-Wesley, 2011.

第 7 章
大型解决方案层

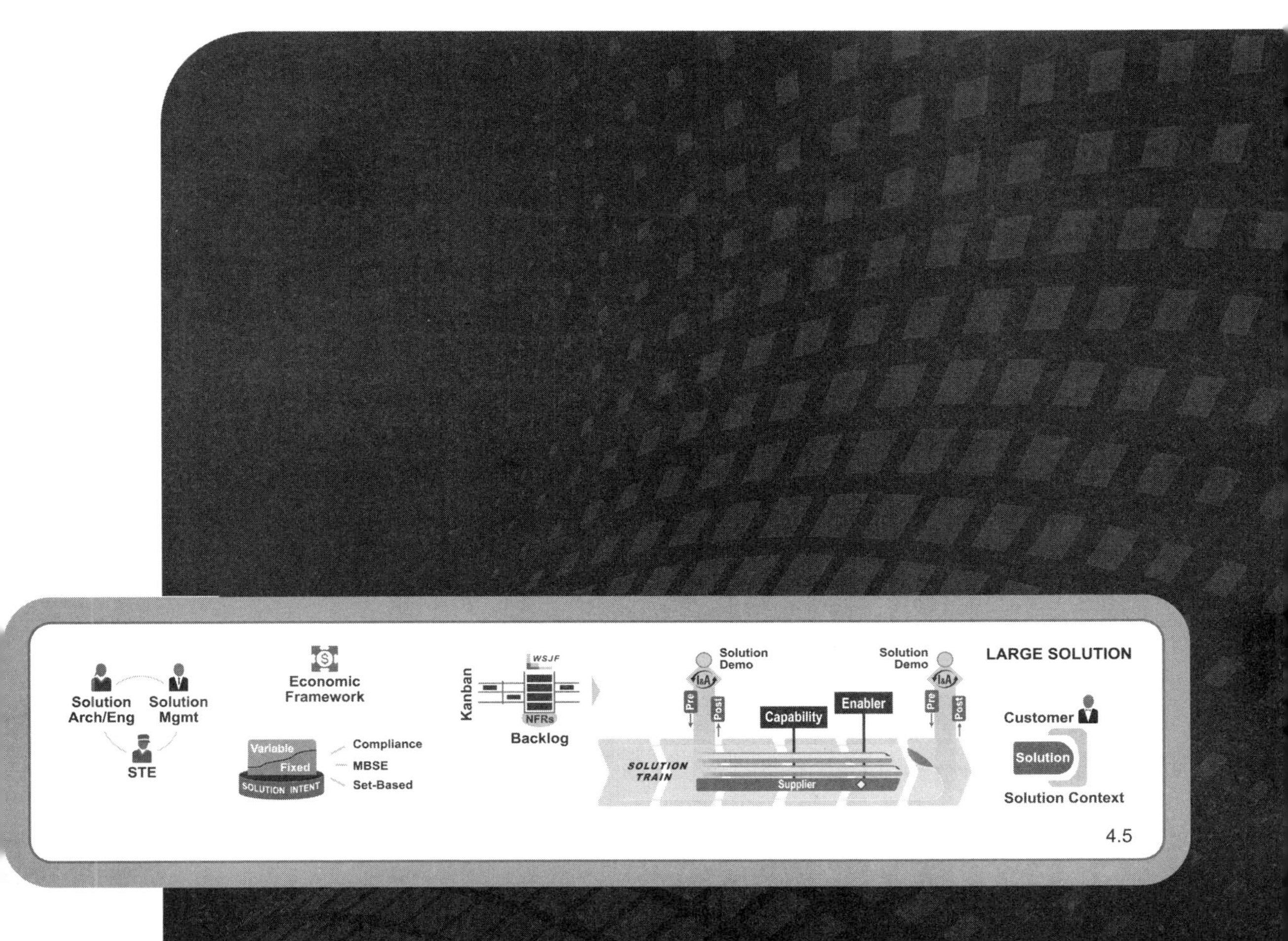
Solution Arch/Eng
Solution Mgmt
STE
Economic Framework
Variable
Fixed
SOLUTION INTENT
Compliance
MBSE
Set-Based
Kanban
WSJF
NFRs
Backlog
Solution Demo
I&A
Pre
Post
Capability
Enabler
SOLUTION TRAIN
Supplier
Solution Demo
I&A
Pre
Post
LARGE SOLUTION
Customer
Solution
Solution Context
4.5
scaledagileframework.com/large-solution-level

7.1 大型解决方案层介绍

凡事必须极简，而不是简单一点。

——阿尔伯特·爱因斯坦（Albert Einstein）

摘要

大型解决方案层由构建大型、复杂解决方案的角色、工件和流程组成。它包括更聚焦于在解决方案意图中捕获需求，协调多个敏捷发布火车（ART）和供应商，确保法规和标准的合规。

爱因斯坦的名言提示我们，应该竭尽全力让事情极简，而不是比需要简单一点。同样，当构建大型、复杂系统时，理论上由单个团队做是最简单的方式。当然，众所周知超过十个人的团队就会存在问题，更何况是一个成百上千人的团队，将会产生更大挑战。相反，我们通过把人员组织成敏捷发布火车（ART，多个敏捷团队组成的团队）和解决方案火车（多个敏捷发布火车组成的团队）实现规模化。大型解决方案层的目的是协调解决方案火车的工作，构建大型复杂解决方案需要额外的角色、事件和工件。

详述

大型解决方案层（如图 7.1-1 所示）的意义在于，针对面临最大挑战的企业，可以构建超出单个敏捷发布火车（ART）开发范围的大规模解决方案。构建这些解决方案需要额外的角色、工件、事件和协调。

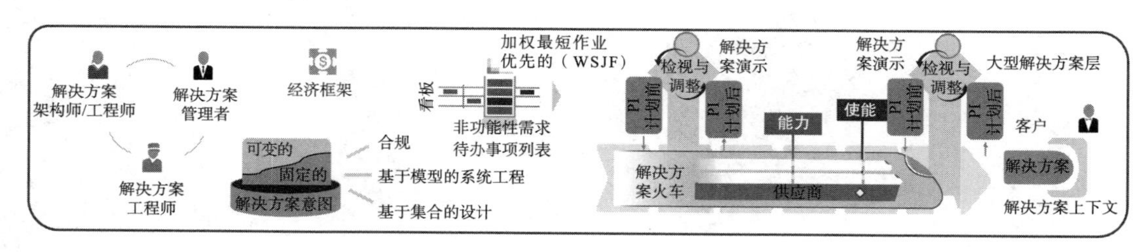

图 7.1-1 大型解决方案层

重点强调

下面是大型解决方案层的重点：

- **解决方案**——每个价值流产生一个或多个解决方案，可以是交付给企业内部或外部客户的产品、服务或系统。
- **解决方案火车**——是大型解决方案层核心组织元素，围绕共同的解决方案愿景、使命和待办事项列表，对人和工作进行协调。
- **经济框架**——经济框架是一套决策规则，旨在协同所有人聚焦解决方案的经济目标，指导经济决策过程。

- **解决方案意图**——存储当前和未来解决方案行为，支持验证、测试和合规。解决方案意图也用于采用系统工程原则拓展内建质量实践，包括基于集合的设计、基于模型的系统工程（MBSE）、合规和敏捷架构。
- **解决方案上下**——它描述了在生产环境下系统如何交互、打包、部署。
- **解决方案看板和待办事项列表**——解决方案看板和待办事项列表用于管理解决方案史诗和能力的流动。

角色

大型解决方案层的角色提供了治理，帮助协调多个敏捷发布火车（ART）和供应商：

- **客户**——是每个解决方案的最终买家。客户在 SAFe 中有独特的责任，是精益 – 敏捷开发流程和价值流密不可分的部分。
- **解决方案架构师 / 工程师**——为开发的解决方案定义共享技术和架构愿景的个人或小团队。
- **解决方案管理者**——既是跨敏捷发布火车（ART）的客户总体需求的代表，也是投资组合战略主题的沟通者。该角色和产品管理者协调定义能力，并拆分成特性。解决方案管理者是解决方案待办事项列表最主要的内容权威，也为治理敏捷发布火车和敏捷团队的经济框架做贡献。
- **解决方案火车工程师（STE）**——仆人式领导者和教练，促进和指导所有敏捷发布火车（ART）和供应商工作。
- **供应商**——开发和交付组件、子系统或服务的内部或外部组织，进而帮助解决方案火车给客户交付解决方案。

事件

大型解决方案层采用三个主要活动帮助协调多个敏捷发布火车（ART）和供应商：

- **PI 计划前和 PI 计划后会议**——该事件用于准备和跟踪一个解决方案火车的多个敏捷发布火车（ART）和供应商的项目群增量（PI）计划会议。
- **解决方案演示**——该事件集成、评价多个敏捷发布火车（ART）所有研发成果和供应商的贡献，让客户和其他利益相关者看到结果。
- **检视与调整（I&A）**——展示和评价解决方案的现有状态的重大的事件。此后，团队通过结构化的解决问题工作坊反思和识别改进待办事项列表条目。

工件

下列大型解决方案层的工件有助协调多个敏捷发布火车（ART）和供应商：

- **能力**——跨越多个敏捷发布火车（ART）的更高层级的解决方案行为。它们可以度量并拆分成多个特性，以便可以在单个 PI 中实施。
- **解决方案史诗**——史诗专门对应单个解决方案火车。

- **非功能性需求（NFR）**——非功能性需求指系统质量，如安全性、可靠性、性能、可维护性、可扩展性和可用性，包含在解决方案意图中。
- **解决方案待办事项列表**——是未来的能力和使能的暂存区，每一条目都可跨多个敏捷发布火车（ART），用于推进解决方案和构建架构跑道。
- **解决方案看板**——一种实现业务流和使能能力可视化和管理的方法，涵盖从构思到分析、实现和发布。

解决方案火车交付价值

解决方案火车是组织级的工具，用于整合多个敏捷发布火车（ART）和供应商的成果，交付世界上最大、最复杂的系统。因为这些火车协同和整合多个敏捷发布火车（ART）和供应商，所以既可以像单个团队一样协作，又具有小团队和敏捷发布火车（ART）的内在优势，实现大规模的开发和发布。

将大型解决方案火车的元素应用到其他 SAFe 配置类型

大型解决方案层体有很多独特的元素，然而该层的任何一个元素也可以用于基本型 SAFe 和投资组合 SAFe。例如，解决方案意图和合规可用于构建医疗适度规模的单个敏捷发布火车（ART）。如图 7.1-2 所示，这属于 SAFe 的可扩展性和可配置性。

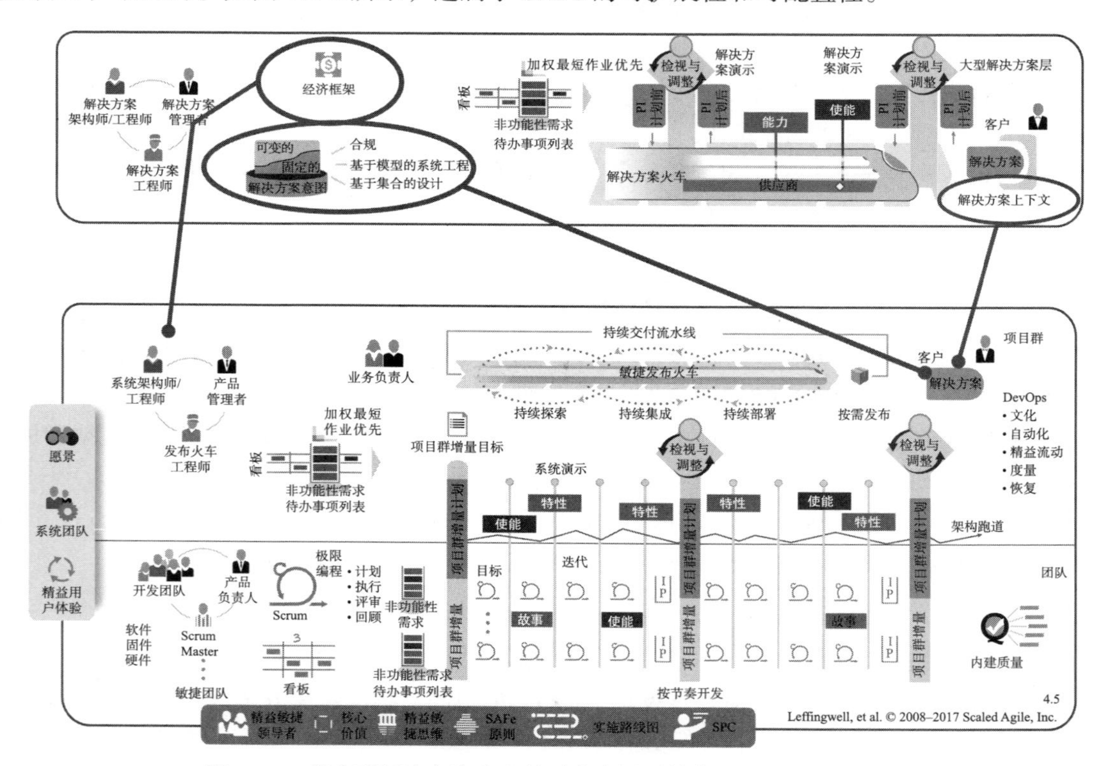

图 7.1-2　将大型解决方案火车的元素应用到其他 SAFe 配置类型

7.2 解决方案火车

协调一致的原则：整体对齐比局部优秀创造的价值要多。

——Don Reinertsen

摘要

解决方案火车是用于构建大型和复杂解决方案的组织结构，这些解决方案需要协调多个敏捷发布火车（ART）和供应商。它通过解决方案远景、待办事项列表和路线图，以及协调一致的项目群增量（PI）来使ART与共同的业务和技术使命保持一致。

解决方案火车构建大型和复杂的解决方案（通常被描述为“系统的系统”），这可能需要数百甚至数千人来开发。例如医疗器械、汽车、商用飞机、银行系统、航空航天国防系统。解决方案火车提供了所需的额外角色、事件和工件，用来协调世界上最大和最重要的系统的构建。这种系统的错误往往具有不可接受的社会或经济影响，因此更需要更为严格的开发规范。其中许多系统受行业和监管标准的约束，必须提供符合这些标准的客观证据。

详述

解决方案火车使企业以精益－敏捷的方式构建大型和复杂的解决方案，包括网络物理系统（例如，嵌入式系统）。解决方案火车过对齐多个ART来共享使命，并协调多个ART和供应商，帮助管理大规模解决方案开发的固有风险和变异性，它需要额外的SAFe角色、工件和事件的支持，如图7.2-1所示。

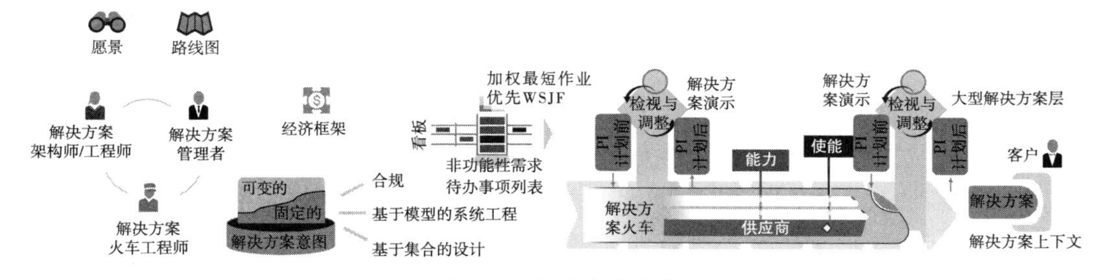

图 7.2-1 解决方案火车

解决方案火车与敏捷发布火车（ART）一样，遵循以下原则：

- **固定节奏**——解决方案火车上的所有ART按照已知的、可靠的时间表一起离开车站，由已选的PI节奏决定。如果某一个能力错过了火车，它只能赶下一班。
- **每个PI一个新的解决方案增量**——在PI期间，解决方案火车在迭代时间盒的约束内，将尽可能多的解决方案进行集成，这在经济上是可行的。在PI结束时，解决方案火车提供一个完全集成的解决方案增量。解决方案演示用来演示评估可工作的解决方案，这个演示的解决方案是集成所有ART的解决方案增量。

- **解决方案**——每个价值流产生一个或多个解决方案，这些解决方案包括产品、服务或系统，被交付给客户（包括企业内部或外部的）。
- **解决方案意图**——解决方案意图是用于存储、管理和交流当前和预期的解决方案行为的知识存储库。解决方案上下文标识解决方案运行的环境。
- **合规**——合规是指如何使用精益 – 敏捷方法，利用解决方案意图来达到高质量，同时满足行业规范和要求。
- **供应商**——供应商往往在解决方案开发中起关键作用，供应商的敏捷性影响解决方案的敏捷性。
- **PI 时间盒**—— 解决方案火车上所有 ART 使用相同的 PI 持续时间和开始、结束日期。
- **经济框架**—— 经济框架是一套决策规则，使每个人在 解决方案 的财务目标上保持一致，并可为经济决策流程提供指导。
- **ART 为解决方案火车提供动力**——ART 使用精益 – 敏捷原则和实践来构建解决方案的组件。
- **检视和调整**——检视和调整（I&A）是在 ART 和解决方案火车的每个 PI 结束时开展的重要活动，对解决方案的当前状态进行演示和评估，然后，解决方案管理者通过一个结构化的问题解决研讨会，省思和识别改进待办事项条目。
- **按节奏开发；按需发布**—— 解决方案火车使用节奏和同步（按节奏开发）来管理系统研发固有的可变性的。然而通常，发布往往与开发节奏分离。解决方案火车可以在任何时间按需发布解决方案或解决方案的元素，这取决于发布治理和发布标准。
- **解决方案看板和待办事项列表**——解决方案看板和待办事项列表用于管理解决方案的待办史诗和能力的流动。

敏捷发布火车为解决方案火车提供动力

解决方案火车上的每个 ART 都为解决方案的开发做出贡献，如图 7.2-2 所示。通常，所有的开发活动都在 ART 中发生，在解决方案火车上协调，如下文所述。

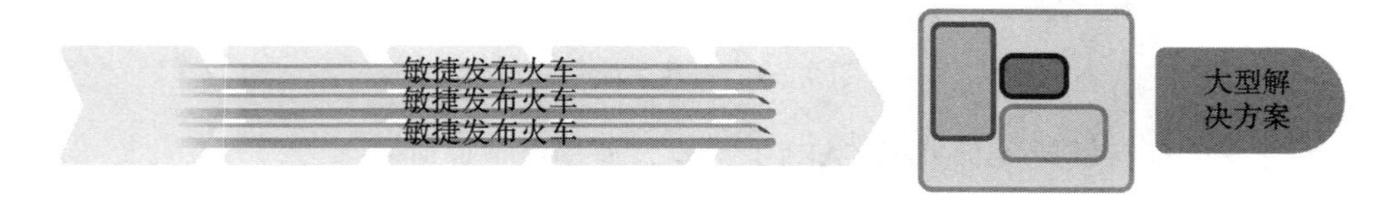

图 7.2-2 ART 为解决方案火车提供动力

解决方案火车的角色

解决方案火车包括三个主要角色，有助于火车的成功运行：

- **解决方案火车工程师（STE）**—— 解决方案火车的仆人式领导。STE 识别和解决瓶颈，督查整个解决方案，确保其平稳运行。STE 通过度量来监控解决方案看板和解决方案的健康状况，以此来帮助大型解决方案这层的事件和角色。解决方案火车工程师也需要与发布火车工程师（RTE）一起协调交付。

- **解决方案管理者**——解决方案管理者是跨 ART 的总体需求的客户代表，也负责沟通交流投资组合战略主题。同时，与产品管理者合作，定义能力，将能力分割为特征。解决方案管理具有针对解决方案待办事项列表的主要内容的权威性，同时负责管理 ART 和敏捷团队的经济框架。
- **解决方案架构师 / 工程师**—— 可以是一个人或一个小团队，负责为正在跨 ART 开发的解决方案定义共同的技术与架构愿景。

此外，以下角色在解决方案的成功实施中也扮演着重要的角色：

- **客户**——解决方案的最终买家，与 SAFe 每一个层都密切相关。客户是价值流的一部分，与开发过程密不可分。客户与解决方案管理者和产品管理者，以及其他关键利益相关者密切合作，形成解决方案意图、愿景，以及开发所处的经济框架。
- **系统团队**——这个团队通常是为了帮助解决方案火车解决跨 ART 集成问题而设置的。
- **共享服务**——是一些专家角色，例如，数据安全专家，信息架构师和数据库管理员（DBA）等。他们是解决方案成功所需要的，但可以无法全职工作在一个特定的火车上。

定义解决方案

解决方案行为和决策在解决方案意图中进行管理，解决方案意图作为单一的正确信息来源，同时也是需求从“可变”转换成“固定”的存储容器。除了愿景和路线图之外，以适应性方式开发解决方案意图还需要三个额外的实践进行支持，如图 7.2-3 所示。

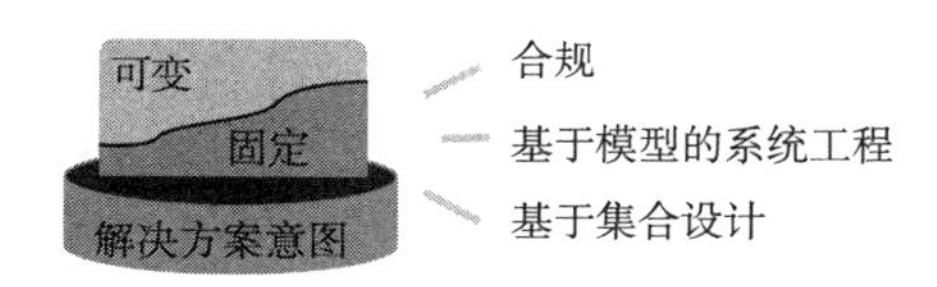

图 7.2-3 解决方案意图

- **合规**——是指 SAFe 使用解决方案意图来达到高质量，使用精益 – 敏捷开发方法来满足法规和行业标准的要求。
- **基于模型的系统工程（MBSE）**——是指在更灵活和可访问的模型中开发、记录和维护涌现的需求和设计的实践。
- **基于集合的设计（SBD）**—— 是指一项在开发流程期间使需求和设计选项的灵活性维持尽可能长时间的实践，将决策推迟到最后时刻。

构建解决方案的能力

建立庞大而复杂的解决方案并不是一件小事。这样的系统不是由单个 ART 直接组成的，它需要额外构造。

- **解决方案意图**——当前和预期的解决方案行为的存储库
- **解决方案上下文**——描述了解决方案 运营环境的关键方面
- **能力和使能**——实现价值流的愿景和路线图，更重要的是满足客户的需要

解决方案由一组能力构成。与特性类似，能力指的是更高级别的解决方案行为，通常需

要多个 ART 共同努力实现，如图 7.2-4 所示。与特性类似，能力的大小应该与 PI 相匹配。

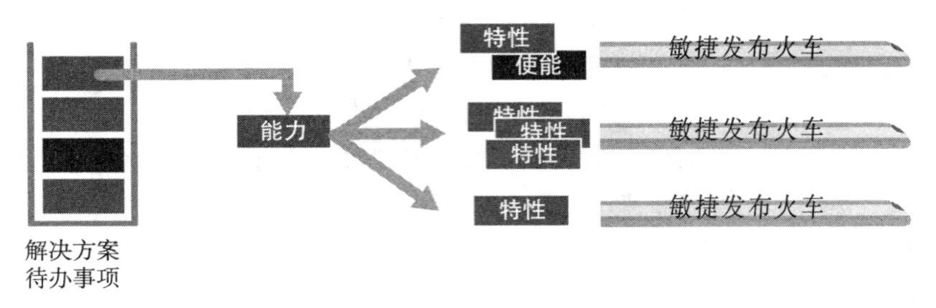

图 7.2-4 能力拆解成可以被多个 ART 实现的特性

解决方案看板用于管理工作流动，从而确保等待实现的能力到达解决方案待办事项列表之前对其进行评估和分析。看板系统还有助于在制品的限制（WIP），确保所有的 ART 都是同步的，拥有用来交付价值的能力。在看板的“分析”状态下，之前定义过大的解决方案史诗被拆解为能力。

协调多个 ART 和供应商

解决方案火车在 PI 中协调解决方案的开发，并提供 ART 和供应商的节奏和同步，包括 PI 计划会议和解决方案演示会议。在许多情况下，为了价值流运行，需要其他供应商开发大型解决方案的组件、子系统或能力。这些供应商也需要参与到解决方案火车的活动中

在每个 PI 开始时，所有的 ART 同时进行计划，每个 ART 进行自己的 PI 计划会议。为了使所有的火车协调一致来创建统一的计划，同时也可以管理火车之间的依赖关系，需要举行 PI 计划前和 PI 计划后会议。这些事件汇总产生解决方案 PI 目标，随后可以传达给所有利益相关者。

解决方案火车在每个 PI 结束时（有时在下一个 PI 开始时）举行解决方案演示。在此活动期间，会向来自投资组合和其他价值流的客户和利益相关者演示来自所有 ART 和供应商的集成解决方案。在演示结束之后，举行 I&AI 作坊，从而改进提高整个价值的过程。

精益 – 敏捷供应商可以单独形成另一个 ART，参与解决方案火车的所有活动。即使供应商采用的是传统的基于里程碑的方法，仍然期望他们参加 PI 计划前和 PI 计划后会议、解决方案演示会议和解决方案火车 I&A 工作坊。SAFe 企业帮助供应商改进他们的流程，变得更加精益和敏捷，从而获得两个组织的经济效益。

发布和发布治理

如前所述，解决方案火车应用节奏和同步来管理开发。最终，所有敏捷发布火车可以在业务和市场规定的任何时候部署整个解决方案或解决方案的元素。

为了支持这个实践，每个解决方案火车都必须建立或实施发布管理。发布管理者具有授权、知识和能力，来促进和批准发布。在许多情况下，发布管理团队包括解决方案火车和 ART 的代表，以及来自市场、质量、精益投资组合管理、IT 服务管理、运维、部署和分

发部门的代表。这个团队会定期召开会议，来评估内容、进度和质量。其成员也积极参与范围管理。此外，它也可能涉及解决方案的其他元素，包括国际化、打包和部署、培训需求、内部和外部沟通，以及确保符合法规和标准要求。

参考资料

[1] Knaster, Richard, and Dean Leffingwell. *SAFe 4.0 Distilled: Applying the Scaled Agile Framework for Lean Software and Systems Engineering*. Addison-Wesley, 2017.

7.3　客户

即使顾客还不知道自己到底想要什么，但是顾客想要更好的东西，而你取悦顾客的愿望将驱使你为他们发明最好的东西。没有客户曾经要求亚马逊创建黄金会员计划，但事实证明他们想要这个，我可以给你举很多这样的例子。

——杰夫·贝佐斯（Jeff Bezos）

摘要

客户是每个解决方案的最终购买者。它们是精益–敏捷开发过程和价值流的组成部分，在 SAFe 中具有特定的职责。

无论是内部客户还是外部客户，他们的要求越来越高。他们有很多种选择。他们希望解决方案能够很好地工作并解决他们当前的需求。他们还期望他们的解决方案提供商不断提升产品和服务的质量。

详述

客户为 SAFe 原则提供支持，他们在解决方案开发中的积极投入和持续参与对于成功的业务成果至关重要。

客户责任

客户亲自或委托他人代为履行以下职责：

- 作为业务负责人参与 PI 计划
- 参加解决方案演示，如果可能的话，也参加系统演示；帮助评估解决方案增量
- 参加检视和调整（I&A）工作坊；协助移除一些系统性障碍
- 在规格说明书工作坊中与业务分析师和领域专家合作
- 与产品和解决方案管理者协同管理范围、时间和其他约束
- 帮助定义路线图、里程碑和版本发布计划
- 沟通解决方案背后的经济逻辑，帮助验证经济框架假设

- 评审解决方案的技术和财务状况
- 参与 Beta 测试、用户接收测试（UAT）和其他形式的解决方案验证

客户是价值流的组成部分

精益 – 敏捷理念超越了整个开发组织，涵盖了包括客户在内的整个价值流。让客户参与开发过程取决于解决方案的类型和客户的影响。可以考虑以下这些例子：

- 内部客户可能要求 IT 部门构建一个供客户使用的应用程序
- 外部客户可能是定制产品（例如，政府购买的防御系统）的购买者，也可能是更大类别购买者（例如，销售一套产品的独立软件供应商）的一部分

内部客户

对于那些为内部最终用户（如内部 IT 部门）构建解决方案的团队，客户是运营价值流的一部分，如图 7.3-1 所示。例如，负责合作伙伴注册管理运营价值流的营销总监。合作伙伴是工作流的最终用户，也是客户。然而，对于开发团队来说，营销总监和那些运营价值流的人是客户。

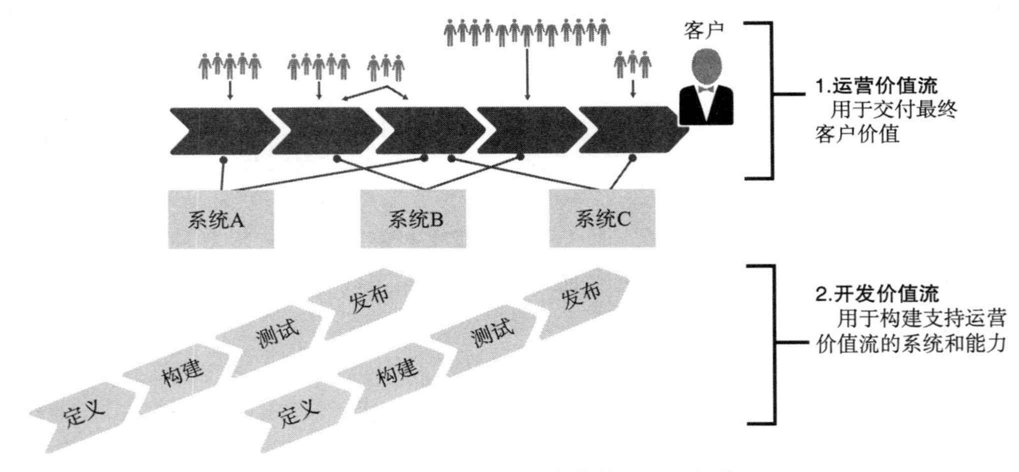

图 7.3-1 内部客户是运营价值流的一部分

外部客户

对于那些为外部最终用户构建解决方案的团队，客户是解决方案的直接购买者，如图 7.3-2 所示。在这种情况下，开发价值流和运营价值流是一样的。解决方案可以是直接销售或部署的最终产品。在其他情况下，解决方案可能需要嵌入到一个更广泛的解决方案上下文中，例如“系统的系统”。

客户参与驱动敏捷成功

精益 – 敏捷开发依赖于客户的高度参与——参与程度要远远高于传统开发模式中假设的程度。然而，参与的方法是不同的。值得注意的是，参与方式取决于解决方案的性质：

- **通用解决方案**——种为大量客户设计的解决方案

- **定制解决方案** ——种为单一客户构建和设计的解决方案

如图 7.3-3 所示，展示了每种情况下客户间接或直接参与的相对程度。

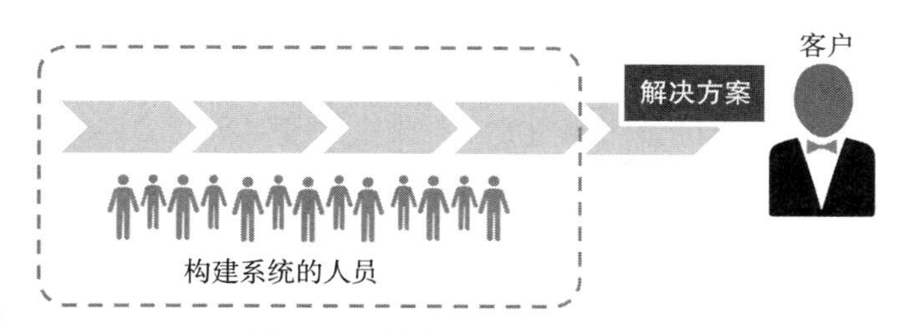

图 7.3-2　外部客户是直接买家

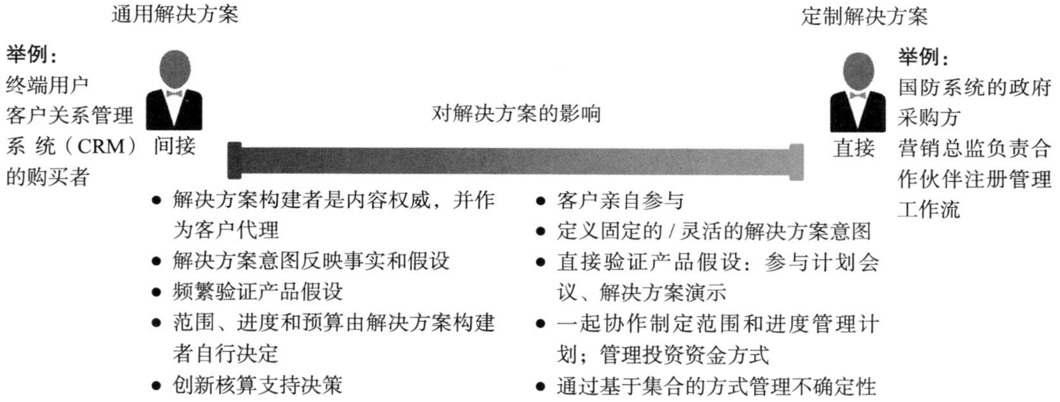

通用解决方案

举例：
终端用户
客户关系管理系统（CRM）的购买者

间接

对解决方案的影响

直接

定制解决方案

举例：
国防系统的政府采购方
营销总监负责合作伙伴注册管理工作流

- 解决方案构建者是内容权威，并作为客户代理
- 解决方案意图反映事实和假设
- 频繁验证产品假设
- 范围、进度和预算由解决方案构建者自行决定
- 创新核算支持决策

- 客户亲自参与
- 定义固定的 / 灵活的解决方案意图
- 直接验证产品假设：参与计划会议、解决方案演示
- 一起协作制定范围和进度管理计划；管理投资资金方式
- 通过基于集合的方式管理不确定性

图 7.3-3　通用解决方案和客户定制解决方案下的客户参与模式

通用解决方案

因为通用解决方案必须满足更多受众的需求，所以没有一个客户能够充分代表整个市场。在这种情况下，产品和解决方案管理者成为间接的客户代理；并对解决方案的内容有决定权。他们的责任是促进外部交流，确保客户的声音被听到，并确保组织不断验证新的想法。开发的范围、进度和预算通常由内部的业务负责人自行决定。

由于不太可能有任何特定客户参加定期的计划会议和系统演示会议，与客户的互动通常基于需求研讨会、焦点小组、可用性测试和有限的 Beta 版本发布。通过用户行为分析、度量和商业智能来验证各种假设，解决方案基于这些反馈不断演进。在 PI 规划期间，一组内部和外部的利益相关者担任业务负责人——特定价值流中的最终内部客户代理。

定制解决方案

对于定制的解决方案，外部客户通常在产品和解决方案管理者的支持下定义解决方案。然而，即使是由客户主导工作，在确定范围和优先级时，建立协作方法也是至关重要的。这可以促进循序渐进式学习，并表现出根据需要调整行动方案的意愿。

这需要外部客户积极参与 PI 计划会议、解决方案演示和选定的规格说明书工作坊。这些会议经常会揭示需求和设计假设的不一致性，以及潜在的合同问题。这个过程应该推动客户和敏捷发布火车（ART）朝着更协作和增量式的方式发展。

以完全集成的解决方案增量的形式向客户演示项目增量的结果，可以建立高度信任（例如，“这些团队真的可以交付成果”）。它还提供了一些机会，用于对当前的做法进行实验确认。根据实测的敏捷发布火车的预测和速度，对未来的预测得到了显著的改善。

向敏捷合同模式转变也将有助于增加信任，减少传统合同中的“单赢 – 单输”的问题。有一个模型叫“ SAFe 管理投资模型”，在该模型中，客户承诺对 1 ～ 2 个 PI 进行投资，然后根据客观证据和增量交付对资金进行调整。这需要相当多的信任，但信任是基于不断收到的价值流而逐步建立的。

参考资料

[1] Ward, Allen, and Durward Sobek. *Lean Product and Process Development.* Lean Enterprise Institute, 2014.

7.4 供应商

买家和供应商之间的长期关系，对最佳经济效益来说是必要的。

——W. 爱德华兹·戴明（W. Edwards Deming）

摘要

供应商是一个内部或外部组织，它开发和交付组件、子系统或服务，以帮助解决方案火车向客户提供解决方案。

精益 – 敏捷团队在尽可能短的前置时间内以尽可能高的质量为客户交付价值。只要情况允许，他们就邀请供应商一起开发和交付组件与子系统，以帮助实现其使命。供应商具备能力以及独特的技能和解决方案。他们是各自技术领域里的专家，可以提供高效的杠杆优势，进行快速和经济的交付。由于所有这些原因，供应商参与了大多数解决方案火车，并且价值交付在很大程度上取决于他们的绩效。

本章将讨论如何将供应商整合到解决方案中。在某种程度上，实现这一目标的方式取决于供应商的开发和交付方法。尽管如此，SAFe 企业还是将供应商视为长期的业务合作伙伴，让他们深入到解决方案中。此外，这些企业积极与供应商合作，帮助他们采用精益 – 敏捷理念和实践，从而让双方的经济效益得到增长。

详述

供应商在 SAFe 中起着至关重要的作用。由于其独特的能力和解决方案，他们是重要的经济价值机会的来源。当供应商的工作是为了在最短的可持续前置时间内实现向客户交付价值这一总体目标时，供应商可以对企业的价值流产生相当大的影响。

供应商可以是企业外部的，也可以来自组织内的其他价值流。然而，企业很清楚，供应商有自己的使命和自己的解决方案来向其他客户交付，更不用说供应商也有他们自己的经济框架。为了使两个组织都获得最佳的结果，需要密切的协作和信任。

根据以往的经验，各行业在委托供应商选择和签订采购合同方面遇到了许多问题。使用这种方法，可能更关注于定价，而不是供应商的解决方案和服务是否在现在和将来都最适合买方的目的和文化。此外，他们甚至可以习惯性地定期更换供应商以寻求最低价格，并在全球范围内寻找最低价格的供应商。然后，在企业找到供应商后，他们和供应商之间通常会保持一定距离，并且仅告知需要供应商知道的信息。在很少讨论组织的目标或基本原理的情况下，供应商被定期分配规格、时间表，甚至定价。

但是，精益–敏捷企业采用了不同的视角，即通过与供应商的合作、持续和信任关系，保持长期的经济视角。在这种关系中，供应商成为企业文化和精神的延伸，他们被视为真正的合作伙伴。他们的能力、政策和经济利益都已摆在明面上并得到理解。

如果供应商的基本思想、理念和开发方法与买方的有本质不同，那么要达到这种状态就可能是一种挑战。有两种情况需要考虑：一种是供应商已经接受并采用了精益–敏捷开发，另一种是供应商没有接触精益–敏捷。最典型的情况是，大型企业必须同时处理这两种情况，但目标是一样的——一种更加合作、更长期、更具适应性和更透明的伙伴关系。

与精益–敏捷供应商合作

让精益–敏捷供应商作为贡献者参与到投资组合价值流中是比较容易的。工作模式和期望在基本上是相同的，许多当前的精–敏捷实践可以很容易地被采纳和扩展：

- 供应商被视为一列敏捷发布火车（ART），并且与其他敏捷发布火车以相同节奏工作。
- 供应商参与 PI 计划会议，以及 PI 计划前、后会议中，在会议上他们将展示计划在下一次项目群增量中将交付的内容，以及在每一个迭代中的交付物。
- 供应商在系统演示中演示他们的子系统或组件，参与解决方案演示，并且不断地将其工作与价值流的其他部分进行集成，向其他敏捷发布火车提供反馈。
- 供应商参与检视和调整（I&A）工作坊以改进整个价值流，并有助于改进他们自己的精益–敏捷实践。

除了他们通常的职责和对解决方案的贡献之外，供应商还将整个企业视为他们的客户。因此，他们将并且应该期望客户（企业/买方）日常参与供应商自己的开发价值流。

与采用传统方法的供应商合作

与采用传统的“阶段–门限”方法的供应商一起工作是有些棘手的。让精益–敏捷企业去假定一个供应商将立即变革到敏捷模式是不合理也不现实的。毕竟，一些供应商比他们的客户要大很多，变革对一个大企业来说不是一件容易的事。（然而，这种期待可能长期存在。）

由于工作模式的不同（例如，更大的批量规模和非增量式开发），企业可能需要调整自身的期望：

- 在早期的几个 PI 中需要一些初始的前期设计时间，以允许供应商构建他们的计划，并建立他们可以进行演示或交付的里程碑。供应商可能期望更加正式的需求和规格说明书。
- 供应商可能不会进行增量式交付。
- 需要更早地了解需求和设计的变更，而且响应时间会更长。

然而，一些期望和行为可以并应当强加给这些供应商：

- 在 PI 计划前会议中，供应商应该表明即将到来的里程碑目标和他们的进展。
- 在解决方案演示中，供应商应当呈现 PI 时间盒内的成果，即便这些成果是文档和无法工作的系统。他们还应该向其他敏捷发布火车所做的演示提供反馈。
- 参与检视和调整（I&A）工作坊至关重要，因为许多供应商将有更长的学习周期。他们应该利用这个机会提出他们在工作中遇到的问题。

另外，供应商在调整他们计划方面的灵活度可能是有限的，因此其他敏捷发布火车必须灵活以适应供应商的需求。

注：更多关于与传统供应商合作的内容，请参见 SAFe 网站（http://www.scaledagileframework.com）指导文章“混合敏捷开发与瀑布式开发”和“规模化情况下敏捷和瀑布协同操作的技术策略”的相关内容。

应用系统思考和去中心化的决策

由于企业的目标是将解决方案火车和价值流作为一个整体去改善，因此在所有层级进行关于供应商如何参与、多大程度上参与的决策时，应用系统思考是十分重要的。例如，与供应商集成的节奏是要受到供应商的工作方法和集成所需成本的影响。

同样的，在多大程度上可以把决策交给供应商处理是取决于解决方案上下文的。例如，如果供应商正在创建一个子系统，该子系统通过已建立的标准与解决方案进行交互，那么更容易让供应商获得更多的控制权。但是如果它是一个专用接口，并且会影响到其他多个供应商，因此带有一定的规模经济效益，那么就有必要进行更多的协商。此外，在一个高度动态的环境中，持续的合作和集成比在较为静态的环境中更为重要。

另外，设定非常具体的设计需求，可能在一些特定的上下文中很重要，但是在能力和非功能性需求跨多列敏捷发布火车的情况下，可能会导致糟糕的结果。所以，过于详细的规格可能会导致供应商在一个非功能性需求上的过度投入。

对于每个解决方案火车来说，将这样的系统思考方式纳入到其经济框架中，并相应的管理价值流和供应商的关系是很重要的。

与供应商合作

在 SAFe 的所有层级中都可能发生与供应商的合作。它从分享战略主题开始，正如 Liker 和 Choi 所说：“本田告诉它的供应商，在接下来的几年它将推出什么样的产品以及计划培育什么样的市场”（参考资料 [4]）。如果供应商要与企业保持一致，那么解决方案开发者需要告诉供应商他们将要做什么，这是十分重要的。

确保供应商了解解决方案火车所遵循的经济框架也很重要。同样重要的是买方也要了解每个供应商的经济框架，这样才能建立双赢的关系。Liker 和 Choi 指出："丰田使用术语'现地现物'或者'现场'（真实的地点和真实的部分或原料）来描述一种实践，即让高管亲自去观察和理解供应商是如何工作的"（参考资料 [4]）。

企业和供应商持续合作，并一起实现需求。解决方案管理者和供应商们一起持续合作，编写能力，然后将其分解为特性。解决方案架构师 / 工程师和供应商的架构师 / 工程师合作设计解决方案。再次引用 Liker 和 Choi 的话："在丰田技术中心，'设计屋'容纳了在同一房间为同一项目工作的供应商"（参考资料 [4]）。

同样的协作应当自上而下一以贯之。敏捷团队开发实际的解决方案，因此，考虑到体系结构和经济框架的限制，与供应商的工程师有开放的沟通渠道来协作进行最佳设计非常重要。正如丰田的供应商指导方针所述，"丰田汽车制造是供应商和丰田共同努力的结晶。为了在这方面取得成功，我们和供应商需要像一家公司一样共同工作。我们必须保持紧密的沟通，坦诚地交换意见，在所有重要的事情上达成一致"（参考资料 [2]）。

为了促进尽早集成和提高质量，供应商要和敏捷发布火车需要共享接口、测试以及模拟器。所有这些接口都应该在解决方案意图中记录下来，以便这些信息对每个人都是可见的。

供应商应尽可能地参与持续探索和坚持不懈地改进，将更小批量的产品交付到持续交付流水线中。

选择供应商

随着解决方案变得越来越复杂，市场已经从制造零部件的供应商转向创建高价值的集成系统的供应商。即便是提供雇佣劳动力服务的供应商，也会从原先雇佣个人转变为雇佣整个敏捷团队甚至是整列敏捷发布火车。

这种趋势使得选择合适的供应商变得更加重要。这是一个长期的、高价值的主张。为了做出正确的选择，来自工程领域和采购的多个参与者都需要参与到供应商选择的工作中。由于精益 – 敏捷组织通常会寻找更少的供应商，但会寻找与之有长期关系的供应商，因此这些观点可以更好地考虑适合双方组织的长期文化和工作方法。

帮助供应商改进提升

与精益 – 敏捷供应商一起工作要更容易、更高效，他们可以在企业的节奏中更好地适应自己的节奏，并根据需要调整计划。另外，试图在不改善供应链的情况下改善价值流不是最佳选择。为了解决这些问题，精益 – 敏捷企业和他们的供应商一起去改善他们的流程和结果，从而使双方都受益。Liker 和 Choi 观察到"当其他汽车制造商每周投入 1 天时间来帮助供应商成长提升时，本田承诺用 13 周的时间帮助供应商成长提升……本田的最佳实践项目使供应商的生产力提高了 50%，质量提高了 30%，成本降低了 7%。然而本田也不是完全无私的；供应商必须承担 50% 的成本节约"（参考资料 [4]）。

邀请供应商参加检视和调整（I&A）工作坊和其他坚持不懈地改进活动，以及派遣精通精

益 – 敏捷方法的工程师来帮助供应商改进他们的流程，将会对前置时间和成本产生很大影响。

敏捷合同

为了促进与供应商的高效合作关系，在双方之间建立一个信任的环境是十分重要的。不幸的是，当双方关系是基于不同假设所签署的合同时，这种信任将很难建立。

传统合同往往导致不良的结果。戴明指出，“在购买商品和服务时，有一个人们不愿谈论的价格标签，这是一个“空头陷阱”⊖为了在行业中运行“成本加成”的游戏，供应商的出价如此之低，以至于他几乎肯定能得到这笔生意。”“他们最终确实拿到了订单。但是客户发现了一个至关重要的工程变更。这时，供应商会热情相助，但“遗憾”的是，这项变更会将该工作的成本翻倍”(参考资料 [4])。

虽然这种做法在今天的市场上仍然具有一定的普遍性，但并没有为任何一方优化经济利益。精益 – 敏捷的买方和供应商没有采用这种“我赢你输”的理念，而是一起合作并拥抱变化，为双方争取利益。这种关系是建立在信任的基础之上。这种关系将越来越多地通过敏捷合同建立起来，它将提供一个更好的合作方式。这也不是新兴的事物，正如丰田所说：“管理甲乙方关系的合同是模糊的，只包含一般声明和无约束性目标”(参考资料 [3])。

参考资料

[1] Deming, W. Edwards. *Out of the Crisis*. MIT Center for Advanced Educational Services. 1982.

[2] “Toyota Supplier CSR Guidelines.” 2012. http://www.toyota-global.com/sustainability/society/partners/supplier_csr_en.pdf.

[3] Aoki, Katsuki, and Thomas Taro Lennerfors. “New, Improved Keiretsu.” *Harvard Business Review*. September 2013.

[4] Liker, Jeffrey, and Thomas Y. Choi. “Building Deep Supplier Relationships.” *Harvard Business Review*. December 2004.

7.5 经济框架

采取经济视角。

——SAFe 精益 – 敏捷原则 #1

摘要

经济框架是一组决策规则，可以让所有员工在解决方案的经济目标方面保持协调一致，

⊖ 所谓空头陷阱，简单地说就是市场主流资金大力做空，通过盘面中显现出明显疲弱的形态，诱使投资者恐慌性抛售股票。——译者注

并指导制定经济决策流程。它主要包括四个组成部分：精益–敏捷预算、史诗的资金和治理、去中心化的经济决策，以及基于延迟成本（CoD）的任务排序。

SAFe 精益–敏捷原则 #1 就是采取经济视角来考虑问题，它强调了经济效益在成功的解决方案研发中扮演的关键地位。本章详细阐述了采取经济视角、尽早和频繁的交付，以及理解其他经济权衡参数等主要方面的内容。此外，SAFe 原则 #9 也涉及了经济效益的视角。

本节把这些原则结合在一起阐述了经济框架，即一组可以让所有员工在企业使命和财务约束等方面保持协调一致的决策规则。这些财务约束包括从项目群投资组合出发考虑的预算，以及影响特定解决方案的权衡因素。在这种情况下，投资组合受托人就可以把决策权下放给其他人，因为他们清楚地知晓决策需要跟既定的经济目标保持一致。

详述

经济框架的主要目的是在经济大环境下，支持有效而快速地进行决策。为此，以下三件事是必须的：

- 对决策规则的理解
- 本地环境
- 相关的决策授权

为此，许多必要的经济决策都嵌入到各种各样的 SAFe 实践中。如图 7.5-1 所示，总结了这些决策规则和授权会出现在哪些地方。以上框架的每个部分都会在下文中有详细描述。

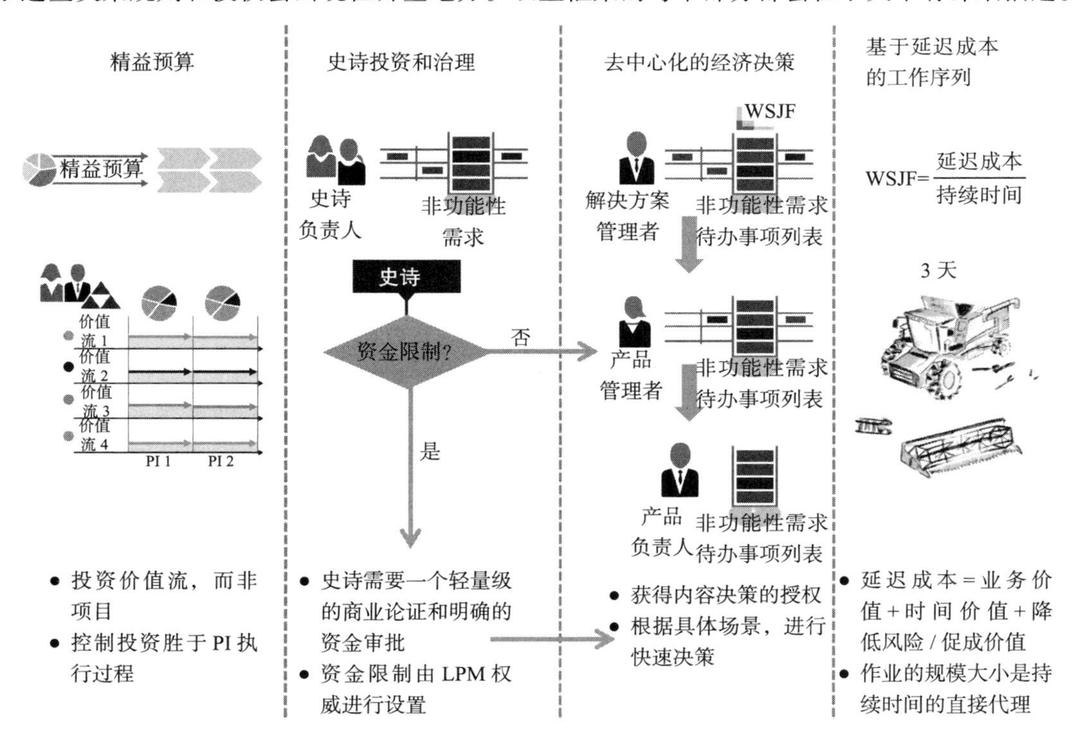

图 7.5-1 SAFe 的经济决策制定结构

精益预算

第一个决策就是个重大决策，因为精益 – 敏捷企业从基于项目的、基于成本中心的会计流程转向一种更新型、更精益的预算流程，资金会被分配到一个长期存在的价值流中。因此，每个项目群增量（PI）的成本是基本固定的，但是范围可以根据需要而发生变。每个价值流预算都可以在 PI 的边界随时间进行适当的调整，但是要基于对投资组合提供的相对价值。关于详细流程的介绍，请参照 8.5 节的内容。

史诗投资和治理

为价值流（进而为敏捷发布火车 ART）分配资金是一件好事，但是如果存在大规模的交叉关注点的时候，比如各种投资组合的史诗，或者是解决方案或项目群史诗所代表的重要局部投资的考虑，我们该怎么办呢？资金的许可使用，需要明确类似的责任以便对任何意料之外的投资进行沟通，这是投资组合看板系统存在的主要目的。每一个史诗都需要一个精益的业务论证和明确的审批流程（参考 8.6 节和 8.9 节中精益投资组合治理的讨论部分）。

去中心化的经济决策

基于这些预算要素，企业可以授权员工，特别是产品经理和解决方案经理，根据相关的情境、拥有的知识、必要的授权，在框架的各个层面进行具体的内容决策。当然，他们并不是一个人在战斗，他们会和更高一级的利益相关者一起协作来确定最佳行动措施。但是最终决策一定是他们自己做，因为这是他们的主要权利与责任。

基于延迟成本的任务排序

为了提高解决方案的有效性，每一个重大的项目群都有一大批等待实现的特性和能力的列表。然而，SAFe 是一个基于流动的系统，这种系统的经济效益是通过工作优先级排序进行优化的，而不是通过那些理论上的投资回报率（ROI）进行实现的，更不是基于“先到先得”的原则进行考虑的。正确的选择下一项工作是基于最大经济效益而考虑的，这是通过项目群和解决方案看板系统，以及项目群和解决方案待办事项列表来完成的。工作按照加权最短作业优先（WSJF）方法被拉动到实现环节，作业规模大小的估算通常作为工作持续时间的代理。

实践只提供模式，而决定是由人做的

本节描述了用来做经济决策的 SAFe 的元素，它们为基于投资组合和价值流的经济效益有效决策提供了基础。SAFe 同时也定义了那些位于决策链上的人员角色和责任。当然，决策不会自发产生。所以精益 – 敏捷领导者需要不断的应用这些元素，同时也指导员工加以应用。通过这种方式，可靠的决策贯穿于整个研发组织之中，给企业带来最大化精益 – 敏捷开发的经济效益。

参考资料

[1] Reinertsen, Donald G. *The Principles of Product Development Flow: Second Generation Lean Product Development*. Celeritas Publishing, 2009.

7.6 PI 计划前、后会议

在跨领域计划中应用节奏、同步。

——SAFe 原则 #7

摘要

项目群增量（PI）计划前、后会议的，是用于为敏捷发布火车（ART）和解决方案火车的供应商的 PI 计划会议，进行会前准备和会后跟进的。

项目群增量（PI）计划会议是至关重要的事件，是每个 ART 基于节奏的同步节点。然而，对于解决方案火车而言，还有两个额外的活动：计划前会议和计划后会议。这些活动用于在解决方案火车中的不同 ART 之间进行支持和协调。在这个高层级的计划会议上，可以帮助解决方案开发作为一个整体进行对齐，并对火车将要驶向的下一个 PI 提供方向和可视化。

详述

PI 计划前、后会议有助于大型价值流中的多个敏捷发布火车和供应商，一起协作创建下一个项目群增量的计划。PI 计划前、后会议更像是 PI 计划会议的包装器，这些计划会议在整个项目群层面实际发生，也可以在创新与计划（IP）迭代的日历中查到具体的计划会议日期。

PI 计划前会议，用于协调敏捷发布火车计划会议中需要的输入目标、关键里程碑、解决方案上下文以及业务上下文。

PI 计划后会议，用于整合敏捷发布火车计划会议的结果，并整理成价值流的愿景和路线图。在 PI 计划后会议结束时，应该对一系列的价值流 PI 目标（在 PI 结束时可以实现的）和下次解决方案演示会议上展示的内容达成共识。正如 PI 计划会议一样，PI 计划前、后会议可以提供大量有价值的业务收益：

- 通过面对面的沟通，提供了高效和频繁的交流。
- 通过敏捷发布火车和价值流 PI 目标，把敏捷发布火车与价值流对齐。
- 识别跨敏捷发布火车之间的依赖，并促进其相互协作。
- 提供了指导恰如其分的解决方案级别的架构和用户体验指导（参见 6.8 节）的机会。
- 将解决方案的需求与敏捷发布火车的容量进行匹配。

PI 计划前、后会议的另一个好处是在跨解决方案火车的范围内进行团队建设，这有助于我们创造一个实现更高绩效的组织形态。而且，由于计划是基于已知的速度创建的，PI 计划后会议可以帮助我们严谨而持续不断地评估在制品（WIP）数量，并根据需要去除一些多余的在制品（WIP）。

输入和输出

PI 计划前、后会议的输入包括：解决方案路线图、愿景、解决方案意图、解决方案待办事项列表中高优先级的能力。这两个会议的与会者包括：

- 解决方案利益相关者，包括解决方案火车工程师（STE）、解决方案管理者、解决方案架构师 / 工程师、解决方案系统团队、发布管理者。
- 所有敏捷发布火车和供应商的代表，通常包括发布火车工程师（RTE）、产品管理者、系统架构师 / 工程师、客户，已经其他主要的利益相关者。

这两个会议的输出包括三个重要的工件：

1. 一系列汇总的服务于解决方案的目标，目标要符合“SMART”原则。

2. 一个解决方案计划公告板，重点强调目标、预期的交付日期，以及和解决方案相关的一些里程碑信息。

3. 一次对于完成解决方案 PI 目标的信心投票表决（承诺）。

这种基于节奏的计划流程，可以指导解决方案在业务和技术环境中，克服不可避免的技术障碍、波折和难关。

通过解决方案演示获取相应的上下文信息

解决方案演示对应解决方案火车，就像系统演示对应敏捷发布火车一样。通过演示，我们获得了对整合后的解决方案进行定期评估的机会。这个演示通常由解决方案管理者主持，解决方案的利益相关者（包括解决方案管理者、解决方案火车工程师，以及客户）通常也会参加这个会议。这个会议中获得的信息，将会帮助利益相关者对当前解决方案的进展、绩效和潜在适用性进行客观地评估。尽管解决方案演示的时间会根据解决方案上下文而有所不同，但是演示将会对 PI 计划前、后会议提供关键的客观输入。

PI 计划前、后会议的准备

PI 计划前、后会议将解决方案火车中各个部分的利益相关者汇聚到一起。他们需要对要完成的内容进行准备、协调和沟通。以下所示的议程和时间安排将会给予一个如何召开这些会议的指导，但是不同的价值流会因其所承担的能力和所处位置不同而有所调整。

不管会议的时间和实际流程如何安排，为了真正达到火车和供应商之间一致的意见，会议中的所有内容是不可或缺的。在会议中确认清晰的愿景、上下文，并确保正确的利益相关者参与到会议中是至关重要的，包括：

- **管理层简要描述**——定义了当前的业务、解决方案和客户上下文。
- **解决方案愿景简要描述**——解决方案管理者提供了简要的信息，包含解决方案待办事项列表中最高优先级的能力。
- **里程碑定义**——对于下一个时间和度量的清晰定义。

在 PI 计划前会议中设定计划上下文

PI 计划前会议为敏捷发布火车和供应商创建他们的计划做好了铺垫。会议中具体的环节如下所述，如图 7.6-1 所示，给出这个会议的整体日程安

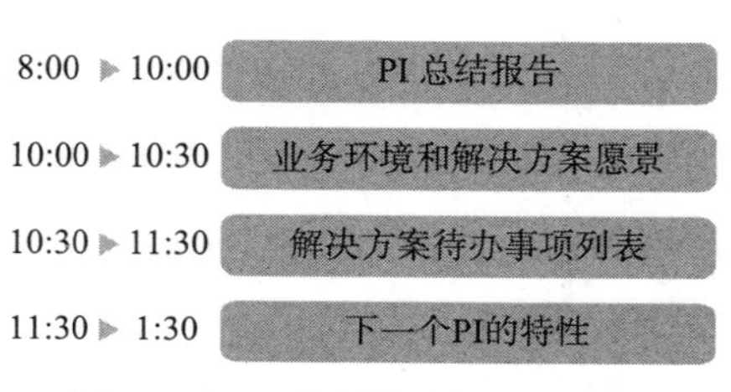

图 7.6-1　PI 计划前会议议程示例

排作为参考。

- **PI 总结报告**——每一个 ART 和供应商都提供了关于前一个 PI 完成情况的简报。虽然这并不不能取代解决方案演示会议，但它的确提供了在 PI 已经完成了哪些内容的上下文信息。
- **业务上下文和解决方案愿景**——高层管理者展示出一份关于解决方案和项目投资组合的当前状态的简报。解决方案管理者展示出解决方案的当前愿景，并突出强调与前一个 PI 相比所带来的变化。他们也会展示未来 3 个 PI 的路线图，以及接下来在这些 PI 中将会发生的里程碑，以确保这些信息能获悉并得到跟进。
- **解决方案待办事项列表**——解决方案管理者将会评审下一个 PI 中高优先级的能力。解决方案架构师 / 工程师将会讨论下一个 PI 中的使能能力和使能史诗。
- **下一个 PI 的特性**——每一个 ART 的产品管理者，都会把为下一个 PI 所准备的项目群待办事项列表展示给大家，并讨论与其他火车的依赖关系。

解决方案利益相关者参与 ART PI 计划会议

由于大型解决方案计划会议的统筹安排相当复杂，很有可能成为解决方案利益相关者参与会议的限制性因素。然而，只要有可能，就需要让关键的利益相关者（尤其是解决方案管理者、解决方案火车工程师、解决方案架构师 / 工程师）尽量都参与到敏捷发布火车 PI 计划会议中，这一点是至关重要的。在大多数情况下，ART 计划会议是同步进行的，这些解决方案利益相关者会在多个敏捷发布火车的 PI 计划会议中，穿插着参与其中。供应商和客户也同样扮演重要的角色，他们在敏捷发布火车 PI 计划会议中也应该有代表人员出席会议。

在 PI 计划后会议中总结结果

在敏捷发布火车各自的计划会议结束后，将会召开 PI 计划后会议。这个会议主要用于同步各个敏捷发布火车之间的工作，并创建出整体的解决方案计划和路线图。参与会议的人员包括解决方案利益相关者，以及关键的 ART 利益相关者。图 7.6-2 是一个会议议程的示例，下文将进行详细讨论。

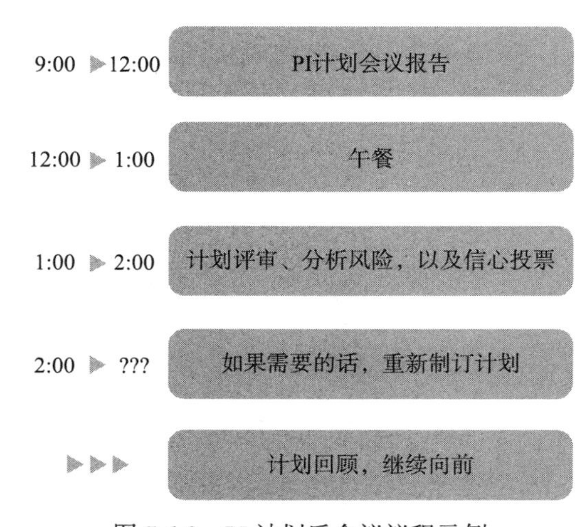

图 7.6-2 PI 计划后会议议程示例

- **PI 计划会议报告**——每一个敏捷发布火车的产品管理者，展示他们基于各自的 PI 计划会议所创建的计划，并详细地描述他们的 PI 目标，以及预期完成的日期。RTE 在解决方案公告板上每一行对应的 ART 中填写相关信息，并与其他敏捷发布火车或供应商讨论依赖关系。
- **计划评审、分析风险，以及信心投票**——所有与会者一起评审制订的计划。在 PI 计划会议时，敏捷发布火车已经识别出了可能会影响团队达到他们目标的主要风险和障碍。此时，相关的风险可以在一个更广泛的解决方案上下文中，由大家一起讨论处理。可以对风险逐个进行讨论，通过一种清晰、诚实和可见的方式，把所有已识别的风险逐个归入以下类别：

- **已解决**——该问题已不再值得关注。
- **已承担**——该风险无法在会议上解决，但有人会承担该风险的处理。
- **已接受**——有些风险就是事实或者可能发生的事情，必须被理解和接受。
- **已减轻**——通过制定一个应急计划，来减轻该风险影响。

一旦确定了相应的风险，团队成员会在会议上针对是否符合解决方案火车 PI 目标进行信心投票。每个团队进行一次“五指拳”投票。如果平均有 3 ～ 4 根手指，管理层就应该接受团队的承诺。如果平均数少于 3 根手指，那么计划需要调整和重做。任何人如果伸出 2 根或 2 根以下的手指，就需要给他们机会说出其顾虑，这个顾虑也可能会加入风险列表中。

- **如果需要的话，重新制定计划**——如果有必要的话，团队需要重新制定他们的计划，直到团队达成共识。这将会顺延敏捷发布火车的后续会议，因为任何对计划的改变，都需要让团队参与其中。
- **计划回顾，继续向前**——最后，STE 主持一个回顾会议，并记录在会议中哪些部分做得好，哪些部分做得不好，以及哪些可以做得更好。通过这样的方式，我们讨论下一步的行动，包括确认目标、使用项目管理工具，以及确定下一个解决方案火车的关键行动和事件的日程表。

创建正确的成果

一个成功的会议可以提供三个主要的成果：

- 一系列汇总的服务于解决方案火车的解决方案 PI 目标（符合“ SMART”原则），并由解决方案管理者、解决方案架构师 / 工程师，以及客户设定相应的业务价值。同样还包含了一些延伸性目标，它们在计划中创建，但解决方案并不对其进行承诺。延伸性目标提供了灵活的容量，以及范围管理可选项，从而可以提高 PI 执行的可靠性和质量。
- 一个解决方案计划公告板，重点强调了能力预期的交付日期，多个 ART 之间的能力依赖关系，以及一些从项目群公告板汇聚的相关里程碑信息，图 7.6-3 提供了一个示例。
- 一次基于对能够完成解决方案 PI 目标信心投票的承诺。

接下来，还需要基于计划好的 PI 的目标，对解决方案路线图进行相应的更新。通常由 STE 和解决方案管理者在 PI 计划后会议结束之后完成。

在 IP 迭代中协调解决方案火车和 ART 计划事件

为了完成所有必要的细化梳理，解决方案火车及其 ART 的各项活动（包括 PI 计划前、后会议，PI 计划会议，以及检视和调整（I&A）工作坊）的组织举办可能是一项有挑战的事情。如果要按照最佳顺序对事件进行排序，需要 STE 和所有 RTE 进行精确的计划，从而确保在计划期间邀请到正确的利益相关者。图 7.6-4 显示了一个为期 2 周的 IP 迭代的示例日程，其中对所有解决方案和 ART 事件进行了排序，以确保每个事件的理想输入和输出。根据解决方案的范围和复杂性，一些组织会发现这种模式过于简单，可能需要提前 4 ～ 6 周举行多个 PI 计划前会议。大家需要记住的是，SAFe 仅仅是一个框架，你应该使用它的原则作为指导，根据需要调整自己的计划。

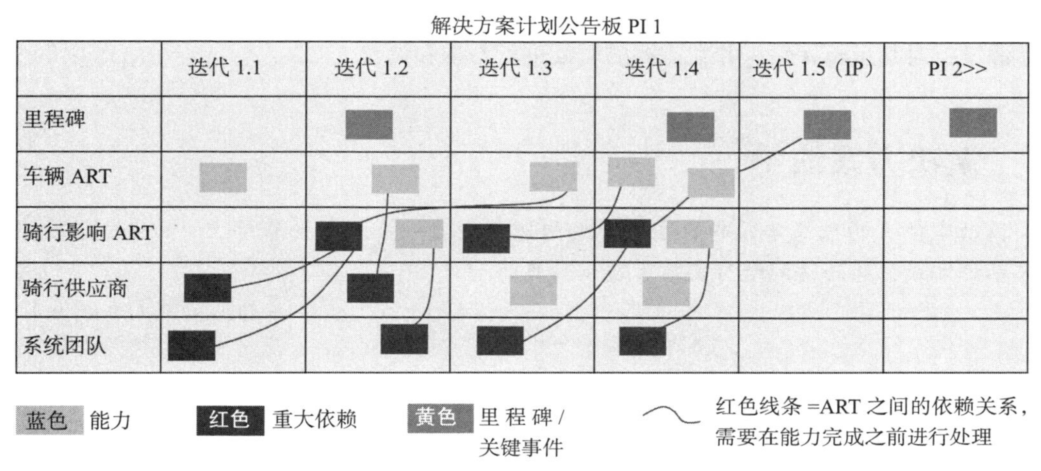

图 7.6-3　解决方案公告板示例

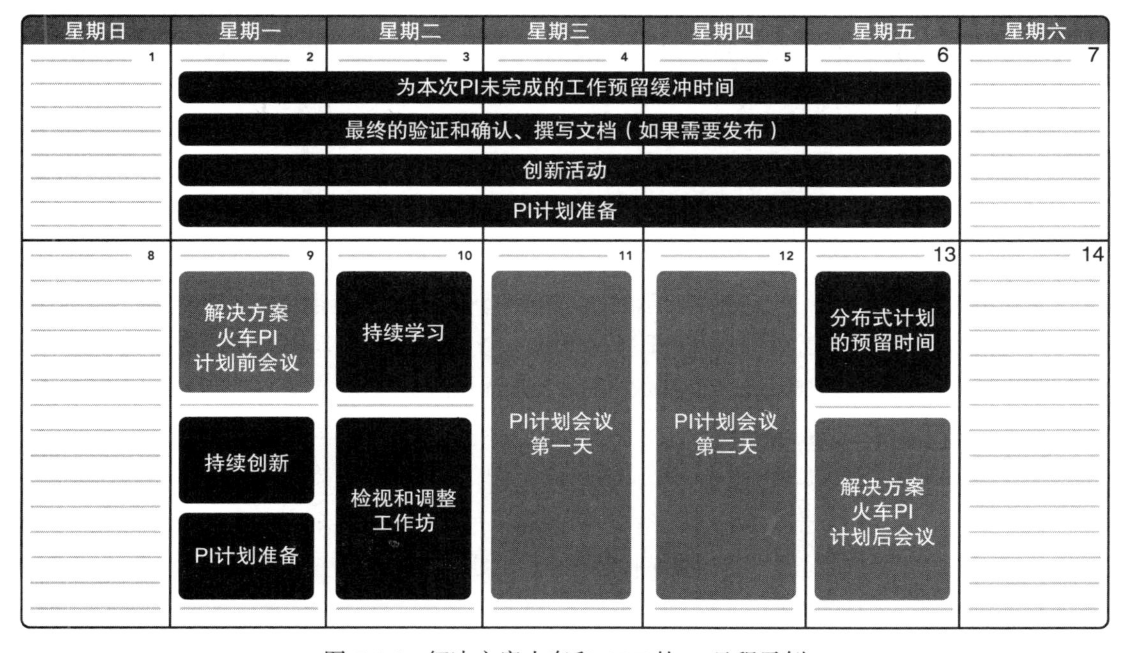

图 7.6-4　解决方案火车和 ART 的 IP 日程示例

对于地理位置上的分布式火车来说，在 PI 计划前一天安排 I&A 事件是一种常见的模式，因为许多人可能需要前往同一个位置参与其中。为了节省成本和场地调度的难度，通常需要相邻的时间段来进行 I&A 和 PI 计划会议。

当会议组织的后勤工作可以比较容易安排时，另一种选择是在解决方案火车 I&A 之前，举办 ART 层级的 I&A 工作坊。这样就允许 ART 的 I&A 的输出（包括演示、度量和问题解决工作坊）作为输入，进入解决方案火车的 I&A 过程。其好处是，解决方案的利益相关者将掌握解决方案在其计划活动中的最新状态。还需要考虑将会议组织后勤工作的设计视为一个假设，对其进行评估，并在需要的时候进行检视和调整。

7.7 解决方案演示

拉动事件目的很简单，它旨在将开发组织集中在一个有形的事件上，以强制完成一个学习环的方式，从而达到进行实质上演示的目的。

——Dantar P. Oosterwal

摘要

解决方案演示是将解决方案火车中开发的成果进行集成、评估，并对客户和其他利益相关者可见。来自多列敏捷发布火车的所有开发工作结果，以及供应商和其他解决方案参与者所做的贡献，都被集成起来，对于客户和其他利益相关者来说都是可见的。这个演示是解决方案火车的一个至关重要的事件，它提供了一个进行客观评估和收集反馈的机会。同时也是庆祝上一个项目群增量成果的时刻。

每一个解决方案演示都代表了在解决方案中一些最重要的学习点，可以将产品开发的不确定性转化为知识。演示的结果将决定针对企业投资组合中重要因素的下一步行动措施。

详述

在解决方案演示中，开发团队展示解决方案的新能力，并表明它符合非功能性需求和整体的适应性。解决方案演示提供了重要的输入，帮助价值流和投资组合做出近期的决策。它是度量进度的唯一确切标准，也是缓解价值流投资风险的主要方式。

解决方案演示作为一个“拉动”事件

在本节中提到，解决方案演示是一个有目的、强制性的和高层级参与的“拉动”事件。换句话说，它把解决方案的各个方面结合在一起，有助于确保敏捷发布火车和供应商共同创建的这个解决方案，是经过集成和测试并符合预期目标的方案。因此，它加速了开发中解决方案的集成、测试和评估，否则所有这些很容易推迟到解决方案生命周期的后期才能执行。

在投资组合中，企业有时会举行更大的“拉动”事件，在这个过程中，几个解决方案汇聚在一起，通过进行“路演”的方式来展示他们的成果（参考资料 [1] 中给出了一个例子）。演示会议中，高层管理人员、利益相关者和投资组合受托人，一起评审在更广泛的投资组合环境中的进展，并做出相关决策，包括继续执行、终止举措执行。或者，他们将会对不同价值流间的预算投资，做出变更的决策。

概览

准备

解决方案演示是一个关键的事件，必须事先准备，该准备通常开始于 PI 计划前、后会议，因为这两个会议可以提供最近的系统演示结果。这些结果可以让正在进行演示的人员知晓，解决方案中的哪些具体能力和相关方面可以进行演示。此外，虽然解决方案演示的参与人员可能不会很多（范围考虑：通常避免大多数开发团队成员参与），但会议组织工作依然十分重要。通常，参加演示会议的人员对于解决方案所支持的价值流来说都是很重要的，会议的组织、时间的安排、演示的方式，以及专业化程度的体现，都可以提升参与者的体验，而且这些因素甚至可能会影响结果。

参与人员

解决方案演示的参与人员通常包括：

- 解决方案管理者
- 解决方案火车工程师（STE）
- 解决方案架构师 / 工程师
- 客户
- 敏捷发布火车代表，通常是产品管理者、系统团队、产品负责人和开发团队的代表（可以亲身体验客户反馈）
- 精益投资组合管理（LPM）部门的代表
- 大型解决方案层利益相关者，高层管理发起人和高级经理
- 部署运营部门的代表

议程

典型的会议议程包括以下事件：

- 简介，评审项目群增量的解决方案火车 PI 目标（10 分钟）
- 用端到端的用例演示每个目标和能力（总共 30 ～ 60 分钟）
- 确定每个目标完成的业务价值
- 针对问题和意见的开放讨论
- 总结进展、反馈和识别行动措施，结束会议

如果在多个解决方案一起演示的情况下，演示当天可能很会很有趣。一个常见的形式就像一个科学展览会，每个解决方案都有一个区域来演示进展，同时允许利益相关者提出

问题和反馈。每个解决方案都有一个1小时的时间盒，用来向一些特定的利益相关者展示其成果，但所有的解决方案都应可以持续演示。而来自其他解决方案的成员和利益相关者，都可以访问每个解决方案以获得非正式的演示，并提供非正式的反馈。

指导原则

进行一个成功的解决方案演示，有一些技巧值得注意：

- 演示时间盒是1～2个小时，这对于保持关键利益相关者的参与度是至关重要的。这也展示了专业精神和解决方案的就绪状态
- 资深工程师和团队成员共同承担展示新特性的职责
- 尽量少一些幻灯片，仅演示可工作的和通过测试的能力
- 讨论当前PI对解决方案的非功能性需求和解决方案意图的影响
- 在解决方案上下文中进行演示（见下文）

在解决方案上下文中演示解决方案

上面提到的最后一条是非常关键的，因为不同的解决方案可能与它们的解决方案上下文具有不同程度的耦合性。在某些情况下，一个解决方案很大程度上是独立于其环境而存在的，因此单独的解决方案演示可能就已经足够了。然而，当解决方案严格依赖于解决方案上下文（例如，多个系统嵌套——“系统的系统”）时，单独的解决方案演示就显得有所不足了，甚至可能会导致错误。在这种情况下，解决方案应该在能完全代表解决方案上下文的环境中进行演示。但是如果无法在解决方案上下文的环境中进行演示时，开发人员就应该做好计划，与大型的解决方案上下文进行定期集成。

解决方案演示的战略、投资和时机

大型系统的集成可能极具挑战。为了能够定期演示解决方案增量，团队通常必须在集成、测试和支持设施上投入相应的工作量。即使这样，集成和测试的程度可能也会小于100%，并且可能在多个早期集成点上存在差异。为了达到尽可能高的集成和测试程度，团队可以利用虚拟化、环境仿真、模拟、打桩、减少测试套件等方法。此外，在PI计划会议期间，可能需要明确分配一些集成和演示的工作，以及环境搭建准备的时间。

关于时间的考虑，可能会在PI的最后一个系统演示之后，再滞后一段时间才进行解决方案演示。这样的后果将是：产生延迟的反馈回路，并增加风险、降低解决方案火车的速度。以下是一些减少滞后时间的建议：

- 在计划时，把演示作为PI范围的一部分，这可能需要一些准生产环境和配置管理支持来实现部分演示。
- 在创新与计划（IP）迭代中为这种高层级的集成预留时间。
- 扩展敏捷发布火车的职责范围，使其也可以涉及集成和测试领域，这样他们可与其他火车的子系统/能力领域产生更多重叠。因此，即使是单个的系统演示，也能提供一个比较近似完整集成的解决方案演示。

最后，解决方案本身可以进行更好的设计，以便能够支持集成和测试，从而大幅度降

低方案演示的成本。通过标准接口、严格定义的应用程序接口，以及软件的容器这些元素能有助于团队在早期发现问题和不一致性，使得端到端的子系统集成和测试变得更容易。

参考资料

[1] Oosterwal, Dantar P. *The Lean Machine: How Harley-Davidson Drove Top-Line Growth and Profitability with Revolutionary Lean Product Development.* Amacom, 2010.

7.8　解决方案

点击。呈现。太神奇了！

——史蒂夫·乔布斯（Steve Jobs）

摘要

每一个价值流都可以产生一个或多个解决方案，无论是企业内部的还是外部的，都是可以交付给客户的产品、服务，或者系统。

SAFe里面所有的用词、页面、链接、角色、活动和工件的存在只有一个目的：即帮助团队持续交付能带给客户价值的解决方案。相应地，这些内容帮助客户实现了他们的目标，而这也正是每一个开发解决方案的企业的最终目标。

然而，即使团队和敏捷发布火车遵守SAFe的指导，并在他们关注的范围有效地执行，仍不能确保交付价值。 客户买的不是能力、特性或组件。实际上，他们买的是能够提供所需业务成果的产品解决方案。由于这个原因，解决方案是SAFe的核心概念之一，也是需要采用系统视角来考虑价值交付的一个要素。

详述

开发一个有效的解决方案，符合预期的目标，这是SAFe更大的目标。正如8.3节中所述，一个解决方案要么是交付给最终经济购买者的最终产品，要么是组织内部能够驱动运营价值流执行的一套系统。这两种情况下的工作大致相同：即确定最终用户的需求，并可靠、高效、持续地为客户产生价值的流动。

SAFe解决方案开发概览

解决方案开发是每一个敏捷发布火车（ART）和价值流的主题。在基本型SAFe和投资组合SAFe的配置类型中，每一个ART都有能力可以独立地向客户交付解决方案。

通常，大型解决方案层可以支持需要多个ART和供应商共同参与构建的解决方案。在这一层级，解决方案开发包括不同的核心实践和SAFe元素，如图7.8-1所示。

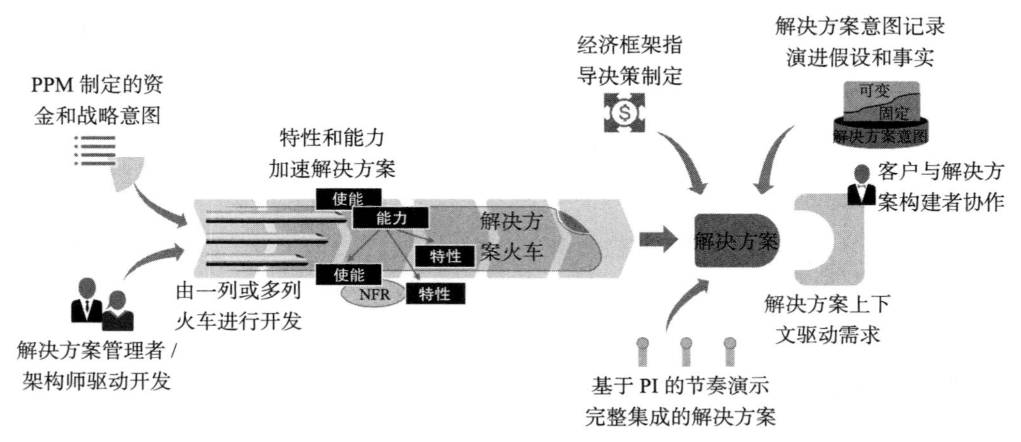

图 7.8-1　解决方案开发概览

大型解决方案是通过解决方案火车上的多个 ART 一起运作来实现的。多列敏捷发布火车用相同的节奏，以增量的方式构建解决方案，而解决方案演示促进增量充分集成并使其可评估，解决方案演示每个项目群增量（PI）至少一次。解决方案意图记录构建什么和如何构建的演进假设。此外，它还协调探索和定义固定和可变的需求与设计，部分需求和设计来自解决方案上下文。

客户和解决方案构建团队通过互动来澄清解决方案意图、验证假设并评审进展情况。解决方案管理者和架构师帮助推进开发、确定范围、决定优先级和管理特性、能力，以及非功能性需求的流动。

有一部分的治理职能是由经济框架提供的，经济框架建立相关的决策规则，用于治理解决方案的财务目标和指导经济决策流程。精益预算和战略主题提供了额外的边界和输入。换句话说，开发一个经济可行的解决方案，需要采用全局视角的方法对解决方案进行定义、计划、实施和评审，下文将进行详细描述。

有效地开发解决方案需要系统思考

SAFe 原则 #2——“运用系统思考”指导组织采用系统视角，并围绕价值定义、体系架构、开发实践和过程改进，应用可扩展和涌现式的实践。SAFe 框架的许多元素可以促进系统思考，如以下内容所述。

解决方案能力、使能和非功能性需求

能力是指端到端解决方案服务，用来支持用户目标实现。能力的实施是通过垂直的、端到端的价值切片，来实现解决方案的增量式开发。能力和特性的区别非常简单，即是特性能在单个的 ART 中进行实现，而能力是由多个了 ART 在一个解决方案火车中进行实现。但是不管是能力还是特性，都必须在一个 PI 内完成。使能用来对新能力进行探索，有助于解决方案基础设施和体系架构，也用于增强非功能性需求。 从而可以促进价值的提早交付和架构的健壮性。

解决方案意图

解决方案意图可以驱动和捕获解决方案的整体视图，包括从结构、行为、功能，以及其他视角等不同方面来治理价值的定义。基于模型的系统工程（MBSE）提供了一个有效的方法，对解决方案进行推理，同时也是共享知识的一项高效的交流工具。固定和可变的解决方案意图，可以使 ART 和解决方案火车，基于许多学习环中涌现的客观知识，增强整体的解决方案意图。

客户和解决方案上下文

采用系统的视角，需要理解解决方案上下文，解决方案上下文是解决方案赖以运行的更广泛的生态系统。解决方案上下文提供了额外部分，从而可以确定运营需求和约束条件。

当然，客户也是价值流的一部分。他们参与定义解决方案意图和解决方案上下文，他们也帮助验证假设和适用性。

构建经济上可行的解决方案

构建一个复杂的解决方案需要有依据的、高效的决策。经济框架权衡可以帮助指导解决方案的开发。此外，通过持续探索的过程（如学习里程碑、客户反馈回路和基于集合的设计），可以确认好的备选方案和去掉不太可行的方案，从而促进并简化学习的流程。

集成、测试、演示和发布

只有当利益相关者和团队频繁地评估整个解决方案的集成增量时，解决方案的开发才是有效的。虽然解决方案演示按照固定的 PI 节奏进行，但是持续交付流水线上的任何工作，都可以支持持续地创造价值和按需发布。为了达成这一目标，开发团队要不断增强他们的集成和测试实践、配置管理、自动化和虚拟化。

在投资组合里管理多个解决方案

每个 SAFe 投资组合包含多个价值流。其中大多是相互独立的，但也有一些会存在跨领域的关联和依赖，如图 7.8-2 所示。

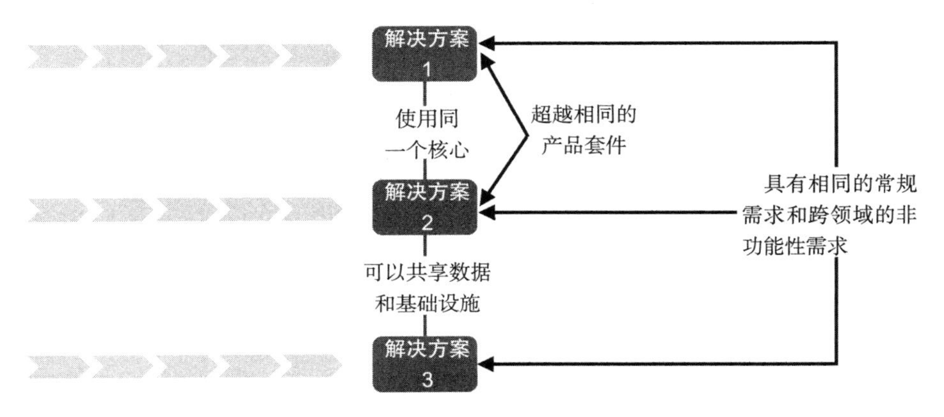

图 7.8-2　投资组合中存在跨领域的解决方案的示例

在有些情况下，这些跨领域的关联关系提供了一些增强性的能力，可以实现战略上的差异化。另外一些情况下，这些依赖关系必须作为解决方案产品的一部分来实现，这时就需要在价值流之间进行协调，8.12 节中详细描述了这些内容。

7.9 解决方案上下文

知晓一切——从上下文开始。

——Kenneth Noland

摘要

解决方案上下文可以识别解决方案运行环境的关键要素。它为解决方案本身的需求、使用、安装、操作，以及支持提供了必要的了解。解决方案上下文很大程度上影响了按需发布的机会和约束。

理解解决方案上下文对于价值交付是至关重要的。它影响着开发优先级、解决方案意图、能力、特性和非功能性需求。它为持续交付流水线和其他解决方案层级的按需发布活动提供了机会、限制和约束。

解决方案上下文常常受到解决方案开发组织控制范围之外的因素影响。解决方案及其上下文的耦合程度，是对架构和业务的一种挑战，即在灵活性和与环境的相互作用之间达到恰当的平衡，这种相互作用经常会跨越内部组织、供应商和客户的边界。

详述

通常，很少有系统是为自用而构建的，相反都是为别人而构建的，他们可能是内部运营的价值流或外部客户。这就意味着没有人能够控制或完全了解系统完整的部署和使用环境。而且系统也会在不同于开发环境的环境中被打包、部署、安装和维护。即使是企业内部的 IT 系统，新开发的系统也通常是由 IT 运维团队负责。在这种情况下，很多因素都可能导致生产环境不同于开发环境（参见 5.22 节的内容）。因此，理解解决方案上下文是降低风险和实现系统健壮的重要手段。

理解和确保解决方案、解决方案意图和解决方案上下文一致，需要与客户保持频繁的交互。客户理解愿景，并有权对解决方案上下文做出决策。如图 7.9-1 所示，表明了协作是必需的，而且不同层级的协作在很大程度上依赖于解决方案及其环境之间的耦合程度。

为了确保解决方案意图与解决方案上下文一致，客户应该尽可能频繁的参与 PI 计划会（如果可能的话，也包括 PI 计划前、后会议）和解决方案演示。客户应定期将解决方案集成到其上下文环境中。这种有节奏的交互与集成，可以确保所构建的解决方案增量基于正确的假设，并在客户环境中进行验证。双方在根据上下文获得最佳的经济结果方面都发挥了作用。

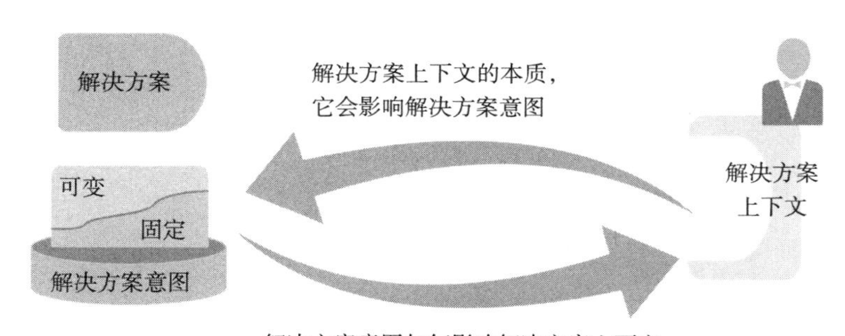

图 7.9-1 解决方案意图和解决方案上下文相互影响

解决方案上下文驱动解决方案意图

客户的上下文驱动需求，并约束解决方案意图中的设计和实现的相关决策。许多上下文的需求是不可协商的，如果不包括进去，可能导致解决方案无法使用，这些需求都属于解决方案意图中的固定类型的需求。解决方案上下文中的许多部分，是作为非功能性需求提出的，并包括在解决方案增量完成的定义中。

解决方案上下文还可能规定解决方案意图中必须解决的具体内容。在多层次的系统中，系统的意图可能依赖于相关的层次结构。系统上下文定义了解决方案意图必须如何组织、打包、集成以供客户使用，从而满足某些约定、认证和其他的目的。

固定的和演进的解决方案上下文

有些解决方案上下文是基于客户环境建立的，即解决方案必须适应客户环境（例如，“这是我们系统的工作方式，你必须适应这种方式”）。在这种情况下，所有的解决方案上下文需求都会通过解决方案意图被强制添加到解决方案中。

然而，在很多情况下，新的解决方案可能要求用户的部署环境也随之演进，并要求跟踪这些变化。如果是这样的话，动态跟踪这些变化就是十分重要的，因为系统和部署环境必须演进到一个共同的状态。在客户演进自己部署环境时，可以采取固定与可变思维，并通过多个潜在可行的解决方案上下文预留多个备选方案，这些方法也可以作为管理风险的工具。简单地说，越是多变的、不断演进的解决方案上下文，就需要越多的持续协作。

解决方案上下文的类型

了解客户解决方案上下文可以帮助构建者确定如何将他们的系统打包并部署到最终的运行环境。解决方案上下文可能包括的环境有如下几种：

- 系统的系统（例如，飞机的航电系统），产品套件（办公自动化套件中的文字处理器）。
- IT 部署环境（例如，解决方案部署的云环境）。
- 使用不同模块的独立解决方案（例如，可以飞国内或国际航线的客机）。

“系统的系统”的解决方案上下文

在大型系统群中，“供应商到客户”之间的解决方案是独特和级联式的，如图 7.9-2 所示。

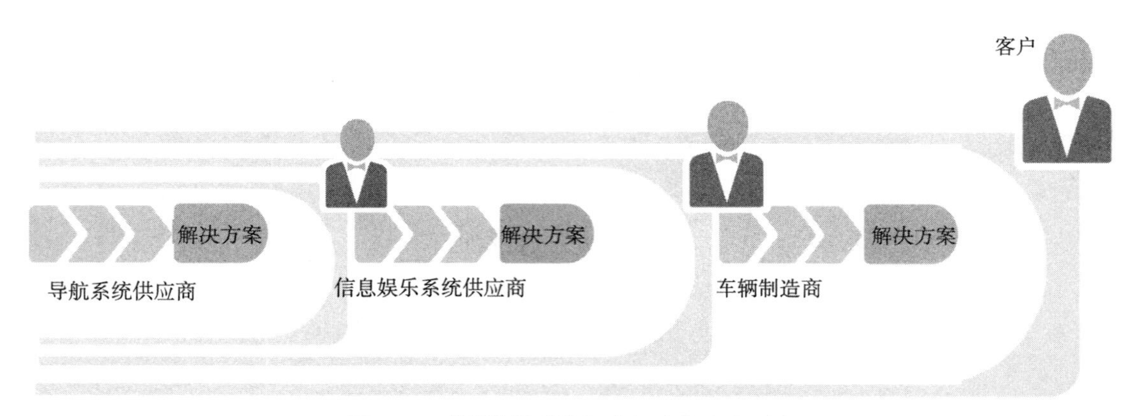

图 7.9-2 “系统的系统”中解决方案上下文

在供应链中的每个组织，都根据客户上下文环境来交付解决方案，并指明解决方案应该如何打包、部署和集成。然后，客户在根据他的客户上下文，提供相应的解决方案，以此类推。例如，如图 7.9-2 所示，首先由一个车辆导航系统供应商，在信息娱乐系统供应商提供的上下文环境中进行操作；然后到达车辆制造商的上下文环境中，最终到达消费者的上下文环境中。所有这些上下文都会影响解决方案的可行性，所以系统构建者必须了解完整的端到端的价值链。

IT 部署环境中的解决方案上下文

开发供内部使用的解决方案时，客户可能是内部人员，但将解决方案交付到生产环境仍需要上下文。部署必须考虑特定的接口、部署的操作系统、防火墙、其他应用程序的 API、主机或云基础设施等，如图 7.9-3 所示。

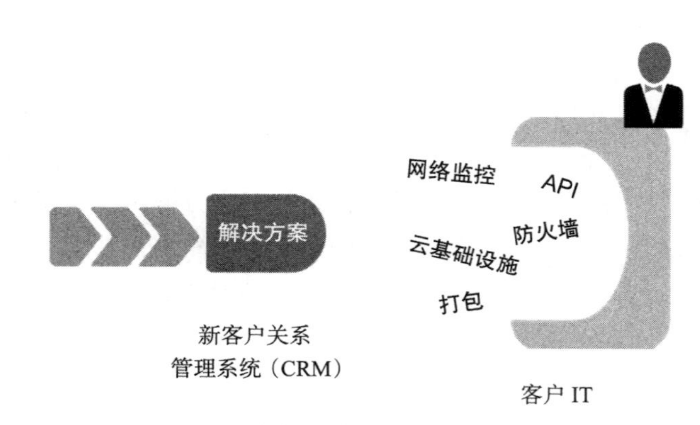

图 7.9-3 内部 IT 部署的解决方案上下文

使部署工作尽可能日常，是 DevOps 和持续交付流水线的主要目标。

这个例子中，新的客户关系管理（CRM）系统体现所需的接口，以及在最终环境里应用程序如何打包、发布、运行和管理。

解决方案上下文包括投资组合层关注的内容

还有最后一个要考虑的内容。通常，企业的产品和服务必须一起工作，用以完成系统构建者更高的目标。因此，大多数解决方案并不是孤立的，这些解决方案同样也是投资组合层所关注的。因此，涌现出的举措通常以投资组合史诗的形式出现，他们也会驱动解决方案意图和影响解决方案的开发和部署。

对于内部托管系统，与其他解决方案的互操作性通常也是必需的，也需要进一步扩展解决方案上下文。例如，更大的运营价值流，经常会使用来源于多个开发价值流的解决方案，如图 7.9-4 所示。

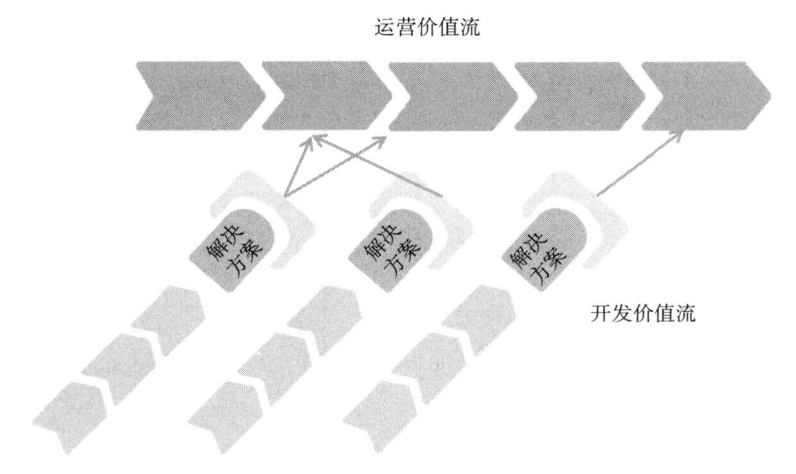

图 7.9-4 多个解决方案一起协作，支持完整的运营价值流

这些相应的解决方案必须互相合作，也必须与其他的解决方案进行集成，从而给运营价值流提供一个无缝的、端到端的解决方案。

持续协作确保部署能力

想要确保解决方案能正确地运行在其上下文和部署环境，就需要获得持续的反馈。基于节奏的开发，可以向多系统的整个价值流进行频繁集成，并演示其进展情况，向着最高级别上下文环境中的里程碑和发布承诺前进。持续协作有助于确保解决方案最终能在客户上下文环境中进行部署：

- 客户在 PI 计划会议和解决方案演示期间提出并讨论上下文问题。
- 解决方案管理者和客户持续确保愿景、解决方案意图、路线图和解决方案待办事项列表与解决方案上下文保持一致。
- 在客户上下文中发现的问题，通过解决方案看板系统来找出相关影响并做出决定。
- 了解和共享相关的解决方案上下文知识，环境和基础设施，如接口模拟，测试和集成环境、测试和部署脚本等。
- 解决方案架构师 / 工程师确保技术路线与解决方案上下文保持一致，如接口、约束等。

因此，开发团队和客户组织中的各种角色之间有很多需要合作的地方。在 SAFe 中，定义了许多与客户组织中相应的角色，用于承担相应的职责，如图 7.9-5 所示。

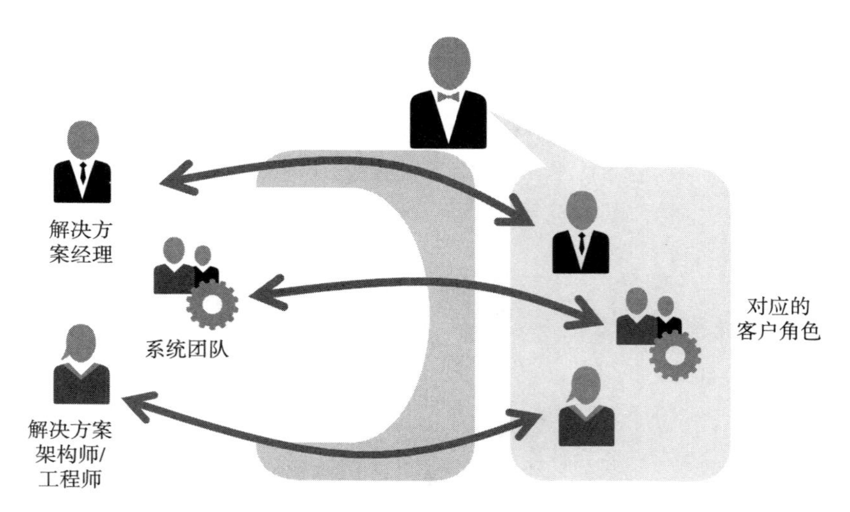

图 7.9-5　SAFe 和对应的客户角色之间的协作

总之，客户与 SAFe 角色之间的有效协作，有助于确保系统满足客户需求，而且始终处在客户的上下文环境中。

7.10　解决方案意图

质量始于意图。

——W. 爱德华兹·戴明（W. Edwards Deming）

摘要

解决方案意图作为知识库用来存储、管理并沟通当前和预期的解决方案行为。其中包括固定或可变的样式和设计；可参考的标准，系统模型，功能或非功能性测试，以及历史版本的追溯。

构建大规模软件或网络物理信息系统对于现代工业来说是最具复杂性和挑战的尝试。这要求聚焦于两个核心问题：

- 我们正在构建的到底是什么？
- 我们该如何构建它？

另外，这两个问题是有内在联系并相互影响的。如果你不知道"如何"以经济或技术可行的方式构建系统，那就必须在这个前提下重新审视将要被构建的系统。SAFe 将此关键知识库称为解决方案意图——对当前和不断演化的需求、设计，以及意图的基础理解，是解决方案的宏观目标。

有些解决方案意图是固定不变的，正如那些必须完成的不可讨论的需求或者是已经完成的。还有一些是可变的，需要进一步讨论和探索。理解、定位这些差异并在变化中前进

（甚至有所延期）是在大规模解决方案开发过程中实现敏捷的关键。

详述

当我们构建那些关键系统时，一旦失败，成本将无法估量，这就需要更为严格的对系统行为进行定义和验证，这也为实施敏捷带来了巨大的障碍。尽管敏捷宣言中关于“可工作的软件胜过详尽的文档”的描述会与很多实践者产生共鸣，但这个理念会给同时需要二者（软件和文档）的企业带来优先级上的冲突。

那些复杂的工程和高可靠性解决方案在开发过程中需要并会产生大量的技术信息。这些大多会反映到解决方案的意图行为，包括特性、能力、故事，非功能性需求、系统架构、领域模型、工业设计（如电器和机械）、系统接口、客户规格说明书、测试、测试结果，以及可追溯性等。其他相关信息记录了关于系统的一些关键决策和成果，可能包括行业研究、实验结果、设计选型理由等方面信息。很多情况下，这些信息必须作为正式文档的一部分，无论是出于必要性还是合规性的考虑。

在解决方案中捕获知识

解决方案意图是一个重要的知识库，用于存储、管理和传递“什么将被构建”以及“如何构建”。他会应用在很多方面：

- 为展示解决方案预期和真实的行为提供了一个真实的来源。
- 记录并沟通需求、设计，以及系统架构的决策。
- 促进进一步的研究和分析活动。
- 将客户、开发团队和供应商对齐到一个共同的使命和目标。
- 支持合规性和合同规定的义务。

未来和当前的解决方案意图

如图 7.10-1 所示，说明了解决方案意图的关联性。

- **当前和未来的状态**——复杂系统的开发者必须时刻关注两件事：当前系统的确切情况是什么？为了达到未来状态要做那些改变？
- **规格说明书、设计和测试**——当前和未来的状态可以用任何合适的形式保存下来，只要包含三个重要信息：规格说明书（定义系统行为的文档）、设计，以及测试。

在按照准确的预期构建系统时（包括关键安全项、关键任务，以及其他任何依照标准治理的事项），可追溯性可以帮助人们确认系统按照预期运行。可追溯性将解决方案意图的元素彼此连接，并与实现完整系统行为的组件进行关联。解决方案意图在合作中创建并随着学习不断演进，如图 7.10-1 所示。

解决方案意图的特定元素可以通过多种形式实现，从文档、电子表格和白板会话到正式的需求和建模工具，正如 7.12 节所描述的那样。同时，解决方案意图作为构建解决方案的一种手段，捕获解决方案意图的方法不应该产生不必要的开销和浪费（详见下文关于“创建最少但足够的文档”的描述）。

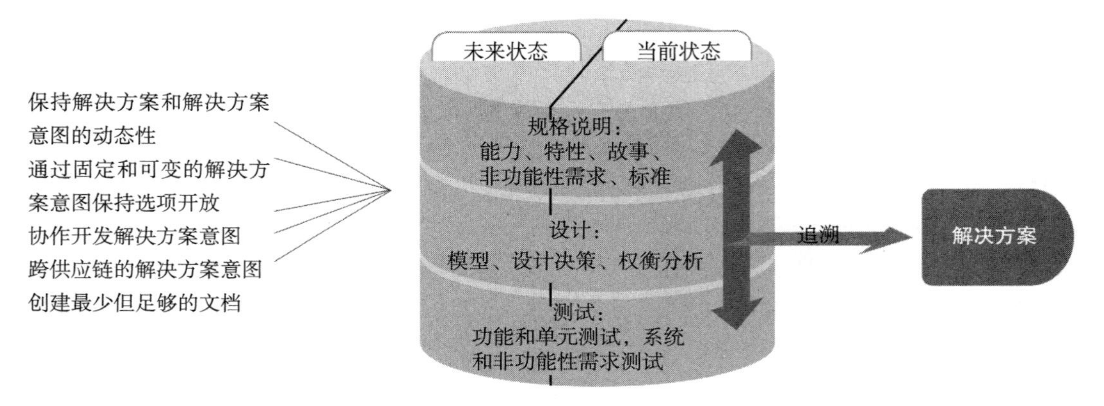

图 7.10-1 解决方案意图剖析

保持解决方案意图的动态性

传统意义上，解决方案意图代表着一组详细的、预先定义的、固定的需求。但是 SAFe 原则 #3——假设变异性，保留可选项，告诉我们过度预先的定义需求和设计将带来不那么成功的结果。这里需要一种新的方式，既支持对已知的理解，也允许在开发过程中涌现未知。

解决方案意图不是静态的、一次性的描述：它必须支持整个开发流程并持续演进。

图 7.10-2 对比了两种方式：一边是早期传统的固定需求分解，另一边则是精益 – 敏捷的方式，在工作中恰当的时候完成分解。

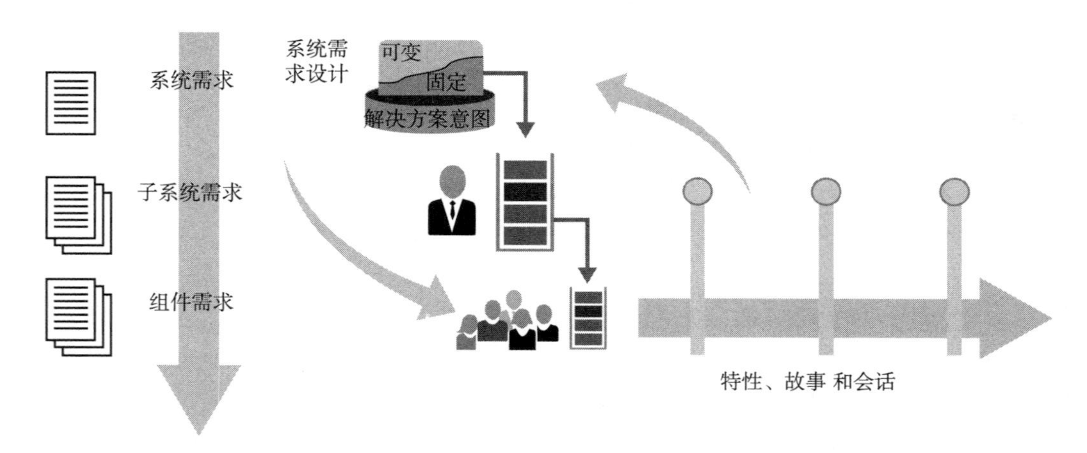

图 7.10-2 解决方案意图支持解决方案开发中的所有阶段并不断演进

解决方案意图作为未来系统的愿景来统一各个团队和他们的待办事项列表。它为建立当前已知的愿景提供详细的信息，同时也允许团队灵活的探索正在构建的解决方案中未知的部分。从中获得的知识（我们可以构建未来的系统吗？我们将从探索中学到什么？）将会反馈在将来的系统里，并且帮团队抓住机遇。

通过固定和可变的解决方案意图保持选项开放

解决方案意图被应用于各种目的。然而没有一项要求创建完全预定义的“单点 - 解决方案”规格说明书。这种过早的决策限制了对更好的、更经济的方案的探索，并经常导致浪费和返工（参考资料 [2]）。为了避免这个问题，SAFe 提出了解决方案意图的两个要素，即固定的意图和可变的意图，以支持一般适应性需求和能创造最佳经济效益的设计理念。

固定意图代表已知内的内容。他们可能是不可协商的，或是在开发过程中已经涌现出来的需求。例如包括：

- 某些性能需求（如“起搏器波形必须如下”）。
- 合规标准（如“符合所有 PCI 合规信用卡要求”）。
- 解决方案的核心能力（如“巴哈极限赛车拥有四个成年车手”）。

可变意图表示允许构建者探索的能够满足需求的设计方案，而后与经济效益进行权衡。一旦建立，这些新的领悟将最终变成固定需求。

从可变意图到固定意图的决策需要知识的积累。在解决方案意图中使能作为 SAFe 的媒介将探索解决方案中未知部分、记录已知的事项和决策连接起来。根据基于集合的设计实践，开发团队会探索并最终确定一个经济上的最优方案。这些决策使路线图中具体的特性得以开发（图 7.10-3）。

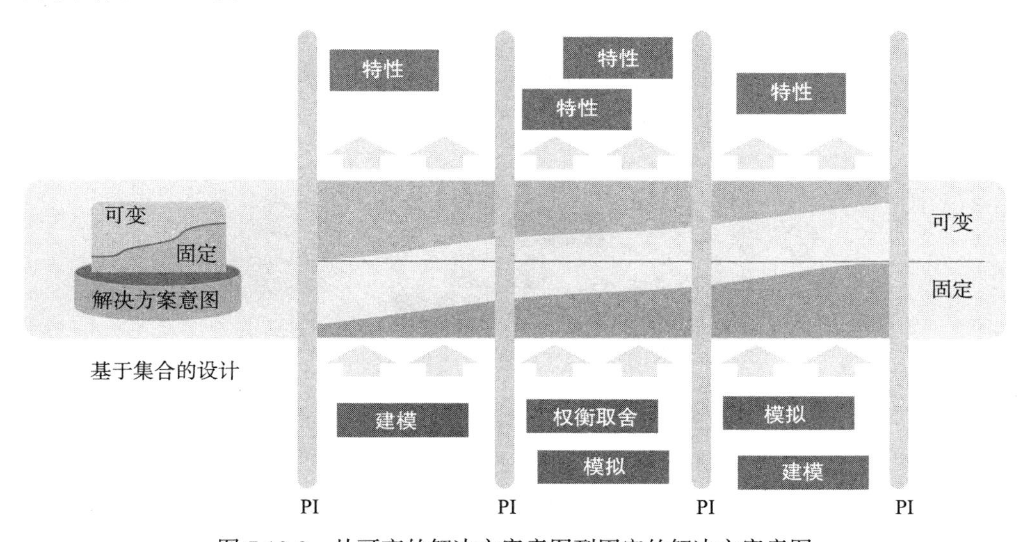

图 7.10-3　从可变的解决方案意图到固定的解决方案意图

在每个项目增量（PI）的路线图中，开发团队在探索未知内容的同时也在构建已知内容。固定的意图也并非从零开始，因为即便是在图 7.10-3 的最左侧，也有很多是已知的。例如，以前系统中的可复用元素。然后，随着开发的推进，系统的能力也会跟随迭代、PI 和解决方案演示的步伐逐渐呈现。在这种方式下，可变的解决方案意图会随着时间推移变为固定意图，并且那些涌现出的对系统能力和需求的了解也将逐渐固化。

协作开发解决方案意图

解决方案意图是开发团队和项目群领导团队协作的结果。产品和解决方案管理者、解决方案架构师和系统工程师，他们共同服务于高层次的，系统范围决策（系统分解、接口，以及分配需求到若干子系统和能力中）。他们也会为了支持未来的分析和满足要建立与解决方案意图相对应的组织结构。反过来，解决方案意图帮助团队的待办事项列表进行本地化决策，如图 7.10-4 所示。

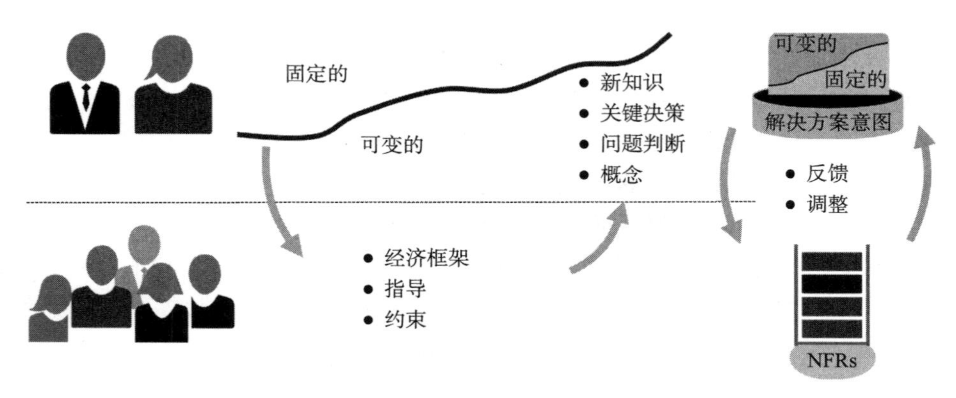

图 7.10-4　通过协作演进解决方案意图

最后的结果建会为项目群领导提供流程和方向上的反馈。如图 7.10-5 所示，解决方案意图由待办事项条目所定义的工作组成，从可变的假设到固定的决策。

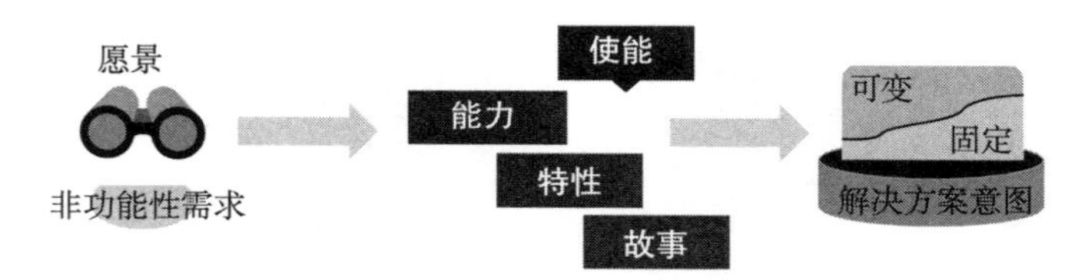

图 7.10-5　开发解决方案意图

解决方案意图最初被描述成解决方案目标和关键能力，以及系统非功能性需求的愿景，这些知识、涌现的路线图和重要的里程碑指导团队创建待办事项列表并安排他们的工作。但是路线图和解决方案意图通常由假设组成。SAFe 通过最小可行品（MVP）来指导持续交付验证假设，也就是通过频繁的量化实验进行的验证性学习。（注意：虽然验证性学习是解决方案意图的重要技术，但是精益创业的基本原则：信念飞跃 – 测试 – 度量 – 转型仍然是适用的。）

跨供应链的解决方案意图

一个系统的解决方案意图可能不是孤立存在。许多解决方案都是一个更高级系统的组成部分。在这种情况下，其他系统（包括供应商）为系统构建者提供了可以促进开发的独特知识和解决方案元素。例如，供应商通常会对其子系统或能力有不同的、独立的要求、设计及其他相关的规格说明。在他们的角度来看，这都是他们的解决方案意图。因此，最终的解决方案意图（最高层级的）必须包含相关供应商知识和必要的信息，用来沟通决策、促进探索、协调构建者和支持合规性。这种“菊花链”推动设计决策沿系统层次的上下移动，如图 7.10-6 所示。

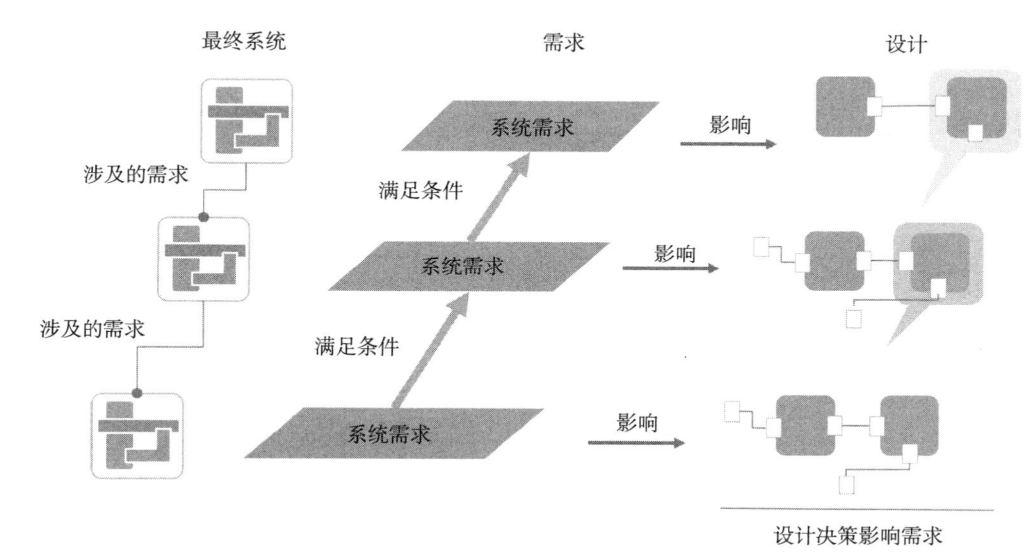

图 7.10-6　解决方案意图的层次结构

创建最少但足够的文档

解决方案意图是达成目标的一种方法，它作为一种工具指导系统构建者沟通决策和证明合规性。在对解决方案意图的内容、组织和文档策略的计划过程中，应当牢记最初所设定的终极目标。但是文档也不是越多越好。精益 – 敏捷社区建议对于需求、设计和架构保持轻量级的文档（参考资料 [5]），最佳实践包括：

有效的模型胜过文档—— 一个持续变化的环境，对于以文档为中心的方式来组织和管理解决方案意图是个挑战。当模型（包括那些模型实践的产物，如设计思维和用户中心设计）被正确应用时，可以提供一种更容易维护的方式来管理解决方案意图。

保持解决方案意图协作——创新是不会被垄断的，解决方案意图不是产品经理、解决方案经理、架构师和工程师的独占领域。许多团队成员都可以参与到解决方案意图信息的创建、反馈和优化工作中来。

保持开放的可选性——将决定推迟到实施前关注，尽量推迟做决定的时间。只要经济方面是可行的，就采取一种适应性的方法，允许需求和设计的可选性尽量保持较长的时间。基于集合的设计实践有助于避免对设计和需求过早做出承诺。

只在一个地方做文档记录——只在一个地方记录需求和设计的决策，所有人共用一个库，一个真正的单一文档源。

保持较高的概要性——尽量通过概要性描述进行沟通，不要过于具体。提供一系列系统可接受的行为，用意图描述解决方案行为，而不是具体细节。通过授权让需求和设计的决策去中心化。

保持简单性——只记录需要被记录的内容。解决方案意图是构建产品并最终满足合规性和合同义务的一种方法。少即是多。

参考资料

[1] Manifesto for Agile Software Development. http://agilemanifesto.org/.

[2] Ward, Allen, and Durward Sobek. *Lean Product and Process Development*. Lean Enterprise Institute, 2014.

[3] Reinertsen, Don. *Principles of Product Development Flow: Second Generation Lean Product Development*. Celeritas Publishing, 2009.

[4] Leffingwell, Dean, and Don Widrig. *Managing Software Requirements: A Use Case Approach*. Addison-Wesley, 2003.

[5] Ambler, Scott. "Agile Architecture: Strategies for Scaling Agile Development." Agile Modeling, 2012. http://agilemodeling.com/essays/agileArchitecture.htm.

7.11 合规

信任，但也要验证。

——唐纳德·里根（Ronald Reagan），引自一个俄罗斯的格言

摘要

合规是一个策略或者一组活动，或者是一组工件，它能够让团队应用在精益 - 敏捷开发方法当中来构建出可能拥有最佳质量的系统，与此同时还保证了系统满足法律法规、工业标准，或者其他相关的标准。

许多企业使用 SAFe 框架来构建世界上规模最大并且最重要的一些系统，它们中的许多带来了无法挽回的社会和经济损失。这些高保障性系统就包括了医疗器械，自动驾驶车辆，航空电子设备，银行和金融服务，航天和国防等。为了保护公共安全，针对这些系统会有大量的监管规章，客户监督和严格的合规性要求。并且，也有一些其他的政府规章是针对这些企业制定的（例如，萨班斯法案、健康保险可携行、问责法、平价医疗法案、国家保险条例等），这些都要求企业进行相应的关注和审计来保证合规。

历史上，在这些法规下运行的组织都依赖于完全质量管理系统（QMS）。基于阶段 - 门

限的开发模型，意图减少风险和保证合规。不幸的是，这些传统的方法无法规模化，即使当一些团队遵从了敏捷实践时也是如此。即使他们跟上了快速的市场化步伐，也无法进行规模化。最大的担忧就是即使接受更高的延迟成本，这些传统的方法也无法增加质量或者消除风险。正如戴明指出的，“检视发生的太晚了。质量，不管好坏，都已经构建在产品里面了。”

本章提供了指导，帮助企业如何应用精益 – 敏捷方法来更快、更好地构建这些系统，同时也指出了关键的合规需求。

详述

传统的瀑布开发实践通常要求在整个真实的系统行为被识别出来之前，所有的系统要求都要被详细的定义出来。甚至更糟的，阶段 – 门限开发的自然顺序属性产生了大量成块的工作，在系统集成之间有漫长的等待期以及太晚的反馈。并且，合规检查通常都被推迟到项目的收尾阶段，在项目进展过程中投入到合规性工作的精力微乎其微。

总体来说，这些实践通常会导致错过最后期限，令人失望的业务或者任务输出，过低的质量，并且会有大量的（晚期的）合规挑战。相反的，高保障性的精益 – 敏捷开发是增量地把质量内建进产品——早期的，贯穿整个开发生命周期。不仅如此，它还把每一个必要的元素和活动都包含进来，从而保证合规性。

质量管理系统的作用

为了满足合规要求，组织必须展示出他们的系统满足计划的目的，并且还要证明没有非计划的后果从而导致灾害。组织还需要开发目标证据来证明系统能够遵守这些标准。为了做到这一点，构建高保障性系统的这些组织会在质量管理系统里面定义他们允许的实践，政策和流程。这些系统被设计成需要确保所有的开发活动和输出都能够遵从所有相关的制度法规，组织还要提供所需的文档能够证明这件事。

不幸的是，许多组织的质量管理系统仍然被传统的阶段 – 门限式的瀑布开发方法深刻地影响着。这严重阻碍了一些新方法的采纳，即使能够避免一下问题，但是因为这些旧有的方法已经深深地刻在仅仅被允许的工作方式当中。例如，如图 7.11-1 所示，SAFe 描述的是一种渐进式的方式来进行开发和合规性检查。这就意味着那些想要得到精益 – 敏捷开发方式收益（更快的推向市场和更高的质量，这是两者收益的总和）的人需要引进一种精益质量管理系统。

本章其余的部分将对于精益 – 敏捷策略和模式提供指导，应用这些策略和模式就能够开发出高保障性系统。

增量式地构建解决方案和合规性

即便已经有了一组健壮的产品规格说明书，当开发工作开始的时候，工程师团队还是无法得到全部的答案。相反的，他们需要通过一系列短小的迭代实验来检验他们的一些假设。这能够让开发团队通过验证学习的途径来达到最终的解决方案。如图 7.11-2 所示，强调了 SAFe 增量式的开发方式，可以跟传统瀑布模型中休哈特 / 戴明环的“计划 – 执行 – 检查 – 调整”环（PDCA）进行的比较。

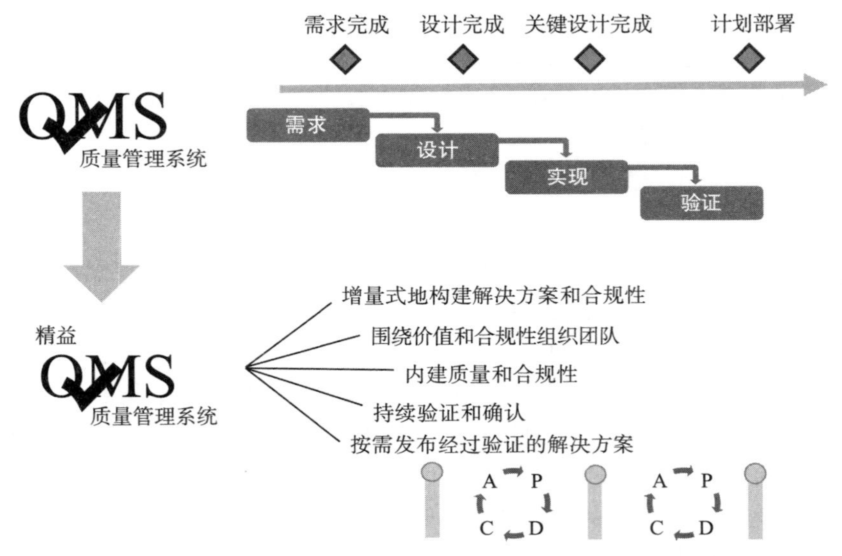

图 7.11-1　一个精益 – 敏捷质量管理系统能够改进质量并且让合规性更有预测性

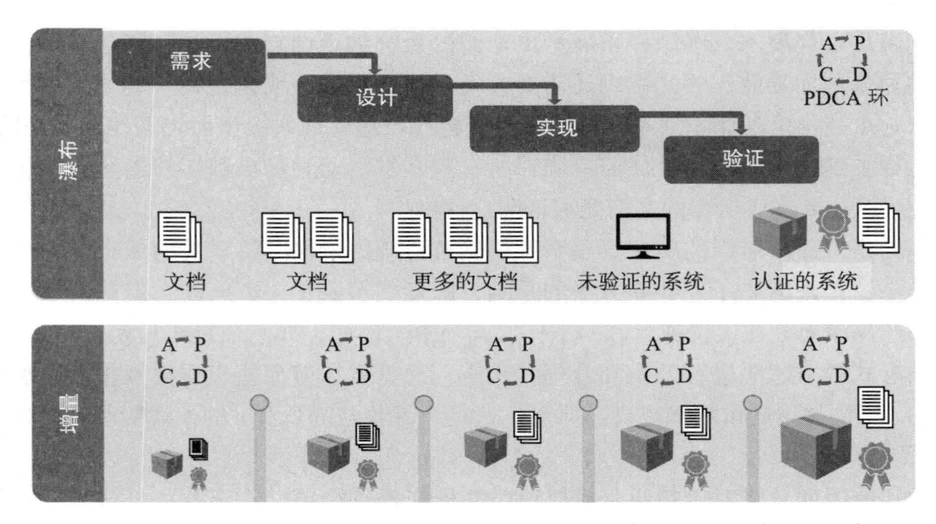

图 7.11-2　快速的计划 – 执行 – 检查 – 调整学习环增加了质量，减少了风险

如图 7.11-2 所示，重点强调了两个对于合规来说重要的隐喻。第一，构建更小的，对于整个解决方案而言其中一部分的可工作组件能够让合规活动尽早开始，能够防止在项目收尾之前才进行大量的合规检查操作。每一个增量都能够作为评估当前解决方案的可行性的证据，也能够衡量符合合规的进度，能够尽早地给出对于系统是否能够达到最终的用户

适用的反馈。第二，在更小的规模下，规格说明书是一个随着时间的推移，依据决策上的快速反馈和持续的审阅和评估，而不断被创建和进化出来的产物。

围绕价值和合规组织团队

在 SAFe 框架中，敏捷发布火车（ART）是主要的价值交付组织形式。每一列火车都需要所有的技能来构建和发布解决方案，包括质量保证（QA）的职责、可靠性的职责、测试的职责，以及验证和确认（V&V）(尽管一些法律法规要求独立，客观性保证，但是合规性审计员仍然会作为敏捷发布火车的成员而持续的参与进来)。所以，ART 组织形式的设置成了如下的样子，如图 7.11-3 所示。

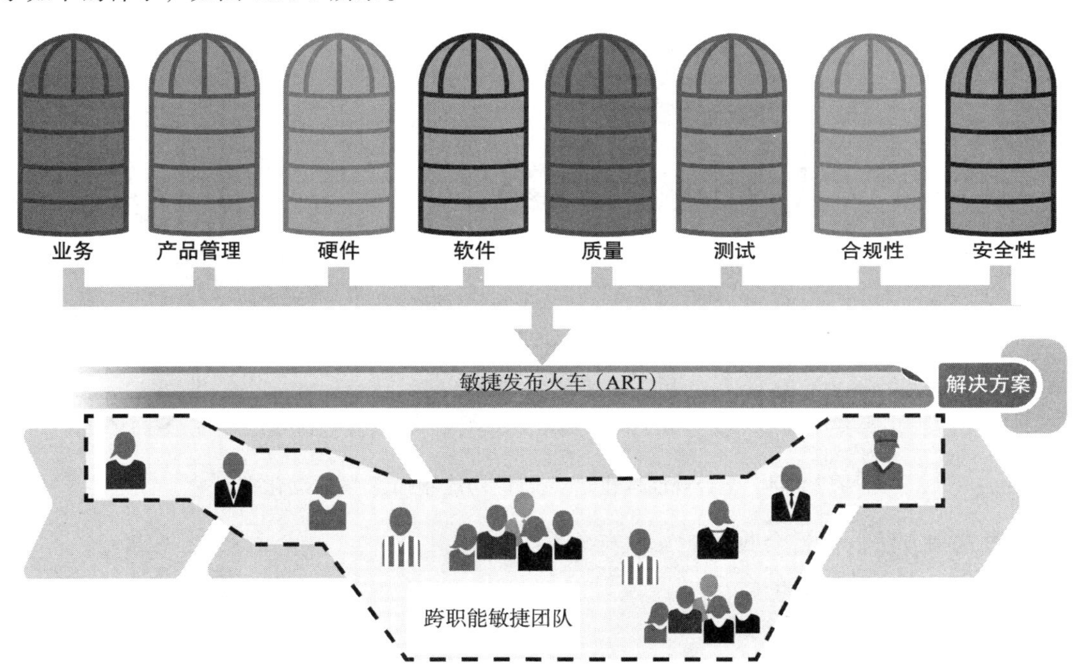

图 7.11-3　敏捷发布火车包括所有合规性的要求

解决方案管理者和产品管理者确保解决方案意图和待办事项列表能够真实反映合规要求。团队也需要确保他们的工作包括适当的合规活动。

内建质量和合规性

内建质量是规模化敏捷框架四个核心价值之一，也是精益 – 敏捷理念的核心原则。SAFe 描述了内建质量实践的应用，包括自动检测合规性和质量问题，当检测到相关问题，暂停整个系统，把所有人聚焦到解决问题上面来。这个原则是依据系统思考中的“优化整体”，来确保贯穿整个价值流的快速流动，保证每个人工作的质量。从这一点看，质量是一种文化，而不是一个工作名称。

总结一下，合规的担忧也需要直接的构建到整个开发流程中，尽可能的自动化，如图

7.11-4 所示。并不是所有的合规活动都能够自动化，因为一些法律法规强制要求人工审查，包括失效模式和影响分析（FMEA），以及审计相关的一些活动。这些活动会被计划到团队的待办事项列表中。目标就是在构建解决方案的过程中不断地进行合规性评审，减少在项目交付后期进行最后的签收活动，从原本应该巨大的、漫长的检查活动转变成一个快速的、不占用时间的“非事件”。

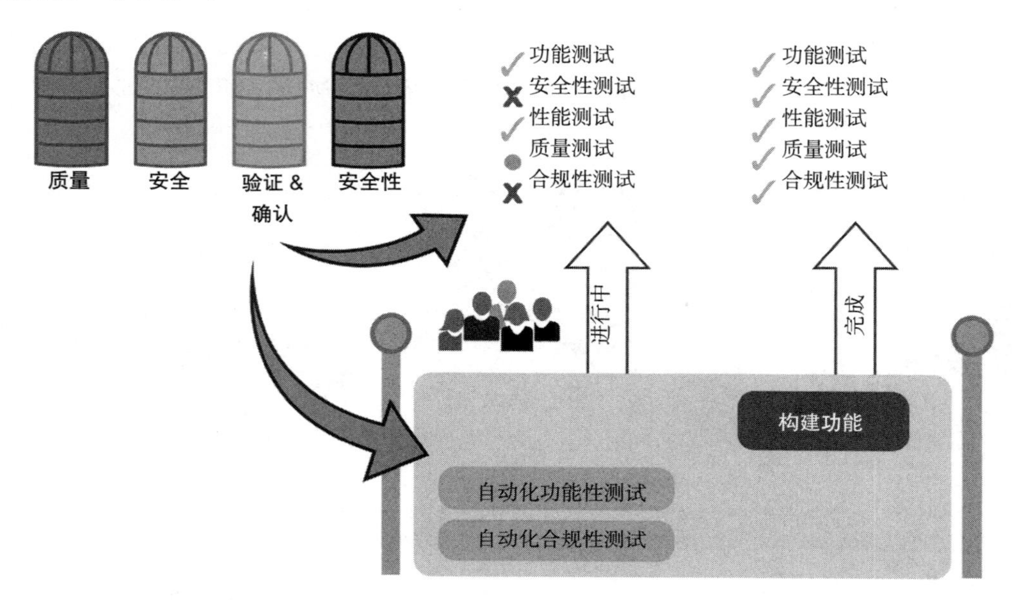

图7.11-4　把合规性构建到“设计–构建–测试”的自动化中

通过这种方法，项目会收到快速的反馈，来反映团队的合规性活动已经满足要求，反过来，这些活动可能影响团队的表现。如图 7.11-5 所示，展示了团队活动和被精益质量管理系统定义的实践之间的反馈环。

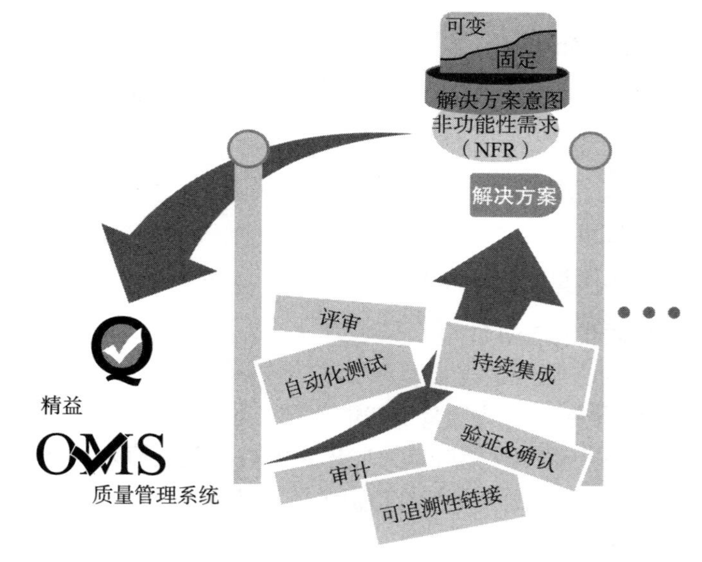

图 7.11-5　项目增量为合规性活动和时间提供了反馈环

持续验证和确认

大部分高保障性的系统都要求检验和验证来保证以下两点能够满足：

- 系统按照设计工作（验证）
- 系统满足用户的需求（确认）

验证和确认通常都基于一系

列的已知需求而展开的。否则，就无所谓验证和确认了。如图 7.11-6 所示，SAFe 利用解决方案意图来存储已经存在或将要出现的需求和设计。

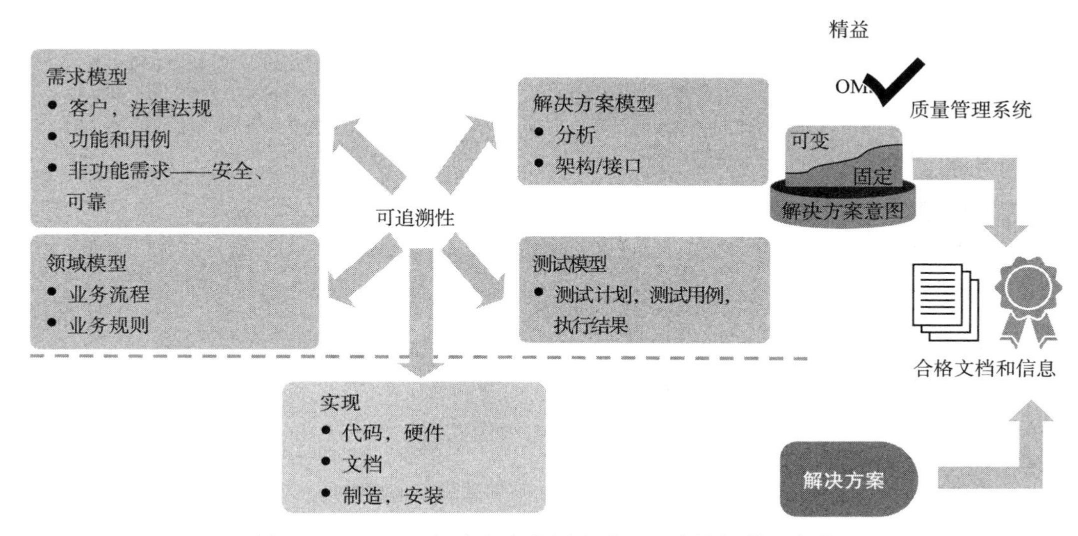

图 7.11-6 SAFe 解决方案意图为验证和确认提供了支持

解决方案意图的可追溯性确保了每一个项目群增量（PI）中生产出来的工件——实际的软件、硬件组建和其他一些输出，能够满足法律法规与合规要求，提供端到端的证据来满足验证和确认的需求。

SAFe 需求模型支持验证和确认

在 SAFe 中，所有的需求元素都有测试用例（如图 7.11-7 所示），这些测试用例在创建功能性需求的同时也被创建出来了。每一个增量都提供新的功能，因此，也会增加新的测试。当测试的数量不断增长，自动化成了防止测试活动变成系统瓶颈的一个必不可少的手段。

让验证和确认、合规性活动变成常规流动的一部分

通过在一系列的 PI 之中逐步的构建解决方案内容所必须的工件，SAFe 可以支持持续的验证。如图 7.11-8 所示，呈现了这个流程如何工作。

验证活动在价值交付流动中得以实现（例如，之前描述过的待办事项或者完成定义）。虽然这些工件满足了在开发结束时所需的客观性证据，但是其实他们是在整个开发周期中被迭代的创建出来的。确认发生在当产品负责人，客户和终端用户参加敏捷发布火车的计划会议，演示会议的时候，用以确认目的是否达成。

如图 7.11-8 所示的例子中，法规要求设计评审，并且要求所有的问题都被记录和解决。这个“设计评审”使能待办事项提供了评审的证据，它的完成定义确保了这些问题通过精益质量管理系统进行记录和解决。如果需要，这些问题也会被记录成使能故事来便于追踪。

法规还要求所有的改变都要被审阅，这是通过一个在所有的用户故事当中强制的同行评审来完成的。

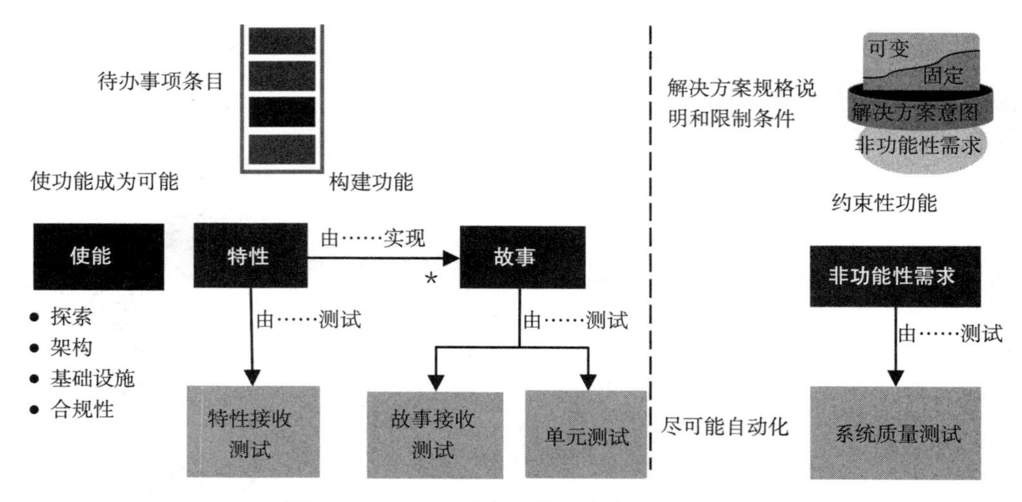

图 7.11-7　SAFe 需求元模型支持验证和确认

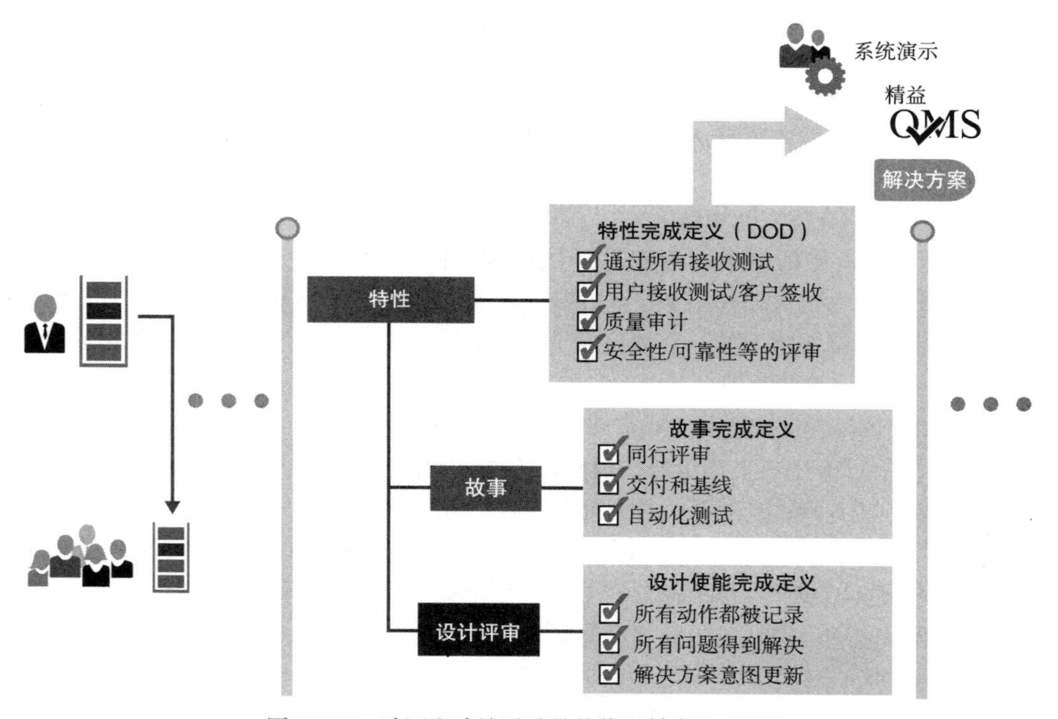

图 7.11-8　验证和确认活动是价值交付流的一部分

SAFe 推荐构建频繁集成的解决方案（或者是为实体解决方案中系统元素），至少每一个迭代都要进行系统演示。频繁的构建和集成让持续的用户接收测试确认，客户确认和终端用户确认成为可能，对于每一个迭代，系统演示提供了客观的证据来说明集成是按照意图进行的，整个系统也在不断向前推进，同时也维护质量和合规标准。

按需发布经过确认的解决方案

SAFe 意识到尽管产品开发流程是按照预期的节奏而进行（按节奏开发），但是发布流程（按需发布）还是需要一些额外的活动，包括：

- 对于最终发布候选产品的确认测试（例如，医疗实验、试飞）；
- 在生产被批准和发布之前，需要对所需的客观性证据进行评审；
- 客户、法律法规、用户接收测试、签收或者其他的文档提交。

即便如此，拥有精益理念的组织通常还是不遗余力地进行尽可能完全的自动化交付，构建自动化的最终发布检查，这也作为了 SAFe 中持续交付流水线和按需发布的一部分。

参考资料

[1] Leffingwell, Dean. *Agile Software Requirements*. Pearson Education, 2011.

[2] "Achieving Regulatory and Industry Standards Compliance with SAFe" [White paper]. http://scaledagileframework.com/achieving-regulatory-and-industry-standards-compliance-with-safe/.

[3] "Achieving Regulatory and Industry Standards Compliance with SAFe" [Webinar]. https://www.youtube.com/watch?v=-7rVOWTHZEw&feature=youtu.be.

7.12 基于模型的系统工程

所有模型都是错的，但有些是有用的。

——George E. P. Box

摘要

基于模型的系统工程（MBSE）是开发一组相关系统模型的实践，这些模型有助于定义、设计和记录开发中的系统。这些模型为利益相关者提供了一种有效的方式来探索、更新和沟通系统的各个方面，同时大幅减少或消除对传统文档的依赖。

MBSE 是一种对需求、设计、分析和验证活动的模型应用，它可以用最有效的成本记录系统的特征。模型通过尽早测试和验证系统特征、属性和行为，促进早期学习，在需求和设计决策上实现早期反馈。

然而，模型决不能完美的反映真实系统，与通过具体实现获得知识和反馈相比，它们能够尽早并且以最有效的成本提供知识和反馈。在实践中，工程师使用模型来获得知识（例如，性能、热、流体），对系统实现提供指导服务（例如，系统建模、统一建模语言），或者在某些情况下，直接进行实际的构建（例如，电气计算机辅助设计、机械计算机辅助设计）。

详述

精益实践支持快速学习，它通过持续流动的少量开发工作获得决策上的快速反馈。基于模型的系统工程（MBSE）是一门学科，也是一种精益工具，它能够在变更成本增加之前，允许工程师快速和逐渐了解正处于开发中的系统。

模型用于探索系统元素的结构和行为，评估设计方案，并在系统生命周期中更快、更早地验证假设。它们对于大型和复杂的系统——卫星、飞机、医疗系统等尤其有用，在这些系统中，例如发射到太空或连接到第一位患者之前，必须毫无疑问地证明解决方案是可行的。模型还记录和传达对他人有用的决定。这些文档标志着合规性，它也影响分析和其他需要。在SAFe中，模型信息被记录成为解决方案意图的一部分，通常是由使能的工作创造得到的。

下文给出了采用MBSE的指导意见（图7.12-1）。

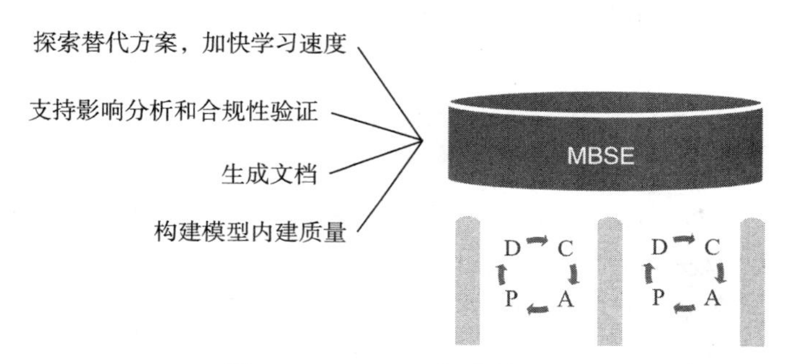

图7.12-1 MBSE加速学习环

探索替代方案，加快学习速度

基于模型的系统工程（MBSE）支持快速学习环，并且有助于在产品生命期早期规避风险。（参见SAFe原则#4——通过快速集成学习环，进行增量式构建）模型通过尽早测试和验证特定的系统特征、属性和行为，促进早期学习，在设计决策上能提供快速反馈。

模型有多种表现形式，包括动态、固态、图表、方程式、仿真和原型。如图7.12-2所示，每种模型都对一个或多个系统特征提供不同的视角，这些系统特征促进能力和特性的创建。

模型可以预测性能（响应时间、可靠性）或者物理性质（热、辐射、强度），有些可以对用户体验进行探索性设计或者响应一个外部需求。但是模型并不仅仅涉及技术性设计选择：设计思想和以用户为中心的设计实践与MBSE是协同的，并且有助于更快地验证假设。

支持影响分析和合规性验证

基于以往的经验，关于需求、设计、测试、接口、分配和其他因素的决策已经在形形色色的源中维护，包括文档、电子表格和特定领域的工具，甚至在纸上。MBSE采用整体的系统方法来管理系统信息和数据关系，将所有信息作为一个模型来处理。图7.12-3显示了一个通用结构，它链接了多种类型的模型的信息。

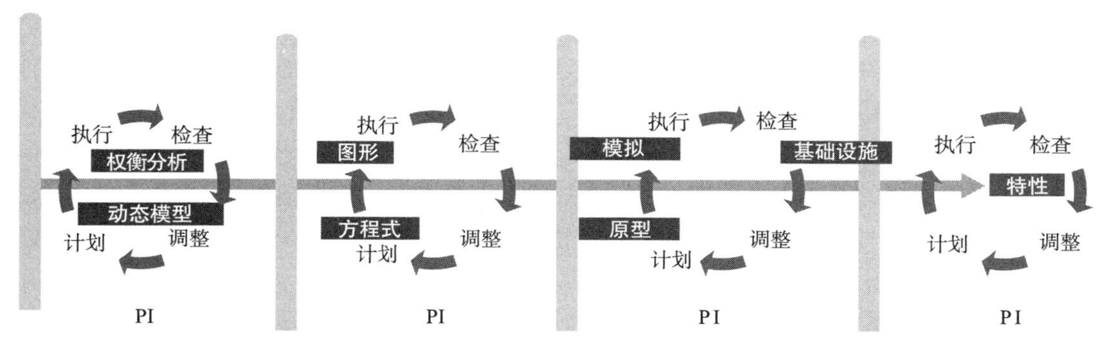

图 7.12-2　模型和学习环

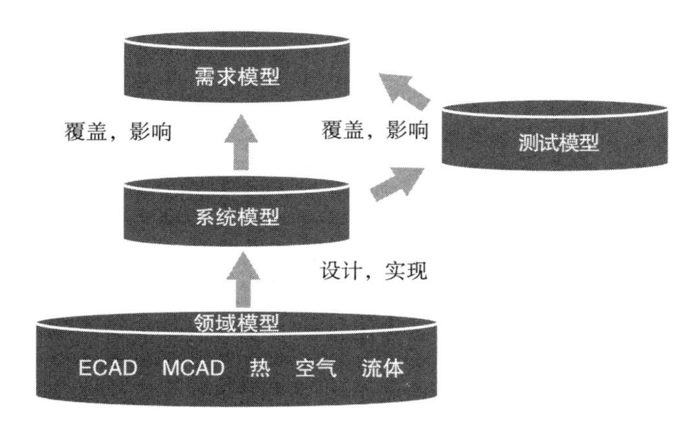

图 7.12-3　跨领域模型关联

可追溯性实践用于快速准确地理解需求变化对系统和领域的影响，或者领域层级的变化对系统其他部分与需求的影响。例如，团队和系统架构师 / 工程师使用模型信息来支持史诗的评审过程。可追溯性还提供了许多监管和验证合规性所需的客观证据。

一个精益的、持续变化的环境增强了相关模型的必要性。虽然手动解决方案在“阶段－门限”方法中，足以有效管理相关信息的范围和合规性验证，但是它们往往会被迅速淹没在一个鼓励频繁持续变化的敏捷环境中。

生成文档

虽然 SAFe 强调用模型来做早期假设验证和记录系统决策，然而许多产品和工程领域需要文档进行管控验证（联邦航空局 FAA、食品及药物管理局 FDA 等）或者合规性检查（政府合同中要求的合同资料要求清单）。因此，SAFe 建议从系统模型中的信息生成文档。这些模型作为系统决策的单一来源，确保了许多文档之间的一致性。此外，此类模型可以创建针对不同利益相关者的文档，这些利益相关者可以具有单独的系统透视视角，或者可以访问系统信息的选定部分（例如，供应商）。

尽管所有产品和项目群可能要求正式的文档，然而可以鼓励系统工程师，与客户和监管机构一起合作完成最少必须部分以便达成他们的义务。大多数信息来源都会存在于工程知识库中，这些工程模型可以用来且应该用来在适当的情况下做检查或者正式评审。

构建模型内建质量

由于提供信息者的多样性和人员数量众多，模型会面临显著的挑战：如果没有适当的监督，许多人的持续修改可能会引发质量下滑。系统架构师或工程师与团队一起定义质量实践——即模型标准和模型测试，并帮助确保遵循这些质量实践。

下面讨论的质量实践能够促进早期学习环，正如 SAFe 指出："你无法扩展那些蹩脚的代码。"这句话同样适用于系统中的模型。质量实践和强大的版本管理允许工程师自信且频繁地调整模型，为解决方案意图做出贡献。

模型标准

模型标准用来控制质量，并且可以指引团队如何将模型做到最佳。它包括如下标准：

- 需要捕获哪些信息。
- 建模标记（如 SysML）及其部分符号（如用例）的使用约定（或不使用约定）
- 对于解决方案和子系统元素而言，建模信息应该被放置的位置
- 应该用不同类型的模型元素来储存的元信息
- 模型内部的连接和跨领域模型间的连接
- 跨系统的通用类型和通用规格
- 建模工具的属性和配置（属于工程环境的一部分）
- 使用版本控制系统为基础的协作实践（如果相关的话）

如果文档是从模型中生成的，文档模板早期应该被定义下来，因为它们会影响很多内容。系统设计师需要知道在哪里存储模型元素，以及模型元素要求的任何元数据或连接，因为这些元数据或连接可能会用来做查询、文档生成或合规验证。

作为一项最佳实践，可以在早期创建一个高层级、整个系统级别的模型作为范例。理想上，该范例是一个横跨解决方案的骨架模型（它定义了所有子系统），一个用来描述怎样对单一子系统的结构和行为进行建模的元素。尽早针对配置运行所有文档生成的测试，来确保可以预见整个系统，从而帮助组织不用因为缺失信息而对模型返工，导致产生浪费。

创建可测试的和可执行的模型

SAFe 的测试先行实践，能够帮助团队尽早构建产品质量，也有助于拥抱敏捷软件开发中持续的、较小的变化。测试先行创建了丰富的测试用例，允许开发人员在不引起系统其他部分产生错误的前提下，进行更可靠的更改。丰富、自动化的测试对于实现持续交付流水线是至关重要的。

精益实践鼓励可测试的、可执行的模型，可以在适当的情况下减少与下游错误相关的浪费。模型都应该是可以根据领域中或规范中的评估准则进行测试的：

- 机械模型用来测试物理和环境问题

- 电气模型用来测试逻辑
- 软件模型用来测试异常
- 可执行的系统模型用来测试系统行为

大多数工具具备检查模型的能力或者通过创建脚本，可以反复地跨越模型并寻找异常。

可测试需求模型

文本需求用于几乎所有的系统中，在当前实践下，通常是人工评审。长期以来，社区中在寻求可执行的规范，那样的话需求就可以用一种可被测试的形式来描述。然而，仅仅在某些特定的领域中，对于那些定义的比较好的问题，成功实施了这个模型。敏捷实践提倡验收测试驱动开发（ATDD）。在系统开发中一些探索性的工作已经涌现出来，可以支持验收测试驱动开发。虽然测试驱动开发是一个用来进行需求测试的有前景的方法，但它仍然没有被大规模使用。尽可能程度地自动化，使需求和测试合二为一。

测试分析和设计模型

建模工具通常有静态模型分析器或检查器，用来诊断模型寻找异常。团队可以添加他们自己的规则，即模型组织、建模规范和标准、必需的元信息（例如，SysML、标签、模板）等。如果缺乏分析器的情况下，可以使用脚本遍历模型，寻找静态模型中的问题。

模型也可以动态测试。工程学科的模型都有自己的质量评估解决方案，并且应该用来成为测试实践的一部分。

测试可追溯性

为了确保正确地查询、文档生成和验证一致性，模型必须符合连接结构。

文档生成

尽管文档对于上述可追溯性脚本来说是一种冗余，但是它也可以通过脚本来确保模型结构合理，从而使所有数据都支持文档模板。在大型模型中，调试脚本往往比调整文档模板更容易。

7.13　基于集合的设计

假设变异性，保留可选项。

——SAFe 原则 #3

摘要

基于集合的设计（SBD）是一种在开发过程中尽可能使需求和设计选项保持灵活的实践。SBD 不是在项目早期就锁定单点解决方案，而是确定并同时探索多种选择，并随时间推移排除较差选择。仅在验证假定后才确定技术解决方案，以此来增强设计过程的灵活性，产生更好的经济效果。

系统开发可以描述为持续地将不确定性转化为知识的过程。 无论最初多么完善地定义和设计系统，真正的客户需求和技术选择都是不确定和不断发展的。因此，了解系统需要如何实施必须随着时间的推移而适应。

详述

SBD 在开发周期中保留了较长时期的多种要求和设计选项。随着时间的推进，SBD 使用经验数据将重点缩小到最终设计选项。通过这种方法，人们可以接受原则 #3——假设变异性，保留可选项，提供最大的灵活性。

相反，基于点的设计是在过程的早期，对一个系列的要求和单一设计策略做出承诺。这种做法往往导致在截止日期将近的时候，迟到地发现需要大量的返工工作。它可能会需要走捷径，质量妥协，更糟糕的是无法兑现项目群承诺和交付日期。使用持续交付流水线提供反馈和学习，结合 SBD 通常是最佳方法。

SBD 是精益产品开发中经济效率的重要实践，在参考资料 [1] 和 [2] 中做了进一步的描述。图 7.13-1 显示了基于集合和基于点的设计方法之间的概念差异。

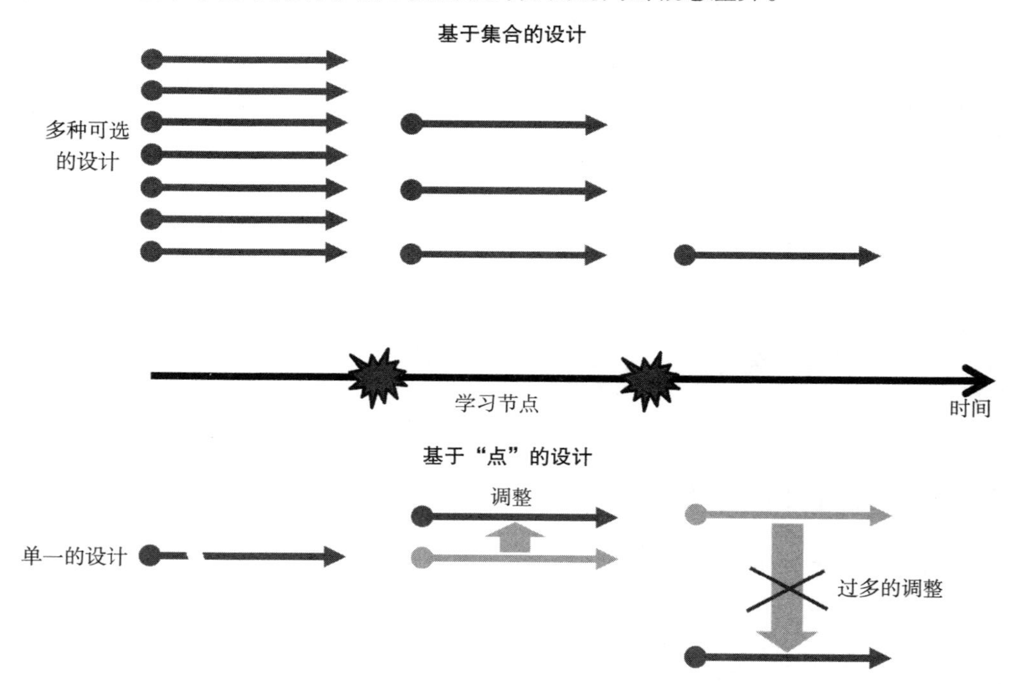

图 7.13-1 基于集合的设计和基于点的设计的对比

通过基于集合的设计提高经济效率

系统架构师、工程师和团队一起使用 SBD，定义解决方案的子系统和组件，并为每个子系统和组件确定架构选项。然后，团队探索每个子系统的多个替代概念，过滤掉提供较少经济价值的选项，或是存在某些方面缺陷无法满足目标，或是违反物理定律或存在其他方式地不足（参考资料 [1]）。

在 SAFe 中，团队探索基于集合的设计备选方案，应用假设驱动的最小可行产品（MVP）方法和精益创业思路（参见 5.23 节），设计包括假设和假设的备选方案。MVP 还可以定义旨在产生知识的实验，这些知识允许团队验证或使这些假设无效，过滤替代方案，并达成最佳经济决策。

如图 7.13-2 所示，提供了一个重要的学习里程碑（决策的最后期限）的示例，其中未来自动驾驶车辆的设计者必须选择技术来支持防止前方碰撞的新计划。在这个例子中，团队正在探索使用激光雷达，雷达和相机技术的新“障碍物检测系统”（ODS）车辆子系统的替代方案。通过相应的假设陈述，他们创建了使能来探索成本权衡，支持环境和天气条件，对车辆设计和制造的影响，检测质量和其他问题等。团队在解决方案意图中记录结果，并根据经过验证的学习过滤设计备选方案。

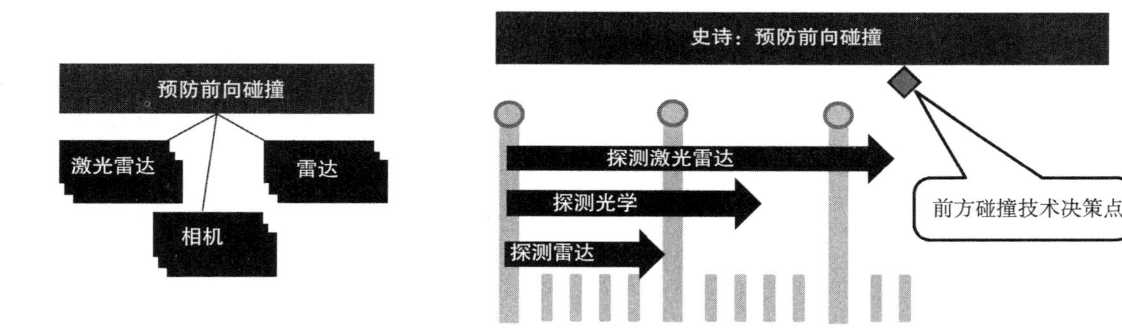

图 7.13-2 未来自动驾驶汽车具有重要学习里程碑的示例

当然，维护多个设计选项也是有代价的，包括开发和维护可选项的成本，即使他们大多是基于模型或者基于纸面的。Reinertsen 指出，保持多个设计选项是 U 型优化的一种形式，而且有时曲线上的最佳数字是 1（参考资料 [3]）。

然而，在高度创新或易变的情况下，并且在截止日期不可变更的情况下（例如“某种农作物联合收割机必须在 1 月份出厂”），基于集合的设计也许就是最佳选择。在这种情况下，设计的有效性取决于以下因素：

- **灵活性**——尽可能长的维护一个宽泛的设计选项集合。
- **成本**——通过建模、模拟和原型设计来最小化多选项的成本。
- **速度**——通过早期且频繁的验证可选设计方案来促进学习。

为了达到这种效率，下面介绍了一些推荐的做法。

提高界面和设计的灵活性

复杂的系统是由子系统和组件元素构成，这些子系统和组件元素协作以产生系统行为。传统上，在对可能性和设计折中方案仅有有限程度了解的情况下，规格说明已被定义。相比之下，基于集合的方法基于经过验证的学习做出权衡决策。最终的设计和规范来自团队努力探索替代方案和理解权衡。

系统架构师、工程师角色通常定义子系统之间的连接，并为团队提供协商自己接口的上下文。在图 7.13-2 中，系统有一个新的 ODS 组件，负责防止前向冲突。但团队必须确定 ODS 与其他子系统之间的接口，例如底盘（传感器安装），动力总成（减速），制动和照明（刹车灯）。

接口不是严格意义上的设计规范。实际上，精益允许接口在子系统交叉点处变化。在这些交叉点上，系统工程师可以指定协商范围（例如，通过额外分配空间、重量或功率来实现什么？）。这种方法允许系统工程师在团队制定自己的详细决策时管理系统级分配，为系统级学习，协商和经济决策创建协作环境。

建模、模拟和原型设计

建模、模拟和原型设计的过程允许早期的经验系统验证，并提供初始学习点，有助于消除一些设计备选方案并确认其他方案。基于模型的系统工程（MBSE）通过规范，全面和严格的方法支持基于集合的设计。它结合了广泛的行业和产品类型的建模技术，包括设计思维和以用户为中心的设计。这些技术应该应用于风险最高的系统部分，因为它们可以显著降低长期维护设计备选方案的成本。

频繁的集成点

在探索新设计的开发阶段，不确定性很大，实际知识很少。解决不确定性的唯一方法是通过系统组件的早期和频繁集成来测试设计。集成点部分由系统演示驱动，系统演示在固定的两周节奏上发生，而解决方案演示通常发生在较长的项目群增量（PI）节奏上。

事实上，如果没有这种频繁的整合，SBD 的做法可能会产生虚假的安全感。它们甚至可能会增加风险，因为任何设计方案都不可能真正满足既定目标。频繁的集成支持基于实战的学习，随着系统的发展，新的见解被用于减少干扰选项（如图 7.13-3 所示）。

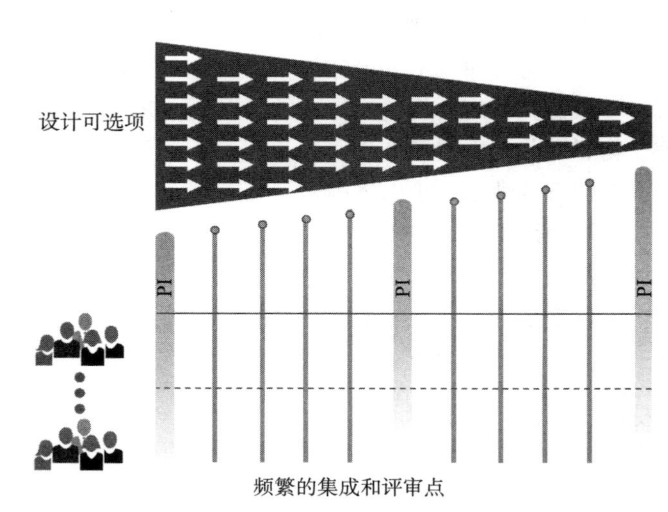

图 7.13-3 频繁集成提供了缩小设计备选方案的关键学习点

采取系统视角

在大型系统上，决策可能涉及许多大型举措。例如，自动驾驶汽车的 ODS 技术决策应考虑的不仅仅是当前的举措，从而避免前方碰撞。系统架构师、工程师拥有技术愿景，有助于确保系统满足未来目标。如图 7.13-4 所示，他们需要在做出重大技术决策时指导团队理解更大解决方案。

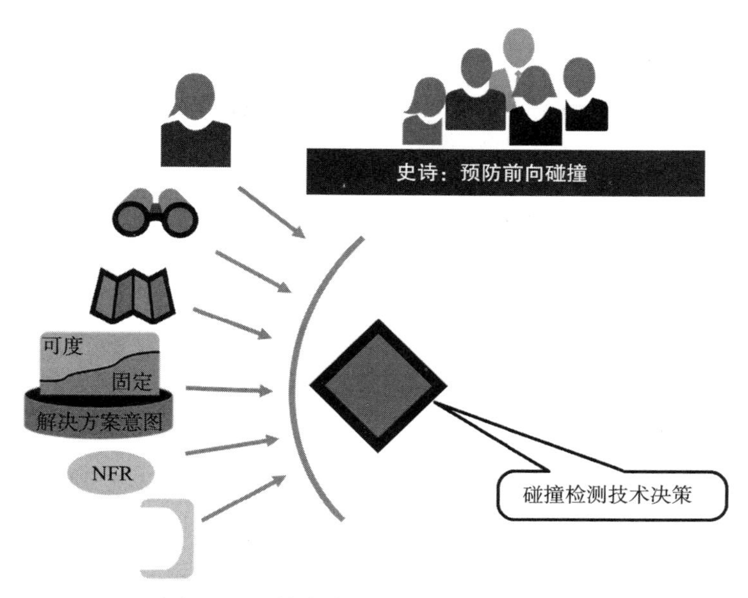

图 7.13-4 技术决策必须超越当前的举措

如前所述，基于集合的设计具有成本。 探索选项甚至可以增加总体延迟成本（CoD）。系统架构师 / 工程师必须平衡过度设计解决方案的可能性（例如，浪费的未来验证）与未准备好近期能力的风险，这可能导致更高的成本和未来的返工。 像 SAFe 的每一项决定一样，进行多少探测应该是一个经济的决策

在固定进度中使用基于集合的设计

对于需要高度固定进度的项目群，SBD 尤其具有实效性。 即使一些更可靠的设计选项无法提供系统开发人员更喜欢的创新程度或增强的性能，但由于最后期限不可移动，因此保留多个设计选项是有意义的。 当截止日期不可妥协，团队必须在要求时间内尽其所能。

适应计划

明确和定期的计划为评估不同设计备选方案提供了机会，并直接支持基于集合的思维。PI 计划会议定义了 PI 的总体意图，促进了对将要考虑的设计备选方案的约束和要求的一致性。 迭代计划扮演着更具战术性的角色。 它允许团队在 PI 执行期间进行调整，因为他们从经常性的集成和价值增量评审中学到更多知识。

基于集合设计的经济权衡

不同的设计方案具有不同的经济意义，因此理解 SBD 需要了解系统的宏观经济目标和效益。 研究这些权衡的一种方法是将替代方案放在一个图谱上，其中一定的权重可以与每个选项相关联。

一些重要的经济指标可能包括以下内容：

- 开发成本
- 制造成本
- 性能和可靠性
- 支持成本
- 开发时间
- 技术风险

这些指标可帮助团队成员确定哪些设计选项可带来最大收益。例如，在早期的碰撞预防示例中，各种检测技术的准确性与制造成本之间的交易可以产生很大的不同，如图 7.13-5 所示。

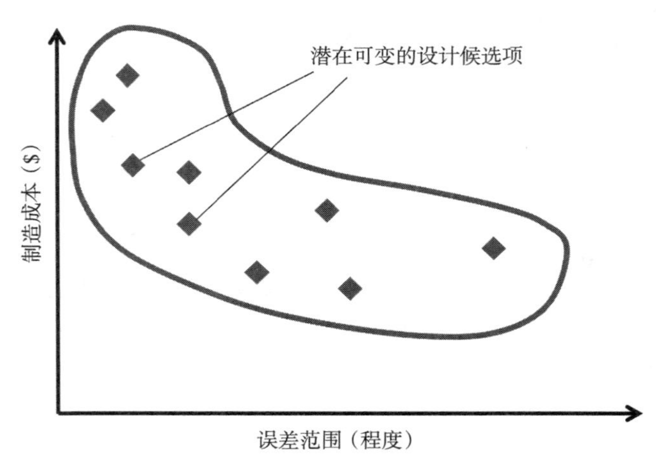

图 7.13-5 经济指标（成本）和性能要求（误差范围）之间的权衡曲线，为在基于集合的设计间进行选择提供了指导

总之，对特定详细设计的预先承诺很少能够与经验证据保持联系。正确理解经济权衡和 SBD 提供了一种适应性方法，可以产生更广泛的系统视角、更好的经济选择以及对现有约束的更多适应性。

参考资料

[1] Ward, Allen, and Durward Sobek. *Lean Process and Product Development*. 2nd ed. Lean Enterprise Institute, 2014.

[2] Oosterwal, Dantar P. *The Lean Machine: How Harley-Davidson Drove Top-Line Growth and Profitability with Revolutionary Lean Product Development.* Amacom, 2010.

[3] Reinertsen, Don. *Principles of Product Development Flow: Second Generation Lean Product Development*. Celeritas Publishing, 2009.

第 8 章 投资组合层

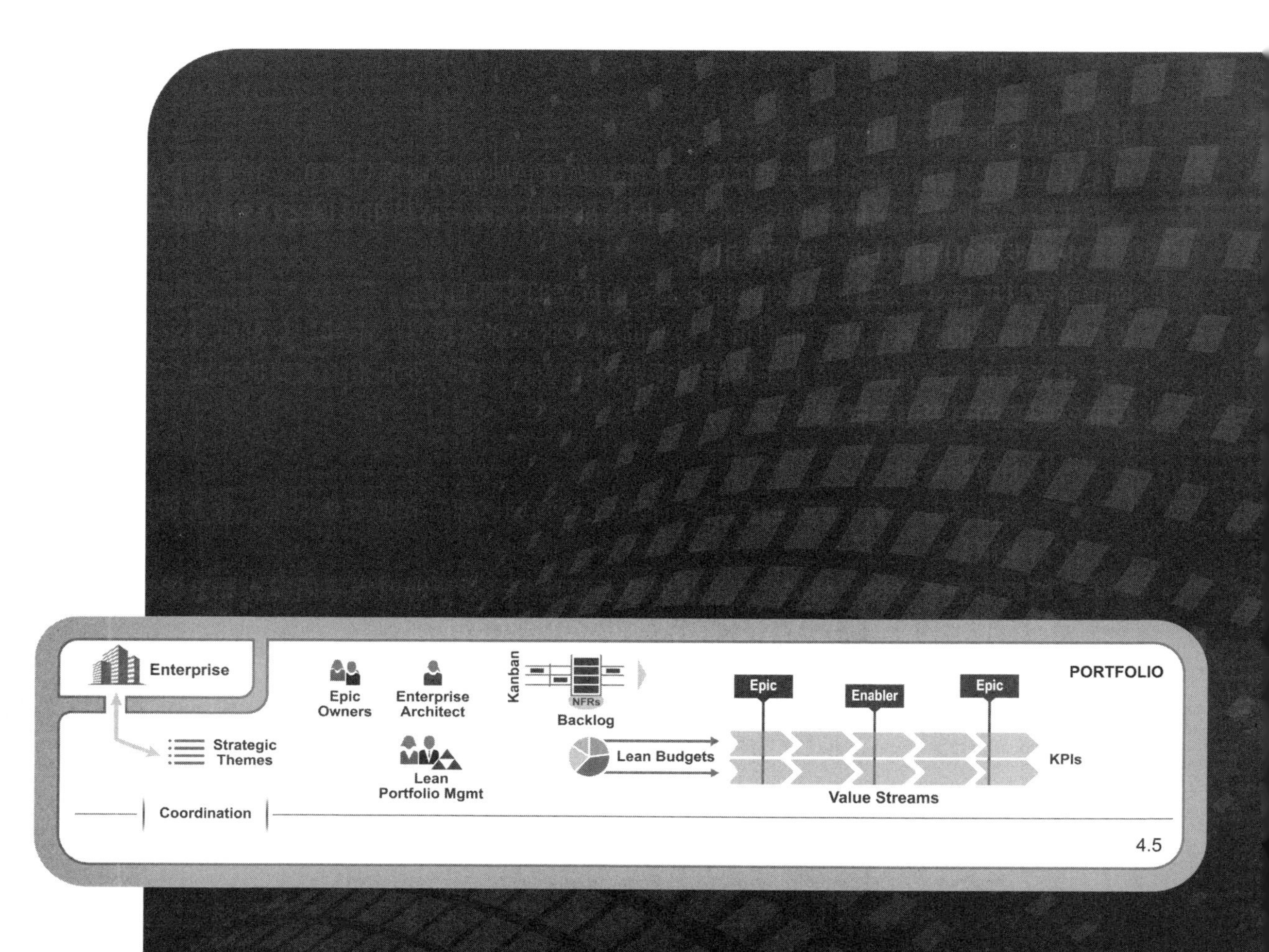

Enterprise
Epic Owners
Enterprise Architect
Kanban
NFRs
Backlog
PORTFOLIO
Epic
Enabler
Epic
Strategic Themes
Lean Portfolio Mgmt
Lean Budgets
KPIs
Value Streams
Coordination
4.5
scaledagileframework.com/portfolio-level

8.1 投资组合层介绍

要想长期成功，就需要聚焦于中期目标。

——杰弗里·摩尔（Geoffrey Moore）

摘要

投资组合层提供了发起和治理一系列开发价值流的原则、实践和角色。它用来对价值流和解决方案的战略及投资进行定义。投资组合层还提供敏捷投资运营和精益治理，以便管理解决方案所需的人力和资源。

投资组合层围绕一个或多个价值流，组织精益－敏捷企业围绕价值流使企业策略和投资组合执行对齐。通过执行基本的预算和必要的治理机制，确保解决方案的投资提供企业达成战略目标的投资回报率（ROI）。在大型企业中，可能会有多个 SAFe 投资组合。

详述

SAFe 投资组合层（如图 8.1-1 所示）包括企业为达到战略目标而构建系统和解决方案所需的人员和流程。

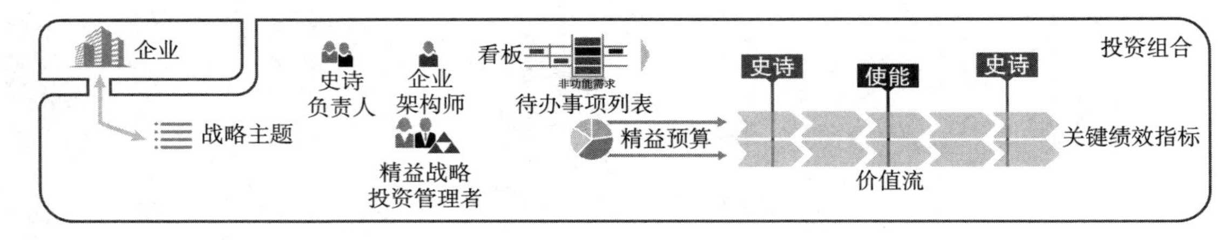

图 8.1-1 SAFe 投资组合层

每一个 SAFe 投资组合与企业都有双向联系。一方面，企业提供战略主题，指导投资组合适应不断变化的业务目标。另一方面，投资组合持续不断地将进展情况反馈回企业的利益相关者。这些反馈包括：

- 投资组合解决方案的当前状态。
- 价值流关键业务指标（KPI）。
- 当前解决方案与市场目标吻合度的定性评价。
- 投资组合层的优势、劣势、机遇和威胁的评价。

重点强调

投资组合层重点包括：

- **精益预算**——精益预算提供了快速且授权的决策，并有恰当的授权财务和责任管理机制。
- **价值流**——每一个价值流必须投资构建解决方案必需的人员和资源，给业务或客户交付价值。每一个都是一系列长期步骤（系统定义、开发和部署），为构建和部署系统提供持续的价值流。

- **投资组合看板**——投资组合看板使工作可视化，限制在制品（WIP）数量，确保需求和实际价值流与敏捷发布火车（ART）能力相匹配。

角色

投资组合层角色协调多个价值流，其责任和治理级别最高。

- **精益投资组合管理（LPM）**——该团队由 SAFe 投资组合中负有最高等级的决策权和财务责任的人组成，主要负责三个领域：战略和投资资金、敏捷投资组合运营和精益治理。
- **史诗负责人**——他们通过投资组合看板系统，负责协调投资组合史诗。
- **企业架构师**——该角色工作在多个价值流和项目群，帮助企业提供战略技术指导，优化投资产出。企业架构师通常也作为使能史诗的史诗负责人。

工件

下列投资组合层的工件帮助描述投资组合解决方案集的战略意图：

- **业务史诗**——捕获和反映必须通过多个价值流合作才能实现的新的业务能力。
- **使能史诗**——体现了新功能和能力所必需的架构和其他技术创新。
- **战略主题**——提供特定的、逐项的业务目标，连接投资组合和演进的企业业务战略。
- **投资组合待办事项列表**——是 SAFe 中最高级别的待办事项列表，它用来存放获得批准的、组成投资组合解决方案集所需的业务和使能史诗。这些史诗提供有竞争差异化和提高运行效率，形成战略主题，促进业务成功。

参考资料

[1] Leffingwell, Dean. *Agile Software Requirements: Lean Requirements Practices for Teams, Programs, and the Portfolio.* Addison-Wesley, 2011.

8.2　企业

战略转折点就是：当技术创新、市场演变和客户感知发生某种融合，需要公司做出根本变化甚至死亡的那一时刻。

——Andy Grove，《只有偏执狂可以生存》

摘要

企业代表了每一个 SAFe 投资组合所赖以生存的商业实体。在中小型企业中，一个 SAFe 投资组合通常可以用于管理整个技术解决方案的集合。在较大的企业（通常有

500 ～ 1 000 名技术人员）中，可以有多个 SAFe 投资组合，其中每条业务线都会有一个投资组合。在以上两种情况下，投资组合并不是整个企业，但是它对于确保企业中的每一个投资组合解决方案满足商业需要是非常重要的。

详述

企业中每个投资组合的存在只有一个原因，即为实现企业整体战略而做出贡献。SAFe 提供了三种基本的方式，将企业战略和投资组合关联起来：

- 预算作为整体的投资，提供给投资组合，用于运营和资本支出。然后投资组合预算通过精益投资组合管理授权，分配到单个的价值流中。
- 战略主题是具体明确的，差异化的商业目标通过企业的战略意图的某些方面传达给投资组合。
- 投资组合上下文（参见下文描述）提供了持续的反馈，从而支撑治理，并呈现正在进行的战略规划。

企业战略驱动投资组合战略

开发企业经营战略，投资于使其落地的解决方案，这是企业集中关注的事项，因为这是高级管理层的首要责任，他们也对企业的整体业务绩效负责。毕竟，投资组合不是自己创建或给自己投资，它们的存在就是为了实现更大的企业目标。

小型企业可能具有单一的投资组合

在小型企业中，可能只需要一个单一的投资组合（单一投资组合的 SAFe 实例）就能满足所有需求了。这个投资组合通过战略主题和预算与商业战略进行关联，并通过投资组合上下文给企业提供反馈（如图 8.2-1 所示）。

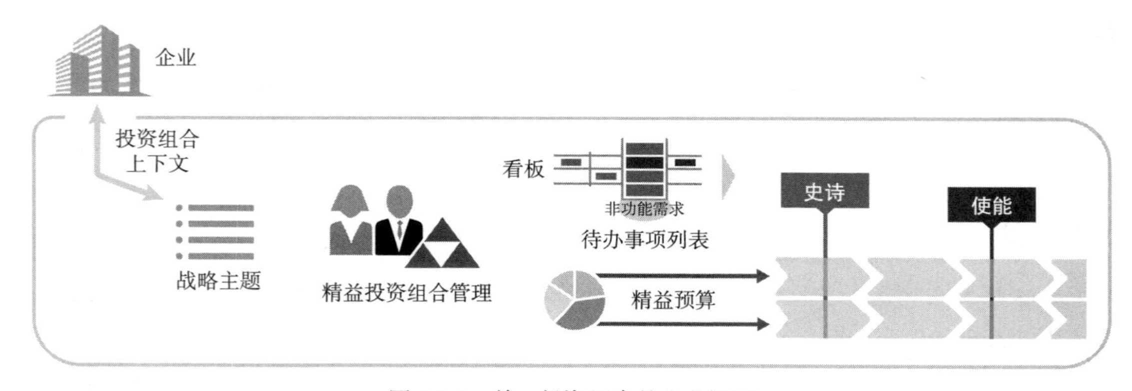

图 8.2-1 单一投资组合的企业视图

大型企业将有多个投资组合

SAFe 可以成功地应用于世界上很多最大型的企业中，其中许多企业有成千上万甚至数以万计的 IT、系统、应用程序和解决方案开发的从业人员。当然，这些人员也并不都是工作在相同的解决方案上，而且也不是处在相同的价值流中。更典型的情况是，IT 和开发人员被组织起来支持不同的业务线、内部部门、不同的客户或其他业务目标。为了实现更大的目标，企业可能会有多个 SAFe 投资组合，每个都有自己的预算和战略主题，这也反映了每个部门所负责的业务战略部分（如图 8.2-2 所示）。

在这种情况下，每个 SAFe 投资组合都存在于更广泛的企业环境中。企业环境是投资组合所需解决的业务战略的来源，并且它也可以为投资组合提供更加通用的资金管理和治理模式。然而投资组合是一个双向的道路。

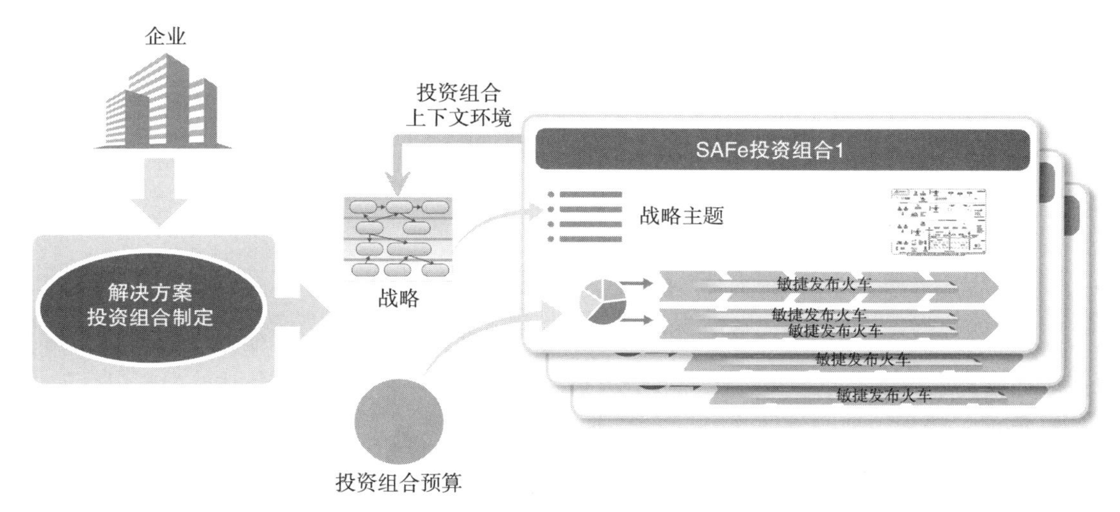

图 8.2-2 多个 SAFe 投资组合的企业视图

战略制定

定义投资组合预算和战略主题是制定战略的一个具体操作（参见 8.4 节）。制定战略的方法非常多，而且必须进行广泛的协作。当前技术领域的趋势和有影响力的方法包括在 Geoffrey Moore 的系列书籍（参考资料 [1]）和《精益创业》（参考资料 [2]）中。还有其他各种各样的更具体的战略制定方法，包括商业模式画布、精益画布（参考资料 [3]）等。

其中一个例子是在 Jim Collins 的著作《超越企业》（参考资料 [4]）中所描述的。这种方法的输出是一个战略主题的集合，它提供企业战略的持续“快照”，向投资组合传达着不断演变的战略意图和预算。图 8.2-3 强调了该方法应用于 SAFe 上下文环境的主要方面。

解决方案投资组合战略制定的每个方面的内容将在下文进行简介：

- **企业总预算**——作为企业总体运作预算的一部分，在所有 SAFe 投资组合的技术解决方案中，将人力和其他资源进行分配。这种预算的流程可能会包括资本支出和运营支出的指导（参见 9.4 节）。
- **企业业务驱动因素**——企业业务驱动因素反映企业战略正在发生变化。由于当前的业务和解决方案投资组合环境大体上已被理解，显然没有必要重复；应该从当前战略的变化中发现新的因素。举例来说，诸如“把新收购的能力集成到现有的套件中”（一个安全公司）和“将应用程序迁移到云上”，这些都是企业业务的驱动因素。

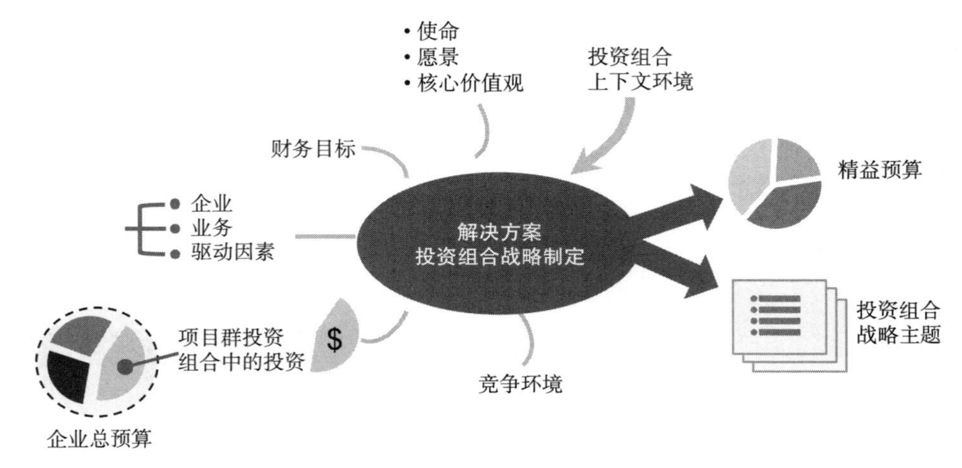

图 8.2-3 投资组合战略制定的解决方案

- **财务目标**——无论是在年收入、利润率、市场份额，还是在其他方面的衡量指标，企业的财务业绩目标都应该是清晰的。其中某些财务要素也将被传达给投资组合。
- **使命、愿景、核心价值观**——一个明确和统一的使命、愿景，以及一系列核心价值观提供了恒定的目标，并作为制定战略的边界。
- **投资组合上下文**——最有效的战略是在完整的投资组合上下文中开发出来的。关键绩效指标（KPI）和 SWOT（优势、劣势、机会、威胁）分析等，可以提供相关的背景。但是真正能够凸显企业擅长领域的是战略差异性，也只有战略差异性才能展示出帮助企业取得成功的文化和技术 DNA。
- **精益预算**——是指分配到每一个价值流上用于进行授权和减少开销的预算，将日常决策（以及相应的资源决策）交给最接近解决方案开发工作的人员。
- **竞争环境**——竞争分析将有助于确定最大的威胁和机会领域。
- **战略主题**——战略主题是差异化的、具体的商业目标，用于将企业中的投资组合与战略相关联。它提供了用于决策的业务上下文，同时也作为愿景、预算和待办事项列表的输入。战略主题的主要目标是驱动投资组合的创新和差异化。

如图 8.2-3 所示，投资组合预算和战略主题是一个过程的输出，它由企业高管和其他利益相关者在得出结论之前，系统地分析了一组输入，然后分别得出各自的投资组合预算和战略主题。

投资组合上下文为企业战略提供信息

战略也具有一些新兴的属性—— 有很多元素是无法在最早期简答获知的，它依赖于嵌入在当前解决方案集合中所带来的挑战和机会，这些情况都是在具体的市场条件下发生的。

为了应对这种歌动态的环境，战略的制定需要与下游投资组合一起（或者来自下游投资组合）进行持续协作、沟通和对齐。换句话说，它需要充分和完整地意识到投资组合的背景，可以包括：

- **关键绩效指标**——投资组合应该对所分配的投资支出提供适当的反馈。这些 KPI 可以包括量化指标和财务指标，例如投资回报率（ROI）、市场份额、客户净推荐值、创新核算（参考资料 [2]）等。
- **定性数据**——这些数据可以包括 SWOT 分析的输出，以及最重要的是投资组合利益相关者所积累的解决方案、市场和业务知识。

战略制定是大型中心化进行的；投资组合实施是去中心化进行的

按照 SAFe 原则 # 9——去中心化决策，制定业务战略在很大程度上是一个大型中心化进行的，而且必须进行协作的事情，企业高管和关键投资组合的利益相关者发挥着至关重要的作用。然而，执行解决方案的战略时，会通过透明化、持续反馈、KPI 和适当的投资组合指标，把权力去中心化地分散给投资组合层面。只有那些了解当前具体工作情况的人，才能为价值流和 ART 进行定义、演进和制定预算，从而可以运用经济框架，来管理解决方案的开发以满足不断变化的客户需求和新的市场机遇。

参考资料

[1] Moore, Geoffrey. *Crossing the Chasm* (1991, 2014), *Inside the Tornado* (1995, 2004), and *Escape Velocity* (2011). Harper Business Essentials.

[2] Ries, Eric. *The Lean Startup: How Today's Entrepreneurs Use Continuous Innovation to Create Radically Successful Businesses*. Random House, 2011.

[3] Maurya, Ash. *Running Lean: Iterate from Plan A to a Plan That Works.* O'Reilly Media, 2012.

[4] Collins, Jim, and William Lazier. *Beyond Entrepreneurship: Turning Your Business into a Great and Enduring Company*. Prentice Hall, 1992.

8.3　价值流

可持续的最短前置时间，给人类和社会带来最理想的质量和价值。

——《精益之屋》

摘要

价值流代表组织用于构建解决方案的一系列步骤，这些解决方案为客户提供持续的价值流。 SAFe 价值流用于定义和实现投资组合级业务目标，并组织敏捷发布火车（ART）以更快地提供价值。

SAFe 投资组合的主要作用是投资和培育一系列开发价值流，这些价值流可直接提供最终用户价值，也可支持内部业务流程。

围绕价值进行组织为组织带来了实实在在的好处，包括更快的学习，更短的上市时间，更高的质量，更高的生产力以及更精简的预算机制。 它产生的价值流更适合预期目的。 在 SAFe 中，通过首先理解价值流然后启动 ART 来实现它们来实现围绕价值的组织。 通过 ART 实现价值流是 SAFe 的“艺术”和科学。

价值流映射还可用于识别和解决价值流中的延迟和非增值活动，以实现精益敏捷目标：最短的可持续周期。

详述

精益敏捷方法专注于持续价值交付，只有当最终用户，客户或内部业务流程获得某些新解决方案或能力的商业利益时才能实现价值。 在精益中，识别和理解各种价值流是最关键的步骤——实际上，也是提高整体企业绩效的起点。 毕竟，如果企业没有清楚地了解它提供什么以及如何提供，是否有可能提高组织的绩效？ 这个简短的背景为 SAFe 提供了围绕称为价值流的价值流组织开发组合的主要动机。

价值流是一系列长期步骤，用于提供价值，从概念或客户订单到为客户提供有形结果。如图 8.3-1 所示，表明了价值流的解剖结构。

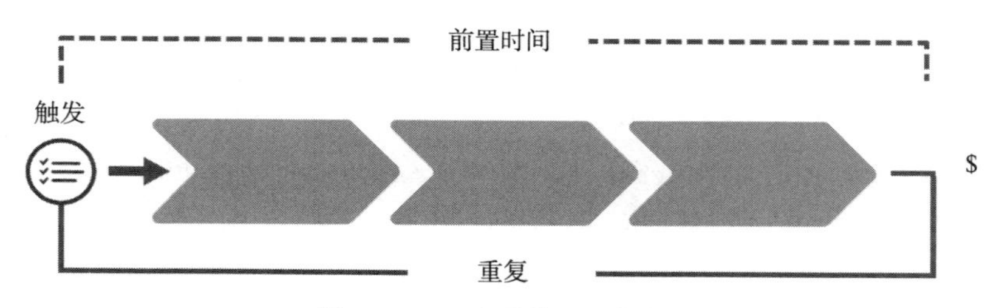

图 8.3-1 一个价值流的结构

如图 8.3-1 所示，当一个重要事件触发价值流——可能是客户采购订单或新功能请求时，价值流开始。它在交付某些价值时结束——货件、客户购买或解决方案部署。 中间的步骤是企业用于完成此工程的活动。 价值流包含从事工作的人员，他们开发或运营的系统以及信息和材料的流动。 从触发到价值交付的时间是交付周期。 缩短交付周期即可缩短产品上市时间，这是焦点。

价值流的类型

在 SAFe 环境下，企业中通常存在两种类型的值流（见图 8.3-2）。

运营价值流——用于向客户提供商品或服务的步骤，无论是内部还是外部（参考资料 [2]）。这就是公司赚钱的方式。

开发价值流——用于开发新产品、系统或服务功能的步骤。

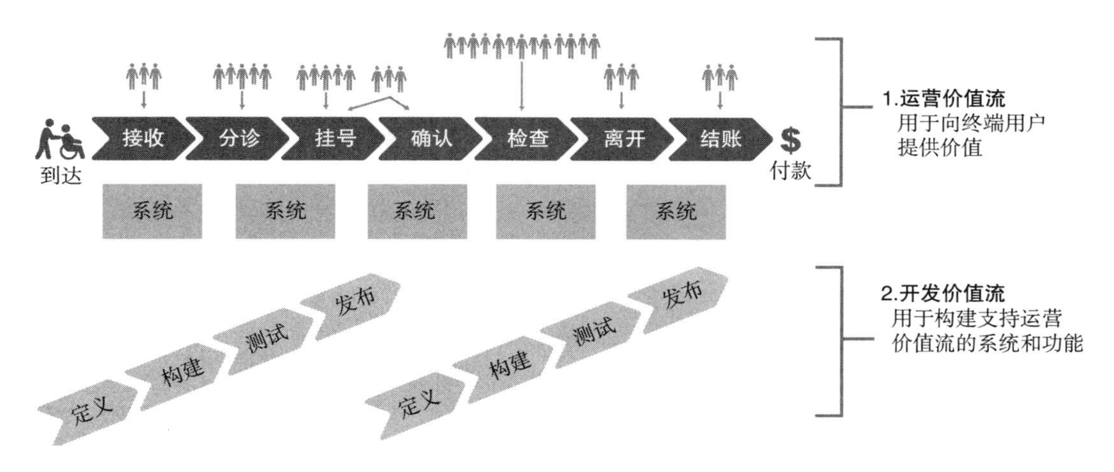

图 8.3-2 开发价值流构建了运营价值流提供价值的系统

有时，运营和开发流是相同的，例如当解决方案提供商开发销售产品并直接提供分发时（例如，小型软件即服务 [SaaS] 公司）。在这种情况下，只有一个值流：开发和运营价值流是同一个。

但是，理解这两种类型的价值流是至关重要的，因为开发价值流提供了运营价值流，如图 8.3-2 所示。在大型 IT 商店的背景下尤其如此。

虽然 SAFe 的主要目的是指导构建系统的人员，但首先要了解整体价值流，基于此团队才可以开发和优化解决方案以加速业务成果。此外，开发价值流的许多关键要求不仅仅是功能，还包括解决方案和企业架构，它们直接由运营价值流驱动。

为此，识别价值流和 ART 是实施 SAFe 的第一步。此过程在 2.5 节中进行了描述。

开发价值流的精益预算

识别价值流并了解组织中的流程是改进价值交付的关键步骤。它还为实施精益预算提供了机会，可以大大减少开销和摩擦，并进一步加速流动。

为了支持这一目标，SAFe 中的每个投资组合都包含一组开发价值流，每个流都有预算。精益投资组合管理（LPM）按照精益 – 敏捷预算原则管理每个价值流的预算。随着时间的推移，LPM 会根据不断变化的业务条件调整每个价值流的预算。精益预算章节描述了动态预算。如图 8.3-3 所示，展现了不同开发价值流的独立预算。

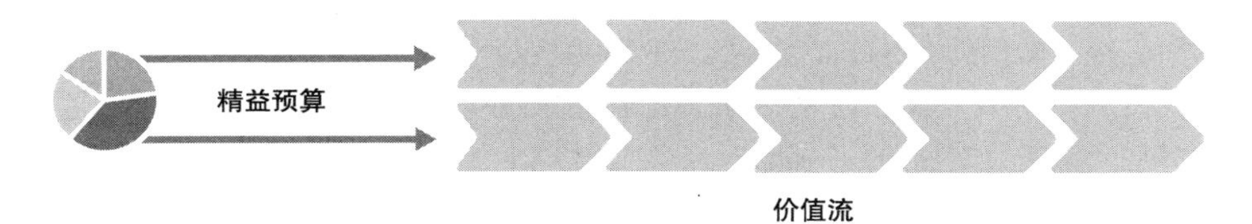

图 8.3-3 精益投资组合管理为每个开发价值流分配预算

价值流关键绩效指标（KPI）

精益预算流程可以大大简化财务治理，增强分散决策的能力，并通过企业增加价值流。这是一个大胆的举动，不再是按照项目，而是按照价值流分配预算。当然，这种新方法提出了一个问题：企业如何知道它实现了大规模投资的适当回报？

为了帮助回答这个问题，每个价值流定义了一组标准或关键绩效指标（KPI），可用于评估持续投资。 正在考虑的价值流驱动器类型驱动业务所需的 KPI：

- 某些价值流直接产生收入或最终用户价值，在这种情况下，收入可能是一种适当的衡量标准。 其他指标（如市场份额或解决方案使用情况）可能会提供额外的洞察力。
- 其他创造新产品的价值流或价值流元素。 在这种情况下，潜在的投资回报率（ROI）是一项滞后的经济测量。 对这些会带来新订单的价值流，使用非财务，创新核算 KPI 来获得快速反馈可能是更好的选择。
- 有一些开发价值流仅仅是成本中心，它们服务于内部运营价值流并且不是独立货币化的。 在这种情况下，诸如客户满意度、客户净推荐值、团队 / ART 自我评估和特性周期等测量可能更有意义。
- 如果在最重要的大规模层级上，价值流可以建立更广泛的度量集，例如样本精益敏捷投资组合度量标准所代表的度量。

价值流协调

价值流通常需要两种类型的协调活动：

使用投资组合协调多个价值流——价值流在设计的时候，就应该尽可能独立。 但是，还是可能需要进行一些协调确保企业与每个价值流一起向前推进，与企业目标保持同步。价值流协调是协调章节的主题。

协调价值流中的多个 ART——通常，在大多数大型价值流在 ART 之间存在一些依赖关系。企业如何协调这些活动以创建单一的整体解决方案集？ 这样做可能需要广泛的合作。例如：

- 使用一个共同的解决方案待办事项列表，实现新的交叉能力。
- 在系统和解决方案架构师 / 工程师的帮助下，协作定义将解决方案连接到 ART 的技术和架构。
- 额外的全部和部分解决方案集成演示。
- 解决方案火车工程师（STE）推动的 PI 前，及 PI 后规划活动的特殊考虑。
- 不同程度和类型的 DevOps 和持续交付管道支持和协作。

协调价值流中的多个 ART 是更为重要的精益敏捷企业的主要挑战之一，也是 7.2 节的主题，该节是大解决方案层级的一部分。

利用价值流映射缩短产品上市时间

识别价值流并围绕它们组织 ART 具有另一个显著的好处：每个价值流为客户提供可识

别且可衡量的价值流。 因此，可以使用价值流映射（参考文献 [2]）系统地改进它，以提高交付速度和质量。2.12 节中进一步描述了价值流映射。

参考资料

[1] Ward, Allen, and Durward Sobeck. *Lean Product and Process Development*. Lean Enterprise Institute, 2014.

[2] Martin, Karen, and Mike Osterling. *Value Stream Mapping*. McGraw-Hill, 2014.

[3] Poppendieck, Mary, and Tom Poppendieck. *Implementing Lean Software Development: From Concept to Cash*. Addison-Wesley, 2007.

8.4 战略主题

领导者和跟随者的区别就在于创新。

—— 史蒂夫·乔布斯（Steve Jobs）

摘要

战略主题将与投资组合相关的业务目标与企业战略区分开。它们为决策制定提供业务上下文，并作为项目投资组合、大型解决方案和项目群层的愿景、预算和待办事项列表的输入。战略主题的主要目的是推动组合创新和差异化。

详述

因为投资组合愿景的大部分要素易于理解，即投资组合利益相关者非常清楚投资组合的用途，他们建立并管理使命和愿景，所以，战略主题不需要重申这些显而易见的内容。反之，战略主题规定了企业从当前状态向更理想的未来状态发展的差距，有助于推动创新和竞争差异化，这些只有通过有效的投资组合解决方案才能实现。

你能列出投资组合中十项需要做的重要事情吗？当事态危急时，最重要的三项（或五项）事情是什么？战略主题是一组业务目标，这些业务目标强调影响特定解决方案投资组合的企业战略的变化。它们是企业及其解决方案投资组合之间的重要沟通机制（如图 8.4-1 所示）。

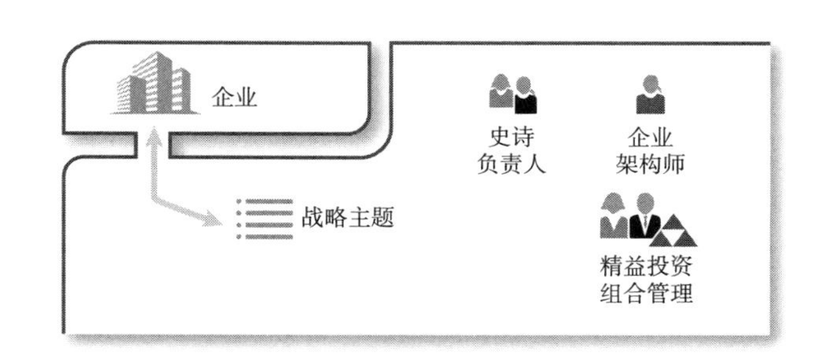

图 8.4-1 战略主题连接着 SAFe 投资组合与宏观企业环境

制定战略主题

战略主题是协作过程的产物，

在此过程中，企业的高管、受托人与项目投资组合利益相关者一起协作、分析输入，然后得出结论，如图 8.4-2 所示。

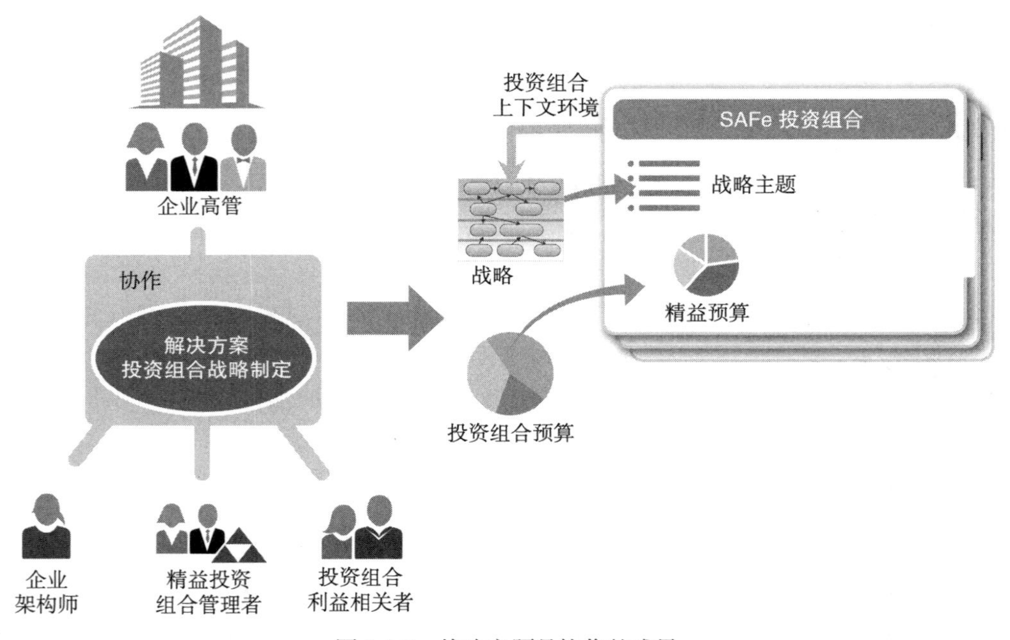

图 8.4-2　战略主题是协作的成果

关于战略主题的部分示例如下：

- 吸引年轻消费人群（在线零售商）
- 为外汇证券交易实施产品和运营支持（证券公司）
- 实现三类软件平台的标准化（大型 IT 商店）
- 降低仓储成本（在线零售商）
- 创建从投资组合应用系统到企业内部应用系统的单点登录集成（独立软件供应商）

战略主题是一种重要工具，向整个投资组合传递战略，并提供了简单而难忘、影响参与解决方案交付的每个人的信息。

战略主题的影响

战略主题是其他投资组合要素的主要输入（如图 8.4-3 所示）。它们影响企业运营的以下几个方面：

- 价值流预算
- 项目群和解决方案待办事项列表中的内容
- ART 和解决方案火车的愿景和路线图
- 经济框架

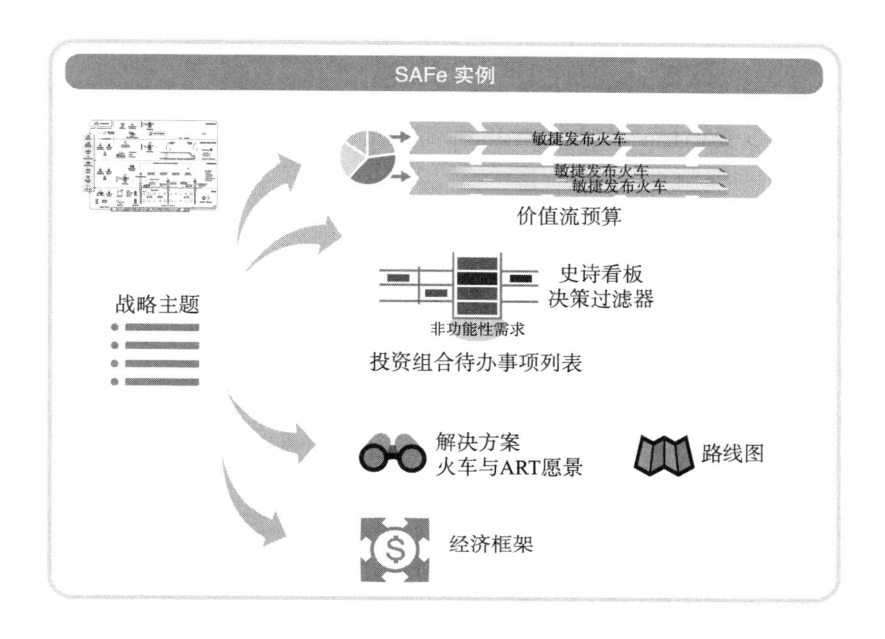

图 8.4-3　战略主题的影响

价值流预算

战略主题深度地影响着价值流预算，价值流预算提供了实现战略意图所需的投资和人员配置。在做决策时，组织应该牢记以下问题：

- 价值流里的当前投资是否反映了当前业务上下文中的变化？
- 我们在新产品和服务上的投资规模合适吗？我们现有产品和服务的能力是足够，还是需要更多的投资？我们的维护和支持活动是否有足够的资金？
- 根据新主题，还需要进行哪些调整？

投资组合待办事项列表

战略主题提供投资组合看板系统的决策过滤器，从而影响投资组合待办事项列表。在这个系统中，它们有以下含义：

- 影响漏斗里的史诗的识别、成功标准、优先级排序，并影响待办事项列表的状态。
- 确保在精益业务案例中进行考虑和讨论（参见 8.6 节）。
- 可能影响史诗的分解与实施。

愿景和优先级

战略主题影响 ART 和解决方案火车愿景和路线图，并帮助确定项目群和解决方案待办事项列表中的条目的加权最短作业优先（WSJF）优先级的属性。由投资组合或其他根据当前情况所产生的解决方案和项目群史诗，也受到当前战略主题的影响。此外，战略主题提供了重要的概念：火车之间对齐。由于它们的重要性，通常由业务负责人（BO）在项目群增量（PI）规划会时进行展示。

经济框架

最后，因为战略主题可以影响交付流水线的任何主要元素——包括开发周期、产品成本、产品价值、开发费用和风险等，其可能会对经济框架产生重大影响。

依据战略主题度量进展

为战略主题确定所需的业务成果可以为评估战略意图的进展建立上下文。然而，许多理想的意图度量指标都属于追踪性指标。诸如投资回报率（ROI）、新市场的渗透率，度量成功的指标可能需要很长时间才能达到预期的水平。

相反，组织需要早期指标的快速反馈，许多早期指标不是财务指标。精益组织应用创新核算来解决这个挑战（参考资料 [1]）。创新核算深思熟虑地着眼于哪些早期指标可能产生预期的长期结果，它包括收集这些数据所需的工具、功能、测试或其他机制。

此外，某些成功标准可以基于投资或活动。例如，在线零售商店可能希望接触到更年轻的人群。在这种情况下，成功标准可能由投资、活动和早期指标综合组成。第一个学习里程碑可能是验证将在线功能扩展到移动平台是否会吸引目标受众的假设。通过焦点小组的反馈或对移动平台流量数据的分析，可以很容易地衡量这一点。接下来，第二步可能是增加移动平台团队的预算。为了对数据进行趋势分析，我们还可以使用史诗最小可行产品（MVP）来记录横跨所有购买点的用户的年龄。

战略主题成果标准提供了指标，允许投资组合的管理者理解解决方案所涉及的，验证技术和业务的假设，并在必要时转向更好的解决方案。PI 节奏提供了一个极好的时间盒，用于试验新的方法并收集反馈，这些反馈为展示新战略主题的投资可能产生期望的长期效果所需。

参考资料

[1] Ries, Eric. *The Lean Startup: How Today's Entrepreneurs Use Continuous Innovation to Create Radically Successful Businesses.* Crown Business, 2011.

8.5 精益预算

敏捷软件开发与传统的成本核算是不匹配的。

——Rami Sirkia 和 Maarit Laanti

摘要

精益预算是一组实践，它通过对价值流（而不是项目）进行投资和授权，同时坚持在财务和适用性方面进行治理，把开销减至最低。这是通过客观评价可工作的系统，积极管理史诗投资，以及动态调整预算来实现的。

每个 SAFe 投资组合的存在都有一个目标——即通过一系列解决方案实现业务战略。每个投资组合必须在批准的预算范围内运作，因为解决方案开发的运营成本是经济成功的主要因素。

然而，许多传统组织很快意识到，他们希望通过精益敏捷开发实现业务敏捷，这就与当前的预算及项目成本管理核算方法有冲突。其结果可能是，精益敏捷开发的转型（以及实现潜在的业务收益方面）会因此受到损害甚至是无法实现。

SAFe 为精益预算提供了许多策略，消除了传统的基于项目的投资和成本核算的开销。应用这个模型，精益投资组合管理（LPM）的受托方可以控制支出，项目群可以获得授权进行快速决策和灵活的价值交付。通过这种方式，企业可以获得两全其美的效果：开发流程能够针对市场需求做出更加快速的反应，同时能够对技术支出进行专业且可靠的管理。

详述

每个 SAFe 投资组合都在批准的预算范围内运作，这是 SAFe 投资组合中对产品、服务和 IT 业务解决方案（包括软件、硬件、固件）的开发和部署进行财务治理的基本原则。正如在 8.2 节中所描述的，每一个投资组合的预算都来自于一个战略计划流程（如图 8.5-1 所示）。

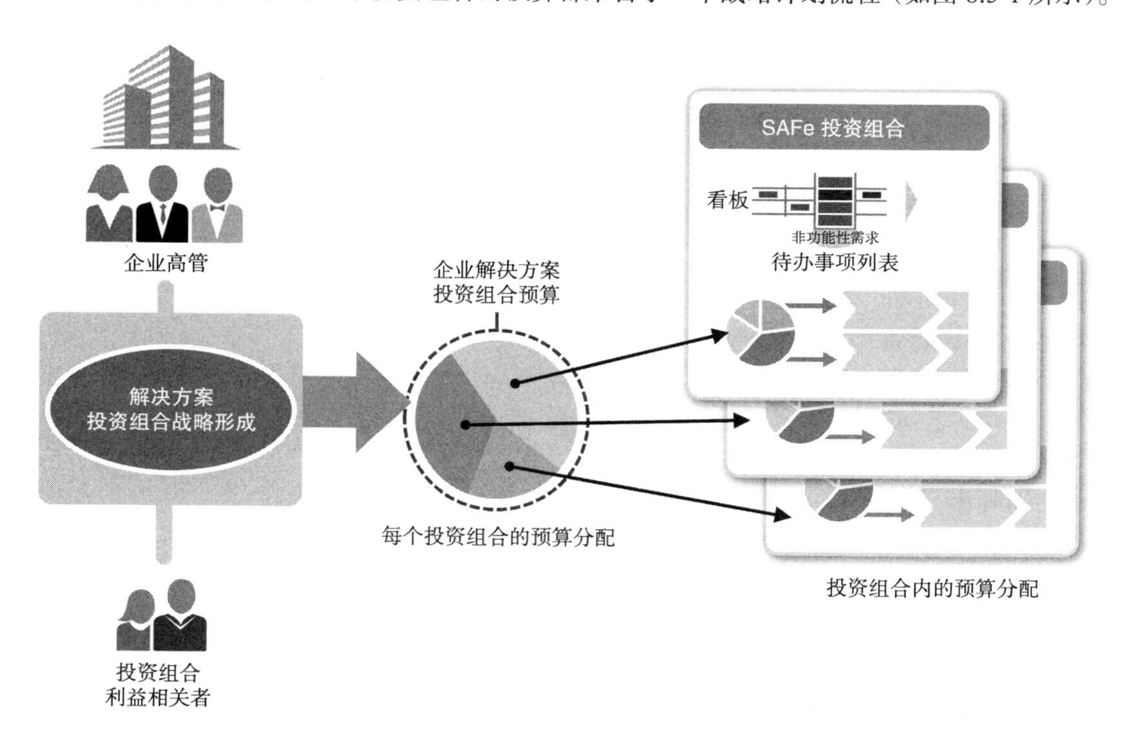

图 8.5-1 预算概览

SAFe 建议了一种完全不同的预算编制方法，这种方法可以减少传统成本核算相关的开销和成本，同时有力支撑了原则 #9——去中心化的决策。采用这种新的工作方式，投资组合层的人员不再为他人计划工作，也不再跟踪项目层级的工作成本。相反，精益企业会转入到一个新的范式：即精益预算，超越项目成本核算。此方法对所有投资提供有效的财务控制，大大减少开销和冲突，同时大大提高开发工作的产能（如图 8.5-2 所示）。

传统

- 项目是工作的基本单元
- 人员被“安排到工作中”
- 对固有的不确定性工作进行“合规性”度量

结果
- 高开销
- 我们 vs 他们
- 低吞吐量、低生产率
- 低士气

精益

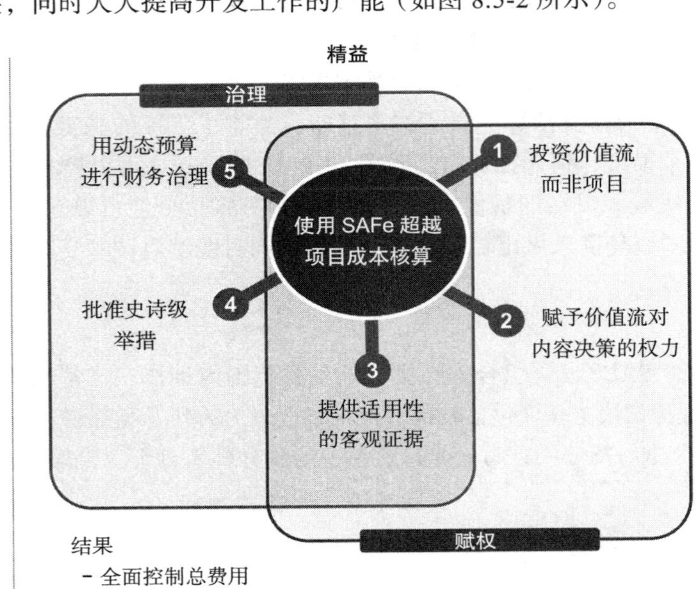

结果
- 全面控制总费用
- 没有预算“惊喜”
- 更高的吞吐量
- 更高的士气

图 8.5-2　用精益预算进行授权和治理

如图 8.5-2 所示，表明了达到这个未来状态的五个主要步骤：

1. 投资价值流而非项目。
2. 赋予价值流对内容决策的权力（例如，解决方案管理）。
3. 提供持续的适用性的客观证据。
4. 批准史诗级举措。
5. 用动态预算进行财务治理。

下文将依次进行详细讨论。

传统项目成本核算中的问题

首先，很重要的一件事情是：要理解传统项目投资方法对开发经费获取所造成的问题：

成本中心预算导致了多重挑战

图 8.5-3 显示了大多数企业在向精益敏捷开发转型之前的预算流程。如图 8.5-3 所示，

企业由若干个成本中心组成，每个成本中心都必须为新工作贡献项目费用和人力（主要成本要素）。这就产生了许多问题：

- 项目预算流程缓慢而复杂，需要做许多独立的预算（每个成本中心一个预算）以创建项目预算。
- 需要团队在很多不确定因素下，过早做出细颗粒度的决策。团队也别无选择，因为如果他们不能识别所有任务，他们又如何估算出需要多少人力以及需要多长时间呢？
- 人员是临时分配的。项目完成后，人员回到他们的组织筒仓，以便将来可以在他们的成本中心再次分配。如果企业不这样做，就会为其他已经计划好的项目带来麻烦。
- 该模型驱使成本中心的管理者确保每个人都被充分分配给一个或多个项目。然而，以 100% 的使用率来运行产品开发会造成经济灾难（参考资料 [2]），导致在时间和成本方面，预测值和实际值偏差巨大。
- 该模型使个人和团队在一起工作的时间不会超过一个项目的持续时间。这会妨碍知识获取、团队绩效和员工参与度，更谈不上在同一地点办公。如果项目花费的时间比计划的要长——这经常发生，许多人将转移到其他项目上，从而导致进一步的延迟。

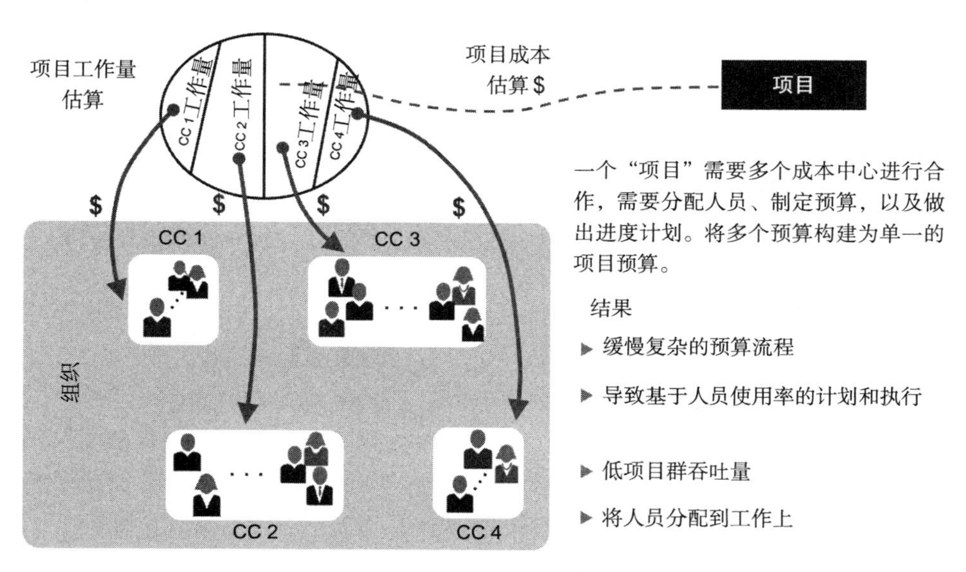

图 8.5-3　传统的基于项目的成本预算和成本核算模型

基于项目的约束阻碍了适应性，妨碍了积极的经济成果

项目一旦启动就会面临持续的挑战。业务和项目的需求迅速变化。然而，因为项目的预算和人员在项目工期内是固定的，所以项目不能灵活应对需求优先级的变化（如图 8.5-4 所示）。

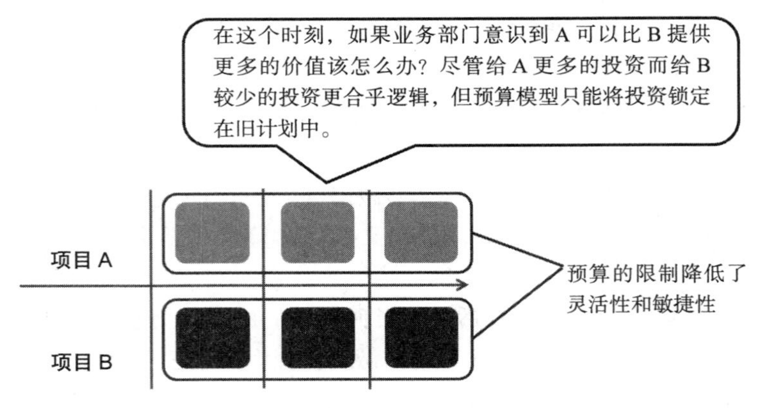

图 8.5-4　针对项目的投资阻碍了对变化做出反应的能力

这样做的后果就是，组织如果要响应业务需求的不断变化，只能重新编制预算，并重新分配人力，带来了额外的开销。这也导致了延迟成本（CoD）——没有做该做的事情的成本增加了。

延迟发生后，事情变得更加糟糕

然而，我们还没有描述完成。产品开发人员在不冒险的情况下是无法创新的（参考资料 [2]）。因为产品开发包含了高度的技术不确定性，所以对产品开发进行估算是很有挑战性的。每个人都知道大多数事情都会花比计划更长的时间。而且，即使事情进展顺利，利益相关者也可能对某个特性要求更多。这需要来自变更控制委员会的批准，从而增加了进一步的延迟。再次强调，基于项目的投资阻碍了项目进展、文化变革以及透明度（如图 8.5-5 所示）。

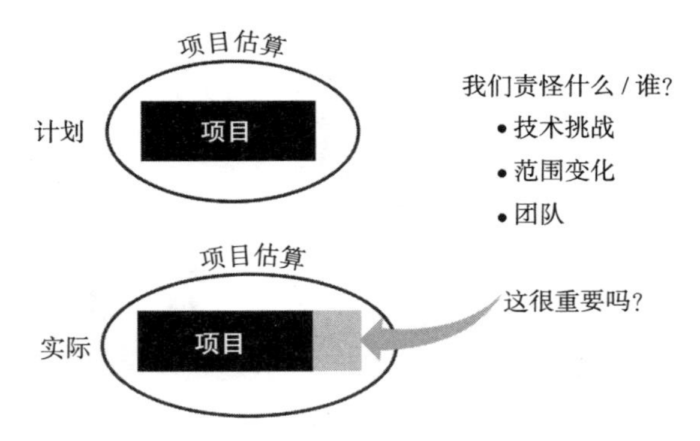

图 8.5-5　当发生延迟时，项目核算和重新预算增加了延迟成本，并且会对文化产生负面影响

不管出于什么原因，只要产生了进度延迟，都非常有必要分析偏差，重新计划时间表，并调整预算。这导致资源争夺，人员重新分配，还会对其他项目造成负面影响。现在，大家开始玩起“推诿的把戏”，项目经理之间产生了对立，财务分析师与团队产生了对立。任何项目超时都会对预算造成影响，最终受到伤害的是透明性、生产率和团队士气。

用 SAFe 超越项目成本核算

对于更快交付和产出更好的经济成果这一目标来说，传统的成本核算会带来不小的破坏力。

然而，SAFe 提供了如下五个主要步骤，以帮助企业达到未来更好的状态。

1. 投资价值流，而非项目

第 1 步是将日常的支出和资源的决策移交给最接近解决方案域的人，从而增加授权并减少开销。这通过按价值流分配预算来实现（如图 8.5-6 所示）。

图 8.5-6 为每个价值流定义运营预算（人和其他资源）

这是一个非常重要的步骤，它为精益企业带来了如下几项收益：

- 价值流利益相关者，包括解决方案火车工程师（STE）和精益投资组合管理者（LPM），他们获得授权，可以基于当前待办事项列表和路线图，将预算合理分配给相应的人员和资源。
- 由于价值流和敏捷发布火车（ART）是长期存在的，因此人们在一起工作很长时间，他们在参与度、知识、能力和生产率方面都会得到很大提高。
- 自组织的敏捷发布火车（ART）和价值流使人们能够从一个敏捷发布火车或敏捷团队转到其他敏捷发布火车或敏捷团队中，而不需要项目群或大型解决方案层级以上的管理层进行批准。
- 预算依然是受控的。在大多数情况下，贯穿一个项目群增量（PI）的费用是固定的或容易预测的。因此，所有利益相关者都知道未来一段时间的预期支出，无论要实现什么特性。如果某个特性的开发花费的时间比计划的长，不会对预算产生影响，人员方面的决策是本地决策（如图 8.5-7 所示）。

2. 赋予价值流对内容决策的权力

第 1 步是一个巨大的飞跃。然而，撇开预算问题不谈，企业仍然需要确保价值流正在构建正确的东西，这就是当初创建项目模型的原因之一。SAFe 实现这一意图的方式，不是通过增加项目经费，而是通过对产品和解决方案管理者进行授权并委以重任。为了让工作对每个人都可见，所有即将进行的工作都会在项目群和解决方案待办事项列表中执行、包含并进行优先级排序（如图 8.5-8 所示）。

工作是基于加权最短作业优先（WSJF）方法计算的经济优先级从待办事项列表中拉取的。从而在实现的时候，可以让团队始终意识到，在这些重要决策的背后有合理的经济原因所支持，并且由正确的利益相关者参与决策。

3. 提供适用性的客观证据

原则 #5——基于对可工作系统的客观评估设立里程碑，提供了解决这一难题的下一个步骤。虽然预算分配到价值流这种大小的举措中，但是所有相关人员都希望得到快速反馈，以便了解投资是如何跟踪的，这是非常合乎情理的事情。幸运的是，SAFe 通过解决方案演示提供定期的、有节奏的机会来评估每个项目群增量（PI）的进展，并且如有必要，每两周通过系统演示进行评估。参加演示的人包括诸如客户、精益投资组合管理者、业务负责人和团队本身等关键利益相关者。任何受托人都可以参与，并能够确知正确的东西正在以正确的方式构建，并且它能够满足客户的业务需求，一次评估一个 PI 的进展。

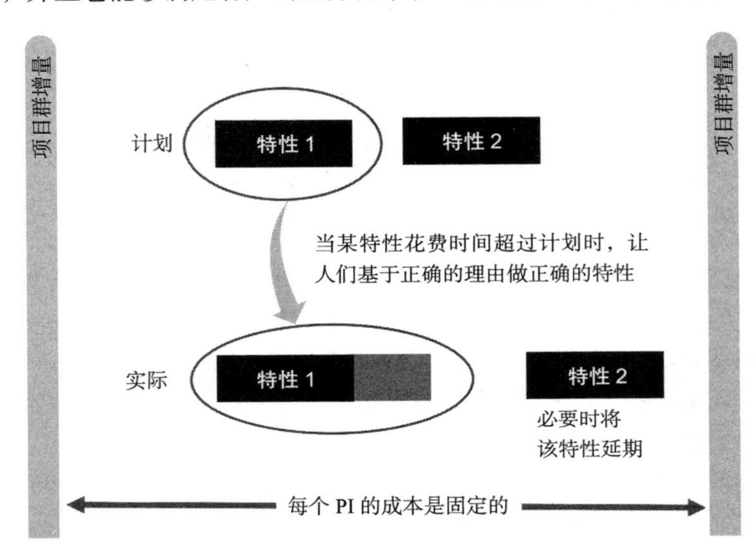

图 8.5-7　项目群增量的预算是固定的。如果工作花费的时间长于预期时，资源不需要挪动，预算也不会受到影响

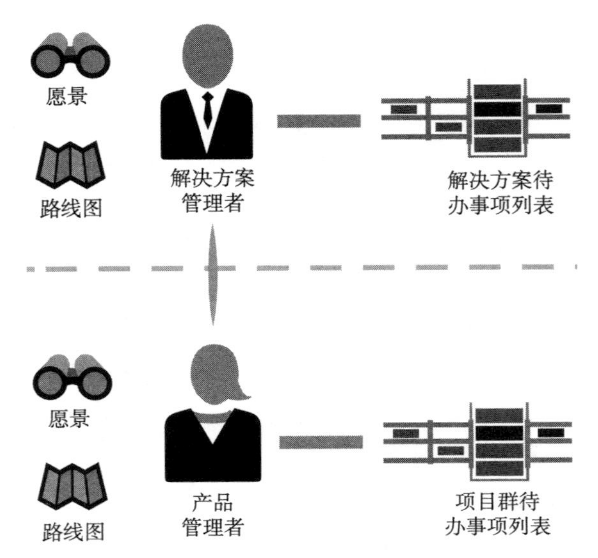

图 8.5-8　通过产品和解决方案管理者实现透明的内容决策

4. 批准史诗级举措

虽然规则是投资每一个价值流，但是也有一个例外。根据定义，史诗的规模足够大也足够有影响力，需要得到额外的批准。这些史诗级举措通常会影响多个价值流和敏捷发布火车（ART），它们的成本可能高达几百万美元。这就是为什么所有的史诗都需要借由看板系统和精益业务论证进行评审并由精益投资组合管理者（LPM）批准，无论这些史诗是在投资组合、项目群还是大型解决方案层级出现的（如图 8.5-9 所示）。

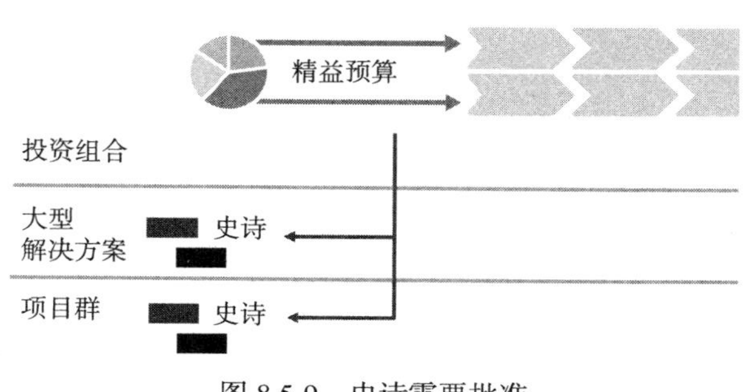

图 8.5-9　史诗需要批准

史诗可以通过投资组合的预算准备金来投资，还有可能将人员或资金从一个价值流重新分配到另一个价值流，或者史诗直接消耗现有价值流预算中的很大一部分。无论是哪种情况，史诗都大到需要分析，以及战略和财务方面的评审和决策。这种规模，加上所需的精益业务论证，正是史诗之所以称之为史诗的原因。

5. 用动态预算进行财务治理

尽管价值流大部分是自组织和自管理的，但它们并不会自发产生，也不会给自己投资。为此，精益投资组合管理者（LPM）有权在投资组合内设置和调整价值流预算。为了响应变化，资金分配将根据业务需求的变化而变化（如图 8.5-10 所示）。

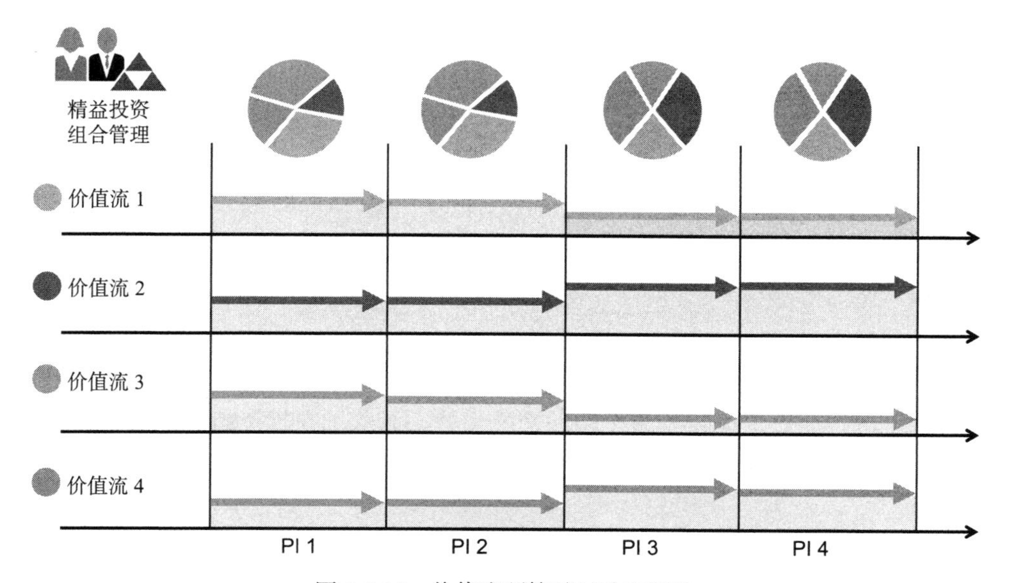

图 8.5-10　价值流预算随时动态调整

理论上，预算每年可以调整 2 次。如果少于 2 次，那么费用就会在相当长的时间内固定不变，限制了敏捷性。如果多于 2 次，企业可能看上去会非常敏捷，但人们就好像是站在流沙上，会造成太多的不确定性且没有能力承诺任何近期的行动。

参考资料

[1] Special thanks to Rami Sirkia and Maarit Laanti for an original white paper on this topic, which you can find at http://pearson.scaledagileframework.com/original-whitepaper-lean-agile-financial-planning-with-safe/.

[2] Reinertsen, Don. *Principles of Product Development Flow: Second Generation Lean Product Development.* Celeritas Publishing, 2009.

8.6 史诗

如果我们做的东西无人问津，那么即使我们能够在预算范围内如期交付，又有什么意义呢？

——埃里克・莱斯（Eric Ries）

摘要

史诗（Epic）是解决方案开发举措的容器，且规模足够庞大，需要在实施前进行分析、定义最小可行产品（MVP）和获得财务批准。实施将在多个项目群增量（PI）上进行，并遵循精益创业“构建 – 度量 – 学习”的循环。

史诗可以整合后进入精益投资组合管理（LPM）和精益商业模型。史诗需要具有史诗负责人和精益业务论证。通常，史诗不需要传统方式中那种范围的全部完成。取而代之的是，其实施过程可以一直持续，直到获得足够多的经济收益。

SAFe 定义了两类史诗：业务史诗和使能史诗。在于 SAFe 的投资组合层，大型解决方案层和项目群层都可能有这两类史诗存在。本章主要阐述投资组合史诗的定义、批准和实施过程。大型解决方案层和项目群层的史诗也遵循相似的过程。

详述

最大的史诗，即投资组合业务史诗和使能史诗，涵盖了在投资组合内发生的最大规模的全局性举措。业务史诗直接交付业务价值；使能史诗提供架构跑道的演进以支撑未来的业务史诗。

在精益创业循环和精益预算中促进创新

精益创业（参考资料 [1]）作为敏捷的方法论之一，其策略要求企业在产品创新和战略投资上都能高度的遵循“构建－度量－学习”的循环迭代。将此模式应用在史诗中，促进价值在 SAFe 框架中的流动以及可观测性，逐步递增的进行投资和风险管理，可以使精益创业在经济和战略上都获得收益（参见图 8.6-1；请参考 5.23 节的内容，以便做出进一步理解和讨论）。

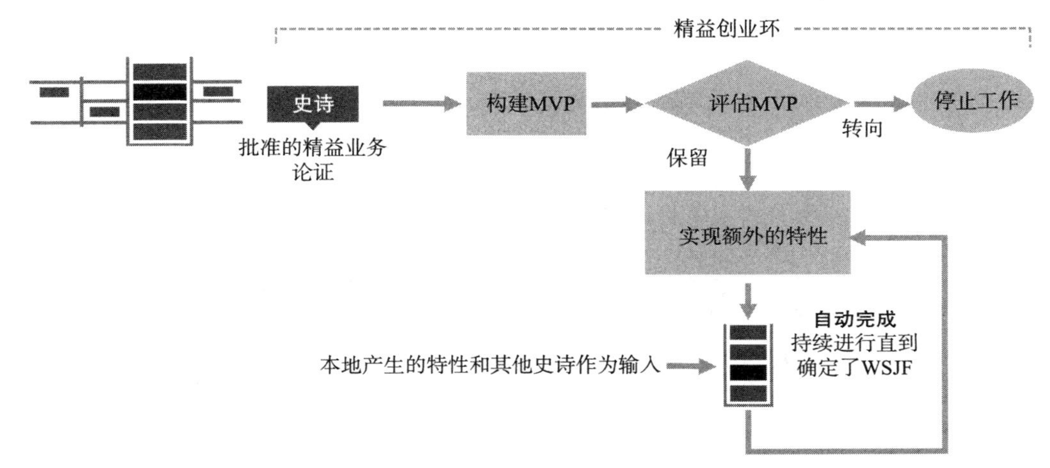

图 8.6-1　精益创业循环中的史诗

此外，精益预算在授权和去中心化决策的同时也保留必要的审批和权衡措施。即使预算已经获批，最小可行产品在史诗的实施阶段之前也需要进行评估和审批，并且整个过程是透明的。对于史诗的进一步投资是受项目群待办事项列表的优先级控制的。

投资组合看板概览

投资组合史诗在看板中变得可见和易于管理。这些史诗遵循在制品（WIP）限制的规则，逐步经历看板系统中的每个状态，变得越来越成熟和完善，直到被投资组合管理团队批准实施（或被拒绝）。要理解投资组合史诗，首先需要理解看板系统的每个状态：

- **漏斗**——在这个捕获阶段，欢迎任何有潜在的机会。
- **评审**——对机会、工作量，以及延迟成本进行初步的估算。
- **分析**——通过分析得到史诗的可行性，业务成果假设，最小可行产品，开发和部署的影响，精益业务论证，以及批准实施或拒绝的决定。
- **投资组合待办事项列表**——被批准的实施的史诗会存在于投资组合待办事项列表中，直到至少有一辆 ART 把它放到项目群看板中。
- **实施**——至少有一辆 ART 有资源可以开始实施工作，实施阶段就开始了。
- **完成**——一旦当业务成果假设被验证和评估完成，就可以认为史诗已经完成了。如果假设被证明为真，就会有更多的特性、能力或新的史诗被实现。如果假设被证明不成立，投资组合就会尝试另一种方案或者将该史诗丢弃。

定义史诗

在起草史诗之前，需要确认史诗的内容是利益相关者所期望的。图 8.6-2 提供了史诗假设声明的模板，可以方便史诗的捕获、组织，以及与利益相关者沟通史诗的关键内容。

史诗假设声明	
对于	< 客户 >
他们	< 做什么事情 >
这个	< 解决方案 >
是一个	< 怎样的内容 “ How” >
它	< 提供了什么价值 >
不同于	< 竞争对手、现有的解决方案、或尚未存在解决方案 >
我们的解决方案	< 可以更好的做什么 “Why” >
业务成果假设	• •
引领性指标	•（早期创新核算度量） •
非功能性需求	• •

图 8.6-2　史诗假设声明

分析和批准史诗

史诗在承诺实施之前必须要经过仔细分析。史诗负责人可以承担分析业务史诗这一重要任务，而企业架构师则负责指导对使能史诗的分析，用以支持业务史诗的技术考虑。当分析阶段具有队列空间的时候，漏斗中价值最高的史诗会被优先分析。

通过对史诗的分析可以得到精益业务论证。图 8.6-3 提供了精益业务论证的例子。

相应的 LPM 会得到授权，来审批精益业务论证并批准（或拒绝）史诗的进一步实施。

实施史诗

获得批准“通过”的史诗会被留在投资组合待办事项列表中，直到在一个或多个价值流中空余出了可以实施这个史诗的容量，就可以开始启动实施了。此后，史诗负责人或企业架构师有责任与产品经理和架构师或系统工程师合作，定义最小可行产品，并将投资组合史诗拆分成价值流和项目群层的史诗，又或直接将它们拆分成关于能力或特性，直接放到对应的待办事项列表中去。

拆分史诗

用增量的方式实施，意味着必须将史诗拆分成可以代表增量价值的较小的待办事项条目。表 8.6-1 提供了 9 种拆分史诗的建议方法，以及每种方法的示例。

SCALED AGILE

精益业务案例

史诗名称： （史诗的简称）	**进入漏斗日期：** （史诗进入漏斗的日期）	**史诗负责人：** （史诗负责人的名字）

史诗描述：
（可以考虑使用史诗假设声明中来作为描述的开头。）

业务成果假设： （描述史诗成功与否的衡量方式：比如，为排名25以后的店铺提升50%的客流量；将可用度从97%提升到99.7%，等诸如此类的描述）	**引领性指标：** （建立创新核算度量，为业务成果假设提供一些可测量的引领性指标：比如，近30天的特性发布订单的变化）

范围内： ● … ● … ● …	**范围外：** ● … ● … ● …	**非功能性需求：** ● … ● … ● …

最小可行产品（MVP）特性 ●（特性或能力） ● … ● …	**额外的潜在特性** ●（特性或能力） ● … ● …

发起人：
（支持该项举措的关键发起人列表）

用户和市场影响：
（对用户社区和市场影响的描述）

SCALED AGILE

精益业务案例

对产品，项目群和服务的影响：
（识别会被本史诗影响到的产品、项目群、服务、团队、部门等。）

对销售，分发或部署的影响：
（描述对于已售出、分发或部署的产品的影响。）

分析总结： （对于本业务论证的前置分析的总结）	**批准：** （是否建议继续实施）
故事点数估计（MVP）： （对于史诗的最小可行产品的故事点数的估计）	**货币成本估计（MVP）：** （例如：最小可行产品特性的故事点数 × 每个点数的成本）
回报方式： （市场份额、收益增长、产能增加、开辟新市场等）	**商业影响预期：** （收益、投资回报率，或其他的金融度量）

图 8.6-3　精益业务案例

<table>
<tr><td colspan="3">是否外包开发：
（对于是否外包开发的建议）</td></tr>
<tr><td>开发计划时间线</td><td>开始日期：
（预计可以开始的日期）</td><td>完成日期：
（预计可以进行最小可行产品评估的日期或者预计所需要经历的项目及增长的数量）</td></tr>
<tr><td colspan="3">增量实现战略：
（每个史诗的都是通过项目群的工作实现逐渐完成的。点击这里查看详细战略，其中大部分的指导也可以应用于使能史诗）</td></tr>
<tr><td colspan="3">排序和依赖：
（描述对于实施先后顺序的要求或者对于其他史诗可能存在的依赖）</td></tr>
<tr><td colspan="3">里程碑或检查点：
（识别可能的里程碑或检查点以便对史诗进行重新评估）</td></tr>
<tr><td colspan="3">附件：
（用于创建本业务论证的其他的支持性文档、链接或数据、可行性或权衡分析、模型、市场分析等）</td></tr>
<tr><td colspan="3">其他：（其他的额外信息）</td></tr>
</table>

图 8.6-3 （续）

表 8.6-1 史诗拆分的方法

<table>
<tr><td colspan="2">1. 解决方案 / 子系统 / 组件——史诗通常影响多个解决方案、子系统，或者系统中较大的组件。在这些情况下，根据这些方面对史诗进行拆分是一个有效的实施技巧。</td></tr>
<tr><td>多种用户类型</td><td>● 在处理业务退订的网站中有多种用户类型
● 在管理系统中有多种用户类型</td></tr>
<tr><td colspan="2">2. 业务成果假设——史诗的业务成果假设通常提供了一种暗示，用于说明它是如何通过增量的方式获得预期的业务价值。</td></tr>
<tr><td>在搜索结果中实现新的工件——支持定位功能的假说：
a）当用其他信息来过滤搜索结果不完全有效的情况下，定位信息应该提供额外的帮助
b）提供某个人详细的位置信息</td><td>● 在搜索结果中提供精确到“州”的位置信息（标准（a）已经部分完成了，即使只有“州”的信息也已经提供了不错的过滤能力）
● 支持复合的（州和城市）位置信息（到了这一步，成功标准就全部实现了）</td></tr>
<tr><td colspan="2">3. 按主要工作量优先投入——有时候一个史诗会被拆分成多个部分，大部分的工作量会被投入到实现第一部分中去。</td></tr>
<tr><td>在整套产品中实现单点登录（SSO 即用一个用户名和密码登录该公司的所有产品、系统和平台）</td><td>● 安装 PINGID 协议服务器并用模拟数据进行测试
● 在整套产品中技术复杂度最低的产品上实现 SSO 管理能力
● 在复杂度最高的产品上实现 SSO 功能
● 在资源允许的范围内尽可能快速的覆盖到整套产品的所有部分</td></tr>
<tr><td colspan="2">4. 简单 / 复杂——先实现一个最简单的版本作为基本史诗，然后不断增加更多的项目群史诗，实现变化和复杂细节。</td></tr>
<tr><td colspan="2">5. 数据变化——数据变化和数据源是另一种可以辅助决策范围、复杂度和实施管理的因素。</td></tr>
<tr><td>对所有和最终用户交互的界面进行国际化</td><td>● 西班牙语
● 日语
● 根据当前的市场份额数据进行优先级排序</td></tr>
</table>

（续）

<table>
<tr><td colspan="2">6. 市场细分 / 客户 / 用户分类——另外一种方法是通过市场细分或者用户群体来拆分史诗。先从对业务影响最大的那部分开始实施。</td></tr>
<tr><td>实现让用户选择参与某项活动的功能</td><td>• 支持当前所有的业务伙伴
• 支持所有主要的市场运营机构</td></tr>
<tr><td colspan="2">7. 推迟解决方案的质量要求（非功能性需求）——有些时候最初阶段的方案实施并不难，我们会把最主要的精力放到快速交付，或者让产品更可靠性、更精确，或者具有更好的可扩展性上。因此，通过增量式的方法逐步实现解决方案的质量（非功能性需求）是具备可行性的。</td></tr>
<tr><td colspan="2">8. 降低风险 / 促成机会——由于史诗通常范围很大，使得它们都具有一定的风险。使用风险分析法从风险最高的那部分着手实施。</td></tr>
<tr><td>根据用户自定义的逻辑表达式对搜索结果进行过滤</td><td>• 实现反向过滤
• 实现带有逻辑表达式运算功能的复杂过滤</td></tr>
<tr><td colspan="2">9. 用例场景——用例（参考资料 [1]）可以在敏捷开发中用来记录复杂的“用户和方案之间”或者“方案和方案之间”的交互，从而可以使用这些用例中的特定的使用场景或用户目的来对史诗进行拆分。</td></tr>
<tr><td>通过人物进行搜索的功能</td><td>• 目标 1：寻找和某个人的关系
• 目标 2：寻找和某个公司的关系
• 目标 3：区分强关系和弱关系</td></tr>
</table>

解决方案和项目群史诗

以上的讨论描述了最大型的一类史诗，即投资组合史诗。这些史诗通常都需要多个 ART 和价值流的共同努力才能完成。一些史诗可能需要拆分成大型解决方案和项目群级别的史诗以促进实施。

此外，许多史诗级别的举措也可能会在大型解决方案或项目群这个层级直接出现。虽然在很大程度上这些史诗只需要获得本层级的关注即可，但是由于它们对于财务、人力和其他资源能够产生足够大的影响力，因此这些史诗仍然需要一个精益业务论证，经过集体讨论，并获得 LPM 的财务批准。这也是史诗之所以称为史诗的原因。

关于在其他层级上史诗的管理方法，会在 5.21 节中进行阐述。

参考资料

[1] Ries, Eric. *The Lean Startup: How Today's Entrepreneurs Use Continuous Innovation to Create Radically Successful Businesses*. Random House, 2011.

[2] Leffingwell, Dean. *Agile Software Requirements: Lean Requirements Practices for Teams, Programs, and the Enterprise*. Addison-Wesley, 2011.

8.7 史诗负责人

随波逐流将坠入地狱，把握方向则通往天堂。

——萧伯纳（George Bernard Shaw）

摘要

史诗负责人负责协调投资组合史诗在投资组合看板中的流动。他们定义史诗及其最小可行产品（MVP），还有精益业务论证。在史诗获得批准之后，将会引导其实施。

一旦史诗被接受，史诗负责人就会直接和敏捷发布火车（ART）或解决方案火车的利益相关者一起定义能实现史诗价值的特性和能力。他们也会在史诗从持续交付流水线到按需发布的过程中起到一定的支持作用。

详述

在 SAFe 中，企业在史诗的驱动下取得显著的经济价值。史诗负责人负责对史诗进行制定和细化，并且分析其成本和影响。他们定义的最小可行产品对于史诗是否获得批准（或拒绝）起到关键的作用。

角色概述

史诗负责人负责驱动每一个史诗从定义到经过看板系统的每个阶段，直到精益投资组合管理（LPM）的做出批准（或拒绝）的决定。在史诗获得批准实施之后，史诗负责人和敏捷团队一起为实现其商业价值启动必要的开发活动，并可能在实施过程中持续地进行跟踪和管理。直到史诗被转化成能力和特性之后，史诗负责人也就可以将精力投入到其他的史诗中去。在这之后，ART 就会负责将史诗实现到解决方案中。

一般来说，史诗负责人会同时负责 1 ～ 2 个史诗，其专业领域和当前业务使命是相关联的。

责任

SAFe 中的史诗负责人，体现为一种个人的职责而不是一个工作岗位。其责任主要体现的如下几方面。

准备史诗

史诗负责人的责任早在史诗准备之时就已经开始了。它们包括：

- 与利益相关者以及各领域专家一起定义史诗的价值声明、潜在的业务收益、具体的成果假说、最小可行产品、延迟成本，以及业务发起人。
- 与开发团队一起估算史诗的大小，基于加权的最短作业优先（WSJF）模型、精益业务论证和经济框架，提供业务优先级排序。
- 在投资组合看板中引导史诗前进，并创建精益业务论证。
- 向 LPM 展示业务论证，获得批准史诗（或不批）的决定。

展示史诗

史诗负责人的首要职责是向 LPM 介绍史诗的所有优点。然而，史诗并不一定能够得到最终批准，因为几乎所有软件企业的容量都可能已经超负荷了。因为一个有效的筛选过程将决定谁是市场的赢家与输家，所以需要一个精益业务论证进行分析，而不是感情用事冲动地进行投资。很多潜在的史诗可能被拒绝掉，取而代之的是更多有利的机会（参考资料 [1]）。

实施

一旦史诗被批准，史诗负责人就可以开始下面的实施活动：

- 与产品和解决方案管理者一起将投资组合史诗拆分成 ART 和解决方案史诗或特性。史诗负责人在自己所负责的待办事项列表中进行优先级排序。
- 为史诗的目标特性提供上下文。
- 参加 PI 计划会议，系统演示，以及解决方案演示等所有对于实施起到关键作用的活动。
- 与敏捷团队一起进行调查探针，创建概念验证、实体模拟，以及工件等工作
- 在销售、市场等其他业务单元之间，进行与史诗相关的协作和信息同步
- 了解史诗进度并向关键利益相关者进行汇报

最后，史诗负责人还需要跟踪史诗在持续交付流水线和按需发布中的状态，从而使用成果来评估假说。

史诗负责人的协作模式

史诗负责人只有通过和企业中其他团队的紧密合作才能实现自己的效能。他们需要弥合由上层组织指派实施高层意图的时候所产生的问题和差距。 如图 8.7-1 所示，表明了史诗负责人的关键协作对象。史诗负责人可以通过和这些关键利益相关者的紧密合作来产生合理可行的愿景、恰当经济的优先级，以及一系列与愿景一致的能力和特性。

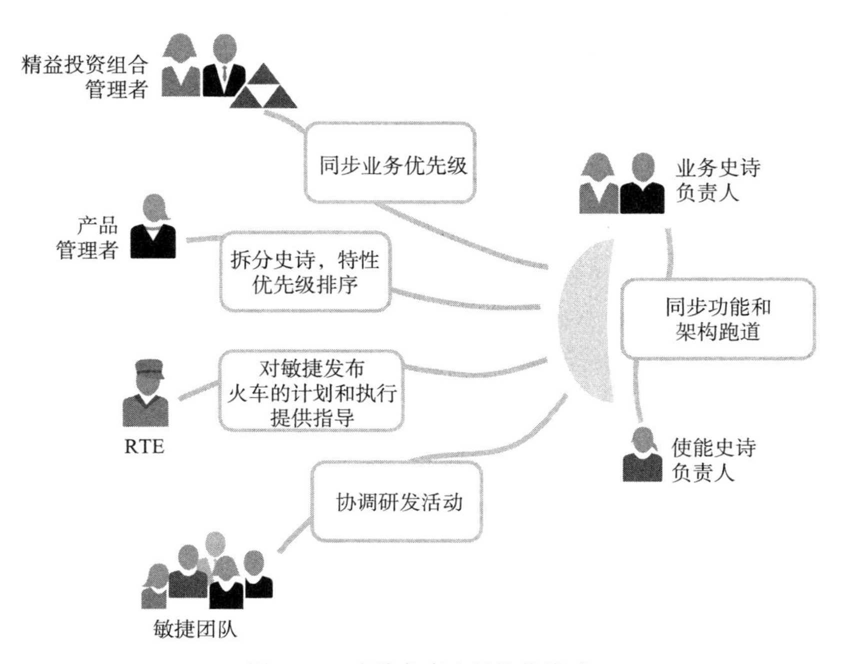

图 8.7-1 史诗负责人的协作模式

参考资料

[1] Leffingwell, Dean. *Agile Software Requirements: Lean Requirements Practices for Teams, Programs, and the Enterprise.* Addison-Wesley, 2011.

8.8 企业架构师

人皆知我所以胜之形，而莫知吾所以制胜之形。

——《孙子兵法》

摘要

企业架构师促进自适应的设计和工程实践，并推动项目组合的架构初始化。企业架构师还促进想法、组件、服务和成熟模式在项目组合中的各个解决方案之间重用。

糟糕的战略技术规划、沟通和可视化可能使整个企业的系统性能不佳，从而导致重大的重新设计。为了预防这种不良结果，并且支持当前和近期的业务需求，我们需要从架构跑道和架构治理中得到帮助（例如，在企业解决方案间推动通用的可用性和行为构造）。为了部分解决这些问题，SAFe 强调了系统和解决方案架构师角色的重要性。他们需要在项目群和大型解决方案层面提供指导。

在投资组合层，挑战甚至更大。兼并和收购、潜在的技术变化和竞争、新兴标准以及其他因素推动着企业向敏捷团队之外的方向发展。为了帮助组织应对其集体功能的延伸，企业架构师应拥有在解决方案火车和敏捷发布火车（ART）之间工作的能力和知识。他们可以提供战略技术方向，从而改善结果。此战略可能包括以下几方面的建议：开发和交付技术栈、互用性、API 和托管战略。企业架构师在与团队的工作保持联系的同时促进增量实现，这些方法就能够最有效地发挥作用。

详述

企业架构师与业务利益相关者，以及解决方案和系统架构师一起工作，实现跨价值流的技术方案。他们依靠持续的反馈来促进自适应性设计和工程实践，并围绕共同的技术愿景召集项目群和团队。

责任

企业架构师的职责主要涉及以下几个方面：

- 与精益投资组合管理者合作，为企业解决方案和开发计划提供一个高层次、全面的愿景。
- 通过使能史诗定义支持精益预算的关键技术举措。
- 参与建设和维护架构跑道的战略。

- 了解并与系统架构师和非技术利益相关者沟通战略主题，以及与架构相关的其他关键业务驱动因素。
- 在投资组合看板系统中推动架构举措，并适时参加史诗分析。
- 影响共同的建模、设计和编码实践。
- 促进持续交付流水线和 DevOps 能力。
- 收集、生成和分析贯穿业务的创新理念和技术。
- 促进代码、组件和成熟模式的重用。
- 在不同的解决方案间，尽可能在以下几方面做到同步：
  - 系统和数据的安全和质量；
  - 产品基础架构；
  - 解决方案用户体验治理（精益 UX）；
  - 可扩展性、性能和其他非功能性需求（NFR）。

企业架构战略

企业接受组织变革的能力是一项关键的竞争优势，而企业架构战略是这种能力的一个关键要素。如图 8.8-1 所示，表明了这种战略的五个关键方面；下文将简要介绍每个要素。

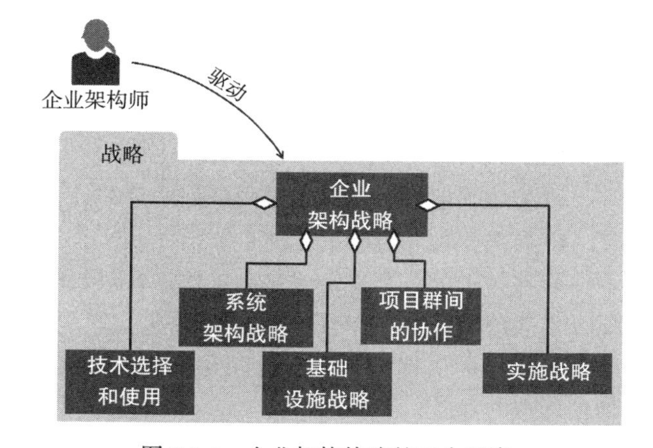

图 8.8-1　企业架构战略的五个要素

技术与应用选择

选择合适的技术是战略制定的关键。支持活动包括研究和原型设计、理解适用性和范围，以及评估创新新技术的成熟度。

解决方案架构战略

企业架构师与解决方案和系统架构师紧密合作，以确保单个程序和产品策略与业务和技术目标保持一致。例如，局部问题的应急方案应该与企业总体战略相一致。当情况并非如此时，我们应当做出明确的决策，因为不一致的选择很可能影响未来的企业战略。

基础设施战略

开发和部署基础设施在其工作状态良好的时候通常会被忽视。然而，构建和维护基础设施的战略是一个关键的挑战，它与系统架构师的责任重叠。其中一些职责包括重用配置模式、公共的物理基础设施、跨 ART 和解决方案火车的知识共享——尤其对于系统团队。此外，一些开发和部署基础设施可能与内部的 IT 系统重叠。这时企业架构师也能够帮助做方向上的把控。

项目群间的协作

架构工作的各种不同方面发生在不同的团队和项目群中，因此，在适当的情况下确保大家使用通用的技术、设计实践和基础设是有帮助的。然而，能够确保价值流和项目群有充分的自由度也是十分重要的，否则就很难有所创新。因此，架构中无论是通用的还是可变的部分，都应该通过联合设计工作坊、设计实践社区（CoP）和其他方式，在 ART 之间积极地进行分享。

实施战略

有效的、增量的敏捷实现策略的重要性怎么强调都不为过。为业务史诗在架构跑道上构建技术基础必须是一个循序渐进的过程。持续的技术学习和快速的反馈允许架构和业务功能随着时间的增长而同步增长。这就要求敏捷团队和项目群有能力在必要时进行重构，并尽可能保留多个可选的设计方案来支持这种演变。抽象和泛化有助于避免过早地绑定具体细节，从而为未来的业务需求保留架构的灵活性。

对人的尊重和坚持不懈地改进

精益－敏捷理念创造了一个健康的环境，在这个环境中，每个人都是基于事实而不是基于假设进行工作的。企业架构师在日常开发活动范围之外的一步（甚至两步）中工作，因此这对于他们来说尤其重要。企业架构师通过以下活动维护与每个 ART、解决方案火车和架构师之间的个人关系是非常明智的选择：

- 接收当前整个企业范围内计划的反馈；
- 参与架构和设计的 CoP；
- 在关键的重新设计或基础工作正在进行时，参加演示活动。

当战略驱动者理解了当前的挑战和上下文时，开发人员和测试人员将会更加信任这个战略。同样的道理，当团队可以完全可视化地展示他们当前的状态时，企业架构师也将更加信任这些团队。

参考资料

[1] Leffingwell, Dean. *Agile Software Requirements: Lean Requirements Practices for Teams, Programs, and the Enterprise.* Addison-Wesley, 2011.

[2] Bloomberg, Jason. *The Agile Architecture Revolution*. Wiley, 2013.

[3] Coplien, James, and Gertrud Bjørnvig. *Lean Architecture for Agile Software Development.* Wiley, 2010.

8.9 精益投资组合管理

大多数战略对话最终都会以高管们的各说各话而结束，因为没有人确切知道愿景和战略的含义，也未曾有两个人就哪些话题属于哪个概念达成一致。这就是为什么当你请领导层的成员描述和解释公司战略时，经常会得到截然不同的答案的原因。人们通常不具备足够的商业素养来就这个抽象的问题达成一致。

——Geoffrey Moore，Escape Velocity

摘要

精益投资组合管理（LPM）对 SAFe 投资组合中的产品和解决方案具有最高级别的决策和财务责任。有效的 LPM 职能是 SAFe 成功所必需的。LPM 通常是一个职能，而不是一个组织。履行这些职责的人可能拥有各种头衔和角色。但通常，此职能包括了解企业财务状况并最终负责投资组合战略，运营和执行的企业经理和高管们。

LPM 与传统的投资组合管理明显不同。在许多情况下，现有的传统思维方式——具有年度计划和预算周期以及传统的进度衡量标准，严重阻碍了企业向敏捷性的过渡。为应对此问题，SAFe 建议采用七种转型模式，使组织转向 2.11 节中描述的更精益、更有效的方法。带着这些背景，我们接下来会进一步阐述 LPM。

详述

如图 8.9-1 所示，每个 SAFe 投资组合都有一个 LPM 职能部门，主要负责三项内容：战略和投资资金，敏捷投资组合运营和精益治理。

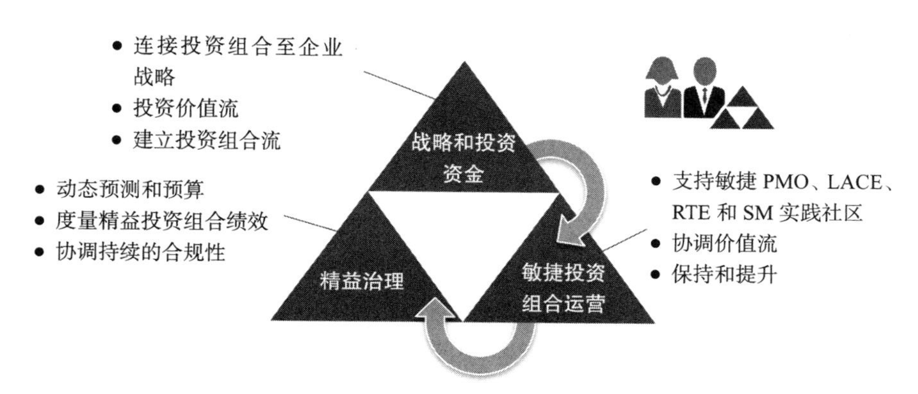

图 8.9-1　精益投资组合管理的基本职责

战略与投资资金

在这三项主要职责中，战略和投资资金可以说是最重要的。只有通过正确地分配投资来构建正确的产品，企业才能实现其最终的业务目标。实现这一目标需要 LPM 的聚焦和持续的关注。如 8.2 节所述，关键的利益相关者们需协作、创建和沟通投资组合战略。 然后，价值流必须获得适当的资金来开发和维护投资组合的产品和服务。

有效的战略和投资资金需要企业高管，业务负责人和企业架构师之间的充分合作。他们可以提供长远的视角，以支持业务战略的演进，如图 8.9-2 所示。他们在该合作中的职责包括关联投资组合战略和企业战略，投资价值流和建立投资组合流。

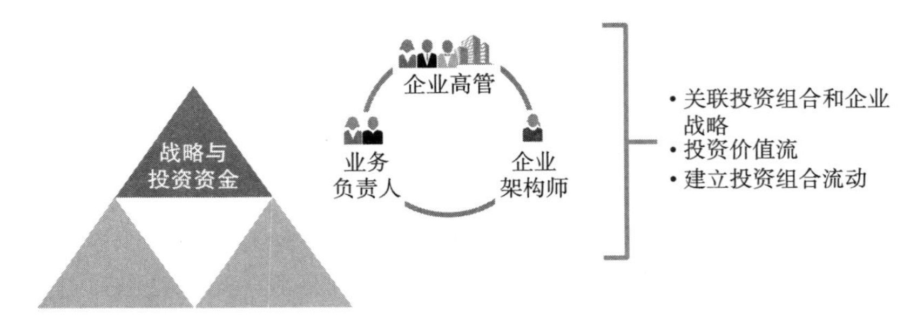

图 8.9-2　精益投资组合管理协作和战略以及投资资金职责

关联投资组合战略和企业战略

投资组合战略既能支持也能显示企业更广泛的业务目标，这一点是至关重要的。同时，有效的战略还有赖于投资组合的解决方案的现有资产和独特的能力。因此，这些战略是相互依存的。企业高管、业务负责人和企业架构师之间合作的一个关键输出是战略主题，它描述了实现未来所要达成状态的差异性的定义。为了确保整个投资组合与整体业务战略保持一致，必须在投资组合中广泛地发展和传达这些主题。

投资价值流

SAFe 投资组合的主要作用是识别、投资和培育一组开发价值流，以使其交付端到端的用户价值或支持内部业务流程。这是 SAFe 最重要的活动之一。价值流一旦建立，精益预算机制会向与业务战略和战略主题相一致的价值流提供资金。这消除了对传统的基于项目的资金和成本核算的需要。摒弃这些传统方法可以减少摩擦、延迟和开支。由于这对于许多组织来说是一个重大变化，所以通常需要先对企业的价值流进行一些分析和定义，如 2.5 节所述。

建立投资组合流动

为了实现业务目标，来自投资组合的工作流需要与其下的各 ART 和解决方案火车对客户的响应工作结合起来考虑。投资组合层的业务和使能史诗用于捕获、分析，以及批准新业务和技术决策，这需要多个价值流的合作，甚至产生全新的价值流。投资组合看板系统旨在可视化和限制在制品（WIP）数量，减少工作批量，并控制长期开发队列的长度。史诗负责人、企业架构师，以及解决方案投资组合管理者（如果需要的话）共同支持该看板系统。成功的 SAFe 实施有赖于了解投资组合中每个 ART 的总容量，以及了解新开发工作与维护支持工作的比例。当理解了这一点后，企业就可以按照符合逻辑的、客观的、切合实际的顺序评估和建立投资组合层级的决策。

敏捷投资组合运营

管理投资并确保整个投资组合的互相对齐和前后一致是经理和高管们既重要又紧急的关注点。从以往的经验来看，这项工作大部分都是中心化管理的，经由计划、项目群管理，以及解决方案进行定义。这种方法确保解决方案开发与投资组合战略保持一致，以帮助形成信息安全，通用平台以及财务和进度报告等关键要素的统一的方法。通常，中心化的项目管理办公室（PMO）负责这些职责。

相比之下，SAFe 的精益 – 敏捷理念促进了去中心化的战略执行，并将其授权给 ART 和解决方案火车。即便如此，必须应用系统思考来确保 ART 和解决方案火车在更大的企业环境中运行。因此，大型企业通常需要某种形式的敏捷投资组合运营机制。图 8.9-3 说明了此职能的协作方式和职责，并将在下文中进行讨论。

支持敏捷 PMO、LACE、RTE、敏捷教练和实践社区

如本章前面所述，与 PMO 职能相关的中心化和传统思维模式可能会破坏向 SAFe 的转型。 为了应对这个问题，一些企业放弃了 PMO 方法，把所有责任分布到 ART 和解决方案火车，通常这种方式还需搭配发布火车工程师（RTE）角色和实践社区（CoP）机制来使用。有时候，这种雄心勃勃的重组努力显得跨度太大了，尤其是在大型企业中。所以有些组织通过重新设计 PMO，使其成为敏捷 PMO（APMO）来提供更好的服务，这种 PMO 提供了一种以更精益和敏捷的方式做交付的统一的环境。

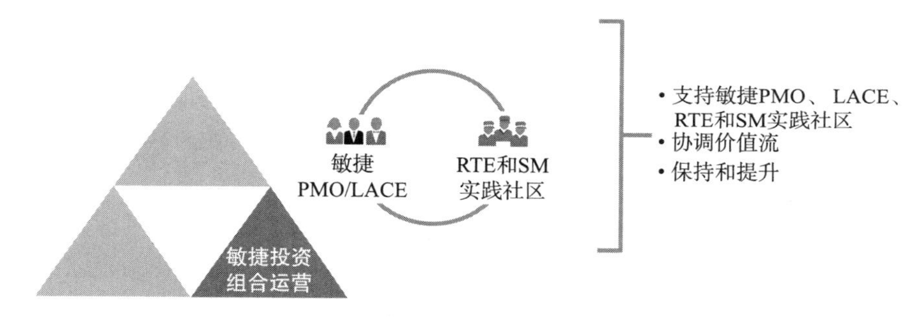

图 8.9-3　敏捷投资组合运营的协作关系

总的来说，我们建议支持敏捷 PMO、精益 – 敏捷卓越中心（LACE）、RTE、Scrum Master 和 CoP 等角色和实践。此外，我们现在看到在许多企业里，变革是由 APMO 在推动的。在这种情况下，APMO 经常承担额外的责任，作为“足够强大的变革联盟”的一部分：

- 发起并传达变革愿景
- 参与推广（有些成员甚至可以提供培训）
- 引领转型到客观里程碑和精益 – 敏捷预算
- 促进更多敏捷合同和更精益的供应商和客户合作伙伴关系
- 为有效的项目群执行提供统一的支持

以上建议的实现，部分取决于整个组织共享一套通用并统一的模式和实践，从而达到价值交付的优化。而精益最有效的工具之一就是标准化这些模式和实践。“通过记录当前的最佳实践，工作的标准化形成了改善或持续改进的基准。改进标准化的工作是一个永无止境的过程”（参考资料 [1]）。 SAFe 实践精髓为项目群执行提供了指南，使得敏捷 PMO 拥有一套统一的价值交付方法。

APMO 还可以为 RTE、解决方案火车工程师和 Scrum Master 的 CoP 提供赞助或者成为其基地。不过，这些 CoP 也可以独立地产生和运营。无论是何种情况，CoP 都提供了一个分享有效的敏捷项目群执行实践和其他通用知识的论坛。

此外，APMO 可以建立并维护制度和汇报功能，以确保价值流投资的顺利部署和运营。在这一角色中，它充当了战略的沟通和咨询的渠道，提供关键绩效指标，并提供财务治理。它还在招聘和员工发展方面支持管理层和人力资源部门。

协调价值流

从理论上讲，价值流可以是独立的。然而，跨解决方案之间的协作可以提供一些投资组合级别的显著的能力和竞争优势。确实，有时候只要提供一系列差异化的解决方案，那么方案之间也自然会涌现出全新的交叉使用模式，从而最终用户不断扩大的需求也能得到满足。但同时，一定程度的协调也是必要的，它能确保价值流不去构建重复的解决方案，以免使客户困扰并降低投资回报率。同样，协调组件策略可以支持有效的重用，最大限度地减少总投资。当价值流依赖于稀缺技能和共享服务（例如安全性或合规性专业知识）时，也可能需要协调。

最终，这意味着价值流需要一定程度的投资组合层面的协调，这也可以是 APMO 的另一项职责。在较大的投资组合中，价值流的协调甚至可能需要额外的角色和职责，例如解决方案投资组合经理，以及跨价值流去应用节奏和同步的机制。这会在 8.12 节中进一步描述。

保持和提升

LPM 或其代理人（APMO）也在帮助组织不懈地改进和实现其业务目标方面发挥领导作用。 通常，会通过一个持久的精益 – 敏捷卓越中心来实现。无论是作为独立的团队还是 APMO 的一部分，LACE 都能提供持续的能量，通过必要的组织变革为企业提供动力。此外，由于精益 – 敏捷企业的发展是一个持续的旅程，而不是作为一个固定的终点，LACE 经常转变成一个长期的中心，以便持续改进。2.4 节就如何将 SAFe 实践与 LACE 操作相结合提供了许多建议。2.12 节还介绍了更多改进提升的做法。

精益治理

如图 8.9-4 所示，精益治理作为另一个重要的 SAFe 职责，起到的作用是影响支出、未来费用预测和里程碑，以及其他治理方式。其利益相关者包括相关企业高管，ART 和解决方案火车业务负责人，以及其他利益相关者和 APMO。他们共同分担了下文中所描述的职责。

动态预测和预算

正如 8.5 节中所述的，在 SAFe 中，更精益、更敏捷和更流畅的流程取代了僵化的长周期预算、财务承诺，以及固定范围的旧思维模型。6.5 节中描述了估算、预测和长期规划的敏捷方法。虽然传统的项目成本核算已经不适用，但讨论和理解相对长期的价值流的支出和计划的替代形式还是必须的，因为它能帮我们识别出目标不对齐或者与战略的不一致的情况。

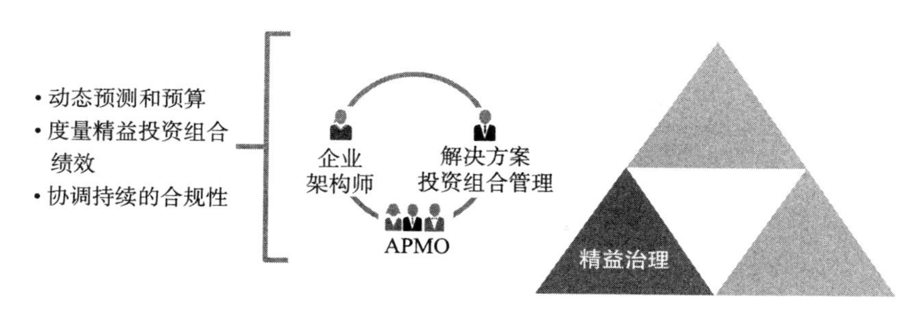

图 8.9-4 精益治理协作和职责

度量精益投资组合绩效

每个投资组合必须建立最少所需的指标，以确保战略得到实施，支出没有越界，并且结果不断改进。6.1 节描述了一组精益投资组合度量标准，用于评估整个投资组合的内部和外部进度。

协调持续的合规性

没有任何投资组合本身是一个孤岛。每个投资组合都在一个更大的环境中运行，通常包含审计和合规性要求。这些要求可能包括内部或外部财务审计、行业要求，以及法律和/或监管要求。这方面的义务对解决方案的开发和运营施加了重大限制。传统的合规方法倾向于将这些活动推迟到开发的最后阶段，使企业面临延迟发现问题，返工甚至违反监管或法律规定的风险。如 7.11 节所述，我们需要采用更加连续的方法来确保符合相关标准。

总结

总之，精益投资组合管理的三个方面——战略和投资资金、敏捷投资组合运营，以及精益治理，提供了更精益、更敏捷、更全面的治理方法，可以有助于确保每个投资组合在帮助企业实现更大的业务目标方面发挥作用。

参考资料

[1] Lean Enterprise Institute. https://www.lean.org/Workshops/WorkshopDescription.cfm?WorkshopId=20.

8.10 投资组合待办事项列表

创新来源于生产者，而不是客户。

——W. 爱德华兹·戴明（W. Edwards Deming）

摘要

投资组合待办事项列表是 SAFe 中最高层级的待办事项列表。它为即将到来的业务史诗及使能史诗提供一个必要的存放机制，通过史诗可以创建一个全局的投资组合方案集合，用来提供有竞争力的差异化和提升运营效率，以实现战略主题并促进业务成功。

投资组合史诗在投资组合看板中进行可视化、开发和管理，并在看板中经历各种阶段，直到精益投资组合管理者（LPM）做出批准（或拒绝）的决策。获得批准的史诗将会进入投资组合待办事项列表，从而等待一个或多个敏捷发布火车（ART）对其实施。

详述

由于史诗的范围和典型的跨职能属性，它们通常需要大量投资，并且对开发项目群和业务成果都有相当大的影响。考虑到史诗对业务的广泛影响，需要在投资组合看板中对其进行分析，以确定可行性、精益业务论证和最小可行产品（MVP）。

投资组合待办事项列表用于存放那些已获得批准实施的史诗，并对其进行优先级排序。这些获得了批准的史诗，通过投资组合看板系统进行跟踪，如图 8.10-1 所示。

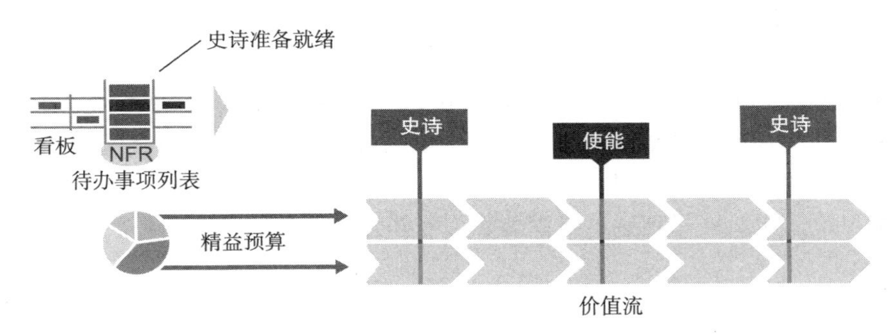

图 8.10-1　投资组合待办列表存放准备实施的史诗

在 LPM 的领导和运作下，投资组合待办事项列表用于可视化呈现已经获得批准的、即将到来的业务史诗和使能史诗，但是需要等待团队具备实施的容量采取进一步的执行。基于受影响的敏捷发布火车容量的可用性，投资组合待办事项列表中的史诗被定期评审以及计划实施。

管理投资组合待办事项列表

如图 8.10-2 所示，投资组合待办事项列表中可能包含很多史诗，所以在计划实施前必须进行额外的合理性研究。这些研究包含了对排序的逻辑思考，故事点的估算，以及史诗的相对优先级，通常最终通过加权的最短作业优先（WSJF）进行优先级排序。在这种情况下，业

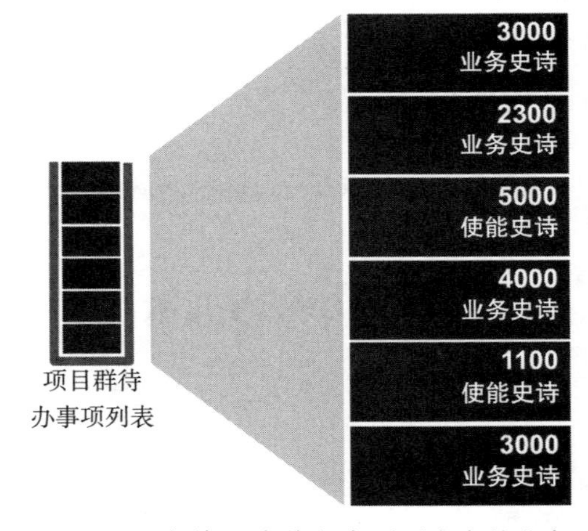

图 8.10-2　投资组合待办事项列表中的业务史诗和使能史诗

务史诗和使能史诗通常只会在每种类型的容量分配中进行相互比较。那些上升到列表顶部的史诗就已经准备就绪可以进行实施了，当火车有可用容量时，就从投资组合待办事项列表中"拉动"史诗放入火车的执行序列中。除了工作规模之外，还必须考虑到可用的项目群容量，因为工作持续时间（WSJF 中的分母）严重依赖于实施的可用资源的数量。

预测

SAFe 强调企业的适应性，对市场机遇提供更快速的响应。并且敏捷交付看起来最合适在固定时间内，执行"浮动"范围的工作。它支撑频繁的增量交付，并且避开在所有维度（范围、时间和资源）都固定时不可避免的质量妥协。然而，在企业中，不论是否敏捷，都需要对未来有一些预测：

- 企业、合作伙伴以及客户需要为即将到来的发布制定计划；
- 愿景需要定义并追踪不断变化的企业战略；
- 路线图可以捕获待交付成果中的战略意图。

因此，进行有效的敏捷预测是精益 – 敏捷企业的一项关键的经济驱动力和核心能力。

预测需要进行估算

正如我们在 SAFe 的其他部分所描述的一样，敏捷团队使用故事点和相对估算法，对用户故事的大小和持续时间进行快速估算。在项目群层级，产品经理和系统架构师（必要时同产品负责人以及团队一起工作）可以使用历史数据相当快速地以故事点数来估算特性的大小。任何需要通过估算进一步证实经济影响时，团队可以将更大的特性分解成故事，以便获得一个更细颗粒度的视图。

此外，如图 8.10-2 所示，在看板分析阶段中确定的对于特性的估算，可以整合成投资组合待办事项列表中史诗的估算。这种方法确保了，史诗潜在的经济收益在实施开始之前就能被清晰地理解。

最后，也是最重要的，基于项目群速度的给定信息，投资组合管理者以及其他计划制定者可以为 ART 使用容量分配，来估算一个投资组合史诗在各种场景下可能需要的时间。这提供了一个合理的长期计划和预测模型，如图 8.10-3 所示。

然而，不论敏捷与否，大规模软件项目群进行高保真估算的"水晶球"都是不存在的，SAFe 为估算和计划所提供的机制，表现得比以往应用瀑布开发方法的估算更为可靠。

实施

当相关项目群内资源可用时，优先级高的史诗在投资组合看板中从"投资组合待办事项列表"状态移动到"实施"状态。史诗负责人引领这个过程前进，与产品和解决方案管理者以及系统架构师 / 工程师一同将其分解成项目群或解决方案史诗，并进一步分解成能力和特性，并在各自的看板系统中进行优先级排序。史诗将在看板中一直保持在"实施"状态，直到实现了相应的 MVP，或者该史诗的相关潜在特性无法与其他来源的特性进行价值竞争时，这样的话，该史诗就被认为已经完成了。

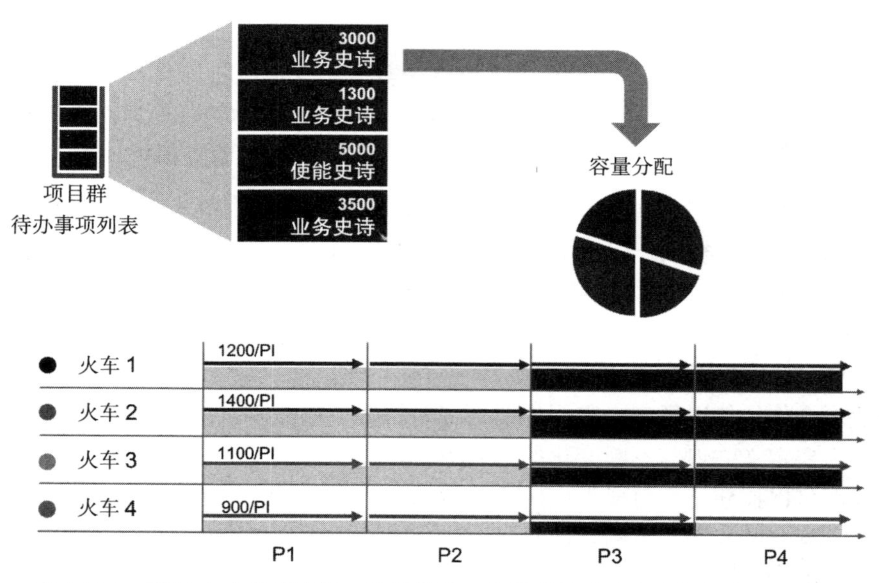

图 8.10-3　基于史诗规模估算、容量分配，以及项目群速度进行投资组合预测

参考资料

[1] Leffingwell, Dean. *Agile Software Requirements: Lean Requirements Practices for Teams, Programs, and the Enterprise*. Addison-Wesley, 2011.

8.11　投资组合看板

我向每个人发出呼吁，无论是有多么大的投资组合，在正式行动之前，最好去真正了解一下获得的每一条建议。

——Suze Orman

摘要

投资组合看板是一种用于可视化、管理和分析投资组合史诗的优先级和流动的方法，覆盖了投资组合史诗从概念到实现和完成的所有状态。

SAFe 描述了看板系统在整个框架的投资组合层、解决方案层、项目群层和团队层的开发和实现。投资组合看板可视化展现了新战略举措（即所谓的史诗）的流动，控制了投资组合的大部分经济收益。

投资组合看板系统的实施和管理是在精益投资组合管理（LPM）的支持下进行的。实现看板系统需要理解精益和敏捷开发，因为它适用于投资组合层的实践。它还需要了解每一个敏捷发布火车（ART）的生产容量，以及新的研发活动、常规的维护工作和支持性活动可获得的容量分配。当这些问题得到很好的理解时，企业可以从逻辑上和实用的角度评估投资组合层的举措，了解最初的可行性和预测的实施时间。投资组合看板系统就是专门为这个目的而设计的。

详述

投资组合管理看板系统主要用于处理史诗的流动，这些大型、横跨多种重大活动的举措影响了 ART 和解决方案火车价值流的实现步骤。从而可以使史诗的基本活动得到确认、分析、审批和发布。它们的实施需要一些关键利益相关者的参与，包括 LPM 和受影响的火车的代表。

投资组合看板系统提供了许多好处：

- 使最重要的业务举措以可视化的形式呈现。
- 使史诗的分析和决策过程更加结构化。
- 提供在制品（WIP）限制，以确保团队负责任地分析史诗。
- 防止不切实际的期望。
- 推动了关键利益相关者之间的协作。
- 为经济决策提供了透明和定量的基础。

史诗看板系统

投资组合看板系统描述了史诗在实施（或被拒绝）的过程中所经历的过程状态（步骤），以及每个状态所需的协作（如图 8.11-1 所示）。接下来将描述看板的每个状态。

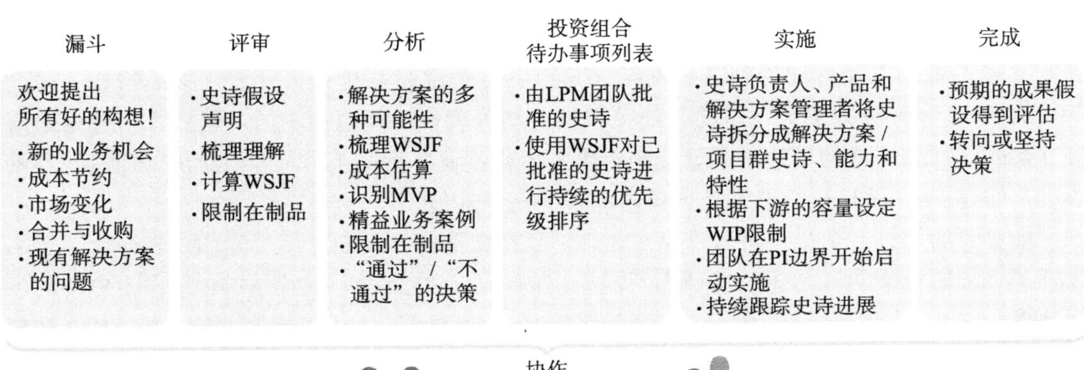
漏斗
欢迎提出所有好的构想！
·新的业务机会
·成本节约
·市场变化
·合并与收购
·现有解决方案的问题
评审
·史诗假设声明
·梳理理解
·计算WSJF
·限制在制品
分析
·解决方案的多种可能性
·梳理WSJF
·成本估算
·识别MVP
·精益业务案例
·限制在制品
·"通过"/"不通过"的决策
投资组合待办事项列表
·由LPM团队批准的史诗
·使用WSJF对已批准的史诗进行持续的优先级排序
实施
·史诗负责人、产品和解决方案管理者将史诗拆分成解决方案/项目群史诗、能力和特性
·根据下游的容量设定WIP限制
·团队在PI边界开始启动实施
·持续跟踪史诗进展
完成
·预期的成果假设得到评估
·转向或坚持决策
协作

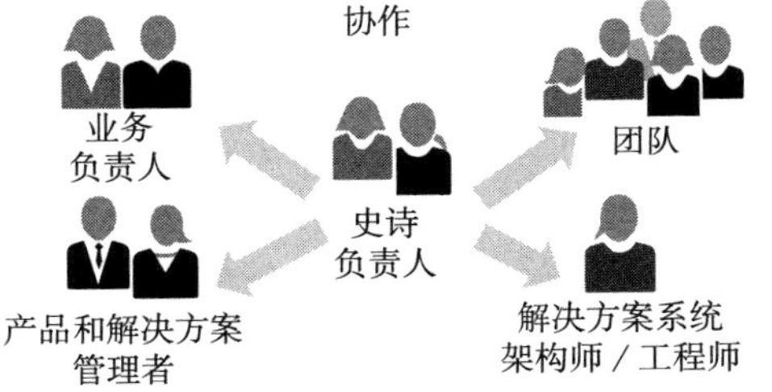
业务负责人
团队
史诗负责人
产品和解决方案管理者
解决方案系统架构师/工程师

图 8.11-1 投资组合看板系统和典型的协作人员

漏斗

漏斗被用来捕获所有新提出的好的构想。史诗的来源可以是任意的，也可以是业务或技术举措（使能）。这些大型举措往往是以下驱动因素的结果：

- 投资组合战略主题；
- 市场意料之外的变化、企业收购、合并、以及应对竞争对手；
- 提高解决方案或其运营的效率或节约其成本；
- 现有解决方案中阻碍企业绩效或技术绩效的问题。

史诗通常是用看板卡片上的一小段短语来描述的，如“所有汽车贷款的自助服务”。毕竟，对史诗漏斗的投资应该是最小的，直到 LPM 按周期性的节奏对它们进行相关的讨论。符合决策标准的史诗随后被转移到下一个状态——评审状态。这一步没有 WIP 限制，因为它只是用于获取潜在的史诗。

评审

进入评审队列的史诗，将会保证获得更多的时间和精力进行评审。在这个状态，史诗的规模大致相同，并且对它们的价值进行了估算。花费的时间仅限于讨论，也可能还会进行一些初步调查。接下来，史诗将按照“史诗假设声明”的格式加以阐述（参见 8.6 节）。由于此时的时间花费开始逐渐增加，因此对于被评审的史诗数量进行了 WIP 限制。业务收益的来源被识别出来，并采用加权最短作业优先（WSJF）模型进行优先级排序。当看板中有空间时，优先级高的史诗被拉入下一个状态——分析状态。

分析

进入这个队列的史诗，应进行更为严格的分析，而且需要获得进一步的投入。史诗负责人需要对正在进行的工作负责。他们与企业架构师、系统架构师、敏捷团队、产品和解决方案管理者，以及可能受到敏捷发布火车影响的关键利益相关者开展积极的协作。可能涉及的 ART 和解决方案火车里的其他关键利益相关者也可能包括在内。这些人一起探索解决方案的设计和实施的可选方案。并制定出一个精益业务案例（同时需要给出“通过”/“不通过”的建议），而且还要考虑是选择内部开发还是外包。

最重要的是，一个最小可行产品（MVP）是在精益创业周期之后开发的。它包含了用来理解“史诗假设声明”是否被验证而所需史诗的最小组成部分。这个 MVP 将作为史诗的一部分贯穿整个投资组合看板系统的剩余状态。（请参阅 8.6 节，了解更多关于开发 MVP 和精益创业周期的信息。）

因为在分析步骤中的史诗使用了稀缺的资源，而且更重要的是，它暗示了即将进行大量的投资，所以这里应该设定 WIP 限制。对企业来说，史诗的批准是一个关键的经济决策。这些决策只能基于已经开发出来的业务案例，由合适的权威人员做出决策。满足“通过”标准的史诗通常是由 LPM 的下属组织批准，并被移动到投资组合待办事项列表状态。

投资组合待办事项列表

投资组合待办事项列表状态用于维护经 LPM 批准的史诗。这些史诗使用 WSJF 方法定期评审和进行优先级排序。当一个或多个 ART 有足够的容量时，史诗就从这个状态进入到实施状态。

实施

当系统有可用的容量时，史诗会被拉动进入相应的解决方案和项目群看板中，并在相应的看板中做进一步的分析。它们被拆分为能力和特性，并建立接收标准。一旦准备就绪，这些新的能力和特性就会在相应的 PI 边界处（PI 计划会议），包括解决方案中的 PI 计划前会议中进行陈述。然后就会由开发团队开展实际的实施工作。解决方案是在常规的 PI 中进行开发的，而且 PI 里程碑提供了对进展进行的客观评估。史诗也可以通过适当的度量指标来跟踪直至完成。

虽然实现史诗的责任由开发团队承担，但团队可以基于“拉动”的方式请求史诗负责人的协助。史诗负责人和团队共同承担责任，直到团队对所做工作有了足够的了解。

完成

一旦史诗的预期成果得到了评估，就认为该史诗已经完成。如果假设得到了证明，那么更多的工作将由特性、能力或史诗来完成。相反，如果这个假设没有得到证明，投资组合可能会转向另一个方向，或者干脆放弃这个举措。由于史诗的范围较大，史诗的初始意图并不一定总能如愿达成，相反，实际过程中很可能最终丢弃一些最初识别出来的能力和特性。在任何情况下，史诗都会向完成状态推进，如果使用累积流图（CFD）的话，也会在图中标识出已经完成的工作项。

以上详细介绍了投资组合看板流动过程的一个示例。在采取了最初的步骤并进行了新的学习之后，看板的设计就应该随着持续的过程改进而进行演进。例如，企业可以调整 WIP 的限制、拆分或合并状态，或者添加服务类别以优化史诗的流动和优先级的排序。值得注意的是，看板系统可以与其他的 SAFe 机制协同工作，例如容量分配，用于平衡业务史诗与使能史诗的开发。

用 PI 的节奏来驱动投资组合的工作流

在看板系统中，史诗评审和规格说明工作坊通常有助于史诗在流程中从左到右的推进，如图 8.11-1 所示。这样的工作坊会包括来自解决方案火车和 ART 的内容授权者、技术权威和投资组合的利益相关者。在这些工作坊中，可能会发生以下类型的活动：

- 正如 WSJF 和其他数据所建议的那样，史诗根据战略主题进行验证，并从“漏斗”转为“评审”，再从“评审”转为“分析”。
- 讨论解决方案策略。
- 开发轻量级业务案例和“通过 / 不通过”决策。
- 确定拆分史诗的方法。它们可能被拆分成项目群和解决方案史诗、能力或特性。

尽管这些工作坊并不能总是按节奏进行，但是非常推荐按节奏进行。然而，实施的时间是由特定的 ART 和解决方案火车的节奏所驱动的，所以这些工作坊必须以足够的频率发生，以便能够在其目标 PI 计划会议之前提供输入。

参考资料

[1] Leffingwell, Dean. *Agile Software Requirements: Lean Requirements Practices for Teams, Programs, and the Enterprise*. Addison-Wesley, 2011.

[2] Anderson, David. *Kanban: Successful Evolutionary Change for Your Technology Business*. Blue Hole Press, 2010.

8.12 价值流协调

打棒球只需要强壮的手臂、良好的速度，以及击球的协调性。就是这样。

——莱恩·桑德伯格（Ryne Sandberg）

摘要

价值流协调为在投资组合中管理依赖关系和开拓机会提供了指导。

价值流是 SAFe 中最基本的组成部分。它建立了一个焦点，有助于精益–敏捷企业更好地理解从概念到交付的价值流动。随着企业更深入地理解其工作的流动，就能围绕价值流集中精力和资源，通过减少浪费、不必要的措施和延迟对价值流进行优化。通过这种方式，就能够达到和持续减少价值交付的前置时间。

虽然，在组织价值流时，做到最大程度的相互独立，这是明智之举。然而，实际情况中在价值流之间依赖关系的协调是非常有必要的。甚至更重要的是，有效的价值流协调能创造出一个与众不同、无可匹敌的解决方案实施。为此，精益–敏捷领导者们也都了解他们各自负责的价值流存在的机遇和挑战，他们会尽量使价值流在适当的情况下保持独立性，同时在价值流之间进行协调、关联，从而适应更大的企业目标。

去中心化和独立自治的价值流可以产生快速和顺畅的价值交付，即使那些由很小的关联所产生的机会，也可以被有效地利用，从而让价值得到很大程度地提升。

详述

基于价值流的基本属性，它们都是长期存在的，而且通常是彼此独立的。例如，一个系统或者软件公司可能会销售大量产品和服务，它们在技术上基本彼此解耦。然而，它们之间可能会存在一些依赖性，但是我们往往会以消极的态度去考虑这些依赖性，系统思考则会让我们认识到价值正是在这些依赖之间流动。是的，这样需要处理一些挑战，但是同样也非常有价值去开拓机会。

更重要的是，这种附加价值经常是独特和差异化的。实际上，企业通过这种依赖性，可以提供一个集合的解决方案，这种方案是其他无法提供等价集合方案的企业所无法匹敌的。或者，竞争对手是无法具备掌握这种独特和新兴的能力，而这种能力只能通过协调相互依赖的价值流来实现，所以企业在价值流协调方面提升能力，就可以获得更大的优势。

为此，我们需要对投资组合中的价值流协调进行更深层次的观察。如图 8.12-1 所示，下文详细描述了这种场景。

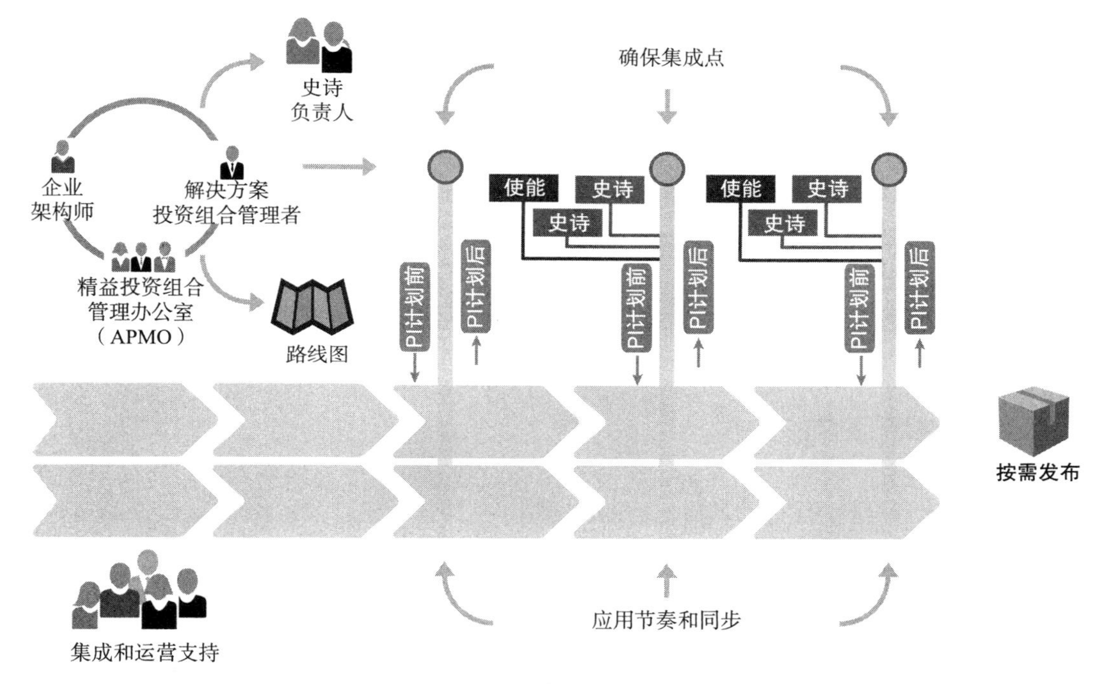

图 8.12-1　跨价值流协调

投资组合协调的三驾马车

聪明的 SAFe 读者可能已经意识到，每一层级都包含三个主要的角色，每个角色都有一套平行和一致的职责，每个角色都可以按照以下模式进行重复：

- **构建“什么”的责任**——产品负责人 > 产品管理者 > 解决方案管理者。
- **“如何”构建的责任**——敏捷团队 > 系统架构师 / 工程师 > 解决方案架构师 / 工程师。
- **基于运作和执行的仆人式领导者的责任**——Scrum Master> 发布火车工程师（RTE）> 解决方案火车工程师（STE）。

因此，无论何时需要很大程度上的协调，在大型投资组合中出现类似的角色和职责都不足为奇。如图 8.12-1 所示，这些角色由以下实体担任：

- **解决方案投资组合管理者**——全面负责指导投资组合使用一组集成解决方案。
- **投资组合架构师 / 工程师**——为技术和平台的长期发展提供技术指导，并为投资组合解决方案集提供更大的非功能性需求（安全性、合规性、性能等）。
- **敏捷项目群管理办公室**（APMO）——通常，APMO 与 STE 和 RTE 一起，负责支持去中心化但高效的项目群执行。APMO 提供了相应的支持，包括标准的报告模式、共享最佳实践，以及组织知识的增长和传播。

节奏和同步

图 8.12-1 描述了如何将节奏和同步的原则很好地应用于投资组合层，就像适用于大型解决方案层一样。其优点基本上是类似的：

- 可以让日常事务按常规执行——从而降低了与变更相关的交易成本（例如，SAFe 事件和会议）。
- 可以同步多个价值流解决方案开发的各个方面。

共享的节奏还提供了机会和任务，即投资组合层解决方案（通过业务史诗）随着确定的计划和集成点及时地向前发展，而其中的每一个集成点又提供了对开发中的解决方案集合进行客观评估的机会。

这些集成点才是衡量投资组合速度的唯一正确的指标。这些集成点越频繁，学习的速度就越快，投入市场的时间也越短。

投资组合层中新工作的注入

图 8.12-1 阐述了另外一个关键点：投资组合的节奏决定了投资组合层中新的工作被注入系统的速度和时机。在每一个项目群增量（PI）的执行过程中，敏捷发布火车（ART）和解决方案火车都必须聚焦在所承诺的 PI 目标上。如果新工作在此期间注入到系统中去，就会导致严重中断、任务切换、重新对齐、人员流动，以及其他资源流入新修订的目标中去。由于团队明显无法实现之前的承诺，并且增加了新的和计划外的工作，这种投资组合的节奏为引进新投资组合工作提供了节拍器，帮助项目群实现企业所依赖的可预测性。

通过投资组合看板系统，这种节奏也给史诗负责人及其他管理史诗的人员建立了一种常规机制。任何一个未准备好进入 PI 计划的史诗都必须等待，即使资源可用，也不能对其进行实现，而只能等到将来进入下一个 PI。这种由节奏提供的时间盒管理技术也趋向于限制在制品（WIP），在制品包括那些新的、重要的，以及即将被注入到系统中的工作。

投资组合路线图

显然，在投资组合这个层级中，意图计划必须非常清晰。图 8.12-1 表明了投资组合路线图是一个有用的工件，它强调了主要以史诗形式出现的新内容是如何促成该意图计划的。这一较高级别的路线图提供了整合较低级别路线图的各个方面及其相关里程碑的机会，这可以进入到一个更全面的视野，从而也适合与企业利益相关者交流那些更大的场景。

部署和发布

由于价值流的性质和依赖关系，部署集成的价值可能会依赖于投资组合层级的有效 DevOps 能力。但有些情况下，ART 提供了所需的所有 DevOps 能力。然而在其他情况下，需要一些额外的考虑，甚至需要设有专门的团队或者共享服务和系统团队，帮助将解决方案整合到一个投资组合级别的发布之中。

第9章

高级主题

9.1 敏捷架构

尽管我们必须承认在设计和系统开发过程中会浮现出新的内容，但是适当地做一些计划是可以避免更多浪费的。

——James O. Coplien,《精益架构》

摘要

敏捷架构是一组价值观和实践，用以支持在实现新的系统能力的同时，有意识地进行系统的设计和架构的演进。

这种方法允许系统（甚至是大型解决方案）的架构，在支持当前用户需要的同时随着时间进行演进。这可以避免伴随“阶段–门限”方法中的频繁启停，带来的额外开销和延迟影响。通过敏捷架构保持系统的持续运行，使价值流动更具连续性。

敏捷架构原则通过协作、浮现式设计、意图架构和简单设计，以及可测试性、可部署性和可发布性的设计，从而支持精益–敏捷开发。快速原型设计、领域建模以及去中心化创新也进一步支持敏捷架构。

详述

敏捷架构在浮现式设计和意图架构之间进行平衡，来进行增量的价值交付。

- **浮现式设计**——为完整的演进和增量式实现方法提供了技术基础。这有助于设计人员响应即时的用户需要，允许设计随着系统的构建和部署而浮现出来。
- **意图架构**——这是一系列有目的、有计划的架构举措，用来增强解决方案的设计、性能和可用性，并为跨团队的同步设计和实现提供指导。

敏捷架构是一种精益–敏捷方法，它通过平衡浮现式设计和意图架构来解决企业构建解决方案的复杂性。反过来，这种方法在支持当前用户需求的同时，也在演进系统以便满足短期的未来需求。通过将浮现式设计和意图架构结合使用，可以持续构建和扩展架构跑道，从而为未来的业务价值开发提供技术基础。

敏捷架构适用于 SAFe 框架的所有层级，并得到以下原则的支持：

1. 浮现式设计，架构即协作。
2. 系统越大，架构跑道越长。
3. 构建可用的最简架构。
4. 有疑问时，就编码或给出模型。
5. 谁构建，谁测试。
6. 专制之下无创新。
7. 实现架构级流动。

#1——浮现式设计，架构即协作

传统的“阶段–门限”开发方法通常采用大量前期设计（BDUF），来创建一个路线图和架构基础设施，以应对未来系统的需要。主张采用这种方法的人相信，通过前期的一次性努力就可以捕获完整的需求，并能制定出足以支撑系统未来几年发展的架构计划。

然而，这种预测未来的大量前期设计方式带来了很多挑战。第一个问题是推迟了实施的启动。而当这些计划好的架构（一大套具有前瞻性的设计）面临真实的使用场景时，第二种问题就出现了：很快设计就会变得脆弱并难以改变，最终，针对一个新的推测性假设进行的“大分支与合并”又会成为例行程序。SAFe在协作的驱动下，可以通过将浮现式设计和意图架构结合起来，以解决这些问题。

浮现式设计

浮现式设计这一概念背后的主要驱动力是《敏捷宣言》的第11条原则——最好的架构、需求和设计出自自组织的团队（参考资料[2]）。这条原则的含义是：

- 设计是由那些与其关系最紧密的人一起协作并逐渐完善出来的。
- 设计是与业务功能共同演进的，它经过持续的探索、重构、测试先行、持续集成和持续部署而得以验证。
- 团队根据当前的已知需求快速地演进设计。只有在必须实现和验证下一个功能增量时才会扩展设计。

作为一种新的实践方法，浮现式设计应用在团队级别是有效的。然而，在开发大型系统时，仅有浮现式设计是不够的。例如：

- 它会导致对一些可预见情况进行过度的重新设计。这又会导致较差的经济效益，并延缓上市时间。
- 团队之间并不总是能够彼此同步设计与架构相关的信息，这会产生未经测试的假设和不一致的架构。
- 团队甚至可能意识不到某些更大规模的未来业务需要，而这些团队视野之外的因素推动了未来重新设计架构的需要。
- 缺乏一种公共的技术架构，这种架构可以提高系统的可用性、可扩展性、性能以及可维护性。
- 新的跨领域的用户模式会影响对未来目标的适用性。
- 缺乏对测试、部署和发布的计划和设计。
- 兼并和收购推动了对集成和基础设施通用性的需要。

意图架构

组织在面临新业务挑战的同时，也会遇到开展更大规模架构举措的挑战，这就需要一些意图和计划。因此，出现了浮现式设计不足以应对大规模系统开发的问题。简而言之，团队不可能预见到其所处环境之外发生的变化，个别团队也无法完全理解整个系统从而避免产生冗余或冲突的代码和设计。为此，需要一些意图架构来加强解决方案设计、性能以及可用性，并为跨团队设计和实施同步提供指导。

架构即协作

显然，能够兼得浮现式设计的快速、局部控制和应用系统思考以提供意图架构的全局视图，将会是最理想的情况。为确保系统作为一个整体，既具备概念上的完整性，又达到预期的结果，这两种方法的结合提供了所需的指导。如图 9.1-1 所示，表明了如何实现浮现式设计和意图架构的恰当平衡。

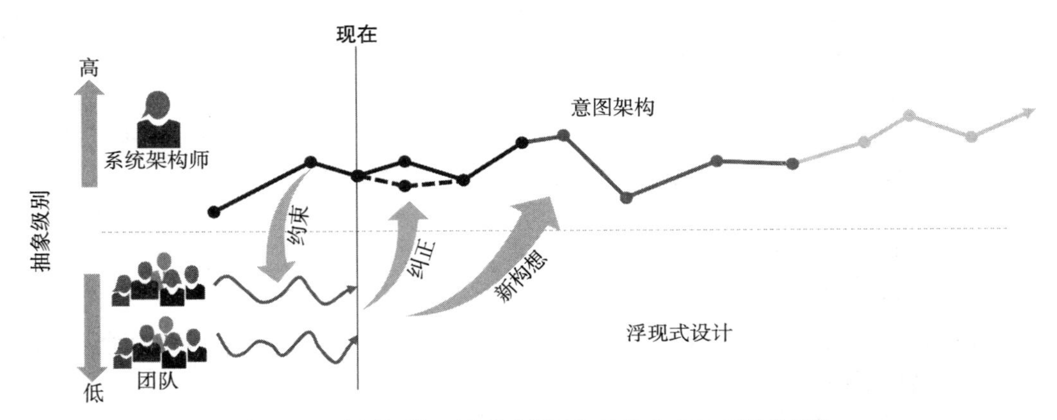

图 9.1-1　意图架构、浮现式设计以及协作支持系统的演化

图 9.1-1 还说明了意图架构如何约束浮现式设计，但是，在足够高的抽象层面上，也允许团队将架构设计中的意图部分与他们特定的上下文进行有效的适配。与此同时，浮现式设计也会影响和纠正意图架构，并为那些面向未来的、集中的、有意图的计划工作提供新的思路。

浮现式设计和意图架构之间的这种深层次的相互作用，只能发生在敏捷团队、系统与解决方案架构师、企业架构师，以及产品与解决方案管理者之间的相互协作中，从而创造一个鼓励团队之间进行合作的环境。

#2——系统越大，架构跑道越长

当企业平台有足够的技术基础设施来支持实现待办事项列表中高优先级的特性和能力，又没有过度的重新设计和延迟时，就会存在一条架构跑道。为了至少在某种程度上实现架构跑道，企业必须持续地投资以扩展现有的平台，以及构建和部署满足业务需求发展的新平台。

在精益 – 敏捷企业中，架构举措是增量式开发的，并被提交到主代码库中。这样做意味着，架构举措必须被分解成使能特性，这些使能特性构建实现新的业务所需要的架构跑道，如图 9.1-2 所示。

每一个使能特性必须在一个项目群增量（PI）内完成，从而确保系统总是（至少在 PI 边界上）能够正常运行。在某些情况下，这意味着新的架构举措是增量实施的，甚至在 PI 中实现了相应的架构，可能不会在该 PI 发布给客户。这样的话，架构跑道可以在后台进行开发和测试，并允许持续部署，然后当下一个或以后的 PI 中有足够的特性或能力时，就把架构跑道发布给用户。

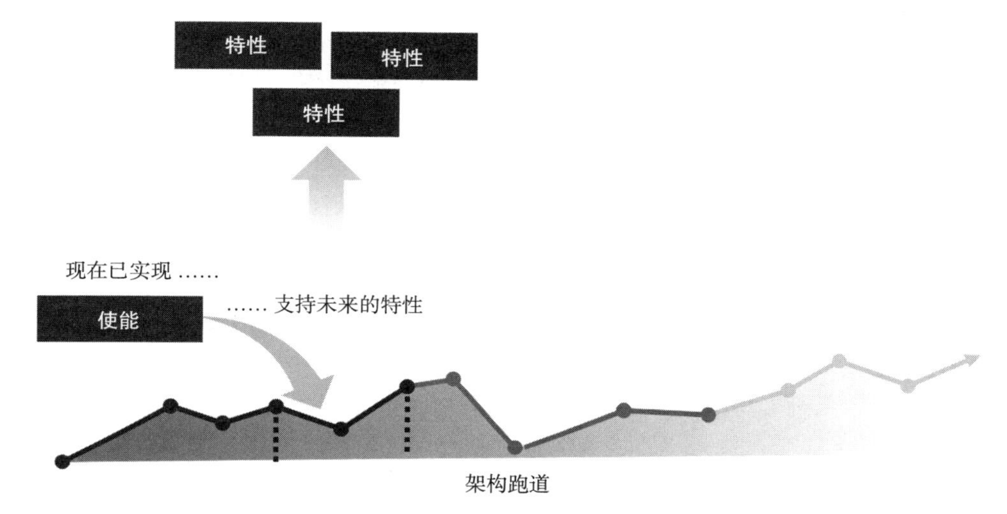

图 9.1-2 架构跑道不断演进以支持未来的功能

由意图架构和浮现式设计构建的跑道在规模化的过程中有效地互相补充：敏捷团队采纳并实施支持未来业务功能的意图的和高层次的想法；与此同时，敏捷团队也得到授权去寻找最佳的浮现式设计方案。

#3——构建可用的最简架构

"欣然面对需求变化，即使在开发后期也一样"（敏捷宣言，参考资料 [2]）。是的，我们确实如此，但是可以肯定的是，如果系统的设计易于理解就一定会有助于实现变化。正如 Kent Beck 所说，"如果简单设计是好的，我们将一直让系统在支持当前的业务功能的同时，保持最简单的设计"（参考资料 [3]）。事实上，在系统具备一定的规模时，简单设计已不是一种奢求，而是一种生存机制。有很多注意事项会有助于实现这一点：

- 使用简单的、通用的语言来描述系统
- 使解决方案模型尽可能接近问题域
- 持续地重构
- 确保对象 / 组件接口清晰表达其意图
- 遵循以往良好的设计原则（参考资料 [4]、[5]）

领域驱动设计（参考资料 [6]）、设计模式（参考资料 [4]）和系统隐喻的应用（参考资料 [3]）简化了团队间的设计和沟通。简单设计在"社交"方面的属性是至关重要的，因为这让代码的集体所有权成为可能，反过来促进了特性导向而不是组件导向（参考资料 [7]）。

在可维护、可扩展的解决方案的演进过程中，占主导的方法是将系统视为一组互相协作的实体。这可以防止典型的设计缺陷，诸如在数据库层写太多的逻辑，创建一个过于复杂的UI，或者最终产生一些又大又难以管理的代码类。保持简单设计需要设计的技能和知识，实践社区（CoP）有助于这些最佳实践的研发和传播。

#4——有疑问时，就编码或给出模型

就良好的设计决策达成一致可能很困难。对于哪种解决方案是最好的，存在着合理的意见分歧，而且往往也没有一个正确答案。虽然敏捷团队和项目群不介意重构，但他们肯定希望避免不必要的返工。

为了确定最佳设计，敏捷团队通常会采用技术或功能探针，或者用快速原型法将不同的方案快速编码实现出来。迭代的周期较短，探针也很小，然后，由团队、设计师、架构师甚至最终用户对这些探针和原型进行 A/B 测试，以得到快速、客观的反馈结果。

建模是一种有用的技术，可以在开发实现之前了解重大范围变更的潜在影响，尤其是探针和原型不能提供必要的学习以避免过度重新设计的情况下。如图 9.1-3 所示，领域建模和用例模型是两个特别有价值的、相对轻量级的敏捷建模方法。

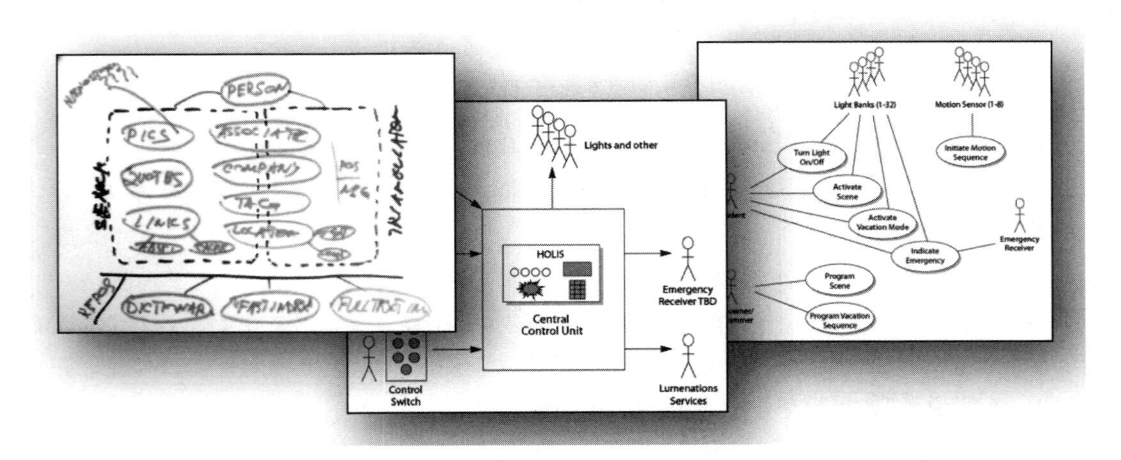

图 9.1-3 领域模型和用例模型，由系统上下文图形进行支持

在解决方案意图中记录模型

当然，如果没有人能找到这些模型，它们也就没有用了。因此模型、技术知识和各种设计决策都记录在作为沟通中心点的解决方案意图中。然而，技术信息在实践中以多种形式表示，从文档到电子表格再到前面描述的模型。虽然对于作者而言文档和电子表格很容易创建，但是它们并不一定能促进精益系统工程所提倡的知识转移和持续协作。

相比较而言，另一种更好的方式是基于模型的系统工程（MBSE），在这个方法中解决方案意图包含很多不同类型的模型，这些模型中有很多选项用来组织和链接各种信息。系统和解决方案架构师 / 工程师通常负责从指定模型、信息和组织到确保其质量的任务。敏捷

团队则将他们各自拥有的知识和信息充实到这些模型中。

#5——谁构建，谁测试

判断一个设计是否实际可用的责任，是需要由那些构建架构的人员来承担的。测试系统架构包括测试系统的能力，即系统是否具备满足较大规模功能性和非功能性操作，以及性能和可靠性需求的能力。为此，团队还必须构建测试基础设施，并尽可能使测试自动化，以实现持续的系统级测试。此外，随着架构的演进，测试方法、测试框架和测试套件也必须随之演进。因此，系统架构师、敏捷团队和系统团队必须积极合作来持续进行可测试性设计。

#6——专制之下无创新

架构的优化需要敏捷团队、架构师、工程师和利益相关者的协作努力，这也有助于营造一种创新文化，让创新可以来自任何人和任何地方。

虽然这些想法可以来自任何人，但是要捕获和传播这些想法，需要在系统意图中通过沟通和记录来进行一些集中化的管理。企业架构师的职责之一就是营造一个环境，在这个环境中，团队层浮现出来的创新想法和技术改进能整合为架构跑道的组成部分。由于敏捷开发可能会导致所谓的“专制的紧急迭代”，因此在定期发生的创新与计划（IP）迭代中应该预留一些时间用于创新工作。

#7——实现架构级流动

企业级架构举措需要跨敏捷发布火车和价值流进行协调。通过投资组合看板，可以将这些架构举措的有效流动过程进行可视化呈现。另外，看板系统中的“拉动”特点允许项目群基于在制品限制（WIP）建立容量管理，这有助于避免系统过载。

项目群看板、解决方案看板和投资组合看板共同提供了一个 SAFe 的企业内容治理模型。该模型构成了经济框架的一部分，并有助于去中心化决策，这两者对于确保价值得以快速、可持续的流动至关重要。在看板系统中，使能特性和能力遵循一个共同工作流模式，该模式包括探索、梳理、分析、优先级排序和实现。

参考资料

[1] Leffingwell, Dean. *Agile Software Requirements: Lean Requirements Practices for Teams, Programs, and the Enterprise*. Addison-Wesley, 2011.

[2] Manifesto for Agile Software Development. http://agilemanifesto.org/.

[3] Beck, Kent. *Extreme Programming Explained: Embrace Change*. Addison-Wesley, 2000.

[4] Bain, Scott. *Emergent Design: The Evolutionary Nature of Professional Software Development*. Addison-Wesley, 2008.

[5] Shalloway, Alan, et al. *Essential Skills for the Agile Developer: A Guide to Better Programming and Design*.

Addison-Wesley, 2011.

[6] Evans, Eric. *Domain-Driven Design: Tackling Complexity in the Heart of Software.* Addison-Wesley, 2003.

[7] Larman, Craig, and Bas Vodde. *Practices for Scaling Lean and Agile Development: Large, Multisite, and Offshore Product Development with Large-Scale Scrum*. Addison-Wesley, 2010.

[8] Coplien, James, and Gertrud Bjørnvig. *Lean Architecture for Agile Software Development.* Wiley and Sons, 2010.

9.2 敏捷合同

……选择一个中标的承包商，然后期望他们在指定的时间和预算内交付满足需求的产品。然而，这种传统的方法几乎总是以失败告终——每次都会大量浪费纳税人的金钱。

——杰森·布隆伯格（Jason Bloomberg），“在美国退伍军人事务部中使用敏捷方法来确定日程安排”《福布斯》

摘要

大型系统的构建者必须不断地将构建的内容与客户和其他利益相关者的需求保持一致。而且，在由开发过程中发现的新情况、客户需求的演进、技术的改变，以及竞争对手的创新所驱动的持续变化中，他们必须经常这样做。

传统的做法是预先确定需求和设计以确保客户得到他们想要的东西，而预先确定的需求和设计也是与系统供应商签订合同的基础。

不幸的是，这些早期确定的需求和设计决策束缚了团队，削弱了他们的能力；他们本可以采用新涌现出的数据，为客户设计出更经济、更具竞争力的解决方案。简而言之，传统的合同限制了团队提供更好的解决方案。结果，我们尝试要求及早确定具体需求和设计以管理风险，但往往事与愿违，反倒损害了所有利益相关者的利益。

为避免这一问题，其他合同模式发展了起来，其特点是共担风险、共享回报。在很多情况下，它们的效果更好。然而，即便那样，这种固定需求的传统思维模式仍然经常会影响双方之间的协议和预期。

我们真正需要的是一种更加敏捷的合同模式，一种无论在短期还是长期对合同双方都有益处的模式。本节先描述传统合同模式的现状，然后为一种敏捷合同模式提供了指导意见，即“SAFe 受管 – 投资合同”。

详述

系统采购合同的传统模式

买方经常将复杂的系统开发外包给供应商，供应商有能力构建买方运营业务所需的系统。在“固定总价合同”（Firm Fixed Contract）和“时间物料合同”（Time and Materials

Contract）这两个模式之间有一系列不同的合同模式，甚至几乎两端之间的每一点都是一种合同模式。图 9.2-1 表明了这些不同的合同模式，并强调了在甲乙双方之间风险分担的不同方式。

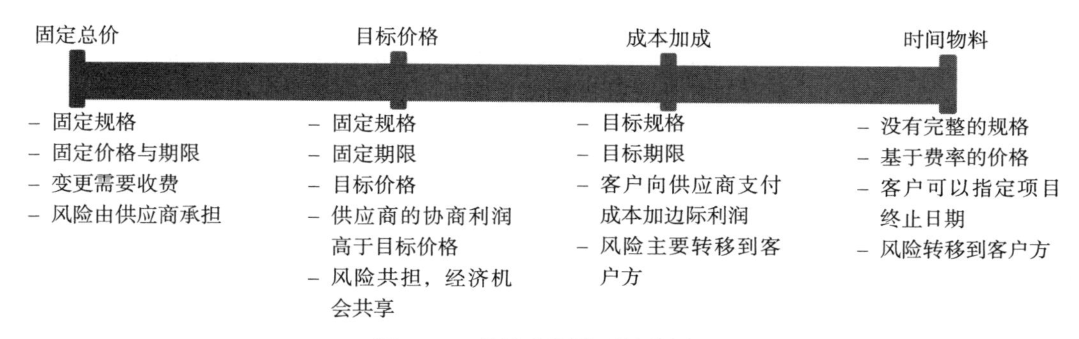

图 9.2-1　传统合同类型的范围

很明显，这里有一系列不同的合同模式。然而总体上来说，基本上每个人都认为两种极端的方法（指固定价格模式和时间物料模式）不能提供最好的整体经济价值，下文将会就这一点进行讨论。

固定总价合同

如图 9.2-1 所示，一系列合同类型的最左边是“固定总价合同”，这类合同在当今行业里最为常见。该方法的便利性在于，它假设了买方（客户）将会得到他们想要的东西，并且愿意为之付费，如图 9.2-2 所示。

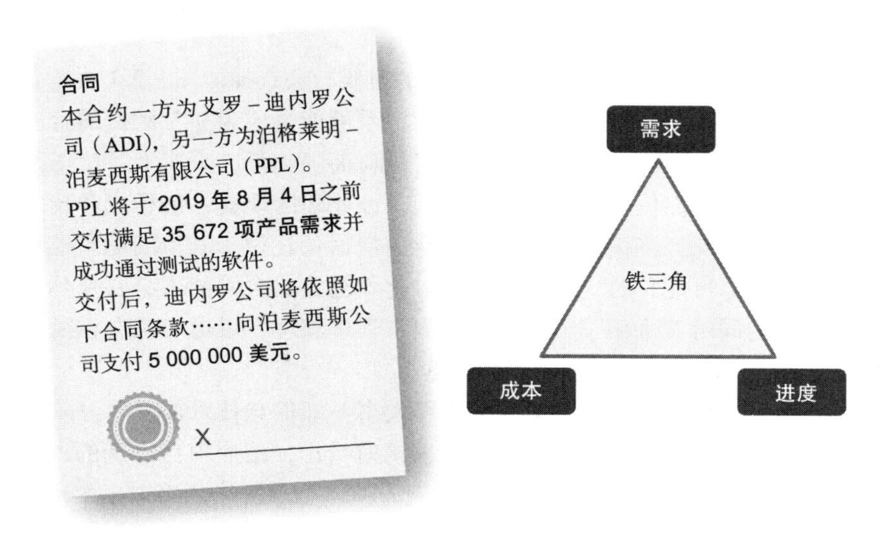

图 9.2-2　固定总价合同中形成了“铁三角”

从表面上看这种承包方式是有道理的。它还提供了竞标的机会，而在许多情况下竞标都是必要的。理论上讲，竞标可以带来潜在的经济优势，因为中标的供应商可能是报价最低的。

然而，这种模式存在许多缺点：

- 它假设早在项目实施前，买方（客户）的需求就已得到充分理解。
- 买方（客户）的需求必须在需求规格说明书及早期的详细设计中有所体现。这需要“大量前期设计”(BUFD)、瀑布式开发和瀑布式合同。
- 通常，这种合同会签订给成本最低的投标者，但他们未必能为客户提供最佳的长远经济价值。

此外，为了得到固定的报价，就要在对解决方案的信息了解得非常有限的情况下做出关键性决策，而此时决策则太早了（参见 SAFe 原则 #3）。合同双方已经进入了如图 9.2-2 所示的固定范围、固定进度和固定成本的“铁三角”。如果实际情况随后发生变化，但客户和供应商都被束缚在合同里，届时，合同里所定义的东西既不是供应商想要开发的，也不是客户想要购买的。接下来的大量时间将花费在协商合同的变更上，这期间将会产生许多浪费。

最坏的情况是，合同一旦签订，合同双方的经济利益立刻就会彼此对立：

- 客户的最佳短期利益是：花尽可能少的钱，从供应商那里得到尽可能多的东西。
- 供应商的最佳短期利益是：在符合合同要求的前提下，交付最少的价值并最大化自身的利润。

最终结果是，这种合同会导致双方形成一种“此输彼赢”的局面，进而将会影响到双方之间的整个商业关系，通常对合同双方都不利。

时间物料合同

显然，这也是为什么许多人在选择合同模式的时候，会选择如图 9.2-1 所示合同序列中最右边的模式。最右边的时间物料合同模式表面上看可能会成为非常敏捷的合同模式，但是其自身也有一些挑战。客户能指望的仅仅是对供应商的信任。事实上，信任是一种珍贵的商品，在精益企业中我们依赖信任关系。但是，彼此间的误解，市场或者技术条件的变化，以及客户或者供应商经济模式的变化，都会迫使信任让位于其他问题。毕竟，供应商的最大经济利益在于尽可能长时间地获得报酬，这就会造成合同的不必要拖延。如果采用时间物料合同模式的同时又采用了“阶段 – 门限”管理流程，很可能只有在流程最后阶段才能看到真正的进展，这会让问题变得更加严重。

客户这边也面临着挑战。例如，美国退伍军人事务部信息技术部主管兼首席信息官史蒂夫 · 沃伦在进行项目回顾分析期间接受记者采访时指出，按照项目经理的说法“项目从来都没有危机”，因为每年都会花掉所有预算经费，并且能够争取到第二年的预算资金。当时衡量成功与否的标准是项目能否继续获得资金，而不是能否交付必要的功能（参考资料 [1]）。

敏捷合同的协作模式

既然图 9.2-1 所示的模式序列中，左右两个极端的模式都不能足以确保项目的成功，也许序列中间的模式是最佳方案？也许吧。不过即使这样，无论是在序列的左边还是右边，对传统合同模式的偏见都会隐藏在其中。我们需要的是一种不同的模式，这种模式既信任供应商，但也要验证供应商以正确的方法构建正确的东西。理想情况是，这种模式还为客户提供定期和客观的治理，并且也让供应商有信心面对他们的客户及其隐含的未来经济承诺。

这种敏捷类型的合同特征包括：

- 使所有合作方的长期和短期经济价值达到优化。
- 随着新知识的出现，通过对需求的适应性响应来开发变异性。
- 可以提供完整的、持续的可视化和客观的依据，保证解决方案的适合性。
- 可以提供一种可度量的投资模式，投资可随时间变化，并可以在实现足够价值时停止。
- 可以为供应商提供近期的资金保障，并在资金削减或终止时，提供足够的时间窗口用于进行通知。
- 可以激励合作方在约定的经济范围内建立起最佳的解决方案。

SAFe 受管 – 投资合同

显然，业界可以受益于采用敏捷合同模式，从而让客户和供应商双方都能获得最佳收益。SAFe 的受管 – 投资合同就是这样一种合同模式。

预先承诺

要开发一个存在许多未知因素的复杂系统需要签订重大的投资合同。在签订合同之前，需要做尽职调查。在这种情况下，客户和供应商共同努力就合同的基础形成一致意见。这就是签订合同前的预先承诺阶段，如图 9.2-3 所示。

在这个预先承诺阶段，客户有明确的职责，包括搞清楚敏捷合同表格里的基本结构和义务，以及定义更大范围的项目任务，并与潜在供应商进行沟通。

供应商同样也会做好最初的准备工作。这通常包括对潜在可行性的初次分析，并将客户的解决方案需求与供应商的核心竞争力结合起来。它还要求对最初合同期间可能需要的资源有一定了解，并估算粗略的费用。

如图 9.2-3 所示，在持续证明其适用性的客观依据的支撑下，双方共同承担的职责使客户与供应商向一个更加可测算的投资方向发展。这些职责包括：

- 建立初始愿景和路线图；
- 识别最小可行产品（MVP）和附加的项目群增量潜在特性；
- 定义初始的固定和可变的解决方案意图；
- 为项目群增量计划的待办事项列表排序；

- 建立执行职责；
- 建立经济框架，包括经济权衡参数、项目群增量资金承诺（承诺的 PI 数量）、初始资金投入水平，以及其他合同条款。

客户职责

- 接受 SAFe 培训
- 承诺接受合同模式
- 定义项目群使命

共担职责

- 建立初始的愿景和路线图
- 定义固定的及可变的解决方案意图
- 建立经济框架
- 建立职责与合同边界
- 为 PI 1 的待办事项列表排定优先级
- 确定最小可行产品（MVP）

- 承诺接受合同模式
- 定义初步范围和可行性
- 确定可用资源

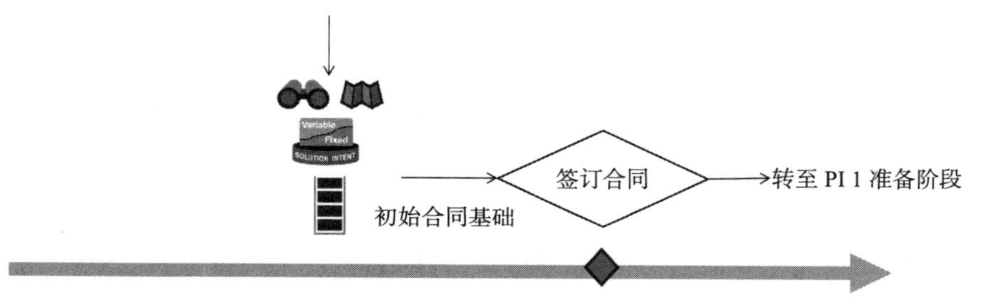

图 9.2-3 SAFe 受管 – 投资合同的预先承诺阶段

在某些情况下，供应商可能需要提供所需费用的初步估算，以确保完成 PI 资金承诺。在另外一些情况下，“现结”的模式或许是合适的。根据合同条款，客户会同意向供应商支付早期几个 PI 的费用。这是初步承诺阶段，其时间长短视情况而定，通常两个 PI 左右的时间（20 周）或许是比较合理的起点。

根据具体情况，客户可能会与多个潜在的供应商进行洽谈。如果技术可行性是一个重要的问题，通常会采用先签订某种可行性合同的方式来解决；根据这种合同，客户需要向供应商支付一定的费用，以补偿供应商为合同做出承诺而付出的劳动。换个角度看，这对于供应商来说是一种常规的业务活动，这些签约前的投入是正常售前工作的一部分。

然而，在某一时刻，客户可以进一步和供应商签订合同。

合同执行

如图 9.2-4 所示，合同签订之后，开发工作就开始了。

下面介绍一下这些具体活动的时间表。

- **PI 准备**——供应商与客户都要投入时间和精力，为第一个 PI 计划会议准备内容和相应的后勤工作。请注意，在某些情况下，第一个 PI 计划会议可能实际上被视为预先承诺阶段的一部分，虽然这一做法显然需要双方的大量投资。

- **PI 计划**——第一个 PI 计划会议对整个项目群有重大的影响。在会议中，客户、供应商及利益相关者将对第一个 PI 的具体迭代层面的细节进行计划。
- **PI 执行**——根据不同情况，客户会参与到不同层级的迭代执行中；至少在每一个系统演示中需要有客户的直接参与。对于大型解决方案，可能会通过更加完整的集成解决方案演示替代系统演示的多样性，集成解决方案演示也会更频繁地进行，而不仅仅是在 PI 边界上。
- **PI 评估**——此后，对于供应商或者客户来说，每一个 PI 都是一个重要的“里程碑”，在每一个“里程碑”都要举行解决方案演示并对其进行评估。对于事先商定的度量数据进行收集和分析，并为下一个 PI 做出决策。通过检视和调整工作坊评估解决方案的进展情况及项目群的进展，并为下一个 PI 制定改进计划。届时，客户会基于是否已经充分达成了所需的价值来决定资金的投入状态，从而追加投资、减少投资或者保持不变，甚至是削减投资和终止投资。此后，下一个 PI 计划会议就开始了，会根据所做的决策确定相应的工作范围。

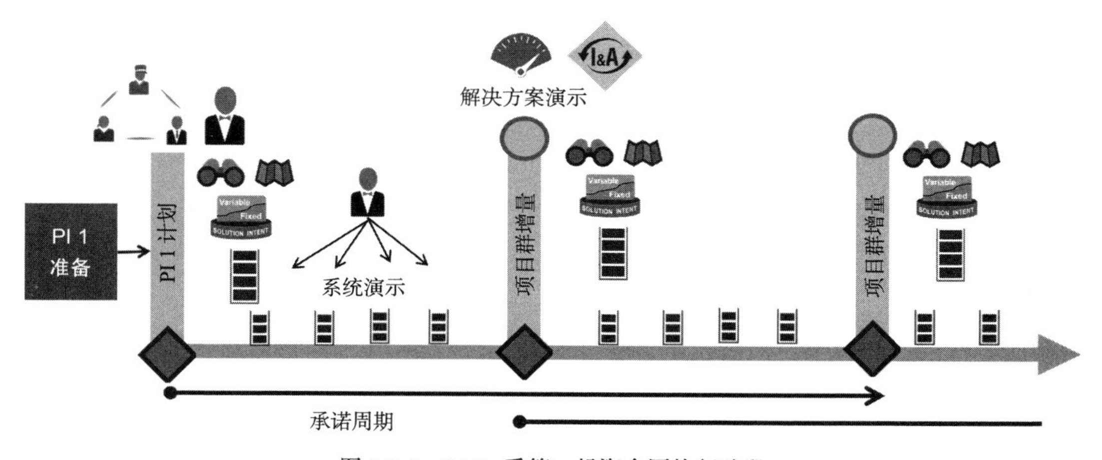

图 9.2-4　SAFe 受管 – 投资合同执行阶段

用精益创业的方法管理风险

精益创业周期（如图 9.2-5 所示）也可以用于管理主要的产品开发投资，同时确保合理的精益经济收益。该模型可以帮助缩短上市时间，并有助于防止系统因不必要的特性而变得臃肿，而这些特性有可能永远不会被使用。它还运用了 8.6 节和 5.23 节中描述的“假设 – 构建 – 度量 – 学习”循环模型。

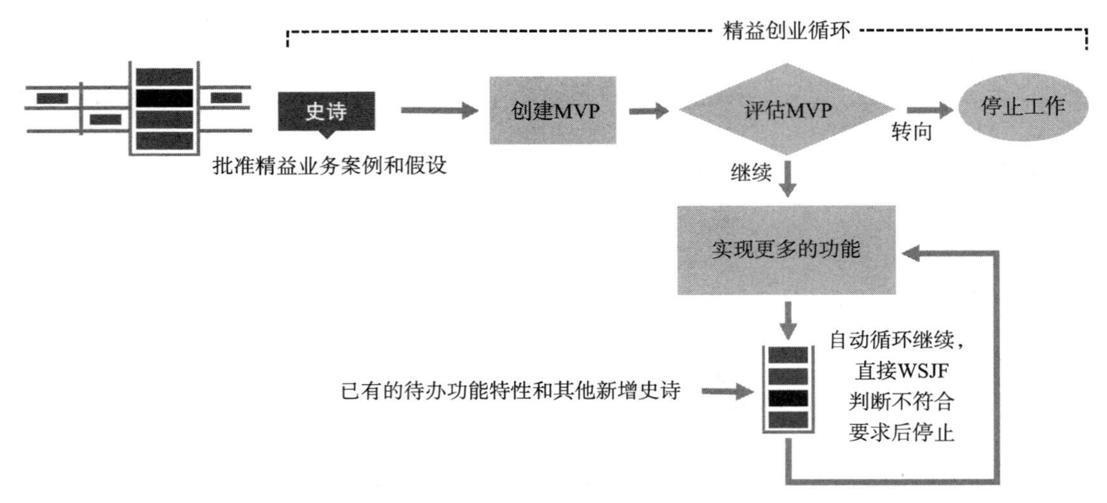

图 9.2-5 用于管理大型产品研发投资的精益创业环

这意味着敏捷合同内容会做调整，以反映合同中要实现的功能组件，包括可确定的范围和不确定变化的范围。在预先承诺阶段确定的 MVP 可以建立固定范围的高层定义，以通过多个 PI 进行交付。除了 MVP 的交付，合同还可以指定交付周期包含的 PI 周期数量。目标是在每个 PI 优先交付高优先级的特性。

这个过程会一直持续，直到供应商的解决方案交付了客户所需的价值。届时，客户将不会再追加新的合作周期，并且会根据合同协议逐步减少资金投入。这为客户提供了两全其美的方案：

- 相对于完整的需求列表来说，比其小得多的 MVP 的估算更容易进行预测。
- 基于经济成果，对于额外增加的特性所需的费用进行全面控制。

很显然，这种方式保证了双方都能尽可能获得最大的经济利益，这将有助于双方建立稳定和长期的合作关系。

参考资料

[1] Bloomberg, Jason. “Fixing Scheduling with Agile at the VA.” *Forbes*. October 23, 2014.

[2] Jemilo, Drew. *Agile Contracts: Blast Off to a Zone of Collaborative Systems Building.* Agile 2015. https://www.slideshare.net/JEMILOD/agile-contracts-by-drew-jemilo-agile2015.

9.3 敏捷 HR 和 SAFe

用精益 – 敏捷的价值观和原则把人员运营带入 21 世纪

Fabiola Eyholzer, CEO, Just Leading Solutions LLC

Dean Leffingwell，共同创始人和首席方法论家，Scaled Agile, Inc.

要想赢得市场，首先要制胜职场。

——Doug Conant（道格·柯南特），美国企业家，金汤公司前 CEO

介绍

数字化转型正影响着几乎全球每一家企业。如果要赢得竞争，企业需要在软件和系统的开发和部署方面有一定的能力和水准，而不再是像过去一样，简单依靠软件和系统走向成功。这种新能力再也不能通过工业时代的结构和实践来掌握。

企业通过如下行动来响应以上变化：（1）承认人才、知识和领导力为核心竞争力；（2）拥抱精益 – 敏捷的价值观、原则和实践。

规模化敏捷框架（SAFe）已成为在企业范围内应对这一挑战的主要框架。SAFe 除了包括广泛的实践指导，还推广并描述了一套全面的价值观和原则，即具有精益 – 敏捷理念的领导者可以应用它们来促进转型，并继续企业增强软件和系统建设竞争力的旅程。图 9.3-1 描述了 SAFe 方法。

SAFe 精益之屋

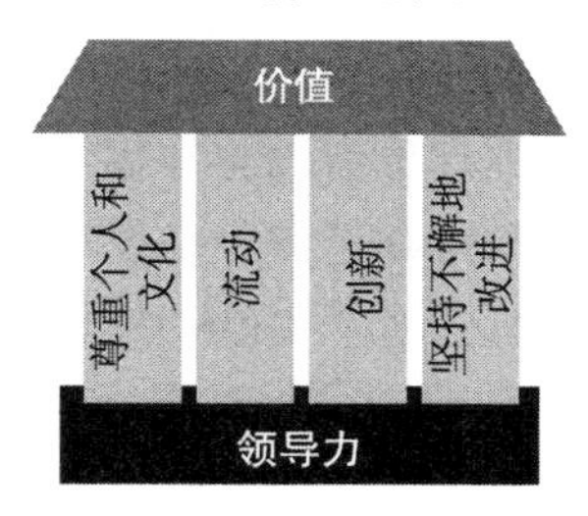

敏捷宣言

个体和互动 高于 流程和工具

工作的软件 高于 详尽的文档

客户合作 高于 合同谈判

响应变化 高于 遵循计划

SAFe 原则

1——采取经济视角

2——运用系统思考

3——假设变异性，保留可选项

4——通过快速集成学习环进行增量式构建

5——基于对可工作系统的客观评价设立里程碑

6——可视化和限制在制品，减少批次规模，管理队列长度

7——应用节奏，通过跨领域计划进行同步

8——释放知识工作者的内在动力

9——去中心化的决策

图 9.3-1 SAFe 精益 – 敏捷理念

这种新的理念（精益 – 敏捷理念）对人力资源（HR）组织是一个挑战，HR 需要通过新的工作方式重新调整人力资源。它通过从面向过程的人力资源管理向授权的精益 – 敏捷人员运营转变，带来了一场意义深远的变革，从而将人力资源带入 21 世纪。它将永远改变人力资源的面貌和重要性。

本节我们将描述 6 个基本主题，这些主题可以指导领导者及其人力资源合作伙伴，在精益 – 敏捷的企业中处理关于精益 – 敏捷人力资源方面的各种各样的问题。

#1——拥抱新型人才合同

#2——促进持续参与

#3——以态度和文化契合度为导向的招聘

#4——转向迭代的绩效流动

#5——解决金钱的问题

#6——支持有影响力的学习和成长

#1——拥抱新型人才合同

当今时代是一个数字化颠覆的时代，企业必须从根本上重塑自己的理念、行为、领导力和工作方式来应对新的现实。精益 – 敏捷组织背后的驱动力是知识工作者——增长最快、最关键的人力部门。德鲁克将知识工作者定义为“比他们的老板更了解他们所做工作的人”。他们的工作包括将信息转化为知识，并在系统和解决方案中实例化这些知识。正是知识工作者的想法、经验和诠释，让企业得以进步。但是他们中间工作的结果往往是无形的，不断地需要在模棱两可的情况下做出判断，并与他人互动。因此，知识工作调整了传统的、基于任务的管理。

知识工作者在这种具有挑战性的工作中茁壮成长。这种挑战也激励着知识工作者。与此同时，知识工作者也在职业生涯中寻找意义和目标，以及欣赏和尊重。他们渴望承担责任和积极参与。为了便于创新和奉献，他们必须被允许通过高度自治和授权来进行自我管理。

这构成了创建和履行新型人才合同的基础。不仅要理解知识工作者的动力，还要意识到随之而来的权力转移。在 SAFe 中，这与从任务管理、命令与控制到激励领导力的转变密切相关。有两项 SAFe 精益 – 敏捷原则是专门针对这一转变的：

- 原则 # 8——释放知识工作者的内在动力
- 原则 # 9——去中心化的决策

这种转变也不可避免地影响了 HR 与管理层和员工的交互和往来。员工可以发表意见，影响组织对待员工的方式——不仅仅是在他们的职业发展方面，甚至包括整个人力资源价值链。

如同管理实践一般，人员运营必须去除太多的条条框框，而且变得更灵活，更赋能，更人性化。人力资源解决方案应该共同创造，并不断发展。这是一个充满灵感和高参与度的企业组织的重要组成部分。

#2——促进持续参与

挖掘知识工作者的内在动力，让他们深入参与企业的目标——这件事从未如此重要。尽管员工参与度高的企业会有更高的回报率，但全世界大多数员工都表示对自己所工作的组织不满、失望甚至疏离。

敏捷理解这种将具有内在动力的人聚集在一起形成协作团队的力量。而 SAFe 随后将它应用到敏捷发布火车（ART）上，在那里他们与他人共同执行任务，并通过面对面的计划进行协作。任何曾经参与过 PI 计划会议的人，都亲身体验过当时的热情和能量。不出所料，SAFe 团队的激情更高，参与度也更高。

简而言之，当企业采用 SAFe 时，参与度——有时或许会被忽视为理想主义的 HR 理念，可以直接转化为更好的业务绩效和成功。图 9.3-2 表明了员工缺乏参与度的事实和员工高参与度的益处（参考资料 [1]）。

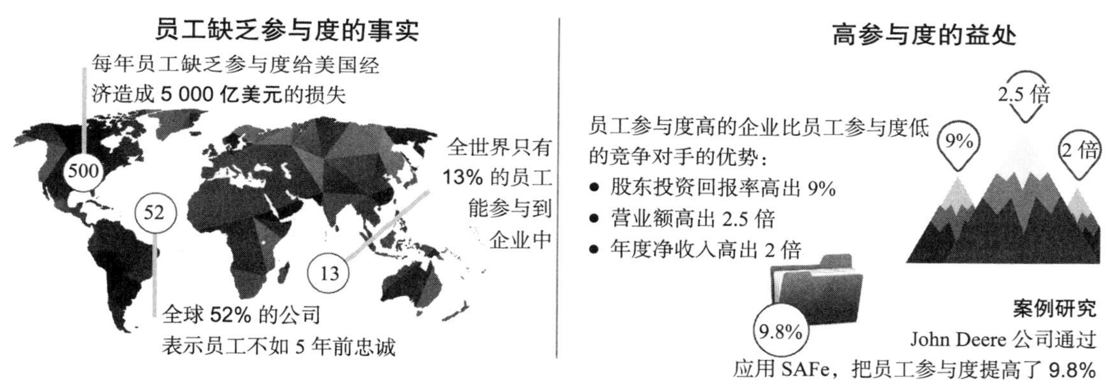

图 9.3-2 员工参与度

参与度提高了员工保留率。降低员工流失率的最佳办法是对人进行投资。提高员工的市场价值，使其对竞争对手来说更有吸引力，这个概念似乎有悖常理，但积极发展并培育人才会打消他们为了改善和进步而换工作的需要。

敏捷实践通过挑战性的工作、强大的协作、持续的反思、持续的反馈和坚持不懈的改进（所有这些都深深植根于工作流程中）使员工发展。换句话说，敏捷并不区分学习和工作：工作即学习，知识工作者即是学习型工作者。

因此，敏捷企业的目标不单单是留住人才，而是让那些才华横溢的个人成长和发展，从而形成繁荣的人才库。

#3——以态度和文化契合度为导向的招聘

要建立一支充满活力的队伍，首先要识别、吸引和雇佣合适的员工。但寻找顶尖人才变得越来越困难。在人才招聘方面，敏捷企业通过关注以下因素而获得竞争优势。

建立强大的企业品牌——敏捷是吸引人才的磁石。企业可以也应该建立在对敏捷卓越的承诺之上，并利用它来建立一个强大的企业品牌。

积极吸引和聘用知识型人才——对顶尖的数字化人才来说，这是一个竞争激烈的市场。在新的职位空缺出现之前，招聘就已然开始。人才招聘团队必须持续地与技术人员接触和联系，并将他们拉入人才储备库中。

以态度和文化契合度为导向的招聘——敏捷是一项团队运动。技术专业知识很重要，但是敏捷团队招募具有正确态度和文化契合的候选人会更成功。必须避免英雄主义和过度专业化的倾向。毕竟，成功取决于团队集体协作能力。图 9.3-3 展现了一些面试问题，可以借此甄别候选人在团队环境中茁壮成长的能力（参考资料 [2]）。

评估候选人敏捷能力的面试问题

- 当你意识到自己采用的方法并不奏效时，能够灵活调整行为吗？你是如何反思呢？
- 在与他人合作以制定创造性的解决方案，并为成功制定合作策略的方面，你以往有什么样的成功经验？
- 在职业生涯中，你从成功和失败中学到了什么？
- 遇到障碍时，你是如何采取纠正措施的？

图 9.3-3　面试问题

用更大的目标感来激励候选人——知识工作者在生活中需要使命感。这种对使命感的渴望超越了比特和字节，超越了本地团队环境。帮助候选人理解组织更宏大的目标是激励他们最好的方法。企业通过在整个过程中保持真诚和可靠来加强这种理解。

做一个可靠的、基于团队的决定——人才招聘是共同的责任，如果没有团队的支持，就不应该做出招聘决定。毕竟，没有团队的支持，员工无法茁壮成长。因此，团队必须积极参与招聘流程。

擅于入职培训——敏捷有相当明确的团队实践和角色，在新员工一入职就可以迅速跟上队伍方面是无敌的。然而，在此之前的预集成活动、交互和获取信息，可以增强入职体验。入职后同样也需要与员工沟通联系，以确保员工对工作满意，管理层对员工的表现满意。

高质量的招聘过程可以降低不良招聘的风险，以及随后对团队流程和绩效的干扰。

#4——转向迭代的绩效流动

绩效管理毫无疑问是当今最受批评的人力资源流程。尽管有诸多的抱怨，许多组织仍然重金投入在失败的绩效评估实践中。然而我们无法否认这一事实：传统绩效评估不起作用。

虽然绩效管理最初是为了协调目标和促进协同而建立的，但后来它发展成为整套人力资源实践的关键点，尤其是薪酬和人才管理。

毫无疑问，年度绩效评估已经成为每个参与者的紧张时刻。管理人员倾向于将负面的和正面的反馈意见一起打包放入年度反馈中，可这样的做法让员工丧失了在重要时刻及时得到反馈的机会。对员工来说，他们对年度绩效评估万分紧张，因为这会影响即将到来的薪酬和晋升机会。

存在一些审查工具，可以帮助引导讨论并“强迫”管理人员对其员工进行排名。因此许多公司都精于评级排名，可是这对员工的士气和动力造成了很大的影响，而让企业付出高昂的代价。然而，潮流正在发生变化，越来越多的组织正在去除员工绩效评估来应对人力资源的挑战。图 9.3-4 展示了传统绩效管理的事实和趋势（参考资料 [3]）。

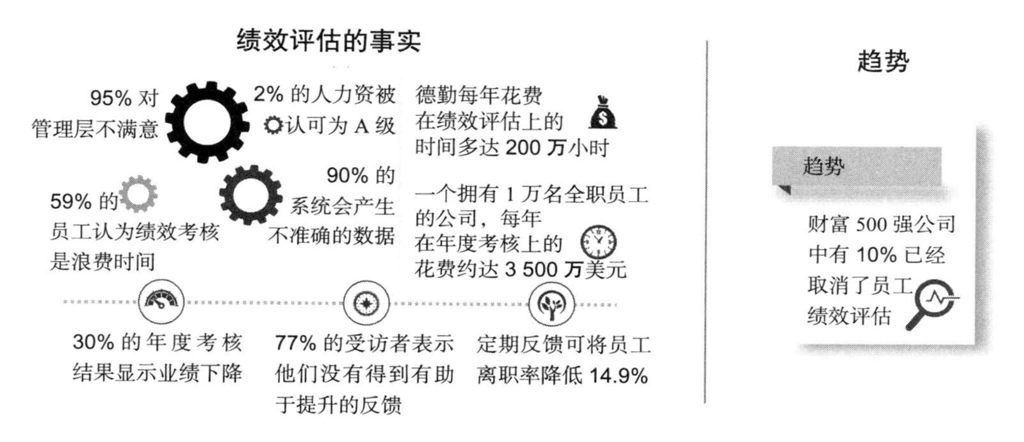

图 9.3-4　员工绩效评估

如今，人力资源管理正面临着前所未有的挑战，绩效管理会发生翻天覆地的变化。下面是 SAFe 如何帮助重新优化绩效流程系统。

绩效周期与迭代周期保持一致——当今商业世界急速发展，这使得花费多年的时间来思考，然后制定严格的自上而下的年度目标变得越来越困难。SAFe 将周期从十二个月转变为以周和 PI 计划活动来衡量的、迭代的、交互的周期。这样的迭代是最佳节奏，也代表了新的绩效周期。

利用 PI 计划来分享愿景，设定激励目标，阐明期望——对人的激励是必不可少的。敏捷发布火车（ART）的心跳是 PI 计划。所有的火车相关人员都聚集在一起，了解业务上下文和愿景，设定并同步目标，明确期望和依赖关系，为共同的目标而努力。这样可以用可验证的协作目标代替静态的个体目标。

不断地检视和调整——像迭代评审和迭代回顾这样的敏捷仪式都与检视和调整相关。虽然迭代关注的是开发中的系统而不是人员，但是它们确实提供了正式的和非正式的机会来检视和调整个人和团队绩效——以（每次迭代）团队回顾的形式，以及（项目群回顾）检视和调整工作坊的形式。因此，重点不再是评估单个目标而是坚持不懈地改进一不仅仅在个人层面上，而且在项目群和企业层面上（在传统的绩效评估中忽略了这些）。

将学习和发展嵌入到工作流中——公司必须不断发展，敏捷的工作方式都是学习式的。

SAFe 通过将创新与计划迭代（IP）作为 PI 的一个组成部分来加强这一过程。创新与计划迭代给人们提供了所需的时间和空间，以他们的步伐来进行改进和创新。跨角色、跨职能和跨团队的培训进一步提高了知识工作者的技能、灵活性和实用性。这些机制支持了知识工作者的特殊需求，并帮助企业履行其创建主动学习与成长的工作流的职责。

取消年度绩效排名，支持持续反馈——敏捷组织形成了一种相互尊重的文化，在这种文化中，领导、员工和同事之间始终进行坦诚的对话和持续的反馈，而不是对员工进行绩效排名。专注于坚持不懈地改进是拥抱敏捷和实现其全面影响的关键方面。它还从根本上提高了关于个人成就和增长潜力方面的讨论的力度和质量。

以上这些新的方式比任何年度绩效评估都能更好地实现绩效管理的最初目标。另外，通过将精益－敏捷理念引入到所有的人力资源实践中，人员管理持续地参与、互动、发展和认可人才——所有这些都不需要员工评估考核来触发实现。因此，在敏捷的世界里，年度绩效评估和强制排名已经过时了。敏捷企业中的绩效的流动不再是简单的金钱激励，而是拥有最佳节奏、实时响应和坚持不懈地改进。

#5——解决金钱的问题

工业时代认为，金钱是员工最强大（也是唯一有效）的激励因素，这个观念在许多组织中仍然根深蒂固。毫无疑问，薪酬和现金奖励仍然被用作激励和认可员工的主要方式——这对于知识型工作者来说是一种昂贵且无效的方法。

自从 Daniel Pink 的《驱动力》（以及数十年的科学研究）发表以来，人们已经清楚地认识到敏捷人员是由掌握力、自治性和目标感驱动的。对他们来说，有意义的奖励和认可是以令人骄傲的成就、社会交往、有趣的工作、新的挑战、成长机会以及自我实现的形式呈现的。

解决金钱问题的方法是给员工支付公平、有竞争性的报酬，同时也要对薪酬进行公开和坦诚的沟通，并给予适当的福利和表彰。以下内容提供了一些指导方针，帮助重新思考奖励解决方案。

基本薪资

支付足够的基本工资——敏捷团队中的角色是基于一般的价值描述，而不是特定的个人工作描述。因此，任何工作都不那么严格。相反，它需要高度的灵活性，以及激活和应用相关知识的能力。因此，足够的基本工资不仅按照岗位支付，还可以根据个人的技能和经验进行发放。一旦知识工作者承认他们得到了公平（并且有竞争力）的报酬，就可以自由地专注于工作，而不是金钱。

去中心化的工资决策——薪酬福利必须是易于实现和可调整的。这意味着赋予管理者设定工资和加薪的权利。这些调整必须与年度绩效考核脱钩，以便允许更灵活的时间安排，并有利于将薪酬福利与绩效反馈分开。领导者通过同行评审、透明度、充足的数据和专家建议来指导他们的决策，而这些都由专门的奖励解决方案团队根据要求提供。

工资结构透明化——透明的工资结构带来了许多好处，比如培养更多的信任，尊重员工的价值，使薪资不依赖于个人的谈判技巧（的确，许多有价值的知识工作者都不擅长谈判薪资。决不能让他们感觉到，相比那些擅于游说的人，自己处于不利地位）。然而，任何公司都需要仔细评估（并测试）在多大程度上透明是可行的。

激励

避免有害的个人奖金——基于目标管理（MBO）的个人和团队奖金，对于一个依靠协作和响应能力而蓬勃发展的组织来说是有害的。这加剧了个人与个人之间的对抗、团队与团队之间的对抗。这样的奖金应该被彻底取消。相反，组织应给予公平、透明的奖励，以表彰集体业绩和公司的成功（例如，股权和利润分享计划），允许员工在财务上参与企业的成功，从而确保他们觉得自己在企业的成功中得到了公平和公正的待遇。同时，企业必须避免某些激励措施，这些激励措施可能会使员工因为一个没有追求的动机而留在公司，或者因公司迅速解雇一名员工而造成干扰。

综合各种表彰形式——有效的赞赏必须与企业价值观相符。每个企业都必须找到一种合适的组合，将低频的正式表彰和更频繁的、更亲密的个人致谢相结合。方案一旦确立，认可的力量就会被放入每个人的手里。图 9.3-5 给出了多样化的员工表彰方式（参考资料 [4]）。

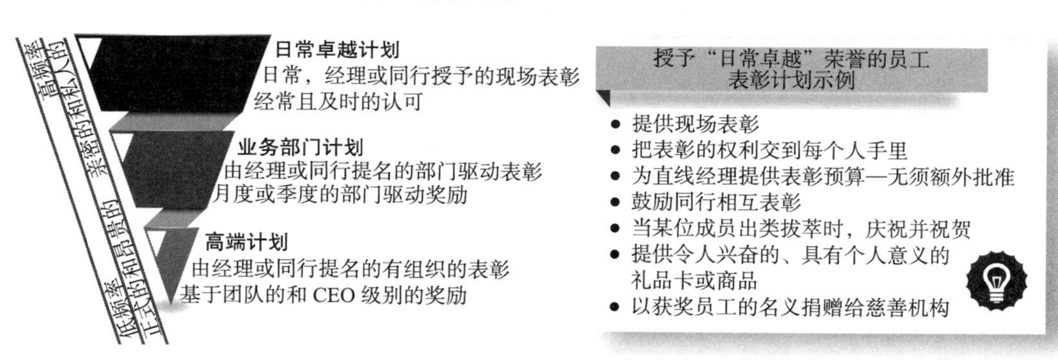

图 9.3-5 员工评估

福利

提供人们重视的福利——福利不仅仅是养老金计划和医疗保健，而是为了让人们的生活变得更轻松、更美好。例如灵活的日程安排、远程办公、育儿假、理财指导、休假和志愿者机会，这些都是可以帮助员工平衡工作与生活的例子。

投资于人们的健康和福祉——公司员工面临着压力、焦虑、倦怠，以及慢性健康等问题。对员工幸福的投资不仅是正确的事情，而且可以直接转化为收益。平衡式奖励是“解决金钱问题”的一部分。它促进了对有效激励系统的更广泛理解，这个激励系统是一个能够欣赏成长机会的有吸引力的系统。

#6——支持有影响力的学习和成长

学习和成长总是相互交织在一起的。在这个瞬息万变的世界里呈现出一种全新的动力，其中事实和知识的半衰期更短。以下是指导成长旅程的一些要点。

创建学习型组织——尽管工作是学习的关键部分，但敏捷人员还必须了解知识的发展、变化、革新，并得到如何获取相关新技能和技术的能力，以及学习迁移的能力。这就是为什么学习型组织提供当代学习和教学方法，获取和分配智力资本，并提供透明度和获取知识与技能的途径。

授权员工起带头作用——根据新型人才合同，员工不仅在工作中获得授权，而且还负责自身发展。他们根据自己的需求和观念获取知识，参加学习课程，建立关系网络，塑造发展和职业道路。这一发展旅程受到人员运营部门和精益 – 敏捷领导者的强有力引导（但不是被驱动或者被控制的）。

描绘未来的基于角色的职业道路——现代化的职业发展更多的是个人选择和有意义的自我成长，而不是攀登（正在快速消失中）等级阶梯。因此，职业道路变得比以往任何时候都更具流动性、多元化和个性化。基于角色的未来职业发展道路分类可以说明典型的成长路径，但不会将选择限制在预先设定的职业模式中。图 9.3-6 表明了这种基于角色的职业道路的例子（参考资料 [5]）。

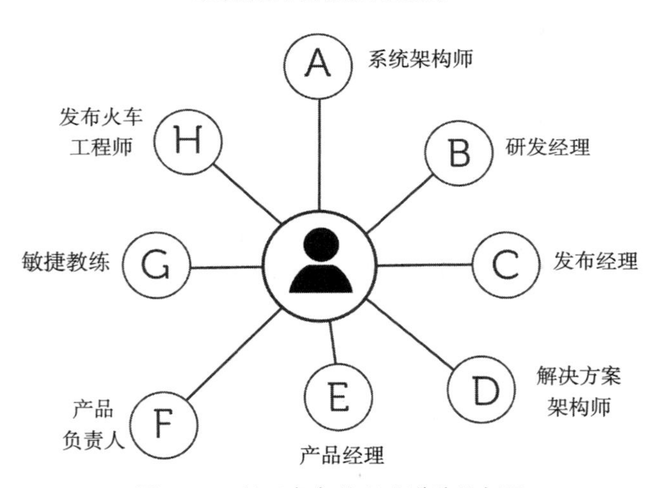

图 9.3-6　基于角色的职业道路的例子

建立个人职业指导——一个专属的职业教练团队可以与企业中每个人建立联系，以制定个人职业概况以及学习与成长计划，并根据需要不断地进行评审和调整。这既可以确保企业聚焦在提高人员（内部）市场价值上，也可以确保让企业了解以前尚未开发的人才库。因为 HR 真实地了解了每个员工，所以可以不再依赖于年度绩效评估。

应用敏捷的人力资源规划和人才发掘——灵活的职业发展道路需要采用敏捷的人力资

源规划和人才发掘。人员运营必须了解组织及其不断变化的需求，并能够将其与人们所处的环境和愿望进行匹配。

通过精益 – 敏捷领导者来促进发展——精益 – 敏捷领导者是终身学习者、教师和人员培养者。他们努力进行持续的倾听、交流和反馈，确定发展领域并促进学习。这些持续的互动对个人和团队的成功都至关重要。优秀的领导者不仅要培养人才，还要让他们展翅高飞——即使这意味着让他们在组织内不同角色或岗位上接受新的挑战。当它开启了一个充满吸引力的增长机会的世界时，这种方法也加速了整个组织的技能共享和知识转移。

正是由于员工、领导者和 HR 的协调一致和共同努力，才能使组织成为一个拥有无与伦比的人才库的学习网络——这是灵活的精益 – 敏捷企业的基础。

总结

今天，组织的面貌正在迅速而剧烈地发生变化。SAFe 和精益 – 敏捷开发重塑了我们的工作方式，并帮助我们建立了一支敬业、才华横溢、充满活力的员工队伍。它们是引导人力资源进入 21 世纪的宝贵跳板。在组织奔向现代高响应力企业的转型之旅中，无论身在何处，现在都是拥抱精益 – 敏捷人员运营、全副武装应对当今组织和人员挑战的时候了。

- 敏捷专业人员：请联系你的 HR 组织，邀请他们参加 SAFe 培训、仪式和学习会议，并支持他们将精益 – 敏捷理念带到人事工作方法中去。
- 人力资源专业人员：请联系敏捷团队，亲身体验敏捷的力量，并学习和了解精益 – 敏捷的价值观、原则和实践。

投资精益 – 敏捷人员运营就等于投资于人，投资于未来。

参考资料

[1] Carter B. "Gallup via Employee Engagement and Loyalty Statistics." 2014; Office Vibe. "13 Disturbing Facts about Employee Engagement." November 2014; American Management Association (AMA) Database. 2015; Torben, Rick. Infographic. 2014; Employee Engagement. 2014; Daily Infographic, "Scaled Agile Case Study Meets Big Iron at John Deere."

[2] Just Leading Solutions, 2016.

[3] Corporate Executive Board. 2014; SHRM Survey. "HR Professionals' Perceptions about PM Effectiveness." October 21, 2014; Bucking, Marcus, and Ashley Goodall. "Reinventing Performance Management." *Harvard Business Review,* April 2015; Cunningham, Lillian. "In Big Move, Accenture Will Get Rid of Annual Performance Reviews and Rankings." *The Washington Post*, July 21, 2015; Leith, Carson. "Co.Tribute: A Performance Review That Actually Means Something." March 2016; *Harvard Business Review*, June 2012; Talent Management, "Discovery Education." May 2012; Office Vibe, "11 Eye-Opening Statistics on the Importance of Employee Feedback." 2015; Dent, Millie. "Why Employee Performance Reviews Are So Old School." *The Fiscal Times*, July 2015.

[4] Adapted from Nokia New Recognition Framework, HR Tech World Congress, 2015.

[5] Just Leading Solutions, 2016.

[6] Pink, Daniel. *Drive: The Surprising Truth About What Motivates Us.* Riverhead Books, 2011.

9.4 资本支出和运营支出

精益－敏捷领导者需要理解企业当前的软件开发资本运作的相关实践，以及如何在敏捷开发中应用相应的原则。否则，敏捷转型将会受阻，或者企业将不能正确地处理研发的成本支出。

——SAFe 建议

摘要

资本支出（CapEx）与运营支出（OpEx）描述了精益－敏捷企业在价值流预算上的会计实践。在一些情况下，资本支出（CapEx）包括与开发无形资产相关的人力资本，例如软件、知识产权以及专利⊖。

企业通过向 SAFe 投资组合提供资金，支持技术方案的开发，以此来实现企业的业务与财务目标。这些精益预算既包括资本支出，也包括运营支出。根据会计准则，企业会将一定比例的人力资本投入到软件开发中，以供销售或者内部使用。

虽然软件资本化的实践在许多企业都很完善，但这些实践大多都基于瀑布式开发模型，在这种情况下，前期需求与设计的阶段门限会体现为那些驱动资本处理的事件。然而对敏捷软件开发而言，并没有相关的阶段门限。于是，企业就面临一个新的问题：如何在敏捷开发的模式下有效地处理这些花费。如果财务部门不能与方法保持一致，他们可能要求继续按照瀑布方式开发软件；或者，他们会将所有敏捷开发人力成本计入费用支出。以上两种方式都不理想。

本节提供了一些策略，实施 SAFe 的企业可以通过这些策略对敏捷开发中的人力支出进行分类，其中的一部分会用于资本支出。然而，这在理解上是一个新兴的领域，有很多观点。参考资料 [2]、[3]、[4] 提供了更多的视角。精益－敏捷变革代理人应当尽早让业务和财务利益相关者参与进来，从而达成对新的工作方式如何影响会计流程的共识。

详述

企业给 SAFe 投资组合提供资金，从而对一系列解决方案的开发和管理提供支持。在投

⊖ 免责声明：本书作者在会计方面既没有正式的培训，也没有相关的资格认证。软件成本的使用和潜在的资本使用因不同国家、不同行业而不同（比如说，许多美国企业都遵循一套规则，然而美国联邦政府的供应商却有一套完全不同的规则），甚至因个别公司政策也有所差异。而且，即使遵循财务会计标准委员会条例，在通用会计准则稳健原则的指导下，仍然有一些公司选择不对软件开发进行成本资本化运作（参考资料 [5] 给出了一个例子）。每个企业都有责任恰当地对开发费用进行账务处理。

资组合内部，由项目群投资组合管理者（LPM）主持将资金分配给单个价值流，这些管理者还负责分配必要的资金给组合中的每一个价值流。SAFe 投资组合的预算可能包括资本支出与运营支出的元素。运营支出记录了持续运行一个产品、业务，或者服务的成本：

- 工资
- 运营、销售和市场等人员的费用
- 一般费用和行政费用
- 培训费
- 供应和维护费
- 租金
- 其他与运营业务相关的开支或者业务资产

这些成本在发生的时候被记录并支出。

资本支出主要体现为用于采购、升级，或者修复有形实物资产所需的费用，比如计算机设备、机器或者其他资产。在这种情况下，采购成本放在资产负债表中作为一项资产，然后在该资产的使用周期内的资产损益表里开支。此外，在某些情况下，与无形资产开发相关的人力成本也有可能属于资本支出费用，如专利或者软件。在这种情况下，资本支出也包括薪资和直接费用、合同雇工、材料费、供应费，以及其他与解决方案开发活动直接相关的费用。

投资组合利益相关者必须理解 CapEx 与 OpEx，这样它们才能在每个价值流里作为经济框架的一部分。否则，资金或许并不是以正确的类别使用，或者投资组合的财务结果有可能也不能像预期的那样。

而且，软件开发的某些花费的资本支出，在一定程度上可能会影响财务报表的准确性。本节接下来将详细讨论相关的内容。

软件开发成本核算

软件资产资本化的规则因国家和行业的不同而异。在美国，财务会计标准委员会（FASB）为美国公司提供通用会计准则指南。这些公司按照公众的利益汇报金融信息，包括那些公开发布的关于美国证券和交易委员会规定的信息。其他国家也有类似的组织，比如说英国的财务报告理事会（FRC）也规定了一些与美国财务会计标准委员会极为类似的政策。此外，在联邦会计准则咨询委员会的治理下，美国联邦政府也有不同的标准。

对于那些提供私人财务报告和公共财务报告的美国公司而言，美国财务会计标准委员会第 86 条（参考资料 [1]）提供了出售、租用，或者销售电脑软件成本的会计指南。财务会计标准委员会第 86 条指出，由开发软件产品产生的内部成本必须在调研和开发过程中支出，直到技术可行性确立为止。此后，软件生产成本可能进行较低的资本化，然后再把未摊销的成本或净变现价值进行相应的报告。投资成本基于每个产品当下和将来的收益分摊，每年最低分摊值相当于产品估计的剩余经济寿命的线性分摊值。基于这些目的，如果一个软件产品改变了现有产品的功能，它就被定义为一个新产品或者一项新的举措。

财务会计标准委员会（FASB）第 86 条关于软件的分类

根据财务会计标准委员会第 86 条，软件可以主要分为以下三类：

- **用于销售的软件**——可以通过单独的或者集成的方式进行开发。这种软件通常由独立软件供应商提供。
- **内部使用的软件**——仅仅用于内部使用或者用来支持企业内部业务流程的软件，这一部分将在标准操作流程 98-1 里详细描述（也可参见 ASE 350-40 标题“云计算”下关于付费的讨论）。
- **嵌入式软件**——软件作为有形产品的一部分，是发挥产品核心功能的必需部分。

这些不同的类别对应着不同的资本化运作标准，因此必须考虑相关的指南。

资本化与费用化标准

一般来说，为了使开发的费用资本化，财务会计标准委员会第 86 条要求产品必须满足以下条件：

- 产品已经完成技术可行性调研。
- 管理层已经提供该开发项目预算的书面批准。
- 管理层已经承诺开发资源。
- 管理层对产品能成功开发和交付充满信心。

软件资本化运作开始之前，财务部门一般需要文档化的证据表明这些具体的活动已经完成。一旦这些条件满足，开发费用的资本化运作将开启，如表 9.4-1 所示。

表 9.4-1　费用开支与潜在资本化成本的分类

费用开支	资本化成本
与确立项目群可行性研究相关的成本包括： • 可行性研究和原型设计 • 替代方案的分析与规划 • 支持决策方案的概要性架构设计 • 培训 • 产品维护和支持	与新项目（这部分也许会涉及详细的设计活动）、升级以及增加或改善现有软件功能（包含对第三方产品的主要改动）相关的成本包含： • 薪资 • 材料费 • 合同雇工 • 管理费用，包含一些与间接劳务、利益等相关联的费用 不包含：一般费用、行政管理费用和日常费用

瀑布式开发中的资本化触发器

从以往的经验来看，资本化在瀑布式和“阶段－门限”开发模型的情景下应用非常广泛。瀑布模型有一个明确定义的前期阶段，在此过程中，需求被开发，设计被生成，可行性研究被建立。对于那些需要进一步审批的项目，需求和设计的里程碑通常作为开始资本化的基本条件，如图 9.4-1 所示。

SAFe 框架中敏捷开发资本化的策略

在敏捷软件开发中，需求和设计是持续涌现的，因此没有正式的阶段点作为资本化的起始点。但这并不意味着项目可以在资金方面自给自足。相反，使用 SAFe 框架的企业在价值流中围绕在长期的价值流周边。由敏捷发布火车的人员与其他资源来进行实现，以一个固定的项目群增量节奏进行运作。

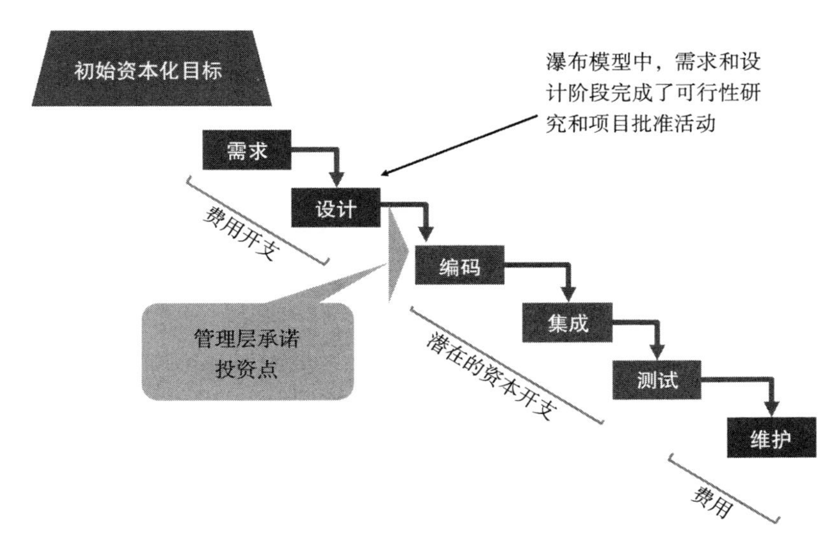

图 9.4-1 瀑布开发前期阶段完成了可行性研究，并成为管理层承诺提供资金的触发点

大部分敏捷发布火车中，绝大多数的工作都关注在对软件资产的开发，以及延伸在可行性分析中确立的那部分工作。他们大多通过开发新功能特性来实现。由于特性增加了现有软件的功能，与那些特性相关的用户故事就构成了敏捷发布火车团队成员的主要工作内容，相应地用于这部分工作的人力就会构成潜在资本。

敏捷发布火车也帮助建立不同投资组合举措（史诗）中的业务和技术可行性，这些工作都可以通过投资组合看板系统进行管理。这些可行性工作与瀑布开发模型中的早期阶段类似，通常也会向上汇总，直到得到“允许下一步”的推荐，这也是新特性开发开始的时间点。

这就意味着两种类型的工作在 PI 中（有时也会延伸到相应的财务会计年度）是典型存在的。大部分工作是“新特性开发”，也就是增加现有软件的功能。其他的工作包括创新和探索工作。有些工作有可能来自于投资组合看板，用于进行潜在的新投资组合层级史诗故事的调研与可行性研究，也有些工作可能是内部产生的。此外，在此期间也会有维护、基础设施架构搭建的相关工作。图 9.4-2 说明了这些概念。

基于运营支出与资本支出的特性分类

通常，执行新项目和改进现有产品的工作，都会作为解决方案新特性的工作进行实现。根据其明确的定义，特性提供增强的功能。

这部分工作很容易被识别出来，并用于跟踪潜在的资本支出活动。为此，会计受托人员与产品经理一起从项目群待办事项列表中识别这样的特性，而那些被挑选出来的特性被

“标记”为潜在的资本支出，这样就确立了基本的工作跟踪机制。随后，团队将新的故事与那些特性进行关联，并在新的代码库中实现这些故事，从而实现支持特性行为的核心工作。

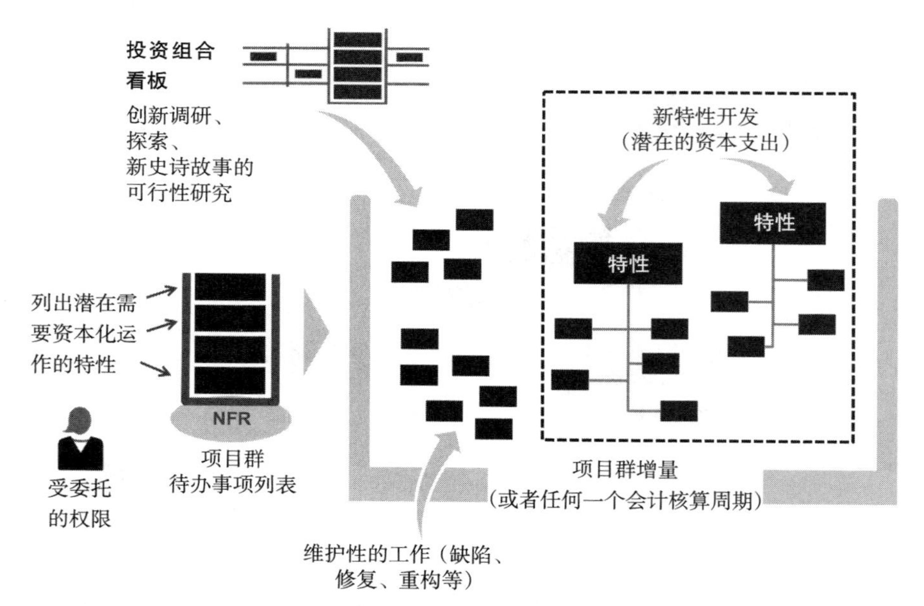

图 9.4-2 PI 的剖视图，在给定周期内不同类型的工作示意图

将故事应用于资本支出与运营支出

大多数故事直接服务于特性的新功能，这样的工作将会产生资本支出。另外一些故事，如使能故事以及用于基础设施构建、探索、缺陷修复、重构和其他类型的工作，不一定会产生资本支出。敏捷生命周期管理工具可以支持故事的定义、捕获，以及其他相关的工作。通过使用工具，将故事与特性进行关联（通常被称为“父子关系”或“关联关系”），那些与特性开发相关的工作可以识别为潜在资本支出。敏捷生命周期管理工具中的各种查询条件可以将所需的计算自动化。表 9.4-2 列出三种用于计算工作完成百分比的可能的工作机制，它们可以作为资本支出的备选。

表 9.4-2 跟踪与资本支出相关的工作量的可能的机制

按故事小时数	按故事点数	按故事个数
← 随着颗粒度的增加，开销也会增加		
每个团队成员在特定时间盒内记录所有故事的实际小时数 *X*= 附属于特性的故事的总小时数 *Y*= 当前阶段投入的总小时数	团队记录所有在特定时间盒的故事点数 *X*= 附属于特性的故事的总点数 *Y*= 当前阶段的总故事点数	团队成员不用做任何记录 *X*= 附属于特性的故事的总个数 *Y*= 当前阶段所有故事的个数
潜在资本支出（美元）=（*X*/*Y*）× 当前阶段总成本		

按故事小时数

获取最小颗粒度的员工工作量的方法是让团队中的每个人记录每个故事花费的小时数。尽管有一些间接开支，由于传统时间跟踪对工作成本、账务、估算和其他方面的需求，许多团队都采用这样的方法。然而，这不应该是资本支出的默认方法，因为它会带来额外的开支，相应地会降低价值交付速度。后续的计算方法就比较直观了：资本支出的可能百分比等于资本支出特性所需的小时数除以在一定周期内投入的总小时数。将工作小时数转化为成本后，企业就能够快速评估需要资本支出的总成本。

在计划阶段，一些敏捷团队将故事拆分成任务，相应地对任务进行估算和更新小时数。在这种“按故事小时数”的方法中，仅仅要求统计故事完成时整个团队花费的实际小时数，但是对任务完成小时数的统计并不是必需的。

按故事点数

故事点是 Scrum 中普遍使用的估算和成本跟踪方法。Scrum 团队用故事点来估算故事，并且按真实数据来更新估算，以此帮助提高将来的估算准确度。虽然故事点是相对的估算单位，不是绝对值，但它们已经提供了是所必需的信息。因为企业仅仅需要知道在任何特定的财务核算周期内，可能需要资本支出的故事点数占所有故事点数的百分比。实际成本的转化与上面提到的按照故事小时数的方法是一致。

这种低冲突和低额外开销的方法，通常不会给团队带来额外的负担，团队可以额外花费一些时间，确保完成每个故事后将原来的估算值更新为真实值，使它能反映真实的点数。同样，敏捷生命周期管理工具（ALM）通常支持记录并自动计算这些度量数据。

为补偿故事点是相对的这一本质（可能因团队而异），SAFe 推荐了一种方法来将不同团队的估算方法进行标准化，并将此作为敏捷发布火车中通用经济基础的一部分。

按故事个数

以上两种方法相对比较细致，可以将工作转化为潜在的资本化运作的工作量。但是这里涉及输入和捕获这些数据的人工成本，而且那部分额外的工作本身并不为终端用户带来价值。考虑到企业中典型的敏捷发布火车的范围，这里也许有更简单的办法。

在一个单独的项目群增量中，一个敏捷发布火车实现数以百计的、不同类型、不同规模的故事，这种情况是非常常见的（比如：如果有 10 个团队，每个迭代 10 个故事，经过 4 个迭代，每个 PI 将产出 400 个故事）。对故事的规模进行估算，不能倾向于通过了解一个故事可能需要的资本支出来进行（团队甚至不需要了解估算和成本的关系），而且故事的大小随着时间的推移会趋于平均化。此外，最终资本支出和相关的资本折旧，共同组成了所有的研发成本。

因此，在短期内达到完美，这不是必要的目标，因为无论如何都不可能做到足够精确，还会产生很高的成本。取而代之的是，简单地通过故事类型计算出故事个数，是一个比较好的计算故事潜在资本支出的办法。在按照故事点方法和按照故事数方法中有些类似的是，利用百分比来决定一个给定的会计核算周期内可能需要的资本支出。有些敏捷实践者也提出，这种百分比的方法也应用在新的精益－敏捷开发中（有时候基于更简单的初始容量分配，参见 5.7 节的内容）。如果需要恰当地接受不定期的审计，采取以上方法就基本上不会产生太多冲突，并允许团队集中精力于价值交付活动中。

哪些具体的人力活动会使用资本支出

还有最后一个方面需要讨论：哪些具体的人力相关因素会应用于资本支出之中呢？同样，答案因不同企业而异。然而，在敏捷开发的领域，通常会遵循以下指南：

- 敏捷团队成员的工资，团队成员包括执行故事梳理、实施、测试的人力成本，也会是 CapEx 的一部分，这在很大程度上与现有的瀑布开发实践是一致的。同时还包括软件开发人员、测试人员、用户体验（UX），以及其他领域领域专家。
- 产品负责人和 Scrum Master 也属于团队的成员，也直接贡献于故事的定义与实现。这些“间接”的人力成本与新价值交付直接相关，因此，作为资本支出也是合适的。这种情况下的处理方式是，可以通过在一个具有资本支出的故事上增加一个额外的平均成本。
- 并不是一个特性的所有工作都由敏捷团队成员来完成：系统架构师、系统团队成员和 IP 运营人员也为开发中的特性做出了贡献。他们的人力成本的一部分也应该属于资本支出。
- 最后，在更大的价值流中，会有一些额外的人员角色参与 PI 计划前、后的会议，创建和维护解决方案意图，参与解决方案演示。尽管他们并不会直接参与后期的开发实现活动，但是他们在价值的交付中也做出了贡献，所以这些人员的人力成本也是潜在的资本支出，至于如何处理这部分成本，会由企业根据情况自行决定。

参考资料

[1] FASB 86 summary, fasb.org/summary/stsum86.shtml.

[2] Reed, Pat, and Walt Wyckoff. “Accounting for Capitalization of Agile Labor Costs.” Agile Alliance, February 2016.

[3] Greening, Dan. “Why Should Agilists Care about Capitalization?” *InfoQ*, January 29, 2013.

[4] Connor, Catherine. “Top 10 Pitfalls of Agile Capitalization.” *CA*, February 2016.

[5] 在一家美国上市的报表软件公司的年度报告附加说明中，强调了一个不把软件开发费用资本化的政策：“软件研发成本主要包括研发人力成本及相关支出，具体包括薪酬、福利、奖金、个人收入所得税、股票类补偿，还有某些第三方劳动合同的人力成本，以及预留的一些常规性支出。我们在开发软件产品的过程中，研发费用就会随之产生。其中，适用于资本化的开发成本并不多。”

9.5 企业待办事项列表的结构和管理

Charlene M. Cuenca, SPCT, Icon Technology

期待的事情并不会立刻就发生，世上没有即食的布丁。

——戴明

摘要

项目群执行是SAFe的四个核心价值观之一。为了实现项目群的成功执行，组织需要一个有效的系统来定义与交付价值相对应的待办事项列表、管理这些列表的角色，以及在SAFe的各个层级上对这些待办项进行梳理和细化的合适计划。当前我们已经通过更加具体的检查单和时间表等形式做了一些准备，本章节将会详细说明如何将SAFe中的各个层级连接起来，构建出“连续不断的、准备就绪的项目群增量（PI）”。这里需要考虑的是如何能提供一个条理明晰的思路来对齐这些待办事项，并且可以帮助使用它们的人将这些待办事项更好地组合在一起。为了实现这一目标，我们采用了原则2——运用系统思考。

企业待办事项列表的结构

规模化敏捷的一个不同点就是使用分层的待办事项列表结构。这种机制在各个层级上围绕着价值交付来组织企业活动。根据所选择的配置，SAFe最多可以使用到四种待办事项列表（在完整型SAFe配置中）：

- 投资组合史诗被分解为能力
- 能力被分解为特性
- 特性被分解为故事

待办事项可能在本地环境中被提出，并不需要全部都来自更高的层级。来自更高层级的待办事项往往更具有长期性和战略性，而本地环境中出现的待办事项不一定会关联到更高层级的待办事项。图9.5-1总结了待办事项列表的结构、主要的负责角色，以及各种待办事项的持续时间和范围。

待办事项类型	主要负责人	时长	范围	SAFe配置
史诗	史诗负责人	>1个PI	>1个价值流	完整型，投资组合
能力	解决方案管理者	≤1 PI	≥1个ART，1个价值流	完整型，大型解决方案
特性	产品管理者	≤1 PI	≥1个团队，1个ART	完整型，投资组合，大型解决方案，基本型
故事	产品负责人	≤1迭代	1个团队	完整型，投资组合，大型解决方案，基本型

图9.5-1 待办事项类型汇总

任务在 SAFe 中是可选项，它本身不是一种待办事项的类型。不过许多团队使用它们来识别完成一个故事所需的工作要素。

在 SAFe 中，史诗可以存在于投资组合层、大型解决方案层和项目群层，并且仅限于该层的范围之内。

在企业待办事项列表结构的上下文中工作意味着，当我们处于较低层级时，我们需要将待办事项看作是小块的价值交付，它们组合在一起构建成更大的开发增量。为了帮助敏捷发布火车（ART）准备下一个 PI 计划活动，在计划和执行周期中加入待办事项列表梳理活动至关重要。为此，我们可以将一个 PI 循环看作是两条并行运作的时间线：一条进行当前的 PI 执行，另一条进行下一个 PI 准备，如图 9.5-2 所示。

团队层

在团队层，我们希望在迭代中继续执行 PDCA 循环，同时也要应用一种有规律的节奏来梳理待办事项列表，以确保故事在即将到来的迭代中处于就绪状态。这就要求有充足的时间来评审后续将要开发的特性，以确定哪些故事和使能对于在下一个 PI 中能够完成这些特性是至关重要的。Scrum Master 仍然是这一层级活动的主要推动者，但产品负责人（PO）有责任与团队一起进行待办事项的梳理。PO 还参与了由产品经理（PM）领导的 ART 层面的特性的梳理。为了增强对所需功能的共同理解，我们也强烈建议项目群管理铁三角（发布火车工程师（RTE），产品经理和系统架构师 / 工程师）与团队直接交流下一个的 PI 的特性。

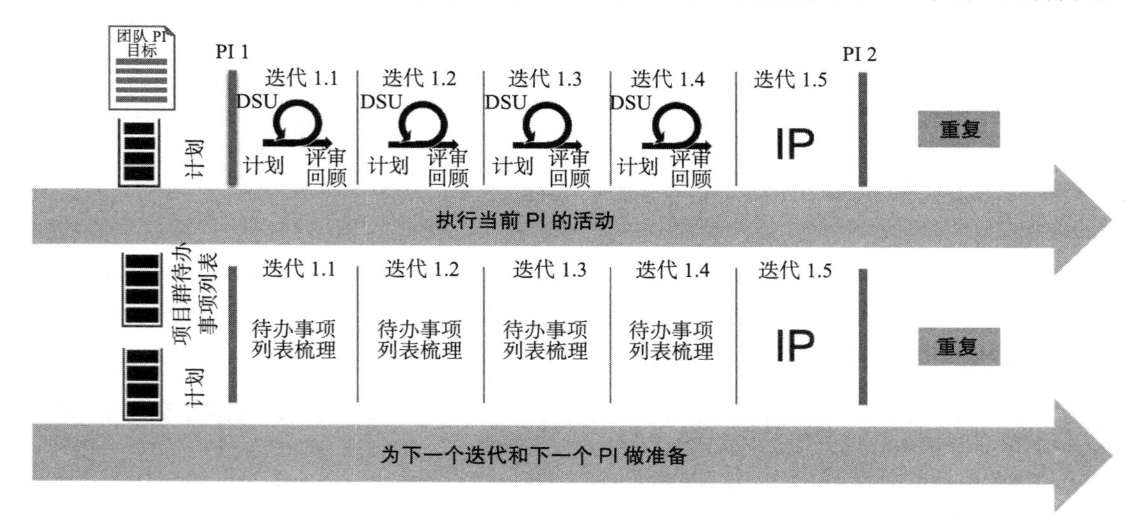

图 9.5-2 在团队层并行的执行和准备活动

执行当前 PI 的活动：团队

- 迭代计划，每日站会，迭代演示，迭代回顾。

为下一个 PI 做准备工作：团队

- 参加梳理会议（特性—故事，故事—故事）。

● 在 PI 的每一个迭代中重复这样的活动。

项目群层

在项目群层执行当前 PI 时，需要对 PI 计划给予足够的重视，这可以确保所有准备活动不会在下次 PI 计划前的几个小时才匆忙开始。相反，应当对支持下一个 PI 计划的工件进行持续的协调和梳理。虽然 RTE 仍然是项目群层活动的主要协调人，但是产品经理担负着与敏捷团队一起对特性待办事项列表进行梳理的主要责任。产品和解决方案管理者也要参与到由史诗负责人领导的投资组合史诗和能力的梳理会议中。请记住，史诗可以存在于 SAFe 的各个层级中——投资组合层、大型解决方案层或项目群层。

图 9.5-3 描述了基于这些并行轨道的迭代的 PI 执行及持续的 PI 准备活动。本章节的其余部分以清单格式提供了典型的 PI 计划准备的时间表。它包括 RTE、SM/PM 和其他相关人员工作在解决方案火车 /ART 上时为下一个 PI 做准备时所需的检查点。这些指南可以避免 ART 的领导者不能及时完成各种准备工作。有效的准备需要与其他人协调，以确保在 PI 活动中保持一致并"没有意外"。

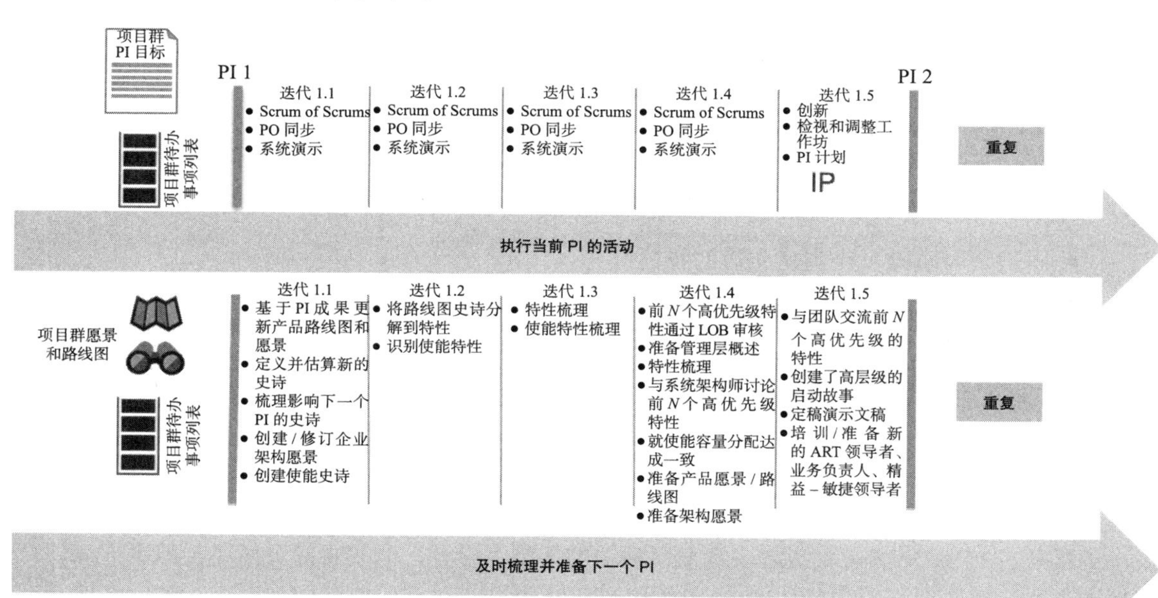

图 9.5-3 项目群层并行的执行和准备活动

执行当前的 PI 的活动：项目群

● Scrum of Scrum，PO 同步，系统演示，创新，检视和调整工作坊，PI 计划

准备下一个 PI：项目群

迭代 1

● 基于 PI 成果更新产品路线图和愿景

- 定义并估算新的史诗
- 梳理影响下一个 PI 的史诗
- 创建并修订企业架构愿景
- 创建使能史诗

迭代 2

- 将路线图史诗分解为特性（企业架构师 / 系统架构师）
- 识别使能特性

迭代 3

- 特性梳理
- 梳理使能特性

迭代 4

- 前 *N* 个高优先级的特性通过业务负责人审核
- 为 PI 计划准备管理层概述
- 特性梳理
- 与系统架构师讨论前 *N* 个高优先级特性
- 就使能与特征开发上分配的资源达成一致
- 准备产品愿景和路线图
- 准备产品架构愿景

迭代 5

- 同团队沟通前 *N* 个高优先级的特性
- 创建高层级的启动故事
- 完成演示文稿
- 培训和准备新的火车成员、业务负责人和其他精益 – 敏捷领导者

大型解决方案层

同项目群一样，我们需要确保所有大型的解决方案级的 PI 准备活动不会在最后一刻才发生。这里，我们也必须协调和梳理那些用于支持下一个 PI 计划的工件。虽然解决方案火车工程师（STE）仍然是大型解决方案层活动的主要引导者，但主要的责任属于解决方案管理者，他们会组织受影响的 ART 以及供应商召开能力待办事项列表梳理会议。解决方案管理者也参与由史诗所有者主导的史诗梳理（请记住，史诗可以存在于投资组合层、大型解决方案层和项目群层）。

图 9.5-4 描述了基于某个 PI 的数周时间内的并行的大型解决方案层的 PI 执行和准备活动。本节的其余部分由一个典型的 PI 计划准备时间表组成，当 STE、RTE、Scrum Master、Product Manager，以及其他和解决方案火车 /ART 一同工作的人准备下一个 PI 时，该时间表以检查单的形式标识出了检查点。有这些检查点作为指南，解决方案火车领导者在准备下一个 PI 时不会落后太多。有效的准备需要与其他人协调，以确保在解决方案火车的 PI 计

划前（Pre-PI）和PI计划后（Post-PI）的活动中保持一致，“不出意外”。

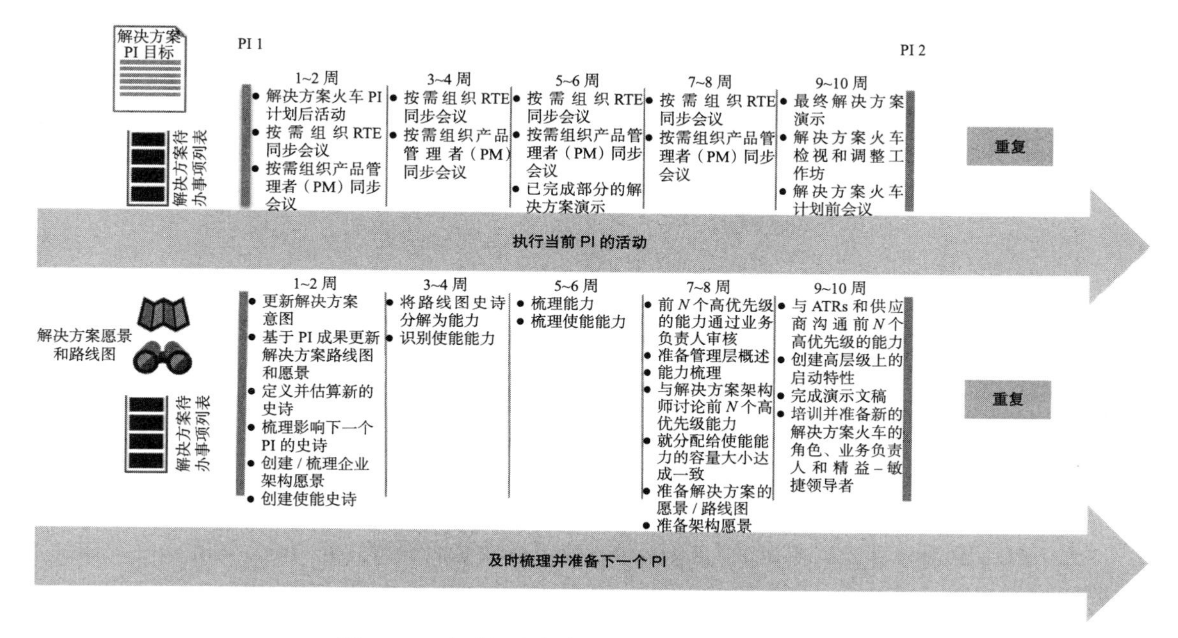

图9.5-4 大型解决方案层并行的执行和准备活动

执行当前PI中的活动：大型解决方案

- PI计划后的活动，按需举行RTE同步会议和按需举行PM同步会议，解决方案演示，创新，检视和调整工作坊，PI计划前的活动

准备下一个PI：大型解决方案

迭代1

- 更新解决方案意图
- 基于PI成果更新解决方案路线图和愿景
- 定义并估算新的史诗
- 梳理影响下一个PI的史诗
- 创建和梳理企业架构的愿景
- 创建使能史诗

迭代2

- 将路线图史诗分解为能力
- 识别使能能力

迭代3

- 梳理能力
- 梳理使能能力

迭代 4

- 前 N 个高优先级的能力通过业务负责人审核
- 准备管理层概述
- 能力梳理
- 与解决方案架构师讨论前 N 个高优先级能力
- 就分配给使能能力的容量达成一致
- 准备解决方案的愿景 / 路线图
- 准备架构愿景

迭代 5

- 与 ATR 和供应商沟通高优先级的能力
- 创建高层级上的启动特性
- 完成演示文稿
- 培训并准备新的解决方案火车的角色、业务负责人和精益 – 敏捷领导者

投资组合层

为了在投资组合层实现战略计划的流动，精益投资组合管理（LPM）、史诗负责人和企业架构师需要保持愿景和路线图的更新，并梳理相关的史诗，以便为相应的火车做好准备。这既包括业务史诗，也包括使能史诗。此外，史诗需要与企业的战略主题保持一致，战略愿景也需要保持更新。这样，当进行 PI 计划前、PI 计划和 PI 计划后活动的时候，执行者就能获取到那些影响了解决方案火车 /ARTs 的关键战略计划的信息。

总结

期待的事情并不会立刻就发生，世上没有即食的布丁。

——戴明

SAFe 提供了一个框架，该框架使用基于流动的、系统的方法通过易管理的组件帮助企业交付价值。为了让不同层级的流动对齐，就需要理解企业待办事项的结构。即使面对不断变化的战略重点，相关的责任人也需要持续推进所负责的待办事项，使其处于就绪状态。以 PI 的时间盒作为项目群执行的心跳，始终保持提前进行 PI 准备工作，这样才可以使不同层级的流动对齐。在投资组合层、大型解决方案层、项目群层和团队层中使用准时制（JIT）方法，将 PI 执行和 PI 准备活动并行起来，可以给敏捷发布火车的领导者和企业中的其他职能相对充足的前置时间进行准备工作。需要注意的是，要确保我们尽可能在接近待办事项被交付时而进行准时性的分解，不需要在 PI 的早期进行过多的待办事项的分解（这是一种浪费），这将促进 PI 计划时的协作式地探索、讨论和对齐。

9.6 基本型 SAFe

以简洁为本，它是极力减少不必要工作量的艺术。

——敏捷宣言

摘要

基本型 SAFe 是 SAFe 最基本的配置方式。它是实施 SAFe 的起点，描述了用于实现 SAFe 框架大部分收益所需的最关键元素。如图 9.6-1 所示，它由团队层、项目群层，以及 SAFe 基础组成。

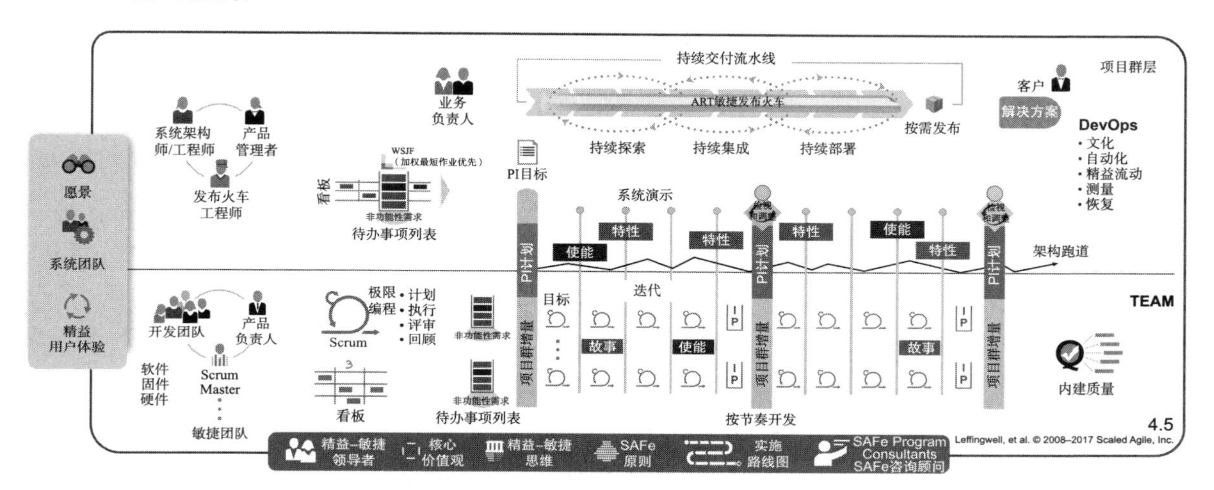

图 9.6-1 基本型 SAFe 配置

从复杂的软件和系统开发到证券交易和医疗设备，再到内存芯片乃至战斗机，SAFe 在各种情况下都具有成熟的扩展能力。但是，有了这样一个强大的框架，就会出现一个问题：组织需要在多大程度上遵循 SAFe 实践才能达到预期的结果呢？

此外，我们注意到并非每个实施的效果都能达到其他组织所能实现的全部业务收益。在诊断 SAFe 实施问题时，我们发现这些企业已经跳过了 SAFe 的一些基本实践，这个原因很容已找到。毕竟，SAFe 是一个很大的框架，企业如何才能知道里面的哪些内容是最重要的？

十大要素

#1——精益 – 敏捷原则

SAFe 实践基于精益 – 敏捷的基本原则，这就是为什么你可以确信它们适用于你的情况。如果实践不能直接适用，基本原则可以指导你确保组织正沿着一条可持续的道路前进，达到“用最短的可持续前置时间，为人类及社会提供最佳质量和价值”。

#2——真正的敏捷团队和火车

真正的敏捷团队和敏捷发布火车（ART）是完全跨职能的：他们拥有生产一个可工作的、经过测试的解决方案增量所必需的一切人力与物力。它们是自组织和自管理的，这使价值以最小的开销更快速地流动。产品管理者、系统架构师 / 工程师和发布火车工程师（RTE）

提供了内容和技术权威，以及有效的开发过程。产品负责人（PO）和 Scrum Master 帮助开发团队实现他们的项目群增量（PI）目标。敏捷团队与客户在整个开发过程中紧密协作。

#3——节奏和同步

节奏提供一种节拍模式，它是开发流程稳定的心跳。它可以让常规工作有规律地进行。同步可以在同一时刻从不同的角度出发，理解和解决工作任务。例如：同步用于将系统中的不同资产组合在一起，以评估解决方案层级的可行性。

#4——PI 计划会议

在 SAFe 中没有什么能比 PI 计划会议更强大的事件了。它是项目群增量（PI）的基石，为敏捷发布火车（ART）提供节奏。当有 100 人左右一起工作，共同致力于相同的使命、愿景和目的时，所有人相互协作所创造的协调一致和活力是惊人的。在短短两天内达成这种一致可以避免数月的延迟。

#5——DevOps 和可发布性

SAFe 的 DevOps 方法提供了“CALMR”的能力即文化（Culture）、自动化（Automation）、精益流动（Lean-Flow）、测量（Measurement）和恢复（Recovery）能力，使企业能够弥合开发和运维之间的分歧。可发布性（Releasability）聚焦于企业根据市场需要更频繁地向客户交付价值的能力。总之，DevOps 和可发布性的原则和实践允许组织通过更频繁的发布和更快的验证假设，来获得更好的经济效益。

#6——系统演示

SAFe 中度量敏捷发布火车（ART）进展的首要标准是系统演示，系统演示中可工作解决方案提供了 ART 进展的客观证据。每隔两周将整个系统（火车上所有团队针对该迭代的集成工作）演示给火车的利益相关者。然后，利益相关者提供火车所需的反馈—是保持航向还是采取纠正措施。

#7——检视和调整

检视和调整（I & A）工作坊是每个 PI 要举办的重要活动。它是一种定期发生的活动，用于省思、收集数据和解决问题。I&A 汇集团队和利益相关者评估解决方案、定义并采取行动，从而可以提高下一个 PI 的速度、质量和可靠性。

#8——创新与计划迭代

创新与计划迭代（IP 迭代）发生在每个 PI 中，并且有多种用途。它作为实现 PI 目标预留的缓冲区，为创新、继续教育、PI 计划和 I & A 事件提供专门的时间。这就像油箱中的额外燃料：如果没有它，敏捷发布火车可能会在“急事的奴隶”式的迭代下开始气喘吁吁[⊖]。

⊖ 原文：“Tyranny of the Urgent”——《急事的奴隶》一书书名，作者 Anne Hummel 和 Charles E. Hummel。——译者注

#9——架构跑道

架构跑道由必要的现有代码、组件和技术基础设施组成，以支持高优先级的、近期需要的特性的实施，而不会有过多的延迟和重新设计。如果在架构跑道上没有足够的投资，敏捷发布火车将会减速，每个新特性都需要重新设计。

#10——精益－敏捷领导力

为了 SAFe 的有效性，精益－敏捷思想的采纳和成功运用的最终责任是由企业领导者和管理层来承担的。他们必须接受培训，并成为运用精益的思维方式和运作方式处理问题的培训师。没有领导层负责实施，转型可能无法实现全部效益。

9.7 特性和组件

创新来源于生产者，而不是客户。

——W. 爱德华兹·戴明（W. Edwards Deming）

摘要

特性和组件包含了两个关键的抽象概念，我们将其用于构建软件和系统：

- 特性是直接满足某些用户需要的系统行为。
- 组件是可区分的系统部件，提供实现特性所需的通用功能，并封装在一起。

敏捷模型的价值交付重点强调了解决用户需要和使解决方案差异化的特性（及构成特性的故事）。然而，有弹性的大型系统是由组件构成的，这些组件提供关注点分离、促进逻辑重用性，以及提升可测试性。这些特点为快速系统演进提供了基础。

这两种抽象概念都会存在，并且可能在企业中得到普遍认可。特别是在企业敏捷的背景下，可能会出现一些关于如何组织团队的有趣讨论——是基于特性还是基于组件？或者是两种方式的混合？如果企业的组织方式正确，可以推动可扩展系统随着知识的增长不断增长，同时又保持创新。如果企业的组织方式错误，将会导致以下两个次优结果之中的一种：

- 脆弱的、无法维护的、快速过时的系统（所有特性，始终如此）。
- 设计精良的、具有固有的未来用户价值的系统，以保持企业的竞争力（所有组件，始终如此）。

本节介绍了大规模敏捷系统开发环境中的特性和组件，并提供了一些组织方面的指导，来不断地演进敏捷组织，从而优化速度并加速价值交付。

详述

组件和特性

软件系统架构在某种程度上可以根据其组件结构及其特性来描述。组件交互以交付构成特性的、一致的、面向用户的行为。团队使用组件构建系统，以提供可扩展性、灵活性、通用功能重用，以及可维护性。

特定组件的创建可以由许多动机驱动：

- 特定技术实现及隔离（例如，基于 PHP 的用户界面，基于 Java 的业务逻辑）
- 逻辑重用（例如，交易处理模块）
- 用于控制安保、合规性、安全性等目的的保护隔离
- 对预期有较高变化率需求的支持（例如，桥接器 / 适配器模块，代理对象）

“组件”这个词是一个相当宽泛的术语。在 SAFe 中，它可以指代以下任何一种：

- 一个系统分层（例如 UI，应用程序或数据层）
- 一个软件模块或软件包
- 一个应用程序库
- 一个子系统

组件团队

组件团队是一个定义—构建—测试的团队，其主要关注领域仅限于系统的特定组件或一组组件。因此，团队待办事项列表通常包括技术故事（与用户故事相对），以及重构和探针。当组件具有以下特征时，创建组件团队是有意义的：

- 可供其他实体，业务部门或子系统使用。
- 会出现在代码库中的许多地方，如果不加以处理，会使维护和可测试性变得复杂。
- 能够单独负责与合规性、安全、安保，或者法规相关的功能。
- 包含独特的或遗留的技术。
- 提供需要特定的、深入的技术和 / 或理论专业知识的算法或逻辑。
- 在大型数据集上运行，执行高度密集的计算，或者必须满足一些关键的非功能性需求，比如可用性或吞吐量。

在敏捷开发运动之前，大多数大规模系统开发项目通常围绕着组件和子系统进行组织（有句老话说：组织遵循架构）。因此在敏捷转型中，有时最简单的第一步就是遵循现有的、基于组件的组织模式创建敏捷团队（如图 9.7-1 所示）。

特性团队

前面所描述的模型的缺点是显而易见的：大多数新功能会产生依赖关系，从而需要这些团队之间相互合作。这是对开发速度的持续拖累，因为团队花费大量时间在讨论团队之间的依赖关系和跨组件的测试，而不是交付最终用户价值。在以下情况下，我们当然不需要组件或者组件团队：

- 大多数新的用户故事需要对代码库的特定部分进行特别的更改。
- 系统中所涉及的代码并没有特别清晰的组件边界。
- 代码不需要独特的、稀有的，或不同的技能和技术。

- 其他代码、组件，或系统不会大量使用该代码。

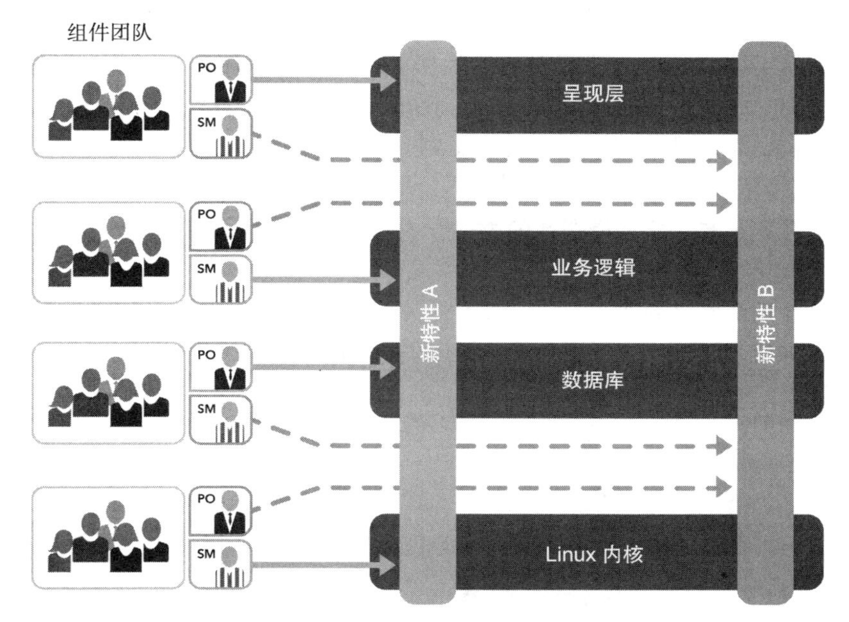

图 9.7-1 由组件团队组成的敏捷项目群

在这些情况下，最好围绕着以用户为中心的功能创建特性团队。每个团队或小规模的团队集合都能够提供端到端的用户价值（如图 9.7-2 所示）。特性团队主要使用用户故事、重构和探针。此外，技术故事可能偶尔会出现在他们的待办事项列表中。

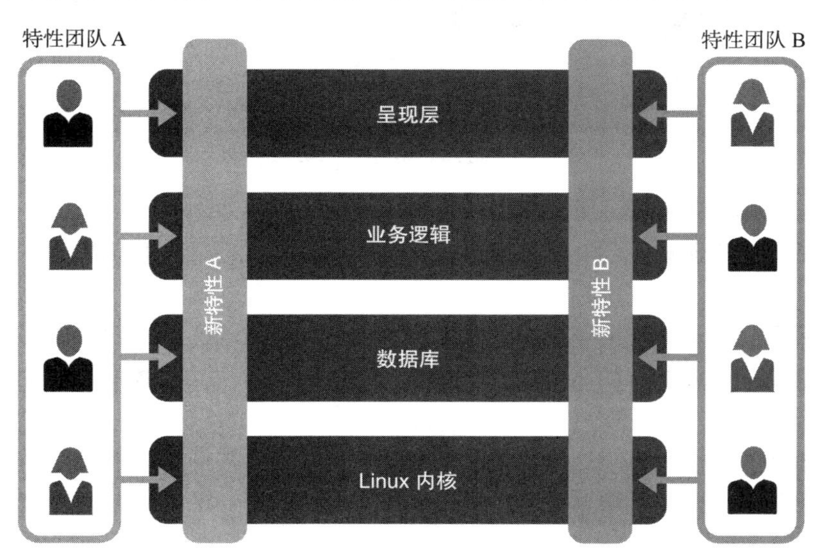

图 9.7-2 一个特性团队的例子

即便如此，虽然他们被称为特性团队，但这样的团队并不总是能够自己完成一个特性。特性可能太大而无法被一个敏捷团队完成，因此可能会被分解成多个用户故事。这些用户故事依次由其他特性团队实现。此外，特性团队或组件团队的概念有些过分简单化，因为许多高效团队同时既负责特性又负责组件。不过，以下指南适用于：

为了确保最高的特性吞吐量，SAFe 通常推荐将大约 75% ～ 80% 的特性团队和 20% ～ 25% 的组件团队混合使用。

考虑到混合方式有可能是最合适的方式，它包含两个主要因素：

- 所需专业化程度的实际限制。
- 潜在可重用的经济效果。

图 9.7-3 说明了这些参数和一条曲线，可用于帮助组织选择是采纳特性团队还是组件团队。

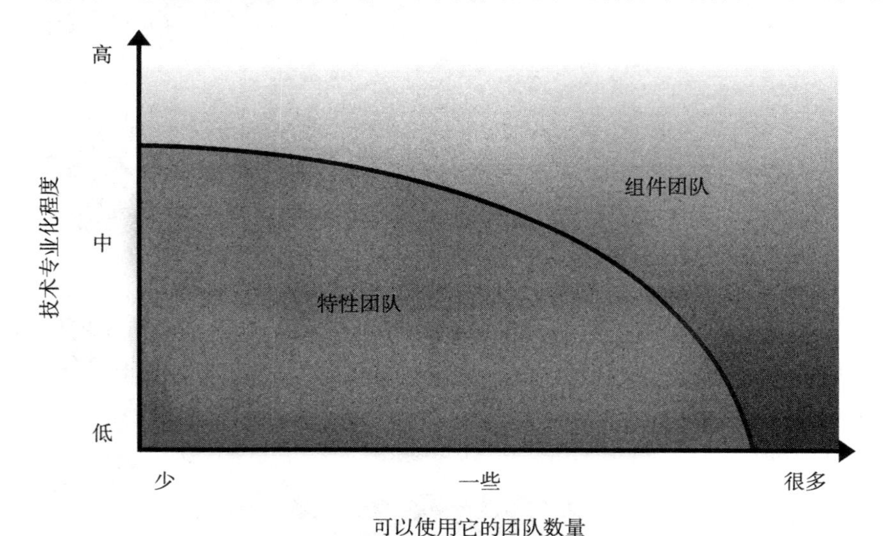

图 9.7-3　特性和组件团队动力曲线

这种“混合模型”强调了驱动项目群交付速度所需的额外能力：

- **系统级，持续集成（CI）基础设施**——特性团队必须能够在任何需要的时候集成整个系统。
- **测试自动化**——必须构建并提供广泛的自动化回归测试集。
- **系统团队**——此特殊团队致力于积极改进和支持特性和组件团队会使用的 CI 系统和流程。
- **实践社区**——可以组织这些社区，在跨特性团队层面共享组件相关的知识。
- **特别强调特有的代码质量**——除了重构技能之外，这一视角对于扩展也是必需的。

总结

本节描述了围绕特性团队和组件团队组织敏捷项目群的问题。虽然偏向于特性团队，似乎也产生了大规模敏捷开发的最高速度和效率，但是团队形式正在向混合团队进行演变。一般来说，依赖关系越少越易于管理，采用特性团队时整体价值吞吐率更高。然而即便如此，我们仍然认识到特性和组件都是抽象概念，比如一个人的特性可能是另一个人的组件。为此，敏捷项目群必须不断地检视和调整，并在必要时进行重组，从而可以跟上推动市场的价值导向。

参考资料

[1] Leffingwell, Dean. *Agile Software Requirements: Lean Requirements Practices for Teams, Programs, and the Enterprise.* Addison-Wesley, 2011.

9.8 基于邀请的 SAFe 实施

AgileSparks 首席技术官 Yuval Yeret, SPCT

介绍

实施任何形式的组织变革都是有难度的，例如实施 SAFe，我们通常会面临以下几个问题：

- 我们如何说服人们采用新的工作方式？
- 我们如何让组织向新的方向转变？
- 我们如何决定在企业实施 SAFe 的方式？

SAFe 支持去中心化控制，同时提供愿景以便执行层面与愿景保持一致。SAFe 还强调尊重个人和文化，并保持高效的流动。在本节中，将通过介绍我们实施 SAFe 的方法来讨论如何“说到做到”。

实施组织变革的默认方式是“强制式”或“推动式”。这种方式看起来又快又简单，因为只需要由一群变革代理人组成的核心团队来决定大家什么时候登上敏捷发布火车（ART），以及这列火车应该如何运行。

这种方式看起来很容易，因为变革是强制的，并且大家很少讨论或者根本不讨论变革是否应该发生。这种方式似乎还降低了一些风险，即由于经验有限或没有经验的人做出了糟糕的实施决策，而导致 SAFe 的实施浮于表面，甚至连 SAFe 的基本要素都没有覆盖到。这种经典变革方式的问题主要在于没有人喜欢被变革；也就是说，人们不愿意被动地成为变革的目标，他们更愿意主动参与变革的决策并设计变革。

愿景——使用邀请的方式实施 SAFe

敏捷宣言的签署者之一 Martin Fowler 曾在 2006 年写了一篇文章——《敏捷实施》。

Fowler 在这篇文章中说道，“从外部将敏捷流程强加给团队的做法剥夺了团队的自主权。而团队的自主权正是敏捷理念的核心。”但是，如果我们没有时间去等待团队自己决定转向敏捷怎么办？组织就这么等下去吗？甚至这样等下去会让公司倒闭？

SAFe 的原则 可以提供一些指导。“是否要进行敏捷转型，以及采用哪种方法”不是一个需要频繁做出的决策，同时这个决策会是长期的，并且对经济有重大影响。基于这些特点，这是一个典型的、需要中心化进行的战略决策。

但是一旦中心化决策决定了要进行 SAFe 转型，就要按照敏捷宣言所说的：“激发个体的斗志，以他们为核心搭建项目。提供所需的环境和支援，辅以信任，从而达成目标。”还有，“最好的架构、需求和设计出自自组织团队”。如果我们把这两条原则应用在 SAFe 实施上，就意味着实施 SAFe 的最佳计划将由采用 SAFe 的自组织团队（或大型团队）产生。使用更精益、更敏捷的方式实施 SAFe 会向人们传递一个信号，即管理层对 SAFe 中所描述的精益 – 敏捷理念的郑重承诺。你还能想到一个更好的方式来传递“尊重个人和文化”的理念吗？

在 PI 计划活动中，业务负责人和产品管理者向大家陈述业务背景——即愿景。PI 计划会议中的计划背景和结构是一个“容器”。在这个“容器”里，ART 通过自组织的方式来决定火车成员应该如何做和做多少，从而有助于愿景的实现。

同样，基于邀请的 SAFe 实施需要给组织提供必要的上下文信息和正确的结构，以便弄清楚在他们的第一个 PI 实施中可以在多大程度上实现 SAFe。图 9.8-1 表明了基于邀请的 SAFe 实施工作流，其中蓝色的方框展示了可以向领导者和实践者们发出邀请的时机。

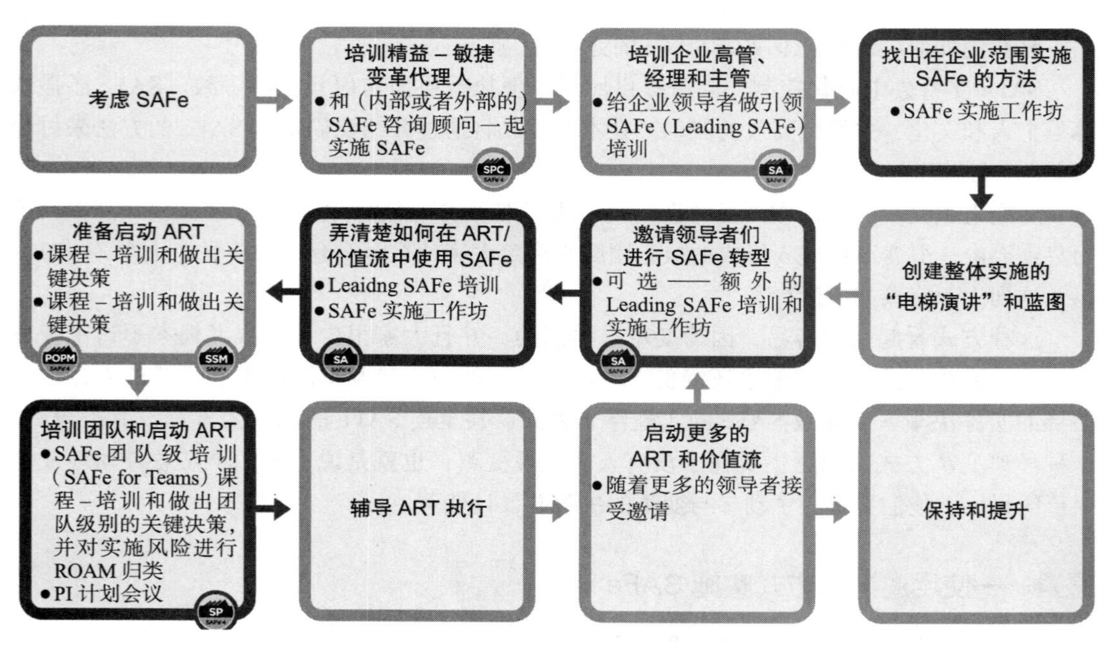

图 9.8-1 基于邀请的 SAFe 实施工作流

使用 SAFe 实施工作坊邀请企业考虑 SAFe

领导层负责制定这些类型的[战略]决策，并得到受决策结果影响的利益相关者的支持。

——SAFe 原则 #9

我所在的 AgileSparks 公司曾经验证过一个有效的方法，即把单纯的引领 SAFe（Leading SAFe）培训和一个 SAFe 实施工作坊结合起来。这个工作坊的议程如图 9.8-2 所示，一组领导会讨论以下话题：

- 考虑 SAFe 的原因
- 一个契合企业当前环境的 SAFe 看起来有多好
- 识别价值流和设计 ART
- 确定如何选择（或者指派）SAFe 中的角色的指南
- 实施风险和组织阻碍

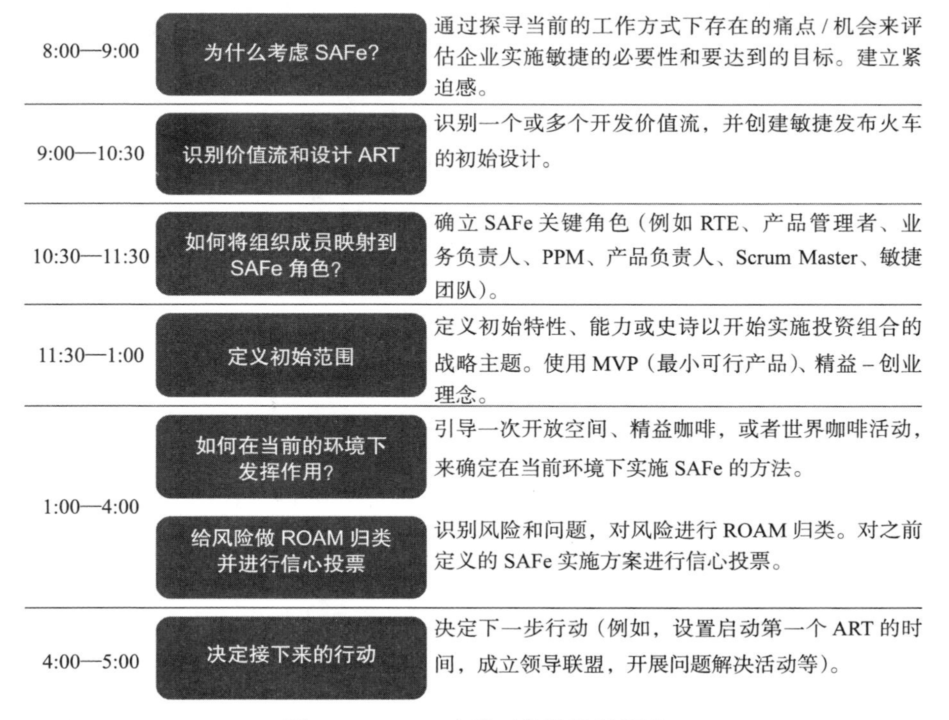

8:00—9:00
为什么考虑 SAFe?
通过探寻当前的工作方式下存在的痛点/机会来评估企业实施敏捷的必要性和要达到的目标。建立紧迫感。
9:00—10:30
识别价值流和设计 ART
识别一个或多个开发价值流，并创建敏捷发布火车的初始设计。
10:30—11:30
如何将组织成员映射到 SAFe 角色?
确立 SAFe 关键角色（例如 RTE、产品管理者、业务负责人、PPM、产品负责人、Scrum Master、敏捷团队）。
11:30—1:00
定义初始范围
定义初始特性、能力或史诗以开始实施投资组合的战略主题。使用 MVP（最小可行产品）、精益–创业理念。
1:00—4:00
如何在当前的环境下发挥作用?
引导一次开放空间、精益咖啡，或者世界咖啡活动，来确定在当前环境下实施 SAFe 的方法。
给风险做 ROAM 归类并进行信心投票
识别风险和问题，对风险进行 ROAM 归类。对之前定义的 SAFe 实施方案进行信心投票。
4:00—5:00
决定接下来的行动
决定下一步行动（例如，设置启动第一个 ART 的时间，成立领导联盟，开展问题解决活动等）。

图 9.8-2　SAFe 实施工作坊议程范例

经过这个互动的协作过程，参加工作坊的这一组人员将组成初始的“指导联盟”——Kotter 推广了这个术语。他们会考虑各种方案，做出决策，并承诺为了实现共同的愿景而一起努力。如图 9.8-1 所示，不仅在一群来自企业（或部门）的各职能部门的领导考虑是否采用 SAFe 时会使用这个工作坊，也可以在稍后准备启动一个价值流或者 ART 的时候使用它。另外一种方法是将其看作是 SAFe 价值流工作坊的不同变体；常见的用法是将其安排在实施 SAFe/ 引领 SAFe（Leading SAFe）课程之后，以帮助识别组织中实际实施 SAFe 的价值流和 ART。

向领导者发出邀请以便传播 SAFe

在企业级实施工作坊的成果是对潜在的价值流和 ART 的一个邀请。这个邀请帮助潜在价值流和 ART 考虑在当前的环境下 SAFe 意味着什么，以及何时 / 如何开始他们的 SAFe 之旅。

在大多数情况下，潜在的 ART 和价值流的领导者（比如副总裁级别的领导者）应该已经参与了第一次的引领 SAFe（Leading SAFe）课程及实施工作坊，并且已经准备好考虑将 SAFe 带到他们的组织中。相比之下，在更大型的企业中，可能需要开展更多的引领 SAFe（Leading SAFe）课程和实施工作坊，以便让更多的潜在价值流 /ART 领导者们了解 SAFe。本着"邀请"的精神，你可以邀请领导者参与这样一个课程来考虑将 SAFe 引入他们的组织的可能性，而不是强制或命令开展这些活动。第一批接受邀请的领导者是开始 SAFe 转型的"希望之光"(创新者或者早期采纳者)，SAFe 咨询顾问应该把大部分的时间花在他们身上。

使用 SAFe 实施工作坊来启动一个项目群 / 价值流

一旦领导者们认为现在是考虑 SAFe 的合适时机，他们就将重复同样的模式——即举办引领 SAFe（Leading SAFe）培训和 SAFe 实施工作坊，以便找到实施 SAFe 的方法。这一次的听众是 ART 和价值流的精益 – 敏捷领导者们，以及 ART 和价值流的各个角色，比如发布火车工程师（RTE)、产品管理者和系统架构师。

通常情况下，产品经理和 Scrum Master 不参加这个工作坊。相反领导者通常在这个工作坊上找出产品负责人、Scrum Master 和产品负责人之间的映射关系，并确定哪些人员将担任这些角色。

当 PO、Scrum Master 和产品管理者被识别出来后，他们会通过参加 SAFe PO /PM 课程和 SAFe Scrum Master 工作坊来接受培训。当使用基于邀请的 SAFe 这种实施方式的时候，这些工作坊应该包括 SAFe 实施工作坊中的一些环节，比如以一个痛点 / 为什么环节开始，然后在培训结束之前评估信心水平，并对实施风险进行 ROAM 归类。这种方式将帮助 PO 、Scrum Master 和产品负责人与愿景建立连接，并让他们在审校实现方式时体会到更多的参与感，这也将推动他们加入团队的"指导联盟"。

基于邀请的 ART 启动

一旦某个领域的领导者都加入进来，并识别出了要关注的 ART 或者价值流，在 ART 利益相关者和角色也都接受过培训过并加入进来之后，就是时候让这个"团队的团队"开始运转了。有一种组合方法（让所有人参加 SAFe 团队级培训（SAFe for Teams）的同时，也请他们参与第一次的 PI 计划活动，这样可以让他们体验真实的 SAFe)，这比只靠理论、培训和游戏的效果要好很多。

将邀请方式引入到ART启动意味着将一些如何运作SAFe的决策去中心化，由ART的成员自己决定。作为SAFe团队级培训（SAFe for Team）的一部分，项目群委员会的结构、完成定义（DoD）方针、就绪的政策、工程实践、敏捷测试策略，以及其他一些方面都是进行分组讨论的不错选题，在小组讨论之后，就开始进行所有团队在一起的集体讨论。另外，你可能希望允许团队就他们内部如何使用SAFe做出本地决策，只要他们和SAFe原则保持一致，并且不会给火车上的其他团队造成困扰就可以。图9.8-3说明了基于邀请的ART快速启动流程。

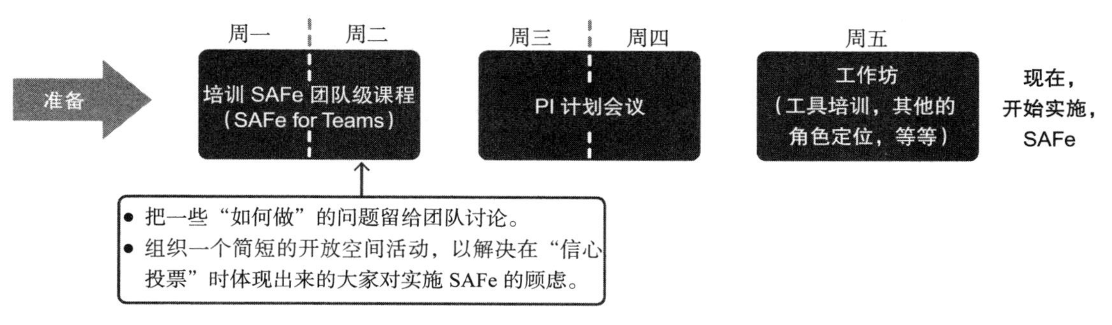

图9.8-3 基于邀请的ART快速启动

随着ART如何实施的蓝图被绘制出来，是时候评估一下人们对于SAFe的实施是否可行的信心水平并让风险浮出水面了。你可以使用"五指拳投票"进行信心投票来收集这些反馈（类似于我们在PI计划会议中所做的），也可以主动邀请人们分享他们的顾虑。

接下来可以问一个问题："基于到目前为止我们所了解到的情况，是否存在一些重大的、会影响我们开始使用SAFe的问题？"团队的反应可以作为问题解决工作坊或者开放空间活动的种子主题。在工作坊或开放空间上，人们可以提出他们的顾虑，然后加入或者领导一个团队突破环节来找到问题的解决方案。

另外一个方法就像我们在PI计划会议上做的那样，对每个风险和问题进行ROAM归类。诸如像ROAM风险归类法、信心投票和开放空间这些引导技术的使用，都体现出一种"仆人式领导"的风格。作为领导者，我们不只是告诉人们该做什么，还要让他们搞清楚"如何做"，并通过为解决阻碍变革的系统风险来为他们服务。

另一个有趣的实践是团队的自我选择，它邀请ART成员参与制定实施细节。使用这种方法，ART领导者提供指导和约束，然后让ART成员理解实际的团队是什么样的（参考资料[8][9][10]）。

此处，当允许团队定制化处理的时候，要多加小心。无论是从SAFe模型中删除过多内容，或者往SAFe模型中添加了附加的流程从而增加过多的开销，都是有风险的。要尽可能地贴近SAFe模型，或者在专业SAFe咨询顾问的协助下小心配置（或定制）SAFe模型，然后才尝试删除、添加或更改SAFe实践，这样才有助于释放SAFe的最大价值。如果想要查

看哪些组件 / 实践不应该被更改，请参考 9.6 节。

总结

本节从实质上介绍了使用精益 – 敏捷实践和原则来推动 SAFe 实施。从本质上讲，就是使用 SAFe 的方法来实施 SAFe。我们要求领导者为 SAFe 的实施设定愿景和方向，并邀请他们的员工加入进来，参与到规划这场会给他们未来的工作方式带来深远影响的变革中来。

使用去中心化控制，以及让尽可能多的人参与到了解如何使用 SAFe，有助于提高 SAFe 实施的质量，这是因为“群众的智慧”效应，并且当人们被邀请参与时会有更大的积极性。SAFe 实施工作坊适用于各级领导者。该工作坊是对引领 SAFe（Leading SAFe）培训的补充。在 ART 或价值流中准备和发布 SAFe 时都要组织一系列的 SAFe 培训，工作坊也可以帮助 SAFe 团队和利益相关者在这些培训中运用一些环节，比如识别痛点和进行愿景映射，实施信心投票，以及 ROAM 风险归类。

参考资料

[1] https://www.linkedin.com/pulse/openspace-agility-right-you-daniel-sloan.

[2] Kotter, John. *Leading Change*. Harvard Business Press, December 30, 2013.

[3] http://openspaceagility.com/big-picture/.

[4] http://yuvalyeret.com.

[5] http://www.infoq.com/news/2014/10/kickstart-agile-kanban.

[6] http://www.infoq.com/interviews/lkfr14-yeret-kanban-agile.

[7] https://management30.com/practice/delegation-board/.

[8] https://www.linkedin.com/pulse/large-scale-self-selection-australia-post-interview-andy-sandy-mamoli.

[9] https://www.amazon.com/Creating-Great-Teams-Self-Selection-People-ebook/dp/B019EKWG6M/.

[10] https://www.scrumalliance.org/community/articles/2013/2013-april/how-to-form-teams-in-large-scale-scrum-a-story-of.

[11] http://www.agilesparks.com/safe-implementation-strategy-leadership-focusing-workshop/.

9.9 重构

你只需要遵循指导来指引自己朝着正确的方向前进，直到你自己可以独立胜任。人们对于及时修复的忽视，使得重建工作变得非常必要。

——理查德 · 惠特利（Richard Whately）

摘要

重构是指在不更改代码或组件外部行为的前提下，改进其内部结构或操作的活动。

软件开发的目的在于给用户和利益相关者持续交付商业价值。不断变化的技术加上商业目标的演变和用户范例的变化，使得维护和持续增加业务价值变得非常困难。针对这种情况，未来有两条路：

- 不断地向现存的代码库中增加新功能，导致一个最终无法维护的“废品”状态。
- 不断地修改系统以提供一个有效发布的基础。它不仅支持当下的商业价值，还支持未来的商业价值。

其中第二种选择——重构，是更好的选择。通过不断的重构，企业对软件资产投资的有效期可以尽可能地延长。在今后的几年里，用户可以继续体验价值流的收益。重构是SAFe中的一种特殊类型的使能故事。与其他故事一样，它必须是可估算、可演示和可评估的，并且必须被产品负责人接收。

详述

图9.9-1表明了重构的本质，它是对任何软件实体——模块、函数或者程序进行修改，在不改变外部功能的情况下改进它的结构或可行性。例如，重构可以完成诸如提高处理速度，获取不同的内部数据，或者改进安全性问题等任务。另一种类型的重构涉及简化代码的某些方面使其更有效，更易于维护性或者更具可读性。

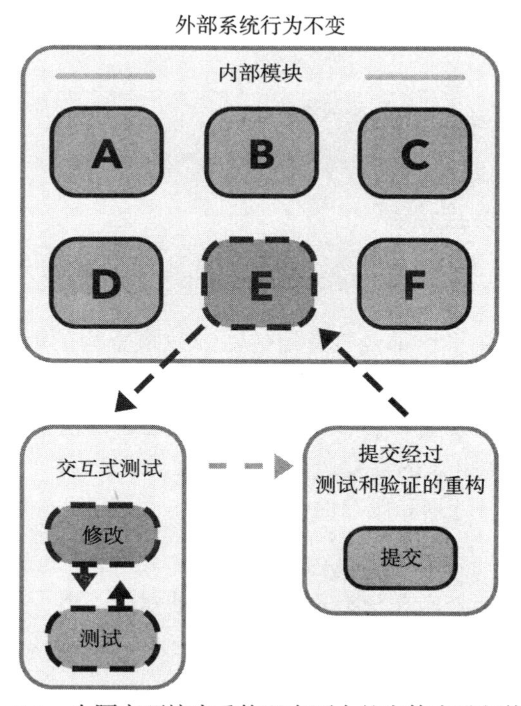

图9.9-1 在隔离环境中重构以在更大的实体中进行修改

重构要求我们对于每一个更改都要立即进行测试以验证预定目标的完成情况。一个重构可能被分解为一系列连续的微重构来实现更大的目标；每个微重构必须经过测试来保证它的正确性。这个迭代过程保证了软件在任何阶段的完整性。

SAFe 强调了保持所有工作可视化的重要性，包括重构。正如面向用户价值的工作那样，我们必须在解决方案的所有层级对重构工作进行计划、估算和优先级排序。

重构的来源

如图 9.9-2 所示，重构产生于各种来源。比如，重构可以由商业特性发起一个重构；也可以是某些新的架构使能所需的更大重构举措的一部分。新的用户故事可能还需要对代码进行一些重构。累积的技术债务可能促使团队去重构一些组件。新的非功能性需求可能也需要一些重构。

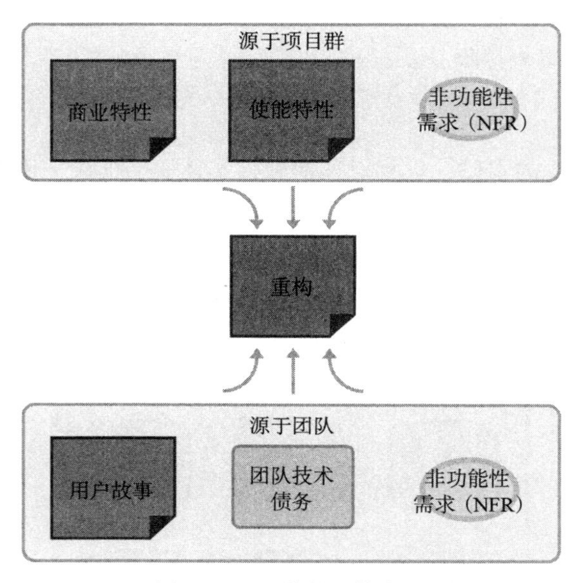

图 9.9-2　可能的重构来源

并不是所有团队的重构工作都是以特定的用户故事重构的形式进行的。大部分重构应该是“内嵌式”的清理工作，在实现用户故事的同时完成。这部分工作应该被考虑到相应的用户故事估算中（参见参考资料 [1]—[3] 中描述的连续重构技术）。但是，特定的重构更大的需要重新设计的部分，是需要作为单独的待办事项进行计划和跟踪的。

描述重构

理解重构工作完成之后会实现什么价值是非常重要的。团队可能希望应用用户故事中“……以便于……”的形式来促进对目的和价值的共同理解，如图 9.9-3 所示。

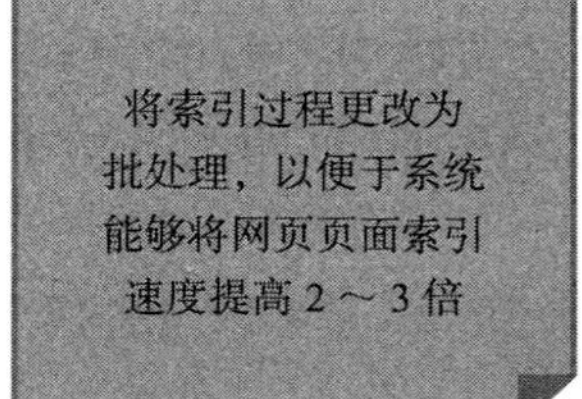

图 9.9-3　重构示例

拆分重构

与用户故事一样，拆分重构也很重要，因为它有助于维持更好的开发流程。如表 9.9-1 所示，提供了一些用于拆分重构的有用方法，以及每个方法的例子。

表 9.9-1 拆分重构的方法

<table>
<tr><td colspan="2">1. 根据用户场景或用户故事进行拆分：用逐个故事或逐个场景的模式进行增量式重构，或者反之以功能模块为增量式重构的基础。</td></tr>
<tr><td>改进数据库查询并引进数据缓存，以便于系统运行得更快。</td><td>……重构所有用户管理功能……目录浏览功能……检查功能。</td></tr>
<tr><td colspan="2">2. 根据模块进行拆分：首先，对于单个模块的所有相关内容进行重构，然后再转移到下一个模块。</td></tr>
<tr><td>将索引过程更改为批处理，以便于系统能够将平均的网页页面速度至少提高 2 ～ 3 倍。</td><td>……对解析（解析组件）的重构……对实体抽取（分析组件）的重构……对存储索引（索引组件）的重构。</td></tr>
<tr><td colspan="2">3. 通过接口 / 实现进行拆分：首先，创建新的接口并封装旧功能，然后重构功能本身。</td></tr>
<tr><td>将所有解析参数提取到 xml 配置文件中，以便于在不更改代码的情况下轻松地对进程进行调优。</td><td>……安装 PINGID 协议服务器并使用模拟器进行测试……从文件中以任何格式读取配置……重构配置功能以支持特定的结构和模式验证。</td></tr>
<tr><td colspan="2">4. 迁移组件：增量地将当前组件的功能移到其他组件中。当所有功能移动完成之后，将旧有的代码删除。</td></tr>
<tr><td>使用自定义搜索索引替换数据库，以便于使索引和搜索性能提高 10 ～ 20 倍。</td><td>……首先将索引数据移动到自定义搜索索引……移动实体字典。</td></tr>
<tr><td colspan="2">5. 内联重构 / 抽取：在功能当前所在的位置内部进行重构，然后将重构提取出来并封装成组件，类或者方法 / 函数。</td></tr>
<tr><td>用基于语法的功能替换当前的随机解析，以便于在不修改代码的情况下更容易地更改解析规则。</td><td>……重构代码（像原来一样）以使用语法符号……将所有与语法相关的功能提取到语法引擎中。</td></tr>
</table>

建立接收标准

与用户故事一样，定义重构的接收标准有助于解决含糊不清的问题。图 9.9-4 描述了建立的接收标准附带的额外特性。

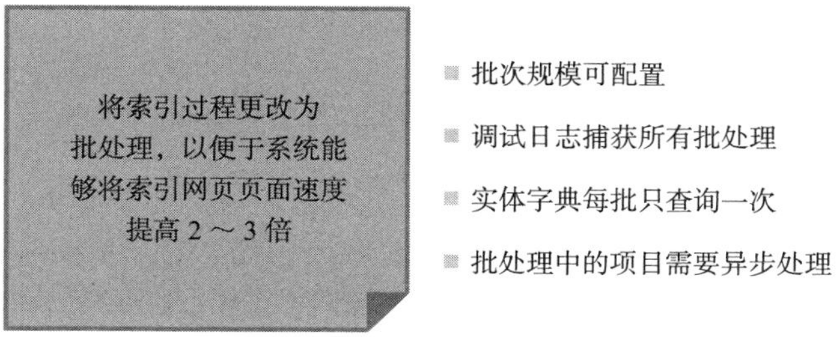

将索引过程更改为批处理，以便于系统能够将索引网页页面速度提高 2 ～ 3 倍

- 批次规模可配置
- 调试日志捕获所有批处理
- 实体字典每批只查询一次
- 批处理中的项目需要异步处理

图 9.9-4 一个重构故事接收标准的例子

接收标准通常可以作为分解重构的自然基础。例如，如图 9.9-4 中的第一步可能是“……在不记录调试日志的情况下，利用对实体字典的单个查询进行同步的不可配置的批处理。”然后，“……添加从文件中读取批次规模的功能。”第三步则是“……异步地运行批处理中的项目”。最后是“……添加调试日志功能”。

演示重构

虽然重构主要关注代码的内部工作，但是像所有其他用户故事一样，团队需要演示重构结果。通过图 9.9-4 中的示例，团队可以演示以下成果和工件：

1. 和以前的基准相比较，重构后一些网页运行时间的减少。
2. 运行时间依赖批次规模之间的大小，可以对其通过文件配置。
3. 异步处理的代码片段。
4. 记录所有操作的调试日志。
5. 每批字典查询的数量（在日志文件中）。

融合进入文化

重构是敏捷团队的一个必备技能。重构应该经常出现在团队待办事项列表中，并且应该包含在用户故事的估算之中——包括“内嵌式重构”。设计实践社区（CoP）可以促进我们对重构技术的认识和关注。Scrum Master 可以帮助团队学习有效的方法来指定、评估和拆分重构。最终，产品负责人应通过排列工作优先级和帮助定义接收标准来拥抱重构。

参考资料

[1] Fowler, Martin, et al. *Refactoring: Improving the Design of Existing Code*. Addison-Wesley, 1999.

[2] Martin, Robert. *Clean Code: A Handbook of Agile Software Craftsmanship*. Prentice Hall, 2008.

[3] Wake, William. *Refactoring Workbook*. Addison-Wesley, 2003.

9.10 SAFe 需求模型

从本质上讲，所有模型都是错误的，但有些模型很有用。

——George E.P Box

摘要

为支持将精益和敏捷开发的好处带给大型企业或构建更复杂系统的小企业，SAFe 提供了一个可扩展的需求模型，该模型演示了表达系统行为的方法，模型包括史诗、能力、特性、故事、非功能性需求（NFR）等。如图 9.10-1 所示，这些工作条目中的每一项都以不同的方式表达。例如，通过短语、利益假设和接收标准来描述特性；通过用户声音陈述和接收标准来阐述一个故事。

这些工件主要用基于精益 – 敏捷开发的新范例，来取代传统的系统和需求规范。这些示例旨在帮助团队避免过早的聚焦于局部解决方案，避免在学习过程的早期就选择特定的需求进行设计。相反，他们鼓励团队走出办公室，去理解需求真正的意图，而非特定的描述。

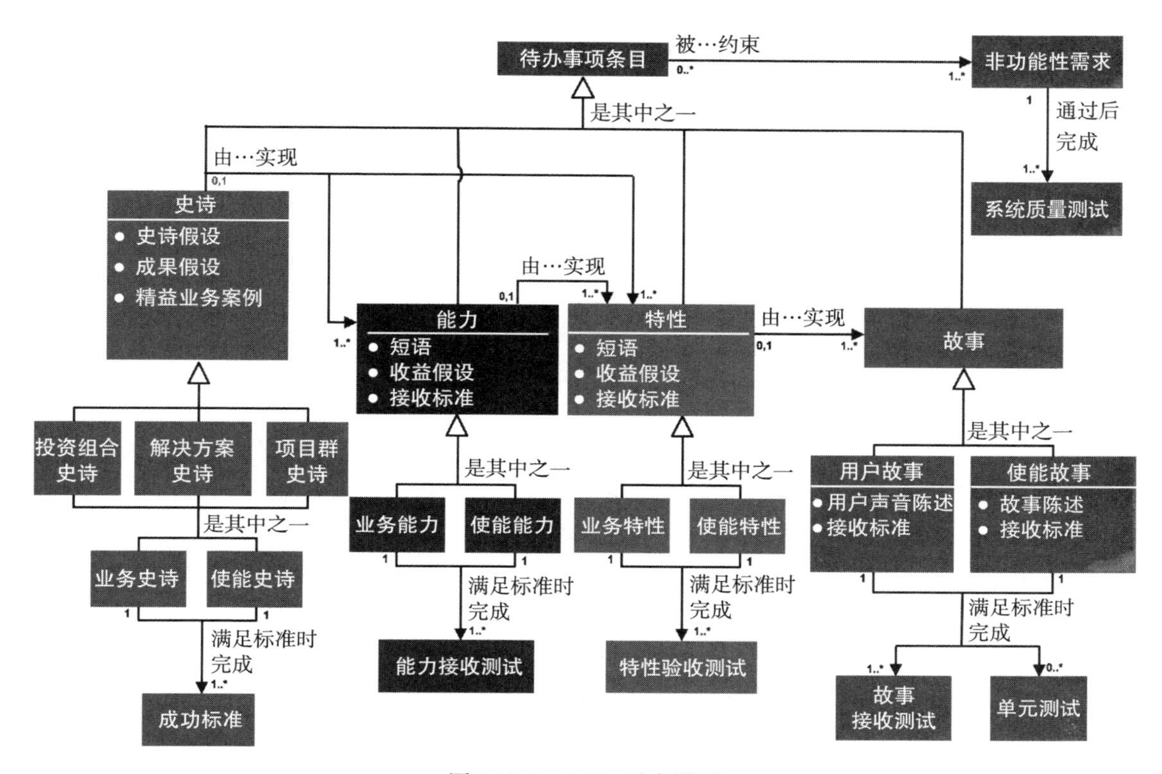

图 9.10-1 SAFe 需求模型

此外，模型和属性的关系、验收指导准则，以及相关的测试，这些内容可以综合起来用于支持世界上最重要系统的非功能性需求（NFR）。

总之，如图 9.10-1 所示，它是一个综合模型。

多数实践者只需要其中的一部分。例如，敏捷团队主要使用用户故事、故事接收测试和非功能性需求。然而，其中每一个元素都旨在对 SAFe 的不同层级提供恰到好处的行为描述及测试标准。

本节作为指导，旨在提供精确的学术用语，以帮助那些咨询顾问、SAFe 专家和提供 SAFe 工具支持的人员，他们需要知晓所有工件如何作为一个系统共同工作。

如果模型看起来很复杂，那是因为当前规模化软件和系统开发本身就很复杂，即使使用敏捷方法也是如此。我们不会使用不需要的元素。然而，那些正在构建具有最高质量的世界级企业解决方案的团队和项目群，可能会应用这些元素中的大部分内容。

参考资料

[1] http://www.goodreads.com/quotes/680161-essentially-all-models-are-wrong-but-some-are-useful.

9.11 S 型团队的六种 SAFe 实践

作者：Juha-Markus Aalto，Qentinel 集团 产品开发总监

摘要

SAFe 的设计宗旨是应对“ M 到 XXL”规模（中等规模到大型规模，再到超大型规模）的项目群的挑战。这样的项目群包括若干个敏捷团队，有 50 ～ 100 人，甚至数百或数千的团队成员。

Scrum 和看板够用吗？

如果是对于只有一个或少数几个团队的“ S 型（小型）”开发组织呢？ SAFe 中有什么东西适合他们吗？或者 Scrum 和看板就够用了吗？答案显然是“具体情况具体分析”。请大家继续阅读下文来了解这些内容。

如果一个纯软件团队主要在短期项目群上工作，那么 Scrum 或者看板就是不错的选择。无论如何，虽然在一个 S 型（小规模）项目中全面采用 SAFe 的实践、角色和活动是没有意义的，但是，至少在下列情况之一，小团队可以通过选中的 SAFe 实践中获益：

- **具有较长使用寿命的战略性软件产品**——软件产品的寿命越长，将软件开发明确地与企业战略联系起来就越重要。然而，对于此类开发，Scrum 几乎不支持在比冲刺时间更长的时间范围上与战略目标相关联。
- **与多个非软件开发团队的依赖关系**——对于拥有相对较小规模的软件团队的公司来说，软件团队为其他团队开发解决方案用于系统集成是很常见的。例如，软件团队在硬件或服务型公司就面临这种情况，虽然该公司拥有不错的产品组合，但软件资产数量有限。那些通过交付来为每个客户量身定制产品的软件公司也面临着同时服务于多个项目的挑战；所有存在依赖关系的团队需要同步并就优先级和计划达成一致。
- **投资于 DevOps 等长期能力的必要性**——如果仅强调专注于提供下一组用户故事，那么经过一系列冲刺之后，可能会产生出色的产品，但是，很容易忘记对团队自身能力的投资。我们可能都认同投资 DevOps 方面的能力是有价值的，它能帮助产品提高质量和加快上市时间。然而，成为真正的 DevOps 团队并非一蹴而就。就像你对任何项目所做的那样，它需要计划和执行。其他投资长期能力的例子还有改变开发技术或者使软件架构现代化，实际上，这些才是真正的项目。
- **期望从小规模扩展到中等规模**——如果一家初创公司（一项新业务或内部业务单元）预计在不久的将来会出现强劲增长，那么预先做好准备并采用可在需要时扩展的敏捷方法是有意义的。但是，除非从头开始构建基础能力，否则规模化之路可能会缓慢得令人痛苦，充满困难，并具有挑战性。

S 型团队应用六种 SAFe 实践

有几种方法可以用纯粹的 Scrum 或看板来处理以上这四种情况，但经验表明，最好采用以下六种 SAFe 实践会更为有效（如图 9.11-1 所示）：

1. 战略主题列出了投资组合的战略重点，并帮助团队与其保持对齐。

2. 项目群史诗定义了团队需要关注的有价值的关键举措，从而使团队对任务列表的优先顺序排列是有意义的。

3. 项目群看板向利益相关者展示史诗的优先级和状态。

4. 特性详细描述了史诗，从而为团队及其利益相关者提供了一种共同语言。特性的规模大小是每个特性能在一个 PI 内完成。

5. PI 计划是按节奏进行的，为接下来的 8 ～ 12 周（取决于所选择的节奏）建立对优先级和目标的共同理解。

6. 每个 PI 的最后有一个“创新和计划”迭代，它让团队从紧张的工作中得到应有的休息，并使团队能够花些时间来创新和发展自己的能力。

1. 战略主题

无论是大公司还是小公司，要想成功都需要一个战略。战略对于理解一家公司的产品是如何创造价值，是至关重要的——也就是说它们是如何影响到过程以及客户获得的具体利益。产品质量和用户体验对于获得长期成功同样重要。除产品战略以外，软件开发团队还需要了解如何不断提高其工程能力，从而提高其生产力和竞争力。

虽然 SAFe 没有提供明确的工具来识别和构建战略，但它确实涉及战略主题。这些主题是指将团队的投资组合与企业战略联系起来的业务目标。

我们在冲刺（迭代）计划中成功使用了战略主题，以帮助确保团队在与战略相关的任务项上工作。一些工具，例如 Visual Studio Team Services（VSTS），允许使用主题关键字标记工作项，这有助于将待办事项列表与战略进一步进行匹配。如果战略存在，那么接下来识别战略主题的这步只需要很少的时间。

2. 项目群史诗

Scrum 团队通常将史诗解释为非常大的、不适合在一个迭代中完成的用户故事。SAFe 将史诗定义为“需要进行分析的、足够重要的举措，在实施前，需要使用轻量级业务案例和财务审批。”准备业务案例的要求不是重点，相反，重要的是需要确保史诗创造重要价值并且是可行的。

SAFe 包含丰富的“史诗”层次结构（包括投资组合史诗、大型解决方案史诗和项目群史诗），从而确保进行充分的规模化。投资组合和大型解决方案史诗与小规模的开发无关，但项目群史诗与其相关。此外，当一个团队工作在与战略主题相关的项目群史诗时，团队就会致力于创造有价值的东西，并与公司级战略保持一致。

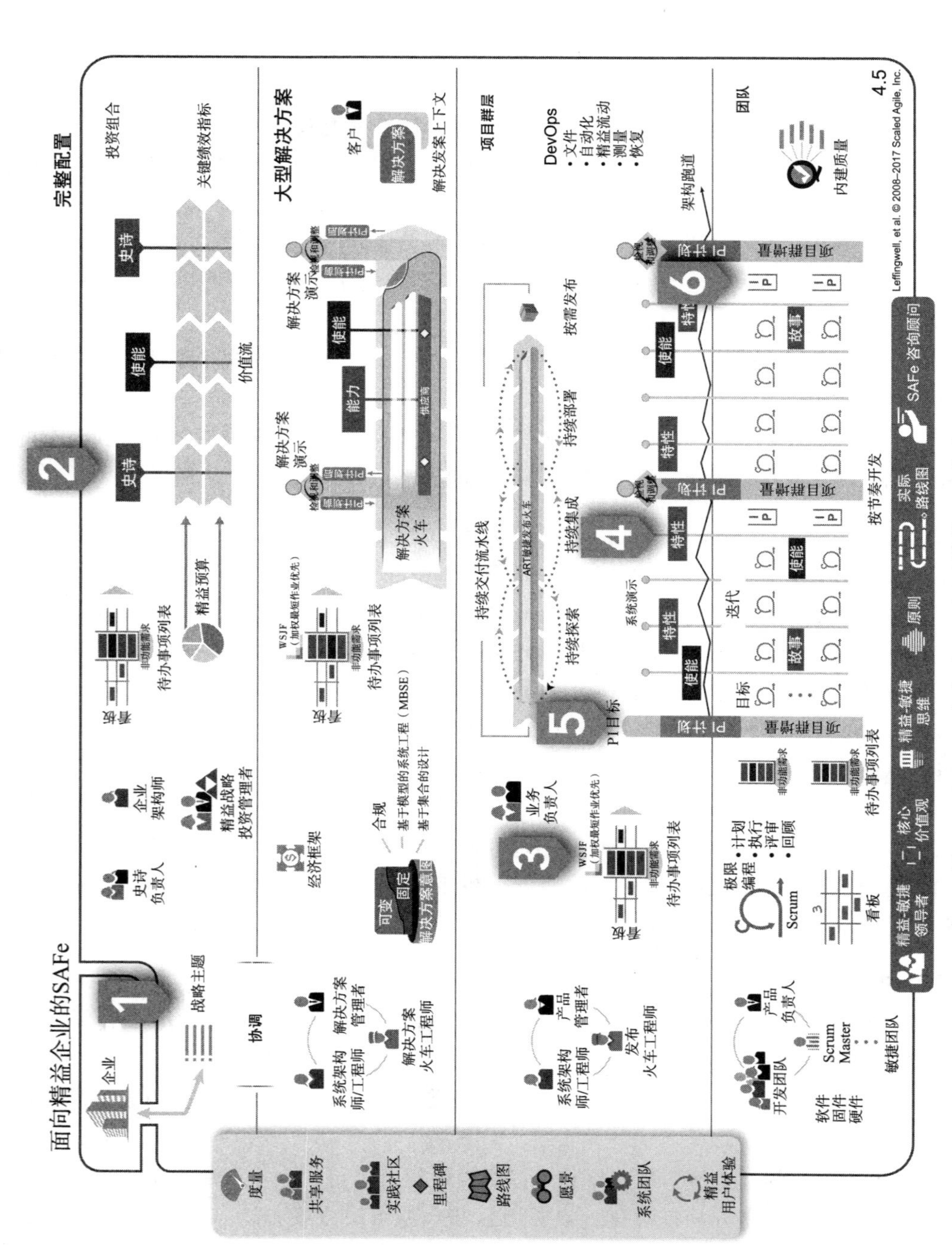

图 9.11-1　SAFe 框架为 S 型团队提供六种实践

史诗对小型团队是有用的。它们描述了正在进行中的关键举措，这些举措可以来自于利益相关者的建议，或者来自团队自己的发现。除了业务史诗之外，软件团队还应在其待办事项列表中添加一些使能史诗，用以改进架构或 DevOps 的能力。

由于“足够重要”的举措往往需要人们对其进行大量投资，因此在决定“批准实施”或“拒绝”之前，建议为每个史诗开发一个轻量级的业务案例。当团队有多个利益相关者时，上述过程特别有用。而且理解每个举措的优先级和容量也使权衡讨论变得有意义。

3. 项目群看板

SAFe 使用看板系统来管理投资组合、价值流和项目群层级的举措。对于 S 型团队来说，项目群层已经足够了。如果团队有多个利益相关者向其提供他们各自的史诗实施建议，那么看板就特别有用。

SAFe 项目群看板提供了一个简单而透明的过程用于捕获、分析、批准和跟踪史诗。完成的史诗将在此过程中经过六个步骤：漏斗、评审、待办事项列表、实现和完成。对于 S 型团队来说，研究史诗的过程可以非常轻量级。即便如此，这些逻辑步骤依旧肯定会存在，从而产品负责人才能知道团队可以在下次工作中能创造最大的价值。把关键举措作为史诗在项目群看板中管理只需要适度的工作量，但是提供了团队在项目群和投资组合层的优先级的透明度。

4. 特性

特性并不是 Scrum 核心定义的一部分。Scrum 的定义只是产品待办事项列表条目。许多 Scrum 团队从极限编程（XP）借用了“用户故事”概念，然而，他们把大的故事标记为“史诗”，并将相关故事串在一起作为主题。

SAFe 将特性定义为“为系统提供的一种服务，能满足一个或多个用户的需求。”特性是史诗的详细分解，并由其收益和接收标准来定义。特性正如它们听上去的那样，是指所计划产品的主要的功能特征。通过单独的用户故事向客户、有依赖关系的项目成员或管理层去解释团队的计划和进展可能很困难。相比之下，SAFe 中定义的特性可以很好地服务于该目的。它们的大小适当且易于理解，而用户故事往往变得太小而且数量众多。特性非常有用是因为其大小适合一个项目群增量（PI）。因此，它们是具体的可交付成果，有助于与利益相关者之间进行清晰沟通。

5. PI 计划

传统的 Scrum 团队在一个冲刺周期中工作，在其中计划和执行任务，把两周作为一个冲刺是最常采用的持续时间。通常情况下，Scrum 团队会为接下来的冲刺提供真实可见的计划和待办事项列表。待办事项列表包含了用户故事可能的实现顺序。各种形式的 PowerPoint 和 Excel 路线图通常用于提供比下个冲刺还要长远一些的需求的可视化。待办事项列表工具可以帮助计划未来冲刺的故事，一些待办事项列表根据团队的速度和待办事项列表条目的顺序来提供预测。

相比之下，SAFe 中的项目群增量是“基于节奏的间隔，用于构建和验证完整的系统增量，显示价值，并获得快速反馈。”PI 的持续时间通常为 8 ～ 12 周，或 4 ～ 6 个为期 2 周的冲刺。PI 的最后一个冲刺是创新和计划（IP）迭代，这一内容将在下文中讨论。

正如 Scrum 中存在冲刺计划一样，SAFe 为这些超大规模迭代提供了计划的实践，称为项目群增量计划（PI Planning）。根据我自己的经验，我辅导的 S 型团队执行 PI 计划时，PI 周期有时比书里提到的多，有时少。8 ～ 12 周的计划周期，说它短，是可以短到足够进行有用的计划即可；说它长，也可以长到足够让团队实现真正有价值的东西：一组潜在的可发布的特性。

PI 计划活动充分利用了所有参与者的时间。团队得到了最新的站在全局视角的业务信息，包括愿景和优先级，并制定敏捷计划。利益相关者可以直接参与计划活动。他们还可以全面了解团队在 PI 期间将要完成的所有工作。对于 S 型团队，PI 计划活动可以浓缩到满满当当的一天，以便让时间的投入与收益更为相称。

6. 创新与计划迭代

托马斯爱迪生将他的创新方法描述为“1% 的灵感和 99% 的汗水。”换句话说，创新需要时间和努力工作，而不仅仅是创造性思维。在“永无止境”的持续产品开发中，团队执行一个接一个冲刺而不休息会变得精疲力竭，这样做是有风险的。冲刺往往会有变得忙乱的趋势，对于一个 S 型团队来说，可能更难找到时间来处理一些风险更高，看似优先级更低，但更具创新性的想法。

SAFe 没有任何银弹解决方案可以神奇地让开发人员有足够的时间像爱迪生一样进行创新。即便如此，SAFe 在每个 PI 结束时发生的 IP 迭代也应该是团队所欣赏的。这个迭代没有去计划要实现的故事。取而代之，团队有机会进行一些最终的系统集成和测试活动，例如性能或安全测试。项目群层的回顾，称为检视和调整（I & A）活动也在 IP 迭代期间举行。在 I & A 工作坊期间，PI 的成果向利益相关者演示，演示之后接着是回顾和问题解决工作坊。我们计划下一个 PI 的活动也发生在 IP 迭代。

更重要的是，顾名思义，“IP 迭代”是留给创新的时间。在此迭代期间，一些团队会进行黑客马拉松，或者在基础架构、重构代码或改进架构方面进行创新或改进。最后，但绝非最不重要的是，团队从繁忙的软件交付中得到一个间歇。比如，在这个间歇中，可以把一部分时间用于能力的发展。

结论

Scrum 和看板本身对 S 型团队来说足够了。但是，至少在以下四种情况下，选择 SAFe 实践并联同 Scrum 或看板一起使用显然更为有效：

- 具有较长使用寿命的战略性软件产品。
- 与多个非软件开发团队的依赖关系。
- 投资于 DevOps 等长期能力的必要性。

- 期望从小规模扩展到中等规模。

有很多方法可以用纯 Scrum 或看板来处理这四种情况，但经验表明，最好应用这里描述的六种 SAFe 实践，这样处理起来将会更加有效。

9.12 探针

如果我们知道自己正在做什么，那就称不上是研究了。

——阿尔伯特·爱因斯坦

摘要

探针（Spikes）是 SAFe 中的一种探索类使能故事。它们最初是在极限编程（XP）中被定义，并代表诸如研究、设计、调查、探索和原型制作等活动。其目的在于获取必要的知识，以降低技术方法的风险，更好地理解需求或增加故事估算的可靠性。

详述

敏捷和精益的方法更重视事实而非推测。当面对问题、风险或不确定性时，敏捷团队在开始实施前会进行一些小型实验，而不是推测成果或跳转到解决方案。团队可以在多种情况下使用探针：

- 估算新特性和能力以分析其中隐含的行为，提供深入了解用于将它们拆分成更小的、可量化的小块的方法。
- 进行可行性分析和其他有助于确定史诗可行性的活动。
- 开展基础研究，帮助团队去熟悉新的技术或新的领域。
- 获得对某种技术或功能方法的信心，从而降低风险和不确定性。

探针包括创建一个小程序、研究活动，或是测试以展示新功能的某些方面。

技术探针和功能探针

像其他故事一样，探针会被估算，并且在迭代结束时进行演示。探针也提供一个达成一致的协议和工作流，以供敏捷发布火车（ART）来帮助确定史诗的可行性。探针主要有两种形式：技术探针和功能探针

功能探针用于分析概要的解决方案行为，并确定：

- 如何将其分解
- 如何组织工作
- 何处存在风险和复杂性
- 如何利用洞察力去影响实施决策

技术探针用于研究解决方案领域中的各种方法，例如：

- 决定自己构建还是外部购买

- 评估新的用户故事对性能或负载的潜在影响
- 评估具体的技术实现方法
- 建立对所需的解决方案实现路径的信心

一些特性和用户故事可能同时需要两种类型的探针，有这样一个例子：

“作为一名消费者，我希望在柱状图中看到自己日常的能量消耗，以便我能快速地了解自己过去、现在和预计的能量消耗。”

在这个例子中，团队可能会创建两种类型的探针：

- **技术探针**——研究将客户端显示更新为当前使用情况所需的时间，确定通信的需求、带宽，以及通信方式是推送还是提取数据。
- **功能探针**——在网站入口中做出一个柱状图的原型，并获取用户对图形呈现的大小、风格，以及图表样式的反馈。

探针的指导原则

由于探针不直接交付用户价值，请谨慎使用。使用时可以参考以下的指导原则：

可量化，可演示，可接收

与其他故事一样，探针也会被放在团队待办事项列表中，会被估算并调整大小以适合在一个迭代中实现。探针的结果与故事的不同之处在于：探针产出的是信息，而不是可工作的代码。探针应该只用来获取一些识别和评估故事所需的必要的数据，以便团队能够充满信心地达成最终的结果

对于团队和其他利益相关者来说，探针的输出是可以演示的。它为研究以及系统架构的工作点亮了一盏明灯，同时有助于建立集体所有权，并共同承担决策的责任。产品负责人接收经过演示且满足接收标准的探针。

使用探针的时机

因为探针代表了一个或多个潜在的故事中的不确定性，所以在一个迭代中同时计划探针和作为探针结果的故事，将会存在一定的风险。不过，如果涉及的工作量不大且事情明确清晰，并且能够找到快速的解决方案，那么在同一个迭代中能同时完成这两件事则是非常高效的。

是例外，而非惯例

每个用户故事都有不确定性和风险——这是敏捷开发的本质。团队通过讨论、协作、实验和协商来发现正确的解决方案。因此，从某种意义上讲，每个用户故事都包含了类似于探针的活动，用以识别技术的和功能的风险。敏捷团队的目标是学习如何解决每个迭代中固有的不确定性。当存在高度不确定性和大量未知因素的时候，探针是至关重要的。

参考资料

[1] Leffingwell, Dean. *Agile Software Requirements: Lean Requirements Practices for Teams, Programs, and the Enterprise*. Addison Wesley, 2011.

9.13　测试先行

我们从来没有足够的时间进行测试，那么我们就先编写测试吧。

——Kent Beck

摘要

测试先行是源自极限编程（XP）中的内建质量的实践。它建议在编写代码前先构建测试，以便通过关注预期的结果来改善交付。

敏捷测试与传统开发中的大爆炸式、延迟测试的方法有所不同。相反，代码是以较小的增量被编写和测试，经常是在编写代码之前就完成测试用例的开发。通过这种方式，可以在系统被编码前，用测试更好地详细定义预期的系统行为。质量在一开始就已经被内建。这种准时制（JIT）的方法可以细化预期的系统行为，也减少了对过于详细的需求规格说明书和文档审批的要求，而这些文档通常会在传统软件开发中用于质量控制。更妙的是，不同于传统的书面需求，这样的测试会被尽可能的自动化。即便没有被自动化，它们仍然明确说明了系统要做什么，而不是一个早期的、只是假设系统应该怎么做的想法描述。

详述

敏捷测试是一个持续的过程，是精益和内建质量不可或缺的组成部分。换句话说，敏捷团队和敏捷发布火车要想走得更快，就必须保证高质量，要想保证高质量，就必须进行持续测试，并且尽可能做到“测试先行”。

敏捷测试矩阵

Brian Marick 是极限编程的倡导者和敏捷宣言的签署者之一。通过描述了一个合理指导测试执行的矩阵，从而开创了敏捷测试的先河。这个矩阵在《敏捷测试》中进一步发展，并且在《敏捷软件需求》（参考资料 [1][2]）中扩展到大规模的敏捷模式。如图 9.13-1 所示，对 Marick 最初的矩阵进行了描述和扩展，用于指导测试什么内容，以及何时测试。

矩阵的横轴包含了面向业务或面向技术的测试。面向业务的测试是用户可以理解的，并且使用业务语言进行描述。面向技术的测试使用开发者的语言编写，并且通常用来评估代码是否完成了开发者预期的行为。

矩阵的纵轴包含了支持开发的测试（评估内部代码），或者评判解决方案的测试（从用户需求的角度评估系统）。

通过敏捷测试矩阵四个象限（Q1 ～ Q4）对测试进行分类，能够建立一个全面的测试策略，这有助于保证质量：

- Q1——包含单元测试和组件测试。这些测试的编写是为了在代码改变之前和之后运行，以便确认系统是否按预期工作。

- Q2——包含了针对故事、特性和能力的功能测试（用户接收测试），以便验证它们是按照产品负责人（或客户 / 用户）的意图来工作的。特性级别和能力级别的接收测试验证了许多用户故事聚合在一起的行为。团队尽可能自动化这些测试，并且只有在没有其他选择的时候才去做手动测试。
- Q3——包含了系统级别的接收测试，以便确认整个系统的行为是否满足可用性和功能性需求，包括在实际系统使用中会经常遇到的场景。这些测试可以包含探索性测试、用户接收测试、基于场景的测试和最终可用性测试。因为它们需要用户和测试人员在真实或模拟的部署场景中使用系统，所以 Q3 中的测试通常是手工完成的。这些测试通常是提交给最终用户之前完成的最后的系统验证。
- Q4——包含系统质量测试，以便验证系统是否满足了非功能性需求（NFR），同时也作为使能测试的一部分。这些测试通常由一套自动化测试工具支持，如专门为此目的设计的压力和性能测试。由于任何对系统的改动都可能破坏非功能性需求的一致性，所以这些测试必须被持续执行，或者至少在可行的时候执行。

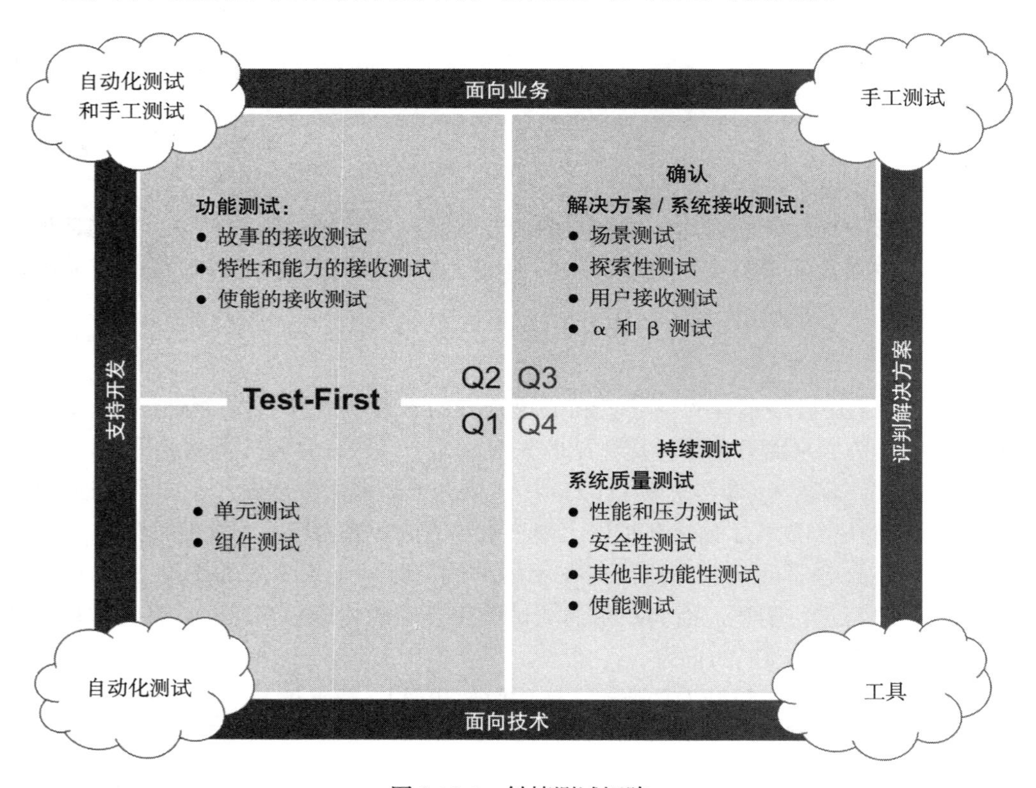

图 9.13-1 敏捷测试矩阵

如图 9.13-1 所示，象限 1 和象限 2 测试系统的功能。测试先行包括测试驱动开发（TDD）和接收测试驱动开发（ATDD），这两种实践都在开发代码之前先创建测试，都使用自动化测试来保证持续集成、团队速度和开发效率。象限 1 和象限 2 包含的测试如下文所述。象限 3 和象限 4 所包含的测试则分别在对应的 5.15 节和 5.10 节有描述。

测试驱动开发（测试先行）

Beck 和他的伙伴们已经在测试驱动开发（或 TDD）的概念中定义了一套极限编程实践（参考资料 [3]）：

- 先写测试，确保开发人员理解新代码所需的行为。
- 运行测试并观察测试失败。因为还没有任何代码能被测试，这一开始看起来有点傻，但是它实现了两个有用的目标：它验证了测试工作本身包括测试装置，它还展示了如果代码不正确系统会如何工作。
- 编写通过测试所需的最小量代码。如果测试失败，就需要返工修改相应的代码或测试，直到它正常通过测试。

在极限编程中，这个实践主要被设计在单元测试情景下操作的，由开发人员编写测试（和代码）来评估所使用的类和方法。单元测试是一种“白盒测试”，因为它测试了系统的内部工作及各种代码路径。在结对工作中，两个人合作来同时开发代码和测试，这种实践提供了内建的同行评审，有助于确保高质量。即使不是通过结对编程开发的，测试也确保有另一双眼睛来评审代码。为了尽可能简单和优雅地通过测试，开发人员经常重构代码，这也是 SAFe 依赖测试驱动开发（TDD）的主要原因之一。

单元测试

大多数测试驱动开发（TDD）涉及单元测试，从而可以防止质量保证人员和测试人员把时间主要花费在发现和报告代码级别的缺陷上面。相反可以让测试人员能够更多地聚焦在系统级别的测试挑战，根据单元代码模块间的交互来识别更复杂的行为。开源社区已经构建了单元测试框架来覆盖大多数语言，包括 Java、C、C#、C++、XML、HTTP 和 Python。事实上，单元测试框架对于开发人员最可能遇到的大多数编码结构都是可用的。它们为开发和维护单元测试以及针对系统自动执行单元测试提供了工具。

因为单元测试在代码之前或与代码同步编写，并且因为单元测试框架包括测试执行自动化，所以单元测试可以在同一迭代内进行。此外，单元测试框架存储和管理着累积的单元测试，因此单元测试的回归测试自动化对于团队来说基本上是不需要花费人力的。单元测试是保证软件敏捷性的基石，并且任何对于全面单元测试的投入都会提高组织的质量和工作效率。

组件测试

类似的，团队使用组件测试来评估系统的更大规模的组件。这其中的很多组件延伸到系统架构的多个层级中，这些层级中提供了特性和其他组件所需的服务。实现组件测试的工具和实践各有不同。例如，单元测试框架能够支持使用框架语言（例如 Java、C、C#）所编写的复杂的单元测试，因此许多团队使用他们的单元测试框架来构建组件测试。团队甚至可能不把它们看作是单独的功能，因为它们是测试策略的一部分。在其他情况下，开发人员可以与其他的测试工具相结合，或使用任何语言和环境编写完全定制化的测试，这些语言和环境支持更广泛的系统行为的测试。这些测试是自动化的，主要用来防御在重构代码和编写新代码时产生的意外结果。

接收测试驱动开发（ATDD）

敏捷测试矩阵的象限 2 展示了测试先行的理念，就像该理念适用于单元测试一样，它也适用于故事、特性和能力的测试，，称为接收测试驱动开发（ATDD）。不管接收测试驱动开发（ATDD）是正式或非正式地被采用，许多团队确实发现开发代码前先编写接收测试更有效。毕竟，我们的目标是让系统按照预期工作。

Ken Pugh 指出，这种方法的重点更多在于使用明确的术语表达需求，而不是关注测试本身（参考资料 [4]）。他进一步观察到，对于这一详细过程有三个可供选择的标签：接收测试驱动开发（ATDD)、实例化需求（SBD）和行为驱动开发（BDD)。尽管这些方法实际上有一些细微的差异，但它们都强调了先理解需求，再进行实现。实例化需求（SBD）特别建议产品负责人应该提供实例而不是抽象的描述，因为他们通常不自己编写接收测试。

不论接收测试驱动开发（ATDD) 被看作是一种需求表达的方式还是被看作是一个测试，对其理解的结果都是一样的。接收测试用于记录在产品负责人和团队之间的对话中所做出的决定，以便团队理解故事所代表的预期行为的细节（参见 4.8 节中“编写好的故事”中提到的 3C 原则：故事卡（Card)、对话（Conversation）和确认（Confirmation））。

功能测试

故事接收测试确保在迭代中每一个新的用户故事的实现交付了预期的行为。如果这些故事按预期工作，那么每一个软件增量都有可能最终满足用户的需要。

使用类似的特殊方法在一个项目群增量（PI）中执行特性和能力接收测试。区别在于能力测试在更高的抽象层次上运作，通常展示多个故事如何协同工作从而为用户提供更重要的价值。

当然，多个特性的接收测试也可以关联到一个更复杂的特性上。故事也是如此，通过必要的测试验证系统可以在各个抽象层级按预期工作。

下面是功能测试的特点：

- 用业务语言编写。
- 根据开发人员、测试人员和产品负责人间的对话开发出功能测试。
- “黑盒测试”仅仅验证系统的输出满足条件，而不关心系统内部是如何工作的。
- 和代码开发运行在同一迭代。

虽然每个人都能编写测试，但通常由产品负责人作为业务负责人或客户代表，对测试的有效性负责。如果一个故事没有通过测试，团队就不能交付该故事，而是把它放到下一个迭代中，修改代码或测试。

特性、能力和故事必须通过一个或多个接收测试才能满足完成定义（DoD）。故事实现预期的特性和能力，与一个特定工作项相关联的测试可能有多个。

自动化接收测试

因为接收测试在高于代码的级别上运行，人们提出各种方法来执行它们，包括手动测试。手动测试会堆积得非常快：你走得越快、它们增长得越快，然后你就会放慢速度。最终运行回归测试所需的大量手动工作量会减缓团队的速度，并导致价值交付的延迟。

为了避免上述情况，团队必须自动化大多数的接收测试。为了达到自动化的目的，他们可以使用各种工具，包括支持目标编程语言（如 Perl、PHP、Python、Java）或者自然语言的特定测试框架，如 Cucumber。或者他们可以使用表格格集成测试框架（FIT）所支持的表格格式。首选的方法是采取更高一层的抽象，直接工作在应用程序的业务逻辑层面，从而避免被展现层或其他实现细节所拖累。

接收测试模板 / 检查单

一份 ATDD 的检查清单有助于团队在每次新故事出现时考虑一个简单的清单，清单包括要做的事情、要评审的事情和要讨论的事情。《敏捷软件需求》一书提供了一个故事接收测试检查清单的示例（参考资料 [2]）。

参考资料

[1] Crispin, Lisa, and Janet Gregory. *Agile Testing: A Practical Guide for Testers and Agile Teams.* Addison-Wesley, 2009.

[2] Leffingwell, Dean. *Agile Software Requirements: Lean Requirements Practices for Teams, Programs, and the Enterprise.* Addison-Wesley, 2011.

[3] Beck, Kent. *Test-Driven Development.* Addison-Wesley, 2003.

[4] Pugh, Ken. *Lean-Agile Acceptance Test-Driven Development: Better Software Through Collaboration.* Addison-Wesley, 2011.

9.14　PI 目标的作用

作者：Eric Willeke, SAFe 研究员

简介

对于刚开始使用 PI 计划的团队来说，他们经常会误解 PI 目标的作用。团队一开始很难理解 PI 目标和特性的区别。SAFe 本身并没有给出足够的指导，用以说明使用 PI 目标背后的意图，而这些意图又经常被误解甚至曲解。在我的实践中，我觉得这一点非常有价值，因此我想花点时间在本节给出我个人的一些见解。

在开发过程中，PI 目标有以下作用：

- 确认对意图的理解。

- 聚焦成果而非过程。
- 将数据总结为有意义和易操控的信息。

如果不能了解以上 PI 目标的属性，会很容易将 PI 目标简单地看成是一个简短的待交付特性的清单。

确认对意图的理解

SAFe 四大核心价值观其中的两个分别是“项目群执行”和“协调一致”，而 SAFe 精益原则的关键之一是“去中心化的决策”。PI 计划会议的大部分活动议程，通过清晰传达敏捷发布火车（ART）所期望的目标和成果，执行并确保团队能够有效实现这些目标，从而聚落实上述三项内容（两个价值观和一个原则）。虽然我们通过产品经理和产品负责人让治理结构和其他反馈循环发挥作用，但我们一般会支持团队去掌握这些细节，以实现商业利益的最大化。

困扰所有软件开发方法的一个关键风险是如何保证初始意图（范围）被利益相关者清楚地理解和阐明，并被有效地传达给开发团队，且与所有项目参与方达成共识。在 SAFe 中，信息传递的路径包括了一个额外的步骤，即从最终用户到达业务负责人（业务负责人需要这个能力），然后再传递到产品管理者（用于在发布火车上实现这个能力）。

SAFe 使用 PI 目标提供了一个特有的工具，用于创建从团队到业务负责人的即时反馈回路，并允许团队对自己掌握到的预期成果做一个快速确认。简而言之，我们一直向团队提出挑战性的问题：

你是否能够以业务负责人可以理解的语言，简洁地讲述实现这组特性所追求的价值的本质呢？

如果在计划结束的时候，团队尚不能够以一种清晰的方式来回答这个问题，我们还会有足够的信心在接下来的 10 周内投资超过 10 万美元，去争取实现这些目标吗？通过强制要求团队去总结他们所相信的业务负责人想要达成的意图和成果，我们完成了沟通理解的闭环，并推动团队和业务负责人的关键对话，消除误解。与此同时，也可以促成更紧密的同步，超越了之前仅仅在书面上所描述的特性，并强化了团队和业务负责人之间的相互理解。

聚焦成果而非过程

PI 目标第二个隐藏的价值是它们会帮助团队将重心从特性语言转至预期的业务成果。特性和接收标准是一个神器，它有助于理解、获取和协作需要完成的工作，从而将解决方案迭代到更高的水平。但如果仅依赖它们，会很容易陷入“完成特性”却忽略了隐藏在特性背后的整体目标。因此这里的核心问题变成：

我们的目标是完成特性清单，还是这些特性所期望的成果？换言之，如果我们仅完成工作的一半，但却能提供同样的价值是否也可以呢？

我的经验表明，特性语言经常会导致团队忽略有创造性的、有效的和架构合理的解决方案，因为团队之外的人已经提供了先入为主的概念，即应该如何提供这些价值。而通过与业务负责人的直接对话，可以让团队对意图有更深入的理解，这样偶尔会让团队向架构师和产品经理提供一些新的视角，并快速找到更有效地应用他们的专业知识的方法。

将数据总结为易操控的信息

最后，有一个对于PI目标的简单“领悟”，它被证明是特别有价值的。在我自己的工作中，我认识到假如一个清单中的条目超过了5～7个，那么一个大团队中没有哪个人会认真地去读每一个条目。鉴于我看到过一个只有4个团队的小火车可以持续地在每个PI完成10个特性，那么一个大型火车就有可能每个PI完成40个特性，很可能除了产品经理以外，没有人会认真地去读每一个特性，火车之外的人就更不必说了。面对这种现实情况，我非常重视PI目标所提供的意图总结，并且可以用这些目标来向火车内外的人清晰地呈现进展状态。

理想情况下，团队应该完全地、透明地共享他们想要完成的特性，用百分比的方式呈现其进展。无论怎样，每列火车能总结出5～7条关键目标，并汇报其进展情况将是很有价值的。当4列或更多的火车工作在同一价值流时，这一点将尤其明显，每两周就将他们的工作汇总在一个共享的系统演示中，展示给高层管理人员。很简单，你需要一种更紧凑的方式来传递相同的信息，从而增强具有量化指标的报告。

一点哲学

当我整理这些想法时，我意识到发布火车之间的重要差异，它会深深影响在“聚焦成果”方面的价值程度。我倾向于把ART分为两个极端：要么通过投资组合史诗来驱动大部分工作（85%～95%），从而减少了火车的自主性；要么用特性来驱动大部分工作，仅有5%～10%的史诗所产生的工作是真正跨火车的。虽然这两种方式都没有本质的错误，但是大部分在解决大型“系统的系统”工程问题的公司都强烈支持史诗驱动的方式。他们会发现对于精益软件和系统工程来说，SAFe是一种更为有效的方法。

与此同时，这种史诗驱动开发的思维方式在规模化过程中所起到的作用，正如“瀑布化迭代”在团队中所起到的作用。也就是说，它为这类组织提供了一种方法，组织不必再去学习那些所犯过的严重教训了，他们可以知晓如何以过去从未有过的方式进行合作。

附　录

SAFe 4.6 版新增内容

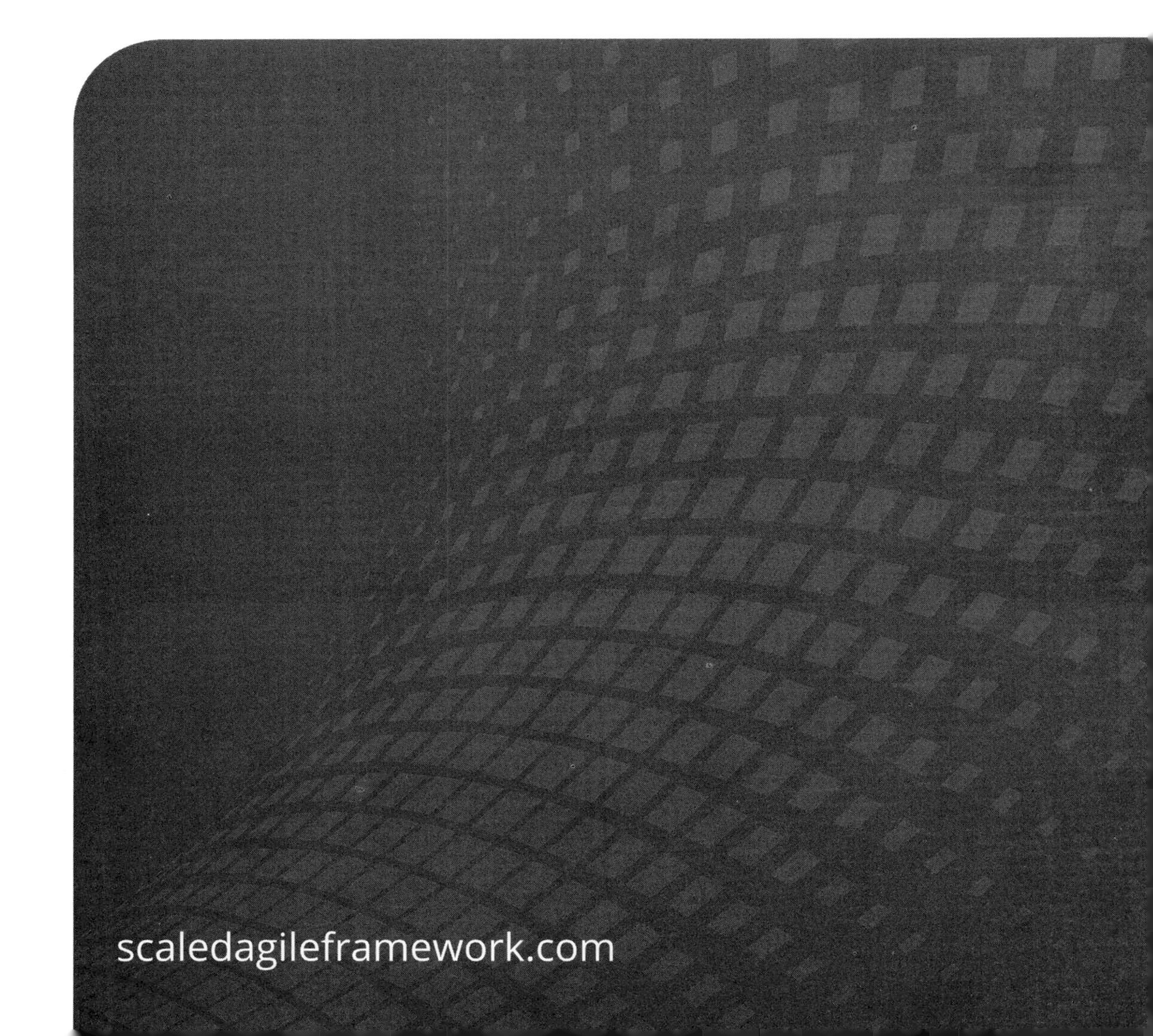

A.1 精益 – 敏捷领导力[⊖]

管理层仅仅承诺质量和生产率是不够的，他们必须知道哪些事情是他们必须要做的。这项责任是不能委派给其他人的。

—— W·爱德华兹·戴明

摘要

精益 – 敏捷领导力是精益企业的五项核心能力之一。

精益 – 敏捷领导力，描述了精益 – 敏捷领导者如何通过授权个人和团队，从而发挥其最大潜力来推动和维持组织变革和卓越运营。他们通过学习、展示、讲授和教练 SAFe 的精益 – 敏捷理念、价值观、原则和实践，来拥有这项能力。

为什么需要精益 – 敏捷领导者

精益 – 敏捷开发方法的采纳、成功运用和持续改进的最终责任是由企业的经理、主管和高层管理者来承担的。只有他们才能改变并持续改进组织及运营系统，而这些系统管理着工作的执行方式。此外，只有这些领导者才能创造环境，鼓励高绩效敏捷团队蓬勃发展并创造价值。因此，领导者必须内化和塑造更精益的思维和操作方式，同时训练和鼓励实践者，以便实践者以他们为榜样进行学习。

成为一个精益企业的过程既不简单也不容易。正如我们将在下面看到的，许多经理、主管和高层管理者，以及其他有影响力的人必须提供一种新的领导方式。它需要通过精益和敏捷的原则和实践更好地教授、授权个人和团队，并鼓励他们积极参与，从而实现他们的最大潜能。

此外，仅有知识是不够的。精益 – 敏捷领导者并不是简单地支持变革：他们积极地领导新工作方式的实施。但这只是开始。然后，他们指导必要的活动，以了解并持续优化组织中的价值流。他们围绕价值进行组织和重组。他们识别队列和过剩的在制品（WIP）。他们不断致力于消除浪费和延误。他们取消了使团队士气低落的政策和流程。他们鼓舞和激励他人。他们创造了一种持续改进的文化，为团队创新提供了必要的空间。

如图 A.1-1 所示，精益 – 敏捷领导力锚定在 SAFe 框架基础部分的中心。

图 A.1-1 精益 – 敏捷领导力锚定在 SAFe 基础部分

⊖ 原文参见 www.scaledagileframework.com/lean-agile-leadership/，更新日期：2018 年 10 月 4 日。

图 A.1-1 展示了精益 – 敏捷领导力的两个主要职责：

1. 领导者必须具备知识和能力，能够像“精益思想的管理者 / 教师”那样思考和行动。这是实践和教授精益理念所必需的持续技能。

2. 他们必须通过促进和激励所需的组织变革，来领导和保持新的工作方式。他们推动精益企业的持续发展。

精益思想的管理者 – 教师

“精益的基本原则挑战了传统管理理论的许多方面，它需要一种大多数高管都不具备的思维方式”

——雅各布·斯托勒（参考资料 [1]）

斯托勒所说的话提醒我们，传统的管理实践不足以进行这次远征。相反，精益企业依赖于丰田所谓的“精益思想的管理者 / 教师”。这些领导者理解精益思想和原则，并将其作为日常工作活动的一部分教授给其他人。这是一种整体性，整合了“他们是谁”和“他们做什么”，影响着他们帮助团队以精益和敏捷的方式构建系统和解决方案的方法的每个方面。

在 SAFe 的环境中，这些领导者强化了核心价值观，采纳和展示了精益 – 敏捷理念，并应用了 SAFe 的精益 – 敏捷原则。这些内容都将在下文中进行描述。

强化核心价值观

四个核心价值观定义了 SAFe 的基本思想和信念：协调一致、内建质量、透明和项目群执行。在每一个机会中，一位领导者的行为在沟通、展示和强调这些方面都起着至关重要的作用。以下是一些强化这些价值观的建议：

- **协调一致**。通过建立和表达投资组合战略和解决方案愿景来传达使命。帮助组织价值流并协调依赖关系。提供相关简报并参与项目群增量（PI）计划。帮助待办事项列表的可视化、评审和准备；经常检查列表内容的理解情况。
- **内建质量**。通过拒绝接收和发布低质量的工作来证明质量。支持在容量计划方面的投资，用来维持和减少技术债务。确保整个组织的关注点（包括用户体验、架构、运营、安全性、合规性和其他方面）是正常工作流动的一部分。
- **透明**。可视化所有相关工作。为错误承担责任。承认他们自己的错误，同时支持那些勇于承认错误并向他们学习的人。他们从不惩罚指出错误的人。相反，他们庆祝可以获得学习的机会。
- **项目群执行**。许多领导者作为业务负责人参与 PI 执行并建立业务价值。所有领导者都会帮助调整范围，以确保需求匹配容量。他们庆祝高质量的项目群增量。他们积极地消除障碍和消极因素。

采纳和展示精益 – 敏捷理念

SAFe 的精益 – 敏捷理念，是奉行敏捷宣言与 SAFe 精益之屋概念的领导者和实践者的信念、假设和行动的组合。

这种思维方式是领导采纳和运用 SAFe 原则和实践的思想基础。如图 A.1-2 所示，精益 – 敏捷理念包含两个方面。

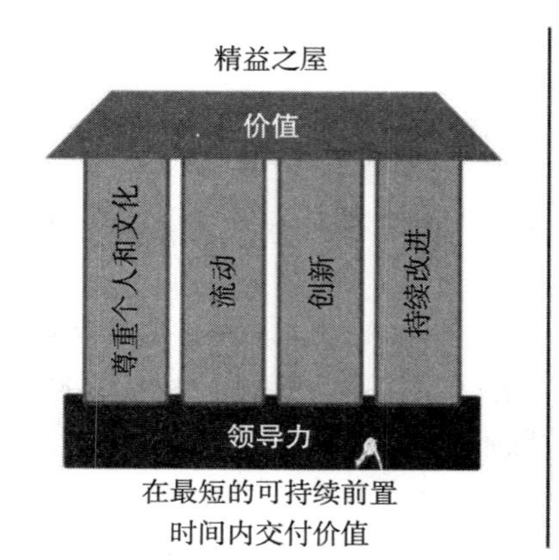

敏捷宣言
个体和互动 高于 流程和工具
工作的软件 高于 详尽的文档
客户合作 高于 合同谈判
响应变化 高于 遵循计划

也就是说，尽管右项有其价值，我们更重视左项的价值。

图 A.1-2　SAFe 精益之屋和敏捷宣言

- **思考精益**——SAFe 精益之屋体现了精益思想。“屋顶”代表了目标是交付价值；“支柱”通过尊重个人与文化、流动、创新和不懈改进来支持目标得以实现；精益 – 敏捷领导者则为其他一切奠定了基础。
- **拥抱敏捷**——敏捷宣言提供了一个价值体系和一套对成功的敏捷开发至关重要的原则。SAFe 建立在跨职能敏捷团队所体现的敏捷价值观、原则和方法之上。每一位领导者必须充分支持和强化敏捷宣言价值观和原则的意图和应用。

支持 SAFe 精益 – 敏捷原则

正如精益 – 敏捷原则中所描述的，SAFe 基于 9 条不变的、基本的精益 – 敏捷原则。这些基本信条和经济概念，对于 SAFe 的角色和实践起到了鼓舞和描述的作用，并影响着领导力的行为和决策。

这些原则包括：

原则 #1——采取经济视角

原则 #2——运用系统思考

原则 #3——假设变异性，保留可选项

原则 #4——通过快速集成学习环进行增量式构建

原则 #5——基于对可工作系统的客观评估设立里程碑

原则 #6——可视化和限制在制品，减少批次规模，管理队列长度

原则 #7——应用节奏，通过跨领域计划进行同步

原则 #8——释放知识工作者的内在动力

原则 #9——去中心化的决策

要体验应用 SAFe 给个人和业务带来的经济效益，每一条原则都是必要的。此外，这些原则作为一个系统协同工作；原则之间相互影响，整体效益远远大于单个原则的相加之和。

所有这些原则都与领导者直接相关。原则 #1 和原则 #2 为解决方案和组织发展设定了经济和系统思维的环境。原则 #8 和原则 #9 与领导他人尤其相关。管理部门有责任和权力建立组织文化，并创造一种环境，使知识工作者获得授权和激励。这两个原则也与领导力有关，如下所述。

原则 #8——释放知识工作者的内在动力。正如该原则所指出的，我们有幸与工作者中最聪明的人合作，这些积极进取、有才华的知识工作者构建了世界上最重要的系统。在给这些知识工作者提供支持以帮助他们避免许多已经进入我们传统管理习惯的消极因素方面，领导者的作用是多么重要，这一点再怎么强调都不为过。《敏捷 HR》这篇文章描述了 6 个重要的主题，它们可以设定环境，支持下一代知识工作者的有效管理。

原则 #9——去中心化的决策。同样，原则 #9 提供了领导者委托他人进行有效决策所需的指导，从而加速价值的流动。反过来，这也强化了原则 #8，因为授权决策是激励知识工作者的先决条件。

引领 SAFe 转型

在成功转型中使用的方法都基于一个基本的洞察：由于一系列的原因，导致重大的变革不会轻易发生。

——约翰·科特

正如我们刚才所描述的，精益思想的管理者 / 教师为领导者提供了他们开始构建精益企业所需的思维过程和实用工具。实现最短的可持续前置时间的目标，向来都是很明确的：流动或缺乏流动变得显而易见。队列被发现并被分析。在制品（WIP）可见并被管理。每一轮都能消除浪费和延误。

但是，你已经踏上了组织变革的旅程（也许比我们大多数人在职业生涯中经历的更重要），即使有这些工具也还不够。在这段旅程中，领导者需要应用组织变革管理和变革领导的工具。科特（参考资料 [2]）描述了成功实现变革所需的八个步骤：

1. 树立紧迫感
2. 组建指导联盟
3. 确立愿景战略
4. 沟通变革愿景
5. 授权员工采取广泛的行动
6. 创造短期胜利
7. 巩固成果并深化变革
8. 成果融入文化

显然，这些步骤需要致力于变革领导者的积极参与。但是这还不够：正如奇普·西斯和丹·西斯（参考资料 [3]）在他们有关变革的书籍中所指出的那样，领导者们“需要为完成变革所需的关键步骤编写脚本”。

实施路线图

基于这些来自组织变革管理领域的深刻洞察，SAFe 实施路线图文章将按顺序指导领导者完成这一特殊旅程，相关的总结内容，请参考文章《实施路线图》和图 A.1-3。

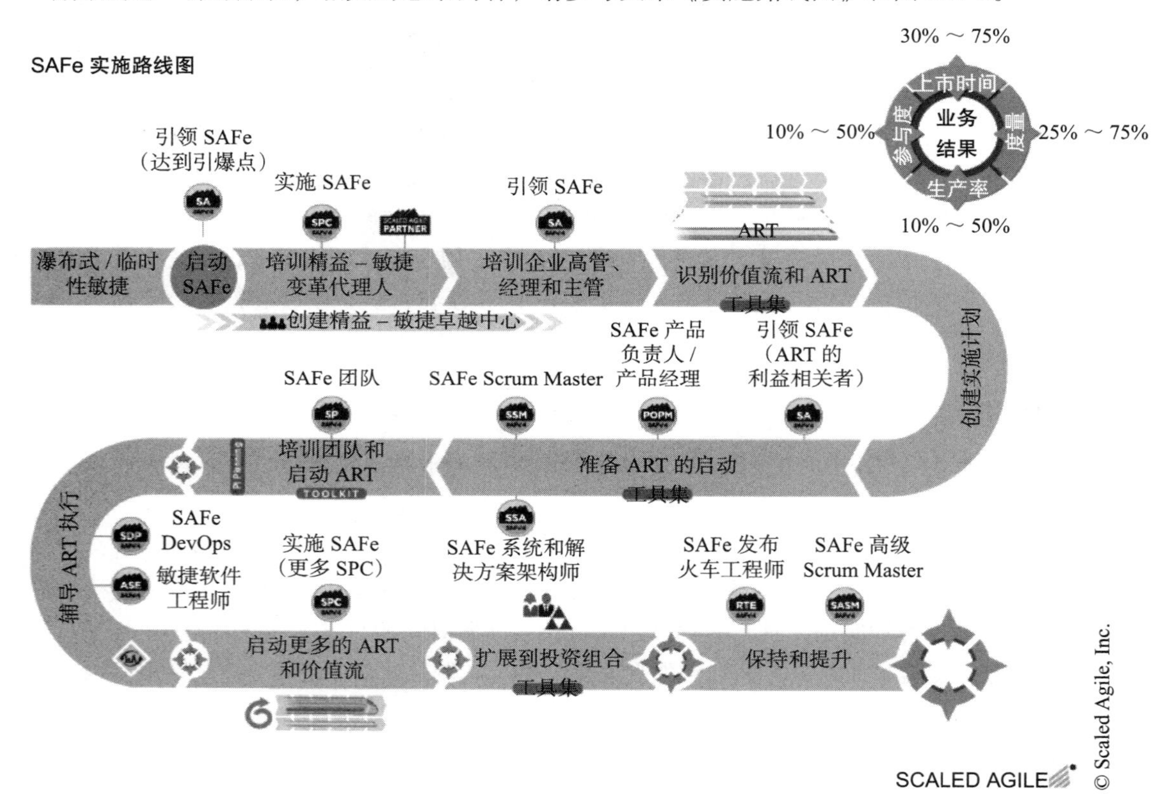

图 A.1-3　SAFe 实施路线图

SAFe 实施路线图描述了 12 篇系列文章，与科特的变革蓝图相一致。例如，紧迫感往往是在组织“达到引爆点”并决定“走向 SAFe”的许多对话中建立起来的。我们建议的下一个行动是培训一个核心团队，由精益 – 敏捷的变革代理人和领导者组成“强大的指导联盟”。该模式贯穿于整个路线图，旨在将成功组织变革的经验教训构建到 SAFe 转型的模型中。

SAFe 咨询顾问的角色

然而，即便具备了这些技能，我们也明白，需要一个由变革代理人组成的，更具体和

“足够强大的联盟”（参考资料 [2]）。虽然每个领导者在变革中都扮演着一个角色，但是 SAFe 咨询顾问（SPC）是在 SAFe 的环境中专门为这项任务培训和安排的。他们的内在动力（结合他们将需要的培训、工具和课件）在 SAFe 的成功实施和可持续性方面发挥着关键作用。

传统管理者在 SAFe 精益企业中的角色

关于 SAFe 中领导力的作用，还有最后一个重要的讨论。在所有受影响的角色中，没有一个角色的变化比传统的职能经理更大，即开发经理、工程经理、项目经理、质量经理、合规部门，等等。

SAFe 强调自组织、跨职能团队的价值；它是敏捷开发的基石。SAFe 支持更精益的管理基础架构，以及更强大的个人和团队。已经不再需要传统的、日常的员工指导和指示的方式。因此，这对那些既负责管理开发，又负责培养其直接下属的个人发展和职业发展的管理者角色，提出了挑战。虽然精益 – 敏捷开发并没有消除对良好管理的需求，但“精益思想的管理者 / 教师”的方法是不同的。这个重要的主题是《精益 – 敏捷开发中管理者角色的演变》一文的主题。

总结

毫不奇怪，有效的领导力对于实现任何形式的重大组织变革都是必要的。这是一场在敏捷和精益开发的基础上，坚持不懈地改进精益企业的变革。为此，我们需要领导者知道他们在努力做什么，以及他们将如何去做。换句话说，我们需要“精益思想的管理者 / 教师”，他们懂得如何领导和保持变革。

参考资料

[1] Stoller, Jacob. *The Lean CEO: Leading the Way to World-Class Excellence.* McGraw-Hill Education. Kindle Edition.

[2] Kotter, John P. Leading Change, With a New Preface by the Author. Harvard Business Review Press. Kindle Edition.

[3] Heath, Chip; Heath, Dan. Switch: *How to Change Things When Change Is Hard.* The Crown Publishing Group. Kindle Edition.

A.2 团队和技术敏捷力[⊖]

坚持不懈地追求技术卓越和良好设计，敏捷能力由此增强。

——敏捷宣言

摘要

团队和技术敏捷力是精益企业的五项核心能力之一。

⊖ 原文参见 www.scaledagileframework.com/team-and-technical-agility/，更新日期：2018 年 10 月 29 日。

团队和技术敏捷力，描述了创建高绩效敏捷团队所需要的关键技能及精益–敏捷原则和实践，从而可以使团队创建高质量、设计良好的技术解决方案。

为什么要具备团队敏捷力和技术敏捷力

在精益企业中，敏捷团队执行向客户交付价值的大部分工作。因此，组织的执行能力，依赖于构成组织的各个团队的能力，从而可以高质量可靠地交付满足客户需求的解决方案。因此，这些团队有两个基本特征：

- **团队敏捷力**——敏捷团队是高绩效的团队，他们使用基本且有效的敏捷原则和实践进行组织和运作。
- **技术敏捷力**——敏捷团队应用敏捷技术实践来创建高质量、设计良好的技术解决方案，以支持当前和未来的业务需求。

团队敏捷力使团队能够在最大化价值交付的环境中工作。小型的、跨职能的团队围绕着一个共享的目标，应用一个精益的、敏捷的、基于流动的模型。更重要的是，他们了解自己在整个企业中的角色，以及 SAFe 的敏捷发布火车（ART），ART 是一个长期存在的敏捷团队，提供更大的愿景、方向和解决方案成果。技术敏捷力确保团队成员拥有创建最佳解决方案所需的技能和技术实践。它们确保系统在架构上可靠，代码和组件质量高，并且易于修改以支持未来的需求。

团队敏捷力和技术敏捷力这两种能力，是敏捷团队的阴阳两极，是彼此互补和相互依赖的力量，它们创建了高绩效的单元，可以为 SAFe 乃至最终为整个企业提供动力。

团队敏捷力

团队敏捷力是这个能力的前半部分。敏捷团队在业务负责人、开发人员和测试人员之间进行协作，以创建协调一致、共识，以及快速、可预测的价值交付。这些团队有权力和责任管理自己的工作，提高生产力，减少整体上市时间。敏捷团队致力于小批量的工作、减少反馈周期，以及适应不断变化的需求。

敏捷团队是驱动 ART 的引擎，因此团队的有效性是至关重要的。一个 SAFe 敏捷团队，是一个由 5 到 11 人组成的跨职能团队，他们负责定义、构建、测试和（在适用的情况下）部署解决方案价值的某些元素，所有这些都是在一个很短的迭代时间盒内完成的。具体来说，SAFe 敏捷团队的角色包括开发团队、Scrum Master 和产品负责人。

创建高绩效精益–敏捷团队

仅仅将人员进行分组并将他们称为敏捷团队，这并不能保证他们将作为一个协调一致的、高绩效的团队来运作。一个真正的团队是负责任的，并致力于共同的目标。他们就像一个运动队，一起成功、一起失败。敏捷团队获得授权、彼此协作、在一个共同的共享目标上保持一致，并且拥有定义、构建、测试和在短迭代中部署价值所需的所有技能。一个待办事项列表围绕一个共同的目标来组织团队，创建需要构建的内容、相对价值和优先级的共识。SAFe 敏捷团队在一个 ART 的大型环境中进行运作，ART 可以支持规模化。

在精益 – 敏捷流程中工作

SAFe 敏捷团队通常采用混合的敏捷方法，包括 Scrum 和看板。大多数团队的工作都基于 Scrum，包括以下 Scrum 实践：

- 在两周的短迭代中工作
- 将工作分解为小的用户故事待办事项列表
- 计划即将到来的迭代的工作
- 每日开会，在每日站立会议中评估迭代目标的进展情况
- 在迭代结束时演示一个可工作的系统
- 当再次开始一个迭代周期之前，讨论如何改进流程

为了优化流动，团队还可以在看板系统中可视化和管理他们的工作的流动。看板通过定义在制品（WIP）限制来帮助团队识别瓶颈，以帮助团队停止处理新的用户故事并开始完成队列中的工作。团队是跨职能的，拥有完成某个特性或组件的工作所需的所有技能。敏捷团队不会根据职能技能（测试人员团队、开发人员团队等）或技术基础设施进行分组，因为基于筒仓的团队会造成依赖性，从而降低整体价值交付。

作为敏捷发布火车的一部分进行运作

敏捷团队所向无敌，除了敏捷团队的团队。为了交付复杂的系统，多个团队需要在一个 ART 的“大伞”之下进行协作。这些火车汇集了为客户定义、构建、测试和部署解决方案所需的所有人员。

一个团队的单独计划和执行是不够的。相反，一个 ART 上的所有团队需要共同计划，共同集成和演示，共同部署和发布，以及共同学习。每个团队都理解并承诺不仅要实现他们各自的目标，还要实现更大的 ART 目标。

团队敏捷力为团队单独或在短时间盒内与其他团队一起工作和交付价值提供了方法。然而，要使交付有效，就必须在其中内建质量，这就需要技术敏捷力。

技术敏捷力

技术敏捷力是这个能力的后半部分，它定义了敏捷软件工程原则和实践，团队应用这些原则和实践快速、可靠地交付解决方案。软件工程是“应用一种系统的、有纪律的、可量化的方法来开发、运行和维护软件。”（参考资料 [1]）敏捷软件工程增加了精益 – 敏捷的价值观和原则，以及极限编程（XP）实践、敏捷建模、经过验证的软件设计方法，等等。

建立流动

敏捷团队在一个快速的、基于流动的系统中运行，从而快速开发和发布高质量的业务

能力。敏捷团队不是在最后阶段才执行大部分测试，而是在早期，经常地、在多个级别定义和执行许多测试。测试的定义是针对代码变更（测试驱动开发（TDD），见参考资料 [2]）、故事接收标准（行为驱动开发（BDD），见参考资料 [3]），以及特性收益假设（Lean-UX，参考资料 [4]）而进行的，从而可以达到内建质量（如图 A.2-1 所示）。内建质量确保敏捷的频繁变更不会引入新的错误。敏捷团队创建不断演进的设计，以满足当前和未来的业务需要。

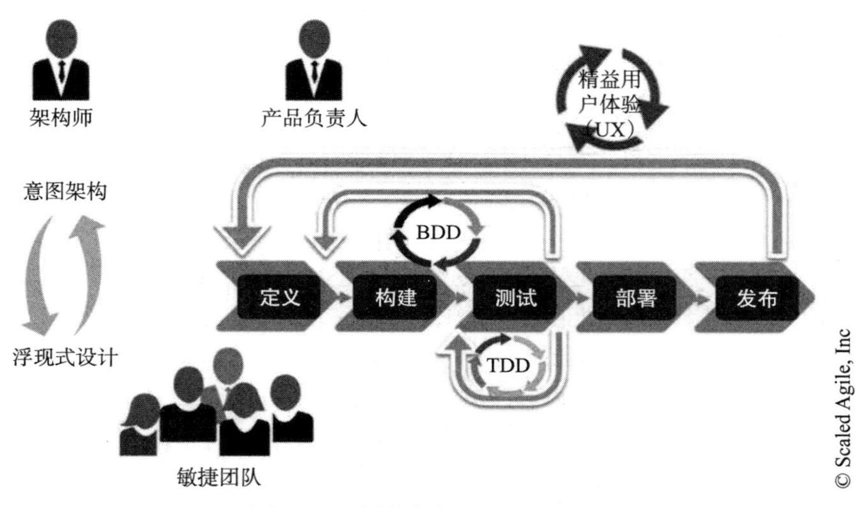

图 A.2-1　敏捷软件工程的环境

在传统的项目管理中，成功的衡量标准是按时和按预算完成整个计划。在精益 – 敏捷中，力求快速、持续地发布小型的、最小的市场化特性（MMF），用来进行学习和调整。MMF 定义了具有内在业务和市场价值的最小数量的功能。精益用户体验（Lean-UX）将每个特性和每个需求都视为必须经过验证的假设。精益用户体验的最后一步验证了该假设，以确定该特性是否真正提供了预期的价值。团队对每个特性实施遥测，以监控 MMF 的收益假设，并确定是否实现了预期的效益。

解决方案的架构会影响流动，并抑制团队以小批量独立发布的能力。基于组件 / 服务的架构，通过定义良好的接口进行通信，允许团队独立开发、测试、部署和发布系统组件 / 服务。意图架构创建了一个架构跑道，跑道由未来的 MMF 的使能组成。架构是架构师和使用架构的团队之间的一种协作。

思考测试先行

快速流动依赖于通过多层级的测试将质量构建到我们的开发系统中。错误会严重影响流动，延迟发布并使等待时间不确定。因此，我们为所有的东西（特性、故事和代码）生成测试，理想情况下是在条目创建之前，或者测试先行。“测试先行”既适用于功能需求（特性和故事），也适用于性能、可靠性等方面的非功能性需求（NFR）。图 A.2-2 说明了测试先行方法如何通过在开发周期的早期创建测试（右图），从而避免传统的“V 模型”(V-Model)(左图)。

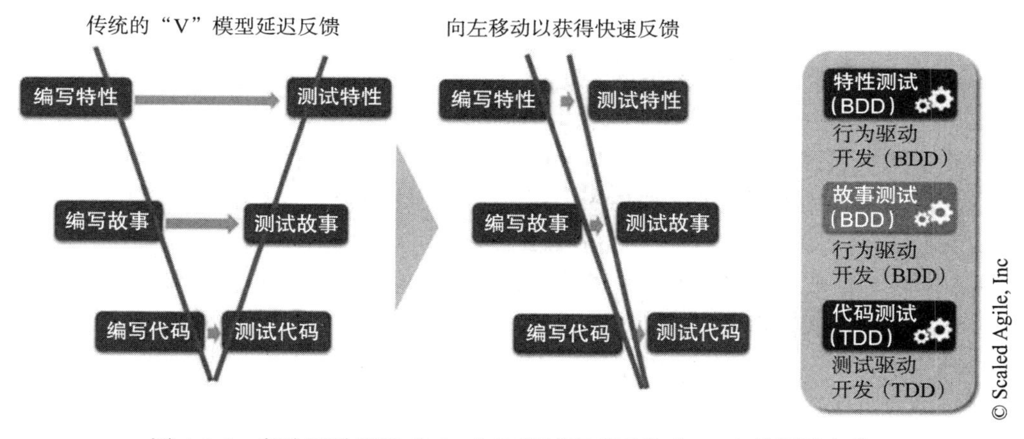

图 A.2-2 行为驱动开发（BDD）和测试驱动开发（TDD）将测试左移

为了支持快速流动，测试需要快速运行，而且团队努力使其自动化。由于大型的、基于UI 的端到端测试运行起来比小型的自动化测试慢得多，所以我们希望有一个平衡的测试组合，包括许多小型的快速测试和较少、大型、较慢的测试。图 F.2-3 中的测试金字塔说明了这些目标。不幸的是，许多组织的测试组合是不平衡的，有太多的大型、缓慢、昂贵的测试，以及太少的小型、快速、便宜的测试。测试先行反转了这个结果。通过构建大量的代码级和故事级的测试，我们减少了对速度较慢、端到端、昂贵的测试的依赖。

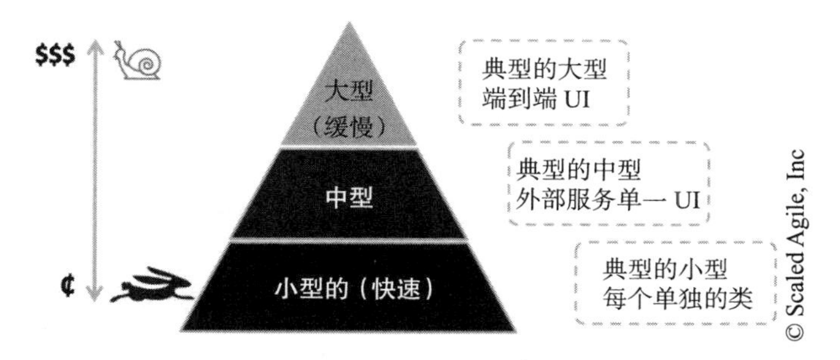

图 A.2-3 用许多快速、自动化的测试来平衡测试组合

用行为驱动开发（BDD）创建故事

敏捷团队对用户故事的应用是通过把系统意图用小型、可实现和可测试的描述来实现的。好的用户故事需要多个视角来理解和定义行为：

- 产品负责人提供了客户对于可行性和可取性的思考。
- 开发人员提供了技术可行性。
- 测试人员提供了对异常、边缘情况和其他意想不到的用户可能与系统交互的方式的广泛思考。

综合这些视角，通过使用故事描述、接收标准和接收测试中表示的结果，来定义用户故事的行为。接收测试（BDD）是使用系统的领域语言编写的。以这种方式编写测试可以帮助每个人清楚地交流，并在故事的行为上达成一致。然后，BDD 测试被自动化并持续运行，以维护内建质量。BDD 测试是针对系统需求（故事）编写的，因此可以作为系统行为的唯一真实来源，取代基于文档的规格说明书。

故事建模

团队使用轻量级模型来沟通系统设计和行为。为了说明系统实体是如何关联的，或者它们是如何协作来提供行为的，使用一个简单、快速的图表可以“胜过千言万语”。模型有两种主要形式：

- 显示实体的职责及其相互关系的静态或结构化模型。
- 显示实体之间协作以实现系统功能的动态或行为模型。

将结构模型和行为模型结合在一起，团队可以就系统当前的设计以及如何将其发展成新的设计进行协作。

面向质量的设计

解决方案的代码和设计的质量会影响团队快速可靠地交付新功能的能力。快速流动取决于团队在设计和实现中内建质量的能力。与其他实践一样，一些极限编程（XP）的实践（参考资料 [5]）鼓励良好的设计：

- 编码标准确保一致的样式和格式，以便使工程工件具有可读性，从而更容易、更可靠地修改它们。
- 工作上的结对提供了多种视角和持续的评审过程，从而增强了团队的技能并产生更高质量的工作产品。
- 集体所有权允许任何工程师在任何时候修改系统的任何部分，并创建更广泛的集体知识，以减少延迟和瓶颈。

随着系统需求的演进，它的设计也必须演进以支持这些需求。低质量的设计很难理解和修改，这通常会导致交付速度变慢、缺陷增多。应用良好的耦合 / 内聚和适当的抽象 / 封装，可以使实现更容易理解和修改。SOLID 原则[⊖]（参考资料 [6]）使系统变得灵活，从而可以更容易地支持新的需求：

- **单一功能原则**——实体应该做好一件事。把出于相同原因而改变的事物集合起来，把出于不同原因而改变的事物分开。
- **开闭原则**——实体应该对扩展是开放的，但对修改是关闭的。在对现有实体进行扩展以支持新行为的同时，关闭现有实体以进行更改。
- **里氏替换原则**——接口的客户端不应该依赖于特定的实现，应该能够在不知情的情况下使用任何实现。
- **接口分离原则**——支持多个特定于客户端的接口，而不是一个大型通用接口。
- **依赖反转原则**——高级模块不应该依赖于低级模块，两者都应该依赖于抽象 / 接口。

⊖ SOLID 指面向对象编程和面向对象设计的五个基本原则，它是单一功能、开闭、里氏替换、接口隔离以及依赖反转五个原则的首字母缩略字，是由 Robert Cecil Martin，即 Bob 大叔提出的。——译者注

设计模式（参考资料 [7]）描述了支持这些原则的众所周知的方法，并提供了一种通用语言来简化理解和可读性。将元素命名为“工厂模式”或“服务模式”可以快速表示其在更广泛的系统中的意图。使用基于集合的设计可以探索多种解决方案，从而得到最佳的设计选择，而不是第一选择。更多详细信息，请参阅 SAFe 中《内建质量》一文中的设计质量部分。

面向质量的实施

敏捷团队使用质量实践（包括 TDD、重构和浮现式设计）持续实施解决方案。TDD 最终是一种开发理念，在这种理念下，开发人员不断地创建尽可能小的测试，然后在一个快速周期（理想情况下是几分钟）内实现通过该测试的相关代码。为了快速运行测试，对于速度较慢或可用性较低的实体，将使用测试替身（即模拟对象（mock））。

随着系统的演进，其设计也必须不断演进，以便更好、更可靠地支持未来的变化。重构在不改变行为的情况下修改内部代码结构，通常是针对某些设计和 / 或架构模式。TDD 创建了一组丰富的测试，使开发人员能够可靠、自信地重构解决方案的设计（参考资料 [8]）。以这种方式发展系统设计允许它随着需求的演进而浮现，而不是在所有的需求都还不知道的时候，就试图在前期创建一个完整的设计。

面向质量的持续集成与部署

规模化敏捷力可以让许多工程师在进行许多较小的变更时，也必须不断地检查冲突和错误。持续集成（CI）通过频繁地（每隔几个小时）集成变更，使所有工程师都能在工件的最新版本上工作。持续部署（CD）提供了快速的反馈，因此变更是无错误的，满足质量标准，并在类似生产的环境中正常工作。如图 A.2-4 所示，每个开发人员提交都会自动启动一个流程，以通过持续交付流水线进行变更的构建、测试和部署。“面具”（Masks）表示在测试中运行系统所需的系统元素的测试加倍，但它可以通过代理，以减少测试时间或成本。更多详细信息，请参阅《DevOps 和按需发布能力》一文。

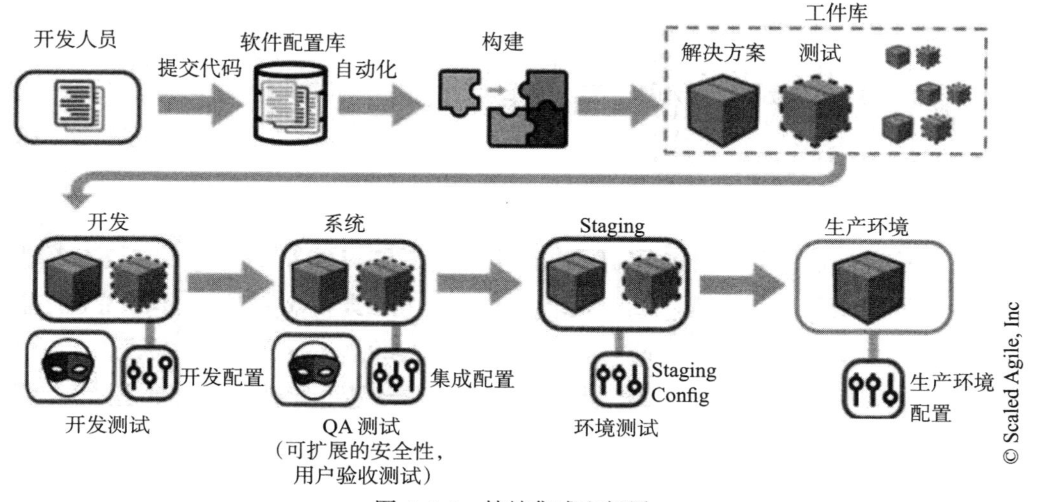

图 A.2-4 持续集成和部署

SAFe 还提供了一个自我评估，团队可以用来持续评估和提高他们的团队合作和技术能力。

总结

团队是 SAFe 和精益企业的基础，因为他们完成了交付客户价值的绝大部分工作。正如迈克尔·乔丹告诉我们的，“光有天赋是不够的。实现目标需要团队合作和智慧。”组织必须为员工创造一个作为高绩效团队运作的环境，并确保他们具备必要的技能和知识，以创建满足当前和未来业务的高质量解决方案。两者对于精益企业的执行和交付能力都是至关重要的。

参考资料

[1] IEEE STD 610.12-1990, IEEE Standard Glossary of Software Engineering Terminology, IEEE Computer Society, 1990.

[2] Beck, Kent. *Test-driven Development: By Example.* Addison-Wesley. 2003.

[3] Pugh, Ken, *Lean-Agile Acceptance Test-Driven Development: Better Software Through Collaboration.* Addison-Wesley. 2010.

[4] Gothelf, Jeff and Josh Seiden. *Lean UX: Designing Great Products with Agile Teams.* O'Reilly Media. 2016.

[5] Beck, Kent. *Extreme Programming Explained.* Addison-Wesley. 1999.

[6] Martin, Robert. Design Principles and Patterns. https://web.archive.org/web/20150906155800/http://www.objectmentor.com/resources/articles/Principles_and_Patterns.pdf 2000.

[7] Gama, Erich, et al. *Design Patterns: Elements of Reusable Object-Oriented Software.* Addison-Wesley. 1994.

[8] Fowler, Martin. *Refactoring: Improving the Design of Existing Code.* Addison-Wesley. 1999.

A.3 DevOps 和按需发布[⊖]

当开发完成了一个特性的实现时，工作还没有完成——相反，只有当我们的应用程序在生产中成功运行并向客户交付价值时，工作才算完成。

——《DevOps 手册》

摘要

DevOps 和按需发布是精益企业的五项核心能力之一。

DevOps 和按需发布能力描述了如何实现 DevOps 和一个持续交付流水线，为企业提供了在任何时候发布全部或部分价值的能力，以满足市场和客户的要求。

当客户需要时向其发布价值的能力，对于当今企业的成功来说是至关重要的。这就是

⊖ 原文参见 www.scaledagileframework.com/devops-and-release-on-demand/，更新日期：2018 年 10 月 25 日。

为什么每个敏捷团队、敏捷发布火车（ART）和解决方案火车都必须发展持续交付流水线和DevOps（开发和运维的连接）理念的原因。持续交付流水线通过持续探索、持续集成、持续部署和按需发布的维度，表示出价值从概念到现金的流动。DevOps代表了使这个流动成为可能的理念和实践。

为什么需要 DevOps 和按需发布

随着数字化革新持续地改变世界，随着软件成为每个公司交付和支持其产品和服务能力的更重要的一部分，每个企业都需要用数字解决方案更快地响应客户要求和需要。快速交付的一个常见问题一直是开发和运维之间的鸿沟，一个是对频繁发布和变更的优化，另一个是对运维稳定性的优化。如果不加以解决，这种“世界观”上的二分法就会成为走向成功的障碍。

DevOps运动通过包括《凤凰计划》（参考资料[1]）和后来的《DevOps手册》（参考资料[2]）在内的书籍而流行起来，它致力于通过分担改善业务结果的责任来使开发、运维、业务、信息安全，以及其他领域更好地进行协作。原因很简单：高性能组织应用DevOps能力在技术方面和业务结果方面都显著优于其他组织，如图A.3-1所示。

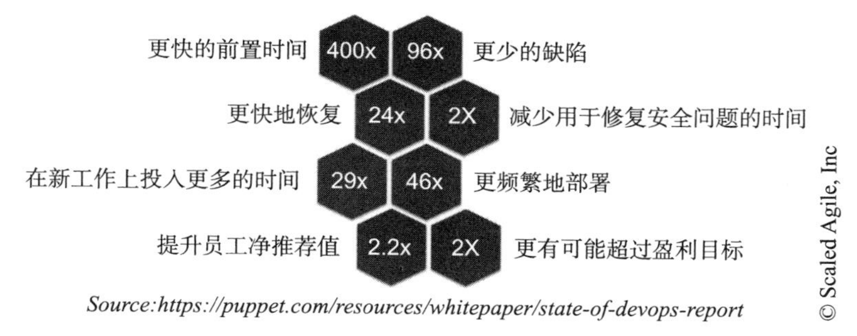

图A.3-1 从Puppet实验室DevOps的调查结果来看DevOps的益处（参考资料[3]）

因为有了这些结果，“DevOps与持续交付”已经成为一个奉行的准则，用来描述这场运动的更远大目标的特征。这个准则也反映了许多人期望的最终状态，即向最终用户持续交付价值。虽然有些组织需要持续交付，但是其他组织不需要。然而，所有企业都需要按需发布。这使得敏捷团队、敏捷发布火车，以及解决方案火车能够更快地对客户做出反应。

围绕价值交付建立组织

为了优化价值流，所有需要按需发布价值的人员必须不断合作。如图A.3-2所示，SAFe敏捷发布火车（ART）是一个由敏捷团队组成的长期存在的跨职能团队，它还包括诸如产品管理、系统架构师/工程师，以及发布火车工程师等关键的项目群角色。

除了Dev和Ops之外，还有许多其他的行业术语，如DevSecOps和BizDevOps，这些术语包含了这样一种思想，即按需发布和DevOps要想有效，除了开发和运维，还有其他需要的因素。因此，所有必要的技能和人员（业务、合规性、安全性、数据、质量和其他职能）都是 ART 的一部分。

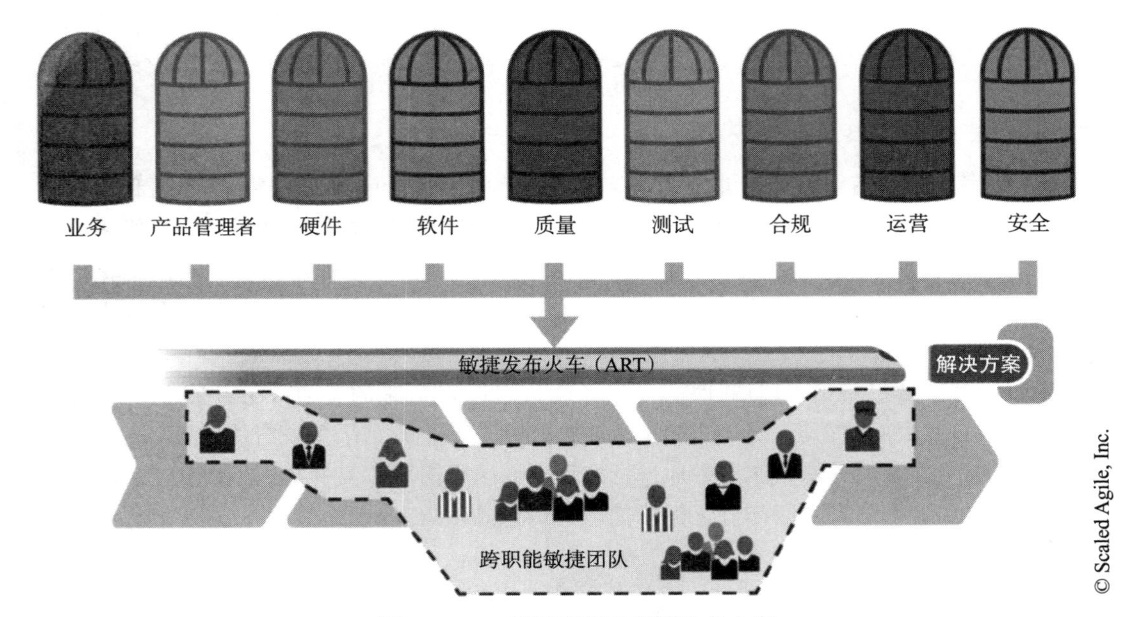

图 A.3-2 一列跨职能的敏捷发布火车

在实际操作中，每个 ART 都是一个具有凝聚力的虚拟组织（50 ～ 125 人），他们共同计划、共同承诺和共同执行。ART 是围绕着企业的重要价值流组织起来的，其存在的原因是为了实现通过他们所负责的解决方案进行价值交付的承诺。

图 A.3-3 说明了一些关键的 ART 事件和活动：

- 团队在为期两周的较短时间中进行迭代工作。他们遵循一个迭代周期，包括迭代计划、迭代执行（包括每日站会和待办事项列表梳理）、迭代评审，以及迭代回顾。
- ART 按照 8 ～ 12 周为一个项目群增量的节奏工作。
- 整个 ART 在 PI 计划活动中共同进行计划
- ART 的代表们定期开会，在 ART 同步会议、Scrum of Scrums 会议和 PO 同步会议中，评估 PI 目标的进展情况。
- 在每次迭代结束时，ART 在系统演示中演示当前工作所集成后的系统。
- 在检视和调整活动中，整个 ART 讨论如何改进过程。

重要提示 当团队和 ART 按照这种节奏工作时，任何团队或 ART 都可以在市场和治理条件允许的任何时间进行发布。换句话说，计划和同步节奏并不是强制的发布周期。它们完全是两回事。

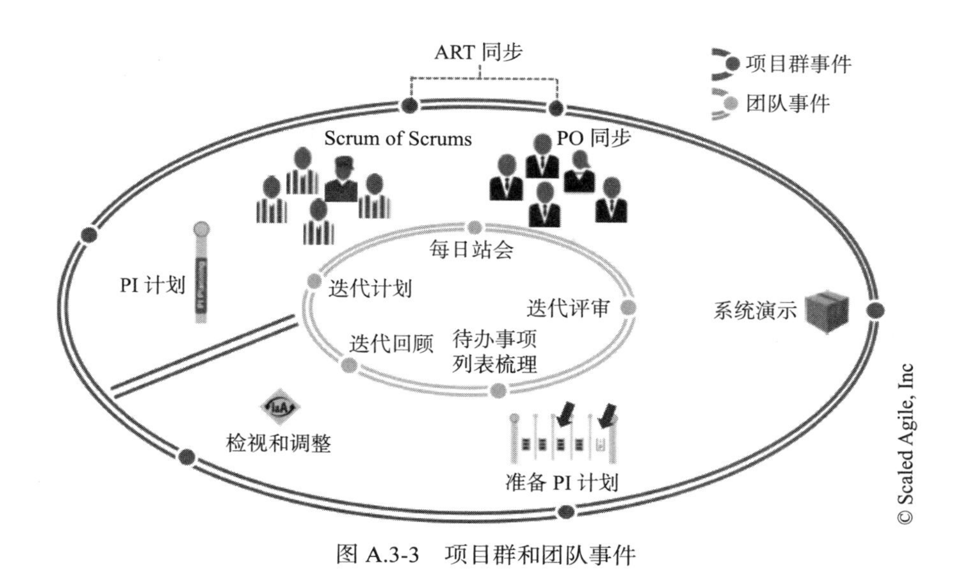

图 A.3-3 项目群和团队事件

构建持续交付流水线

为了改进价值流并使其能够按需发布，每个 ART 都建立一个持续交付流水线。如图 A.3-4 所示，持续交付流水线通过四个维度展示了价值流：持续探索、持续集成、持续部署和按需发布。这个流程表示一个三重反馈循环，价值向客户流动，而反馈和学习流回开发，从而告知下一步构建什么的决定。每个维度将在下面的段落中进行描述。

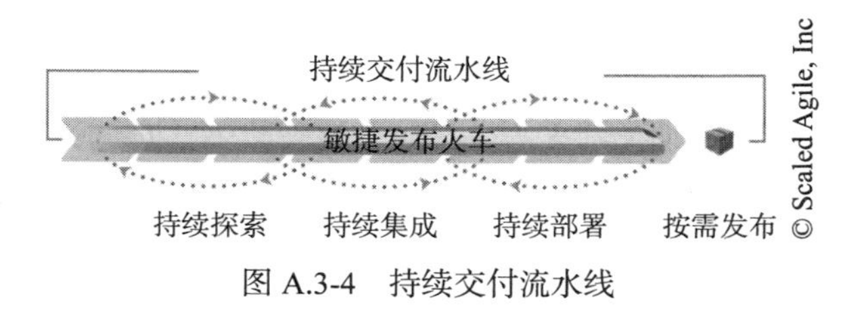

图 A.3-4 持续交付流水线

- **持续探索**促进创新，并就需要构建的内容达成一致。它始于一种将为客户提供价值的想法或假设。对想法进行分析和研究，从而开发出最小可行产品（MVP）。一旦定义了假设，它们的架构就被清晰地表达出来，并且在项目群待办事项列表中定义特性且设定优先级。最后，敏捷发布火车（ART）在 PI 计划期间协作，以确定将在下一个项目群增量（PI）期间构建什么内容。
- **持续集成**通过集成敏捷团队正在进行的工作，将质量内建到开发过程中。所有工作都是受版本控制的，新功能被构建并持续集成到一个完整的系统或解决方案中，并在准生产环境中确认之前进行端到端测试。
- **持续部署**从准生产环境获取变更的内容，并部署到生产环境中。此时，特性被验证和监控，以确保它们工作正常。此步骤使特性在生产环境中可用，其中业务部门将确定将它们发布给客户的适当时间。在这个维度中，还可以让组织在必要时响应、回滚或修复。

- **按需发布**是基于市场和业务的需要，将价值一次性（或者以一种的特殊方式）提供给客户的能力。这个维度聚焦在允许业务度量其假设的结果，并根据客户对所发布价值的反应的客观证据，来了解下一步需要做什么。

持续交付流水线还可以映射和度量价值的流动，从概念到现金，或从假设到确认。持续部署使特性能够在生产环境中使用，并在业务需要时发布。

一切都是持续的

虽然单个特性按顺序流过价值流，但是团队并行地处理所有维度，如图 A.3-5 所示。这意味着在每个 PI 和 PI 的每个迭代过程中，ART 和解决方案火车将持续进行：

- 探索用户价值
- 建立、集成和演示价值
- 部署到生产环境
- 只要业务需要就发布价值

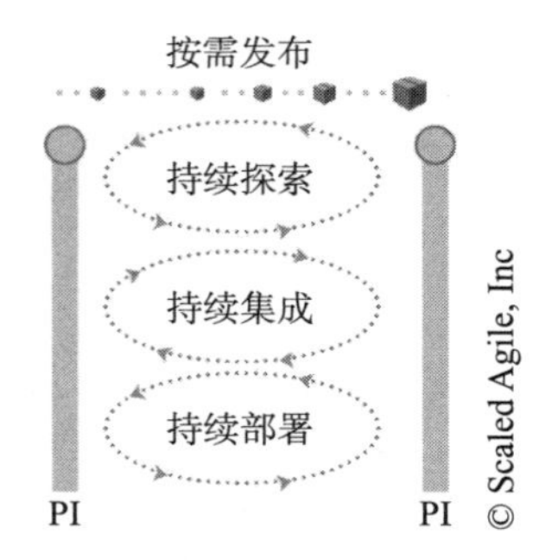

图 A.3-5　探索、集成和部署持续发生

DevOps 支持持续交付和按需发布

每个 ART DevOps 的强大威力都支持按需发布。如图 A.3-6 所示，SAFe 的 DevOps 基于五个概念，这些概念是按需发布并支持持续交付流水线所必需的，这五个概念是：文化、自动化、精益流动、度量和恢复。

图 A.3-6　DevOps 的 CALMR 方法

- **文化**体现了一种理念，即在整个价值流中共同承担快速交付价值的责任。这包括所有为价值创造做出贡献的人（从概念到现金），包括产品管理、开发、测试、安全、合规、运营等。
- **自动化**意味着需要从尽可能多的流水线中消除人为干预，以减少错误、缩短上市时间和提高质量。
- **精益流动**涵盖了限制在制品（WIP）、减少批量规模和管理队列长度等概念，从而能够更快地向客户传递价值和提供更快的反馈。
- **度量**是关于了解和度量通过流水线的价值流动，从而促进学习和不断改进。

- **恢复**聚焦在构建一种系统，该系统允许通过自动回滚和“向前修复”（在生产环境中进行修复）功能，快速修复生产问题。

度量和推进 DevOps 的按需发布

作为精益企业的核心竞争力，必须根据 DevOps 评估组织按需发布的能力。自我评估使 ART 能够了解自身的优势和劣势，并确定需要注意和改进的方面。图 A.3-7 显示了 SAFe 的 DevOps 和按需发布健康雷达。它帮助 ART 和解决方案火车评估其在持续交付流水线的 16 个子维度中的成熟度。每个子维度的成熟度可以分为“坐、爬、走、跑、飞”。

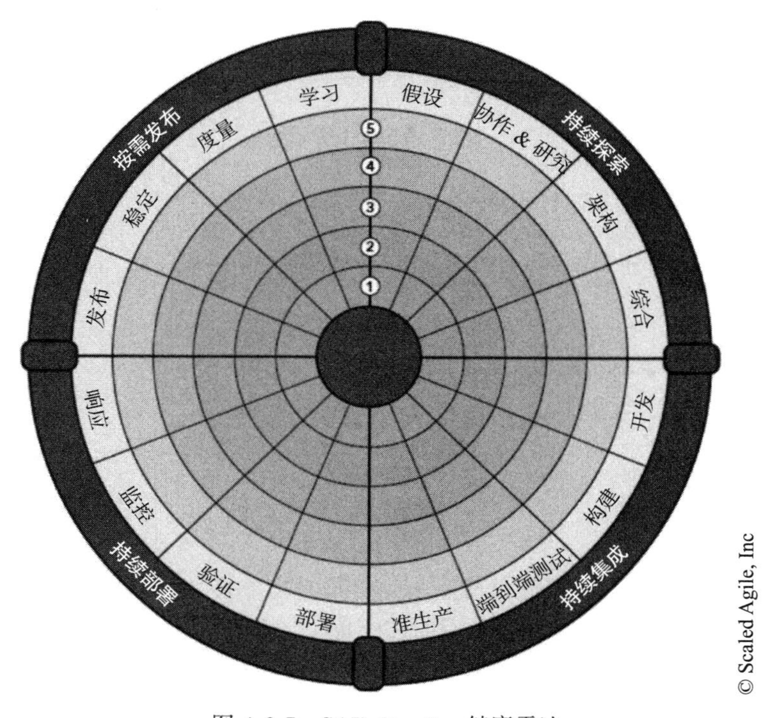

图 A.3-7 SAFe DevOps 健康雷达

当 ART 或解决方案火车根据其健康雷达确定其问题区域后，就需要对其流程进行改进。由于 SAFe 企业是从系统的角度来看问题的，所以最好针对整个雷达所有维度，从“爬”到“走”，而不是在一个子维度中改进为“飞”，而剩下的维度都留在“爬”中。提升跨持续交付流水线的整体价值流动非常重要，而不是仅提升任何一个子维度。

DevOps 和按需发布健康雷达可以在《度量》的文章中找到。

总结

在当今的数字世界中，按需发布的能力是至关重要的。敏捷团队通过在团队和技术敏捷力的核心能力中定义的响应变化和内建质量，实现按需发布的能力。这使精益企业可以具备能力，可以构建业务解决方案并交付由精益投资组合管理（LPM）定义的战略。DevOps 和按需发布位于中间，是将这些能力联系在一起的关键因素。敏捷发布火车提供了组织隐喻、节奏和同步，而 DevOps 提供了使之成为可能的概念和实践。就像其他任何核心能力一样，它建立在精益 - 敏捷领导力所奠定的基础之上，如果没有精益 - 敏捷领导力，就不可能发生文化转变，也不可能对基础设施进行必要的投资。

参考资料

[1] Kim, Gene. The Phoenix Project: A Novel about IT, DevOps, and Helping Your Business WinIT. Revolution Press. Kindle Edition.

[2] Kim, Gene; Humble, Jez; Debois, Patrick; Willis, John. The DevOps Handbook: How to Create World-Class Agility, Reliability, and Security in Technology Organizations. IT Revolution Press. Kindle Edition.

[3] Puppet Labs state of DevOps survey. https://puppet.com/resources/whitepaper/state-of-devops-report.

[4] Martin, Karen. Value Stream Mapping: How to Visualize Work and Align Leadership for Organizational Transformation McGraw-Hill Education. Kindle Edition.

A.4 业务解决方案和精益系统工程㊀

“我是一个工程师。我为人类服务，让梦想成真。”

——佚名

摘要

业务解决方案和精益系统工程是精益企业的五项核心能力之一。

业务解决方案和精益系统工程能力描述了如何将精益 - 敏捷原则和实践应用于大型复杂软件应用程序和网络物理系统的需求、开发、部署和演进。

介绍

人类总是有远大的梦想，科学家、工程师和开发人员将这些远大的梦想变成现实。实现远大梦想需要许多各种各样的创新、实验和知识。工程师们通过定义和协调大型复杂解决方案所需的各种活动，成功地进行需求、设计、测试、部署、演进，以及最终退役，从而领导这些重大想法的创建。这些活动包括：

- 需求分析
- 业务能力定义

㊀ 原文参见 https://www.scaledagileframework.com/business-solutions-and-lean-systems，更新日期：2018 年 11 月 4 日。

- 功能分析和分配
- 设计综合
- 验证和确认（V&V）
- 设计备选方案和权衡研究
- 建模和仿真

当构建和部署越来越大的应用程序时（在日益复杂、相互关联和不可预测的环境中），系统和软件工程师、架构师、设计人员、开发人员、测试人员和其他人员将面临更大的挑战。该项能力描述了构建大型复杂网络物理系统和世界上最重要的IT业务解决方案的关键实践。大多数网络物理系统都是由运行其操作的重要后端IT解决方案所驱动的。图A.4-1显示了一个自动交货解决方案示例，其中包括业务和车辆架构。这里介绍的原则和实践都适用于这两个方面，表现为单一的能力。

为什么选择业务解决方案和精益系统工程

在历史上，构建大型解决方案的方法采用了一种顺序的、阶段－门限式的开发方法。工作是预先计划好的，并分解为详细的需求，在整个生命周期中有预先确定的固定时间表和预算。大型团队经常在“他们所负责的那部分系统”上孤立地工作。通过阶段－门限里程碑定期检查进度。第一次出现端到端集成是在生命周期接近尾声时，几乎没有时间或预算来进行调整。

因此，大型解决方案在收到任何用户反馈之前可能已经等待了多年，在系统构建人员实现其规范之前工程师已经退休，并且指定了在系统部署之前就已经过时的组件。难怪许多大型系统部署得很晚，超出预算，而且功能和质量都无法预测。这通常会导致高于预期的维护和运营费用、较低的利润，以及其他业务问题。精益企业采用一种全新的方法来构建这些大型解决方案。

相反，规模化敏捷框架在精益和敏捷原则的驱动下，以基于流动、注重价值交付的模式组织构建大规模解决方案的活动。该框架提供了9个精益－敏捷原则，以指导系统构建者获得更有效的结果：

- 原则#1——采取经济视角
- 原则#2——运用系统思考
- 原则#3——假设变异性，保留可选项
- 原则#4——通过快速集成学习环进行增量式构建
- 原则#5——基于对可工作系统的客观评估设立里程碑
- 原则#6——可视化和限制在制品，减少批次规模，管理队列长度
- 原则#7——应用节奏，通过跨领域计划进行同步
- 原则#8——释放知识工作者的内在动力
- 原则#9——去中心化的决策

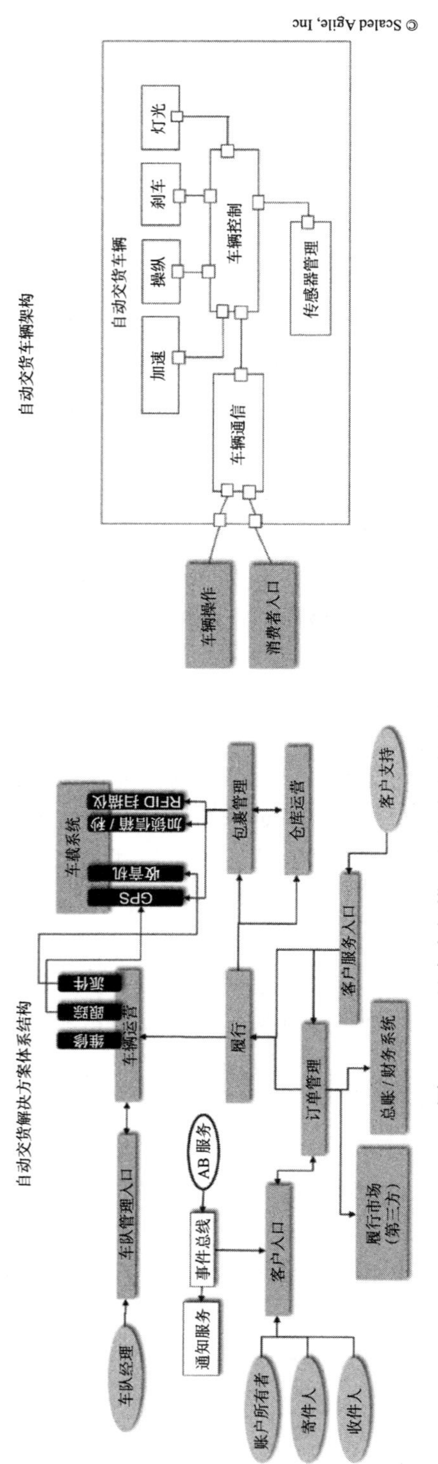

图 A.4-1　具有大规模业务解决方案和精益系统工程方面的自动车辆系统

这些原则直接适用于各种大型复杂系统的开发。在整个系统生命周期中，我们依赖它们来支持我们的价值观、理念和决策。下面简要说明了这些原则如何应用于最大和最复杂的系统。

- 原则 #1 使用经济元素来驱动所有决策，并确保我们在决策过程中包括所有相关参数，如开发成本、生产成本、交付周期时间、交付的价值等。
- 原则 #2 确认每个人都理解并致力于系统的共同目标，并且所有决策都优化了整个解决方案，而不是单个组件。它还要求我们有责任为解决方案构建者提供适当的知识并与其协调一致，以便做出正确的、本地化的决策，从而优化整个解决方案。
- 原则 #3 告诉我们，探索备选方案是对知识创造的一种投资，从而导致更优化的技术决策。更好的决策将由下游效率低下和返工所带来的成本和延迟降至最低。
- 原则 #4 告诉我们使用基于节奏的学习周期来评估这些替代方案。当敏捷团队使用迭代来构建潜在的可发布产品时，大型系统也使用增量来验证技术假设。
- 原则 #5 使用从每个周期中获得的可演示的学习成果作为进展的唯一真实度量。顺序的、阶段 – 门限模型重视文档和规范，延迟了风险，并降低了假设。相反，通过验证技术假设和用户接受程度（通过客观证据）来度量进展，可以降低风险并提供更好的结果。
- 原则 #6 确保学习周期的快速流动和快速反馈。小批量的工作（在低 WIP 和小队列的情况下最小可工作的东西）确保快速通过系统。
- 原则 #7 为验证决策和适应新知识提供了一个有规律的、可预测的节奏。定期同步提供了使所有系统构建者协调一致的能力，并确保所有观点都能够被理解和解决。
- 原则 #8 认识到知识型工作者的动机可能与传统工作者有根本的不同，大型解决方案的领导者有责任为这些工作者创造一个能够茁壮成长的环境。
- 原则 #9 告诉我们动机的一部分是自主性。将决策下放到团队和个人，要求我们的领导者为所有解决方案构建者提供知识，使他们能够做出高效的、去中心化的决策。

8 种使用 SAFe 构建大型解决方案的实践

经验表明，这些原则（以及所有的 SAFe 实践）在构建最大的软件解决方案和网络物理系统时，工作得非常好。毕竟，SAFe 是为规模化而设计的。但是在大型解决方案的上下文中，另一组实践进一步告知解决方案构建人员如何应用 SAFe，图 A.4-2 和下面几节将对此进行描述。

使用敏捷发布火车构建解决方案组件和特性

大型系统通常按照其结构（组件）或行为（功能）进行分解，开发人员被分成若干组，被指定来构建系统的某一部分。基本型 SAFe 所定义的敏捷发布火车（ART）概念已经被优化，可以将一大群人（50 ～ 125 人）作为一个大型敏捷团队进行对齐和协调。因此，在组织上，大型解决方案是由组件 ART 和能力 ART 进行构建的。与敏捷团队一样，敏捷发布火车也是跨职能的，具有交付解决方案所需的所有技能。解决方案火车使所有的敏捷发布火车和敏捷发布火车团队在计划、演示、改进和学习方面有规律地保持一致。SAFe 在项目群增量（PI）中定义了一个规律的节奏，用于集成和演示整个系统，然后根据新知识进行调整，并计划下一个增量。

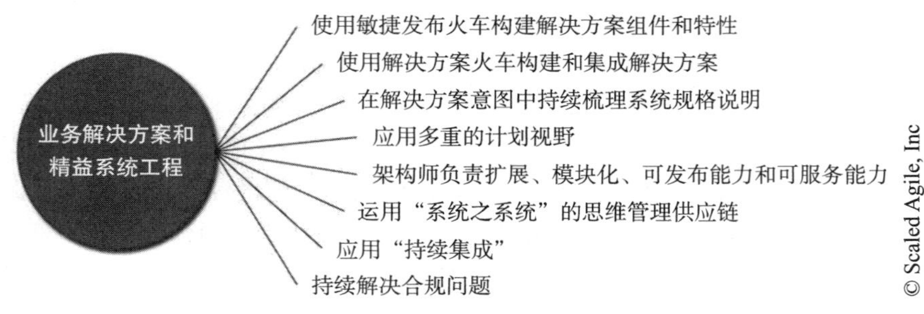

图 A.4-2 8 种使用 SAFe 构建大型解决方案的实践

使用解决方案火车构建和集成解决方案

解决方案火车可以协调构建大型解决方案的多个 ART。图 A.4-3 显示了一个解决方案火车的示例，该火车组织了自主交付解决方案的构建者。解决方案火车通过共享的业务和技术使命，协调所有的敏捷发布火车和供应商。

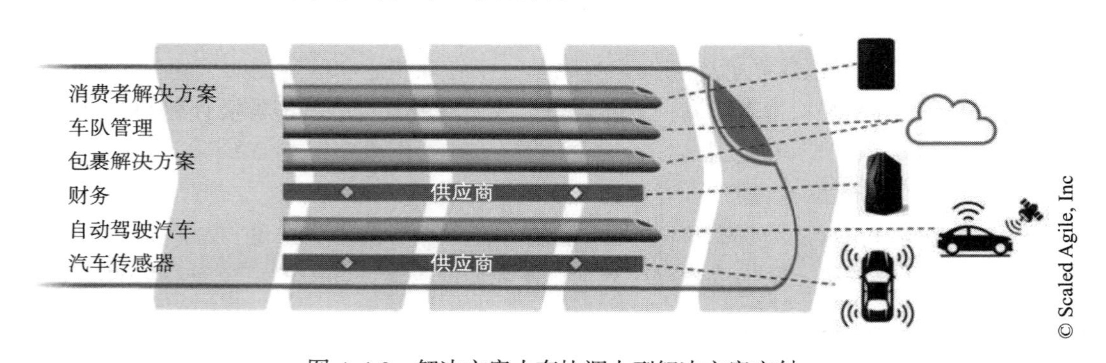

图 A.4-3 解决方案火车协调大型解决方案交付

为了确认“我们正在构建正确的东西”，并验证当前的技术假设，解决方案火车至少在每个 PI 中集成他们的产品。前置时间较长的敏捷发布火车（例如，集成打包的应用程序或开发硬件）应该增量式交付解决方案，以支持早期验证和学习。软件团队可以为他们正在构建的更大的外部系统提供代理接口的测试替身。硬件团队可以提供开发工具包、早期硬件版本、模拟环境，以及木制模型，等等。

以固定的 / 可变的解决方案意图捕获和梳理系统规格说明

解决方案火车需要一个方向，也就是一个对预期需求的理解以及满足这些需求的预期设计。解决方案意图定义解决方案的“现状”和“将来”的规格说明，服务于两个主要目的：

1. 使团队在构建未来（将来）功能的“什么”和“如何”上保持一致。

2. 为验证和合规问题（现状）提供现有需求和设计的记录。

如图 A.4-4 所示，解决方案意图使价值流中的每个人都与一个公共视图保持一致，该视图必须适合某个客户的某些解决方案上下文。上下文定义逻辑（部署配置）和物理（大小和权重）约束。

图 A.4-4　固定和可变的解决方案意图和解决方案上下文

传统情况下，大型解决方案承诺尽早提交针对意图和上下文的固定且详细的规格说明。不幸的是，历史表明，我们早期的规格说明往往是不完整或不准确的。更重要的是，这个过程对于规格说明变更所允许做出反馈和适应的机会是有限的。这导致发现问题的时间较晚，没有系统的方法来改进它们。虽然一些需求和设计决策应该尽早做出（固定的需求），但是许多需求可以并且应该延迟决策（可变的需求）。只有经济参数才能决定何时停止探索替代方案，何时做出决定。本着假定可变性和保留可选项的精神，SAFe 允许开发过程中的任何东西（解决方案，及其意图和上下文）发生变化。

当进行扩展时，为所有的需求和设计决策创建一个单一的真实来源对于对齐和协调所有的敏捷发布火车和他们的团队就显得至关重要。解决方案意图降低了没有协调一致的工作的风险。它有助于计划和确保交付的解决方案具有适当的适用性、合用性，并将产生高质量的结果。SAFe 的经济框架还支持对可服务性、可制造性、单位成本和其他关键决策进行本地化决策，从而加快决策并减少延迟。此外，建模、模拟和低保真度原型允许团队在以经济高效的方式迭代多个潜在解决方案时，验证决策并更快地获得反馈。

应用多重的计划视野

大型解决方案的开发计划通常由一个固定的、分层的时间表定义，该时间表分解工作，并试图通过早期的任务分配协调团队。在实践中，由于许多情况（技术发现、规格说明中的差距，以及来自客户的新理解）的存在，这些详细的时间表很快就出现了偏离。“计划不是实际的”，死板、详细、长期的计划阻碍了调整的能力。相反，敏捷发布火车和团队使用待办事项列表和路线图来管理工作和预测当前对时间表的理解。随着新知识的出现，可以对待办事项列表条目进行添加、更改、删除和重新排定优先级，以确保每个增量交付最大的价值。

如图 A.4-5 所示，SAFe 的路线图描述了对多重的计划视野的需求。解决方案路线图提供了一个跨年的产品愿景，而 PI 路线图则估算较短期的能力和里程碑。解决方案火车负责长期愿景（2 至 5 年）和短期路线图（3 ～ 4 个 PI），他们的敏捷发布火车和团队使用这些路线图来定义其待办事项列表并计划他们的 PI 路线图。愿景提供了最广泛的上下文——创建计划边界和框架的理想目标。

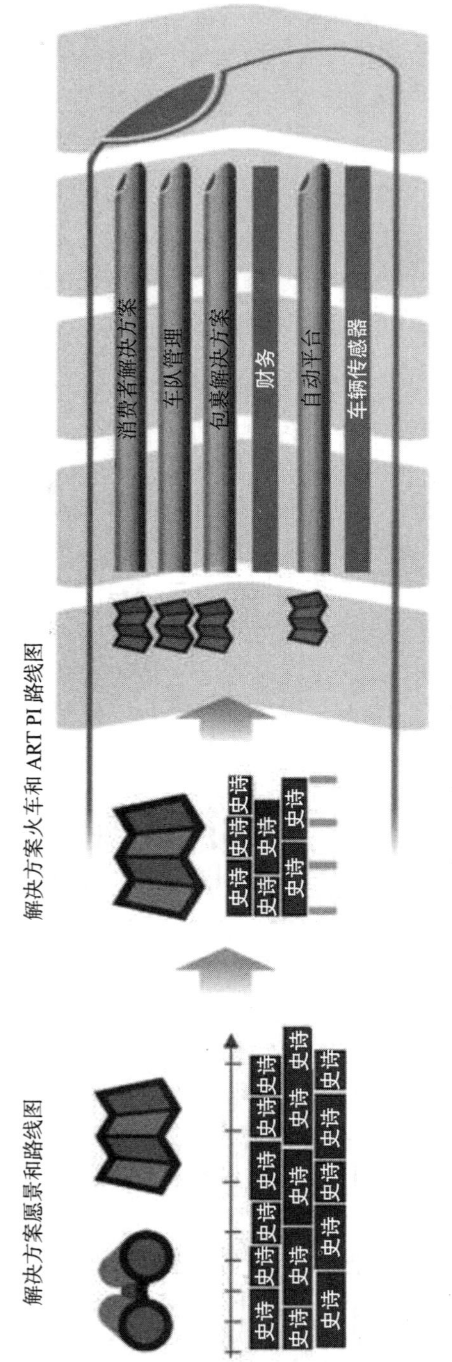

图 A.4-5　多重的计划视野促进了现实的和大量本地化的计划

相连接的待办事项列表和路线图取代了传统的大型、详细的计划管理时间表。从历史上看，这些时间表是很早就确定的，而且往往是由不做这项工作的人确定的。因此，这些计划并不是以实际情况为基础的，也没有得到各团队的承诺。由于具备多重的计划视野，只有短期工作是详细的，下游工作则留下了占位符。多重的计划层级可以实现更好的去中心化决策，允许从事敏捷发布火车和团队工作的人员进行详细的计划。

架构师负责扩展、模块化、可发布能力和可服务能力

传统上，架构师在开发过程的早期就定义了系统架构，并为其构建了团队。在团队开发架构决策之前，架构决策有时需要好几年才能得到验证。尽早做出决定限制了创新和探索更好的技术和经济选择（原则 #3）。意图架构和浮现式设计，使得架构决策成为架构师和团队在整个开发生命周期中的一项协作工作。

架构模块化极大地影响了解决方案火车的持续开发、集成、部署和按需发布的目标。模块化的、基于服务的架构，可以与定义良好的接口进行通信，减少了组件之间的依赖性。架构模块化允许敏捷发布火车和团队独立地测试、部署，甚至发布大型解决方案的各个部分。在图 A.4-6 所示的自动交货示例中，只要接口保持稳定，各个组件就可以单独发布。基于 Web 的服务经常发布，移动应用程序定期发布，并根据需要通过无线更新进行车辆控制。相比之下，更新传感器需要将车辆停用，并可能有额外的管理障碍，这会使得发布成本与价值经济学转向较低频率的发布。

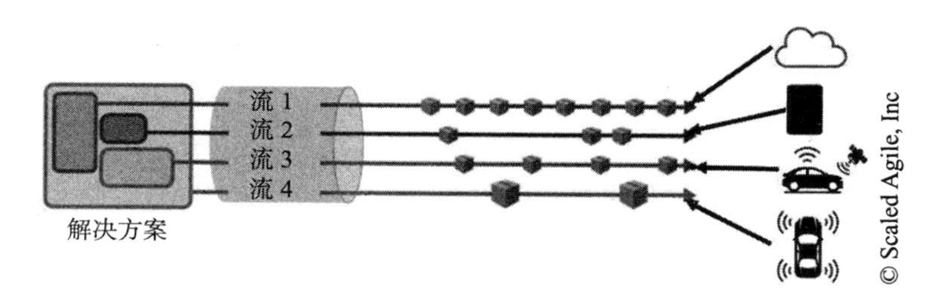

图 A.4-6　架构影响系统元素的发布能力

模块化还允许单个组件独立地创新和探索替代方案，这是从可变的解决方案意图出发进行基于集合的探索所必须的。

架构决策也会影响可服务能力，特别是对于硬件系统。在优化产品的材料和制造成本以及产品的持续可用性之间存在成本权衡。此外，将系统功能分配给组件，以及该组件的实现选择也会影响可服务能力。例如，一种解决方案可以将速度表和油位显示分配给机械和电气部件，从而降低材料成本。在图形中显示将该功能分配给软件会增加车辆的单位成本，但提供了持续发布新功能的能力（甚至是通过空中下载升级），并降低了被延迟交付的价值的成本。这个例子说明了原则 #1——采取经济视角，利用制造成本、开发成本和周期时间等多个变量来交付客户价值。

运用“系统之系统”的思维管理供应链

大型解决方案必须扩展到“系统之系统”和供应链。图 A.4-7 展示了一个供应商层次结构，其中自动驾驶车辆平台由传感器管理系统组成，传感器管理系统本身由激光雷达系统组成。解决方案意图聚合以对齐需求和设计，并确保有足够的信息符合要求。在一个系统的系统中，其中一个上下文中的供应商（从传感器管理到车辆平台）看起来像另一个上下文中的客户（从传感器管理到激光雷达供应商）。客户到客户的关系定义了上下文到上下文的关系。

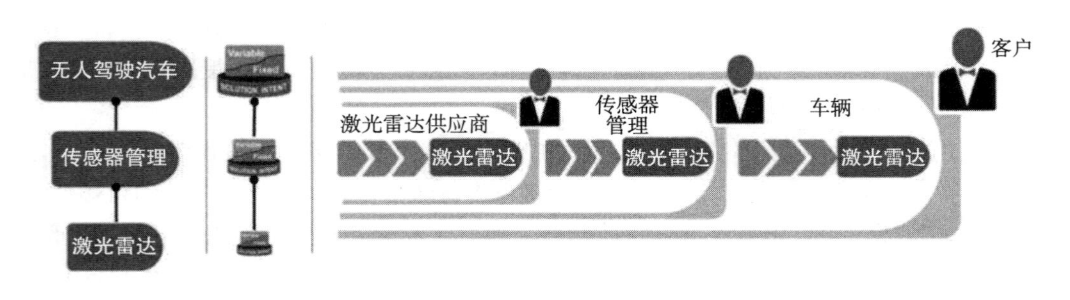

图 A.4-7 在 SAFe 中的具有“系统之系统”的供应链

我们期望更多的战略供应商像敏捷发布火车一样运作，参与计划、演示、集成和持续改进的活动。不太具有战略意义的供应商可能会使用不透明的流程，并在里程碑上交付其解决方案的版本。对于这些供应商，解决方案的待办事项列表和路线图将围绕这些里程碑进行计划。

应用“持续集成”

SAFe 的第一个精益 – 敏捷原则告诉我们要从经济视角来看待问题。在大型解决方案中集成通常是一项缓慢的、劳动密集型的、成本高昂的工作。通过学习周期验证假设需要在每个项目群增量（PI）期间持续集成整个系统，或者至少集成一次，以演示进度、获得关于系统的新知识并进行调整。对于测试和演示来说，许多大型系统需要几天、几周甚至更长时间从端到端进行构建和部署。持续部署需要在开发、测试和部署系统的自动化方面进行投资。图 A.4-8 说明了权衡经济学应该如何确定最佳投资。左图显示了基于系统集成成本与延迟反馈成本的最优集成频率。右图显示了投资于构建 – 部署自动化如何降低集成成本并允许更频繁的集成，从而降低延迟知识和反馈的总体成本。

“持续集成”承认跨学科的集成周期会因前置时间的不同而不同。本地软件构建所花费的时间，明显少于制作电路板的下一版本或升级打包的应用程序所需的时间。应用节奏和同步有助于管理解决方案开发中固有的可变性。节奏提供了一种有节奏的模式（开发过程中可靠的心跳）并建立了时间盒，使知识工作者集中精力，并使等待时间可预测。跨学科同步不同的节奏可以实现精益流程和频繁集成，如图 A.4-9 所示。

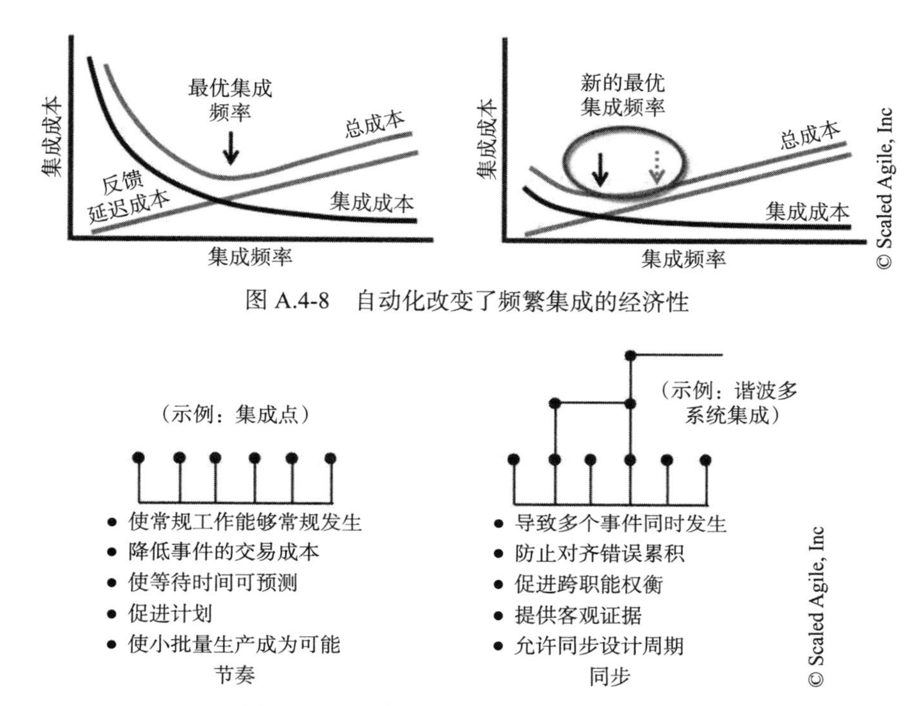

图 A.4-8 自动化改变了频繁集成的经济性

图 A.4-9 节奏和同步使频繁集成成为可能

一个常见的误区是，解决方案构建者在处理具有较长前置时间的条目时，不能频繁地进行集成，因此不能应用精益–敏捷实践。尽管有些团队可能不像以前那样频繁地为端到端解决方案做出贡献，但是他们仍然通过原型、模拟和其他实验在每次迭代中添加新的知识。在构建最终产品之前，许多学科使用模型来更快地学习，尽管保真度可能比较低。模型有许多表示形式，包括从硬件模拟到软件的组件级测试替身 / 模拟，再到机械领域的木制模型。

模型还可以支持端到端集成，以演示完整或部分系统级功能。开发板可以与测试板连接在一起，重要的 IT 组件可以使用测试替身来代理。图 A.4-10 显示了跨整个解决方案火车进行持续集成的预期结果，这是所有解决方案构建者进行频繁地集成。解决方案构建者更新这些模型的频率是另一个经济权衡。虽然制造下一块电路板、增强模拟，或者更新双倍测试是有成本的，但是也应该看到从更好的保真度模型中的延迟学习也是有成本的（这往往被忽略）。这与图 A.4-8 所示的经济关系相同，但是对比了更新模型的成本（与投资于集成相比），以及延迟学习的成本。

持续解决合规问题

许多大型解决方案的失败带来了令人无法接受的社会或经济成本，而且往往受到监管监督和合规需求的制约。为了帮助确保质量和减少风险，组织在这些法规下运作，会依赖于规定实践和流程的质量管理系统（QMS）。传统的 QMS 是在精益–敏捷运动之前创建的，是基于传统方法创建的：对不完整的规格说明、详细的工作分解结构的早期承诺，以及通过以文档为中心的、阶段–门限里程碑的进度跟踪。

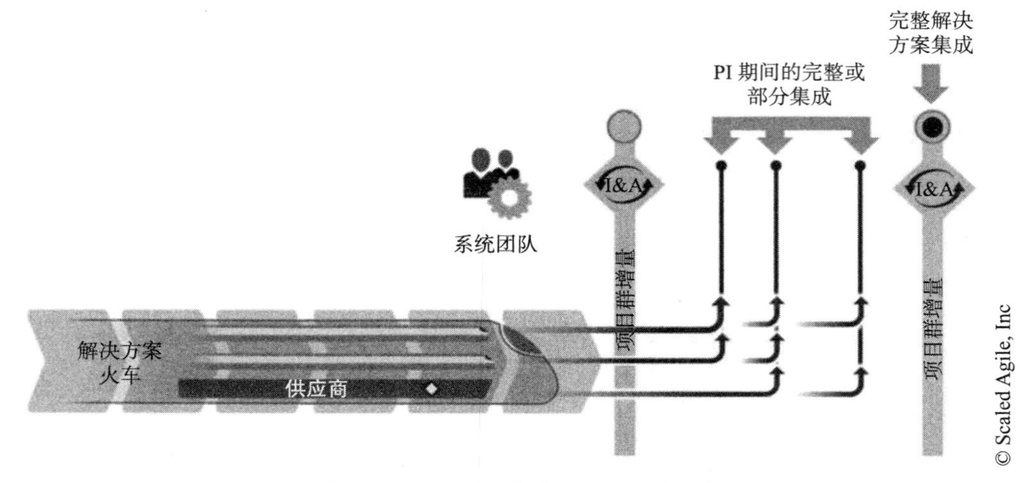

图 A.4-10 频繁地集成端到端解决方案

一个质量管理系统（QMS）确保符合多种类型的非功能性需求（NFR），包括法规、行业标准、业务约束和企业架构目标。总的来说，这些非功能性需求是通过合规性活动进行验证的，这些活动出现在各种自动化和手动流程中。它们提供了合规性和相关质量结果的持续证据。精益企业的质量管理系统（QMS）通过下面描述的实践来定义这种灵活性：

精益 QMS 实践	简要描述
增量地构建解决方案和合规	持续构建解决方案允许在整个 PI 过程中执行合规性活动，从而避免了最后工作的不确定性和冲击波
为价值和合规性而进行组织	那些负责合规性的人员是价值流的一部分，并确保解决方案意图和待办事项列表能够充分反映他们的关注点
内建质量和合规性	合规性问题通过自动化的合规性测试和活动直接构建到开发过程中，这些测试和活动是团队待办事项列表或完成定义（DoD）的一部分
持续验证和确认	通过在功能完成时对其进行确认，并定期检查每个 PI 的验证活动，使验证和确认成为常规流程的一部分
按需发布经过确认的解决方案	通过内建质量和合规性，将最后一次签收活动从重要的、扩展的事件减少到快速、单调的非事件

有关更多信息，请参见《通过 SAFe 实现法规和行业标准合规性》一文。

总结

我们的梦想家将继续远大梦想。毕竟，组织必须继续创新并投资于奇思妙想以保持竞争力。精益企业擅长构建大型的解决方案，这些解决方案能够快速地进行创新、学习和适应。本文基于精益企业中驱动大型解决方案开发所必需的精益–敏捷基本原则，提出了一组新的实践。SAFe 敏捷发布火车为协调大型敏捷团队的团队提供了基础。这些原则说明了如何更快、更可预测，以及更好地适应使用、适应目的和质量结果，从而扩展和生成解决方案。

参考资料

[1] Oosterwal, Dantar P. *The Lean Machine: How Harley-Davidson Drove Top-Line Growth and Profitability with Revolutionary Lean Product Development.* Amacom, 2010.
[2] Ward, Allen and Durward Sobek. *Lean Product and Process Development.* Lean Enterprise Institute, 2014.
[3] Reinertsen, Don. *Principles of Product Development Flow: Second Generation Lean Product Development.* Celeritas Publishing, 2009.
[4] SAFe Agile Contracts article.

A.5 精益投资组合管理[⊖]

大多数战略对话最终都会以高管们的各说各话而结束，因为没有人确切知道愿景和战略的含义，也未曾有两个人就哪些话题属于哪个概念达成一致。这就是当你请领导层的成员描述和解释公司战略时，经常会得到截然不同的答案的原因。人们通常不具备足够的商业素养来就这个抽象的问题达成一致。

——杰弗里 · 摩尔，《Escape Velocity》

摘要

精益投资组合管理（LPM）是精益企业的五项核心能力之一。

精益投资组合管理能力通过应用精益和系统思考的方法，将战略和投资资金、敏捷投资组合运营，以及治理进行对齐。

这些协作使企业有能力可靠地执行现有承诺，并在其他四项精益企业能力的基础上更好地实现创新。

介绍

SAFe 的投资组合是整个框架的一个实例，它管理特定业务领域（例如：消费银行、商业保险、退伍军人事务部）的一组价值流。每个价值流都交付一组软件和系统解决方案，通过直接向客户提供价值或支持内部业务流程来帮助企业满足其业务战略。

在中小型企业中，一个 SAFe 投资组合通常可以管理整个解决方案集合。在大型企业中（通常是拥有 500 到 1000 名技术实践人员的企业），可以有多个投资组合，通常每条业务线

⊖ 原文参见 https://www.scaledagileframework.com/lean-portfolio-management/，更新日期：2018 年 10 月 25 日。

有一个，或者围绕组织和投资模型来构建投资组合。

精益投资组合管理（LPM）职能对每个 SAFe 投资组合进行治理，提供战略和投资资金、敏捷投资组合运营，以及精益治理。投资组合画布定义和描述了一个 SAFe 投资组合。精益预算由一组护栏进一步指导，这些护栏经过设置从而可以满足单个投资组合的特定需要。

为什么要进行精益投资组合管理

进行精益投资组合管理的原因很简单：传统的项目组合管理方法抑制了企业中的价值流动和创新。它们不是为全球经济和数字化革新的影响而设计的。这一新的现实给企业带来了压力，要求它们在不确定性更高的情况下工作，而且以更快的速度提供创新的解决方案。尽管有了这种新的现实情况，但是许多旧有模式的投资组合实践仍然存在。这些实践通常包括：

- 年度计划和严格的预算周期。
- 相对于客观的价值度量，更侧重于文档驱动的可交付成果和任务完成的进度度量。
- 需求持续超过可承载的容量，这会降低吞吐量并掩盖有效的战略。
- 阶段 – 门限式审批过程不能降低风险，并且阻碍了增量交付。
- 基于项目的资金投入（将人员投入到工作上）和成本核算，将会导致摩擦和不必要的开销、指责、官僚作风及延迟。
- 基于细节化的推测和滞后的 ROI 预测，建立过于详细的业务案例。
- 与不参与实际实施的人员一起集中讨论和开发需求。
- 铁三角（固定范围、成本和日期的项目）的钳制，限制灵活性，不能优化总体经济价值。
- 传统的供应商管理和协作倾向于“单赢 – 单输”的合同，关注最低的短期成本，而非最高的生命周期价值。

此外，当投资组合管理不熟悉敏捷中的软件资本化运作时，它常常阻碍向精益 – 敏捷方法的转变。

显然，投资组合管理方法必须现代化，以支持新的精益 – 敏捷的工作方式。幸运的是，许多企业已经走上了这条道路，而且变革的模式相当清晰，如图 F.5-1 所示。其中大多数将在 SAFe 转型中自然发生，但是变革确实很困难。谨慎和警觉是必要的。

实施精益投资组合管理

为了解决定义、沟通和对齐战略的挑战，SAFe 的 LPM 职能对 SAFe 投资组合中的价值流和解决方案具有最高等级的决策权和财务责任。

实现 LPM 职能的人员有各种各样的头衔和角色，通常分布在整个组织的层级结构中。由于 LPM 对精益企业至关重要，因此必须将其职责交给了解企业财务、技术和业务背景的业务经理和高管。他们必须找到能对投资组合战略、运营、治理和成果最终负责的人。

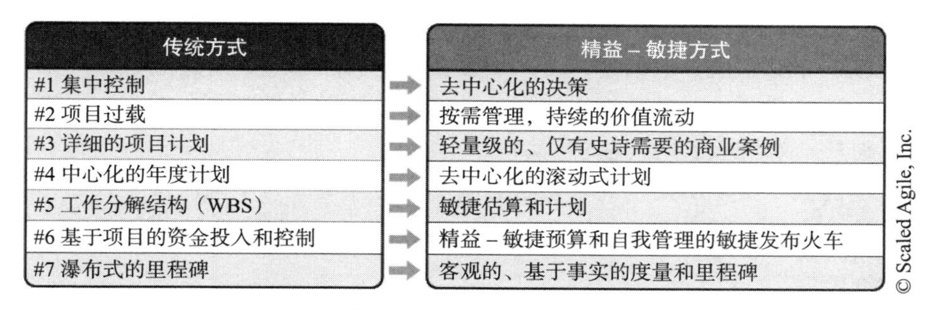

传统方式		精益 – 敏捷方式
#1 集中控制	➡	去中心化的决策
#2 项目过载	➡	按需管理，持续的价值流动
#3 详细的项目计划	➡	轻量级的、仅有史诗需要的商业案例
#4 中心化的年度计划	➡	去中心化的滚动式计划
#5 工作分解结构（WBS）	➡	敏捷估算和计划
#6 基于项目的资金投入和控制	➡	精益 – 敏捷预算和自我管理的敏捷发布火车
#7 瀑布式的里程碑	➡	客观的、基于事实的度量和里程碑

图 A.5-1 将传统理念演变为精益 – 敏捷理念

如图 A.5-2 所示，展示了实现精益项目组合管理能力所需的三个基本协作：

1. 战略和投资资金
2. 敏捷投资组合运营
3. 精益治理

下面的内容将简要描述这些投资组合协作的每一部分。

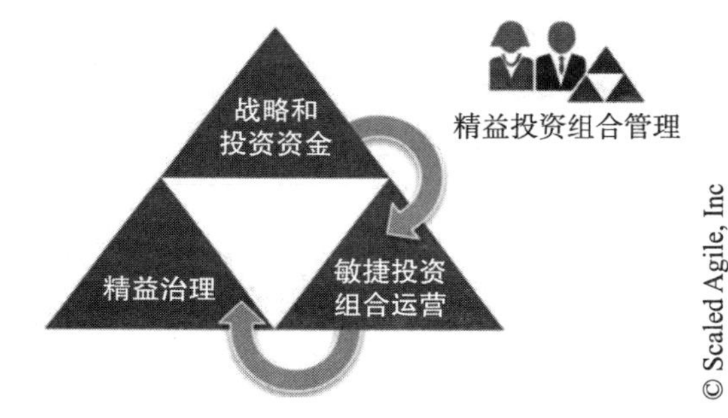

图 A.5-2 三个精益投资组合管理协作

战略和投资资金

战略和投资资金也许是这三种协作中最重要的。只有通过分配“正确的投资”来构建“正确的东西”，企业才能实现其最终的业务目标。实现这些目标需要 LPM 专注且持续的关注。

战略和投资资金协作使企业高管、业务负责人、投资组合利益相关方、技术专家和企业架构师参与其中。他们对投资组合战略进行讨论、辩论，并最终同意和传达。

如图 A.5-3 所示，LPM 通过关联投资组合战略和企业战略，维护投资组合愿景，投资价值流，并建立投资组合流动来履行他们在这种协作中的职责。

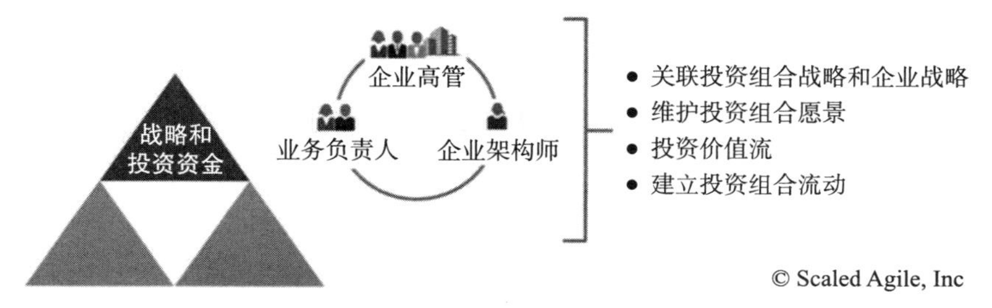

图 A.5-3 战略和投资资金协作和职责

下面将介绍这些职责中的每一项。

关联投资组合战略和企业战略

投资组合战略支持企业更广泛的业务目标，这一点是至关重要的。然而，一个有效的企业战略也依赖于其解决方案的现有资产和独特的能力。毕竟，制定战略是一个双向的过程。投资组合通过战略主题和预算连接到业务战略，并通过投资组合上下文向组织提供反馈（在《企业》一文中进行了描述）。

战略主题提供了实现所期望的未来状态所需的差异化。为了确保每个人都与总体业务战略保持一致，这些主题必须制定出来并在整个投资组合中进行广泛地传达。

维护投资组合愿景

投资组合画布用于定义和详细说明战略，起到了 SAFe 投资组合的章程的作用。投资组合战略和画布为投资组合待办事项列表和精益预算提供了关键输入。然而，制定画布并不是一劳永逸的工作。当了解到有关解决方案集 (包括绩效指标) 的新信息时，LPM 会定期评审画布并对其进行更新，以处理画布的九个构建模块中任何一个的更改。重新审视画布的其他触发因素，包括引入新的解决方案、合并和收购，以及可能影响投资组合的价值流或解决方案的其他战略变化。

投资价值流

精益预算为符合业务战略和当前战略主题的价值流提供资金。这些预算由一组护栏支持，这些护栏概述了特定投资组合的支出政策、指导方针和实践。这种新的投资模式允许企业消除或减少对传统的基于项目的投资和成本核算的需求，从而减少摩擦、延迟和开支。然而，这是一个重大的变化，通常需要对投资组合的价值流进行一些扩展的分析和理解。

建立投资组合流动

实现业务目标需要平衡源自投资组合的工作量，以及每个敏捷发布火车（ART）和解决方案火车响应客户需求时所产生的大量工作。投资组合的业务史诗和使能史诗用于捕获、分析和批准新的业务和技术举措，这些举措需要多个价值流的协作，或者导致形成全新的价值流和敏捷发布火车。投资组合看板系统就是为这个目的而设计的：可视化和限制在制品（WIP），减少工作批次规模，并控制长期存在的开发队列的长度。

史诗负责人、企业架构师和业务负责人支持投资组合看板系统。要成功地建立流动，就需要了解投资组合中每个 ART 的总容量，以及新的开发工作与正在进行的维护和支持活动可用容量的比例。只有在了解了必要的平衡行为之后，企业才能客观而实际地评估和发起投资组合级别的举措。

敏捷投资组合运营

由于确保整个投资组合的运营一致性和执行一致性是管理者和执行者始终关心的问题，因此传统上，大部分工作都集中在计划、项目群管理和解决方案定义上。通常，一个集中的项目群管理办公室（PMO）会履行这些职责。

相反，SAFe 的精益 – 敏捷思维促进了战略执行的去中心化，从而向 ART 和解决方案火车进行授权。然而，即便如此，也必须应用系统思考，以确保 ART 和解决方案火车在更广泛的企业环境中保持一致并运行。通常，为了在大型企业中实现这些目标，需要某种形式的敏捷投资组合运营。图 A.5-4 说明了这一职能的协作和责任。

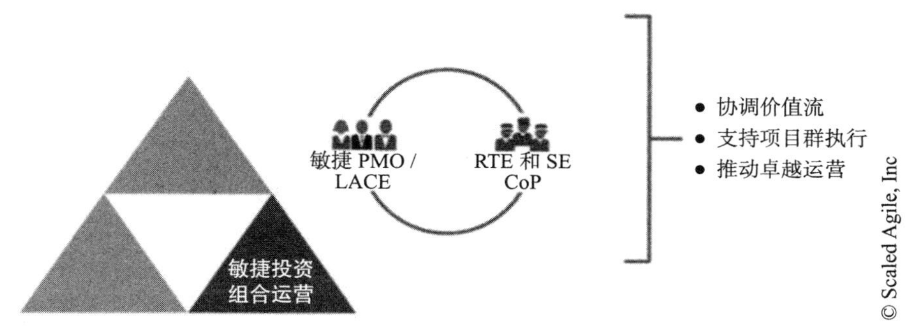

图 A.5-4 敏捷投资组合运营协作和职责

这种协作的主要职责包括协调价值流、支持项目群执行和推动卓越运营，部分通过实践社区（CoP）、精益 – 敏捷卓越中心（LACE）和其他活动来实现。

协调价值流

尽管许多价值流是独立运作的，但一组解决方案之间的合作可以提供一些竞争对手无法比拟的、投资组合级别的能力和收益。实际上，在某些情况下这是最终目标：提供一套差异化的解决方案，其中可能出现新的被集成的能力，以响应不断扩展的终端用户模式。这种合作在《价值流协调》一文中有进一步的描述。

支持项目群执行

许多企业已经发现，集中决策和传统思维模式可能会破坏企业向精益 – 敏捷实践的转型。因此，一些企业放弃了 PMO 方法，将所有责任分配给 ART 和解决方案火车。然而，将传统的 PMO 重新设计为敏捷 PMO（APMO）可以更好地为许多组织服务。毕竟，PMO 中的人员拥有专门的技能、知识，以及与经理、高管和其他关键利益相关者的关系，这些因素在改变工作方式方面非常有用。

而且，他们知道如何把事情做好。与他们合作远比与他们对抗更加有效。将传统的 PMO 转换为 APMO，并让他们一起采用 SAFe 的方式，是至关重要的。

作为“足够强大的变革联盟”的一部分，APMO 经常承担额外的责任。在这个扩展的角色中，他们通常：

- 发起和沟通变革愿景
- 参与推广（有些成员甚至可能提供培训）
- 领导向目标里程碑和精益 – 敏捷预算的转变
- 促进更多的敏捷合同和更精益的供应商和客户合作关系

通过 APMO 和精益敏捷卓越中心（LACE）工作的 LPM 职能，可以帮助开发、收获和应用成功的跨投资组合的项目群执行模式。在大多数组织中，发布火车工程师（RTE）和解决方案火车工程师（STES）是 APMO 的一部分，他们可以在其中共享最佳实践、常见的计划措施和标准报告。在另一些组织中，他们属于开发部门的一部分。

推动卓越运营

在帮助组织不断改进和实现其业务目标方面，LPM（或其代理人 APMO）也具有领导作用。这种领导力通常由一个长期存在的精益 – 敏捷卓越中心（LACE）支撑。精益 – 敏捷卓越中心（LACE）可以是一个独立的小组或是 APMO 的一部分，提供有关如何集成 SAFe 实践的建议。APMO 还可以赞助和支持发布火车工程师（及解决方案火车工程师）实践社区（CoP），以及 Scrum Master 实践社区（CoP）。这些基于角色的实践社区（CoP）为共享有效的敏捷项目群执行实践和其他系统知识提供了一个论坛。

无论在哪种情况下，LACE 都会成为一种持续的能量来源，可以帮助企业通过必要的组织变革为企业提供动力。此外，由于成为精益 – 敏捷企业的演进是一个持续的过程，而不是一个终点，LACE 经常演变成一个长期存在的中心，不断改进，以推动卓越的运营。

APMO 还可以建立和维护系统及报告功能，以确保价值流投资的顺利部署和运营：

- 它承担战略的沟通和咨询联络人
- 提供关键绩效指标
- 提供财务治理

它还在招聘和员工发展方面支持管理和人力运营 / 人力资源。在《保持和提升》一文中描述了推动卓越运营和改进的更多机会。

精益治理

在最终的协作中，精益治理影响支出、未来费用预测和里程碑，以及开发工作的治理，如图 A.5-5 所示。这些利益相关者包括相关的企业高管、业务负责人、企业架构师，以及 APMO。与 ART 和解决方案火车一起，业务负责人和其他利益相关者共同承担以下部分中描述的职责。

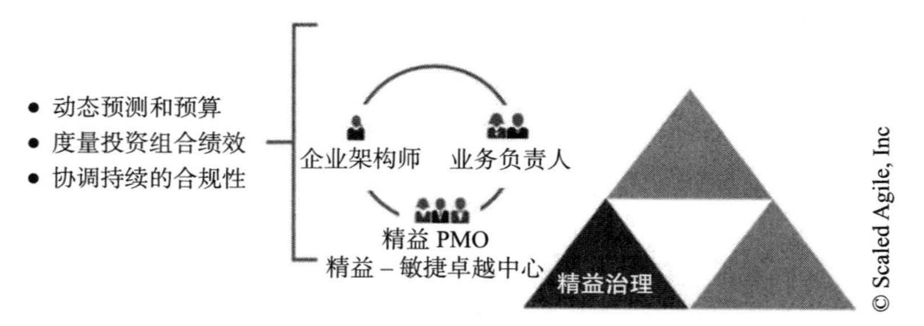

图 A.5-5 精益治理协作和责任

动态预测和预算

如前所述，SAFe 提供了一种精益的预算编制方法——一种轻量级、更灵活、敏捷的流程，它取代了传统计划过程中固定的、长期的预算周期以及财务承诺和固定范围的预期。它包括用于评估、预测和长期路线图的敏捷方法。

虽然价值流主要是自组织和自管理的，但它们不会自行启动或自行投资。因此，随着时间的推移，LPM 引领着价值流预算的调整。资金将根据不断变化的业务需求进行演变，但只能在 PI 边界进行调整，如图 A.5-6 所示。

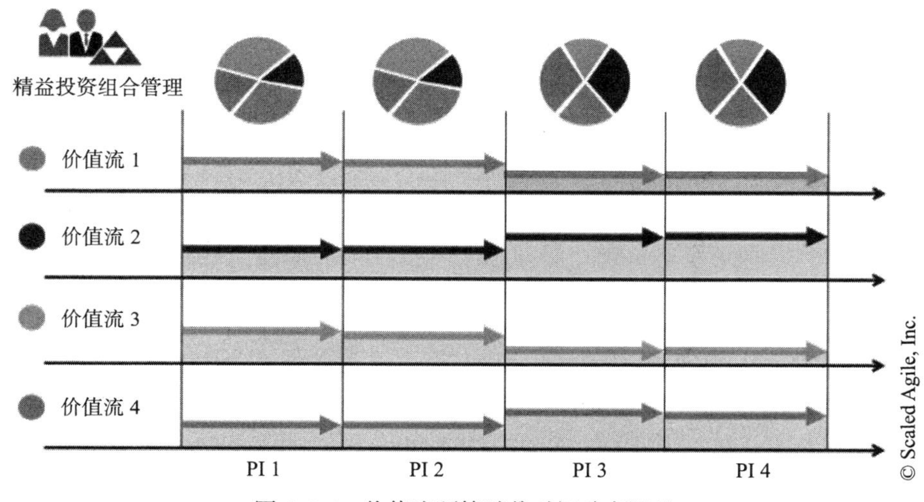

图 A.5-6 价值流预算随着时间动态调整

名义上，这些预算可以每年调整两次。如果频率更低，而且花费固定的时间太长，将会限制灵活性。更频繁的预算变动，似乎支持更高水平的敏捷性，但是人们就像站在流沙上一样。这种情况造成了太多的不确定性，使人们无法承诺采取任何短期行动。

度量投资组合绩效

每个投资组合还必须建立所需的最小度量标准，以确保：

- 战略的实施
- 支出与商定的边界保持一致
- 结果不断改善

下面的这组度量标准是一组全面的、精益的度量示例（见图 A.5-7），它可以用来评估整个投资组合的内部和外部进展。

关于投资组合度量的更多信息可以在《度量》章节中找到。

应用创新核算

许多理想的投资组合意图的度量指标是滞后的经济指标。比如投资回报 (ROI) 和新市场的渗透率这样的关键成功要素，可能需要很长时间才能实现。相反，组织需要来自前导指标的快速反馈，这其中的许多指标不是财务指标。精益企业应用创新核算来应对这个挑战（参考资料 [1]）。

收益	期望结果	度量方法
员工投入度	提高员工满意度，减少人员流动	员工调查问卷，人力资源统计
客户满意度	提升的净推荐值 (NPS)	净推荐值（NPS）得分调查
生产率	减少平均的特性周期时间	特性周期时间
敏捷性	持续改进团队和项目群的度量指标	团队、项目群和投资组合的自我评估，版本发布的可预测性度量
上市时间	更频繁的版本发布	每年发布的版本数量
质量	减少的缺陷数量和支持请求的数量	缺陷数据和支持请求的数量
合作伙伴健康情况	改善生态系统关系	合作伙伴和供应商调查问卷

图 A.5-7 精益投资组合度量

《精益创业》一书的作者 Eric Reis 认为：“为了解决不确定性和加快上市时间，需要一种不同的会计框架来快速验证产品假设并增加学习。”（参考资料 [1]）英国《金融时报》给出了一个更简明的定义：“创新核算是指对初创企业、新产品或现有企业内的业务部门，定义、实证测量和沟通创新的真实进展（如客户保留和使用模式）的严格过程”。

在投资组合层，应用创新核算需要仔细考虑史诗或价值流的哪些引领性指标可能产生预期的长期结果。这直接受到史诗假设声明和精益业务案例的支持。

投资组合同步

与 ART 同步类似，一些企业也会举行“投资组合同步”会议，通常每两周举行一次，或者根据需要按更高或更低的频率举行。LPM 职能、APMO 或其他适当的 LPM 利益相关者可以促进投资组合的同步。其目的是了解投资组合在实现其战略目标方面的进展情况，包括评审由投资组合治理的价值流和项目群执行，以及其他投资。同步还可以涵盖广泛的活动，包括：

- 调整价值流投资
- 评审投资组合看板和轻量级业务案例，批准史诗并确定其优先级
- 维护投资组合愿景和投资组合画布
- 消除横跨价值流的障碍
- 考虑 MVP 的结果，决定是转向还是保留
- 评审驱动卓越运营的持续改进工作的进展
- 评估投资视角的开销

协调持续的合规性

解决方案都不是孤立存在的。相反，它们都是在其更广泛环境的上下文中运作的，通常审计和合规性要求都是必需的。这些可能包括内部或外部财务审计约束和行业法规或监管准则。这些义务对解决方案开发和运营施加了相当大的限制。传统的合规方法倾向于将

这些活动推迟到开发的最后阶段，使企业面临后期发现问题和随后返工的风险，甚至会对监管进行妥协或存在法律风险。所以建议采用一种更为连续的方法，协调持续遵守相关标准。

总结

在企业中，所谓的“就战略达成一致”的简单结果，其实并非是一件简单的事。意见纷至沓来，重要的利益相关者并非总能达成共识。但显然，战略上的不一致会带来难以承受的高昂代价。只有通过分配“正确的投资”来构建“正确的东西”，企业才能实现其最终的业务目标。LPM 能力就是为了应对这一挑战而设计的，这是通过 LPM 职能来实现的。

反过来，LPM 职能提供了一组由三个部分组成的协作（战略和投资资金、敏捷投资组合运营和精益治理），旨在将领导力结合在一起。其中的每一个协作，都具备一系列的利益相关者和职责。当合适的人在适当的环境中共同工作并以正确的方式履行这些职责时，企业就可以很好地实现最佳的业务结果。

参考资料

[1] Ries, Eric. The Lean Startup: How Today's Entrepreneurs Use Continuous Innovation to Create Radically Successful Businesses. The Crown Publishing Group.

[2] Osterwalder, Alexander; Pigneur, Yves. Business Model Generation: A Handbook for Visionaries, Game Changers, and Challengers Wiley. Kindle Edition.

A.6 投资组合画布[⊖]

伟大的产品正在成为一种商品。这是伟大的产品和伟大的商业模式之间的结合，将使你在未来十年的竞争中保持领先。

——Alexander Osterwalder,《商业模式画布的创造者》的作者

摘要

投资组合画布是一种商业模式画布，为了支持和描述 SAFe 投资组合的结构和目的，做了相应的一些调整。

投资组合画布描述了解决方案投资组合如何为一个组织创建、交付和捕获价值。它还帮助定义和调整投资组合的价值流和解决方案，使之符合企业的目标。

详述

SAFe 投资组合画布基于 Alexander Osterwalder 开发的商业模式画布（参考资料 [1]）。

⊖ 原文参见 https://www.scaledagileframework.com/portfolio-canvas/，更新日期：2018 年 9 月 19 日。

投资组合画布定义了 SAFe 投资组合所包含的价值流、价值主张及其所交付的解决方案、投资组合所服务的客户、在精益投资组合管理（LPM）中扮演主要角色的人员、分配给每个价值流的预算，以及在 SAFe 的投资组合层面发生的其他关键活动和事件。换句话说，画布标识了 SAFe 投资组合所关注的特定领域。它有助于简化整个投资组合的计划、开发和执行，对齐每个人的目标，并促进团队沟通和新想法的交流。

为什么 SAFe 投资组合采用商业模式画布

商业模式画布（BMC）及其衍生品，如精益画布（参考资料 [1]），被世界各地的大公司和初创公司使用。它在许多顶级商学院和工程学院里被教授。在网上可以找到成百上千的示例画布，并且得到许多书籍、培训课程、博客和其他文献的支持。商业模式画布允许业务和技术团队共享一种共同的语言，以交流他们正在解决的问题，并帮助他们借助新技术、市场和商业模式来加速创新。

商业模式画布由 9 个构建模块组成（如图 A.6-1 所示）。这些构建模块明确地设计成“小微”，以强调在描述商业模式时思路的清晰性和关注点。

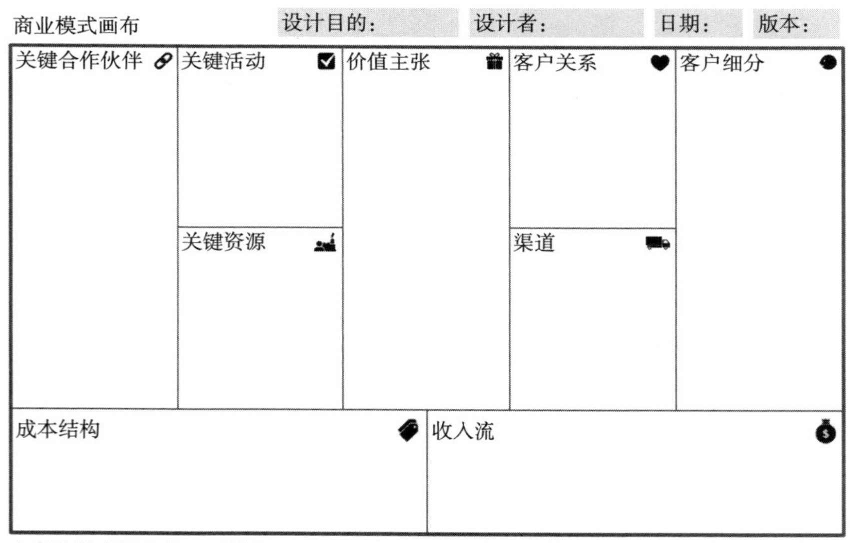

图 A.6-1　商业模式画布

将商业模式画布应用到 SAFe 投资组合中

SAFe 投资组合画布（如图 A.6-2 所示）是商业模式画布（BMC）的改编版，突出了“开发价值流”和 SAFe 投资组合特有的其他方面。人们可以随着业务的变化和新学习的发生，很容易地更新此画布。商业模式画布（BMC）的九个原始模块以粗体字显示，带有图标。

新增模块以标准字体显示，可以使投资组合画布与特定的 SAFe 构想协调一致。

投资组合画布　　投资组合名称：　　日期：　　版本：

价值主张						
价值流	解决方案	客户细分	渠道	客户关系	预算	关键绩效指标（KPI）/ 收入
投资组合中有哪些价值流？（注：为每一个价值流创建一行）	每个价值流提供哪些解决方案？	每个价值流为哪些客户服务？	每个价值流使用哪些渠道来接触客户？	每个价值流维持什么类型的客户关系？	每个价值流的预算是多少？	采用什么方法来评估每个价值流的绩效？

关键合作伙伴	关键活动	关键资源
谁是我们的关键合作伙伴？ 谁是我们的关键供应商？ 我们要从合作伙伴那里获得哪些关键资源？ 合作伙伴要执行哪些关键活动？	我们的价值主张需要哪些关键活动？ • 战略主题和精益预算 • 市场节奏 • 战略同步 • PI 计划会议（PI 前 / 后） • 系统 / 解决方案演示 • 检视和调整	我们的价值主张需要哪些关键资源？ • 史诗负责人 • 企业架构师 • 精益投资组合管理（LPM）权威 • 敏捷项目管理办公室（APMO），精益－敏捷卓越中心（LACE） • 共享服务

成本结构	收入流
总投资组合预算是多少？ 投资组合中固有的最重要成本是什么？ 哪些关键资源最昂贵？ 哪些关键活动最昂贵？	货币化价值流的收入是多少？ • 客户真正愿意支付的价值是多少？ • 他们目前支付的费用是多少？ • 他们目前如何付款？ • 每个收入流对总收入的贡献是多少？ 非货币化（纯粹开发）价值流所提供的价值是多少？

投资组合画布改编自商业模式画布（http://www.businessmodelgeneration.com）

图 A.6-2　投资组合画布

如图 A.6-3 所示，说明了投资组合画布的三个主要部分

下面将描述每个部分及对应模块。

1. 价值主张

价值主张描述了客户和每个价值流的解决方案所提供的价值，以及客户细分和关系、预算和关键绩效指标（KPI）/ 收入。如图 A.6-4 所示，为每一个开发价值流采用单独的一行便签。

价值流：本节描述用于构建系统和能力的开发价值流，这些系统和能力支持运营价值流或提供最终客户价值。

解决方案：每个价值流产生一个或多个解决方案，这些解决方案是交付给客户的产品、服务或系统，无论客户是企业内部的还是外部的。

客户细分：客户细分描述每个价值流的内部或外部客户。

渠道：该部分描述用于覆盖每个客户细分市场的业务链。如果为外部客户提供服务，可能包括用于联系客户的营销和销售机制（例如网络、直销、实体店、分销网络）。如果为

内部客户提供服务，它会捕获与内部利益相关者和最终用户（例如内部网站或自定义 IT 应用程序）的接口。

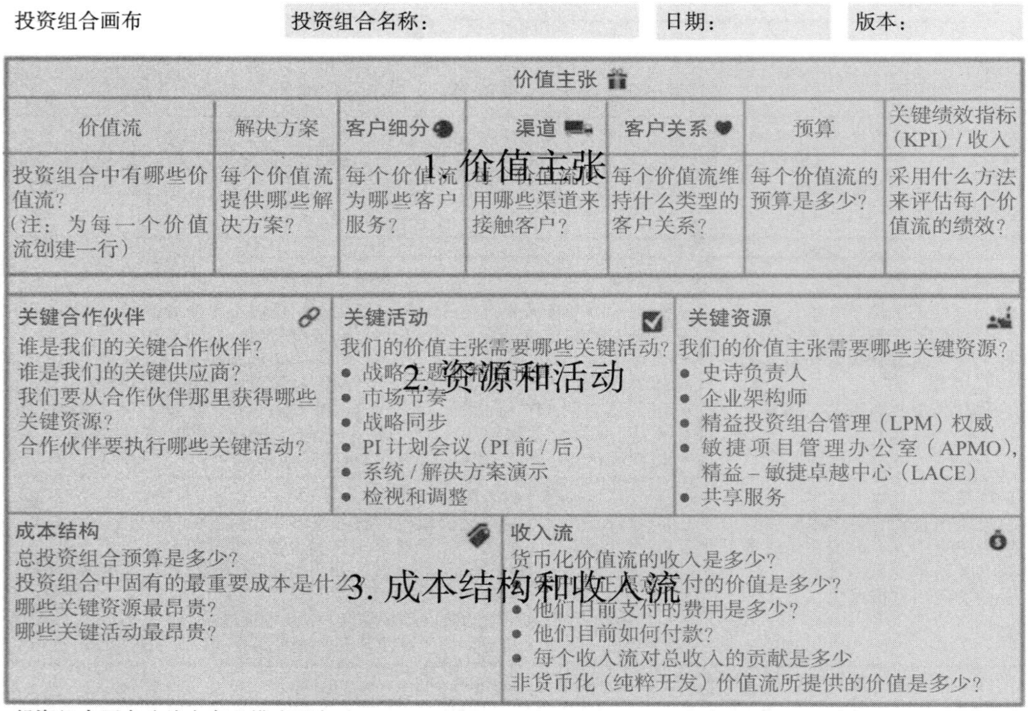

投资组合画布 投资组合名称： 日期： 版本：

价值主张						
价值流	解决方案	客户细分	渠道	客户关系	预算	关键绩效指标（KPI）/ 收入
投资组合中有哪些价值流？ （注：为每一个价值流创建一行）	每个价值流提供哪些解决方案？	每个价值流为哪些客户服务？	每个价值流使用哪些渠道来接触客户？	每个价值流维持什么类型的客户关系？	每个价值流的预算是多少？	采用什么方法来评估每个价值流的绩效？

1. 价值主张

关键合作伙伴	关键活动	关键资源
谁是我们的关键合作伙伴？ 谁是我们的关键供应商？ 我们要从合作伙伴那里获得哪些关键资源？ 合作伙伴要执行哪些关键活动？	我们的价值主张需要哪些关键活动？ • 战略主题 • 市场节奏 • 战略同步 • PI 计划会议（PI 前 / 后） • 系统 / 解决方案演示 • 检视和调整	我们的价值主张需要哪些关键资源？ • 史诗负责人 • 企业架构师 • 精益投资组合管理（LPM）权威 • 敏捷项目管理办公室（APMO），精益 – 敏捷卓越中心（LACE） • 共享服务

2. 资源和活动

成本结构	收入流
总投资组合预算是多少？ 投资组合中固有的最重要成本是什么？ 哪些关键资源最昂贵？ 哪些关键活动最昂贵？	货币化价值流的收入是多少？ • 他们真正愿意支付的价值是多少？ • 他们目前支付的费用是多少？ • 他们目前如何付款？ • 每个收入流对总收入的贡献是多少 非货币化（纯粹开发）价值流所提供的价值是多少？

3. 成本结构和收入流

投资组合画布改编自商业模式画布（http://www.businessmodelgeneration.com）

图 A.6-3 投资组合画布包括三个主要部分

客户关系：此部分描述与每个客户细分的连接和沟通。这些关系影响解决方案的设计和投资组合的资源分配。

预算：每个价值流所分配的精益预算，包括运营、间接费用和资本支出。

关键绩效指标（KPI）/ 收入：关键绩效指标（KPI）定义了用于评估价值流投资结果的指标。精益 – 敏捷投资组合度量提供了一组更广泛的绩效衡量指标，这些指标也可能是有用的。

2. 资源和活动

资源和活动描述了实现价值主张所需的关键合作伙伴、关键活动和关键资源。

关键合作伙伴：描述为客户细分提供价值所需的业务合作伙伴。这些中介机构有助于利用规模经济并集中投资组合之外的某些服务，例如外部供应商。

关键活动：描述用于为客户细分创造价值的高级活动。其中许多是标准的 SAFe 事件，例如 PI 计划会议、检视和调整等。其他活动，例如贸易展览、客户咨询会议等是特定的商业环境下独特的活动。

关键资源：描述开发、营销和维护价值主张所需的资源（例如，为你的客户细分交付价值所需的最重要的物理、财务、知识或人力资产是什么？）。这包括投资组合中的资源，例如共享服务。

3. 成本结构和收入流

成本结构和收入流描述了投资组合的成本是如何构成的，并定义了如何实现收入或价值。

成本结构：确定投资组合商业模式中固有的最重要成本，包括架构方面的因素，如许可证成本、开发实验室，以及外部服务的任何运营成本。构建网络物理系统还需要考虑其他成本（例如硬件和固件）。

收入流：如果开发价值流直接进行货币化，请列出来自客户的收入类型和来源。请注意主要收入来源以及向客户收费的方式（固定价格、基于使用情况等）。对于内部客户，描述对利益相关者的影响或解决方案创造的价值。

商业模式画布（BMC）的意图是尽量准确地描述商业模式，同时能够提供理解和鼓励创新。想象一下，将多个画布用大幅面纸张打印出来，挂在墙上彼此相邻，上面粘贴着众多便利贴以促进领导团队内部的讨论。虽然我们提倡这种方法来帮助企业创新，但是我们发现其最大的价值是对 SAFe 投资组合中解决方案的共同理解，以及他们的相互联系。

捕获当前状态

投资组合画布的主要用途之一是记录当前状态。当前状态画布表示投资组合的现状，使组织能够在结构、目的和状态上保持一致。捕获当前状态的一种方法是组建一个或多个团队来创建共同的理解。团队应该包括敏捷发布火车（ART）、价值流业务负责人、精益投资组合管理（LPM）受托人、史诗负责人、架构师、发布火车工程师（RTE）、产品和解决方案经理、产品负责人，以及投资组合的其他利益相关者。

一种直接的方法是遍历画布的每个组成模块，并总结关键方面。团队通常使用带有几个关键字的便利贴来填写每个组成模块（如图 A.6-4 所示）。画布的真正力量是在一个页面上展示整个投资组合，获悉洞见。

作为填写当前状态投资组合画布的一部分，对每个价值主张的进一步推理可能是有用的。实现这一点的一种方法是创建单独的价值流画布，然后将其汇总到投资组合中（如图 A.6-5 所示）。每个价值流中相应的利益相关者应该开发他们的价值流画布。

展望未来状态

下一步是展望未来状态，这有助于定义投资组合的愿景。当前状态和未来状态之间的差异代表了差距，这种差距被转化为实现未来状态的愿景。

了解机会和威胁

有许多工具和技术可以帮助了解未来状态的机会。其中一种技术是 SWOT 分析（如图 A.6-6 所示），用于识别与业务竞争或业务计划相关的优势、劣势、机会和威胁。SWOT 分析有助于发现以前未阐明的成功机会，或者在威胁变得过于繁重之前对其加以强调。

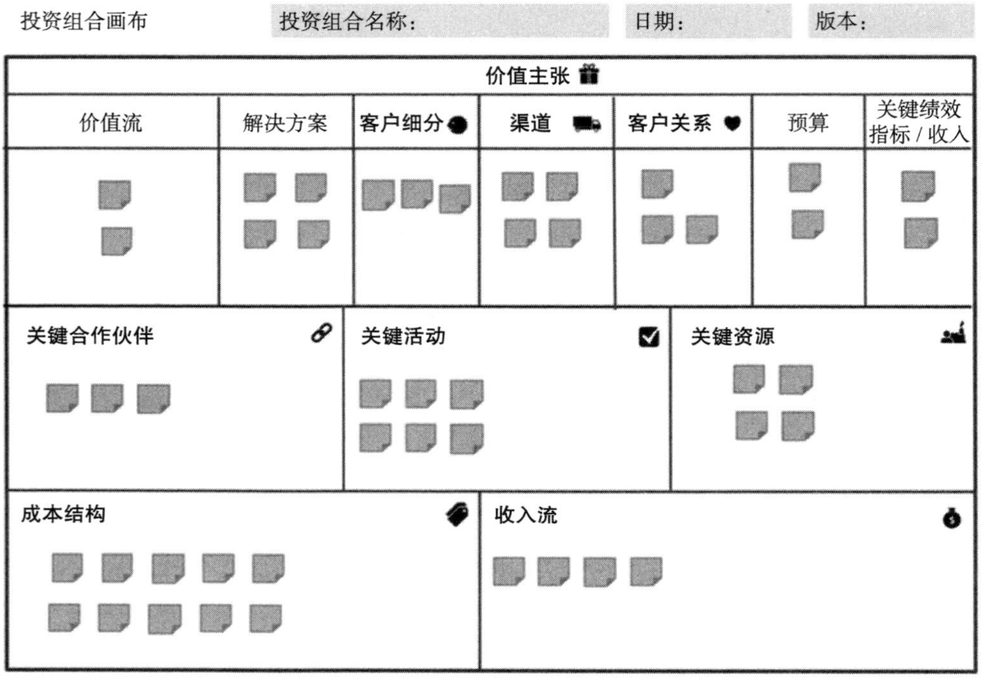
投资组合画布
投资组合名称：
日期：
版本：
价值主张
价值流
解决方案
客户细分
渠道
客户关系
预算
关键绩效指标 / 收入
关键合作伙伴
关键活动
关键资源
成本结构
收入流

投资组合画布改编自商业模式画布（http://www.businessmodelgeneration.com）
本作品采用知识共享署名——相同方式共享 3.0 未移植版许可协议授权
浏览授权信息请访问：http://creative commons.org/licensed/by-sa/3.0

图 A.6-4　使用便利贴协同构建画布

评估备选方案以确定未来状态

投资组合的战略主题是一个重要的输入。精益投资组合管理（LPM）团队使用当前状态的投资组合画布作为起点，探索投资组合根据战略主题演进的不同方式。首先在投资组合画布中选择一个特定的模块，识别潜在的变化或机会，然后探索它如何影响画布的其他部分（如图 A.6-7 所示）。

例如，来看一家印刷公司的投资组合，该公司在按需印刷图书上进行了大量投资。价值流可以探索不同的客户细分作为未来状态的基础（例如为学校定制的书籍），或者可以探索客户关系的变化（例如转向自助服务模式）。每一个变化都可能会影响投资组合画布上的其他模块。

实现未来状态的一些变化需要实施大型举措，而且团队将需要创建业务和使能史诗，这些史诗将直接提供给投资组合看板。

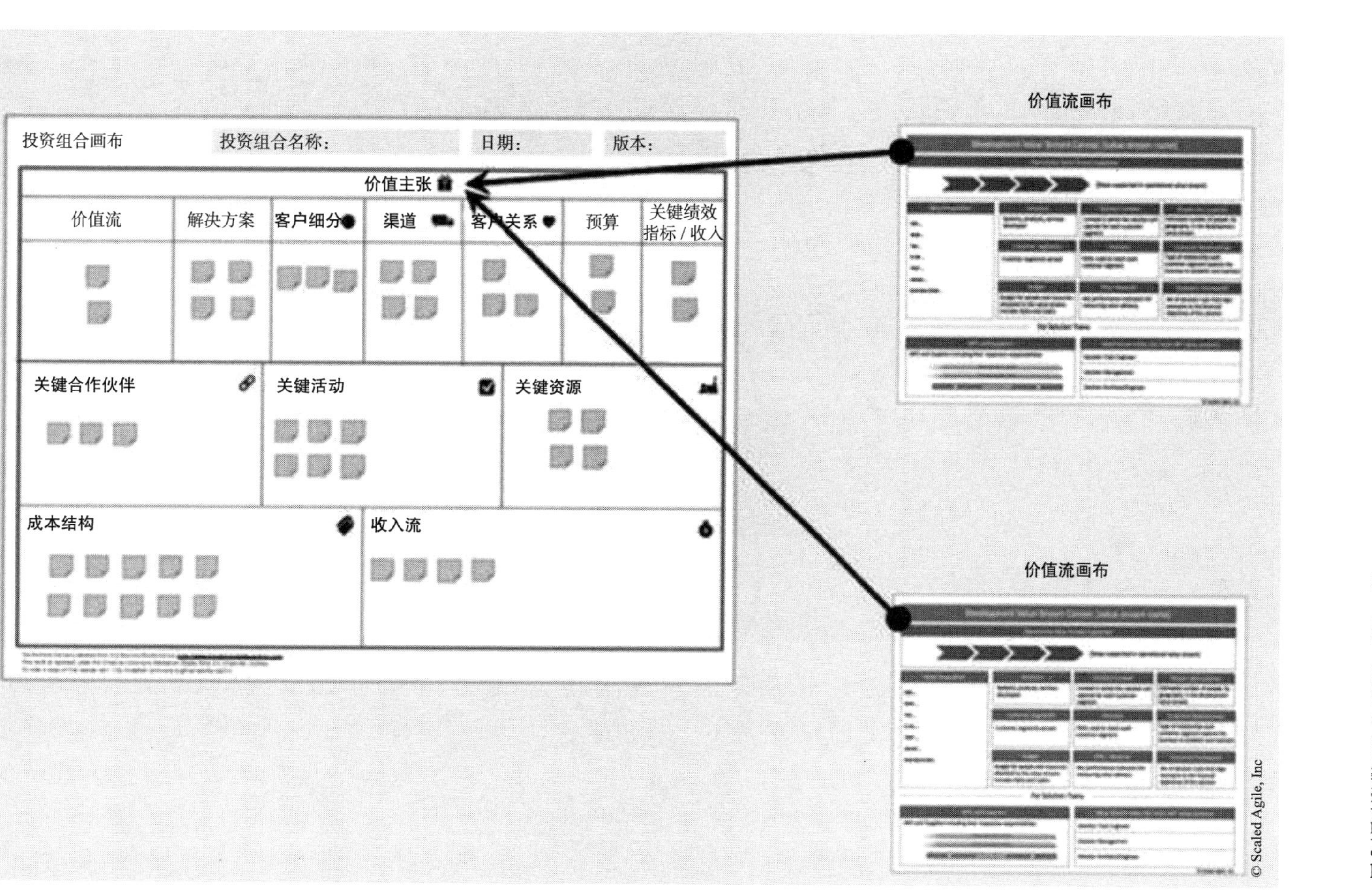

图 A.6-5　从一组价值流画布中创建投资组合画布

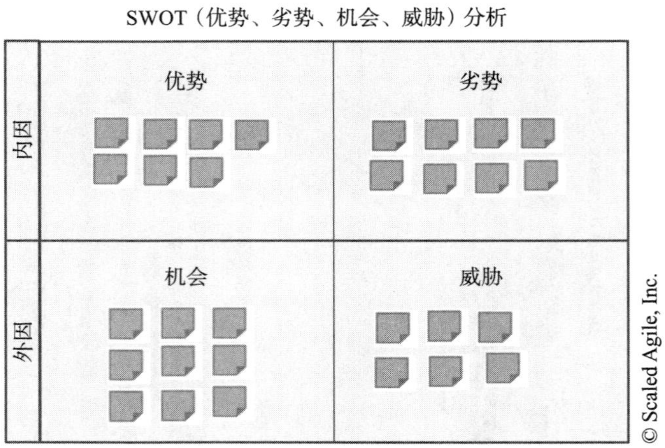

SWOT（优势、劣势、机会、威胁）分析

内因	优势	劣势
外因	机会	威胁

图 A.6-6　SWOT 分析

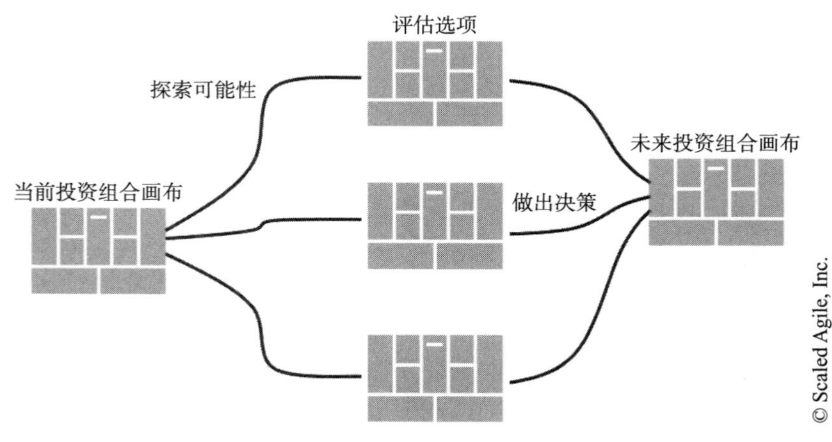

图 A.6-7　探索不同的场景，演进解决方案投资组合

表达投资组合愿景

投资组合愿景以一种既实用又鼓舞人心的方式为短期决策设定了一个较长期的上下文。了解更长期的视角有助于敏捷团队在整个生命周期中对功能开发做出更明智的选择。

业务负责人（或 C 层级高管人员）通常会在项目群增量（PI）计划会议之前和会议中的滚动式简报中（也许包括一些鼓舞人心的视频），来展示这种较长期的视角和业务上下文。

建立精益预算和护栏

每个 SAFe 投资组合都在批准的预算范围内运作。正如《企业》一文所述，预算由战略计划过程产生。

战略主题和投资组合画布是如何将总投资组合预算的一部分分配给特定价值流的关键输入。每个价值流必须在批准的预算范围内运作。对价值流预算的任何变更都需要得到相应的批准。此外，精益预算由一组护栏管理，这组护栏描述了投资组合的预算控制和支出政策。

维护投资组合画布

创建当前和未来状态的投资组合画布，并非是一种一蹴而就的实践。随着对不断演进的投资组合解决方案的新信息的学习，投资组合利益相关者需要定期审查和更新投资组合画布。其他触发因素还包括：引入新的解决方案、合并和收购、投资组合路线图中定义的投资组合的市场节奏，以及其他可能影响投资组合价值流或解决方案的战略变化。

参考资料

[1] Osterwalder, Alexander; Pigneur, Yves. *Business Model Generation: A Handbook for Visionaries, Game Changers, and Challengers* Wiley. Kindle Edition.
[2] https://strategyzer.com/canvas/value-proposition-canvas.
[3] https://searchcio.techtarget.com/definition/SWOT-analysis-strengths-weaknesses-opportunities-and-threats-analysis.
[4] https://steveblank.com/2016/02/23/the-mission-model-canvas-an-adapted-business-model-canvas-for-mission-driven-organizations/.

A.7 Guardrails 护栏⊖

“我们都熟悉高速公路上的护栏。它们在那里是为了防止一个简单的事故变成一场彻头彻尾的灾难。如果你偏离了路线，护栏会帮助你重新回到通往目的地的道路。

——佚名

摘要

精益预算护栏针对分配给特定投资组合的精益预算，描述了相关的预算、治理和支出方面的政策和实践。

这些护栏可以由业务战略的要素驱动，同时也驱动着那些要素。

详述

每个 SAFe 投资组合都在批准的预算内运作，进行产品、服务和 IT 业务解决方案的开发和部署。如《精益预算》一文所述，投资组合的总预算由精益投资组合管理（LPM）和投资组合利益相关者分配给各个价值流预算。反过来，价值流领导层将价值流预算分配给有助于实现当前愿景和路线图的人员和资源。

⊖ 原文参见 https://www.scaledagileframework.com/guardrails/，更新日期：2018 年 9 月 21 日。

SAFe 为精益预算提供了策略，消除了传统的基于项目的投资和成本核算的开销。在这种模式中，精益投资组合管理（LPM）的受托方通过分配价值流预算和批准史诗来保持适当的监督水平，同时授权火车快速做出决策并实现灵活的价值交付。这样，企业就可以做到两全其美：建立一个能够更好地响应市场需求的开发流程，同时具备专业和负责任的支出管理。

建立护栏有助于确保在预算内进行正确的投资。护栏有助于确保投资的组合兼顾短期机会和长期战略，确保大量投资获得批准，并确保在技术、基础设施和维护方面的投资不会经常被忽略。此外，随着时间的推移，业务负责人也在不断对支出做出指导。

如图 A.7-1 所示，说明了四个预算护栏：

1. 用地平线指导投资
2. 通过容量分配优化价值和解决方案完整性
3. 批准重大举措
4. 业务负责人持续参与

前两个护栏是定量的，它们在批准的预算内指导投资分配。后两个护栏是流程相关的，主要是定性的，它们确定预算的治理方式。这些护栏在下文中进行了描述。

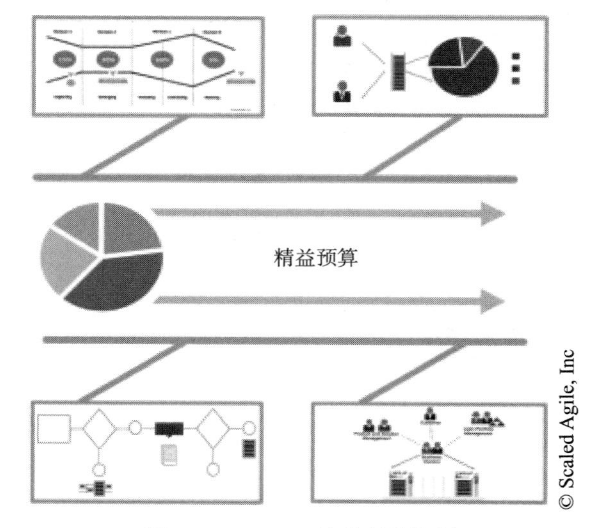

图 A.7-1　SAFe 精益预算护栏

护栏 1：用地平线指导投资

如《精益预算》一文中所述，投资组合投资按照反映四种情况的投资地平线进行组织：评估、浮现、投资 / 提取，以及退休。然而，一个给定的价值流分配给这些地平线的预算量决定了价值流和投资组合的近期和长期健康状况。

例如，如果一个价值流只专注于地平线 1 的解决方案，那么这个投资的组合将缺乏未来的解决方案创新，从长远来看，将会产生巨大的风险。因此，精益投资组合管理（LPM）受托方根据投资地平线建立一般的投资组合级别的指导原则，如图 A.7-2 所示。

反过来，价值流领导者应努力确保计划的投资在投资地平线指导方针范围内，或者在投资地平线发生变化时提供明确的业务原因。

如图 A.7-2 中的示例显示，精益投资组合管理（LPM）已经制定了指导方针，为地平线 3 分配 15% 的预算，为地平线 2 分配 20%，为地平线 1 分配 60%，为地平线 0 分配 5%。这可能是技术企业的健康组合（参考资料 [1]）。然而，每一个投资组合和价值流在做出这样的决策时都必须考虑其当前的环境。如果对于一个新创建的价值流，可能会将更多预算分配给地平线 2，因为它在地平线 1 中根本没有任何解决方案；但是如果一个的价值流正在处理大量技术过时的遗留系统，可能会将更多预算分配给地平线 0。

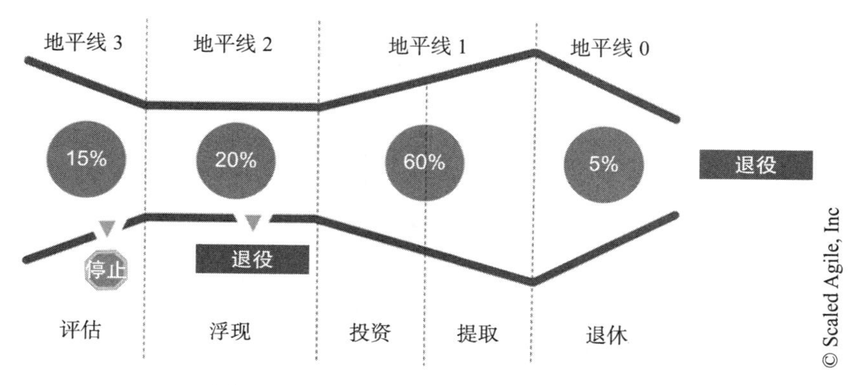

图 A.7-2　地平线预算护栏（参考资料 [1]）

护栏 2：通过容量分配优化价值和解决方案完整性

精益预算是向前迈出的一大步，它使去中心化的决策和更有效的执行成为可能。然而，每一个敏捷发布火车（ART）和解决方案火车所面临的挑战之一是如何平衡新业务特性的待办事项列表与持续投资于架构跑道的需求，为未来 PI 的需求和设计的持续探索以及维护当前的系统提供时间。

敏捷发布火车（ART）必须持续在实现使能方面进行投资，以维护架构跑道，避免因技术过时而降低速度和大规模更换组件。

平衡特性和使能使工作优先级排序的挑战更加复杂，因为不同的人可以将团队拉向不同的方向，如图 A.7-3 所示。

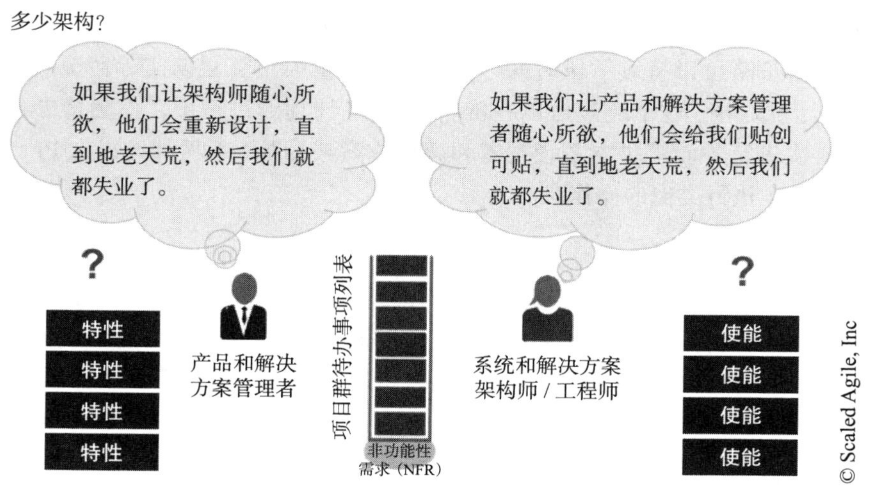

图 A.7-3　业务与使能待办事项列表的困境

面对这个挑战的一个解决方案是，团队和火车将容量分配作为一个定量的护栏，以确定可以为即将到来的 PI 中的每种类型的活动分配多少总工作量。此外，他们还建立了一个协议，来确定每个活动类型的工作应该怎么做，如图 A.7-4 所示。

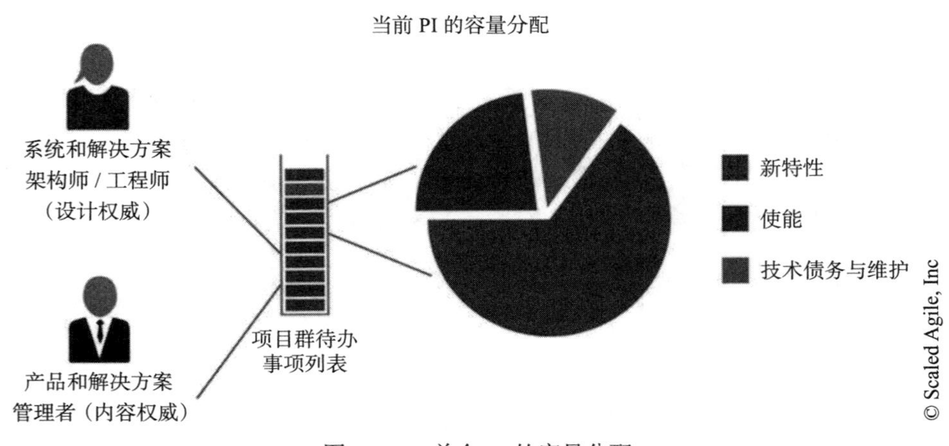

图 A.7-4　单个 PI 的容量分配

每个价值流都应该为管理容量分配制定明确的政策。以下是一个政策声明示例，许多敏捷发布火车（ART）和解决方案火车都发现它很有用：

- 在每个 PI 边界，我们就投入新特性（或能力）、使能、技术债务，以及维护方面的资源的百分比达成一致。
- 我们同意产品和解决方案管理者有权对项目群和解决方案待办事项列表条目进行优先级排序。
- 我们同意根据经济因素对业务和使能特性进行优先级排序。
- 我们同意以最大化客户价值和最小化技术债务的方式协作进行优先级排序工作。

虽然商定的策略可以持续一段时间，但分配的容量大小将根据实际情况定期更改。在一个 ART 的上下文中，这个决策可以在准备每个 PI 计划的过程中，作为待办事项列表梳理的一部分再次进行，而解决方案管理者和解决方案架构师 / 工程师可以在 PI 计划前会议中对整个解决方案执行类似的操作。

护栏 3：批准重大举措

虽然对每个价值流投入的资金都是为了促进授权和进行本地决策，但是当进行重大投资时仍然需要进行集中治理，这一点是非常合理的。图 A.7-5 表明已经识别了一项重大举措。识别后，通过一个决策过滤器来确定它是否超过了由精益投资组合管理（LPM）建立的投资组合史诗的阈值。

低于阈值：如果该条目低于投资组合史诗的阈值，那么它会进入适当的项目群或解决方案看板系统的漏斗。

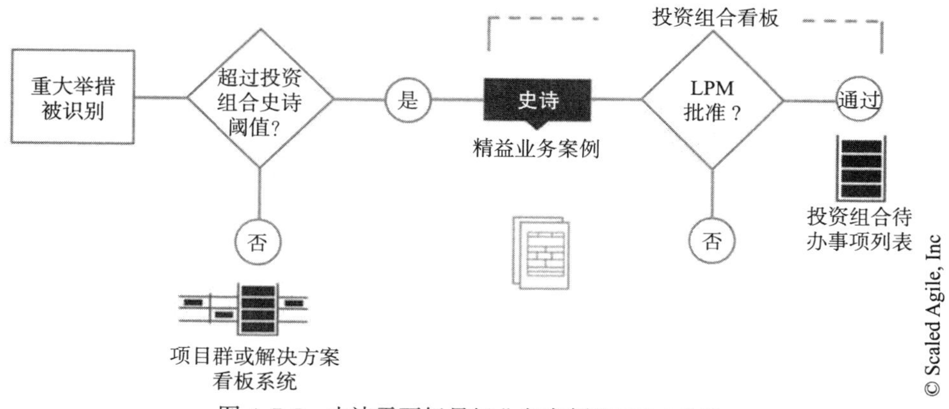

图 A.7-5 史诗需要轻量级业务案例和 LPM 批准

高于阈值：如果该条目超过了投资组合史诗的阈值，那么它需要通过投资组合看板系统进行评审和批准，而不管该举措是在项目群层、解决方案层，还是在投资组合层产生的。漏斗中最有价值的史诗将传递到分析状态，在分析状态中创建精益业务案例，并提交给精益投资组合管理（LPM）受托方，以获得“通过 / 不通过”决策批准。

护栏 4：业务负责人持续参与

业务负责人（有时是客户本身）是唯一有资格确保分配给价值流的资金朝着正确的方向发展的人。因此，他们充当了一个关键的护栏，确保敏捷发布火车（ART）和解决方案火车的优先级与精益投资组合管理（LPM）、客户，以及产品和解决方案管理者协调一致，如图 A.7-6 所示。

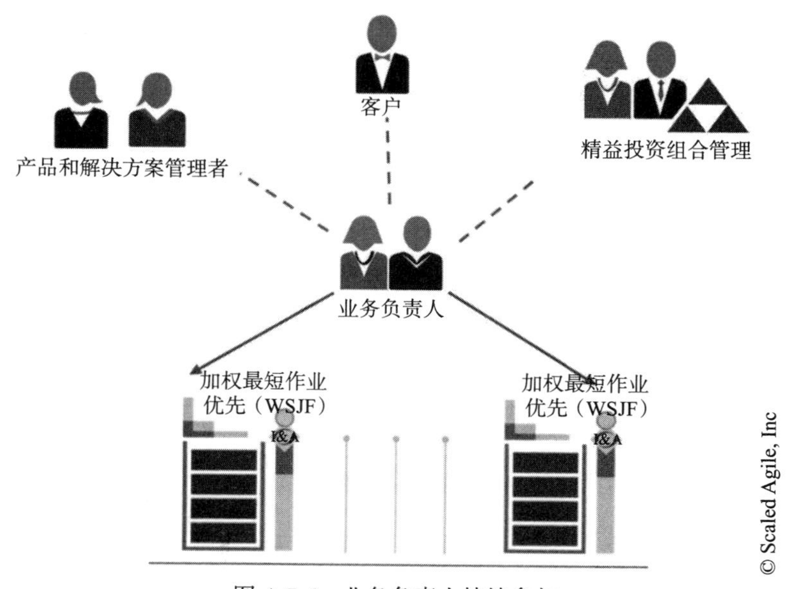

图 A.7-6 业务负责人持续参与

图 A.7-6 显示了业务负责人在执行 PI 之前、PI 期间，以及 PI 之后，应该积极参与的最小活动集。下面将简要介绍这些活动。

- **为即将到来的 PI 做准备**——业务负责人确保敏捷发布火车（ART）和解决方案火车为新特性、使能、技术债务和维护分配足够的容量，并使用加权最短作业优先（WSJF）为特性和能力优先级排序提供依据。业务负责人还与产品和解决方案管理者协作，以确保为 PI 计划的工作包含适当的投资组合，这些投资组合既解决了近期机会（地平线 1）、长期战略（地平线 3 和地平线 2），也为退役解决方案（地平线 0）分配了足够的容量。这些投资不需要对每个 PI 都是相同的，但是在一组 PI 中，必须对每个 PI 进行投资。
- **PI 计划**——在 PI 计划期间，业务负责人积极参与关键活动，包括展示愿景、计划草案评审、为项目群 PI 目标分配业务价值，以及批准最终计划。他们还沟通价值流的投资概况，从而进一步支持愿景背后的推理。
- **检视和调整（I&A）工作坊**——在 I&A 工作坊期间，业务负责人在系统演示（或解决方案演示）期间就解决方案的“适用性”提供反馈。业务负责人的反馈非常关键，因为只有他们能够提供火车需要的指导，使火车能够按计划进行或采取纠偏措施。此外，他们还帮助评估实现的实际价值，与计划的价值进行对比，并参与随后的问题解决工作坊。

参考资料

[1] The example allocations shown in this figure were suggested in the Havard Business Review article located at https://hbr.org/2012/05/managing-your-innovation-portfolio.

[2] Ries, Eric. The Lean Startup: How Today's Entrepreneurs Use Continuous Innovation to Create Radically Successful Businesses. Crown Business, 2011.

A.8 SAFe 应用于政府[⊖]

如果只挑一个对政府而言最需要的东西，那就是快速尝试、应需而变，以及通过构建可工作的简单系统并不断演化来构建复杂系统（而非相反）的能力。

—— Jennifer Pahlka, Code for America 创始人，美国前任副首席技术官 2012 [1]

摘要

SAFe 应用于政府是一系列成功的模式，这些模式能够帮助公共组织在政府上下文中实施精益 – 敏捷实践。

⊖ 原文参见 https://www.scaledagileframework.com/Government/，更新日期：2018 年 10 月 4 日。

在私营领域的软件和系统开发中，精益和敏捷的思想基石带来了相对于瀑布模式更高的成功率。政府项目在使用相同模式的过程中，开始经历类似的结果。然而，政府机关必须解决精益－敏捷转型中某些独特的挑战。SAFe 中对于政府的建议和最佳实践为解决这些问题提供了特别的指导。

详述

为何在政府中应用 SAFe

在全球范围内，负责为政府构建最大、最复杂系统的领导者们开始对精益－敏捷和 DevOps 的实践产生兴趣。很大程度上，这种兴趣来源于政府所面临的一个现实：各种内外力量正在改变政府机构如何为公民和管理者提供服务。也许并不令人惊讶，这些力量与商业领域中的发现类似：

- 数字化转型的影响
- 社交媒体的兴起以及对 IT 开销状况的即时获取
- 民众不断增长的期望
- 技术债务和过时系统驱动的 IT 现代化举措
- 防御系统的迅速变化和全球范围内网络安全威胁

与盈利性组织类似，政府对于技术的依赖日益增加。然而，开发和支持新技术的传统方式已被证明无法满足构建 21 世纪的解决方案的需要。敏捷实践展现出一些曙光。然而，政府系统的规模和复杂度（例如，从法国公民的失业救助网站到美国的 F-22 战斗机），是无法由团队层面的敏捷实践支撑的。

美国联邦政府的敏捷导入背景

适逢其时，从 2012 年开始，美国的政府技术开发项目对于精益－敏捷方法的兴趣呈指数级数增长。2012 年 7 月，美国总审计局（GAO）发布了一个报告，推荐使用敏捷开发的特定实践，同时列出了在政府中使用敏捷的 14 条独特挑战（参考资料 [2]）。同年，美国行政管理和预算局（OMB）要求各机构改变他们的采购实践——从大而无当的长期项目，变成更加模块化的合同模式，从而能与迭代式的开发方式配合（参考资料 [3]）。尽管有这些积极迹象（经年以来对于瀑布流程的信奉趋于松动，但各机构导入不同工作方式的过程仍然是缓慢的。如图 A.8-1 所示的时间线，展示了驱动美国联邦政府精益－敏捷导入的重大事件。

2013 年下半年，美国政府网站“Healthcare.gov”在发布中所遇到的麻烦几乎在一夜之间迅速增长了对引入敏捷的兴趣。作为平价医疗法案（ACA）的一部分，该网站的目的是使公民能够获取健康保险。连续几周，网站上线后遇到的困难成为全国的新闻热点。这暴露了政府技术项目中普遍应用的传统开发实践的很多弱点（参考资料 [4]）。公众对类似这些事件的关注使得政府信息技术项目对于采用更加现代化的开发实践的态度更加开放。德勤在 2017 年发布的对联邦政府敏捷导入的分析中（参考资料 [5]），给出了使用敏捷或迭代过程的联邦信息技术项目自 2012 年以来的高速增长，如图 A.8-2 所示。

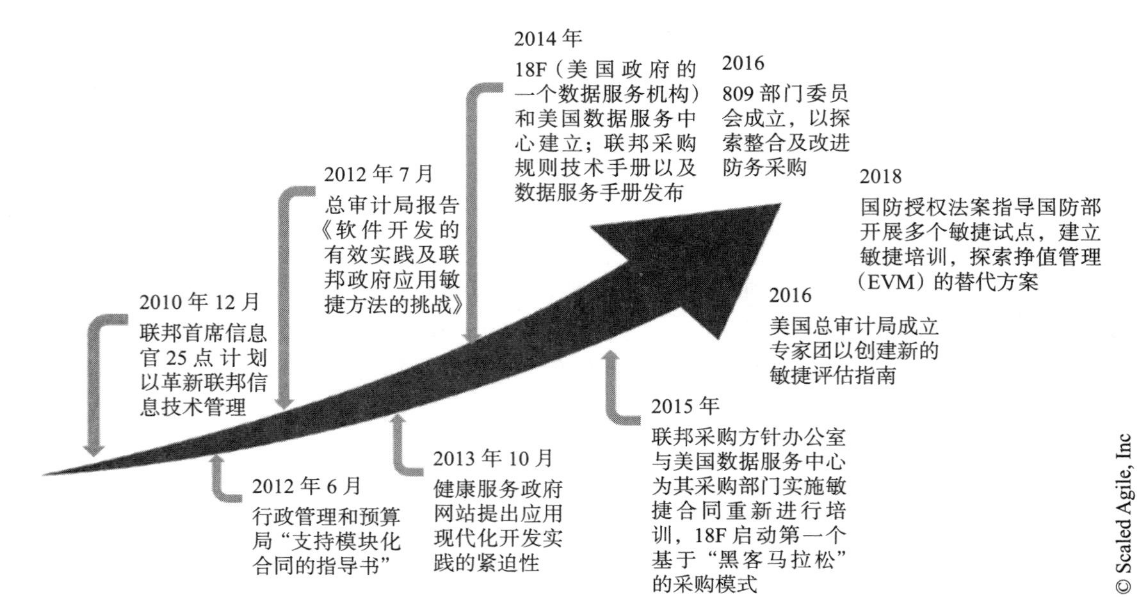

图 A.8-1　2012 年之后驱动政府精益 – 敏捷导入的主要事件

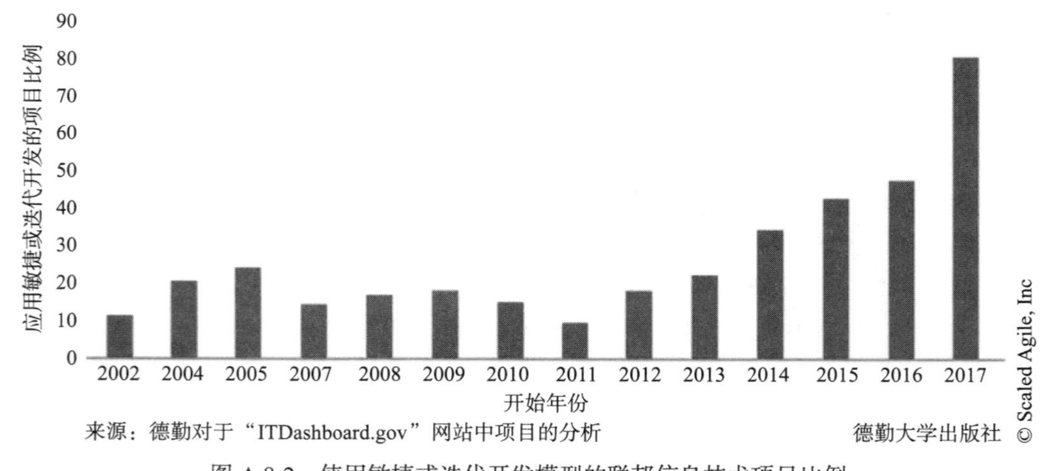

图 A.8-2　使用敏捷或迭代开发模型的联邦信息技术项目比例

为了吸引业界人才以在联邦信息技术项目中引入现代化的硅谷式实践，18F 和美国数据服务中心这两个机构成立了。这之后，政府机构对精益、敏捷，以及 DevOps 实践的兴趣加速增长。上述机构成立不久后就发布了《数据服务手册》和《联邦采购规则技术手册》，以帮助政府项目中的领导者理解如何使开发实践现代化并调整采购流程，以支持敏捷合同。政府编撰的用以导入敏捷的其他资源有显著增长，联邦项目通过引入精益 – 敏捷实践获益的成功故事数量也迅速增加。国土安全部已经把敏捷作为其软件开发的正式标准。美国总审计局（GAO）和美国行政管理和预算局（OMB）都发布了管控敏捷项目的审计和预算规则。国会也支持了在敏捷领域不断增长的培训，并授权对采购实践进行现代化改造以支持敏捷。

全球政府中的敏捷导入

在州政府及地方政府的系统开发中也出现了相同的趋势，在全球范围内各个国家的政府机构也是一样。英国政府已经支持了一次敏捷转型，它涉及多个政府部门和机构的几百个开发团队。法国就业局、荷兰税务局、澳大利亚邮政局，也都是全球政府机构使用 SAFe 指导其精益 – 敏捷规模化转型的例子。在法国就业局的例子中，转型提高了就业津贴发放的及时率，并增加了雇主和求职者对该机构服务的满意度。

政府作为精益企业

曾经，商业机构经历过的挑战加速了其精益 – 敏捷转型。如今，政府机构在经受越来越多相同的挑战。数字化颠覆、全球化、持续增长的网络安全威胁、老旧的遗留系统，以及业务成功对于技术越来越高的依赖程度，种种这些因素对于政府机构和产业同样重要。

精益企业的特征是能够以可持续的最短周期交付最高的质量和价值。SAFe 通过描述帮助组织获取这种能力的成功模式提供了一个指南。大量的 SAFe 在政府机构中的实施案例表明，这些能力对于公共领域和商业企业同样适用。

SAFe 如何帮助政府实施精益 – 敏捷和 DevOps

“在 10 个月的时间里，我们为了作战人员，为了我们的组织文化，也为了纳税人，把一个失败的任务转变为成功的故事。如果没有 SAFe，我们不可能实现这样迅速的转变。”

—— Scott Keenan, JLVC 项目经理，美国国防部联合参谋部

SAFe 在政府中的导入持续增长

许多政府技术项目庞大而复杂，涉及几百（有时几千）名参与人员。解决方案由多个团队的团队构建，这些团队的团队需要：

- 共同计划和工作
- 管理跨团队依赖
- 频繁集成
- 迭代地展示工作的软件和系统
- 为持续改进分享经验

通常，这些大型解决方案包括了少量的政府雇员，他们与大量的外包人员紧密协作。持有不同合同的许多供应商，可能在同一个项目中跨地域进行协作。严格的可靠性和合规需求、繁杂的政府规章，以及超长的采购前置时间，进一步增加了政府项目的复杂性。

以上的大多数挑战在大型商业组织中也普遍存在。全球 1000 强中的企业已经采用了精益 – 敏捷方法来构建银行核心系统、卫星、农业联合体、健康网络所需的临床医学和金融系统等，数不胜数。在这些组织中，SAFe 成为领先的大规模精益 – 敏捷实践框架，在多个已发布的研究案例中记录了这些积极的成果。在过去五年中，越来越多的政府机构引入

SAFe 作为技术开发的过程模型，原因与商业领域一样。在两种场景下都应用过 SAFe 的实践者的报告认为，在产业界与政府的开发中，二者的相同之处远远多于二者的不同点。如今 SAFe 已经应用于很多政府机构的几百个项目中。

政府导入精益 – 敏捷过程中的独特挑战

走向精益 – 敏捷并采用 SAFe 的势头在增长，然而也有许多阻碍因素，延迟了其大范围的扩展。最常被提及的挑战包括：

1. 以往的糟糕敏捷实施体验，使人们不愿意再去尝试。
2. 以瀑布模型为核心的治理模式和生命周期策略不容易改变。
3. 采购工作人员缺乏敏捷合同 / 精益合同的实践经验。
4. 项目导向深深植根于政府文化之中，持续价值流的心态缺乏。
5. 采购活动的长周期使得价值交付过程中产生巨大的浪费。
6. 缺乏通用的企业级精益 – 敏捷框架导致项目之间的协同作用有限。

尽管这些问题看上去与商业公司所面临的情形类似，但公共领域的组织上下文、组织文化和政府权威的确是独特的。政府采购流程及法律，致力于创造一个潜在供应商可以公平竞争的环境，但他们同时可能产生与私营领域大为不同的官僚作风和延迟。此外，商业环境中的高度竞争的市场环境以及盈利动机驱动了快速变化和创新，这个驱动力在政府机构中并不存在。与此相对，投资通常由立法机构通过政治意味浓厚、缓慢的年度拨款过程提供。甚至“价值”在政府技术项目中也常常难以概念化和度量。

解决方案——在 SAFe 中引入政府特定的指导

因为政府技术开发中的因素是其所处环境特有的，所以需要特别的指导来帮助变革促进者引领转型。以下这几篇文章描述了如何应对政府项目导入 SAFe 中最常见的挑战，以及支持精益 – 敏捷转型的最佳实践。

“构建精益 – 敏捷价值观、原则和实践的坚实基础”。瀑布式的思考方式和过程深深植根于政府技术项目中。仅仅简单地引入像每日站会、待办事项列表之类的实践不会使机构达到敏捷。政府领导人和实践者等，跟他们的产业界同仁一样，必须理解为何精益 – 敏捷与过去的技术开发方式有根本不同，以及如何去实施。

“在政府和外包人员中打造高效的团队的团队”。精益 – 敏捷开发是一种团队活动。政府项目中的团队经常是政府和外包人员的组合，他们之间对抗多于合作的情形实在是太常见了。这阻碍了建立高效团队以及快速交付有价值、高质量的解决方案。

“技术投资与机构策略对齐”。政府技术项目的提议、批准和资助可能有多种多样的不同原因。技术投资常常基于对过去项目的假设，而不是定期从全局视角看系统的投资组合收益情况。对有限的开发资金最好的使用方式是保证优先级的一致性，并且符合机构的策略、使命。

“从项目转向精益史诗流”。技术开发领域中，项目的启动 – 停止特性导致人们在尚存太多未知因素的项目早期，给出基于固定解决方案的承诺，并且承诺一次交付全部计划中的特性；而事实上，完成高优先级的特性就已经可以交付最大的价值。项目的另一个特点是根据工作移动人员，而非通过基于待办事项列表的单件流使工作流过固定团队。精益的替代方式则为史诗组织人力，使用基于优先级排序的待办事项列表管理需求流入，使用长期存在的团队的团队来构建系统。

“采用基于价值流的精益预算”。在从项目转向史诗精益流的同时，预算方式也要发生变化。不再为每一小片的工作分配资金，而是使用预算投资一个“工厂”，这个“工厂”可以基于优先级构建机构的任何需求。因为优先级可能不断变化，这种方式避免了投资项目变化导致的开支浪费，以及需求变更或者全新需求的延迟，从而增加了机构的敏捷性。

“在固定的节奏中应用精益估算和预测”。精益–敏捷实践揭示了传统估算和预测技术经常失败的原因：构建全新系统所面临的未知因素太多。这些传统技术倾向于将项目锁定于一个事先设计的唯一正确的解决方案，这个方案用以与多个供应商定义合同条款。精益估算和预测技术则是轻量级的，它在保证关键的汇报需要和账务需求的同时，提供了面对变化所需的适应能力。

“更新采购实践以引入精益–敏捷开发和运营”。在政府的精益–敏捷导入中，很少有比过时的采购流程更加令人惊诧的障碍。每个新的采购中，合同官员依赖于惯用的植根于瀑布式条款、条件的模板和语言。如果供应商被要求使用与精益–敏捷的价值观和原则相悖的方式工作，项目无法真正敏捷。转向新的开发方式要求合同官员采用新的模板，以允许供应商以精益–敏捷的方式工作。

“内建质量与合规”。精益–敏捷的目标是在技术解决方案里形成连续并且可持续的价值流动。如果我们的治理流程（比如验证和确认）只是项目末尾的一次性大批量的活动，持续流动就无法成功。改变开发团队的工作方式只是答案的一部分。技术价值流中的每一部分，包括运维和管控，必须同样地采用小批量“流动”的工作方式。这样可以在解决方案中内建质量和合规，而不是在发布之前做一次性的大规模检查。

“采用支持敏捷和精益价值流动的治理实践”。技术开发的传统治理标准同样深受瀑布模型的影响。他们要求项目提前规划一切，在工作开始之前就承诺一个“正确”的解决方案并为此提供预算，为未知的工作提供详细的项目计划，通过强制的阶段门限，以及种种其他要求。精益–敏捷方法则致力于为初始目的服务——提供足够的监控，以保证在合理的时间和成本之下交付需求——但这些是通过一种能够支持持续价值流的替代方案做到的。

注 这些关于在政府中导入精益–敏捷的推荐并不需要一个特别版本的SAFe，也无须更改SAFe的条款和实践来适应政府的规章。实际上，政府服务中，在一些有经验实践者的报告中指出，他们在保持SAFe的模型和术语不变时取得了最好的成果。使用SAFe内建的术语使得项目成员能够从课程、文章、书籍、论坛，以及其他信息源中获益，从而成功实施SAFe实践。上述实践的相关文章解释了政府项目中采用的特定模式，这些模式可以克服联邦信息技术项目的SAFe转型中最常见的顾虑。

总结

政府的精益－敏捷导入持续加速，目前大部分项目（根据德勤的一个分析，在美国超过80% 的项目）使用了某种形式的敏捷或者迭代式开发。然而，敏捷实践经常限于开发团队，而并未解决项目群和投资组合层级的一些挑战，比如战略对齐、预算、以项目为中心的计划方式、采购流程、治理、合规等。机构也缺乏在项目和实践者之间产生协同作用的统一语言和企业级实践。随着《SAFe 应用于政府》指南文章的发布，也在“SAFe 应用于政府”培训课程的支持下，机构领导人有了一个工具，以此克服 SAFe 和精益－敏捷导入中的一些常见的障碍，从而获得更好的结果。

参考资料

[1] Pahlka, Jennifer. Coding a Better Government. http://bit.ly/2GwFhO1.

[2] Software Development: Effective Practices and Federal Challenges in Applying Agile Methods. General Accounting Office (GAO), July 2012. https://www.gao.gov/products/GAO-12-681.

[3] Contracting Guidance to Support Modular IT Development. Office of Management and Budget (OMB), June 2012. https://obamawhitehouse.archives.gov/blog/2012/06/14/greater-accountability-and-faster-delivery-through-modular-contracting.

[4] Brill, Steven. Code Red: Inside the nightmare launch of Healthcare.gov and the team that figured out how to fix it. Time, March 10, 2014. http://content.time.com/time/subscriber/article/0,33009,2166770-2,00.html.

[5] Viechnicki, Peter; Keikar, Mahesh. Agile by the Numbers: A data analysis of Agile development in the US federal government. May 5, 2017. https://www2.deloitte.com/insights/us/en/industry/public-sector/agile-in-government-by-the-numbers.html.

[6] Pawlinkowski, Ellen. USAF's Pawlikowski: DoD Use of Agile Software Development 'Critical'. https://youtu.be/nQUpplJVjql.

[7] The Digital Services Playbook. US Digital Service. https://playbook.cio.gov/.

[8] The TechFAR. US Digital Service. https://techfarhub.cio.gov/handbook/.

[9] The TechFAR Hub. US Digital Service. https://techfarhub.cio.gov/.

[10] Modular Contracting. 18F. https://modularcontracting.18f.gov/.

[11] Digital IT Acquisition Professional Training. Federal Acquisition Institute. https://www.fai.gov/media_library/items/show/27.

[12] Agile Acquisitions 101. Federal Acquisition Institute. https://www.fai.gov/media_library/items/show/81.

[13] Eggers, William D. *Delivering on Digital: The Innovators and Technologies that are Transforming Government.* Deloitte University Press, New York, 2016.

SAFe 术语表

敏捷架构（Agile Architecture） 敏捷架构是一系列价值和实践的组合，这些价值和实践可在实施新的系统能力的同时支持系统设计和架构的积极演进。

敏捷发布火车（Agile Release Train，ART） 敏捷发布火车是一个长期存在的、由多个敏捷团队组成的团队，该团队与其他利益相关者一同使用项目群增量时间盒内的一系列固定长度的迭代，增量地开发并交付解决方案。ART 可使多个团队在共同的业务及技术目标上保持协调一致。

敏捷团队（Agile Team） SAFe 敏捷团队是一个由 5 ～ 10 人组成的跨职能团队，该团队负责在较短的迭代时间盒内定义、构建、测试，并适时部署解决方案价值的部分元素。具体而言，SAFe 敏捷团队包括开发团队、Scrum Master 和产品负责人等角色。

架构跑道（Architectural Runway） 架构跑道包括既有代码、组件和技术基础设施，它们对于实现近期特性必不可少，无须重新设计，没有过度延迟。

内建质量（Built-in Quality） 内建质量实践确保在整个开发过程中，每个增量上的每个解决方案元素均符合相应的质量标准。

业务负责人（Business Owner） 业务负责人是一组利益相关者，他们对由 ART 开发的解决方案的治理、合规和投资回报（ROI）负有主要的业务和技术责任。他们是 ART 的关键利益相关者，必须评估适用性并积极参与特定的 ART 活动。

能力（Capability） 能力代表解决方案的高阶行为，通常跨越多个 ART。能力的规模大小将被调整，并被分割为多个特性以方便它们在一个 PI 中的实施。

资本支出和运营支出（CapEx and OpEx） 资本支出（CapEx）和运营支出（OpEx）描述了价值流预算中的精益 – 敏捷财务实践。在某些情况下，资本支出可能包括与开发无形资产（如软件、知识产权和专利）相关的资本化的劳动力。

实践社区（Communities of Practice，CoP） 实践社区是指对特定技术或业务领域拥有共同兴趣的有组织的群体。他们经常协作，以分享信息、提高技能，并积极主动地精进该领域的通用知识。

合规（Compliance） 合规是指一项战略以及一系列活动和工件，可以使团队利用精益 – 敏捷开发方式来构建具有最高质量的系统，同时保证这些系统符合任何法规、行业或其他相关标准。

持续交付流水线（Continuous Delivery Pipeline） 持续交付流水线（也称为 pipeline）是指向最终用户持续发布价值所需的工作流程、活动和自动化。

持续部署（Continuous Deployment，CD） 持续部署是指从持续集成获取经过验证的特性并将其部署到生产环境中以进行发布的测试和准备过程。这是由四个环节组成的持续交付流水线的第三个元素，这四个环节分别为持续探索（CE）、持续集成（CI）、持续部署（CD）和按需发布。

持续探索（Continuous Exploration，CE） 持续探索（CE）是指持续探索市场和用户需求，并定义愿景、路线图以及满足这些需求的特性集合的过程。这是由四个环节组成的持续交付流水线的第一个元素。

持续集成（Continuous Integration，CI） 持续集成（CI）是指从项目群待办事项列表获取特性，并在准生产环境中对其进行开发、测试、整合及验证以进行部署和释放准备的过程。

核心价值观（Core Values） 协调一致、内建质量、透明和项目群执行这四个核心价值观是对 SAFe 有效性而言十分关键的重要信念。这些指导原则将有助于指引每一位参与 SAFe 投资组合的人员的行为。

客户（Customer） 客户是指每一个解决方案的最终购买者。他们是精益－敏捷开发流程和价值流中不可或缺的一部分，并在 SAFe 中负有明确的责任。

开发团队（Dev Team） 开发团队是敏捷团队的组成部分。它由许多能够开发和测试故事、特性或组件的专职专业人士组成。开发团队通常包括软件开发人员和测试人员、工程师以及完成某个垂直功能切片所需要的其他专家。

DevOps 它是一种理念、文化和一系列技术实践集合，可以提供人们所需要的沟通、集成整合、自动化和密切合作，这些方面在计划、开发、测试、部署、释放和维护解决方案时必不可少。

按节奏开发（Develop on Cadence） 按节奏开发是在基于流动的系统中，管理系统开发固有可变性的一种基本方法，可确保按照定期、可预测的时间表进行重要的事件和活动。

经济框架（Economic Framework） 经济框架是一套决策规则，使每个人在解决方案的财务目标上保持协调一致，并可为经济决策流程提供指导。它包含四个主要概念：精益预算、史诗投资和治理、去中心化决策和基于延迟成本（CoD）的作业排序。

使能（Enabler） 使能可为延长架构跑道以为未来业务功能所需的活动提供支持。这包括探索、基础设施、合规和架构开发。它们被记录在多个待办事项列表中，并存在于 SAFe 框架的所有层级中。

企业（Enterprise） 企业是指每个 SAFe 投资组合所属的业务实体。

企业架构师（Enterprise Architect） 企业架构师培养适应性设计和工程实践，并推动投资组合的架构举措。企业架构师还可引导在一个投资组合中的多个解决方案之间复用构思、组件、服务和经过验证的模式。

史诗（Epic） 史诗是解决方案开发举措的容器，且规模足够庞大，需要在实施前进行分析、确定最小可行产品（MVP）和获得财务批准。实施将在多个项目群增量上进行，并遵循精益创业“构建－度量－学习”循环。

史诗负责人（Epic Owner） 史诗负责人通过项目群看板系统，负责投资组合史诗的协调。他们将定义史诗及其最小可行产品（MVP）和精益业务案例，并在得到批准后推动实施。

基本型 SAFe（Essential SAFe）[⊖] 基本型 SAFe 是 SAFe 框架的核心所在，也是实施 SAFe 最简单的出发点。它是所有其他 SAFe 配置类型的基本构件，并阐明了实现大多数框架利益所需要的最关键元素。

特性（Feature） 特性是指满足利益相关者需求的服务。每个特性均包括利益假设和接收标准，并根据需要调整大小或分割，使其可以在项目群增量内由单一的 ART 交付。

基础（Foundation） 基础包括大规模地成功交付

⊖ 又译为“SAFe 精髓”——译者注

价值所需要的支持原则、价值观、理念、实施指导和领导力角色。

完整型 SAFe（Full SAFe） 完整型 SAFe 是 SAFe 框架最为综合全面的版本。它可为构建和维护大型集成解决方案的企业提供支持，而这些解决方案需要数以百计甚至更多的人员，并包括 SAFe 的所有层级：团队、项目群、大型解决方案和投资组合。在规模最大的企业中，可能需要多种类型不同的 SAFe 配置类型。

创新与计划迭代（Innovation and Planning Iteration） 创新与计划迭代出现在每个 PI 中，具有多种用途。它可以作为估算的缓冲，以满足 PI 目标，并为创新、持续教育、PI 计划，以及检视与调整（I&A）活动提供专属的时间。

检视与调整（Inspect and Adapt，I&A） 检视与调整（I&A）是在每个项目群增量结束时开展的重要活动，并由 ART 来演示并评估解决方案的当前状态。然后，团队通过一个有组织的问题解决研讨会，反思和识别改进待办事项。

迭代（Iteration） 迭代是敏捷开发的基石。每个迭代都是一个标准的、固定长度的时间盒，在此期间，敏捷团队通过可运行、经过测试的软件和系统的方式，交付增量价值。时间盒的推荐时长为两周。然而，根据业务背景，一到四周的时长也是可以接受的。

迭代执行（Iteration Execution） 迭代执行是敏捷团队在迭代时间盒内管理其工作的方式，从而得到高质量、可运行和经过测试的系统增量。

迭代目标（Iteration Goal） 迭代目标是对敏捷团队同意在一个迭代中实现的业务和技术目标的高度总结。它们对于协调 ART 成为具有自我组织和自我管理能力的团队而言至关重要。

迭代计划（Iteration Planning） 迭代计划是一项活动，所有团队成员一起决定将从团队待办事项列表中承诺哪些内容，在下一个迭代中进行交付。团队将工作总结为一组已承诺的迭代目标。

迭代回顾（Iteration Retrospective） 迭代回顾是一项常规会议，敏捷团队成员在这个会议中讨论迭代结果、评审其实践，并识别改进的方式。

迭代评审（Iteration Review） 迭代评审是一项基于节奏的活动，在活动中，每个团队在每个迭代结束时检查增量以评估进度，然后据此调整下一个迭代的待办事项列表。

大型解决方案层（Large Solution Level） 大型解决方案层包括构建大型复杂解决方案所需的角色、工件和流程。这其中包括更着重于在解决方案意图中捕获需求、协调多个 ART 和供应商，以及确保法规和标准合规的必要性。

大型解决方案 SAFe（Large Solution SAFe） 大型解决方案 SAFe 配置类型用于开发最大规模及最复杂的解决方案，这些解决方案通常需要多个 ART 和供应商，但不需要投资组合层级的考量。这对于航空与国防、汽车和政府等行业非常常见，在这些行业中，主要的关注点在于大型解决方案，而非投资组合治理。

精益–敏捷领导者（Lean-Agile Leaders） 精益–敏捷领导者是终身学习者，负责 SAFe 的成功采用及其交付的结果。他们通过学习、展示、教授和教练 SAFe 的精益–敏捷原则与实践，授权并帮助团队构建更好的系统。

精益–敏捷思维（Lean-Agile Mindset） 精益–敏捷思维是奉行敏捷宣言与精益思想概念的 SAFe 领导者和从业人员的信念、假设和行动的组合。它是采用和应用 SAFe 原则和实践的个人、知识和领导基础。

精益和敏捷原则（Lean and Agile Principles） SAFe 以九个不可改变的基本精益和敏捷原则为基础。这些原则和经济概念可为 SAFe 的角色和实践提供启迪和信息。

精益预算（Lean Budgets） 精益预算是一系列实

践的组合，这些实践通过对价值流（而非项目）提供资金和授权，来减少开销，同时保持财务和适用性的治理。这可通过对可运行系统的客观评估、对史诗投资的主动管理以及动态预算调整来实现。

精益投资组合管理（Lean Portfolio Management，LPM） LPM 职能对于 SAFe 投资组合中的产品和解决方案负有最高等级的决策和财务责任。

精益用户体验（Lean UX） 精益用户体验设计是一种理念、文化以及采纳拥抱精益 – 敏捷方式的过程。它以最小可行增量来实施功能，并通过结果与利益假设的对比衡量来判断成功与否。

度量（Metric） 度量是共同商定的衡量标准，用于评估企业朝着投资组合、大型解决方案、项目群和团队业务及技术目标发展的进度。

里程碑（Milestone） 里程碑用于跟踪朝着特定目标或事件发展的进度。有三种类型的 SAFe 里程碑：分别是 PI、固定日期和学习里程碑。

基于模型的系统工程（Model-Based Systems Engineering，MBSE） 基于模型的系统工程是开发一组相关系统模型的实践，这些模型可有助于定义、设计和记录开发中的系统。这些模型提供了探索、更新并与利益相关者沟通系统相关方面的有效方法，同时大幅减少或消除对传统文档的依赖。

非功能性需求（Nonfunctional Requirements，NFR） NFR 定义了系统属性，如安全性、可靠性、性能、可维护性、可扩展性和可用性。这些需求可作为设计跨不同层级待办事项列表的系统的约束或限制。

投资组合待办事项列表（Portfolio Backlog） 投资组合待办事项列表是 SAFe 中最高等级的待办事项列表。它可提供一个用于未来业务史诗和使能史诗的暂存区，旨在打造一系列综合全面的解决方案，而暂存区可提供解决战略理论和推动业务成功所需的差异化竞争优势和运营改进。

投资组合看板（Portfolio Kanban） 投资组合看板是一种方法，用于可视化、管理和分析投资组合史诗的优先级，以及从构思到实施和完成的流动。

投资组合层级（Portfolio Level） 投资组合层级包括启动和治理一系列开发价值流所需的原则、实践和角色。价值流及其解决方案的战略和提供投资均在此层级加以定义。此层级还可针对交付解决方案所需的人员和资源提供敏捷投资组合运营和精益治理。

投资组合 SAFe（Portfolio SAFe） 投资组合 SAFe 配置类型可通过一个或多个价值流并围绕价值流动组织敏捷开发，以帮助实现投资组合执行与企业战略的协调一致。它可通过适用于投资组合战略和投资融资、敏捷投资组合运营和精益治理的原则和实践来提供业务敏捷性。

PI 计划前和 PI 计划后（Pre- and Post-PI Planning） PI 计划前和 PI 计划后活动可用于为解决方案火车中的 ART 和供应商的 PI 计划做好充分准备，并在此后加以跟踪执行。

产品管理者（Product Management） 产品管理者对项目群待办事项列表拥有内容权威性。他们负责识别客户需求，排定特性的优先级，通过项目群看板指导工作并开发项目愿景和路线图。

产品负责人（Product Owner，PO） 产品负责人是敏捷团队的成员之一，负责定义故事和排定团队待办事项列表优先级以简化重点的执行从而简化项目群执行的优先级，同时维持团队的特性或组件的概念和技术完整性。

项目群待办事项列表（Program Backlog） 项目群待办事项列表是未来的特性的暂存区，可用于为某个 ART 满足用户需求和交付业务收益。它还包括构建架构跑道所需的使能特性。

项目群增量（Program Increment，PI） PI 是指一个时间盒，在此期间，ART 交付增量价值，并通过可运行、经过测试的软件和系统的方式得以体现。PI 通常为 8 ～ 12 周。最常见的 PI 模式为 4 个开发迭代，紧跟着 1 个 IP 迭代。

PI 计划（Program Increment Planning） PI 计划是基于节奏的、面对面的计划活动，该活动作为 ART 的心跳，使 ART 上的所有团队为共同使命和愿景努力。

项目群看板（Program Kanban） 项目群看板系统是一种管理方式，用于可视化和管理特性和能力从构思到分析、实施直至通过持续交付流水线发布的流动。

项目群层级（Program Level） 项目群层级包含了通过 ART 持续交付解决方案所需的角色和活动。

重构（Refactoring） 重构是指在不更改代码或组件的外部行为的前提下改进其内部结构或运营的活动。

按需发布（Release on Demand） 按需发布是根据市场需求将部署到生产环境中的特性增量式地或者直接地发布给客户的过程。

发布火车工程师（Release Train Engineer，RTE） RTE 是 ART 的仆人式领导和教练。RTE 的主要职责是推动 ART 活动和流程并帮助团队交付价值。RTE 负责与利益相关者沟通交流、升级障碍、帮助管理风险和推动坚持不懈地改进。

路线图（Roadmap） 路线图是事件和里程碑的时间表，用于沟通在一段时间内已计划的解决方案交付成果。其中包括对已计划的未来 PI 的承诺，并对接下来几个 PI 预测的可交付成果进行可视化呈现。

SAFe 实施路线图（SAFe Implementation Roadmap） SAFe 实施路线图包括概览图和 12 篇系列文章，这些文章中描述了一项战略和一系列按顺序排列的活动，这些活动经证实在成功实施 SAFe 方面十分有效。

SAFe 咨询顾问（SAFe Program Consultant，SPC） SPC 是将自己的 SAFe 技术知识与内在动机相结合的变革推动者，致力于改善公司的软件和系统开发流程。他们在成功实施 SAFe 方面发挥着关键作用。SPC 来自多个内部或外部角色，包括业务和技术领导人、投资组合 / 项目群 / 项目经理、流程主管、架构师、分析师和顾问。

Scrum Master Scrum Master 是敏捷团队的仆人式领导和教练。他们帮助在 Scrum、极限编程（XP）、看板和 SAFe 领域培训团队，并确保遵循共同商定的敏捷流程。此外，他们也帮助排除障碍、营造环境，以实现高绩效团队活力、持续流动和坚持不懈地改进。

Scrum XP Scrum XP 是为 SAFe 中的跨职能、自组织团队交付价值的轻量级流程。它结合了 Scrum 项目管理实践与极限编程（XP）实践的能力。

基于集合的设计（Set-Based Design） SBD 是一项在开发流程期间使需求和设计选项的灵活性维持尽可能长时间的实践。SBD 并没有提前选择一个单点解决方案，而是识别并同时探索多个选项，并随着时间的推移去除较差的选项。它会在验证假设之后才全力投入到技术解决方案中，从而提高了设计流程中的灵活性，这样做会产生更理想的经济成果。

共享服务（Shared Services） 共享服务代表 ART 或解决方案火车获得成功所需、但又无法全职工作的专业角色、人员和服务。

解决方案（Solution） 每个价值流都会产生一个或多个解决方案，可以是交付给客户的产品、服务或系统，无论该客户来自企业内部还是外部。

解决方案架构师 / 工程师（Solution Architect/Engineering） 解决方案架构师 / 工程师角色代表为正在开发的解决方案定义共同的技术与架构愿景的个人或小团队。他们参与决定系统、子系统和接口的过程，验证技术假设并评估替代方案，同时与 ART 和解决方案火车展开密切合作。

解决方案待办事项列表（Solution Backlog） 解决方案待办事项列表是一个用于未来能力和

使能的暂存区，每个能力和使能均可跨越多个 ART，并用于推进解决方案和构建其架构跑道。

解决方案上下文（Solution Context） 解决方案上下文可识别出解决方案运营环境的关键方面。它可提供对解决方案本身的需求、使用情况、安装、运营和支持的基本理解。解决方案上下文对于按需发布的机会和限制具有重大影响力。

解决方案演示（Solution Demo） 在解决方案演示中，来自解决方案火车的开发工作成果被加以集成及评估，并向客户和其他利益相关者进行可视化呈现。

解决方案管理（Solution Management） 解决方案管理具有针对解决方案待办事项列表的内容权威性。他们与客户合作以理解他们的需求、对能力进行优先排序、创建解决方案愿景和路线图、定义需求，并通过解决方案看板指导工作。

解决方案火车（Solution Train） 解决方案火车是用于构建大型复杂解决方案的组织结构，这些解决方案需要协调多个 ART 以及供应商的贡献。它可通过解决方案愿景、待办事项列表、路线图以及协调一致的 PI 来使 ART 与共同的业务和技术目标保持一致。

跨层级面板（Spanning Palette） 跨层级面板包含多个可能适用于某个具体团队、项目群、大型解决方案或投资组合环境的不同角色和工件。作为 SAFe 灵活性和可配置性的关键元素，跨层级面板可允许企业仅应用其配置所需的元素。

探针（Spike） 探针是 SAFe 中的一种探索使能故事。它们最初是在极限编程（XP）中定义，并代表研究、设计、调查、探索和原型设计等活动。其目的在于获取减少技术方法的风险所需的知识、更好地理解需求或增加故事估算的可靠性。

故事（Story） 故事是对一小块期望功能的简短描述，并以用户的语言编写。敏捷团队将实施小的、垂直的系统功能切片，并调整大小，以便其可以在一个迭代中完成。

供应商（Supplier） 供应商是指开发和交付组件、子系统或服务以帮助解决方案火车向其客户提供解决方案的内部和外部组织。

系统演示（System Demo） 系统演示是一项重要活动，可针对 ART 中所有团队最近迭代交付的新特性提供一个集成的视图。每个演示均可为 ART 利益相关者提供在 PI 期间衡量进度的客观度量。

系统团队（System Team） 系统团队是一种特殊的敏捷团队，可为构建和使用敏捷开发环境提供帮助，包括持续集成、测试自动化和持续部署。系统团队可支持来自各敏捷团队的资产的集成，在必要时执行端到端解决方案测试，并协助部署和发布。

团队待办事项列表（Team Backlog） 团队待办事项列表包含来源于项目群待办事项列表的用户故事和使能故事，也包含从团队的本地环境中产生的故事。其中还可能包含其他工作项目，它代表了团队为推进系统中其负责的部分所需要做的所有事情。

团队看板（Team Kanban） 团队看板是帮助团队促进价值流动的一种方法，它通过可视化工作流程、建立在制品（WIP）限制、度量吞吐量以及不断改进流程来实现。

团队层级（Team Level） 团队层级包含敏捷团队在 ART 环境中构建和交付价值的角色、活动、事件和流程。

测试先行（Test-First） 测试先行是一项来源于极限编程（XP）的内建质量实践，它推荐可在编写代码之前构建测试，从而可集中精力关注预期结果以改善交付。

价值流（Value Stream） 价值流代表企业构建解决方案所使用的一系列步骤，这些解决方案向客户提供持续的价值流动。SAFe 价值流可用于定义和实现投资组合层级业务目标，并组织 ART 更快速地交付价值。

价值流协调（Value Stream Coordination） 价值

流协调可为在投资组合中管理依赖关系和开发机会提供指导。

愿景（Vision） 愿景是针对开发中的解决方案的未来状态的描述。它反映出客户和利益相关者的需求，以及应当满足这些需求的特性和能力。

加权最短作业优先（Weighted Shortest Job First，WSJF） 加权最短作业优先是一种用来为作业（例如特性、能力和史诗）排定次序的优先级模型，以便产生最大的经济收益。在 SAFe 中，WSJF 的估算方法是延迟成本（CoD）除以作业规模大小。

SAFe 常用缩略语

ART，Agile Release Train（敏捷发布火车）
BO，Business Owner（业务负责人）
BV，Business Value（业务价值）
BVIR，Big Visual Information Radiator（大型可视化信息雷达）
CapEx，Capital Expenses（资本支出）
CD，Continuous Delivery（持续交付）
CE，Continuous Exploration（持续探索）
CI，Continuous Integration（持续集成）
CFD，Cumulative Flow Diagram（累积流图）
CoD，Cost of Delay（延迟成本）
CoP，Community of Practice（实践社区）
DoD，Definition of Done（完成定义）
DSU，Daily Stand-up（每日站立会议）
EA，Enterprise Architect（企业架构师）
EO，Epic Owner（史诗负责人）
FW，Firmware（固件）
HW，Hardware（硬件）
I&A，Inspect and Adapt（检视和调整）
IP，Innovation and Planning（iteration）（创新与计划（迭代））
KPI，Key Performance Indicator（关键绩效指标）
LPM，Lean Portfolio Management（精益投资组合）
MBSE，Model-Based Systems Engineering（基于模型的系统工程）
MMF，Minimum Marketable Feature（最小市场化特性）
MVP，Minimum Viable Product（最小可行产品）
NFR，Non-functional Requirements（非功能性需求）
OE，Opportunity Enablement（机会促成）
OpEx，Operating Expenses（运营支出）
PDCA，Plan, Do, Check, Adjust（计划、执行、检查、调整）
PI，Program Increment（项目群增量）
PM，Product Management（产品管理者）
PO/PM，Product Owner / Product Manager（产品负责人 / 产品经理）
PO，Product Owner（产品负责人）
ROAM，Resolved, Owned,Accepted, Mitigated（已解决、已承担、已接受、已减轻）
RR，Risk Reduction（风险降低）
RTE，Release Train Engineer（发布火车工程师）
S4T，SAFe for Teams（面向团队的 SAFe）
SAFe，Scaled Agile Framework（规模化敏捷框架）
SA，SAFe Agilist（敏捷专家）
SBD，Set-Based Design（基于模型的设计）
SM，Scrum Master
SMART，Specific, Measurable, Achievable, Realistic, Time-bound（具体的、可测量的、可实现的、现实的、时效性）
SoS，Scrum of Scrums
SP，SAFe Practitioner（SAFe 实践者）
SPC，SAFe Program Consultant（SAFe 咨询顾问）
STE，Solution Train Engineer（解决方案火车工程师）
SW，Software（软件）
UX，User Experience（用户体验）
VS，Value Stream（价值流）
WIP，Work in Process（在制品）
WSJF，Weighted Shortest Job First（加权最短作业优先）
XP，Extreme Programming（极限编程）

参考文献

- Anderson, David. *Kanban: Successful Evolutionary Change for Your Technology Business.* Blue Hole Press, 2010.
- Aoki, Katsuki, and Thomas Taro Lennerfors. "New, Improved Keiretsu." *Harvard Business Review*. September 2013.
- "Backlog." Merriam Webster. https://www.merriam-webster.com/dictionary/backlog.
- Bain, Scott. *Emergent Design: The Evolutionary Nature of Professional Software Development.* Addison-Wesley, 2008.
- Beck, Kent. *Extreme Programming Explained: Embrace Change*. Addison-Wesley, 2000.
- Beck, Kent. *Test-Driven Development.* Addison-Wesley, 2003.
- Beck, Kent, and Cynthia Andres. *Extreme Programming Explained: Embrace Change* (2nd ed.). Addison-Wesley, 2004.
- Bloomberg, Jason. "Fixing Scheduling with Agile at the VA." *Forbes*. October 23, 2014.
- Bloomberg, Jason. *The Agile Architecture Revolution*. Wiley, 2013.
- Bradford, David L., and Allen Cohen. *Managing for Excellence: The Leadership Guide to Developing High Performance in Contemporary Organizations.* John Wiley and Sons, 1997.
- Bucking, Marcus, and Ashley Goodall. "Reinventing Performance Management." *Harvard Business Review,* April 2015.
- Carter, B. "Gallup via Employee Engagement and Loyalty Statistics." 2014.
- Cockburn, Alistair. "Using Both Incremental and Iterative Development." *STSC CrossTalk* 21, 2008.
- Cohn, Mike. *Agile Estimating and Planning.* Robert C. Martin Series. Prentice Hall, 2005.
- Cohn, Mike. *Succeeding with Agile: Software Development Using Scrum.* Addison-Wesley, 2009.
- Cohn, Mike. *User Stories Applied: For Agile Software Development.* Addison-Wesley, 2004.
- Collins, Jim, and William Lazier. *Beyond Entrepreneurship: Turning Your Business into a Great and Enduring Company.* Prentice Hall, 1992.
- Connor, Catherine. "Top 10 Pitfalls of Agile Capitalization." *CA*, February 2016.
- Coplien, James, and Gertrud Bjørnvig. *Lean Architecture for Agile Software Development.* Wiley, 2010.
- Crispin, Lisa, and Janet Gregory. *Agile Testing: A Practical Guide for Testers and Agile Teams.* Addison-Wesley, 2009.

- Cunningham, Lillian. "In Big Move, Accenture Will Get Rid of Annual Performance Reviews and Rankings." *The Washington Post*, July 21, 2015.
- Deming, W. Edwards. *Out of the Crisis.* MIT Center for Advanced Educational Services, 1982.
- Deming, W. Edwards. *The New Economics.* MIT Press, 1994.
- Dent, Millie. "Why Employee Performance Reviews Are So Old School." *The Fiscal Times*, July 2015.
- Derby, Esther, and Diana Larson. *Agile Retrospectives: Making Good Teams Great*. Pragmatic Bookshelf, 2006.
- Drucker, Peter F. *The Essential Drucker.* Harper-Collins, 2001.
- Evans, Eric. *Domain-Driven Design: Tackling Complexity in the Heart of Software*. Addison-Wesley, 2003.
- Fowler, Martin. *Refactoring: Improving the Design of Existing Code.* Addison-Wesley Professional, 1999.
- Fowler, Martin. Strangler Application. http://martinfowler.com/bliki/StranglerApplication.html.
- Gallup via Employee Engagement & Loyalty Statistics 2014 by B. Carter, Office Vibe "13 Disturbing Facts About Employee Engagement," November-2014.
- Gladwell, Malcolm. *The Tipping Point: How Little Things Can Make a Big Difference*. Little, Brown and Company, Kindle Edition.
- Gothelf, Jeff, and Josh Seiden. *Lean UX: Designing Great Products with Agile Teams*. O'Reilly Media, 2016.
- Greening, Dan. "Why Should Agilists Care about Capitalization?" *InfoQ*, January 29, 2013.
- Gregory, Janet, and Lisa Crispin. *More Agile Testing: Learning Journeys for the Whole Team.* Addison-Wesley, 2015.
- Heath, Chip, and Dan Heath. *Switch: How to Change Things When Change Is Hard*. Crown Publishing Group, Kindle Edition.
- Humble, Jez, and David Farley. *Continuous Delivery: Reliable Software Releases through Build, Test, and Deployment Automation*. Addison-Wesley, 2010.
- Iansiti, Marco. "Shooting the Rapids: Managing Product Development in Turbulent Environments." *California Management Review, 38*. 1995.
- Infographic "11 Eye-Opening Statistics on the Importance of Employee Feedback", Officevibe 2015 – Why Employee Performance Reviews Are So Old School, Millie Dent, The Fiscal Times, Jul-2015.
- International Council on Systems Engineering. "What Is Systems Engineering?" http://www.incose.org/AboutSE/WhatIsSE.
- Jemilo, Drew. *Agile Contracts: Blast Off to a Zone of Collaborative Systems Building.* Agile 2015. https://www.slideshare.net/JEMILOD/agile-contracts-by-drew-jemilo-agile2015.
- Kennedy, Michael. *Product Development for the Lean Enterprise.* Oaklea Press, 2003.
- Kim, Gene, Jez Humble, Patrick Debois, and John Willis. *The DevOps Handbook: How to Create World-Class Agility, Reliability, and Security in Technology Organizations*. IT Revolution Press, 2016.
- Kim, Gene, et al. *The Phoenix Project: A Novel about IT, DevOps, and Helping Your Business Win*. IT Revolution Press, 2013.
- Knaster, Richard, and Dean Leffingwell. *SAFe Distilled: Applying the Scaled Agile Framework for Lean Software and Systems Engineering.* Addison-Wesley, 2017.

- Kniberg, Henrik. *Lean from the Trenches: Managing Large-Scale Projects with Kanban.* Pragmatic Programmers, 2012.
- Kniberg, Henrik. *Scrum and XP from the Trenches.* lulu.com, 2015.
- Kotter, John P. *Accelerate: Building Strategic Agility for a Faster-Moving World*. 2014.
- Kotter, John P. *Leading Change.* Harvard Business Review Press, 1996.
- Kotter, John. *Leading Change*. Harvard Business Press, December 30, 2013.
- Labovitz, George H., and Victor Rosansky. *The Power of Alignment: How Great Companies Stay Centered and Accomplish Extraordinary Things.* Wiley, 1997.
- Larman, Craig, and Ahmad Fahmy. "How to Form Teams in Large-Scale Scrum? A Story of Self-Designing Teams." Scrum Alliance, April 5, 2013. https://www.scrumalliance.org/community/articles/2013/2013-april/how-to-form-teams-in-large-scale-scrum-a-story-of.
- Larman, Craig, and Bas Vodde. *Practices for Scaling Lean and Agile Development: Large, Multisite, and Offshore Product Development with Large-Scale Scrum.* Addison-Wesley, 2010.
- Leffingwell, Dean. *Agile Software Requirements: Lean Requirements Practices for Teams, Programs, and the Enterprise.* Addison-Wesley, 2011.
- Leffingwell, Dean. *Scaling Software Agility: Best Practices for Large Enterprises.* Addison-Wesley, 2007.
- Leffingwell, Dean, and Don Widrig. *Managing Software Requirements*. Addison-Wesley, 2001.
- Leffingwell, Dean, and Don Widrig. *Managing Software Requirements: A Use Case Approach* (2nd ed.). Addison-Wesley, 2003.
- Leith, Carson. "Co.Tribute: A Performance Review That Actually Means Something." March 2016.
- Lencioni, Patrick. *The Five Dysfunctions of a Team: A Leadership Fable.* Jossey-Bass, 2002.
- Liker, Jeffrey, and Thomas Y. Choi. "Building Deep Supplier Relationships." *Harvard Business Review*. December 2004.
- Liker, Jeffrey, and Gary L. Convis. *The Toyota Way to Lean Leadership: Achieving and Sustaining Excellence through Leadership Development.* McGraw-Hill, 2011.
- Linders, Ben. "Kickstart Agile the Kanban Way." *InfoQ*, October 2, 2014. http://www.infoq.com/news/2014/10/kickstart-agile-kanban.
- Mamoli, Sandy. *Creating Great Teams: How Self-Selection Lets People Excel.* Pragmatic Bookshelf. Kindle Edition.
- Mamoli, Sandy. "Large Scale Self-selection at Australia Post: Interview with Andy Kelk." March 4, 2015. https://www.linkedin.com/pulse/large-scale-self-selection-australia-post-interview-andy-sandy-mamoli.
- Martin, Karen, and Mike Osterling. *Value Stream Mapping*. McGraw-Hill, 2014.
- Martin, Robert. *Clean Code: A Handbook of Agile Software Craftsmanship*. Prentice Hall, 2008.
- Maurya, Ash. *Running Lean: Iterate from Plan A to a Plan That Works*. O'Reilly Media, 2012.
- Moore, Geoffrey. *Crossing the Chasm.* Harper Business Essentials, 1991, 2014.
- Moore, Geoffrey. *Escape Velocity*. Harper Business Essentials, 2011.
- Moore, Geoffrey. *Inside the Tornado.* Harper Business Essentials, 1995, 2004.
- Nokia New Recognition Framework. HR Tech World Congress, 2015.

- Oosterwal, Dantar P. *The Lean Machine: How Harley-Davidson Drove Top-Line Growth and Profitability with Revolutionary Lean Product Development.* Amacom, 2010.
- Pink, Daniel. *Drive: The Surprising Truth About What Motivates Us.* Riverhead Books, 2011.
- Poppendieck, Mary, and Tom Poppendieck. *Implementing Lean Software Development: From Concept to Cash*. Addison-Wesley, 2006.
- Pugh, Ken. *Lean-Agile Acceptance Test-Driven Development: Better Software Through Collaboration.* Addison-Wesley, 2011.
- Reed, Pat, and Walt Wyckoff. "Accounting for Capitalization of Agile Labor Costs." Agile Alliance, February 2016.
- Reinertsen, Donald G. *The Principles of Product Development Flow: Second Generation Lean Product Development*. Celeritas, 2009.
- Ries, Eric. *The Lean Startup: How Today's Entrepreneurs Use Continuous Innovation to Create Radically Successful Businesses*. Crown Business, 2011.
- Rother, Mike. *Toyota Kata: Managing People for Improvement, Adaptiveness, and Superior Results.* McGraw-Hill, 2009.
- Rubin, Ken. "Agile in a Hardware / Firmware Environment – Draw the Cost of Change Curve." Innolution. www.innolution.com/blog/agile-in-a-hardware-firmware-environment-draw-the-cost-of-change-curve.
- Shalloway, Alan, et al. *Essential Skills for the Agile Developer: A Guide to Better Programming and Design*. Addison-Wesley, 2011.
- SHRM Survey. "HR Professionals' Perceptions about PM Effectiveness." October 21, 2014.
- Sloan, Dan. "Is OpenSpace Agility a Fit For Your Agile Transformation?" November 1, 2015. https://www.linkedin.com/pulse/openspace-agility-right-you-daniel-sloan.
- Takeuchi, Hirotaka, and Ikurijo Nonaka. "The New New Product Development Game." *Harvard Business Review*, January 1986.
- Talent Management, "Discovery Education." May 2012.
- The Distance Consulting Company. *Community of Practice Start-Up Kit*. 2000.
- "Toyota Supplier CSR Guidelines." 2012. http://www.toyota-global.com/sustainability/society/partners/supplier_csr_en.pdf.
- Trompenaars, Fons, and Ed Voerman. *Servant-Leadership across Cultures: Harnessing the Strengths of the World's Most Powerful Management Philosophy.* McGraw-Hill, 2009.
- Wake, William. *Refactoring Workbook*. Addison-Wesley, 2003.
- Ward, Allen. *Lean Product and Process Development*. Lean Enterprise Institute, 2004.
- Ward, Allen, and Durward Sobeck. *Lean Product and Process Development*. Lean Enterprise Institute, 2014.
- Wenger, Etienne. *Communities of Practice: Learning, Meaning, and Identity.* Cambridge University Press, 1999.
- Womack, Jim. *Gemba Walks: Expanded 2nd Edition*. Lean Enterprise Institute.
- Womack, James P., Daniel T. Jones, and Daniel Roos. *The Machine That Changed the World: The Story of Lean Production—Toyota's Secret Weapon in the Global Car Wars That Is Revolutionizing World Industry*. Free Press, 2007.

- Yeret, Yuval. "Yuval Yeret on Using Kanban for Agile Adoption." *InfoQ*, January 12. 2015. http://www.infoq.com/interviews/lkfr14-yeret-kanban-agile.
- 2015 State of DevOps Report: https://puppet.com/resources/whitepaper/2015-state-devops-report?link=blog.
- "Achieving Regulatory and Industry Standards Compliance with SAFe" [Webinar]: https://www.youtube.com/watch?v=-7rVOWTHZEw&feature=youtu.be.
- "Achieving Regulatory and Industry Standards Compliance with SAFe" [White paper]. http://scaledagileframework.com/achieving-regulatory-and-industry-standards-compliance-with-safe/.
- "Adventures in Scaling Agile": www.prettyagile.com/2017/01/facilitating-team-self-selection-safe-art.html.
- Agile Retrospective Resource Wiki: www.retrospectivewiki.org.
- Agile Sparks: http://www.agilesparks.com/safe-implementation-strategy-leadership-focusing-workshop/.
- Ambler, Scott. "Agile Architecture: Strategies for Scaling Agile Development." Agile Modeling, 2012. http://agilemodeling.com/essays/agileArchitecture.htm.
- "Continuous Delivery": https://www.youtube.com/watch?v=VOjPpeBh40s.
- Extreme Programming: www.extremeprogramming.org/rules/collective.html.
- FASB 86 summary: fasb.org/summary/stsum86.shtml.
- Fun Retrospectives: www.funretrospectives.com.
- George E. P. Box quote: http://www.goodreads.com/quotes/680161-essentially-all-models-are-wrong-but-some-are-useful.
- Innovation Games: http://www.innovationgames.com.
- Lean Budgets (white paper by Rami Sirkia and Maarit Laanti): http://pearson.scaledagileframework.com/original-whitepaper-lean-agile-financial-planning-with-safe/.
- Lean Enterprise Institute: https://www.lean.org/Workshops/WorkshopDescription.cfm?WorkshopId=20.
- Management 3.0: https://management30.com/practice/delegation-board/.
- Manifesto for Agile Software Development: http://agilemanifesto.org/.
- "Non-functional Requirement": https://en.wikipedia.org/wiki/Non-functional_requirement.
- OpenSpace Agility: http://openspaceagility.com/big-picture/.
- Scaled Agile, Inc.: http://scaledagileframework.com/about.
- Scrum Alliance: https://www.scrumalliance.org/.
- Scrum Guides (Jeff Sutherland and Ken Schwaber): http://scrumguides.org/.
- "Servant Leadership": http://en.wikipedia.org/wiki/Servant_leadership.
- TastyCupcakes.org: http://tastycupcakes.org/tag/retrospective/.
- "T-Shaped Skill": https://en.wikipedia.org/wiki/T-shaped_skill.
- Yuval Yeret on Lean/Agile/Flow: http://yuvalyeret.com.

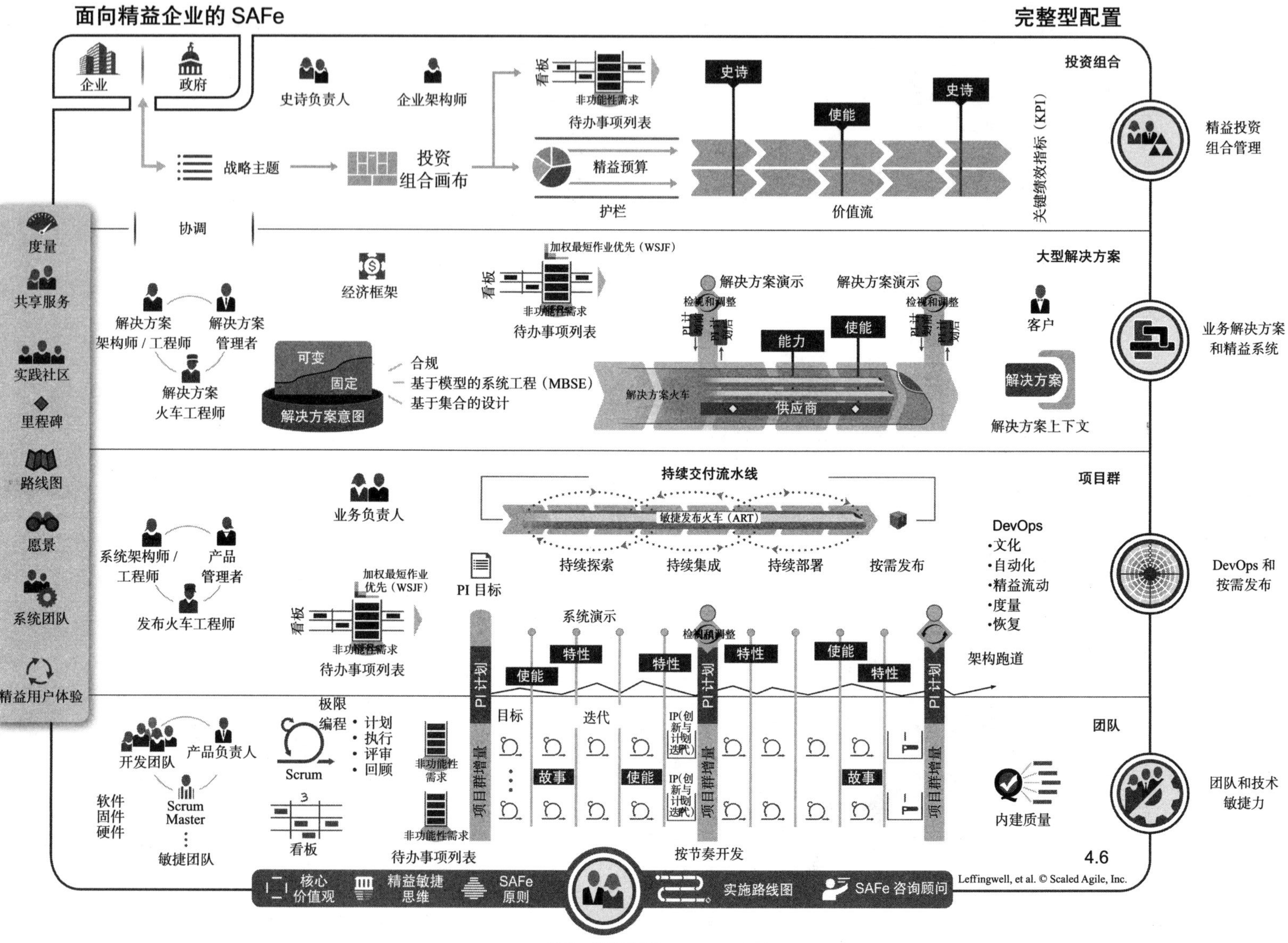

面向精益企业的 SAFe
完整型配置
企业
政府
史诗负责人
企业架构师
看板
非功能性需求
待办事项列表
战略主题
投资
组合画布
精益预算
护栏
史诗
使能
史诗
价值流
关键绩效指标（KPI）
投资组合
精益投资
组合管理
协调
度量
共享服务
实践社区
里程碑
路线图
愿景
系统团队
精益用户体验
加权最短作业优先（WSJF）
经济框架
大型解决方案
解决方案
架构师 / 工程师
解决方案
管理者
解决方案
火车工程师
可变
固定
解决方案意图
合规
基于模型的系统工程（MBSE）
基于集合的设计
解决方案演示
解决方案演示
检视和调整
能力
使能
解决方案火车
供应商
客户
解决方案
解决方案上下文
业务解决方案
和精益系统
持续交付流水线
项目群
业务负责人
敏捷发布火车（ART）
持续探索
持续集成
持续部署
按需发布
DevOps
•文化
•自动化
•精益流动
•度量
•恢复
DevOps 和
按需发布
系统架构师 /
工程师
产品
管理者
发布火车工程师
PI 目标
系统演示
PI 计划
特性
使能
架构跑道
目标
迭代
IP(创新与计划迭代)
项目群增量
故事
团队
开发团队
产品负责人
Scrum
Master
软件
固件
硬件
敏捷团队
极限
编程
• 计划
• 执行
• 评审
• 回顾
Scrum
看板
内建质量
团队和技术
敏捷力
按节奏开发
4.6
Leffingwell, et al. © Scaled Agile, Inc.
核心
价值观
精益敏捷
思维
SAFe
原则
实施路线图
SAFe 咨询顾问
精益 – 敏捷领导力